Håvard Bergland

Die Kunst des Schmiedens

Das große Lehrbuch der traditionellen Technik

WIELAND

Håvard Bergland:
Die Kunst des Schmiedens

Titel der Originalausgabe: Kunsten å smi

Ins Deutsche übersetzt von Erla Madlener
Fachlektorat: Roman Landes

7. unveränderte Auflage der deutschen Ausgabe, 2023

ISBN 978-3-9808709-4-8

Wieland Verlag GmbH
Rosenheimer Straße 22
D-83043 Bad Aibling
Tel. 08061-389980
Fax 08061-3899820
www.wieland-verlag.com

Umschlaggestaltung: Patrik Nadler

Zeichnungen: Håvard Bergland

Fotos:
Darrell Henning: Seiten 231, 232
Nils Lio: Seite 325 (unten)
alle übrigen Fotos: Håvard Bergland

Druck: Print Consult
Printed in EU

MIX
Papier aus verantwortungsvollen Quellen
FSC® C084279

Die deutsche Übersetzung dieses Buches wurde finanziell unterstützt von NORLA (Norwegian Literature Abroad) non-fiction.

Vorwort

Nachdem ich 1990 das Buch *Messer schmieden* geschrieben hatte, in dem das Fach des Messerschmieds und einige Grundlagen des Schmiedens vorgestellt werden, habe ich mich lange mit dem Gedanken getragen, ein Buch über das „ganze Schmiedefach" zu schreiben. Ein Buch, in dem das grundlegende Schmieden, unterschiedliche Schmiedearbeiten und alle wichtigen Techniken erläutert werden. Ob für ein solches Buch in der heutigen industriellen Gesellschaft ein Bedarf besteht, kann vielleicht bezweifelt werden, die unzähligen Anfragen haben mich jedoch trotzdem dazu bewogen, einen Versuch zu machen. Das war im Jahr 1997.

Für mich hat es auch andere wesentliche Argumente für diesen Versuch gegeben. Unter anderem wollte ich versuchen, die fehlenden Möglichkeiten der Ausbildung im Schmiedefach etwas auszugleichen. Ich hege die leise Hoffnung, dass wir einen der ältesten Berufe der Welt und die edle Kunst des Schmiedens erhalten können.

Ich habe oft das Gefühl, die Zeit ist uns davongelaufen und die Gesellschaft hat sich mit einer solchen Geschwindigkeit verändert, dass es uns nicht gelungen ist, den Bedarf an Nachwuchs zu erfüllen. Neue und rentablere Techniken haben sich durchgesetzt, und weltweit ist ein Schmied nach dem anderen verschwunden. Dadurch haben wir viele Leute mit Erfahrung und praktischen Fähigkeiten, die das Fach weiterführen könnten, verloren.

Viele Schmiede meinen heute wohl, dass es Träumerei sei zu glauben, das Schmieden könnte wieder „wichtig" werden und dieses Handwerk habe eine Existenzberechtigung. Trotzdem hoffe ich, dass das Schmieden wieder zurück kommt, wenn auch nicht so wie früher, aber in einer neuen Zeit mit neuem Design, das auf den alten Techniken basiert.

Ohne jemanden beleidigen zu wollen, möchte ich behaupten, dass wir hier in Norwegen keine lebendige Schmiedetradition mehr haben, mit Ausnahme von einigen wenigen Kollegen, die an einer Hand abgezählt werden können, und selbstverständlich allen Messerschmieden. Nichtsdestoweniger muss ich sagen, dass Norwegen mit seiner langen Tradition in der Herstellung von Messern und dem Schmieden von Werkzeugen einmalig ist. Auf Reisen in Europa und auf anderen Kontinenten versteht man schnell, dass das Schmieden dort noch viel lebendiger und vielfältiger ist. Das hat mir Hoffnung, Inspiration und den Glauben gegeben, dass das Schmieden weiterhin ein Beruf mit Zukunft sein kann.

Nach fast drei Jahren Arbeit an diesem Buch muss ich gestehen, dass es eine erlebnis- und lehrreiche Zeit war, aber auch eine schwierige. Obwohl ich nach vier Jahren in der Staatlichen Handwerksschule meine Gesellenprüfung als Schmied ablegte und später als Fachlehrer tätig war, fühle ich mich keineswegs als ausgelernter Schmied. Dazu ist das Schmiedefach zu umfassend und mannigfaltig.

Als ich nach 30 Jahren meine Arbeit als Fachlehrer aufgab und meine eigene Schmiede baute, musste ich vieles durch Ausprobieren lernen. Denn es gab nicht mehr so viele Schmiede, die ich hätte fragen können. Das Schmieden der alten Meister barg vieles in sich, das ich nicht verstand. Ich musste mir vergegenwärtigen, dass das Schmieden eine Technik der plastischen Bearbeitung von warmem Stahl war, und dass das Zusammenfügen und die Gestaltung des Stahls schlichtweg von der Fähigkeit abhängig war, Techniken und Methoden anwenden zu können.

Daher bin ich während der Arbeit an diesem Buch viel gereist und habe viele Menschen besucht, um etwas über Techniken, Methoden zu erfahren und Ideen aufzunehmen. Zu Hause in meiner Schmiede habe ich dann das meiste davon ausprobiert und fotografiert und die Schmiedetechniken Schritt für Schritt von Hand gezeichnet. Es gibt immer noch weitere Techniken, die ich hätte einbeziehen können und Methoden, die man besser hätte beleuchten können, aber so wird es wohl immer sein.

Mein Ziel war es, ein Buch zu schreiben, das möglichst verständlich ist und das jedem, der sich in der Kunst des Schmiedens versuchen möchte, Ideen und Ratschläge gibt. Wir haben alle eine Kreativität und Fähigkeit zum Gestalten in uns. Wenn man diese Eigenschaften durch das Schmieden weckt, glaube ich, dass man die Schaffensfreude als Glück erleben kann. Wenn die Dämmerung nach einem langen Tag in der Schmiede anbricht und der Geruch des Leinöls, der das fertige Schmiedestück schwarz brennt, noch in der Nase sitzt, dann sind die Freude und die Befriedigung über die Arbeit wirklich groß.

Abschließend möchte ich allen danken, die mir bei meiner Arbeit an diesem Buch geholfen haben, vor allem den Schmiedekollegen in Österreich, Tschechien, Deutschland, Italien, Luxemburg, England, Schottland, Schweden, Finnland, Dänemark und Norwegen. Ohne euch wäre dieses Buch nicht möglich gewesen.

Håvard Bergland
Haugliveien 9
N-2319 Hamar
Norwegen

Meine eigene Schmiede, 1987 erbaut.

Inhalt

Historischer Rückblick

KAPITEL 1

Das Schmieden ist eine alte Bearbeitungstechnik für Eisen und Stahl, bei der man den Werkstoff erwärmt und mit dem Hammer bearbeitet und formt. Grabfunde aus der Wikingerzeit zeigen, welche zentrale Rolle das Schmieden einnahm. Es war ein wichtiges und bedeutendes Handwerk, um sich Waffen und Geräte zu beschaffen. Die vielen Geschichten über Schmiede und ihr Handwerk zeugen davon.

Es ist nicht zu verwundern, dass der Schmied hoch geachtet war und das Schmieden als Fach oft mit Mystik und Zauberei verbunden wurde. Die Leute wussten nicht so viel über die Fähigkeit des Stahls, durch die Behandlung in glühenden Kohlen und im übelriechenden Härtungswasser hart oder weich zu werden.

Vor einer Generation war der Schmied immer noch ein natürlicher Teil des Umfelds. Es gab Schmieden auf Bauernhöfen und Schmiedewerkstätten in den Dörfern. In den Schmieden auf den Höfen wurden Werkzeuge und Geräte, wie Sensen, Holzbearbeitungswerkzeuge, Beschläge, Schlösser, Hufeisen und Eisenreifen für Räder, geschmiedet und repariert.

Bild 1.1

Zitat aus einem alten dänischen Buch über das Schmieden, herausgegeben im Ivar Forlag, Kopenhagen:
„Das Schmieden kann im allgemeinen nicht als Kunst bezeichnet werden, aber es ist auf jeden Fall schwierig. Man findet viele Schmiede, die nichts vom Schmieden verstehen und noch weniger vom Schweißen. Aber ein Schmied, der ein kompliziertes Werkstück schmieden oder einen schönen Gegenstand formen kann, ist wirklich ein Künstler. Diese Fertigkeit kann erst durch jahrelange Übung erzielt werden. Das Schmieden erfordert die ganze Aufmerksamkeit des Schmieds.
Die Ausbildungszeit beträgt gewöhnlich 4-5 Jahre. Die ersten Jahre hilft der Lehrling an der Esse und beim Ausschmieden mit. Erst in den letzten 2-3 Jahren kann er selbstständige Arbeiten übernehmen."

Bild 1.2

In Städten und Dörfern gab es große Schmiedewerkstätten mit mehreren Schmieden und Lehrlingen. Auch andere Betriebe konnten eigene Schmieden für Reparaturen und das Schmieden von Werkzeugen und Geräten für den eigenen Bedarf aufweisen, und es gab Schmiedewerkstätten unterschiedlicher Größe, die Werkzeuge und Landwirtschaftsgeräte herstellten und Stahl für eigene Werkzeuge und für den Export produzierten.

Die Herstellung neuer Gegenstände und die Wiederverwendung waren zu dieser Zeit allgemein üblich. Den Schmied konnte man frühmorgens schon vor Sonnenaufgang oder spät am Abend hören, wenn etwas bis zum nächsten Tag fertig sein musste.

Das Schmieden konnte aber auch damals eine ziemliche Plackerei sein, und auch damals fühlte sich sicher so mancher Schmied wenig erfolgreich, wenn etwas schief lief. Trotzdem glaube ich, dass mit dem Schmieden viel Freude verbunden war. Wahrscheinlich war es das Erlebnis, wie sich der Stahl unter dem Hammer formte und die Befriedigung des inneren Bedürfnisses, etwas Bleibendes zu schaffen und eine schwierige Aufgabe bewältigt zu haben. Vielleicht waren deshalb so viele Schmiede bis ins hohe Alter gesund und aktiv.

Alte Hofschmiede.

Das Schmieden gestern und heute

Das industrielle Schmieden erfolgt heute im wesentlichen durch Gesenkschmieden in großen Maschinen, in denen das Material seine Form und Dimension in einem Schlag erhält. Diese Art des Schmiedens hat die Zeiten wohl überdauert, weil sie eine sehr günstige Wirkung auf den Stahl ausübt, da eine plastische Bearbeitung dem Stahl ein feinkörniges und starkes Gefüge verleiht, was bei maschinell hergestellten Details nicht der Fall ist.

Vater und Sohn (Helfstyn, Tschechien, 1997).

Wie erlernte man das Schmieden?

Das war sehr unterschiedlich. Einige machten eine Lehre, während andere das Schmieden durch Zusehen lernten und dann selbst zu schmieden versuchten. In den Dörfern lernte man das Schmieden meistens dadurch, dass man beim Schmieden zusah oder in der Schmiede mithalf, z. B. als Zuschläger. Für den Zuschläger konnten die Tage lang und anstrengend sein, und ein guter Zuschläger war vom Schmied sehr geschätzt.

Der Zuschläger

Aufgabe des Zuschlägers war es, mit dem Vorschlaghammer entweder auf das Werkstück oder auf das Werkzeug zu schlagen, das der Schmied mit der Hand hielt. Der Zuschläger musste die Signale und Anweisungen des Schmieds verstehen und befolgen. Zwischen Schmied und Zuschläger gab es oft eine besondere „Sprache“. Daher war es von Vorteil, wenn auch der Zuschläger mit den Schmiedetechniken vertraut war. Während der Schmied das Werkstück erwärmte, bereitete der Zuschläger die Hilfswerkzeuge vor.

Wenn der Schmied beginnen wollte, gab er dem Zuschläger ein Signal, z. B. ein kurzer Schlag auf das Ambosshorn. Dann schlugen der Zuschläger und der Schmied jeweils abwechselnd auf das Werkstück. Der Zuschläger musste genau auf die selbe Stelle schlagen wie der Schmied.

Der Schmied zeigte oder schlug auch mit einem kleinen Hammer auf unterschiedliche Stellen des

Bild 1.3

Ambosses. Wenn der Schmied zwei Zuschläger verwendete, konnte er jedem je nach Ton des Ambosses unterschiedliche Lautsignale geben. Der Schmied deutete auch Bewegungen und Schläge an. Zeigte er z. B. kräftige Schläge an, musste der Zuschläger hart zuschlagen.

Bild 1.3 zeigt einen Zuschläger, der Rechtshänder ist. Die rechte Hand hält den Vorschlaghammer vorn und die linke hinten am Stiel. Der Hammer muss parallel mit dem Werkstück oder Werkzeug treffen. Für eine gute Übersicht und genaue Schläge muss der Stiel des Hammers über der rechten Seite und Hüfte des Zuschlägers pendeln.

Ein Veteran seines Fachs

Es gibt nicht mehr so viele Schmiede, die das Schmieden als Beruf ihr ganzes Erwerbsleben ausgeführt haben. Tor Torgersen von Ringebu im Gudbrandstal, Norwegen, war einer von ihnen. Im Jahre 1906 geboren, starb er 1996 fast 90 Jahre alt. Er ging vier Jahre lang in die Lehre und baute sich 1929, nur 23 Jahre alt, seine eigene Schmiede. Dort schmiedete er Geräte für den Bauernhof und Beschläge für Pferdegeschirre. Er war Hufschmied und hielt im ganzen Gudbrandstal Kurse für Hufschmiede ab.

Er schmiedete auch Karrenräder und versah Äxte mit Stahl. 1939 konstruierte er eine Hufzange, für die er Musterschutz erhielt und von der er Tausende herstellte. Da hatte er sich einen Maschinenhammer angeschafft. Nach dem Krieg stellte er Bindhaken, Kartoffelhacken, Kaminstützen, Beschläge und Türklinken in großen Mengen her.

Tor Torgersen in seiner Schmiede.

Zeitgenössische Anzeigentexte:

EINEN GROSSHAMMER für elektrischen Strom hat sich der Schmied Tor Torgersen in Ringebu soeben angeschafft.

Es ist Schwerarbeit, beim Schmieden den Hammer zu betätigen, insbesondere wenn große, dicke Werkstücke bearbeitet werden sollen. Tor Torgersen hat oft solche Arbeit zu bewältigen und sich einen elektrisch betriebenen Maschinenhammer angeschafft. Jetzt kann er also nur am Hammer stehen, das Eisen dirigieren und mit dem einen Fuß die Geschwindigkeit bestimmen. Der Hammer kann langsam, aber auch schnell und hart schlagen, und es dauert es nicht mehr lang, ein Stück Eisen, sei es noch so dick, zu bearbeiten und zu formen.

(1936)

Ringebu

Das Versehen von Äxten mit Stahl

wird schnell und gut ausgeführt. Sie werden geschliffen und zu wettbewerbsfähigen Preisen geliefert.

SCHMIED TORGERSEN
Ringebu

(1936)

Hallo, Landwirte!

Meine neue mustergeschützte
Huf- und Klauenzange
wird als das beste Werkzeug für die Beschneidung von Huf und Klaue empfohlen.
Kurz, handlich und billig.
Kr. 6.00 + Steuer.
Per Nachnahme ins ganze Land.
Zur Zeit Zangen für umgehende Lieferung auf Lager.

TOR TORGERSEN
Schmiedeunternehmen - Ringebu

(1936)

Sein Sohn Torbjørn hat die Schmiede des Vaters restauriert und wird sich dort viel aufhalten, wenn er einmal im Ruhestand ist. Er ist auch ausgebildeter Schmied. Wir waren Schulkameraden und schmiedeten auf demselben Amboss. Daher besuchte ich seinen Vater häufig in der Schmiede. Er war ein Veteran seines Fachs, an den ich mich gern erinnere, ruhig, liebenswürdig, kenntnisreich und gastfreundlich. Erst im Alter von 82 Jahren schränkte er seine Arbeit ein, wurde jedoch leider bald krank. Er hatte noch zu seinem Sohn gesagt, wenn er das Schmieden fortgesetzt hätte, wäre er gesund geblieben.

Vor dem Zeitalter der Maschinenhämmer war der Schmied abhängig von einem Zuschläger. Das ist er auch heute noch, wenn er als Kunstschmied arbeitet. Wer als Zuschläger begann, machte häufig als Schmied weiter.

Damit die Kunst des Schmiedens überlebt und ein wichtiger Teil unseres kulturellen Erbes bleibt, müssen alle, die schmieden, die „Türen ihrer Schmiede" neuen Generationen öffnen und die Kenntnisse und die Schaffensfreude, die in diesem alten, ehrwürdigen Beruf stecken, weiter vermitteln.

Ein Denkmal zum Nachdenken.

Mein Enkel Troy hilft mir in der Schmiede, aufgenommen im Jahr 2000.

Brennmaterial, Rauchabzug und Essen

KAPITEL 2

Brennmaterial

Bild 2.1 Legen Sie zum Anheizen Papier auf den Boden der Feuerschüssel und Holzspäne darüber.

Es gibt heute scheinbar viele Leute, die keinen Holzofen mehr anheizen können. Das ist vielleicht auch gar nicht so merkwürdig, denn sie waren ja noch nie dazu gezwungen.

Normal wird die Esse mit ein wenig Holz angeheizt. Legen Sie ganz unten etwas Papier und feingehacktes Holz darauf. Zünden Sie das Papier an und öffnen Sie das Luftventil ein wenig. Wenn das Holz zu brennen anfängt, legen Sie allmählich Kohle dazu.

Holzkohle

Früher verwendete man hauptsächlich Holzkohle zum Schmieden, insbesondere zum Härten und Anlassen war es üblich. Das hatte mehrere Gründe: Erstens gab es wohl damals wie heute Leute, die nicht gern etwas Neues in Gebrauch nahmen und lieber an dem Althergebrachten festhielten. Zweitens war Holzkohle preiswerter, und man konnte sie im *Kohlenmeiler* selbst erzeugen.

Von einem rein fachlichen Standpunkt aus hat die Holzkohle den Vorteil, dass sie reiner als Steinkohle ist und keinen Schwefel enthält, der den Stahl rotbrüchig macht. Sie erzeugt auch eine sauberere und ruhigere Flamme, was die Beurteilung der Temperatur beim Schweißen und Härten erleichtert. Ohne die ganzen sprühenden Partikel kann man das Sieden des Borax und die Schweißtemperatur so genau bestimmen, dass die Schweißnaht ideal wird.

Weil sie so rein ist, empfiehlt es sich, sie beim Feuerschweißen und Schmieden von Stahl mit hohem Kohlenstoffgehalt zu verwenden. Sie ist reich an Kohlenstoff und wirkt auf Stahl nicht so kohlenstoffreduzierend und verunreinigend wie viele andere Brennmaterialien. Damit die Holzkohle in der Esse richtig liegen bleibt, kann man mit Ziegeln um die Feuerschüssel herum die Höhe des Gluthaufens bestimmen.

Bild 2.2 Trockenes, fein gehacktes Holz.

Die Herstellung von Holzkohle in größeren Mengen ist nicht so üblich, aber es gibt Leute, die ab und zu einen Kohlenmeiler brennen. Beim Brennen von Holzkohle wird das Holz ohne Luftzufuhr so hoch erhitzt, dass es verkohlt. Das können Sie in kleinerem Maßstab mit einem Kessel oder Fass durchführen, das Sie mit kleingehacktem Holz vollstopfen und mit der Öffnung nach unten drehen, damit kein Sauerstoff eindringt. Um das Fass herum und auf dem Fass machen Sie ein Feuer und heizen, bis das Holz im Inneren verkohlt ist. Das Prinzip ist das selbe wie bei den alten Erd- und Torfmeilern.

Das Foto zeigt den Bau eines Holzkohlenmeilers beim Industriebetrieb Moelven Brug in Hedmark gegen Ende des Ersten Weltkriegs. Das Unternehmen hatte zu der Zeit eine große Schmiede und daher dringenden Bedarf an Brennmaterialien. Mitunter konnte nicht genug Schmiedekohle beschafft werden. Daher brannte man große Meiler mit Holzkohle für die Schmiede.

Der Kohlenmeiler war kegelförmig aus schlanken Holzstämmen aufgebaut. Man wollte vor allem Holzkohle herstellen und nicht Teer. Daher verwendete man gemischtes Holz, wie Tanne und Birke. Bei gleichzeitiger Teergewinnung brannte man Föhren und Kienholz.

Häufig wurde das Holz um einen Stamm in der Mitte des Meilers gestapelt. Man ließ ganz oben auch eine Öffnung, die bis zur Erde reichte und einen Kanal hinaus zur Seite hatte, den man *Zündkanal* nannte. Außerdem wurden um den ganzen Meiler herum mehrere Luftkanäle angeordnet, die aber nicht so weit ins Holz hineinreichten.

Wenn der Meiler fertig war, wurde er oben flach abgehauen, um das Abdecken mit Torf und Erde zu erleichtern. Ein solcher Meiler musste genau und gewissenhaft gebaut werden, nichts durfte dem Zufall überlassen werden, denn das konnte verheerende Folgen haben. Daher

brauchte man dazu Leute mit Erfahrung sowohl im Bauen als auch im Brennen von Kohlenmeilern. Es konnte nämlich mehrere Tage dauern, bis ein Meiler fertig gebrannt war.

Der Meiler konnte dann mit Torf und Erde gedeckt werden. Quer zum Meiler wurden auch Torfwälle aufgehängt, um die Torf- und Erdschicht an Ort und Stelle zu halten. Bei Moelven Brug verwendete man auch Rinde über dem Meiler, denn sie fiel beim Entrinden der Holzstämme gratis an. Auf die Rinde wurden Erde und Torf geschichtet. Die Rinde verhinderte, dass sich am Ende viel Erde mit der Holzkohle mischte. Andernorts benutzte man dazu frische Tannenzweige.

Der Meiler wurde durch den Zündkanal entfacht und brannte von innen. Man musste die Zuluft genau kontrollieren und den Meiler rund um die Uhr überwachen. Wie erwähnt, konnte dieser Prozess viele Tage dauern, und man musste so feuern, dass das Holz nicht zu stark brannte. Die Luftkanäle konnten geöffnet und geschlossen werden. Durch sie wurde die Luftzufuhr reguliert, so dass das Holz glühte, ohne zu verbrennen. Die ganze Zeit musste man dafür sorgen, dass die Torfschicht dicht war, indem Erde und Torf nachgelegt wurden. Begann es durch den Torf zu rauchen oder zu brennen, musste rasch mit mehr Holz oder mehr Erde und Torf abgedichtet werden. Wenn der Prozess dann fertig und der Kohlenmeiler abgekühlt war, wurden die Erde und der Torf außen entfernt, und die frische, feine Holzkohle kam zum Vorschein.

Auf dem Bild links steht die Leitung des Betriebs und inspiziert den Kohlenmeiler, bevor er abgedeckt wird. Oben auf dem Meiler steht der Kohlenbrenner Lindskog, ein schwedischer Wanderarbeiter, der „Chefbrenner" war und in einer kleinen Hütte neben dem Kohlenbrennerplatz wohnte. Es heißt, er habe nicht nur Kohlen gebrannt, weshalb die Abende in seiner Hütte als besonders feuchtfröhlich galten. Auch sei er ein richtiger Frauenheld und Schürzenjäger gewesen.

Esse

Die Esse ist eine offene Feuerstelle, in der der Stahl mit Hilfe von Holzkohle, Steinkohle oder Koks und Luft, die in die glühenden Kohlen geblasen wird, erwärmt wird. Dies führt zu starker Verbrennung und hohen Temperaturen (bis zu 2500 ºC).

Früher mauerte man die Esse aus unbehauenen Steinen bis zu einer geeigneten Arbeitshöhe. Die Vertiefung, in der die Kohle verbrannt wird, heißt *Feuerschüssel*. Sie war aus Steinen und Lehm gefertigt.

Die von einem Blasebalg erzeugte Gebläseluft wurde von der Seite in die Feuerschüssel geleitet. Dadurch war das mit dem Blasebalg verbundene Luftrohr einfacher zu montieren, außerdem konnte die Schlacke das Gebläseloch nicht so leicht verstopfen.

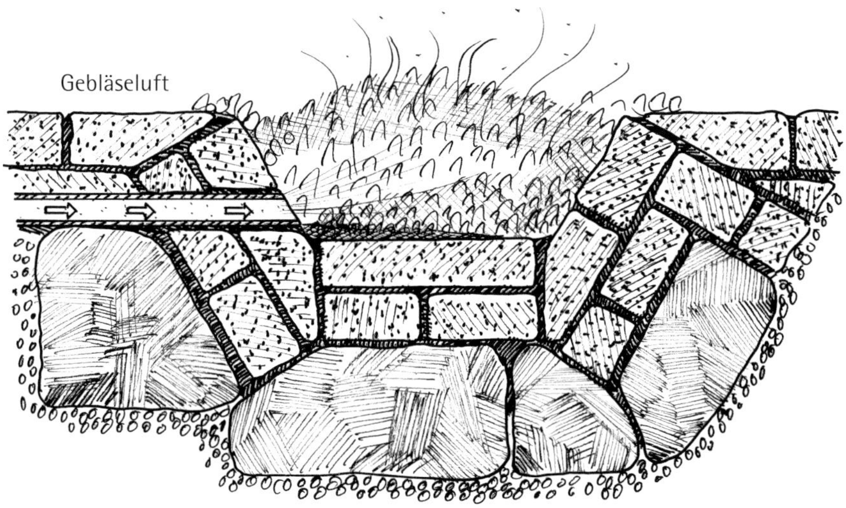

Bild 2.3 Gemauerte Esse mit Seitengebläse.

Blasebalg

Um eine ausreichend hohe Verbrennungstemperatur zum Erwärmen von Stahl zu erreichen, muss Luft hineingeblasen werden. Heute verwendet man elektrische Ventilatoren, es ist vielleicht aber doch interessant zu sehen, wie ein Blasebalg wirkt. Nicht jeder konnte einen guten Blasebalg anfertigen, deshalb gab es eigene Blasebalghersteller.

Der Blasebalg besteht aus drei Platten, einer feststehenden mittleren Platte und zwei Platten, die gelenkig verbunden sind. Auf diese Weise entstehen ein oberer und ein unterer Balg. Die drei Platten sind mit Leder überzogen. Der ganze Blasebalg wirkt als Luftpumpe oder ähnlich wie ein gewöhnlicher Blasebalg für Kamine.

In der Bodenplatte und in der Mittelplatte ist jeweils eine Klappe montiert, die als Luftventil dient. Beim Heben des unteren Balgs schließt sich diese Klappe, und die Luft im unteren Balg wird in den oberen Balg gepumpt. Nach wiederholtem Pumpen ist der ganze obere Balg mit Luft gefüllt, weil mehr Luft eingesaugt als ausgeblasen wird.

Lässt man den Griff los, sinkt der obere Balg nach unten und erzeugt einen gleichmäßigen Luftstrom, dessen Dauer und Stärke man zum Beispiel mit dem Gewicht eines Steins justieren kann.

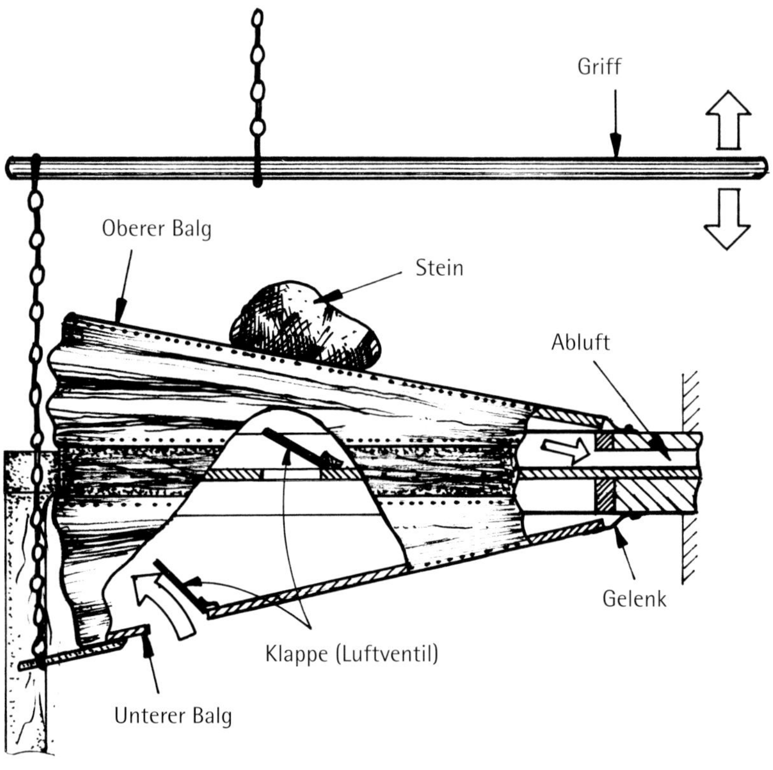

Bild 2.4 Das Prinzip dieses Blasebalgs ist, einen gleichmäßigen Luftstrom zu erzeugen, ohne das stoßweise Blasen eines üblichen Blasebalgs. Dies wurde dadurch erzielt, dass immer mehr Luft eingesaugt als ausgeblasen wurde.

Steinkohle und Schmiedekohle

Schmiedekohle ist zerkleinerte Steinkohle und besteht aus Kohlenwasserstoffen und nichtbrennbaren Stoffen wie Lehm und Schiefer (Asche). Steinkohle ist während Tausenden von Jahren aus großen Mengen von Pflanzen entstanden, die unter Wasser zusammengepresst und von Sedimenten überlagert wurden. Das Ganze hat einen langen Verkohlungsprozess ohne Luftzufuhr durchgemacht. Steinkohle wird im Tief- oder im Tagebau gefördert.

Heutzutage ist es nicht mehr so einfach, gute Schmiedekohle zu beschaffen, denn die Qualität kann sehr unterschiedlich sein. Meistens brennt die Kohle mit zu hoher und unruhiger Flamme und gibt zu viel Rauch ab. Früher wurde die beste Kohle zu Schmiedekohle in Nussgröße zerkleinert. Eine gute Schmiedekohle hat folgende Eigenschaften:

- Sie lässt sich leicht in Stücke brechen und hat eine blanke, glänzende Bruchfläche. Sie darf nicht mattgrau sein.
- Sie soll wenig Rauch abgeben, mit kurzer Flamme brennen und eine hohe Strahlungswirkung haben (Wärmewert).
- Sie soll wenig Schwefel und Reste von Gesteinsarten oder anderen Verunreinigungen enthalten, wenig Asche und Schlacke erzeugen.

Gute Schmiedekohle hat auch die Eigenschaft, dass sie beim Erwärmen teigartig wird. Diese fette Kohle schmilzt, ohne rußigen Rauch abzugeben. Dabei bildet sich eine Art Überzug über der glühenden Kohle, und es entsteht ein „Tiegel", der eine effiziente Strahlungswärme abgibt.

Bild 2.5 Das Werkstück schräg nach unten in den Luftstrom zu halten oder eine Feuerschüssel mit zu wenig Tiefe sind ungünstig. Reicht das Werkstück zu nahe an das Gebläseloch heran, wird es vom Luftstrom abgekühlt. Außerdem wirkt die Luft stark oxidierend, und es bildet sich viel Zunder, was beim Feuerschweißen besonders nachteilig ist.
Zwischen dem Loch des Gebläses und dem Werkstück muss immer eine Schicht glühender Kohlen liegen, damit der Sauerstoff verbrennt und nicht mit dem Stahl reagiert.

Schmiedekoks

Koks ist ein Nebenprodukt, das als Rückstand bei der Herstellung von Steinkohlenteer durch Trockendestillation anfällt und viel weniger wiegt als Steinkohle.

Es gibt unterschiedliche Arten von Koks, abhängig vom Destillationsprozess. Der helle, harte Koks wird meist in der Industrie verwendet. Ohne Luftzufuhr erlischt er verhältnismäßig schnell. Der so genannte Nusskoks hingegen ist etwas dunkler und loser und hat einige der Eigenschaften der Schmiedekohle bewahrt. Der Vorteil von Schmiedekoks ist sein geringerer Anteil an Schwefel und seine kurze Flamme und geringe Rauchentwicklung. Schmiedekoks hat eine gute Strahlungswirkung und einen hohen Wärmewert. Er ist daher einer schlechten Schmiedekohle vorzuziehen.

Bild 2.6 Das Werkstück sollte ungefähr in der Mitte der Kohleschicht liegen. Zu viel Kohle über dem Werkstück führt zu einer zu hohen Temperatur und Verbrennung an der Unterseite des Werkstücks. Schieben Sie neue Kohle nach und an den Seiten entlang hinunter, dann wird sie entgast. Halten Sie Kohle und Temperatur stabil und rühren Sie nicht in der Feuerschüssel. Denken Sie an die Tiegelwirkung. Entfernen Sie die Schlacke regelmäßig.

Der Rauchabzug

Bevor wir uns mit unterschiedlichen Essen beschäftigen, möchte ich die Rauchabzugsverhältnisse in einer Schmiede beschreiben. Die Konstruktion von Esse, Abzugshaube und Kaminrohr beeinflussen einander stark und müssen an den Raum und das Luftvolumen in der Schmiede angepasst werden.

Der Rauch in der Schmiede ist seit jeher ein Problem. Das kann auf verschiedene Ursachen zurückzuführen sein:

- Der natürliche Abzug durch den Kamin genügt nicht.
- Ungünstige Luftverhältnisse und Lage des Schornsteins.
- Falsch konstruierter Rauchabzug, bei dem zu viel Luft von den Seiten der Esse kommt und der Rauch daher nicht abgesaugt wird.
- Zu scharfer Winkel und zu viele Biegungen im Weg des Rauches.
- Vakuum im Raum, weil zu wenig Luft von außen zugeleitet wird.

Bild 2.7 Zu viel Luft von den Seiten der Esse geht in das Kaminrohr.

Die Zeichnung rechts, die die Rauchentwicklung veranschaulicht, kommt vermutlich vielen Lesern bekannt vor. Sollte ich versuchen, die Ursache anzugeben, ist sie wohl in 90 Prozent der Fälle dem Punkt 3 zuzuordnen. Würde die Abzugshaube bis zum Essentisch hinunter gehen und hätte sie nur eine kleine Öffnung auf der Arbeitsseite, würde sie sicher ganz ausgezeichnet funktionieren. In der Regel muss man an das Feuern in einem Ofen denken, wenn man eine Esse anheizt.

Esse aus Ziegelsteinen

Ziegelsteinessen sind eine Art Essen, die viel in Werkstätten mit großer Raumhöhe und hohem Schornstein verwendet wurden. Luftzug und Luftsog sind in einem hohen Schornstein viel kräftiger und ziehen die heiße Luft und den Rauch sehr schnell in die Öffnung hinein.

Beim Anheizen und am Anfang entsteht auch hier Rauch, der zum Dachfirst und Dach aufsteigt. Der Rauch beim Anheizen kann auch von Feuchtigkeit in der Kohle oder im Koks stammen, durch die Wasserdampf im Rauch entsteht, der schwerer als Luft ist und absinkt.

Daher kann man eine lose Abzugshaube verwenden, die man über die Feuerstelle und an das Kaminrohr schiebt. Mit zunehmender Wärme im Kaminrohr wird der Luftsog größer, und die Abzugshaube kann entfernt werden. Man hat dann auch für lange Gegenstände in der Esse besser Platz. Durch die Aussparung unter dem Essentisch hatte man Zugang zu Luftventil und Rohren.

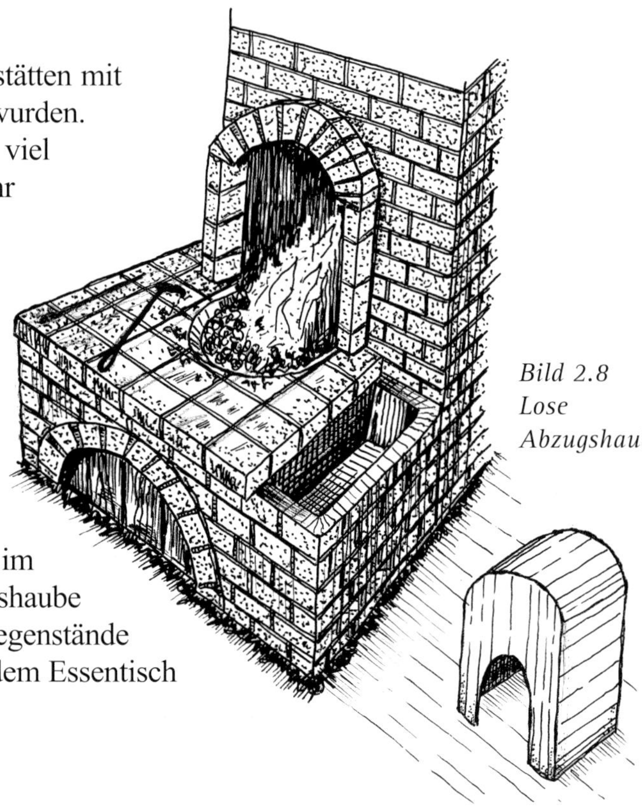

Bild 2.8 Lose Abzugshaube.

Rauchabzug

Wie gesagt, ist der Unterschied der Rauchentwicklung bei Verwendung von Schmiedekohle oder Schmiedekoks groß. Schmiedekohle brennt je nach Qualität häufig mehr und gibt mehr Rauch ab als Koks. Je mehr Rauch entsteht, desto besser muss der Rauchabzug in der Esse sein.

Mit Schmiedekohle geheizte Essen im Freien. Hier wird der Rauch über dem Publikum weggezogen (Helfstyn, Tschechien, 1997).

Guter Abzug. Altes Prinzip in moderner Konstruktion (Helfstyn, Tschechien, 1997).

Beim Anheizen raucht es immer. Es ist wichtig, dass die Esse an den Seiten geschlossen ist, damit sie wie ein Ofen funktioniert (eigene Esse).

Es sind schnell 2500 °C in einer Esse erreicht. Koks hat einen hohen Brennwert und geringe Rauchentwicklung.

Feuerschüssel aus Gusseisen

Sogar feuerfester Stein verwittert und wird durch die hohe Temperatur in einer Feuerschüssel pulverisiert. Steinstücke brechen oft auch beim Entfernen der durch die Verunreinigung der Kohle entstandenen Schlacke ab. Deshalb verwendet man für Feuerschüsseln häufig Gusseisen. Es ist ziemlich hitzebeständig, und die Feuerschüssel lässt sich leichter sauber halten, weil die Schlacke nicht am Gusseisen haften bleibt.

Die Feuerschüssel kann rund, viereckig oder rechteckig sein. Das ist von der Art der Gegenstände abhängig, die geschmiedet werden sollen, von der Höhe des Gebläsedrucks und der Größe der Werkstücke, die erwärmt werden. Auch bei der Tiefe der Feuerschüssel kann dies von Bedeutung sein.

Die üblichen Feuerschüsseln aus Gusseisen sind oben 300 bis 400 mm groß mit schrägen Wänden bis in eine Tiefe von 70 bis 150 mm. Zum Schmieden kleinerer Werkstücke wie zum Beispiel Messerklingen sind 200 bis 250 mm oben und eine Tiefe von 70 bis 80 mm ausreichend.

Heutzutage kann es schwierig sein, eine Feuerschüssel aus Gusseisen aufzutreiben, aber man kann sich immer noch eine in einer Eisengießerei anfertigen lassen. Sprechen Sie zuerst mit einem Fachmann. Man kann auch eine Bremstrommel eines Autos verwenden. Sie besteht meist aus Gusseisen und hat bereits ein Loch im Boden.

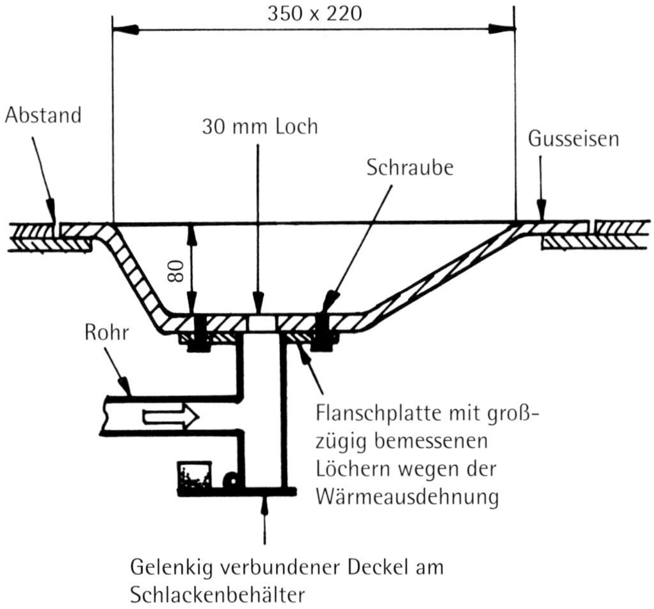

Bild 2.9 So könnte eine Feuerschüssel aus Gusseisen aussehen. Vergessen Sie nicht, dass sich Gusseisen beim Erwärmen ausdehnt.

Luftregulierung

Ein gutes Luftventil unter der Feuerschüssel und ein einfach zu leerender Schlackenbehälter sind wichtig, denn das Luftloch kann verstopft sein oder Schlacke in die Öffnung fallen. Im Lauf der Zeit hat es viele Patente gegeben, häufig wurde ein Kugelventil verwendet, mit dem die Luftmenge reguliert und die Schlacke entfernt werden konnte.

Ein Seitengebläse an der Feuerschüssel wäre einfacher gewesen, aber mit Löchern im Boden verteilt sich die Wärme in größeren Gegenständen besser.

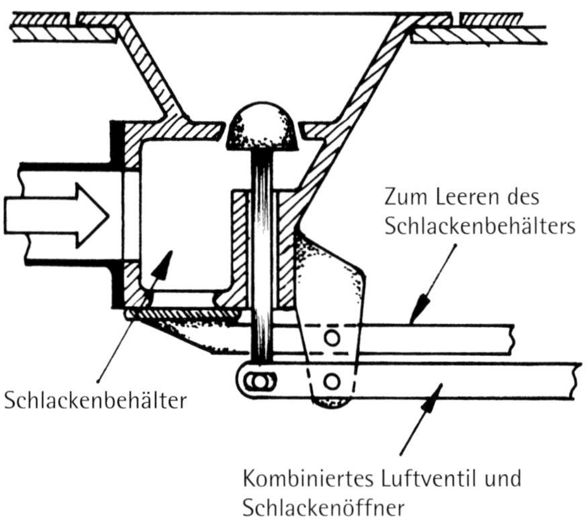

Bild 2.10 Feuerschüssel, die oft in Feldessen (transportablen Schmieden) verwendet wird.

Tschechische Feuerschüssel

Ich habe erwähnt, dass es schwierig sein kann, eine Feuerschüssel aus Gusseisen aufzutreiben. In den letzten Jahren werden jedoch insbesonders in Mitteleuropa solche Feuerschüsseln wieder vermehrt hergestellt. Ich besitze selbst eine in Tschechien produzierte, die so konstruiert ist, dass man fast den ganzen Tag schmieden kann, ohne dass das Gebläseloch durch Schlacke verstopft wird.

Im Gebläseloch liegt ein schrägverzahntes Gusseisenzahnrad, das mit einem Hebel gehoben und gesenkt werden kann. Die Menge der Gebläseluft wird durch eine konische Fläche am Zahnrad reguliert, die öffnet und abdichtet. Auf Grund der Schrägverzahnung rotiert der Luftstrom und verteilt sich besser. Ein zweiter Hebel dient dem Entleeren von Schlacke und Abfall durch eine Öffnung im Boden des Schlackengehäuses.

Auf jeder Seite der Feuerschüssel liegen zwei abnehmbare „Gusseisenbananen", die die Tiefe der Feuerschüssel reduzieren. Um das Gusseisenzahnrad herum liegt ein abgerundeter Gusseisenring. Die Schlacke rinnt über den Ring ab und auf den Seiten unter die „Bananen". Zum Reinigen der Feuerschüssel hebt man die „Bananen" hoch und nimmt einfach den Schlackenring heraus.

Neben dem Schlackengehäuse gibt es einen Flansch zum Anschließen eines Gebläses, das vom gleichen Produzenten hergestellt wird. Man kann auch eine komplette Esse mit Tisch kaufen. Wer jedoch die Möglichkeit hat, eine selbst zu bauen, wird keine Schwierigkeiten haben, denn die Feuerschüssel kann in eine gemauerte Esse eingesetzt werden.

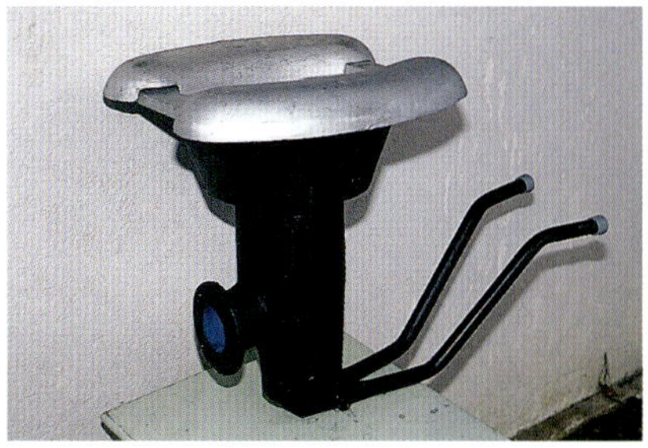

Tschechische Feuerschüssel.

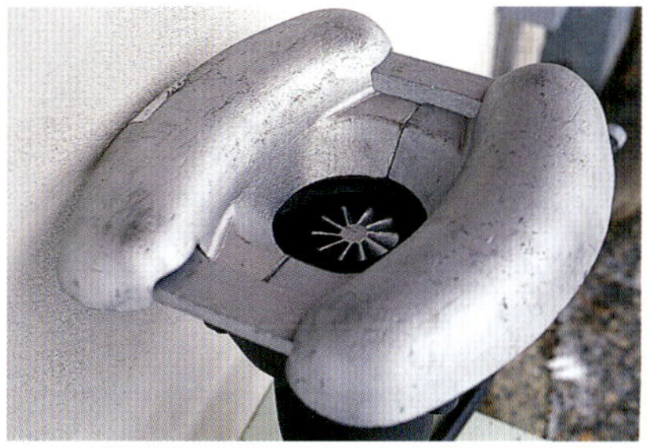

Im Boden der Feuerschüssel liegt ein Zahnrad als Luftdüse.

Das Zahnrad kann gehoben und gesenkt werden und dient als Luftventil.

Die Schlacke rinnt ab und legt sich um das Zahnrad herum, ohne zu verstopfen.

Essen aus Stahl

Zu allen Zeiten wurden Essen gebaut. Sie waren unterschiedlich in ihrer Art und Konstruktion, aber nach und nach wurden sie aus Stahl mit Feuerschüsseln aus Gusseisen angefertigt. Einige von uns können sich sogar noch an Feldessen erinnern, die zum Beispiel beim Straßenbau verwendet wurden. Die meisten solcher transportablen Feldessen waren mit einem Ventilator ausgestattet, der von einem Pedal oder einer Handkurbel angetrieben wurde. Auf solchen Feldessen wurden viele Reparaturen und gutes Kunsthandwerk ausgeführt.

Alte Feldesse mit Pedal und Keilriemenübertragung zu einem Ventilatorgehäuse unter der Feuerschüssel.

Feldessen: Der Ausdruck Feldesse stammt aus dem Krieg, als solche Essen im Feld verwendet wurden. Sie mussten leicht und in kurzer Zeit gebrauchsfertig sein, wenn im Feld etwas geschmiedet oder repariert werden sollte. Die Feldesse links ist eine amerikanische „Kofferesse" aus der Zeit des Pferdetransports und besitzt einen von Hand betriebenen Ventilator. Die Kofferesse in der Mitte stammt aus der gleichen Zeit, ist aber mit einem Pedalventilator ausgerüstet. Beide Essen können wie ein Koffer leicht zusammengelegt werden. Die Esse rechts ist englisch und neueren Datums.

Universalschmiede und Maschine für Reparaturen

Der Schmied war eine hoch geachtete Person. Viele Ideen und Erfindungen sind in einer dunklen Schmiede entstanden. Es wird behauptet, die industrielle Revolution habe mit dem Schmied begonnen, und das will wohl niemand bestreiten.

Ich möchte auch noch andere schöne alte Maschinen vorstellen. In einem alten Katalog der Maschinenwerkstatt E. Sunde & Co. mek. Verksted in Kristiania stand diese Anzeige:

> „Diese Maschine ist eine Kombination aus Amboss, Esse, Schraubstock, Bohrer und Schmirgelscheibe, die mit einer Kurbel angetrieben wird. Sie wiegt nur 84 kg. Solche Maschinen wurden an viele größere Firmen, an die norwegische Armee und die Südpolexpedition von Roald Amundsen geliefert. Die Maschine ist weltweit patentiert und hat im Laufe von wenigen Jahren großen Absatz gefunden.
> Preis pro Maschine komplett Kr. 300,-."

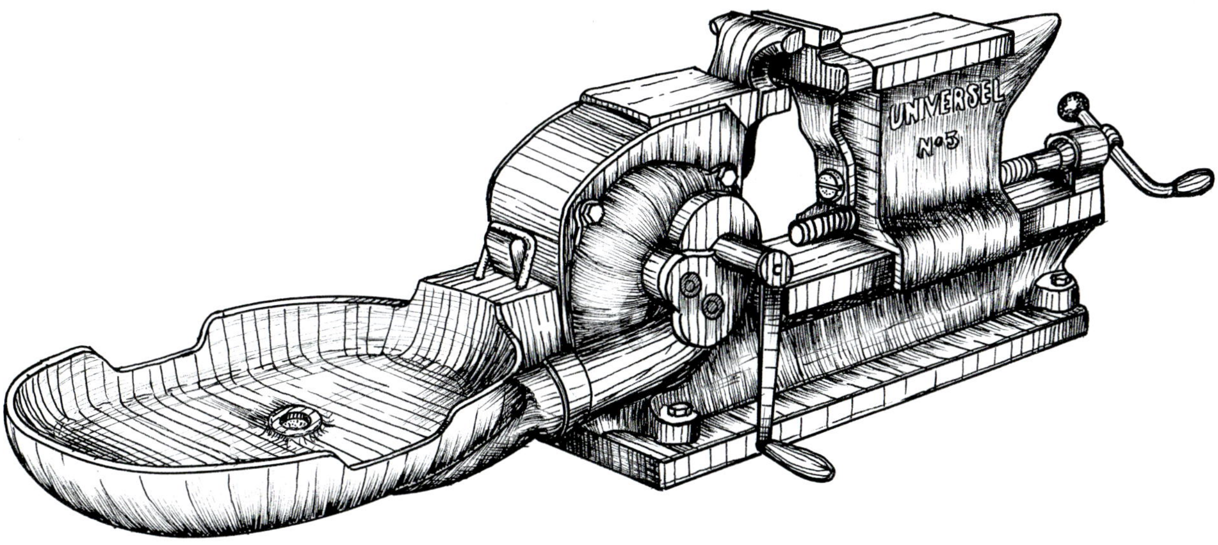

Bild 2.11

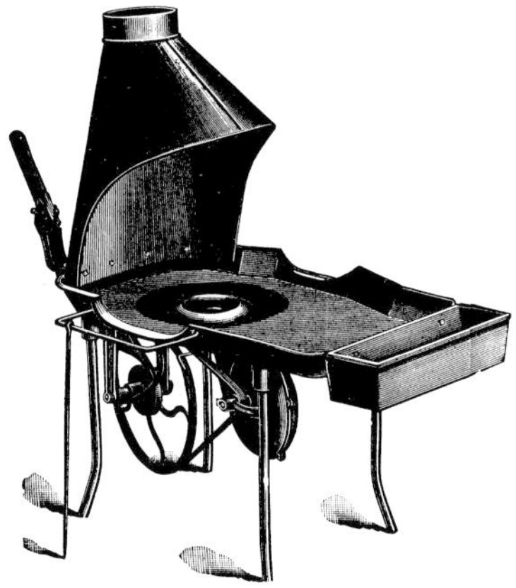

CHAMPION IMPERIAL USA mit von Hand angetriebenem Gebläse, $ 50,–.

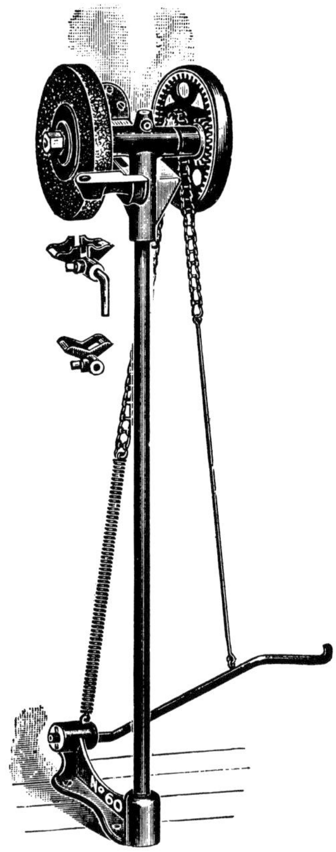

EMERY GRINDERS USA, $ 10,– ohne Scheiben.

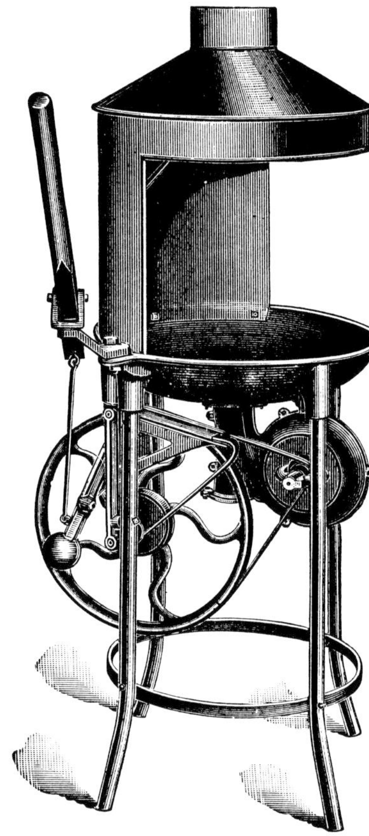

CHAMPION IMPERIAL USA mit von Hand angetriebenem Gebläse, $ 24,–.

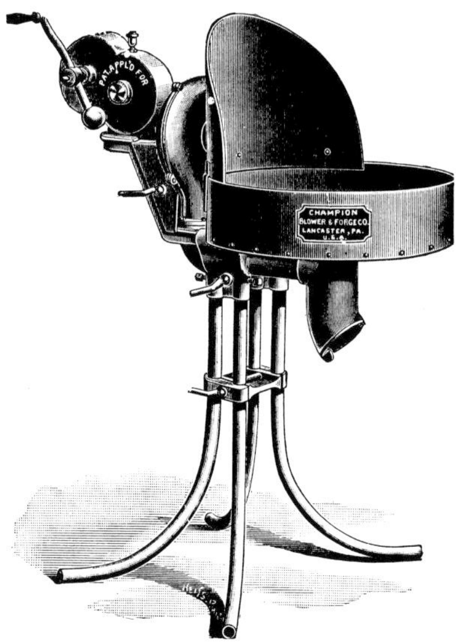

CHAMPION STEEL USA mit Schaltgetriebegebläse, $ 35,–.

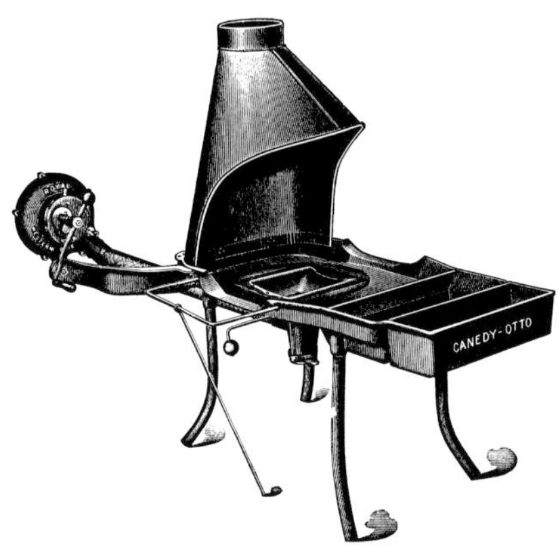

CHAMPION IMPERIAL USA mit Schaltgetriebegebläse, $ 50,–.

Geschweißte Essen

Es gibt viele Typen und Konstruktionen geschweißter Essen. Ich besitze selbst eine solche Esse, wie sie in der Zeichnung rechts abgebildet ist. Sie funktioniert sehr gut, und ich habe keine Probleme mit dem Rauch.

Der Essentisch besteht aus einer 4 mm starken Platte mit Beinen aus Winkelstahl, die Feuerschüssel aus Gusseisen. Die Rauchkammer ist eine Winkelstahlkonstruktion, die mit einer 1 mm starken Platte verkleidet ist. Hinten kann für längere Werkstücke ein Deckel geöffnet werden. Vorn kann ich zwei lose Plattendeckel vorhängen und damit die Größe der Öffnung und die Zugluft regulieren. Das Kaminrohr besteht aus zwei geschweißten Stahlrohren mit Dämmstoff dazwischen. Es ruht auf der Essenkonstruktion.

Mit einer solchen Esse steigt der Rauch gerade nach oben, und ein Saugventilator ist nicht nötig. Vielleicht muss man beim Anheizen eine Tür oder ein Fenster öffnen. Auf diese Weise können Sie im Raum ein gutes Arbeitslicht haben, und in der Esse trotzdem noch genug sehen. Die Temperatur des Werkstücks ist dann ohne Einwirkung von anderem Licht leichter und genauer festzustellen.

Eine Ablage für Zangen und Hämmer sowie ein Löschtrog sollten auch in Reichweite sein.

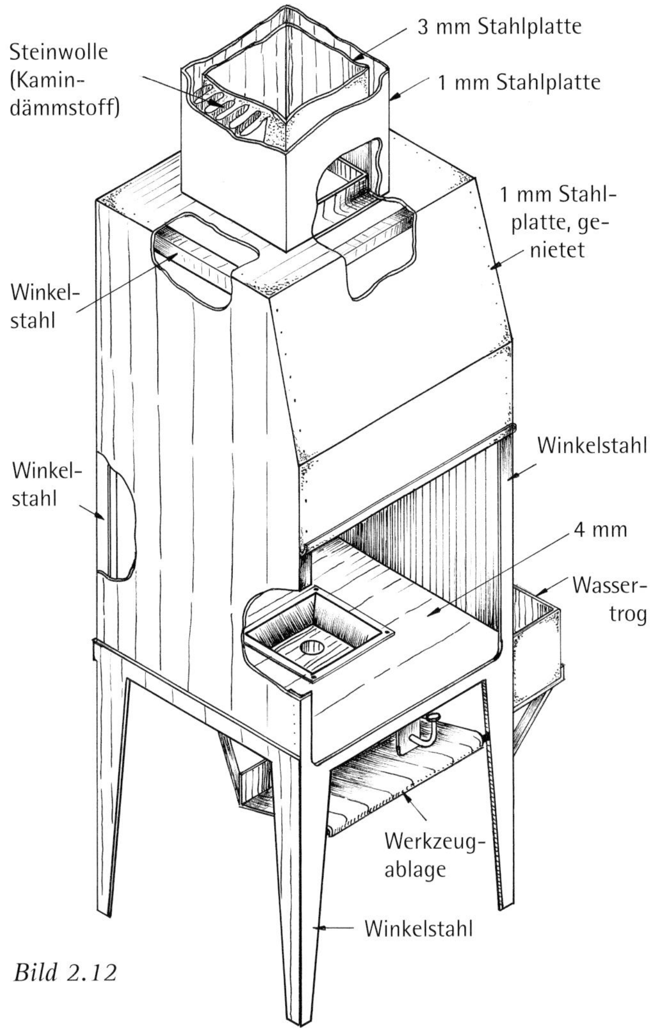

Bild 2.12

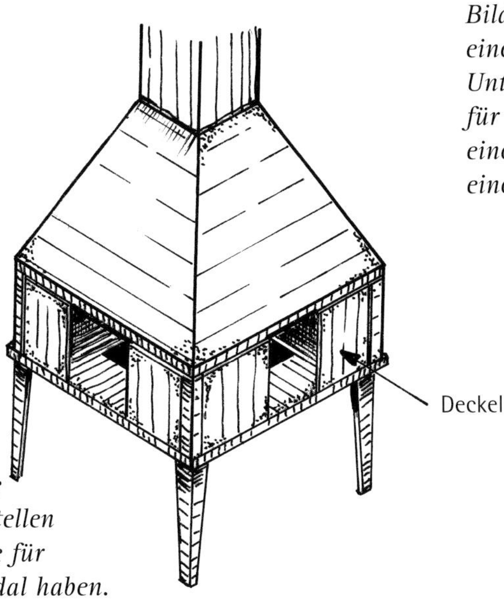

Bild 2.13 Beispiel einer Esse für zwei Personen oder für Serienarbeit für eine Person, die zwei Erwärmungsstellen braucht. Man sollte für das Gebläse ein Pedal haben.

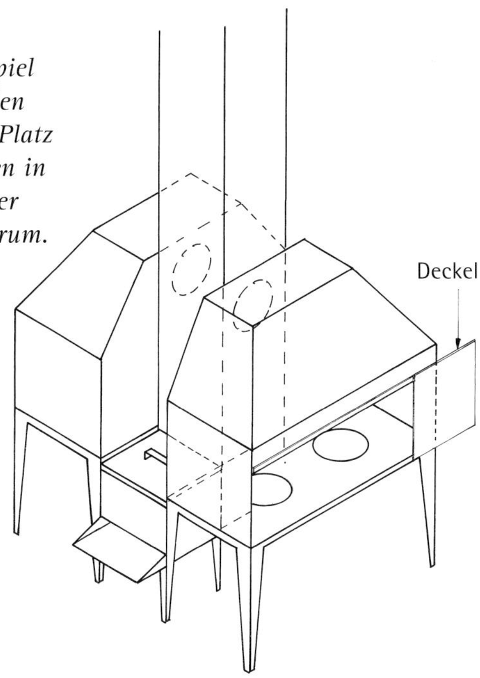

Bild 2.14 Beispiel einer Esse für den Unterricht und Platz für vier Personen in einer Schule oder einem Kurszentrum.

Mobile Essen

Die alte Feldesse mit Pedal, Keilriemen und Ventilator ist die Vorgängerin mehrerer Arten mobiler Essen. Hier einige Beispiele kleiner, leichter Essen, die zur Erzeugung der Gebläseluft einen Staubsauger verwenden. Auch wenn die Feuerschüssel aus Stahl geschweißt ist, hält sie lange. Ich bin mehrere Jahre mit solchen Essen von einem Ort zum anderen gezogen und habe das Schmieden von Messerklingen vorgeführt.

Bei solchen Anlässen steht man oft im Freien und schmiedet. Da ist es von Vorteil, ein Fass oder ähnliches über der Feuerstelle zu verwenden, um Wind und Sonnenlicht abzuschirmen. Schwieriger kann es sein, die Temperatur zu beurteilen, wenn man draußen schmiedet, insbesondere beim Feuerschweißen. Mit einer Tonne oder einem Plattenzylinder als Abzugshaube und Windschirm sind die Lichtverhältnisse so, dass man die richtige Temperatur zum Schweißen besser erkennen kann.

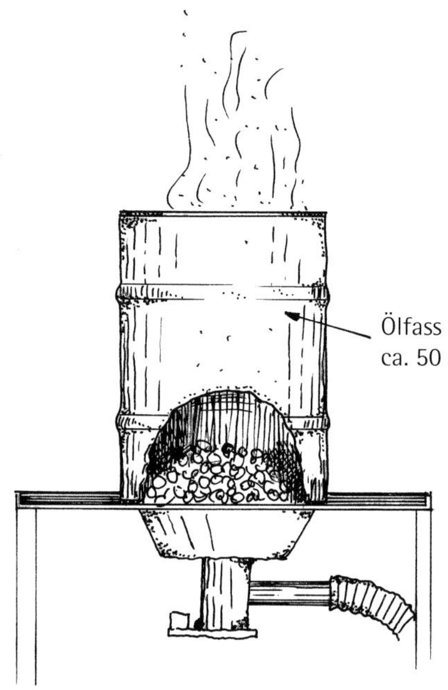

Bild 2.15 Abzugshaube zur Anwendung im Freien.

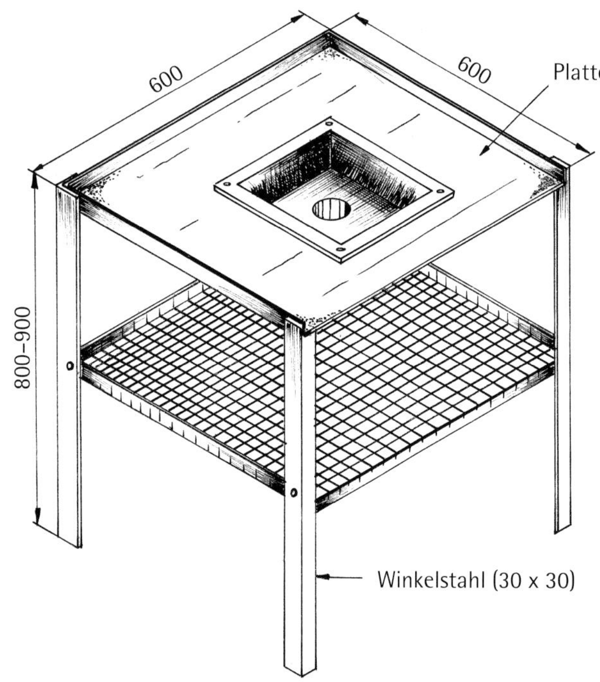

Bild 2.16 So könnte eine Esse aus Stahl aussehen.

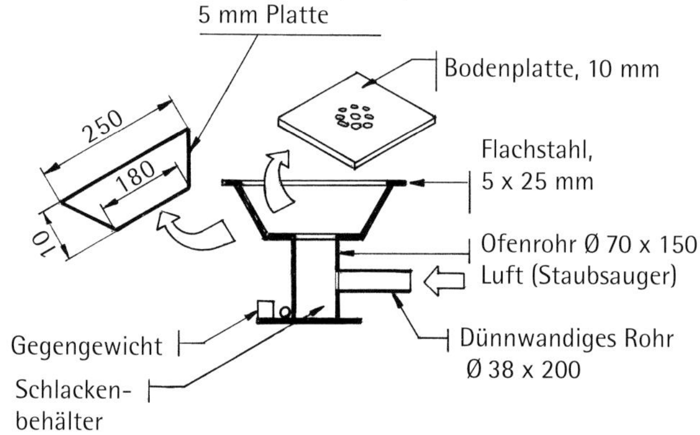

Bild 2.17 Die Feuerschüssel im Detail.

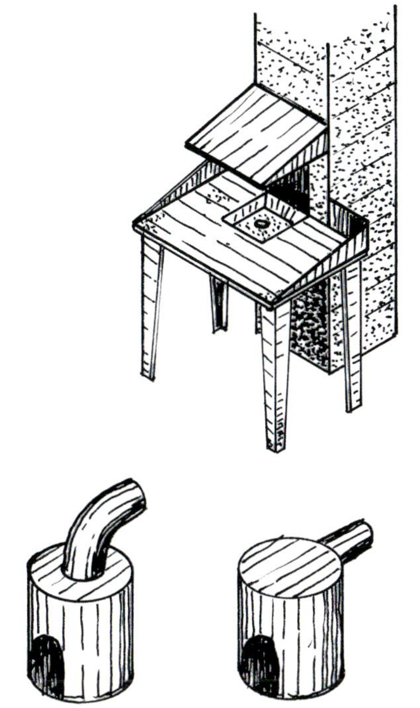

Bild 2.18 Wie eine Esse mit Abzugshaube oder -tonne einfach am Kaminrohr aufgestellt werden kann.

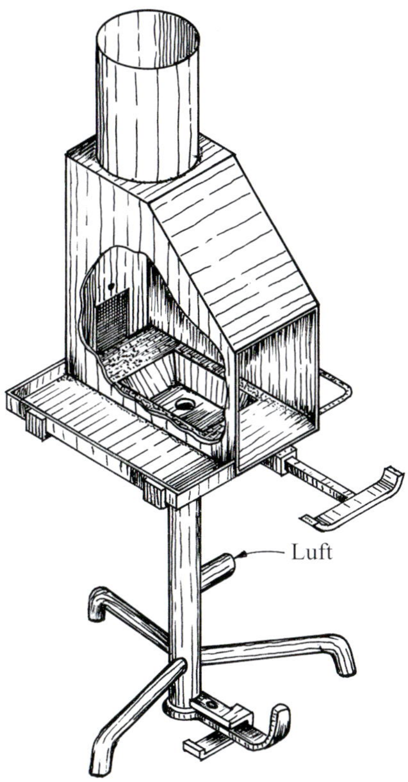

Bild 2.19 Kleine mobile Esse, bei der das Gebläse mit dem Fuß reguliert werden kann.

Jean José Tritz mit seiner selbst gebauten Esse für Holzkohle. Er hat sich spezialisiert auf das Schmieden und Schweißen von Stahl mit hohem Kohlenstoffgehalt. Kolbermoor, 1998.

Späte Abendstunde in Ybbsitz in Österreich, 1998.

Schmieden auf offener Esse in Kolbermoor, Deutschland, 1998.

Große Werkstücke, die erwärmt und geschmiedet werden sollen, benötigen viel Platz und eine offene Esse. Luxemburg, 1999.

Gasessen

Es sind heute mehrere unterschiedliche Gasessen verschiedener Konstruktionen und Größen auf dem Markt. Die auf der nächsten Seite abgebildeten werden mit Propan geheizt und haben einen Brenner. Sie werden in mehreren Größen und mit mehreren Brennern geliefert.

Am Boden der Esse liegt eine Schicht mit Keramik-Chips, die sehr hitzebeständig sind und eine gute Strahlungswirkung haben. Abhängig von der Größe der Esse und ihrer Wirkung können Temperaturen von 800 bis 1000 °C erreicht werden.

Gasessen haben viele Vorteile: Sie sind sauber und eignen sich zum gleichzeitigen Erwärmen von mehreren Gegenständen. Die Temperatur lässt sich leicht regulieren, und die Werkstücke können länger in Schmiedetemperatur liegen ohne zu brennen.

Modernere Gasessen werden mit einem Gemisch aus Gas, Sauerstoff und Luft geheizt. Auf diese Weise lässt sich die Menge von

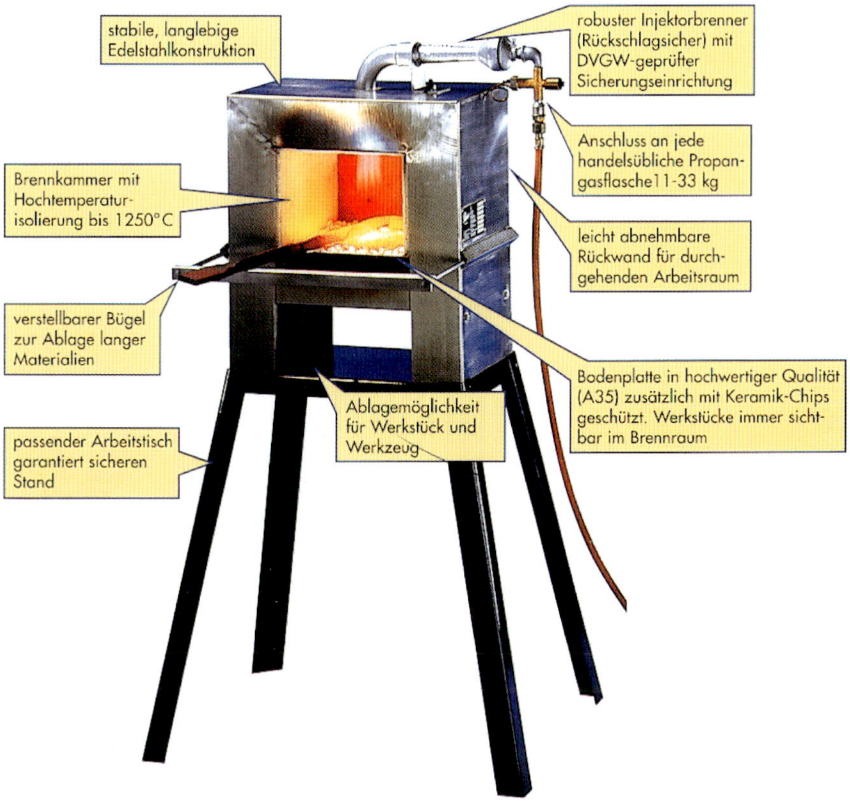

Gasesse.

Esse mit Gas-Luft-Gemisch.

Große Gasesse, in der gleichzeitig mehrere Werkstücke erwärmt werden können.

Gas und Sauerstoff auf eine nahezu vollständig saubere Verbrennung einstellen. Das heißt, es ist möglich, Stahl zu erwärmen, ohne dass sich Zunder oder Schlacke bildet, weil durch das Gas-Sauerstoff-Gemisch jede Reaktion gestoppt wird, die Zunder oder Schlacke erzeugt. Das hat natürlich große Vorteile, insbesondere beim Feuerschweißen und Erwärmen von Stahlsorten, die sich nicht feuerschweißen lassen, wenn sie oxidiert sind, wie zum Beispiel rostfreier Stahl.

Ob Kohlenesse oder Gasesse ist von den Schmiedearbeiten abhängig, die ausgeführt werden sollen und von der Zugänglichkeit zu Schmiedekohle und Koks. Holen Sie sich Rat bei einem Fachmann für Gasessen, bevor Sie sich selbst eine anschaffen.

Ölessen

Ölessen sind nicht neu, es gibt sie schon seit vielen Jahren, beispielsweise zum Schmieden von Sensen und anderen in großen Mengen produzierten Gegenständen. Im Prinzip funktioniert eine Ölesse wie eine Gasesse, mit dem einzigen Unterschied, dass man als Brennmaterial Heizöl oder Diesel benutzt.

Die Ölesse ist wie ein Ofen gebaut, mit einer Brennkammer aus feuerfestem Stein und Öffnungen vorn und hinten für die Luftzufuhr und das Erwärmen von langen Gegenständen. Vorn und hinten angebrachte Türen können je nach benötigter Temperatur und Verbrennung gehoben und gesenkt werden. Man verwendet ein oder zwei Ölbrenner von der Art, die man zum Heizen von Häusern benutzt.

Ölesse, die von Chris Torp Anders & Kern Company, Carlton Husthwaite Thirsk, North Yorkshire, England, hergestellt wird.

Das Öl wird unter Druck gesetzt, durch eine Düse zerstäubt und mit Gebläseluft aus einem Ventilator gemischt. Durch Regulieren der Luftzufuhr und damit des Öl-Luft-Gemisches wird eine vollständige Verbrennung erzielt und die Bildung von Zunder vermieden.

Die hier abgebildete Esse misst 280 x 600 x 230 mm. Der Ölverbrauch beträgt laut Prospekt bei kontinuierlicher Verwendung ca. 7-10 englische Pfund. Die Esse hat einen 240V-Anschluss und wird elektrisch gezündet. Der Preis liegt bei rund 1500 englischen Pfund plus Mehrwertsteuer und Lieferkosten.

Vorteile einer Ölesse

1. Die Temperatur kann reguliert und bis 1400° C erhöht werden.
2. Man kann viele Werkstücke gleichzeitig in der Brennkammer haben, ein Werkstück herausnehmen und ein neues hineinlegen. Die Werkstücke können auch längere Zeit in der Brennkammer liegen, ohne überhitzt zu werden oder anfangen zu brennen (vollständige Verbrennung).
3. In der Ölesse erfolgt das Erwärmen gleichmäßig. Sie eignet sich daher gut zum Erwärmen von Werkstücken mit unterschiedlichem Querschnitt, wie beispielsweise Werkstücke, die an einem Ende dicker sind als am anderen.
4. Eine Ölesse eignet sich auch gut zum Vorwärmen, zum Spannungsfreiglühen, Normalisieren, Härten usw.

Ob man sich eine Ölesse oder eine andere Art Esse anschaffen soll, hängt von der Art der Produktion des Schmieds ab. Man darf nicht vergessen, dass nicht alles in eine Ölesse gelegt werden kann.

Werkzeuge für das Handschmieden

KAPITEL 3

Schmiedewerkzeuge

Früher stellte der Schmied seine Werkzeuge und Geräte meist selbst her, abhängig von seinem Bedarf. Zum Beispiel war es üblich, eine Zange umzuschmieden, damit sie das Werkstück, das festgehalten werden sollte, gut umschloss, oder z. B. einen speziellen Meißel zu schmieden.

In der Hofschmiede brauchte der Schmied für warme und kalte Schmiedearbeiten meist nur einen Amboss, ein paar Hämmer, Zangen und Meißel. Auch wenn viele Schmiede ihre eigenen Werkzeuge anfertigten, waren sie früher leicht erhältliche Verkaufsartikel. Heute ist es schwieriger, sie sich zu beschaffen, aber vieles kann man selbst machen. Ich werde einige Werkzeuge und ihre Anwendung später erklären.

Schmiedezange, eigene Arbeit.

Amboss

Der Amboss kann wohl als das wichtigste Werkzeug eines Schmieds bezeichnet werden, und man sollte ihn mit Umsicht behandeln. Die meisten Ambosse sind aus Gussstahl mit Hörnern und Voramboss.

Die obere Fläche eines Ambosses wird Bahn genannt, sie sollte gehärtet sein. Die Ränder der Bahn müssen „scharf" sein, damit man sie sich bei den verschiedenen Schmiedetechniken zunutze machen kann. Der Amboss hat oft ein viereckiges und ein rundes Loch zum Befestigen verschiedener Arten von Werkzeugen, wie Abschrot und Ähnlichem.

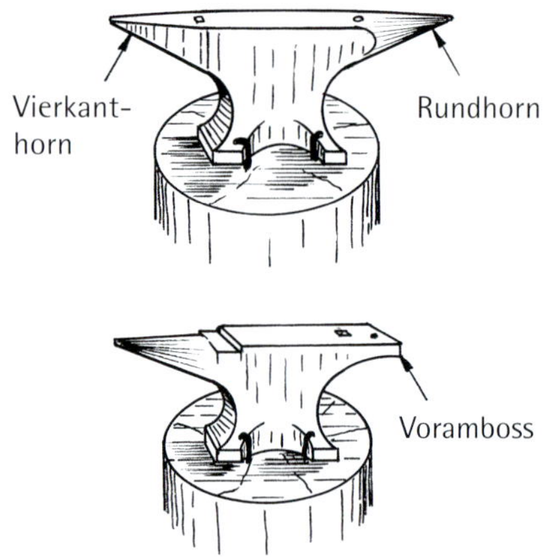

Bild 3.1 Ambosse.

Die Breite, Größe und Form des Ambosses wählt man nach der Art der Gegenstände, die man schmieden möchte, je größer die Werkstücke, desto größer und schwerer der Amboss. Zum Kunstschmieden eignen sich schmälere Ambosse mit einem dünnen Horn zum Biegen. Zum Schmieden von Messerklingen ist ein breiterer Amboss mit einem Gewicht von mindestens 50 kg besser.

Ambosse sind mit Rund- oder Vierkanthörnern oder mit so genanntem Voramboss erhältlich, der meistens von Hufschmieden zum Schmieden und Richten von Hufeisen verwendet wird.

Der Amboss muss eben und ohne Absplitterung und Kerben sein. Denken Sie daran, dass Ihre Schmiedearbeit ein Spiegelbild des Aussehens Ihres Ambosses ist. Es kommt auch oft vor, dass man alte Ambosse mit Spezialelektroden an den Rändern aufschweißt und sie dann anschließend durch Schleifen abrichtet.

Gesenk

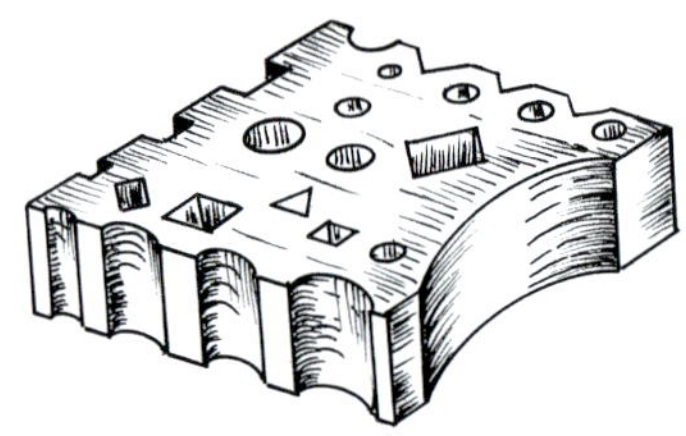

Bild 3.2 Gesenk.

Gesenke werden zum Gesenkschmieden verwendet, das heißt zum Schmieden von abgesetzten Teilen, Hohlkehlen und Bogen oder zum Lochschlagen und Aufdornen von Löchern. Sie wiegen ca. 80 kg, sind

100 mm stark mit einer Seitenlänge von 400 bis 500 mm. Sie werden liegend, hochkant oder in einem Rahmen aus Holz oder Stahl benutzt.

Ambossuntersatz

Der Untersatz des Ambosses ist wichtig. Er muss standfest und leblos genug sein, um den Schlag aufzufangen. Das heißt, er darf nicht federn oder hüpfen, sondern muss den gleichen Gegenschlag geben wie der Hammer, so dass von beiden Seiten die gleiche Bearbeitung erfolgt.

Als Ambossuntersatz wird meist stehendes Holz (Hirnholz) verwendet. Das kann ein „Klotz" aus Vierkantholz oder Schichtholz sein, oben und unten von einem Flacheisenrahmen umgeben. Sie können auch ein mit Sand gefülltes Holz- oder Stahlfass verwenden.

Steht der Ambossuntersatz direkt auf der Erde, muss sein Material besonders gut sein. Meistens steht er jedoch auf einem Betonboden. Mit ein oder zwei Lagen dicker Teerpappe zwischen Amboss und Ambossuntersatz dringt der Amboss in die Teerpappe ein und wippt nicht.

Zwischen Betonboden und Ambossuntersatz legen Sie ein bis zwei Lagen Bitumenpappe oder eine 12 mm starke, bitumenimprägnierte Platte, die eventuelle Unebenheiten zwischen Ambossuntersatz und Boden ausgleicht. Hier müssen Sie probieren, bis Ihnen der Amboss „leblos" genug vorkommt und er die Schläge aufnimmt.

Haben Sie einen unangenehm hohen Klang im Amboss, wippt wahrscheinlich der Amboss oder der Ambossuntersatz. Der Kontakt zwischen den Flächen muss wirklich gut sein. Ein starker Ambossklang schädigt nur das Gehör. Befestigen Sie einige Magnete am Amboss, das dämpft den Klang.

Die richtige Höhe von Amboss und Esse ist wichtig. Ist der Amboss zu hoch, müssen Sie mit hochgezogenen Schultern arbeiten und verlieren die Wucht in den Schlägen. Ist der Amboss zu niedrig, arbeiten Sie mit gebeugtem Rücken und können sich Rückenschmerzen zuziehen. Wir Menschen sind alle verschieden groß und unterschiedlich gebaut. Hier muss man also individuell anpassen. Probieren Sie es aus.

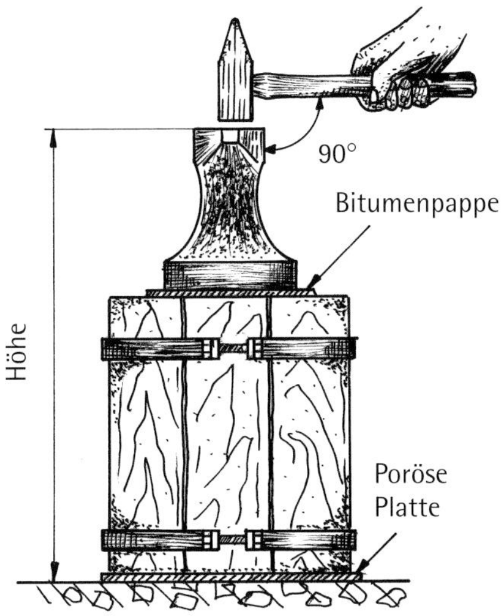

Bild 3.3 Der Amboss hat die richtige Höhe, wenn Sie in aufrechter Stellung den Hammerstiel horizontal zum Körper halten oder die Faust bei gestrecktem Arm bis zum Amboss reicht.

Schraubstock

Einen Schraubstock benötigt man häufig in der Schmiede. Sie verwenden ihn zum Einspannen heißer Werkstücke, die geschmiedet, gebogen, gedreht oder gestaucht werden sollen. Daher sollte es ein geschmiedeter Schraubstock (kein gegossener) sein, der dies alles aushält.

Am besten ist ein Schraubstock mit Bodenstütze (Schmiedeschraubstock), der Schläge gut verträgt, weil er außer der Befestigung an der Arbeitsbank eine Stütze hat, die bis zum Boden reicht.

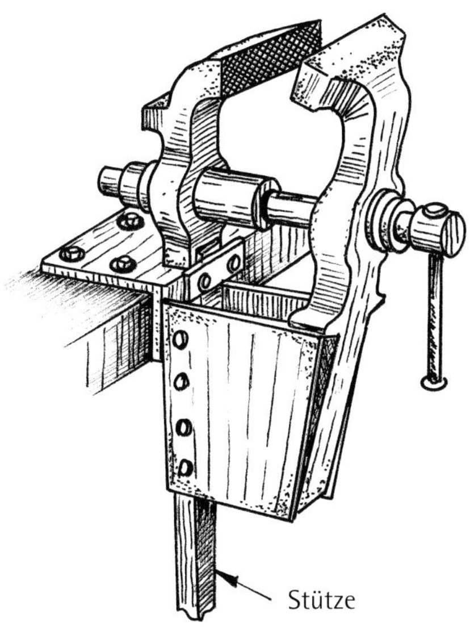

Bild 3.4 Für einen Schmiedeschraubstock brauchen Sie eine Arbeitsbank mit guter Befestigung an der Wand. Die Stütze des Schraubstocks muss bis zum Boden reichen und die Schläge gut aushalten.

Amboss mit versenkter Stauchplatte und Befestigungsmöglichkeit für Werkzeuge um den Ambossuntersatz herum. Eine sehr gute Lösung.

Eine Sammlung alter Ambosse. Einige sind geschmiedet.

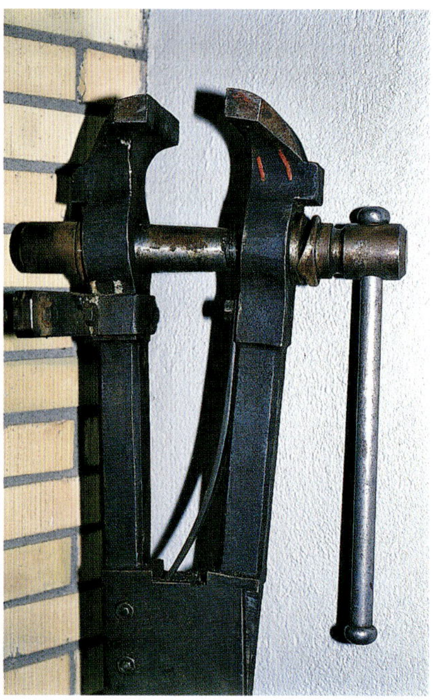

Schmiedeschraubstock, 1955 von Kjell Foldvik in Hamar geschmiedet. Ein Gesellenstück, das Anerkennung verdient.

Gesenk mit Befestigungsmöglichkeit für Werkzeuge.

Gestaltung von Zangen

Eine gute Schmiedezange ist ein begehrtes Werkzeug. Nichts ist lästiger für einen Schmied als mit einer schlechten Zange oder mit einer Zange mit schlechtem Biss zu arbeiten. Als Anfänger denkt man vielleicht nicht so viel darüber nach, wie eine Zange sein soll. Man meint wohl, „eine Zange sei eine Zange". Das Ergebnis dieser Einstellung zeigt Bild 3.5.

Daher muss der Schmied seine Zangen oft umschmieden oder eine neue anfertigen, die dem bestimmten Zweck dient. Hier sehen Sie eine Auswahl von Zangen für unterschiedliche Zwecke.

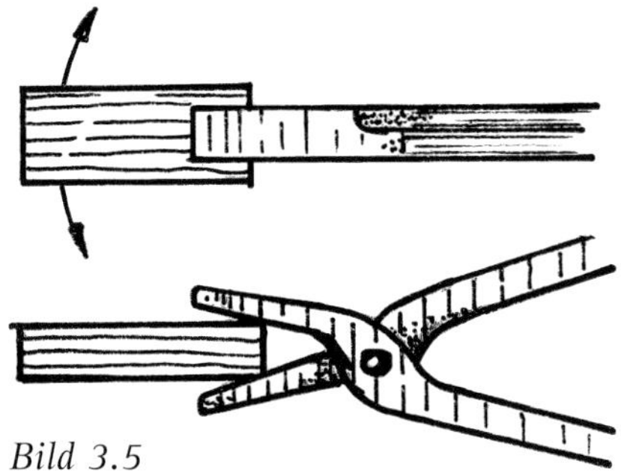

Bild 3.5

Kraft mal Arm

Wie bei vielen Werkzeugen gilt auch für Zangen das Verhältnis Kraft mal Arm. Je kürzer das Zangenmaul ist, desto besser „beißt" die Zange. Ein Beispiel veranschaulicht das:

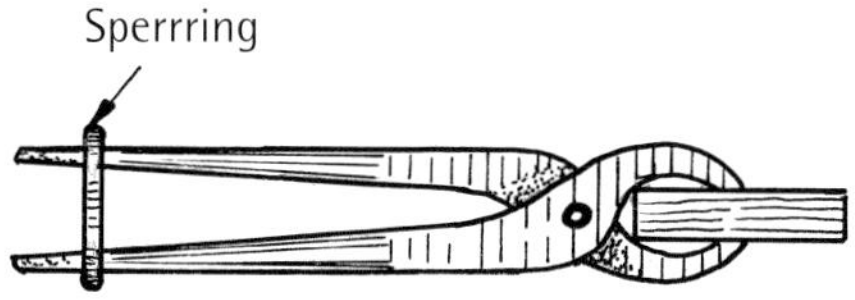

Bild 3.6

Die Zange in Bild 3.6 hat 400 mm lange Handgriffe und ein 120 mm langes Maul ab dem Gelenkstift. Klemmen Sie die Zange beispielsweise mit einer Kraft von 8 kp zu, erhalten Sie eine Kraft zwischen den Zangenmäulern von 26 kp. Die Formel lautet:

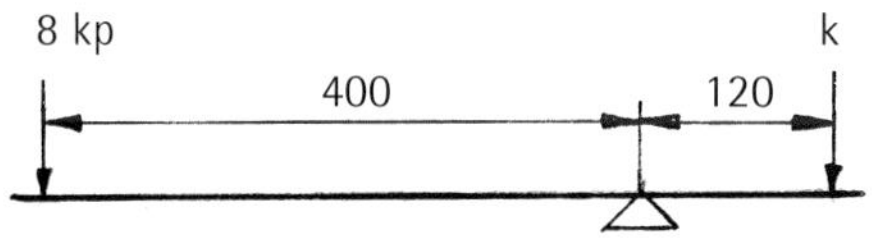

Bild 3.7

$$8 \times 400 = k \times 120 \qquad k = \frac{400 \times 8}{120} = \underline{26\ \text{kp}}$$

Die Zange in Bild 3.8 ist noch kräftiger, weil sie ein nur halb so langes Maul hat (60 mm).

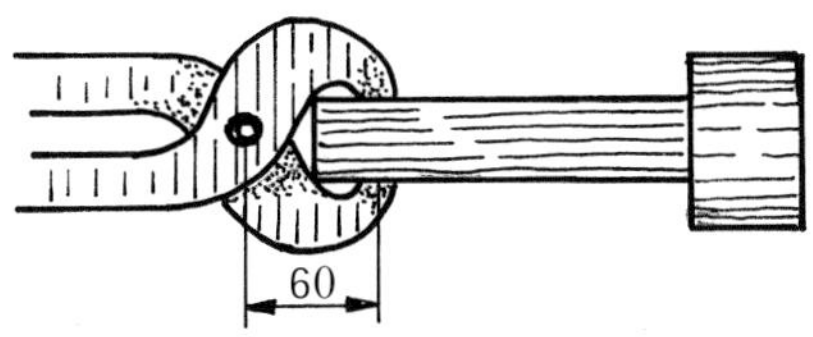

Bild 3.8

$$K = \frac{400 \times 8}{60} = \underline{53\ \text{kp}}$$

Aber so theoretisch denkt man für gewöhnlich nicht, wenn man eine Zange verwendet. Trotzdem ist es ein einfaches Prinzip, das für fast jedes Werkzeug gilt, das wir benutzen.

Die Zangen in den Bilden 3.6 und 3.8 nennt man *Kraftzangen*. Eine Flachzange sollte eine ähnliche Form haben. Sie hält das Werkstück besser mit dem Biss ganz außen am Maul, als wenn sie ganz parallel beißt. Am besten hält sie, wenn das Werkstück bis ganz in das Maul hineinreicht oder schräg gefasst wird. Indem man die Zange etwas senkt, so dass das Werkstück eben am Amboss anliegt, hat man das Werkstück fest im Griff, und es schwingt auch nicht so leicht aus dem Maul heraus (siehe Bild 3.9).

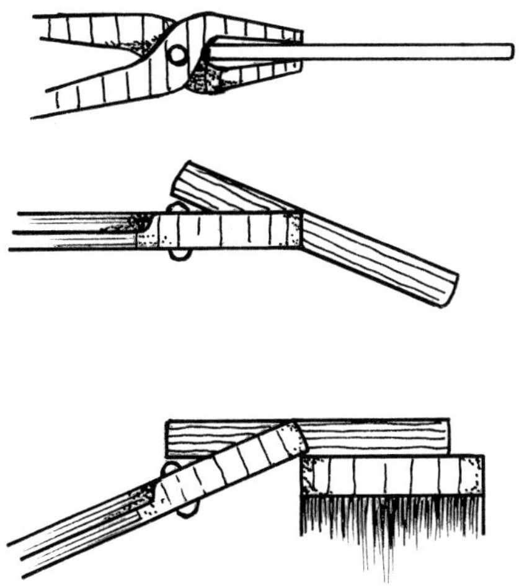

Bild 3.9

Kombinationszangen

Die Zange rechts kann für unterschiedliche Dimensionen und Profile verwendet werden, zum Beispiel für Vierkant-, Rund- und Flachstahl.

Um Flachstahl gut festhalten zu können, kann man verschiedene lose *Backen* anfertigen. Sie werden auf den Flachstahl gelegt, und das Ganze wird in die Zange mit V-Profil gesetzt. Eine solche Zange hält das Werkstück die ganze Zeit in der Längsrichtung der Zange fest.

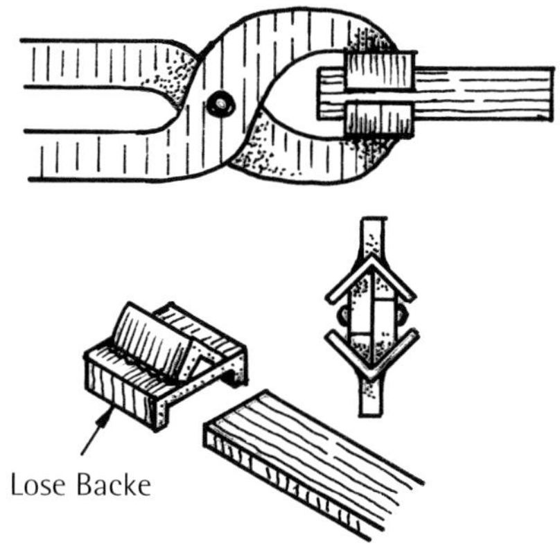

Bild 3.10

Andere Zangen

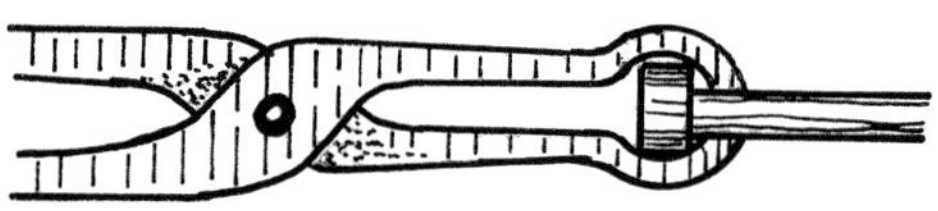

Bild 3.11 Spezialzange.

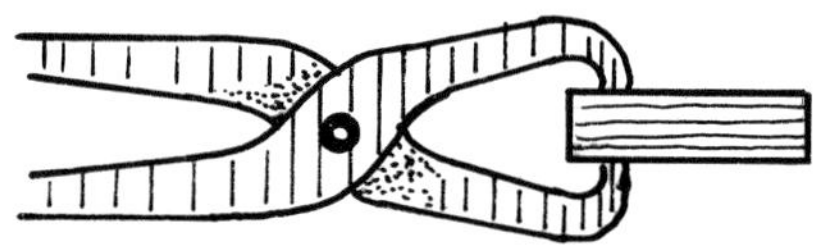

Bild 3.12 Spezialzange.

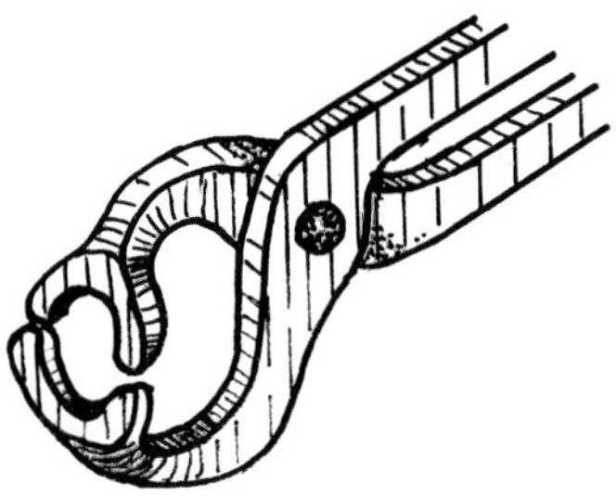

Bild 3.13 Spezialzange.

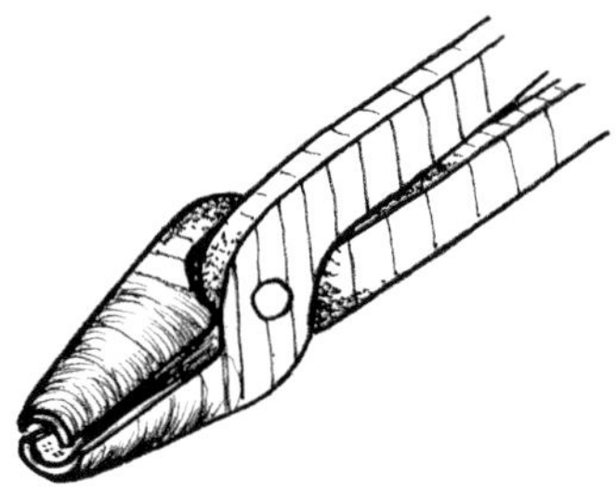

Bild 3.14 Rundmaulzange.

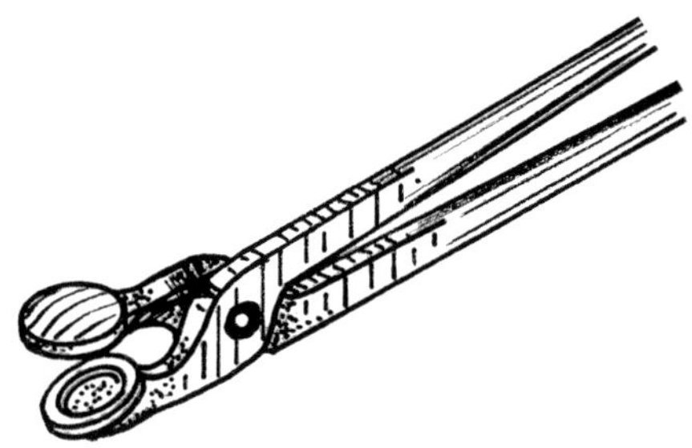

Bild 3.15 Hufschmiedzange.

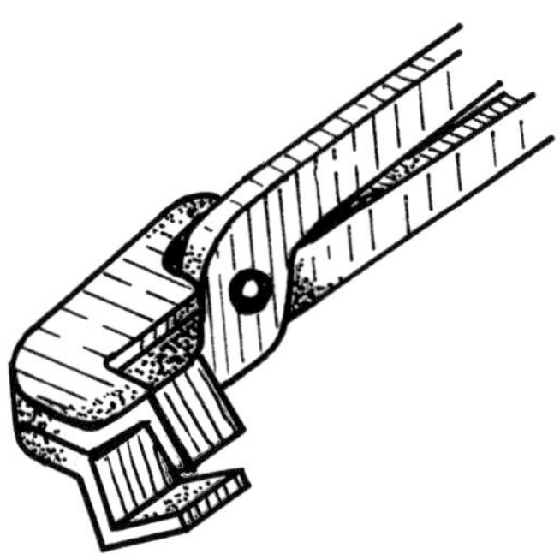

Bild 3.16 Zange für Rund- und Vierkantstahl. Das Werkstück kann am Gelenkstift vorbei und parallel zum Handgriff liegen.

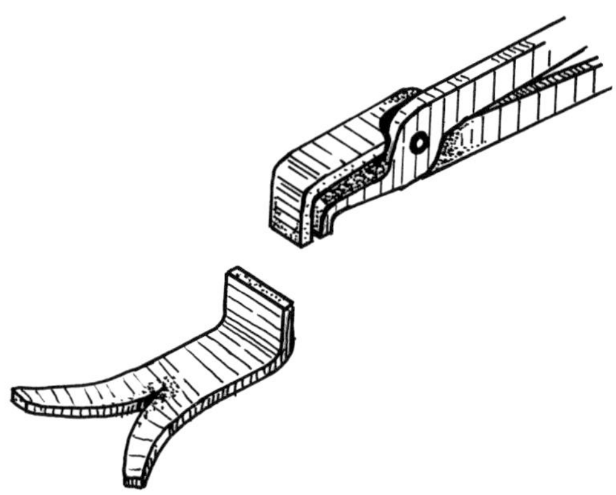

Bild 3.17 Umgeschmiedete Flachzange.

Hammer

Der Hammer ist das Werkzeug in einer Schmiede, zu dem der Schmied die persönlichste Beziehung hat. Anhand seiner visuellen Vorstellungen bearbeitet er den Stahl mit dem Hammer und gibt dem Werkstück dadurch die gewünschte Form und Gestalt. Ein guter Schmiedehammer wird einem mit der Zeit lieb und teuer. Auch der Hammer muss trotz gemeinsamer Züge wie andere Werkzeuge individuell anpasst werden.

Die richtige Länge des Stiels ist auf Abbildung 3.18 zu sehen. Die Bahn des Hammers soll glatt, blank und schwach gewölbt sein. Mit einer gewölbten Bahn setzt der Hammer bessere Schläge und bearbeitet den Stahl gründlicher. Eine ebene Bahn wirkt leblos und fühlt sich schwer und ungenau an. Das gilt auch für den Vorschlaghammer.

Es dauert eine Weile, bis man den Hammer richtig verwendet. Anfänger halten den Hammerstiel oft zu fest, und nach kurzer Zeit fühlt sich der Arm wie „Blei“ an. Ein guter Schmied öffnet den Griff immer wieder und hält bei schwachen und starken Schlägen abwechselnd vorne und weiter hinten. Der Hammer soll in der Hand lose wirken. Man schlägt abwechselnd einmal auf das Werkstück und einmal (leicht) auf die Ambossbahn. Auf diese Weise macht der Arm ohne Muskelkraft eine geringe Rückstoßbewegung nach oben, und die Armmuskeln werden gelockert, um einem neuen kräftigen Schlag die nötige Wucht zu verleihen. Haben Sie das gelernt, werden Sie merken, dass Ihnen die Arbeit leichter von der Hand geht.

Bild 3.18 Der Hammerstiel sollte so lang wie der Unterarm sein und das Gewicht des Hammers ca. 1 kg. Zum kräftigeren Schmieden eignet sich ein Hammer mit quadratischer Bahn und keilförmiger Finne (Pinne), aber auch ein Kugelhammer von 1 bis 2 kg wird Anwendung finden.

Bild 3.20 Schmieden mit Zuschläger.

Vorschlaghammer

Der Vorschlaghammer wird zum Schmieden größerer Werkstücke verwendet, und wenn man für den Schmied auf Hilfswerkzeuge schlagen muss. Es gibt zwei Arten von Vorschlaghämmern, einen mit der Finne in der Längsrichtung des Hammerstiels und einen mit quer gestellter Finne.

Der Vorschlaghammer wird meist von einem Zuschläger (einer Person, die für den Schmied schlägt) verwendet. Es ist wichtig, dass der Hammer richtig fest auf dem Stiel sitzt, so dass er sich nicht löst und den Schmied trifft. Ein Vorschlaghammer kann drei bis vier Kilo wiegen. Der Zuschläger hilft dem Schmied, indem er auf die Hilfswerkzeuge schlägt. Der Vorschlaghammer wird auf eine besondere Weise gehalten. Dazu Näheres im Kapitel „Historischer Rückblick“.

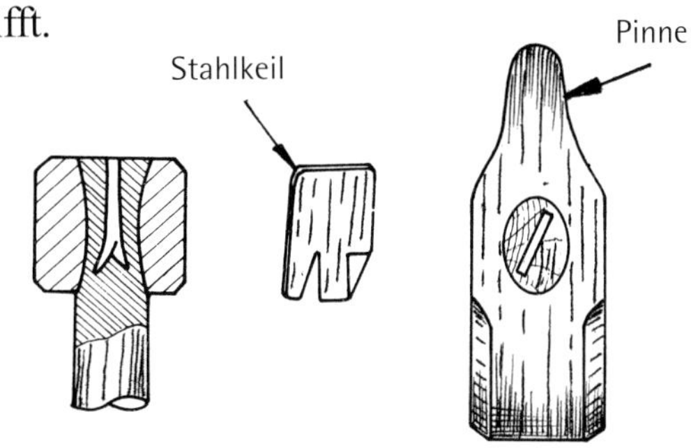

Bild 3.19

Abschrot

Der Abschrot wird zum Abschlagen von heißem Stahl verwendet und in das viereckige Loch gesetzt, das es fast in jedem Amboss gibt. Das Werkstück wird in heißem Zustand auf den Abschrot gelegt und mit dem Hammer bearbeitet, bis die Schneide des Abschrots durchkommt. Vorsicht – die Schneide nicht flach schlagen!

Der Abschrot ist ein Werkzeug, das man regelmäßig schleifen und härten muss, denn die Schneide wird ziemlich schnell stumpf. Dickere Teile sollten von mehreren Seiten her abgeschlagen werden.

Der in Bild 3.21 abgebildete Abschrot ist zusammengeschweißt und lässt sich einfach herstellen. Das Viereck und die Bodenplatte bestehen aus weichem Stahl, der meißelförmige Einsatz ist aus Federstahl von einer alten Autofeder gefertigt. Zum Schweißen sollte der Federstahl vorgewärmt werden, damit die Schweißnaht nicht aufreißt. Danach normalisieren Sie den ganzen Abschrot, das heißt Sie erwärmen ihn dunkelrot glühend und lassen ihn langsam abkühlen. Ich härte den Abschrot normalerweise nicht und vermeide dadurch Kerben im Hammer. Auch ungehärtet ist der Abschrot meistens hart genug.

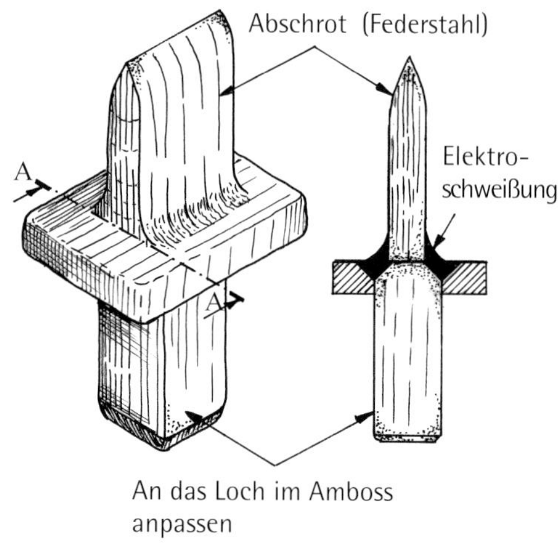

Bild 3.21 Abschrot.

Setzhammer

Setzhammer ist die Bezeichnung für mehrere unterschiedliche Hämmer, mit denen man nicht schlägt. Es handelt sich um Hämmer, auf die der Zuschläger mit dem Vorschlaghammer oder ein Maschinenhammer schlägt.

Der Setzhammer wird zum Absetzen von Absätzen, Nuten und Profilen benutzt oder zum Strecken des Materials. Außerdem verwendet man ihn für genaue Absätze oder genaue Schläge. Die üblichsten sind Setz-, Kehl-, schräger Kehlhammer und Schlichthammer. Rechts sind die einzelnen Setzhämmer und ihre Verwendung dargestellt.

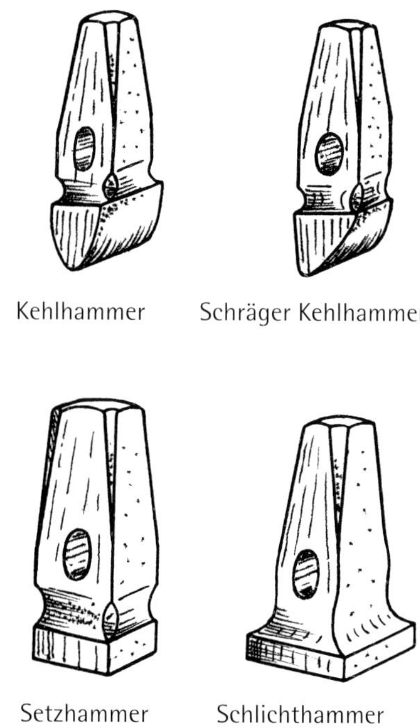

Bild 3.22 Setzhämmer.

Setzhammer

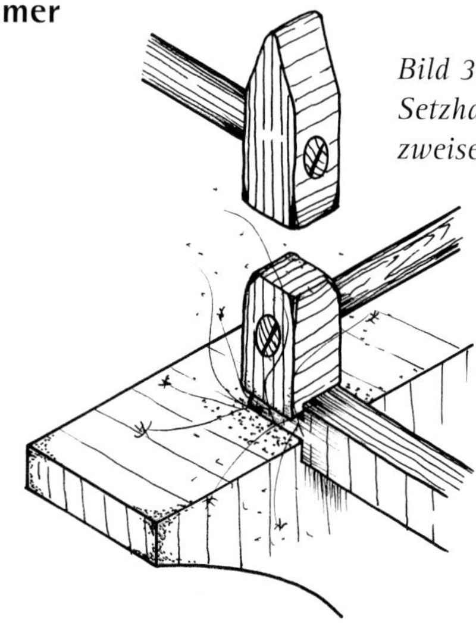

Bild 3.23 Verwendung eines Setzhammers zum ein- oder zweiseitigen Absetzen.

Bild 3.24 Verwendung eines Setzhammers für einen scharfkantigen, genauen Abschluss.

Kehlhammer

Bild 3.25 Verwendung eines Kehlhammers auf beiden Seiten zum Absetzen eines Teils in der Mitte.

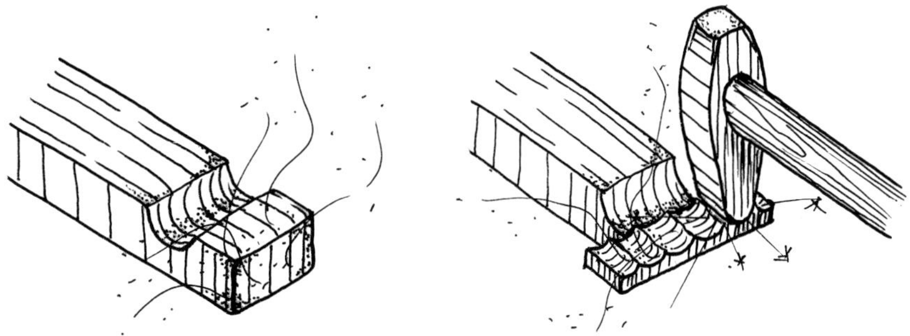

Bild 3.26 Quer Absetzen zum anschließenden Strecken und seitlichen Verschieben des Materials.

Schräger Kehlhammer

Bild 3.27 Beispiel des Schmiedens einer besonders scharfen Ecke, wobei zuerst mit einem schrägen Kehlhammer abgesetzt und dann mit einem gewöhnlichen Hammer geschmiedet wird.

Bild 3.28 Zweiseitiges Absetzen mit schrägem Kehlhammer, Ausstrecken mit Hammer und Ebnen mit Setzhammer bis zur gewünschten Stärke.

Schlichthammer

Das Werkstück wird heiß auf den Amboss oder eine Schlichtplatte gelegt. Mit kräftigen Schlägen auf den Schlichthammer erhält man eine schöne, glatte Oberfläche und ein ebenes Werkstück.

Es lohnt sich, zuerst den Zunder abzubürsten. Dann schlägt man ihn nicht in die Oberfläche hinein und macht sie unsauber und hässlich. Das ist oft das Letzte, was man mit einem Werkstück macht, das eben sein und eine schön geschmiedete Oberfläche haben soll.

Mit ein wenig Wasser auf der Schlichtplatte und dem Schlichthammer wird eventueller Zunder durch Zusammenziehen in einen Schock versetzt und fällt ab. Die Oberfläche ist dann sauber und schön.

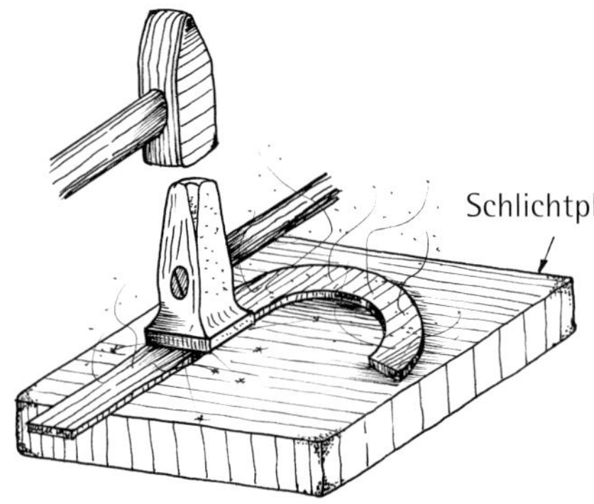

Bild 3.29 Schlichthammer.

Gesenke und Gesenkschmieden

Gesenke werden meist als Setzhämmer verwendet, das heißt, um auf das Gesenk zu schlagen, braucht man einen Zuschläger oder einen Maschinenhammer. Ein Gesenk besteht aus dem Obergesenk und dem Untergesenk, die man mit dem Werkstück dazwischen zusammenschlägt. Das Werkstück erhält dadurch eine bestimmte Form, und es lassen sich auf diese Weise mehrere Werkstücke mit derselben Form schmieden.

Es gibt mehrere Methoden des Gesenkschmiedens, die im Kapitel „Schmieden mit dem Maschinenhammer" genauer beschrieben werden. Hier wird nur das Prinzip des Gesenkschmiedens von Hand gezeigt.

Gesenke können z. B. aus Kohlenstoffstahl hergestellt werden, indem man die innere Form zuerst durch Bohren oder Fräsen grob bearbeitet. Dann erwärmt man die Gesenke und schmiedet sie um ein fertiges, gehärtetes Modell herum. Mehr hierzu erfahren Sie im Kapitel über das Schmieden mit dem Maschinenhammer.

Man kann auch ein Gesenk anfertigen, das im Viereckloch des Ambosses befestigt werden kann, wenn man keinen Zuschläger oder andere Hilfe hat. An das Obergesenk und das Untergesenk schweißt man einen Handgriff aus Flachstahl oder Rundstahl, der die nötige Federung aufweist.

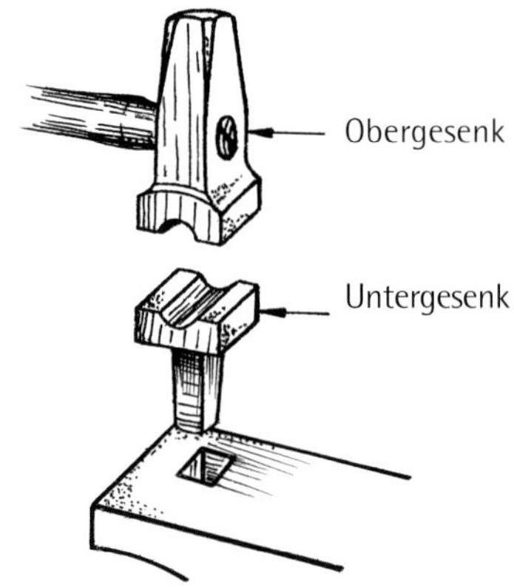

Bild 3.30 Gesenk.

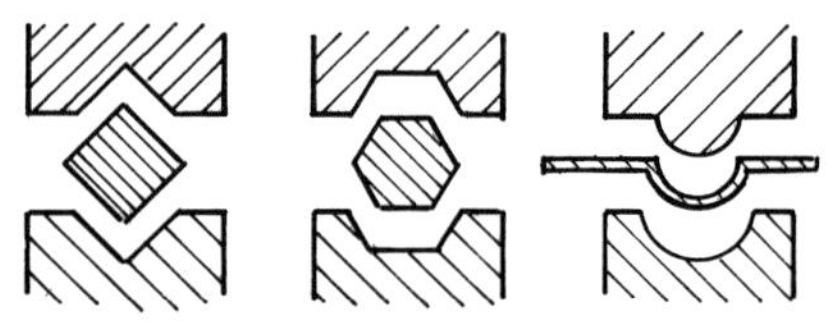

Bild 3.31
Unterschiedliche Gesenke.

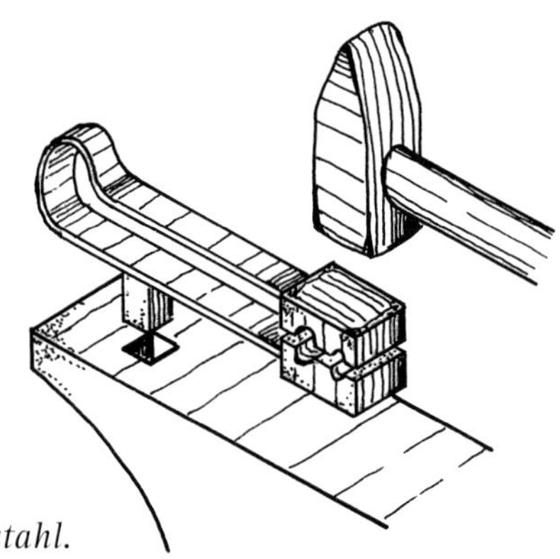

Bild 3.32 Bügelhandgriff aus Flach- oder Rundstahl.

Trennen und Abschroten

Beim Schmieden benutzt man häufig Schrothämmer zum Abtrennen, Spalten und zu unterschiedlichen Kerbarbeiten. Man kann auch die üblichen Meißel verwenden und sie mit einer Zange halten. Man unterscheidet zwischen Schrothämmern zum Warm- und zum Kaltschroten.

Der Kaltschrot ist etwas kräftiger und wird zum Meißeln von Nuten und Mustern verwendet. Der Warmschrot hat eine schlankere Schneide und wird zum Meißeln, Spalten oder Abschlagen von heißem Stahl benutzt. Mit einer Platte aus weichem Stahl auf dem Amboss beschädigen Sie weder die Schneide des Schrothammers, noch die Ambossbahn.

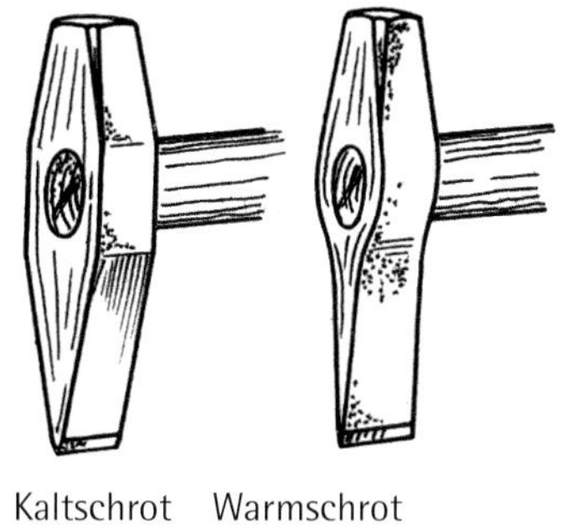

Bild 3.33 Schrothämmer.

Die Verwendung von Schrothämmern

Bei auf beiden Seiten geschliffenen Schrothämmern ist die Schnittfläche mehr oder weniger schräg, abhängig davon, wie stumpf der Hammer geschliffen ist. Um dem entgegenzuwirken, kann man von beiden Seiten bis zur Hälfte durchschlagen oder wie in Bild 3.34 auf der Unterseite einen Abschrot benutzen.

Ein Schrothammer muss gehärtet sein, damit er scharf bleibt und kräftige Schläge aushält. Wird der Hammer während der Arbeit zu warm, verschwindet die Härtung, und die Schneide „legt sich“.

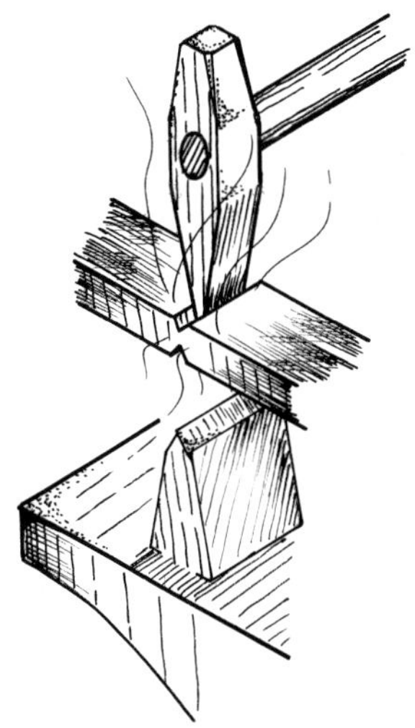

Bild 3.34

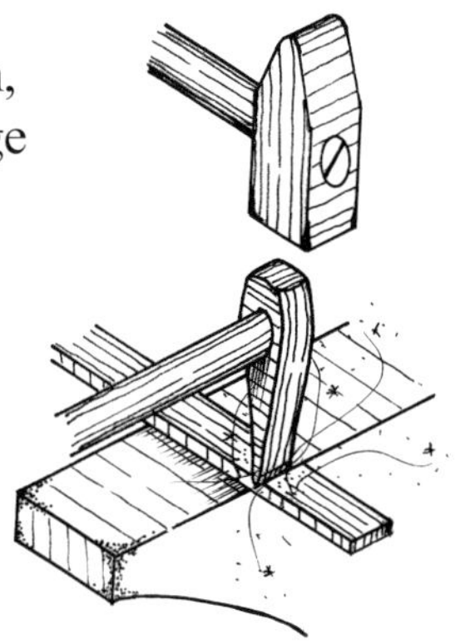

Bild 3.36 Der letzte Teil eines Werkstücks lässt sich einfach über der Kante des Ambosses abschlagen.

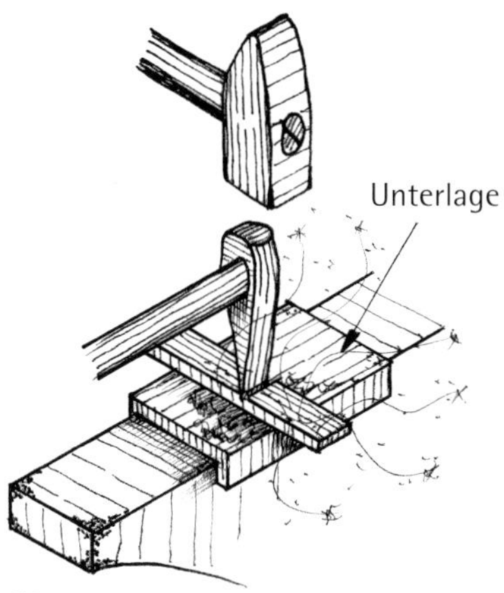

Bild 3.35 Um den Schrothammer und Amboss nicht zu beschädigen, verwendet man eine weiche Stahlplatte als Unterlage.

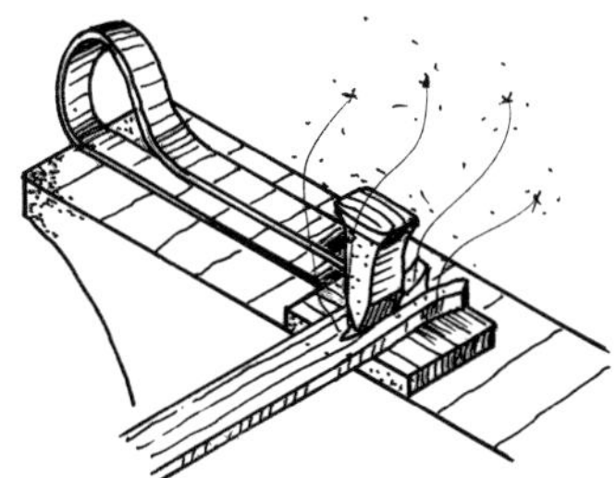

Bild 3.37 Hat man keinen Zuschläger, kann man ein Abschrotwerkzeug mit angeschweißtem Federbügel und weicher Platte als Unterlage selbst anfertigen. Das Abkühlen dauert dann etwas länger.

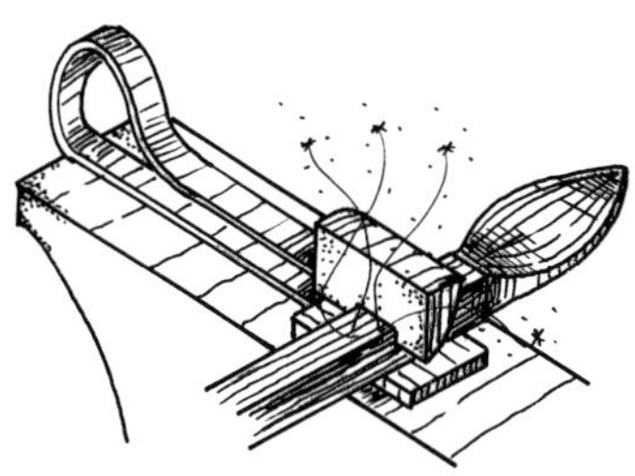

Bild 3.38 Um einen möglichst geraden Rand abzuschlagen, kann man das Abschrotwerkzeug nur auf einer Seite schräg schmieden.

Daher muss man beim Warmtrennen den Schrothammer regelmäßig in einem Eimer mit kaltem Wasser abkühlen, den man neben den Amboss stellt.

Stahl zum Warmschroten sollte mindestens 0,6 % C enthalten. Ich verwende Federstahl, der zäh und robust ist. Ich benutze auch häufig Bohrstahl. Als Stiel schweiße ich mit basischer Elektrode ein Stück Flachstahl an und glühbehandle dann die Schweißung. Der Stahl, die Wärmebehandlung und das Härten werden im Kapitel „Materialkunde" näher erklärt.

Eine Auswahl von Zangen. Sie sollten ordentlich aufgehängt und leicht zugänglich sein.

Beispiel für das Warmspalten (Helfstyn, Tschechien, 1997).

Alfred Bullermann mit einem seiner Lehrlinge als Zuschläger (Helfstyn, Tschechien, 1997).

Werkzeugbefestigung für Gesenke und ähnliche Vorrichtungen. Man hat beide Hände frei, weil das Werkzeug mit einem Pedal festgehalten wird.

Italienischer Schmied und Zuschläger strecken mit einem Rundsetzhammer (Helfstyn, Tschechien, 1997).

Aufdornen oder Lochen

Wenn man in warmen Stahl ein Loch schlägt, nennt man das Aufdornen oder Lochen. Aufgedornt und gelocht wird nicht nur wegen des Loches, sondern auch, um dem Werkstück ohne Reduktion des Querschnitts ein ansprechendes Aussehen zu verleihen.

Zum Aufdornen von Löchern in dünneren Werkstücken verwendet man einen Lochhammer, der am Ende flach ist. Er wird mit einem Vorschlaghammer durch das warme Gut geschlagen. Es wird von beiden Seiten aufgedornt. Wenn man die Unterseite nach oben dreht, sieht man das Loch als einen dunkleren Kreis im Werkstück.

Zum Aufdornen von Löchern in dickerem Gut benutzt man zuerst einen Schlitzhammer und dann einen Lochhammer. Beide muss man regelmäßig kühlen, damit sie nicht gestaucht werden und stecken bleiben. Um den Loch- oder Schlitzhammer leichter herauslösen zu können, kann man vor jedem Schlag Kohlepulver ins Loch streuen, besonders, wenn man große Löcher wie z. B. für den Stiel einer Axt aufdornt.

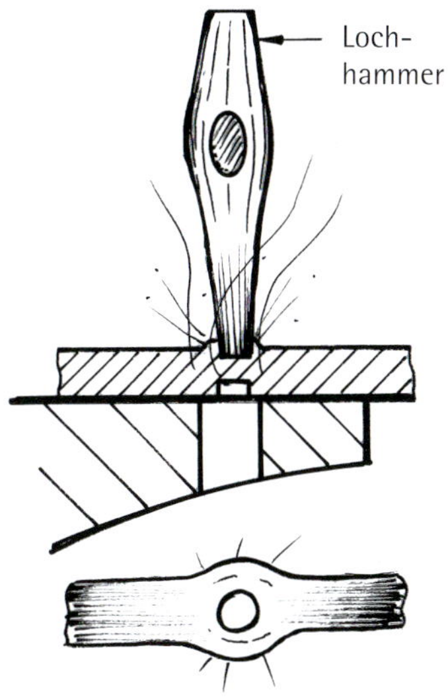

Bild 3.39 Aufdornen eines Loches von beiden Seiten. Das Loch für den Gelenkstift einer Schmiedezange wird normal aufgedornt. Es verleiht der Zange eine runde Form, und der Querschnitt wird nicht so geschwächt wie durch das Bohren eines Loches.

Möchte man ein Loch aufdornen, ohne den Querschnitt zu sehr zu schwächen, kann man zuerst mit einem Schlitzhammer einen Schlitz machen. Dann staucht man das Material etwas, damit man den Dorn hineinschlagen kann. Das ergibt eine schöne Form, ohne den Querschnitt zu schwächen. In Bild 3.41 wird gezeigt, wie man einen Schrothammer mit Loch für den Stiel schmiedet. Ausgangsmaterial ist 30 mm Vierkantstahl mit ca. 0,7 % C.

1 Zuerst wird das Werkstück konisch in die richtige Form geschmiedet. Bestimmen Sie, ob es für den kalten oder warmen Gebrauch sein soll. Dann legt man das Werkstück auf den Abschrot oder verwendet einen Schrothammer und schlägt an jeder Seite eine Kerbe von ca. 1/3 der Dicke des Stahls.
2 Markieren Sie das Loch für den Stiel, indem sie eine Steuernut für den Schlitzhammer kaltmeißeln. Erwärmen Sie das Werkstück gut und schlagen Sie den Hammer wiederholt von beiden Seiten hinein, bis das Loch die richtige Größe hat. Vergessen Sie nicht, den Schlitzhammer abzukühlen.
3 Schlagen Sie dann den konischen Lochdorn von beiden Seiten hinein. Schmieden Sie das Werkstück von außen in eine abgerundete Form, während der Lochdorn drinsteckt. Das Loch für den Stiel muss in der Mitte am engsten sein, damit der Stiel fest sitzt.
4 Trennen Sie den Schrothammer von allen Seiten ab.

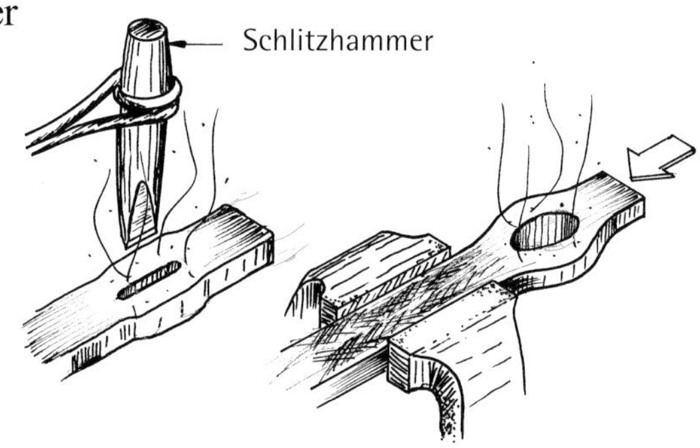

Bild 3.40 Der Handgriff des Schlitzhammers kann geöffnet werden, so dass der Meißel in die richtige Stellung gedreht werden kann.

Über Wärmebehandlung und Härtung erfahren Sie mehr im Kapitel „Materiallehre".

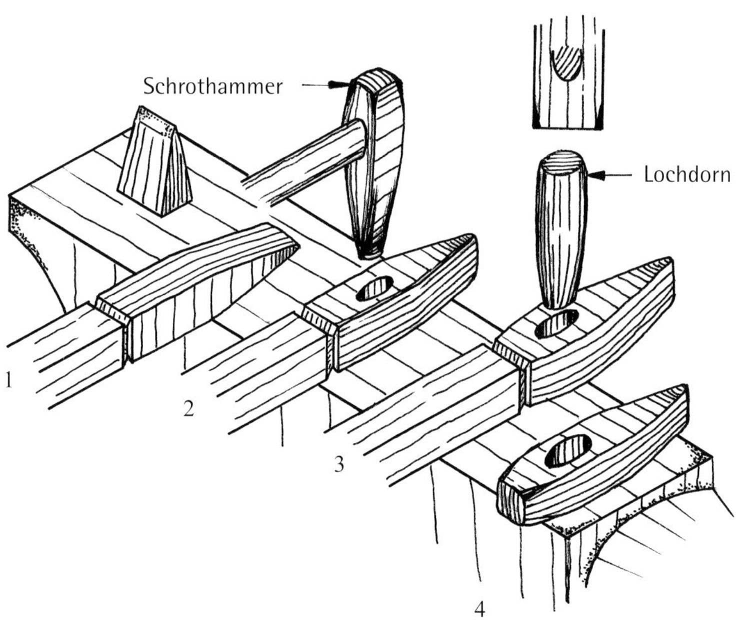

Bild 3.41

Beispiele für das Aufdornen

Wenn ich vom Lochen spreche, meine ich im Prinzip dasselbe wie das Bohren eines Lochs, bei dem man einen zylindrischen Zapfen herausschlägt, der dem Durchmesser des Lochs entspricht. Das schwächt aber das Material, weil die Wanddicke auf beiden Seiten des Lochs dünner wird als beim Aufdornen.

Aufdornen nenne ich es, wenn ein Loch in einem Werkstück gemacht wird, ohne dass das Material geschwächt wird. Die Wanddicken auf beiden Seiten des Loches haben dann zusammen ungefähr den gleichen Querschnitt wie der Rest des Werkstücks.

Aber nicht nur die Stärke ist für das Lochen oder Aufdornen entscheidend. Wie bereits erwähnt, ergibt das Aufdornen eine natürlichere und schönere Form. Auf dieser Seite sind mehrere Beispiele des Aufdornens von runden und viereckigen Löchern gezeigt.

Wie Sie in Bild 3.42 sehen, beginnt man mit einem Schlitzhammer, der konisch genug sein muss, um sich nicht festzukeilen. An den Seiten muss er etwas abgerundet sein, damit das Loch an den Enden nicht zu spitz wird. Mit scharfen Ecken wird das Loch nicht so schön und zylindrisch.

Der Lochhammer muss auch etwas konisch sein, kann aber weiter oben zylindrisch sein, weil ein durchgehender Dorn leichter herausgeschlagen werden kann.

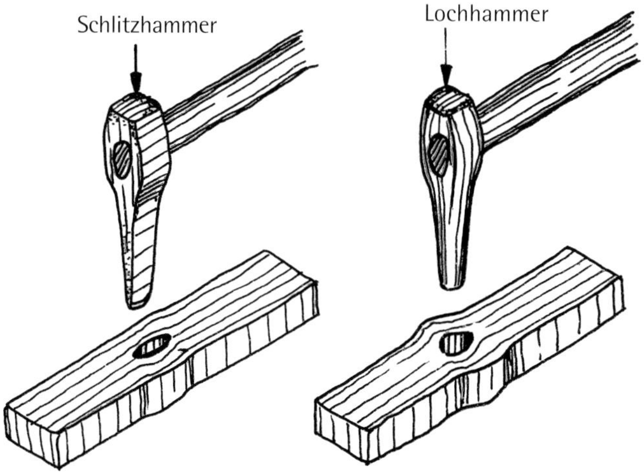

Bild 3.42 Aufdornen.

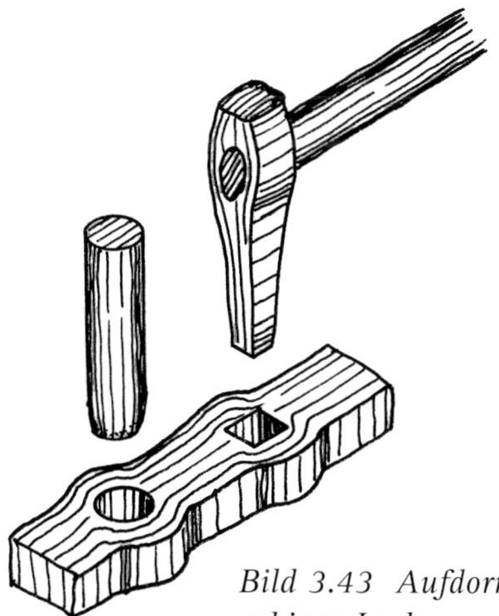

Bild 3.43 Aufdornen eines runden und eckigen Lochs.

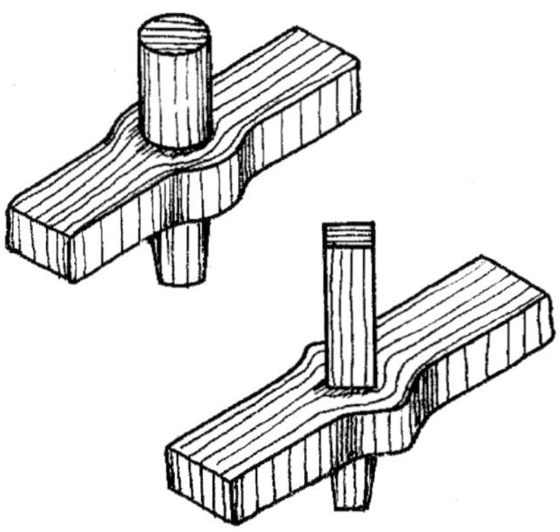

Bild 3.44 Aufdornen von runden und eckigen Löchern. Um das gewünschte Loch zu erhalten, dornt man zum Schluss mit der endgültigen Dimension auf. Je nach Wunsch kann man hier eine Schrumpfverbindung herstellen.

Bild 3.45 Genaues Aufdornen zum Schluss. Wird außen am Loch zu viel geschmiedet, kann sich das Werkstück strecken und das Loch zu groß werden.

Beispiele

Hier sehen Sie einige Beispiele von Zusammenfügungstechniken durch Meißeln, Aufdornen und Durchziehen von der Kunstausstellung für Schmiedeeisen in Helfstyn in Tschechien im Jahre 1997.

Beim Anblick solcher Arbeiten bin ich fast sprachlos. Das ist Schmiedearbeit auf höchstem Niveau. Ich habe diese Bilder mehr als einmal studiert, und sie beeindrucken mich immer mehr. Nicht nur das Zusammenfügen, sondern auch das Markieren, Meißeln und Aufdornen, bevor man mit dem Biegen und Durchziehen beginnen kann, ist exzellent ausgeführt.

Materiallehre und Wärmebehandlung

KAPITEL 4

Bevor wir die unterschiedlichen Schmiedetechniken und die Wärmebehandlung von Stahl erklären, werden wir versuchen, einige Wörter und Begriffe zu definieren. Das wird Ihnen die Arbeit erleichtern, wenn Sie sich im Härten von Stahl versuchen oder zwischen Stahltypen unterscheiden müssen. Um einfach und verständlich zu bleiben, verzichte ich bei dem einen oder anderen Punkt auf zu genaue technische Details.

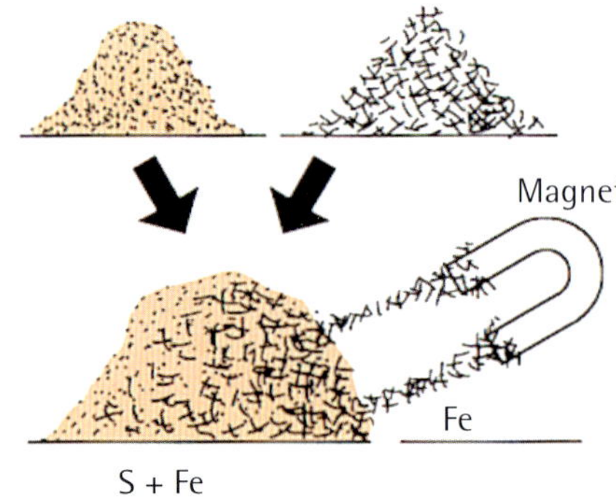

Bild 4.1 Pulvermischung.

Materialkunde

Mechanisches Mischen

Beim Mischen von Schwefelpulver (S) und reinem Eisen (Fe) erhalten Sie ein gelbliches Pulver. Die Stoffe dieser Mischung können leicht mit einem Magneten getrennt werden, weil das Eisenpulver magnetisch ist. Also: In einer mechanischen Pulvermischung behält jeder Stoff seine Eigenschaften.

Chemische Verbindung

Stellen Sie sich jetzt vor, wir schmelzen die Mischung aus Schwefel und Eisen in einem Tiegel. Wenn die Masse erstarrt ist, wird das Ganze wieder zu Pulver zerrieben. Wenn Sie jetzt versuchen, mit einem Magneten das Eisen vom Schwefel zu trennen, werden Sie merken, dass es nicht geht. Ein neuer Stoff ist entstanden, der Eisensulfid (FeS) heißt.

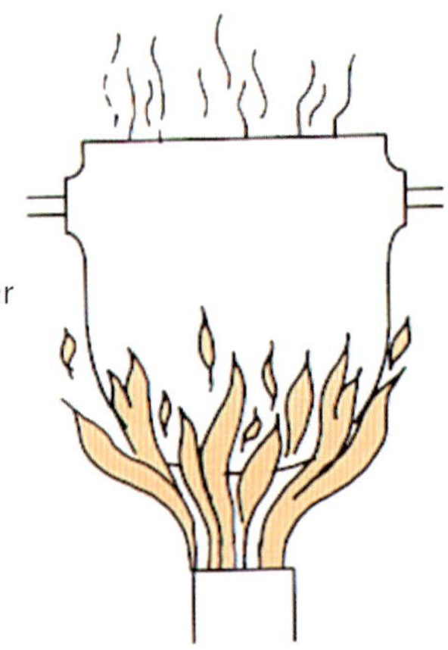

Bild 4.2 Durch das Schmelzen von Schwefel und Eisen erhält man Eisensulfid FeS.

Also: Eine chemische Reaktion hat stattgefunden, und wir haben eine chemische Verbindung erhalten, die ganz andere Eigenschaften hat als die beiden Grundstoffe Schwefel und Eisen. In der chemischen Verbindung liegt ein bestimmtes Mischungsverhältnis zwischen den Stoffen Schwefel und Eisen vor. Die Formel FeS gibt an, dass sich ein Atom Eisen mit einem Atom Schwefel verbindet.

Legierung

Wenn zwei oder mehrere Metalle zusammengeschmolzen werden, entsteht eine *Legierung*. Hier können erwähnt werden:

Kupfer und Zink	= MESSING
Kupfer und Zinn	= BRONZE
Kupfer, Zink und Nickel	= NEUSILBER

Eine Legierung aus Eisen (Fe) und Kohlenstoff (C) ist das, was wir gewöhnlich *Stahl* nennen. Eine Legierung ist *keine* chemische Verbindung! Die Stoffe einer Legierung können im Gegensatz zu denen einer chemischen Verbindung in jedem Mengenverhältnis gemischt werden.

Oxidation

Sauerstoff hat die Fähigkeit, sich an fast alle Stoffe binden zu können. Das wird Oxidation genannt. Wenn Stahl erwärmt wird, reagiert der Sauerstoff mit der Oberfläche des Stahls, und es bildet sich Zunder. Rost ist auch eine Sauerstoffverbindung. In einem luftleeren (sauerstofffreien) Raum kann kein Rost entstehen.

Was ist Stahl?

Stahl ist eine schmiedbare Legierung aus Eisen (Fe) und Kohlenstoff (C), die im Produktionsprozess geschmolzen wurde und in der Regel weniger als 1,8 % Kohlenstoff enthält. Im allgemeinen verwenden wir immer noch die Bezeichnung Eisen für gewisse weiche Stahlsorten. Früher wurden nämlich Eisenlegierungen, die sich nicht härten ließen, als Eisen bezeichnet.

Eisenlegierungen, die so viel Kohlenstoff enthielten, dass sie beim Härten hart wurden, nannte man Stahl. Damit sich der Stahl härten lässt, muss er eine gewisse Menge Kohlenstoff enthalten. Für Schneidwerkzeuge müssen es mehr als 0,5 % C sein, damit der Stahl brauchbar härtet und das Gefüge so hart wird, dass die Schneide stehen bleibt.

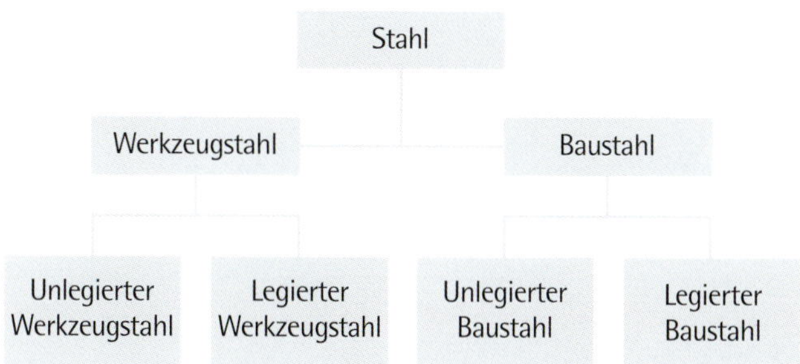

Heute werden alle Eisenlegierungen als Stahl bezeichnet. Normalerweise erhält der Stahl seinen Namen nach dem Anwendungsbereich. Daher wird Stahl in zwei Hauptgruppen gegliedert:

Werkzeugstahl = Stahl, der beim Härten hart wird

Baustahl = Stahl, der sich nicht härten lässt, also normaler, weicher, leicht schweißbarer Stahl

In dieser Bohrinsel findet man alle Arten von Werkstoffen, legierten und unlegierten Stahl, Aluminium, Kupfer, Messing, Kunststoff und rostfreien Stahl.

Werkzeugstahl

Werkzeugstahl wird für Messer, Äxte, Handwerkzeuge, Schneidwerkzeuge, Stanzwerkzeuge und andere Gegenstände, die eine hohe Festigkeit, harte und verschleißfeste Flächen sowie scharfe Schneiden aufweisen müssen, verwendet. Es gibt zwei Arten von Werkzeugstahl, legierten und unlegierten.

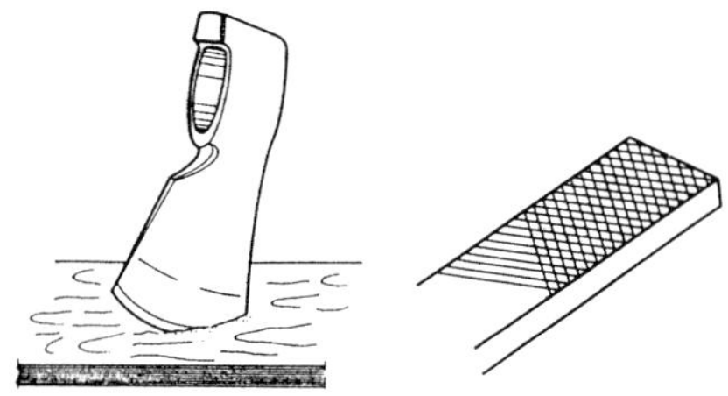

Bild 4.3 Unlegierter Werkzeugstahl wird hauptsächlich für Werkzeug verwendet, das gehärtet und nicht über 250 °C erwärmt wird.

Legierter Werkzeugstahl = Stahl, der außer Kohlenstoff andere Legierungselemente wie Chrom, Nickel, Wolfram usw. enthält und gewöhnlich in Öl oder auch Luft gehärtet wird.

Federstahl

Nicht nur Werkzeugstahl mit hohem Kohlenstoffgehalt eignet sich für Werkzeug. Für „gröberes" Werkzeug kann man Federstahl benutzen.

Er enthält 0,5 bis 0,6 % Kohlenstoff und passt für Schmiedewerkzeuge wie Zangen, Gesenke, Meißel, Schneidwerkzeuge und Federn, bei denen man außer der Härte und Festigkeit auch Zähigkeit wünscht.

Alte Blatt- und Spiralfedern, die man bei einem Schrotthändler billig erstehen kann, eignen sich bestens für „Grobwerkzeuge" und lassen sich ziemlich gut feuerschweißen. Für feinere Schneidwerkzeuge wie Messerklingen und Schnitzeisen muss der Kohlenstoffgehalt höher sein.

Beim Anfertigen von Hilfswerkzeug lässt sich Federstahl mit basischer Elektrode leicht schweißen, man darf aber die anschließende Glühbehandlung nicht vergessen. Am besten schmiedet man die Schweißnaht nachträglich noch. Wenn Federstahl als Flachstahl geliefert wird, ist er an den abgerundeten Kanten leicht erkennbar. Seine Oberfläche ist blauschwarz und matt glänzend.

Bild 4.4 Blattfeder.

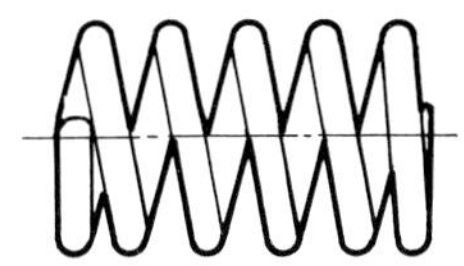

Bild 4.5 Spiralfeder.

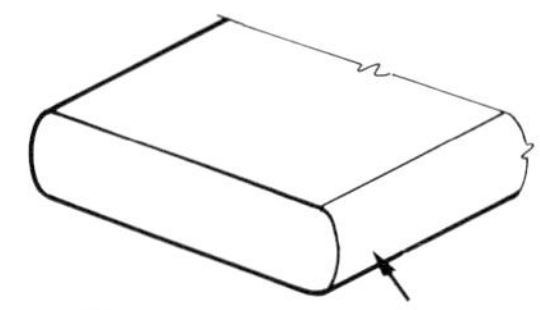

Bild 4.6 Federstahlprofil.

Legierter Werkzeugstahl

Es gibt viele Arten von legiertem Werkzeugstahl, aber Schnellarbeitsstahl wird wohl am meisten verwendet. Außer Kohlenstoff enthält er Wolfram, Chrom und Vanadium. Er ist schmiedbar, weil er Chrom enthält, eignet er sich aber nicht zum Feuerschweißen. Schnellarbeitsstahl hat den Vorteil, dass er für eine kurze Zeit 400-600 °C aushält, ohne viel von seiner Härte zu verlieren. Daher kann man versucht sein, Schnellarbeitsstahl für Warmschrote und Ähnliches zu verwenden. Schnellarbeitsstahl ist aber ziemlich teuer und wird meist für Werkzeug benutzt, das großen Geschwindigkeiten und hohen Temperaturen ausgesetzt ist. Er wird in Öl bei ca. 1100 °C gehärtet und angelassen.

Zum legierten Werkzeugstahl gehört auch rostfreier Stahl, der säurefest, warmfest und härtbar ist. Er lässt sich aber nicht auf die übliche Art feuerschweißen. Man muss ihn ohne Sauerstoffzugang erwärmen, um die Bildung von Chromoxid zu vermeiden.

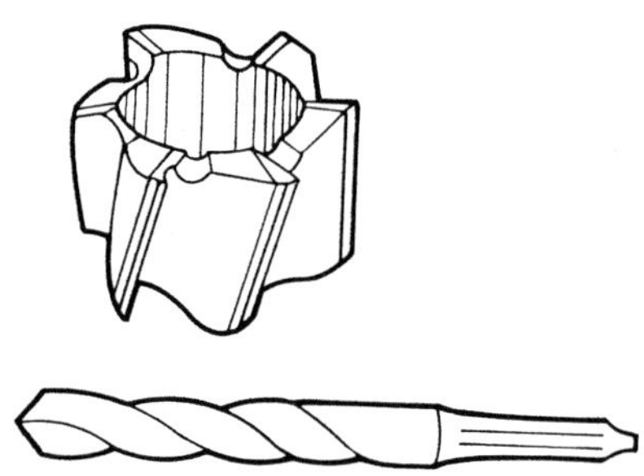

Bild 4.7 Beispiel von Werkzeugen aus Schnellarbeitsstahl.

Unlegierter Baustahl

Unter unlegiertem Baustahl versteht man normalerweise weichen Stahl. Er enthält nur ca. 0,12 bis 0,2 % Kohlenstoff. Weicher Stahl wird zum Schmieden verwendet, wenn man nicht härten muss. Er wird oft warmgewalzt mit rostroter oder schwarzer Oberfläche geliefert, aber auch kaltgewalzt in Form von weniger als 5 mm starken, blanken Stahlplatten und als Stangenstahl.

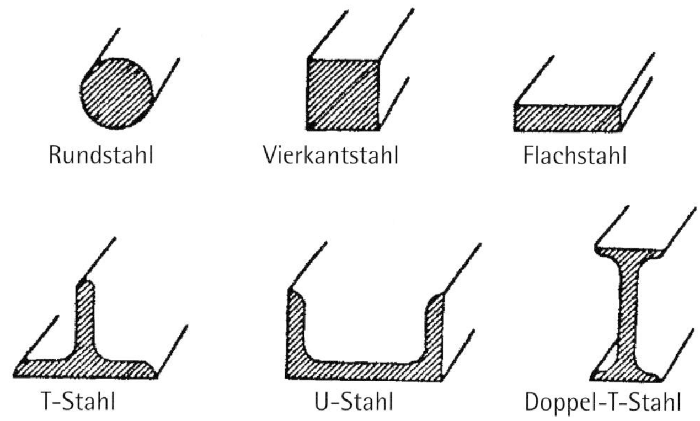

Bild 4.8 Beispiele von Stahlprofilen.

Mechanische Stahl-Eigenschaften

Wir wollen uns jetzt ein wenig eingehender mit unlegiertem Werkzeugstahl beschäftigen, der im Schmiedefach in der Regel *Kohlenstoffstahl* heißt oder Normalstahl, wie viele Leute ihn nennen. Oft sagt man auch ganz einfach Schneidenstahl. Er enthält gewöhnlich nur Kohlenstoff. Ab und zu verwenden wir trotzdem einen Kohlenstoffstahl mit einigen Legierungselementen. Das führt meistens zu positiven Eigenschaften.

Alle Stahltypen detailliert zu beschreiben, würde zu weit führen. Ich glaube, man kann sagen, dass zum Feuerschweißen und zur Herstellung der hier behandelten Schneidwerkzeuge ein Kohlenstoffstahl benutzt werden sollte, der möglichst wenig legiert ist. Denn es ist heute fast unmöglich, „reinen Kohlenstoffstahl" aufzutreiben. In nahezu allen „unlegierten" Werkzeugstahltypen sind kleine Mengen von Legierungselementen enthalten.

In diesem Zusammenhang sollte man wissen, welche Wirkung der Kohlenstoff im Stahl beim Schmieden und bei der Wärmebehandlung hat.

Höherer Kohlenstoffgehalt ergibt:

- höhere Härte
- höhere Zugfestigkeit
- geringere Schweißtemperatur
- geringere Zähigkeit

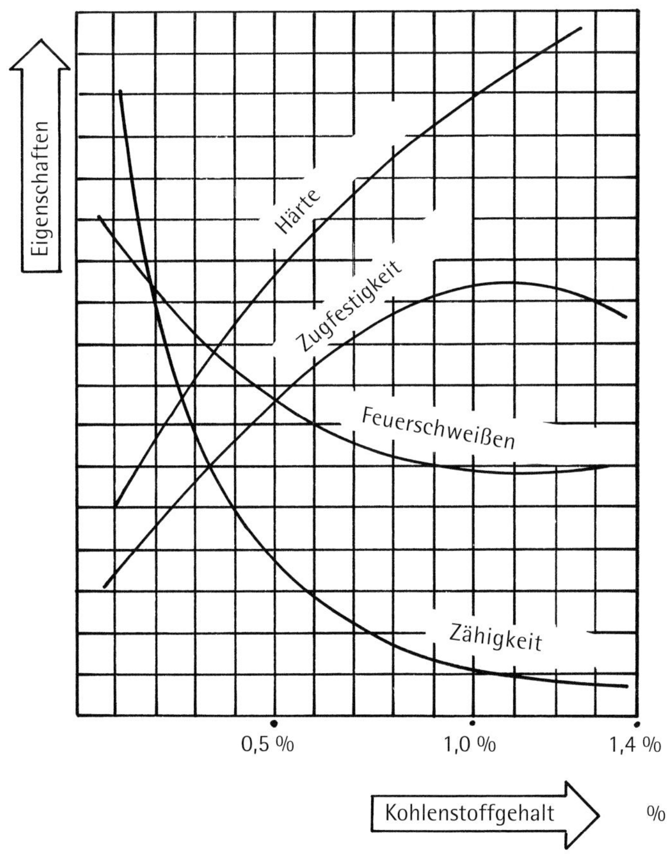

Bild 4.9 Stahl mit viel oder wenig Kohlenstoff.

Härte

Ein höherer Kohlenstoffgehalt führt zu größerer Härtbarkeit und damit auch zu höherer Festigkeit. Stahl, der viel Kohlenstoff enthält, lässt sich aber auch schwerer schmieden.

Zugfestigkeit R_m

Die Zugfestigkeit, die ein Ausdruck für die „Stärke" eines Stahls ist, erhöht sich mit zunehmender Menge Kohlenstoff, ab ca. 1 % nimmt sie jedoch wieder ab. Ein höherer Kohlenstoffgehalt führt zu erhöhter Sprödigkeit und damit wieder zu geringerer Zähigkeit.

Zähigkeit

Mit zunehmendem Kohlenstoffgehalt und Härte wird der Stahl spröder, und im gleichen Maß vermindert sich die Zähigkeit. Es gilt aber gleichzeitig möglichst große Härte und auch gute Zähigkeit zu erreichen. Zur Verbesserung der einen Eigenschaft müssen wir unsere Ansprüche an die andere herabsetzen. Weiterhin wird die Zähigkeit eines gehärteten Stahls durch seine Korngrößen nach dem Härten beeinflusst. Je feiner das Korn desto zäher ist ein Stahl. Das bedeutet, er verträgt eine höhere Biegebeanspruchung ohne zu brechen.

Feuerschweißen (Schweißbarkeit)

Zunehmender Kohlenstoffgehalt führt zu sinkender Schweißtemperatur beim Feuerschweißen. Stahl mit wenig Kohlenstoff erfordert zum Feuerschweißen also eine höhere Temperatur. Daher wird Borax als Schweißpulver verwendet. Er wird auf heißem Stahl flüssig und unterbindet den Sauerstoff, so dass die Temperatur um einiges erhöht werden kann, ohne dass der Kohlenstoff im Stahl verbrennt. Darauf wird später noch eingegangen.

Materialprüfung

Ein Schmied muss ein wenig über Materialprüfung wissen, und wie man auf einfache Weise herausfinden kann, ob der Stahl viel oder wenig Kohlenstoff enthält, oder ob er legiert ist. Das ist für das Feuerschweißen, Härten, Anlassen usw. von Bedeutung.

Funkenprobe

Mit der Funkenprobe kann man in erster Linie feststellen, ob der Stahl viel oder wenig Kohlenstoff enthält. Sie können den Stahl ein wenig anschleifen und den Funkenregen beobachten. Wenig Kohlenstoff ergibt gelbrote Funkenstrahlen, die in Tropfen enden. Ab und zu wird ein Stern sichtbar (Abb. 1).

Bei hohem Kohlenstoffgehalt ist der Funkenregen hellgelb und voller Sterne, fast wie ein Feuerwerk. Die Sterne sind die Folge von kleinen Kohlenstoffexplosionen (Verbrennen von Kohlenstoff, Abbildung 3). Das sind einfache Tests, die zeigen, ob der Stahl viel oder wenig Kohlenstoff

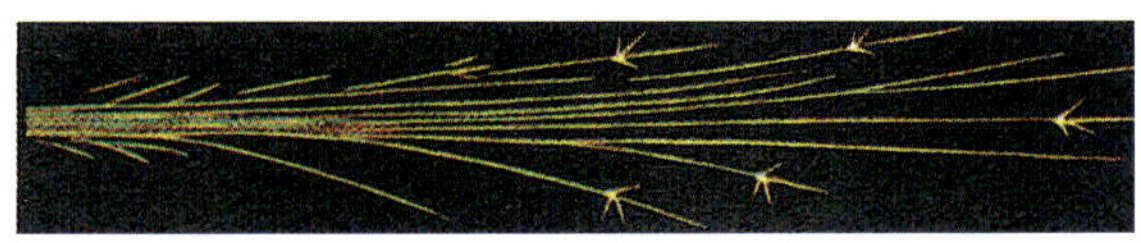
1
0,15 % C

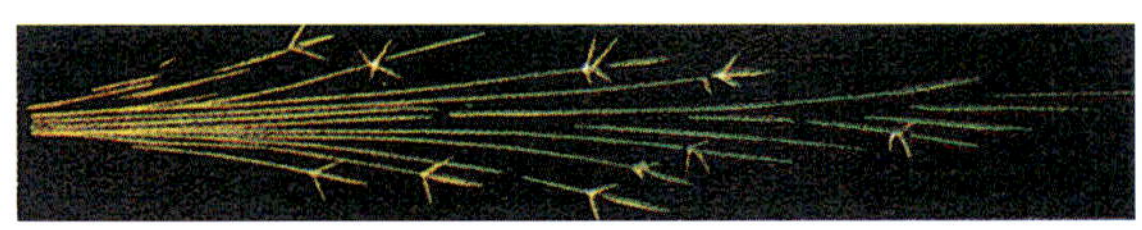
2
0,5 % C

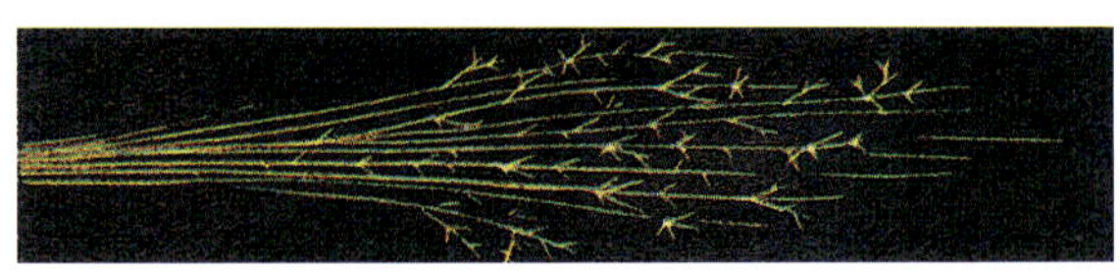
3
1,0 % C

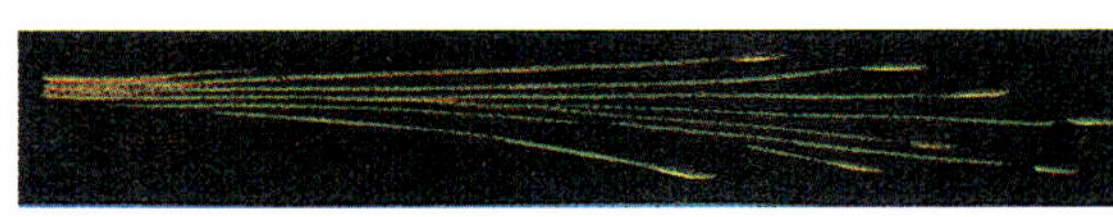
4
Rostfreier Stahl

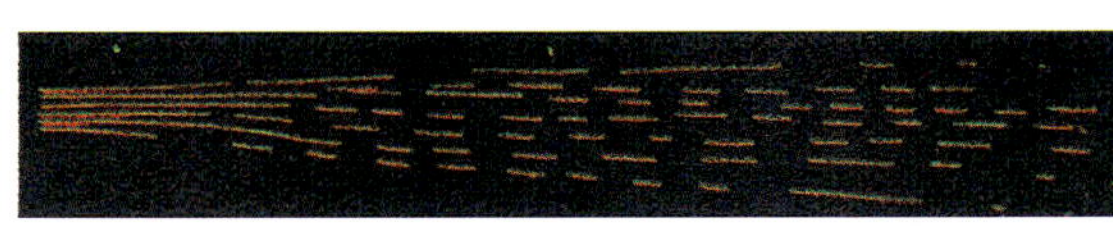
5
Schnellstahl

enthält. Es erfordert ein wenig Training, den Funkenregen zu beurteilen. Wenn Sie aber beim Schleifen jedes Mal daran denken, können Sie bald mehrere Stahlqualitäten unterscheiden. Die Abbildungen 4 und 5 zeigen Funken von rostfreiem Stahl und von Schnellarbeitsstahl.

Härteprüfung

Zur Messung der Härte eines gehärteten Werkstoffs verwenden wir meist die Rockwell-C-Methode (HRC). Dabei wird ein Diamantkegel mit einem Spitzenwinkel von 120° in das Material eingedrückt. Die Eindringtiefe zeigt die Härte an: Je geringer die Tiefe, desto härter der Werkstoff. Das Messgerät wird zuerst mit einer Vorbelastung in Nulllage gebracht, anschließend wird die Belastung allmählich auf 1470 N (150 kp) Testbelastung erhöht.

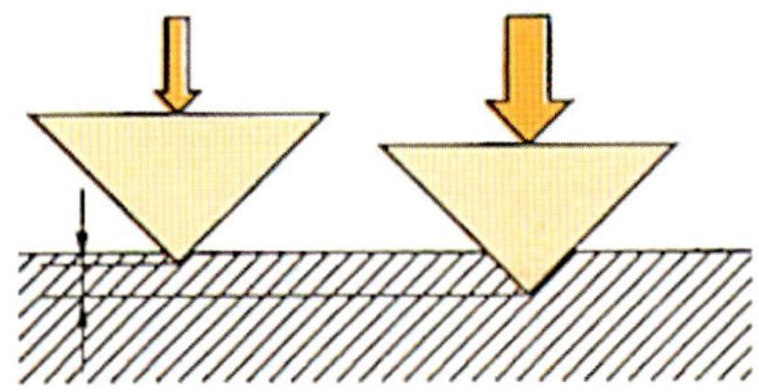

Bild 4.10 Eindringtiefe.

Niedrig legierter Werkzeugstahl mit 1% Kohlenstoff kann 66-67 Rockwell (HRC) Ansprunghärte erreichen, Sie können mit einer neuen Feile testen, ob sie richtig gehärtet haben. Wenn die Feile über den gehärteten Stahl gleitet ohne zu greifen, ist der Stahl gut gehärtet. Nach dem Anlassen (55-60 HRC) sollte eine gute Feile mehr oder weniger leicht anfangen zu greifen. Sie fühlen das mit etwas Übung sehr gut. Dann haben Sie den richtigen Bereich für die Arbeitshärte Ihrer Klinge. Es hängt von Ihnen ab, ob Sie eine harte oder weichere Klinge für Ihre Arbeit bevorzugen.

Schmiedetemperatur

Normal liegt die Temperatur zum Schmieden für einen 1%igen Kohlenstoffstahl zwischen 800 und 1000 °C (siehe Stahlschlüssel). In diesem rotgelben Bereich ist der Stahl weich und leicht zu formen, und der Zunder löst sich ab. Der große Vorteil des Schmiedens ist, dass man wenig Materialverlust hat und dass der Faserverlauf im Werkstück nicht unterbrochen wird. Das bedeutet, dass das Werkstück mehr Beanspruchung vertragen kann als ein allein durch Schleifen entstandenes Werkstück.

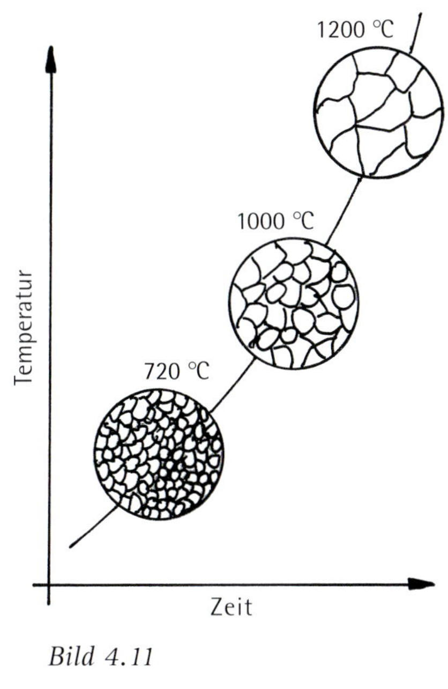

Bild 4.11

Man kann auch auf die Feinheit des Korns im Stahl schon beim Schmieden einwirken. Eine hohe Temperatur und wenig Schmieden (vorsichtige Schläge) führen dazu, dass der Stahl grobkörnig und spröde wird. Eine dauernde große Verformung (starke Schläge) bis runter auf ca. 750°C (dunkelrot) kann sehr feines zähes Gefüge erzeugen. Daher müssen Sie sich schon beim Erwärmen des Stahls überlegen, wie Sie schmieden möchten. Beim Erwärmen ist es wichtig, dass die Temperatur nicht zu hoch wird. Wenn der Stahl stark und langsam erhitzt wird, ohne dass ordentlich geschmiedet wird, wachsen die Körner im Gefüge. Sie gehen ineinander über und werden größer und weniger. Das Gefüge wird also schlecht und grobkörnig.

Schmieden wir so, dass der Stahl die ganze Zeit bearbeitet wird, zermalmen wir die Körner und erhalten ein feinkörniges und starkes Gefüge.

Im Temperaturbereich Blauwärme (um 300°C) sollten Sie nicht schmieden. In diesem Bereich weist der Stahl eine erhöhte Festigkeit und verminderte Zähigkeit auf, was leicht zu Rissen und Brüchen beim Schmieden führt.

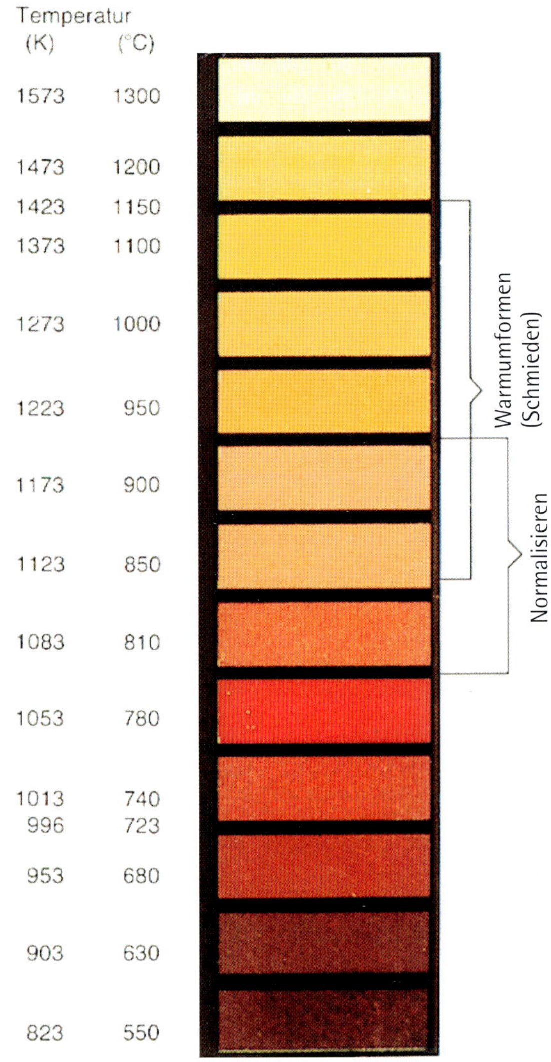

Darstellung der Glühfarben: Stahl mit ca. 1 % C wird bei ca. 750-800 °C feinkörnig. Weniger Kohlenstoff erfordert höhere Temperaturen. Stahl wird bei ca. 770 °C unmagnetisch. Daher können Sie die Temperatur für das Normalglühen oder Härten leicht mit einem Magneten kontrollieren.

Glühbehandlung

Über die verschiedenen Arten der Glühbehandlung sollte man Bescheid wissen, wenn man schmieden oder härten will. Geschmiedeter, feuergeschweißter oder elektrisch geschweißter Stahl enthält Spannungen und ein grobkörniges Gefüge. Das wirkt sich auf die später gewünschten Eigenschaften und auf das Härten ungünstig aus. Deshalb muss man versuchen, möglichst viele dieser Mängel zu beheben.

Normalglühen (Normalisieren)

Für einen 1%-Kohlenstoffstahl beträgt die Normalglühtemperatur ca. 750 bis 800 °C (siehe Glühfarben). Dadurch soll der Stahl in erster Linie feinkörnig und gleichmäßig, also „normal" gemacht werden. Das Werkstück wird bis auf diesen Temperaturbereich erwärmt und dann langsam an der Luft abgekühlt.

Weichglühen

Durch diese Glühmethode wird der Stahl nach dem schmieden wieder leicht bearbeitbar, und es wird auch grobes Gefüge abgebaut. Für 1%-Kohlenstoffstahl beträgt die Temperatur 680 bis 710 °C. Das Werkstück wird bis auf diesen Temperaturbereich erwärmt, für einige Zeit (1-5 Std.) dort gehalten und dann ganz langsam abgekühlt.

Spannungsfreiglühen

Diese Glühmethode nimmt dem Stahl Spannungen nach dem Bearbeiten oder Elektroschweißen. Sie wird zwischen 630 und 680 °C durchgeführt. Das Werkstück wird bis auf diesen Temperaturbereich erwärmt, für einige Zeit (1-5 Std.) dort gehalten und dann ganz langsam abgekühlt.

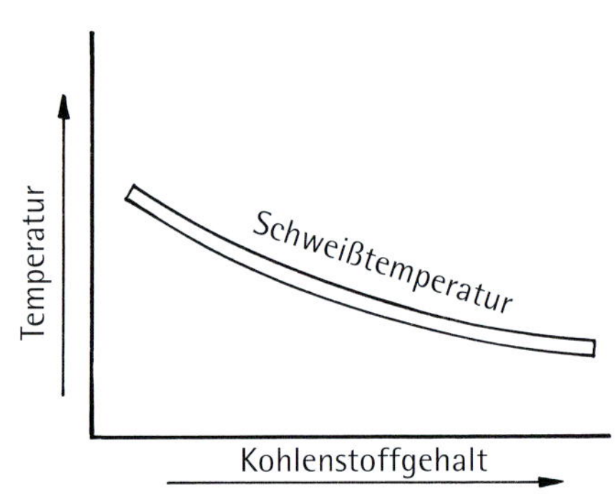

Bild 4.12 Stahl mit hohem Kohlenstoffgehalt (1%) benötigt niedrigere Schweißtemperaturen als kohlenstoffarmer Stahl.

Feuerschweißen

Das Feuerschweißen ist die älteste bekannte Schweißmethode, mit der zwei Stahlteile, ohne zu schmelzen, miteinander verbunden werden. Das Schweißen erfolgt in einem Temperaturbereich von 1200 bis 1300 °C, wobei die Stahlteile sich durch Bearbeitung mit dem Hammer aneinanderfügen. Die so entstandene Verbindung ist eine enge metallische Verbindung, die ebenso stark wie eine Schmelzschweißnaht sein kann. Die Schweißtemperatur kann je nach Kohlenstoffgehalt des Stahls unterschiedlich sein. Hier einige wichtige Punkte, die Sie beachten sollten:

Stahl mit wenig Kohlenstoff benötigt höhere Schweißtemperaturen als kohlenstoffreicher Stahl, weil Stahl mit viel Kohlenstoff einen niedrigeren Schmelzpunkt hat. Daher fängt kohlenstoffreicher Stahl schneller an zu brennen (Funken sprühen).

Deshalb muss man während des Schweißprozesses Borax verwenden. Wegen seines hohen Schmelzpunkts legt sich der Borax wie eine flüssige Haut über den Stahl und schützt so die Stahlteile vor dem Oxidangriff. Damit wird auch die Bildung von Zunder verhindert. Wegen des hohen Schmelzpunkts von Borax kann man so stark erwärmen, dass der kohlenstoffarme Stahl klebrig und schweißwillig wird, ohne dass der Stahl zu brennen beginnt.

Früher wandte man feinkörnigen Flusssand an, es war aber oft schwierig, einen solchen Sand mit richtigem Schmelzpunkt zu finden. Ich empfehle Borax (Natriumtetraborat: $Na_2B_4O_7$ x 10 H_2O) zu nehmen, den man im Chemikalienhandel als Granulat bekommt.

Beim Feuerschweißen darf die Feuerschüssel keine Schlacke enthalten. Die Kohle oder der Koks müssen gut ausgebrannt sein. Rohe Kohle oder roher Koks dämpfen die Wärme und verursachen mehr Schlacke. Das Werkstück darf nicht in die Gebläseluft gesteckt werden, denn dann entsteht unnötig viel Zunder, außerdem kühlt die Gebläseluft das Werkstück ab. Unter und über dem Werkstück muss eine Lage glühende Kohlen liegen, damit der Sauerstoff der Luft, der am Werkstück vorbeiströmt, verbrennt. Wenn Sie sich der Schweißtemperatur nähern, drosseln Sie die Gebläseluft ein wenig. Wenn der Borax zu sieden anfängt und Sie die ersten Sterne ahnen können, ist die Temperatur hoch genug.

Es ist wichtig, dass die Feuerschüssel mit glühenden, sauberen Kohlen gefüllt ist, die sich nicht mit der Schlacke mischen. Während des Schmiedens sinkt die Schlacke auf den Boden der Feuerschüssel. Damit die Gebläseluft nicht behindert wird, muss man daher den „Schlackenkuchen" regelmäßig entfernen. Rührt man in der Feuerschüssel um, mischt sich die saubere Kohle mit der Schlacke und bleibt an dem glühenden Stahl haften. Das ist natürlich nicht günstig.

Bild 4.13 Es ist wichtig, die Stahlteile vor dem Schweißen dicht aneinander zu pressen. Dann kommt weniger Sauerstoff dazu. Wenn die Schweißtemperatur erreicht ist, hämmert man zuerst mit leichten schnellen Schlägen. Vergessen Sie nicht, dass der Kohlenstoffstahl empfindlich ist, wenn er weiß glühend ist. Die leicht fließende, aus Borax, Schlacke und Verunreinigungen bestehende Mischung spritzt heraus, und übrig bleiben reine klebrige Metallflächen, die aneinander haften. Das Ganze wird dicht wie „Massivholz". Danach verträgt die Schweißnaht das Schmieden in alle Richtungen.

Zusammenfassung

Vermeiden Sie panikartiges Blasen, immer schön Ruhe bewahren. Sehen Sie zu, dass der Haufen glühender Kohlen groß genug ist, und dämpfen Sie die Gebläseluft am Schluss etwas. Dann brennt die Flamme sauberer, und Sie sehen die ersten kleinen Sterne besser, die bedeuten, dass Sie mit dem Feuerschweißen beginnen können. Vergessen Sie nicht: Kein intensives Feuerwerk, das wollen wir nur an Silvester haben!

Härten

Das Härten wurde immer schon als ein geheimnisvoller und geheimer Vorgang betrachtet. Oft legte der Schmied die Arbeit zur Seite, wenn Besuch in die Schmiede kam, insbesondere wenn er gerade härtete. Tatsächlich waren viele Schmiede nicht bereit, ihre Erfahrungen und ihr Wissen mit anderen zu teilen, was auf mancherlei Weise verständlich ist. Sie mussten von ihrer Arbeit leben, und ein paar Geheimnisse machten Messerklingen oder andere Schneidwerkzeuge besonders begehrenswert.

Wenn wir uns jetzt mit dem Härten beschäftigen, werde ich Ihnen jedoch nichts verheimlichen. Man muss es aber nicht komplizierter darstellen, als es in einer Schmiede mit den einfachen Hilfsmitteln, die einem dort zur Verfügung stehen, durchgeführt werden kann. Für speziell Interessierte gibt es viel Literatur über das Härten und die dazu benötigte Ausrüstung. Hier wird nur das Härten von Kohlenstoffstahl und das Abschrecken in Wasser oder Öl behandelt.

Trotzdem gibt es einige grundlegende Theorien, die Sie kennen sollten, damit Sie möglichst viel richtig machen.

Härtetemperatur

Gehärtet wird in erster Linie, um die Festigkeit und Verschleißfestigkeit des Stahls zu erhöhen. Beim Härten wird der Stahl bis zu einer bestimmten Härtetemperatur erwärmt, dort für eine bestimmte Zeit gehalten und anschließend abgeschreckt. Damit der Stahl durch Abschrecken hart wird, muss er zuerst so stark erwärmt werden, dass er seine Struktur ändert. Wenn die Temperatur die Linie GSK im Eisen-Kohlenstoff-Diagramm übersteigt, bildet sich ein Gefüge, das Austenit genannt wird und den Stahl in diesem Zustand unmagnetisch macht. In diesem Temperaturbereich wird der Kohlenstoff im Eisengitter gelöst, was eine Voraussetzung für das Hartwerden nach dem Abschrecken ist.

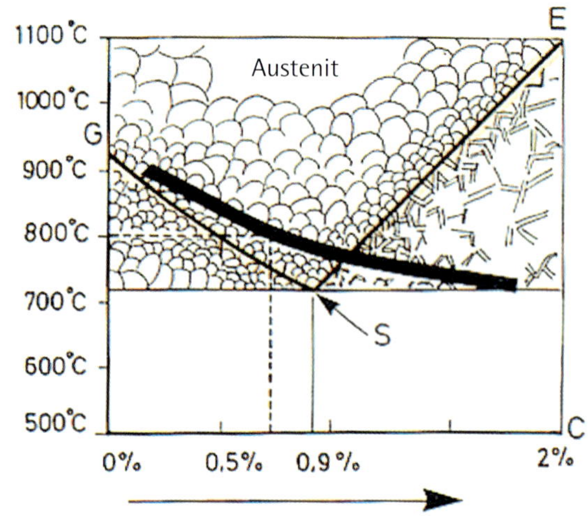

Bild 4.14 Eisen-Kohlenstoff-Diagramm. Der Kohlenstoffgehalt bestimmt die Härtetemperatur. Stahl mit 0,9 % Kohlenstoff hat die niedrigste Härtetemperatur, ca. 720 °C. Stahl mit geringerem Kohlenstoffgehalt erfordert höhere Temperaturen. Am Anfang des Austenitfeldes erfolgt eine Umkristallisation (a-g). Hier ist der Stahl am feinkörnigsten und hat die idealste Härtetemperatur. In der Praxis wird ein wenig mehr erwärmt als bis zur GSK-Linie, damit man sicher ist, dass der Stahl durch und durch die gleiche Temperatur hat und genug Kohlenstoff im Eisen in Lösung geht, um nach dem Abschrecken hart zu werden. Die dicke schwarze Linie gibt die praktische Härtetemperatur an. Wann der Stahl diese Temperatur erreicht hat, können Sie mit einem Magneten kontrollieren, weil Stahl unmagnetisch wird, wenn er sich in Austenit umgewandelt hat. Im Allgemeinen wird Stahl mit 0,6 bis 1 % Kohlenstoff verwendet. An ihm sehen Sie, dass die Probe mit dem Magneten bei ca. 770 °C wirkt. Höhere Temperaturen sind meistens ungünstig.

Beim Abschrecken aus diesem Temperaturbereich kann der Kohlenstoff nicht mehr ausgeschieden werden und wird im Werkstoffgefüge festgefroren. Die gebildete Härtestruktur heißt Martensit, sie ist glashart und durch starke innere Spannungen gekennzeichnet. Der Martensit muss daher anschließend zu passender Härte und Zähigkeit angelassen werden.

Erwärmen zum Härten

Das Erwärmen zum Härten sollte langsam erfolgen, damit sich der Stahl in Austenit umwandeln kann. Das geht am besten in einem Härteofen, aber nicht jeder hat diese Möglichkeit. Daher sollte man lernen, in offenem Feuer oder im Schmiedeherd zu erwärmen. Mit ein wenig Übung und einem Magneten lässt sich die Temperatur ziemlich genau bestimmen.

Die Farbskala rechts enthält die Farben, die Sie an erwärmtem Stahl sehen werden. Falls Ihre Esse keine Seitenwände hat, können Sie zur Beurteilung der Farbe einen Eimer verwenden, in den Sie das Werkstück hineinhalten. Kohlenstoffstahl erreicht die richtige Temperatur in der Farbe, die Sie bei 750 bis 800 °C sehen (der Bereich, in dem der Magnet nicht mehr wirkt).

Das sehen Sie am besten an einem Beispiel, bei dem Messerklingen bis auf Härtetemperatur erwärmt werden. Vor dem Erwärmen sollten die Klingen in die richtige Dicke und Länge geschliffen und mit Ihrem Zeichen versehen sein. Vorteilhaft ist auch das Grobschleifen der Schneiden bis zu einer Dicke von 1 mm und eine anschließende Glühbehandlung (siehe Seite 58). Die Messerklinge ist laminiert mit Kohlenstoffstahl (1 % C).

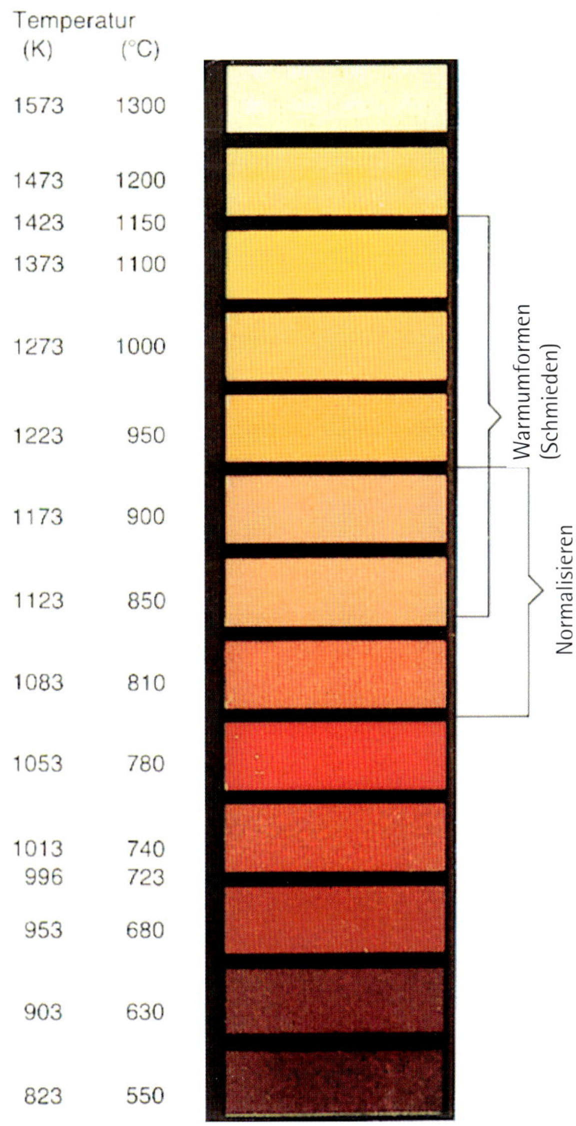

Farbskala zum Erwärmen.

Erwärmen im Schmiedeherd

Heizen Sie die Esse gut auf und lassen Sie sie brennen, bis die meisten Kohlen glühend geworden sind. Beim Erwärmen zum Härten empfiehlt es sich, die

Klingen auf die Glut zu legen, damit Sie die Wärmeentwicklung die ganze Zeit verfolgen können. Die Kohle soll Wärme abgeben und nicht lodern. Wenn sich genug glühende Kohle gebildet hat, ebnen Sie die Glut zu einer flachen Masse aus. Legen Sie die Messerklingen flach darauf und stellen Sie schwache Gebläseluft ein. Das Erwärmen muss langsam erfolgen, sonst entstehen unnötige Spannungen, die sich beim Härten ungünstig auswirken.

Haben die Klingen die richtige Temperatur erreicht (der Magnet wirkt nicht mehr), lassen Sie sie noch etwas liegen, bis sie überall gleich warm sind und sich das Gefüge des Stahls umgewandelt hat (siehe Seite 65).

Erwärmungszeit

Die Zeit, in der man den Stahl in der Härtetemperatur hält, nennt man *Haltezeit*. Sie hängt von der Größe des Werkstücks ab. Ein dünnes Werkstück, wie zum Beispiel eine Messerklinge, ist in wenigen Minuten erwärmt, dickere Werkstücke brauchen länger. 20-30 Minuten Haltezeit gilt für im Ofen erwärmte Werkstücke von ca. 25 mm Dicke.

Dünnes Gut von 5 mm braucht nur 5-10 Minuten, bis es durch und durch warm ist. Liegt es länger, kann die Struktur grobkörnig werden. Wenn der Stahl unmagnetisch geworden ist, darf er nicht weiter erwärmt werden.

Abschrecken (Härten)

Durch das Abschrecken erhält der Stahl seine große Härte. Das Abkühlen muss so schnell erfolgen, dass der Kohlenstoff nicht wieder ausgeschieden werden kann. Dies wird die kritische Abkühlungsgeschwindigkeit genannt. Es entsteht ein festgefrorenes, verzerrtes Gefüge (Martensit), das große Spannungen besitzt, die die Härte erzeugen.

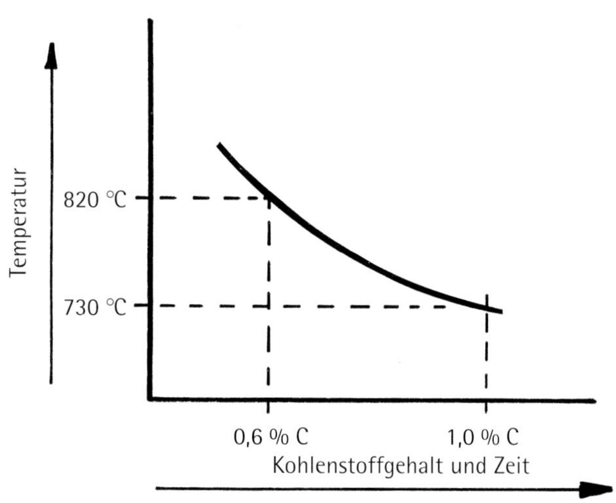

Bild 4.15 Bei geringem Kohlenstoffgehalt des Stahls erhöht man die Härtetemperatur und schreckt schneller ab. Viel Kohlenstoff im Stahl erfordert eine niedrigere Härtetemperatur und ein langsameres Abkühlen.

Jeder Stahl, der erwärmt wird, dehnt sich aus und erhöht sein Volumen. Beim Abkühlen zieht er sich zusammen und versucht, das ursprüngliche Volumen wieder zu erreichen. Dieser Prozess setzt den Stahl einer hohen Belastung aus, und bei zu schnellem Erwärmen oder Abkühlen können so große Spannungen entstehen, dass der Stahl zerspringt oder sich biegt. Damit das nicht geschieht, hier einige Anhaltspunkte:

Wasser

Zum Härten verwendetes Wasser soll bei Stahl mit bis zu 0,7 % Kohlenstoff im allgemeinen Raumtemperatur haben. Höherer Kohlenstoffgehalt von 0,9-1,0 % erfordert wärmeres Kühlwasser (50-60 °C).

Das Wasser muss sauber und frei von Sauerstoff sein. Deshalb ist altes, abgestandenes Wasser am besten. Enthält es Sauerstoff, bilden sich gern Dampfblasen auf dem Stahl, was zu einer ungleichmäßigen Kühlung führt. Der Zusatz von ein wenig Soda oder Salz entfernt den Sauerstoff, und die Kühlung verläuft schneller und gleichmäßiger.

Öl

Das Abkühlen in Öl ist schonender und langsamer als in Wasser und wird hauptsächlich zum Härten von legiertem und kohlenstoffreichem Stahl (0,9-1,0 % Kohlenstoff) verwendet. Am besten ist Härteöl, denn es entzündet sich nicht so leicht. Wenn Sie das nicht zur Hand haben, können Sie auch Hydrauliköl, Dieselöl oder Motoröl verwenden. Vergessen Sie jedoch nie, einen Deckel zum „Härtegefäß" in Reichweite zu haben.

Nach dem Abschrecken hat der Stahl ein neues Gefüge, das *Martensit* heißt und nadelförmig, hart, spröde und unmöglich zu feilen ist. Diese Struktur kann eine Härte von 67 Rockwell erreichen. Um dem Stahl etwas mehr Zähigkeit zu verleihen, wird seine Härte durch Anlassen reduziert.

Achtung! Denken Sie daran, dass Dämpfe der oben erwähnten Öle beim Einatmen schädlich sind. Daher werden Pflanzenöle empfohlen. Sie erfüllen denselben Zweck und sind ungefährlich.

Achtung! Wegen der großen Spannungen im Stahl sollte man bis zum Anlassen nicht länger als 20-30 Minuten warten, sonst kann der Stahl zerspringen.

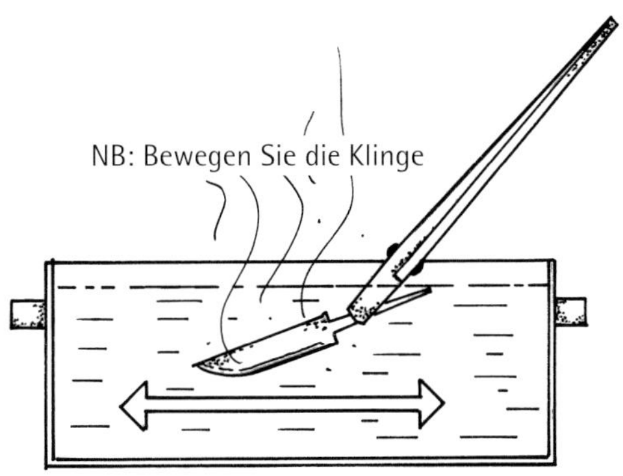

Bild 4.16 Erst wenn der Stahl auf ca. 200 °C abgekühlt ist, bildet sich das neue Gefüge, der Martensit. Er weist ein größeres Volumen auf, was zu großen Spannungen führt. In dieser Phase kann der Stahl leicht zerspringen. Sie sollten daher vermeiden, bis ganz auf Raumtemperatur abzuschrecken. Dadurch werden die Kräfte im Martensit etwas gedämpft, und er ist bis zum Anlassen widerstandsfähiger.

Anlassen

Nach dem Abschrecken ist der Stahl hart und spröde und kann in diesem Zustand nicht verwendet werden. Lässt sich der Stahl nach dem Härten trotzdem feilen, deutet das darauf hin, dass er nur teilweise das Martensitgefüge erreicht hat. Die Ursache hierfür kann der fehlende Kohlenstoffgehalt des Stahls sein, dass er zu langsam abgeschreckt wurde, die Härtetemperatur zu niedrig oder auch die Zeit zum Lösen des Kohlenstoffs nicht ausreichend war.

Damit der Stahl den unterschiedlichen Belastungen gewachsen ist, muss er zäher gemacht und die Spannungen im Material reduziert werden. Der gehärtete Stahl wird daher von neuem auf eine Temperatur von 100 bis 400 °C gebracht. Diese Art des Erwärmens nennt man *Anlassen*. Sie führt zu einer Erhöhung der Zähigkeit, während sich Härte und Spannungen verringern. *Die Härte der Schneide wird also durch das Anlassen bestimmt.*

Die gleichmäßigste Erwärmung zum Anlassen erzielt man mit Warmluft, z. B. in einem Anlassofen mit Umluft. Wer jedoch so etwas nicht hat, muss sich anders behelfen. Zum Beispiel durch:

- Erwärmen mit der Strahlungswärme der Kohle in der Esse.
- Erwärmen mit einer Gasflamme oder indem das Werkstück (die Messerklinge) auf ein rotglühendes Stahlstück gelegt wird.
- Erwärmen auf einer Herdplatte oder in einem Bleibad.
- Erwärmen in einem normalen Backofen.

Bei diesen Verfahren erfolgt das Anlassen oft etwas zu schnell, und es kann schwierig sein, eine gleichmäßige Temperatur zu erzielen. Damit das Martensitgefüge genug Zeit zur Umwandlung hat, sollte eine Messerklinge mindestens 10-15 Minuten angelassen werden, dickere Werkstücke mit komplizierterer Form länger (1 Stunde).

Kelvin (K)	Anlassfarbe	Celsius (°C)	HRC
573		290	52
		280	54
548		270	56
		260	58
		250	59
523		240	60
		230	61
498		220	62

Farbskala für das Anlassen. Um die Anlassfarbe sehen zu können, müssen Sie den Stahl nach dem Härten polieren. Die Farben entstehen durch die Lichtbrechung in einem allmählich dicker werdenden Zunder. Je höher die Anlasstemperatur, desto geringer die Härte. Messing- oder Kupferfarbe ist für Messerklingen richtig (an der Grenze des mit einer Feile Bearbeitbaren).

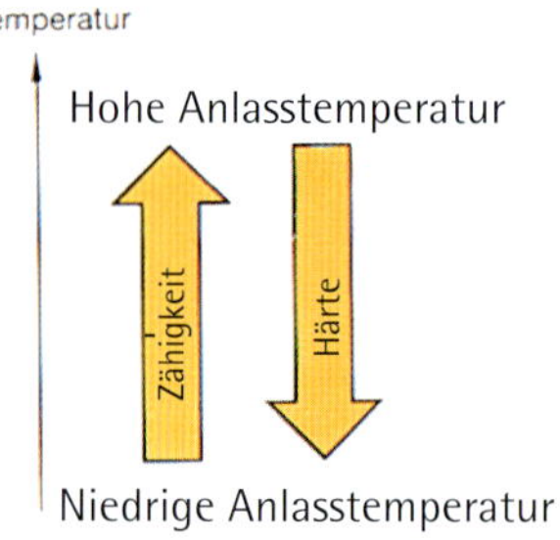

Bild 4.17 Wie die Anlasstemperatur die Zähigkeit und Härte beeinflusst.

Allgemein sind niedrigere Temperaturen und mehr Zeit beim Anlassen besser. Das beste Ergebnis erzielt man nach zweimaligem Anlassen, denn dann wird ein Bestandteil des Gefüges, der sich beim ersten Anlassen bildet (Restaustenit), verringert.

Eine kurze Wiederholung des Prozesses vor dem Härten

Legen Sie Kohle in die Feuerschüssel und heizen Sie gut auf.

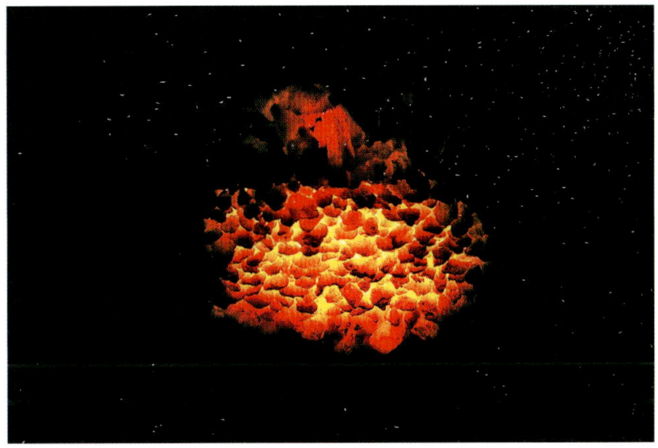

Entfernen Sie die nicht glühende Kohle, bis nur noch Glut, die Strahlungswärme abgibt, übrig bleibt.

Erwärmen:
Legen Sie die Klingen auf die Glut und lassen Sie sie heiß werden. Regulieren Sie die Temperatur mit der Gebläseluft und nehmen Sie die Klingen heraus, wenn sie die Härtetemperatur erreicht haben. Verwenden Sie den Magneten zur Kontrolle der Temperatur.

Anlassen:
Hier wurde der Backofen ca. 10-15 Minuten mit dem Bratrost auf mittlerer Höhe bei ca. 250 °C verwendet. Man kann länger oder zweimal anlassen. Wie Sie sehen, sind einige Klingen poliert, hier lässt sich die Anlassfarbe (Messing-/Kupferfarbe) leichter erkennen.

Bei unregelmäßiger Farbe müssen Sie die Klingen so verschieben, dass die ganze Klinge dieselbe Farbe bekommt. Nehmen Sie zum Abschrecken immer nur eine Klinge heraus.

Lässt sich die Schneide gerade so mit einer neuen Feile feilen, hat das Werkzeug die richtige Härte für die Holzbearbeitung (ca. 55 bis 58 Rockwell).

Härten von Werkzeug

Ich möchte hier das Härten von einigen ganz üblichen Werkzeugen in einer Schmiede vorstellen und wähle dazu Hammer, Schrothammer und Lochhammer, die in der Esse gehärtet werden können.

Schrothammer

Im Abschnitt Schmiedewerkzeuge wurde das Schmieden eines Schrothammers erklärt, jetzt möchte ich das Härten zeigen. Die Schneide des Hammers muss auf 0,5-1,0 mm Dicke geschliffen sein. Alle Ecken sind abgerundet. Der Hammer muss vor dem Härten normalisiert sein. In diesem Beispiel wird der Hammer auch im Nacken gehärtet, damit er die Schläge des Vorschlaghammers besser bewältigen kann.

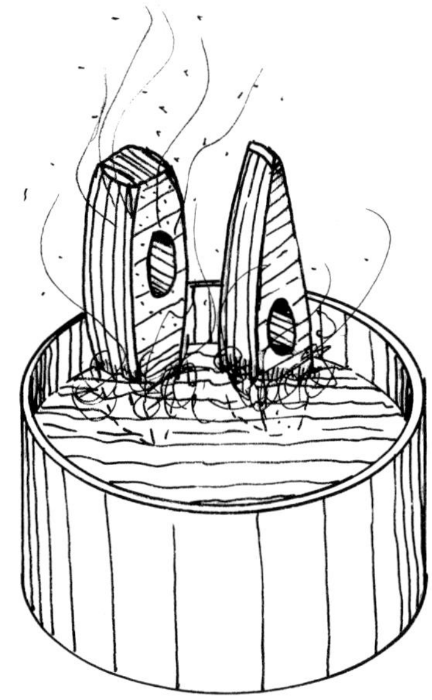

Bild 4.18 Bewegen Sie den Schrothammer etwas, um markierte Gefügeübergänge zu vermeiden. Verwenden Sie legierten Stahl, sollten Sie in Öl abschrecken.

Erwärmen

Beginnen Sie mit dem dicksten Teil des Werkstücks und lassen Sie die Härtetemperatur sich langsam bis zur Schneide vorziehen, bis der Magnet nicht mehr wirkt.

Abschrecken und Anlassen

Mit einem Kohlenstoffgehalt von 0,7 % wird zuerst das spitze Ende des Werkstücks in temperiertem Wasser abgeschreckt. Der Nacken ist dicker und kann ein wenig warten, bevor der Schrothammer gedreht und der Nackenteil abgeschreckt wird.

Man muss den Hammer hin und her und auf und ab bewegen, damit der Gefügeübergang nicht zu deutlich wird. Das könnte nämlich der Anfang eines Bruches sein. Sobald der Hammer aus dem Härtewasser genommen wird, werden die Enden blank geschliffen, damit man die Anlassfarbe kontrollieren kann.

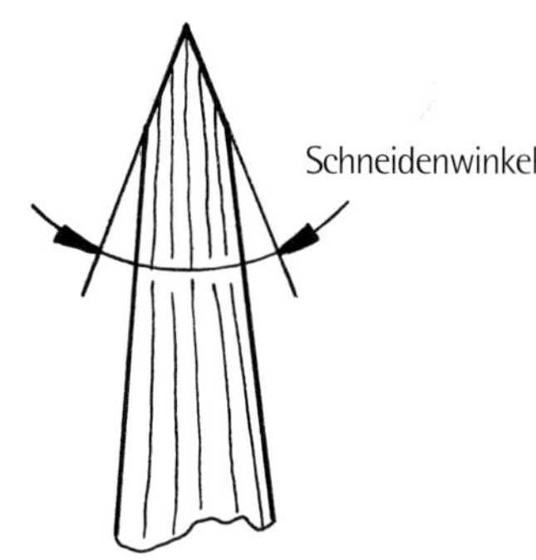

Bild 4.19 Der Schneidenwinkel muss dem Verwendungszweck angepasst werden. Bei kräftigem Abschroten soll der Schneidenwinkel größer sein als bei leichterem und genauerem Abschroten. Vergessen Sie nicht, dass das Meißeln immer das Spiegelbild des Aussehens und der Qualität der Schneide ist.

Beim Loch für den Stiel sollte jetzt noch so viel Wärme übrig sein, dass es zum Anlassen von beiden Enden reicht. Da dies ein Warmschrothammer ist, schlage ich für die Schneide eine helle Messingfarbe und dunkles Kupfer mit einer Ahnung Violett im Nacken vor. Hier muss man den Anlassprozess an dem Ende stoppen, das zuerst die richtige Farbe hat, indem man in Wasser oder mit einem nassen Tuch abkühlt.

Der Hammer hat jetzt an beiden Enden das Härtegefüge Martensit erreicht und ein zäheres Mischgefüge einwärts zum Loch hin. Das wird *Anlassen mit Eigenwärme* genannt.

Schleifen

Die Schneide wird mit einer kleinen Abrundung an der Spitze fertig geschliffen, damit sie nicht scharf und dünn wie eine Messerschneide wird.

Flachmeißel

In der Schmiede benötigt man auch die üblichen Flachmeißel zum Kalt- und Warmmeißeln, zum Beispiel von Platten und Beschlägen, zum Dekorieren und dem genaueren Meißeln. Für alles Werkzeug ist das Schmieden wichtig, um eine gute Schneide zu erzielen. Das heißt, man sollte den Schneidenteil im Temperaturbereich von 600-700 °C möglichst kräftig bearbeiten. Dann erhält die Schneide ein feinkörniges, dichtes und homogenes Gefüge. Ist die Temperatur hoch und wird wenig geschmiedet, wird das Gefüge grobkörnig. Ein feinkörniges Gefüge ist unbedingt notwendig für eine starke und gute Schneide, unabhängig vom Werkzeugtyp.

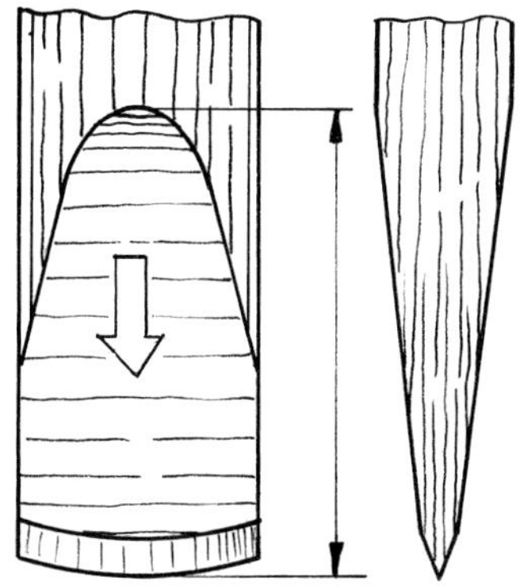

Bild 4.20 Anlassen mit Eigenwärme. Lassen Sie die verbleibende Wärme langsam nach vorn in die Schneide ziehen.

Anlassen mit Eigenwärme

Als Faustregel gilt, dass man ca. die Hälfte der Länge, die bis zur Härtetemperatur erwärmt ist, abschreckt, um für das Anlassen genug Nachwärme zu haben. Das Anlassen darf nicht zu schnell erfolgen, sondern muss bei dieser Methode mindestens 5-10 Minuten dauern.

Sollte es zu wenig Nachwärme für das Anlassen geben, kann man mit einer Gasflamme „darüber streichen" oder vorsichtig in der Esse bis zur richtigen Anlassfarbe und Härte erwärmen.

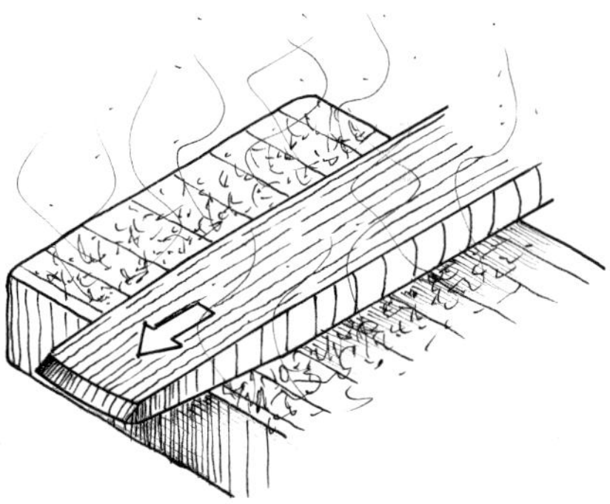

Bild 4.21 Anlassen auf einem rotglühenden Stahlstück oder einer Kochplatte.

Anlassen auf warmer Unterlage

Ein altes Verfahren zum Anlassen, ist das Werkzeug auf eine rotglühende Stahlplatte zu legen. Legen Sie den dünnsten Teil der Schneide außerhalb der Platte und drehen Sie den Meißel mehrmals um. Haben Sie Geduld und halten Sie den Meißel ab und zu ein wenig hoch. Die Anlassfarbe kommt oft schneller als man glaubt.

Bild 4.22 Flachmeißel mit angeschweißtem Handgriff.

Flachmeißel mit Stiel

Beim Warmmeißeln mit Flachmeißel kann es für die Hände häufig zu heiß werden. Daher ist ein an den Meißel geschmiedeter Handgriff günstig. Wegen des Kohlenstoffstahls im Meißel sollte man elektrisch schweißen und anschließend glühbehandeln. Die Schweißverbindung muss vor dem Härten möglichst spannungsfrei und feinkörnig sein.

Bild 4.23 Meißel für verschiedene Zwecke, die einseitig oder auf beiden Seiten der Schneide geschliffen sind. Andere Werkzeugtypen werden im Kapitel über das Kunstschmieden behandelt.

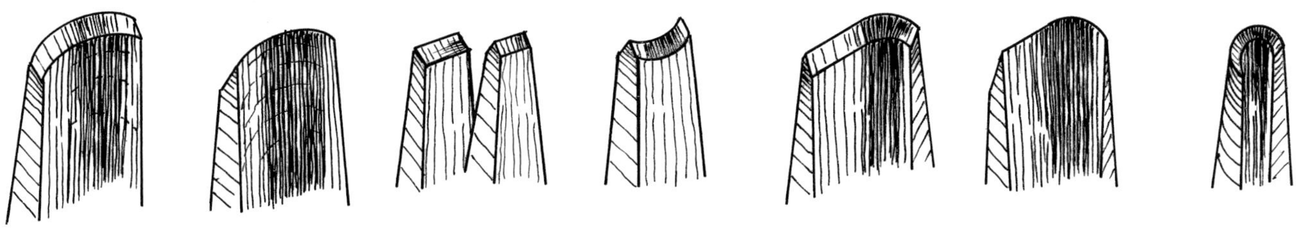

Kurzer Hinweis auf die Wirkung von Legierungselementen im Stahl

Die Schweißbarkeit hier gilt für das elektrische Schweißen

Legierungselement/ Begleiterelement	Chemisches Symbol	Wirkung in Stahl	Legierungsgrad bis zu ca.
Phosphor	P	Macht den Stahl spröde bei Raumtemperatur. Die Schweißbarkeit wird schlechter.	0,07 %
Silizium	Si	Erhöht die Zugfestigkeit und die Abschrecktemperatur. Die Schweißbarkeit wird schlechter.	2,0 %
Kobalt	Co	Wirkt im Großen und Ganzen wie Nickel. Beeinflusst die Härtbarkeit positiv. Siehe unten.	10,0 %
Kohlenstoff	C	Die Härte und Festigkeit steigen mit höherem Kohlenstoffgehalt, während die Zähigkeit abnimmt. Die Schweißbarkeit wird schlechter.	1,8 %
Chrom	Cr	Erhöht die Härte, Festigkeit und Zähigkeit. Bei einem Chromgehalt von über 12% (gelöst in der Grundmasse des Stahls) wird der Stahl oxidations- und rostbeständig (rostfreier Stahl).	25,0 %
Mangan	Mn	Erhöht die Festigkeit. Macht den Stahl widerstandsfähig gegen Verschleiß. Reduziert die Bearbeitbarkeit.	1,5 %
Molybdän	Mo	Erhöht die Zähigkeit. Verbessert die Härtbarkeit und die Widerstandsfähigkeit gegen Korrosion. Die Schweißbarkeit wird schlechter.	5,0 %
Nickel	Ni	Erhöht die Zähigkeit und Widerstandsfähigkeit gegen Korrosion. Erhöht die Härtbarkeit und senkt die Härtetemperatur. Mit erhöhtem Nickelgehalt verringert sich die Wärmeleitfähigkeit.	10,0 %
Schwefel	S	Verbessert die Bearbeitbarkeit bei spanerzeugender Bearbeitung. Macht den Stahl spröde bei hohen Temperaturen. Die Schweißbarkeit wird schlechter.	0,2 %
Vanadium	V	Erhöht die Härtbarkeit und Härtetemperatur. Macht den Stahl feinkörniger. Stark karbidbildend.[1] Die Schweißbarkeit wird schlechter.	5,0 %
Wolfram	W	Erhöht die Härtbarkeit und Härtetemperatur. Macht den Stahl feinkörniger. Stark karbidbildend.[1] Die Schweißbarkeit wird schlechter.	18,0 %

[1] Karbid = chemische Verbindung zwischen Kohlenstoff und einem Metall

Schmiedetechniken und Hilfswerkzeuge

KAPITEL 5

Helfer in der Schmiede

Wenn man in der Schmiede ohne Zuschläger arbeitet, muss man zum Festhalten des Werkstücks bei den unterschiedlichen Arbeiten auf dem Amboss häufig Hilfswerkzeug anfertigen. Das sind Vorrichtungen, die als dritte Hand des Schmieds oder als Zuschläger dienen.

Rechts sehen Sie eine Klemmvorrichtung mit zwei kräftigen Zugfedern. Man zieht den Handgriff hoch und legt das Werkstück darunter. Vergessen Sie die Platte aus weichem Stahl als Unterlage nicht.

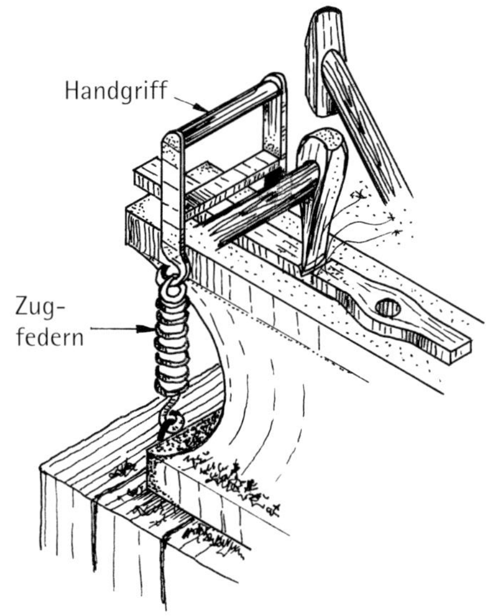

Bild 5.1 Klemmvorrichtung.

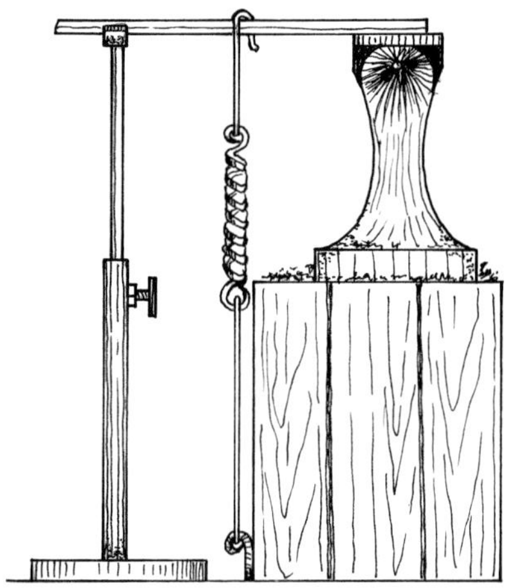

Bild 5.2 Einfache Klemmvorrichtung mit Zugfedern. Kann auch mit Pedal ausgestattet werden.

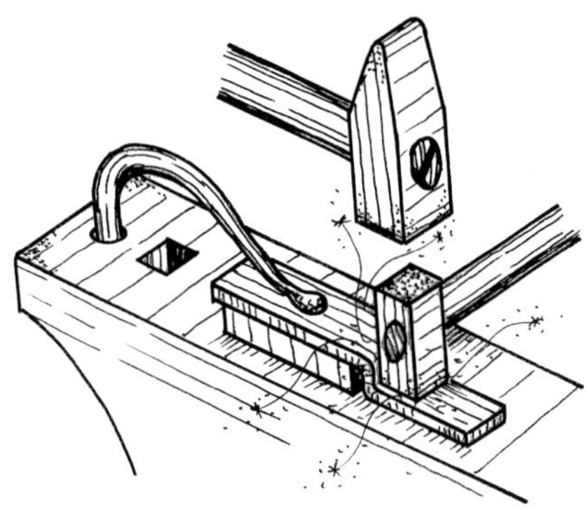

Bild 5.3 Beispiel eines Bocksfußes, der das Werkstück festhält.

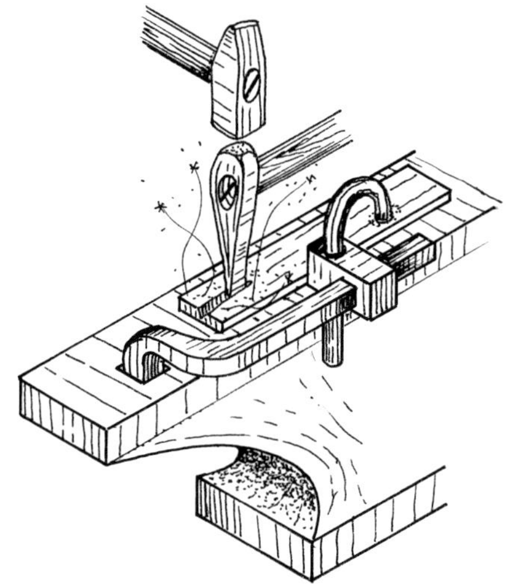

Bild 5.4 Klemmvorrichtung aus zähgehärtetem Federstahl. Alle Teile werden mit Spiel angefertigt, damit sie sich festkeilen, wenn man den Bügel in das Ambossloch schlägt.

Bocksfuß

Der einfachste und praktischste „Helfer" ist ein so genannter Bocksfuß. Er muss ein wenig dünner als das Loch im Amboss sein und kann aus Federstahl angefertigt und zähgehärtet werden. Mit Schlägen von oben keilt er sich fest, und mit Schlägen von unten her lockert er sich wieder.

Zähhärten:
Härten mit Anlassen in höherer Temperatur (ca. 350-450 °C).

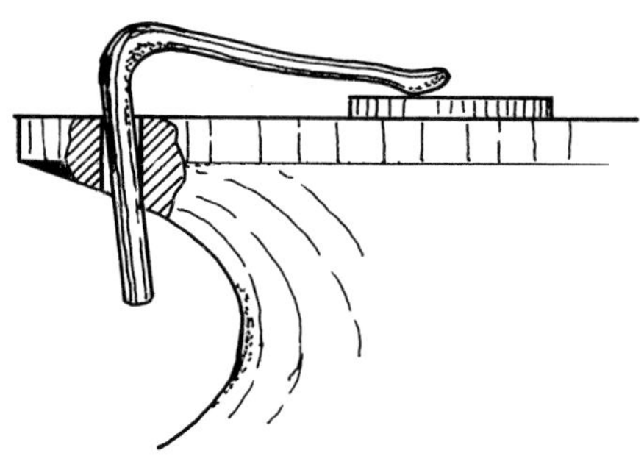

Bild 5.5 Bocksfuß.

Strecken und Stauchen

Unten sind einige Schmiedetechniken gezeigt, die man beim Strecken oder Stauchen eines Werkstoffs anwendet. Gestreckt wird effizienter auf dem Rundhorn als auf der Bahn des Ambosses. Beim Stauchen vergrößert man den Querschnitt und spart dadurch Arbeit und Material.

Bild 5.6 Strecken. Gestreckt wird, indem man abwechselnd auf die flache Seite und hochkant auf das Werkstück schlägt.

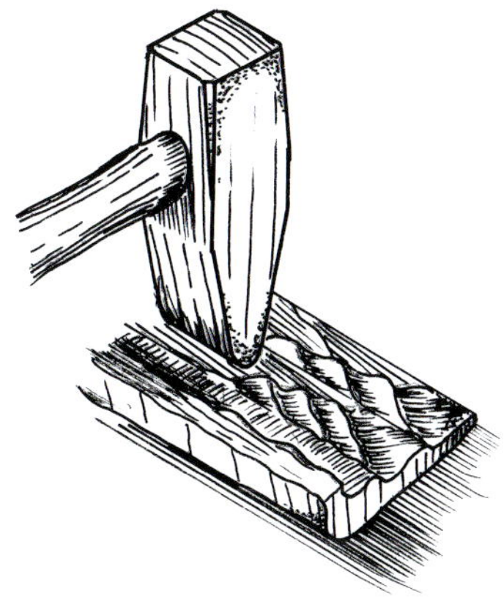

Bild 5.7 Breiten. Die Finne des Hammers breitet leichter als die Hammerbahn. Beispiel: Schmieden von Sensen.

Beispiel des Stauchens eines größeren Werkstücks auf dem Amboss. Man kann auch auf einer dicken Stahlplatte auf dem Boden stauchen. (Helfstyn, Tschechien, 1997)

Bild 5.10 Feuerschweißen eines Rings auf eine Welle, um den Querschnitt zu vergrößern oder einen Kopf zu formen. Wenn der Ring geschweißt wird, streckt er sich und bildet eine dichte Naht.

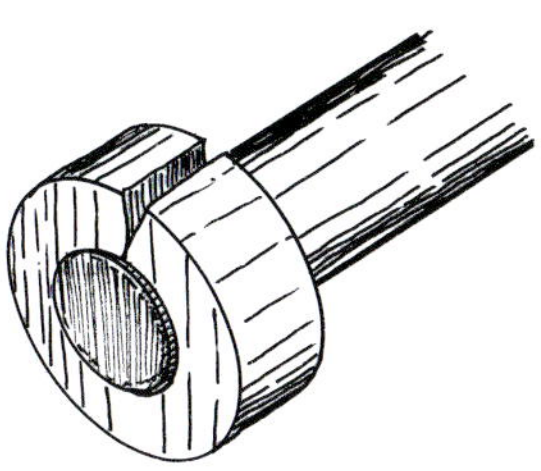

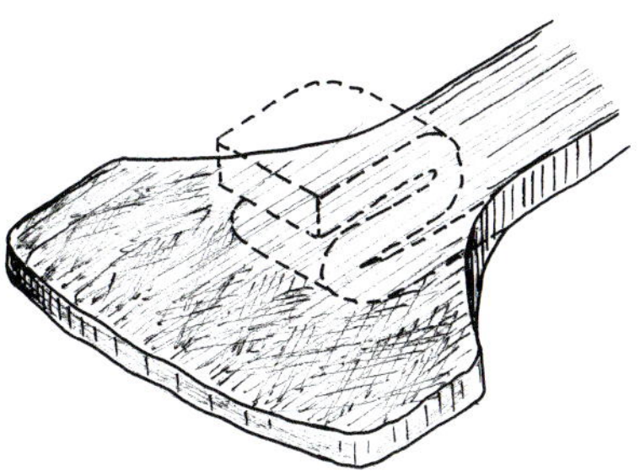

Bild 5.11 Feuerschweißen von mehreren Lagen, z. B. um den Querschnitt zu vergrößern.

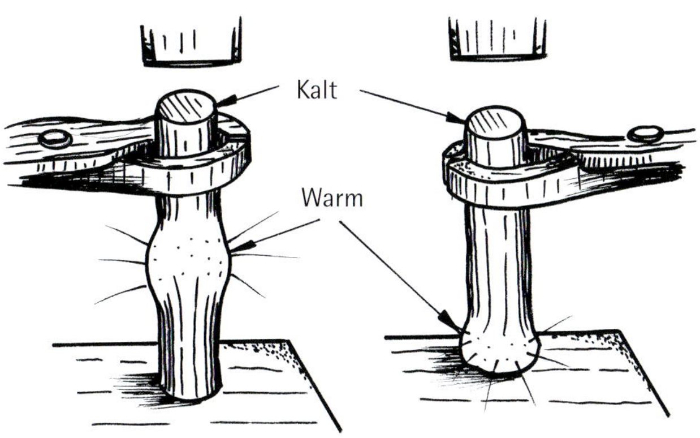

Bild 5.8 Stauchen auf dem Amboss, um den Querschnitt zu vergrößern. Sonst kann man aus einer dickeren Welle schmieden, was aber mehr Arbeit ist.

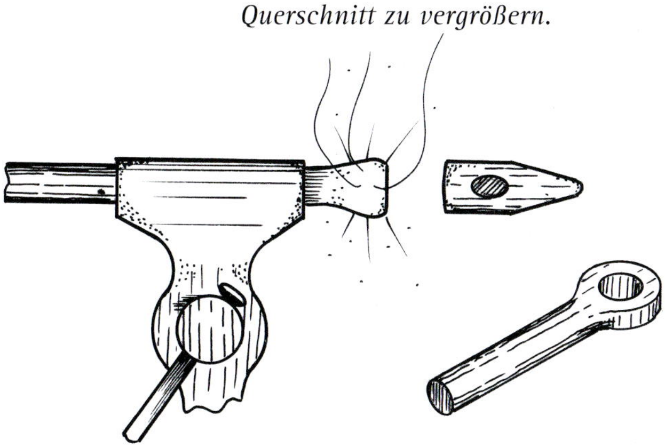

Bild 5.9 Stauchen in einem Schmiedeschraubstock, um den Querschnitt zu vergrößern.

Hilfswerkzeuge zum Meißeln und Aufdornen

Zum Meißeln einer geraden Kerbe, die dem Rand eines Werkstücks folgt, kann man ein Werkzeug anfertigen, wie Sie es rechts sehen. Hat man mehrere solche Details mit Meißeldekor, kann man auf diese Weise Zeit sparen. Statt des festen Abstands bis zur Meißelkerbe kann man eine verstellbare Platte anschrauben.

Unten ein paar in den Amboss einsetzbare Werkzeuge.

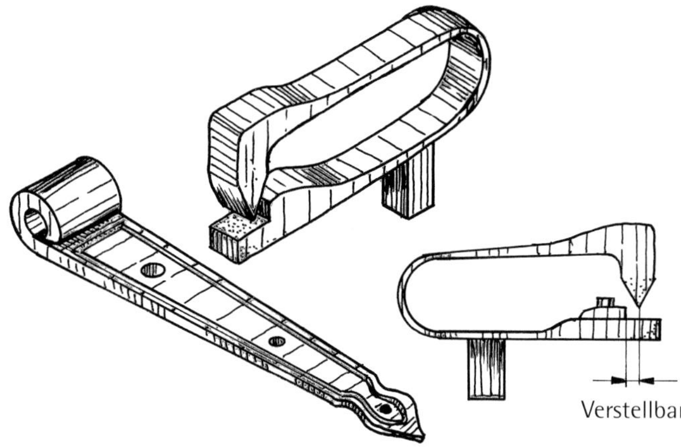

Bild 5.12 In den Amboss einsetzbares Meißelwerkzeug.

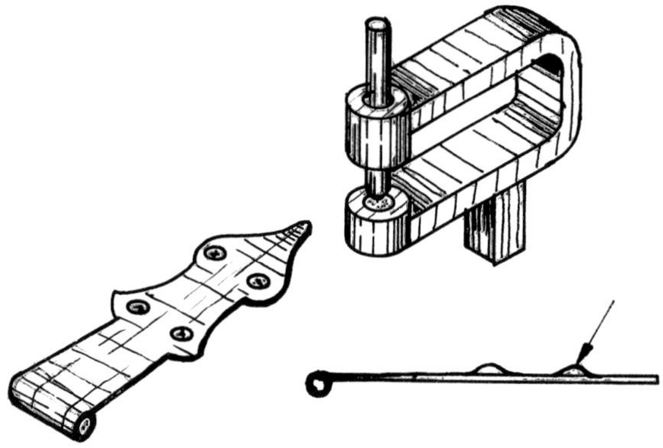

Bild 5.13 Stempelwerkzeug zum Ausschlagen von Kugelerhöhungen. Kann auch als Aufdornwerkzeug angefertigt werden.

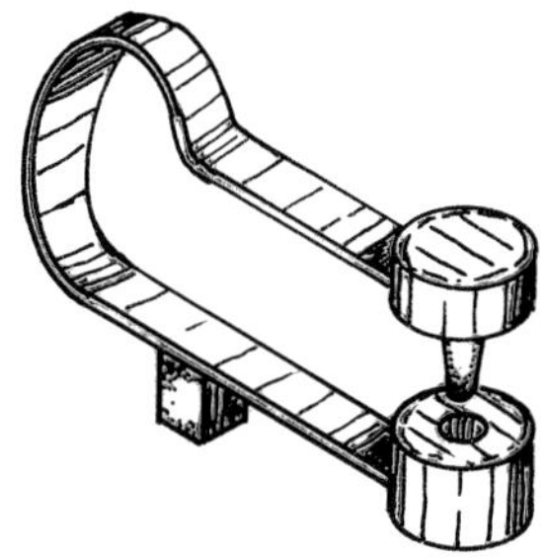

Bild 5.14 Aufdornwerkzeug.

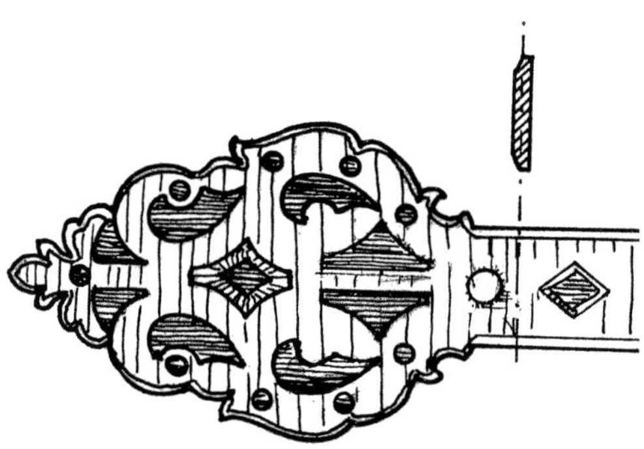

Bild 5.15 Beispiel eines Stempeldekors.

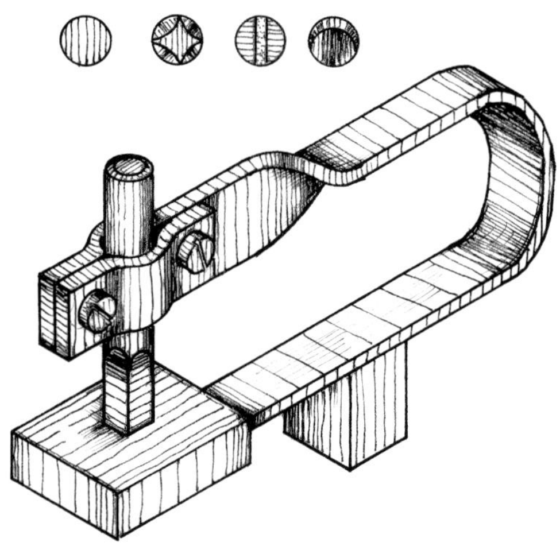

Bild 5.16 Stempeldekor zum Warmstempeln. Man kann auswechselbare Stempelformen anfertigen.

Hilfswerkzeug zum Biegen

Hier wird das Biegen eines Beschlags aus Flachstahl gezeigt. Es ist nicht so einfach, mehrere gleiche Beschläge anzufertigen, wenn man nur den Amboss verwendet. Daher lohnt es sich, aus einer Platte oder einem breiten Flachstahl ein Hilfswerkzeug anzufertigen. Bohren Sie in der Dicke des Beschlags ein Loch und schneiden Sie mit der Trennscheibe eine Kerbe aus. Runden Sie die Ecken etwas ab, damit der Beschlag keine hässlichen Kerben bekommt.

Setzen Sie das Hilfswerkzeug in den Schraubstock. Erwärmen Sie das Werkstück und schmieden Sie es in zwei Winkel von 90° (siehe Bild 5.19).

Sie können auch zuerst den einen Winkel biegen und zum Biegen des zweiten Winkels eine Zwinge über den Beschlag und das Hilfswerkzeug spannen.

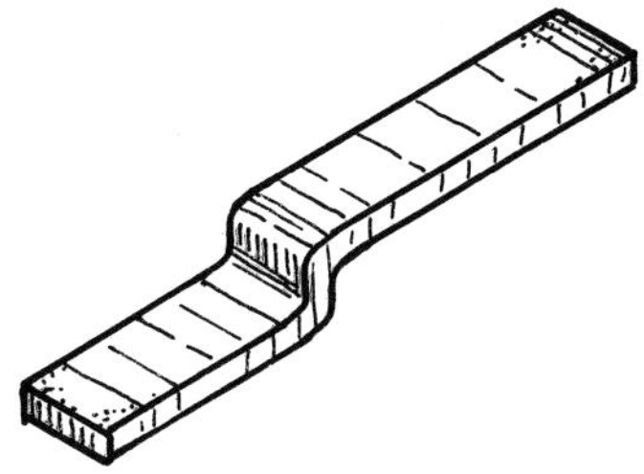

Bild 5.17 Beschlag.

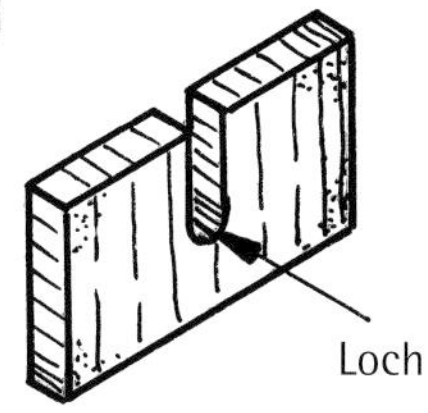

Bild 5.18 Hilfswerkzeug.

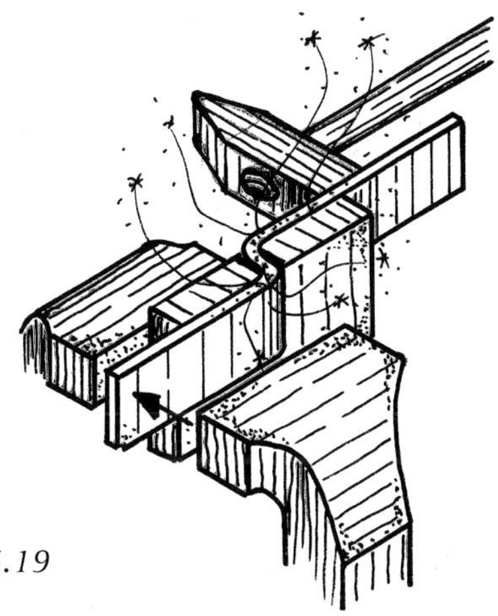

Bild 5.19

Bockshorn

Wenn man eine Spirale oder Bögen schmieden will, bietet sich das Bockshorn als praktisches Werkzeug an. Damit hat man genug Platz für den Kringel unter dem Horn, und es ist nicht schwer, einen gleichmäßigen Bogen zu formen. Um eine schöne Spirale oder einen Kreisbogen zu erhalten, muss der Bogen schon von Anfang an richtig sein (siehe nächste Seite).

Bild 5.20 Bockshorn.

Biegegabeln

Unten sehen Sie ein anderes praktisches Werkzeug, das Sie in der Hand halten und mit dem Sie biegen können. Man hat damit eine gute Übersicht, und das Biegen oder Ausrichten ist einfach.

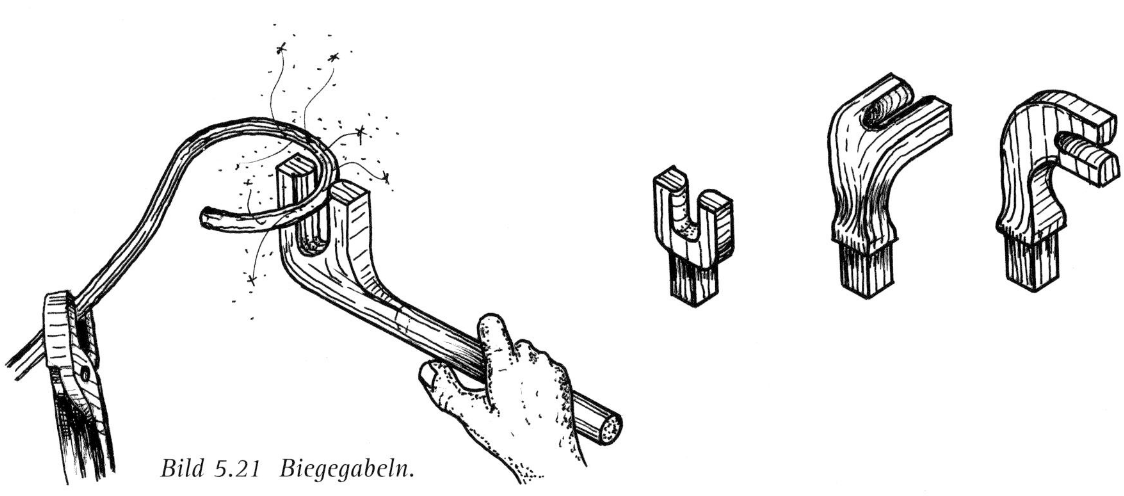

Bild 5.21 Biegegabeln.

Wie Sie mit einer Spirale beginnen

Wie erwähnt, ist es wichtig, mit der Spirale richtig zu beginnen, um einen schönen Anfang zu erhalten (siehe Bild 5.22).

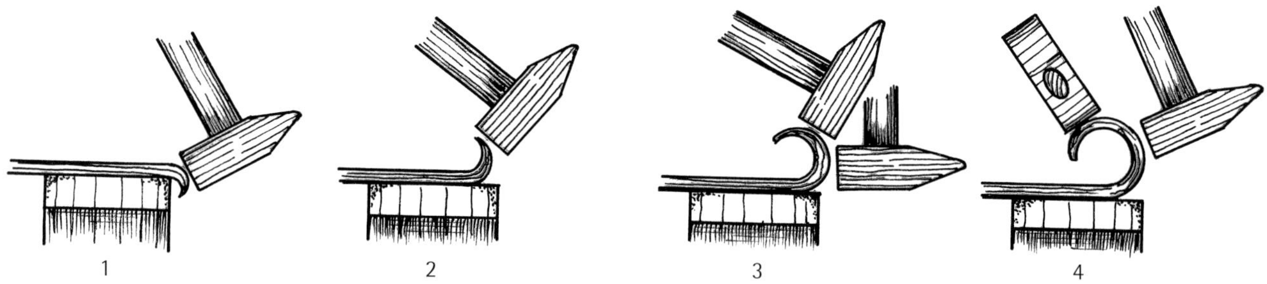

Bild 5.22

1 Biegen Sie das Werkstück zuerst über der Ambosskante vor.
2, 3, 4 Drehen Sie das Werkstück um und schlagen Sie so, dass sich der Kringel in Ihre Richtung rollt. Versuchen Sie, den Beginn der Spirale wirklich rund zu schmieden.

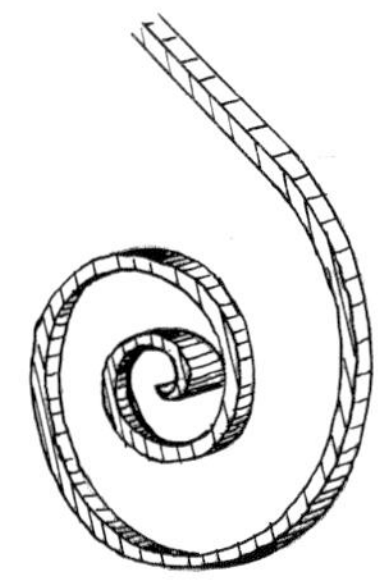

Bild 5.23

Müssen Sie mehrere gleiche Spiralen schmieden, lohnt es sich, eine Biegevorlage anzufertigen (Bild 5.24). Beim Biegen um die Vorlage herum muss das Werkstück am Ende am wärmsten sein, damit es sich gleichmäßig an die Vorlage anliegend biegt.

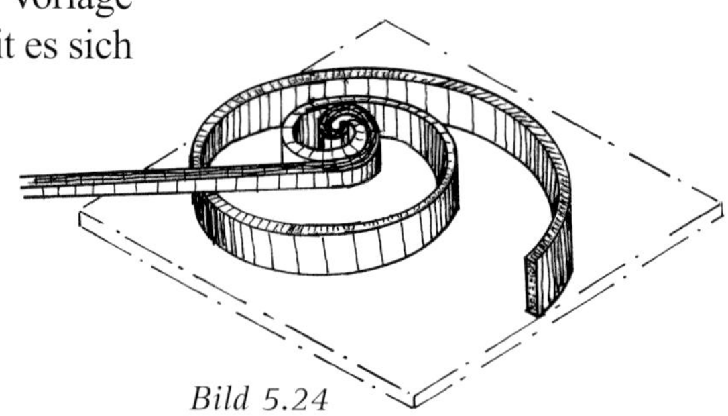

Bild 5.24

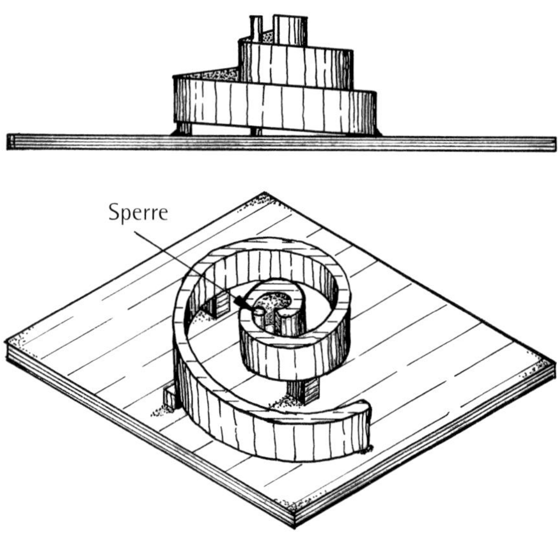

Bild 5.25 Es erfordert vielleicht ein wenig mehr Zeit, eine Biegevorlage für eine schöne Spirale zu schmieden. Dieses Werkzeug können Sie aber immer wieder verwenden. Die Biegevorlage kann auf eine Platte aufgeschweißt werden und sollte im Zentrum am höchsten sein, um das Werkstück um sie herumbiegen zu können. Damit das Werkstück nicht aus der Vorlage herausgedreht wird, müssen Sie eine Sperrvorrichtung haben.

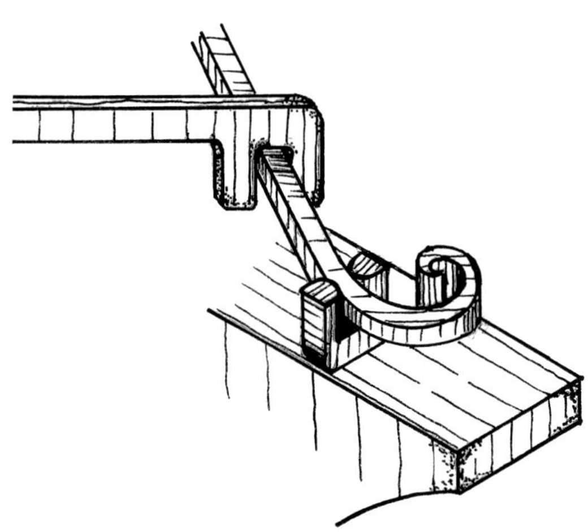

Bild 5.26 Zum Anfertigen der Biegevorlage können Sie das Biegewerkzeug verwenden, das wir bereits behandelt haben.

Beim Abschroten, Aufdornen, Lochen und ähnlichen kleineren Arbeiten kann ein mechanischer Zuschläger eine große Hilfe sein, wenn man allein arbeitet. Mit einem solchen Zuschläger kann man ganz präzise einen Schlag nach dem anderen setzen. Der Schlag entsteht durch schnelles Betätigen des Pedals. Ein Federmechanismus zieht den Hammerstempel wieder hoch. (Helfstyn, Tschechien, 1997)

Mit Biegegabel und Biegevorlage gebogen (Raadvad-Center, Dänemark).

Biegen, Aufdornen und Durchziehen.

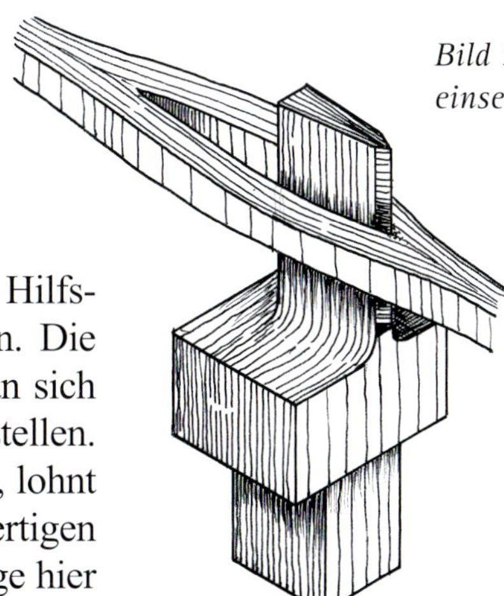

Bild 5.27 In den Amboss einsetzbarer Spaltmeißel.

Andere Hilfswerkzeuge

Rechts sehen Sie einige Beispiele anderer Hilfswerkzeuge, die Sie selbst anfertigen können. Die Arbeit geht leichter von der Hand, wenn man sich die Zeit nimmt, solches Werkzeug herzustellen. Auch wenn Sie meinen, keine Zeit zu haben, lohnt es sich. Außerdem lernen Sie viel beim Anfertigen Ihres eigenen Hilfswerkzeugs. Alle Werkzeuge hier sind aus mittlerem Kohlenstoffstahl geschmiedet.

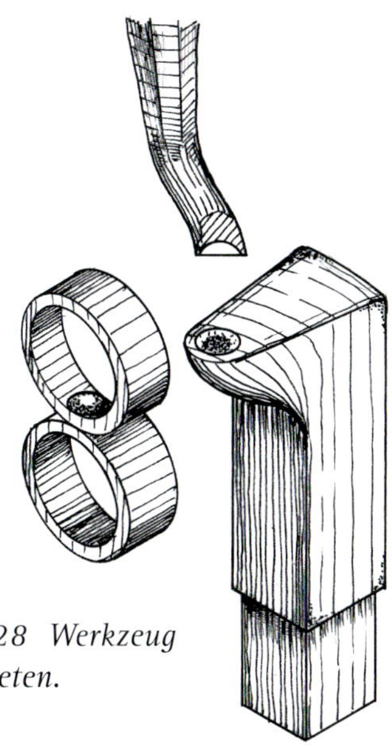

Bild 5.28 Werkzeug zum Nieten.

Noch mehr Hilfswerkzeuge

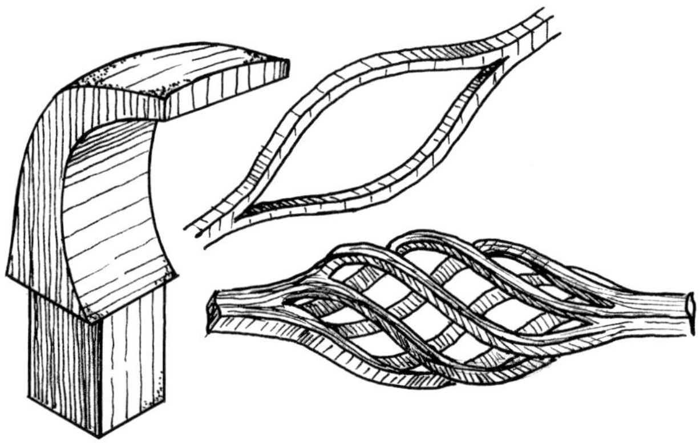

Bild 5.29 Kleines Bockshorn für aufgemeißelte Details.

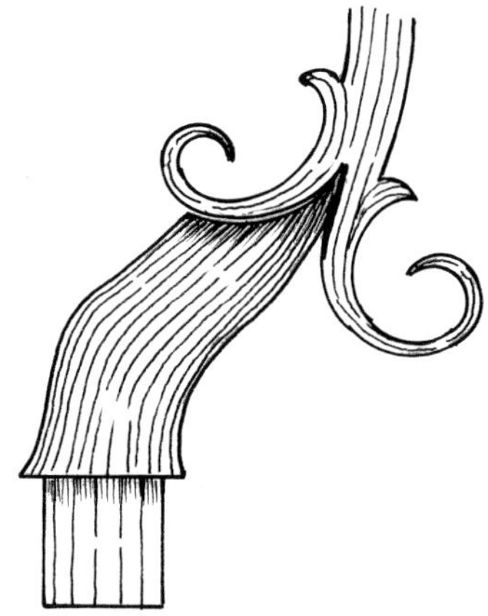

Bild 5.30 Meißel und Untergesenk kombiniert.

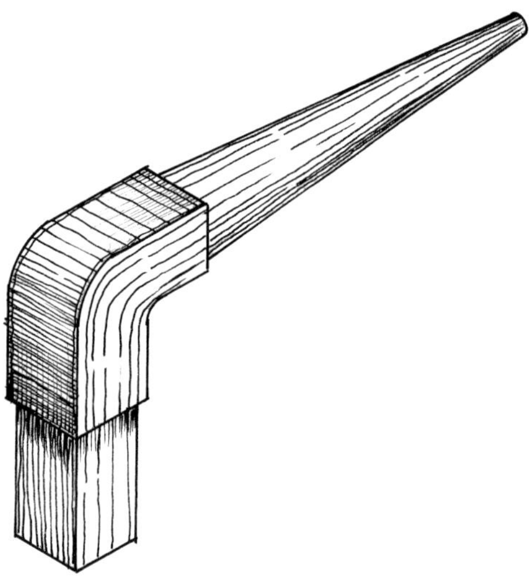

Bild 5.31 Kleines, in den Amboss einsetzbares Rundhorn.

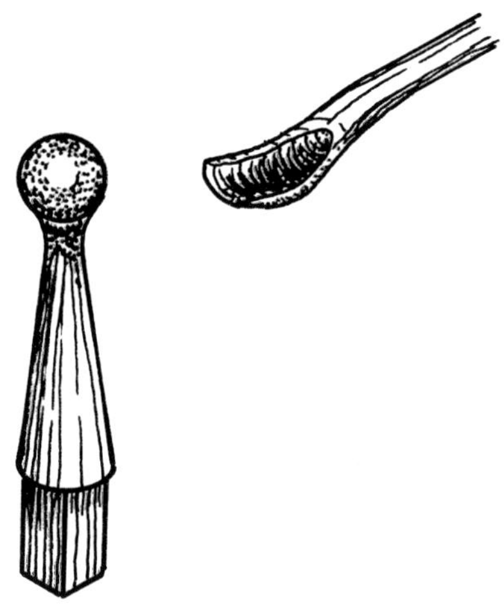

Bild 5.32 Kombiniertes, in den Amboss einsetzbares Kugel- und Kegelwerkzeug zum Schmieden von kegel- und löffelförmigen Werkstücken.

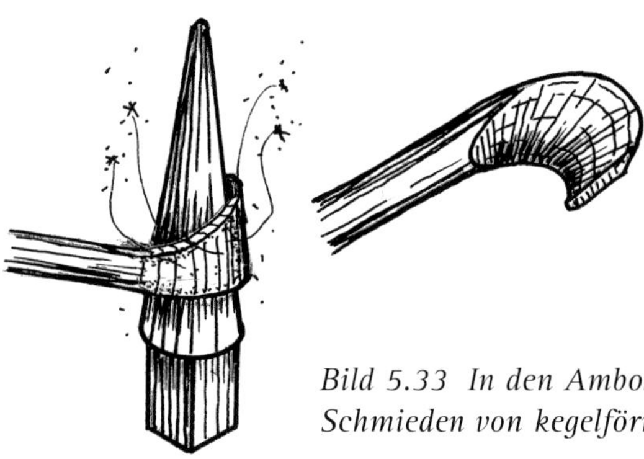

Bild 5.33 In den Amboss einsetzbarer Kegel zum Schmieden von kegelförmigen Werkzeugen und Details.

Grundlegende Schmiedeübungen

KAPITEL 6

Schmiedeübungen

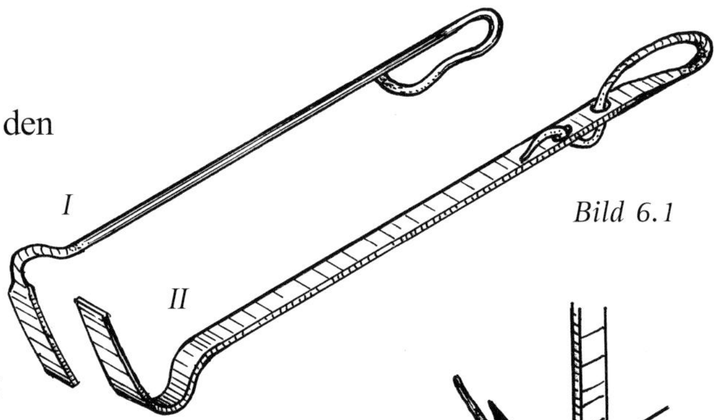

Bild 6.1

Wenn Sie nun mit dem meisten Werkzeug und mit den Schmiedetechniken vertraut sind, sollten Sie das Schmieden auch einmal praktisch betreiben. Auf den nächsten Seiten werden Schmiedeübungen vorgestellt, die sich zum Üben der unterschiedlichen Schmiedetechniken und zum Gebrauch des Werkzeugs und der Ausstattung besonders gut eignen.

Welche Übungen Sie wählen, wird von Ihren Voraussetzungen abhängen. Eine passende Schmiedeübung für Anfänger kann das Schmieden von Geräten für die Esse sein.

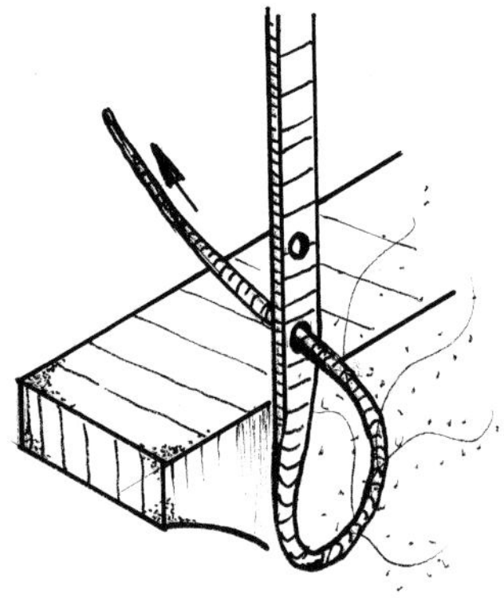

Bild 6.2 Ziehen Sie das konische Ende des Handgriffs mit einer Zange durch die Löcher und formen Sie es mit dem Hammer.

Schmieden des Glutrechens I

Als Ausgangsmaterial kann 4 mm oder 5 mm x 20 mm Flachstahl einer normalweichen Qualität verwendet werden. Beginnen Sie mit dem Ende des Flachstahls und schmieden Sie es zuerst viereckig und dann rund. Zum Schluss biegen Sie den Handgriff über dem Ambosshorn.

Breiten Sie den Rechenteil etwas aus und biegen Sie ihn in Form. Achten Sie darauf, dass der Übergang an der Biegung zwischen rund und flach nicht zu dünn wird. Wenn Sie ein Gesenk für eine runde Form haben, können sie es damit versuchen. Sonst geht es auch gut nur mit dem Hammer.

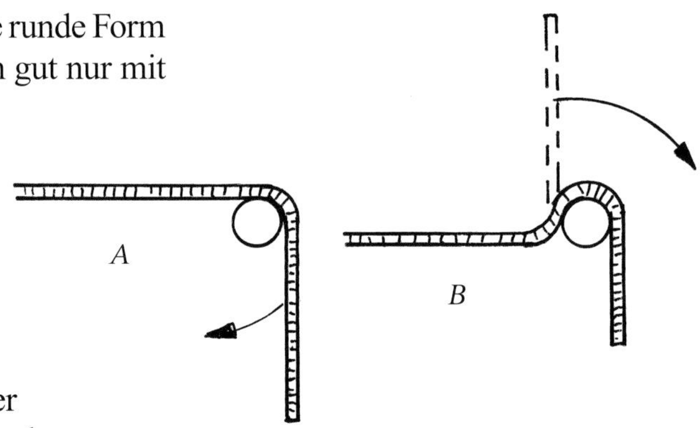

Bild 6.3 Biegen des Rechenteils.

Schmieden des Glutrechens II

Verwenden Sie die gleiche Art Flachstahl wie beim obigen Glutrechen. Schmieden Sie den Handgriff rund mit konischem Ende. Verwenden Sie zum Aufdornen einen Dorn. Dadurch behält der Flachstahl um die Löcher herum seine schöne Form. Sie können die Löcher auch bohren.

Biegen Sie den Handgriff in Form und ziehen Sie ihn mit einer Zange durch das erste Loch. Geben Sie dem Bügel die richtige Form über dem Vierkanthorn. Erwärmen Sie von neuem und ziehen Sie das Ende durch das zweite Loch. Formen Sie den Rest mit dem Hammer. Zum Biegen des Rechenteils verfahren Sie wie in Bild 6.3 A und B.

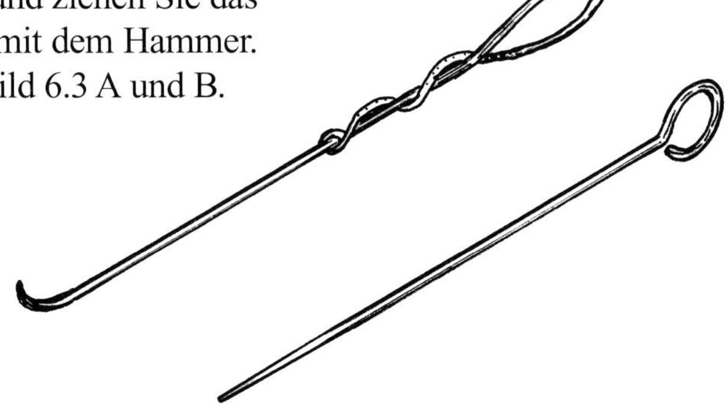

Bild 6.4 Zum Schmieden eines Schlackenhakens und Reinigungsstachels verwenden Sie 8-10 mm Rundstahl.

Schmieden von Haken

Hier sehen Sie Beispiele von aus Rund- oder Vierkantstahl geschmiedeten Haken und Aufhängvorrichtungen. Schmieden Sie das Werkstück zum Haken und biegen Sie zuerst den Bogen A (Bild 6.5). Dann biegen Sie die Bögen B und C über dem Vierkanthorn wie beim Glutrechen in Bild 6.3.

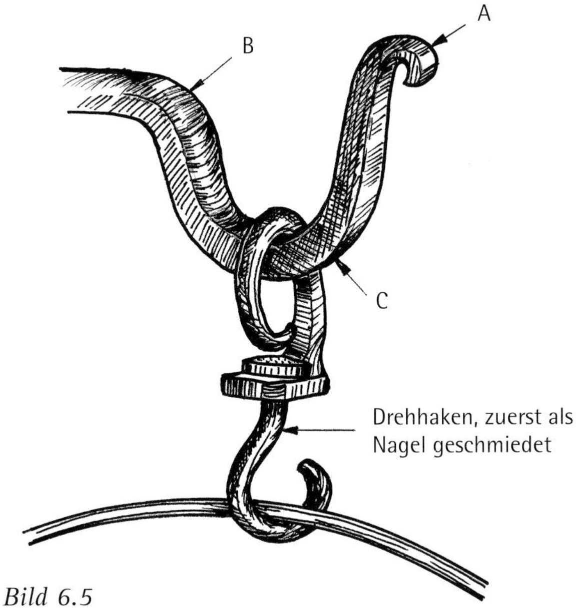

Bild 6.5

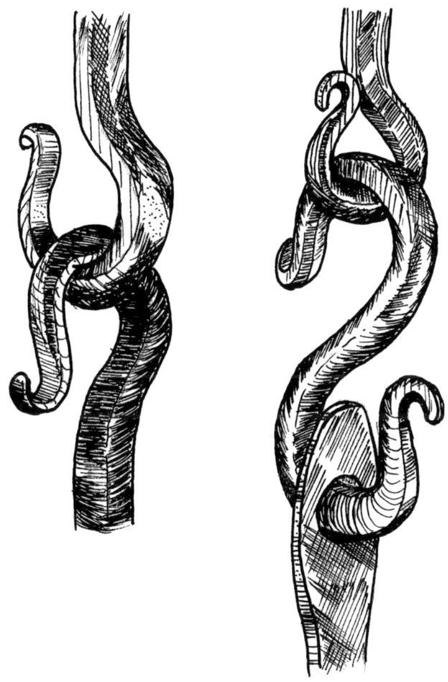

Bild 6.6 Beispiel einer Aufhängevorrichtung im offenen Kamin, für einen Kerzenleuchter, eine Lampe, eine Ampel, Schilder oder Ähnliches.

Schmieden eines Ösenscharniers

Bild 6.7 zeigt, wie man Ösenscharniere aus Rund- oder Flachstahl schmiedet. Außer ihrer Verwendung als Gelenk können sie auch als Aufhängevorrichtung an der Wand verwendet werden.

Die Details sind Vorschläge und Ideen für die weitere Gestaltung. Beginnen Sie schon jetzt, an Form, Funktion und Design zu denken.

Bild 6.7

Bild 6.8 Rundstahl als Ausgangsmaterial für das Ösenscharnier auf der nächsten Seite.

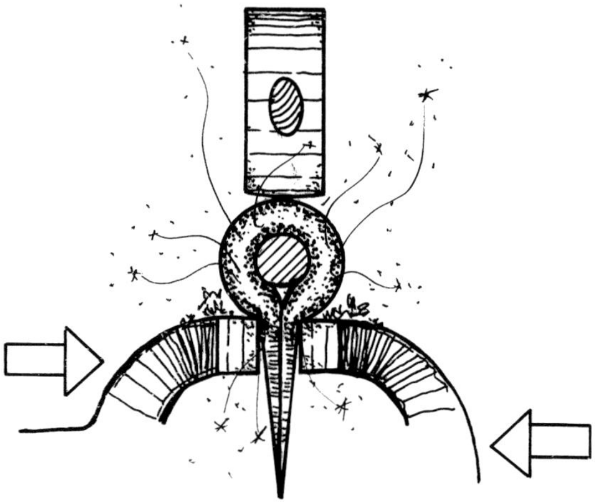

Bild 6.9 Formen im Schraubstock.

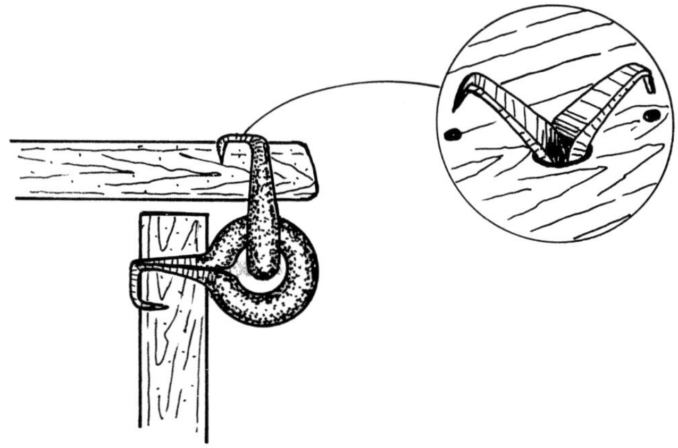

Bild 6.10 Beispiel einer Befestigung in Holz. Bohren Sie mit einem kleineren Bohrer vor und „brennen“ Sie das Detail im Holz fest.

Schweißübungen

Bevor Sie fortfahren, ist es wichtig, dass Sie das Feuerschweißen und andere Schweißtechniken beherrschen. Lesen Sie daher zuerst über das Feuerschweißen in Kapitel 4, Materialkunde.

Schweißen einer Überlappungsnaht

Versuchen Sie es mit ca. 8 x 20 mm Flachstahl und schmieden Sie eine Naht wie in Bild 6.11. Es lohnt sich, die Enden ein wenig zu stauchen, um genügend Material zum Schmieden der Nahtstelle zu haben (Bilder 6.13 bis 6.16). Macht man eine Schrägnaht, wie in Bild 6.12 gezeigt, wird die Schweißverbindung häufig dünner als der Rest der Stange.

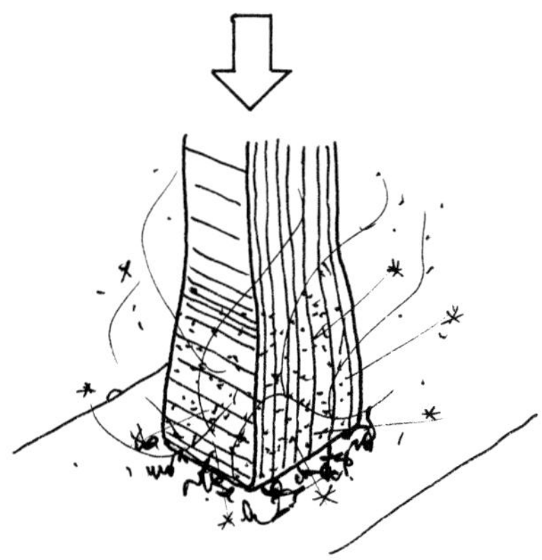

Bild 6.13 Erwärmen Sie das Ende der Stange weiß und setzen Sie es vertikal auf den Amboss. Schlagen Sie kräftig mit dem Hammer auf das kalte Ende. Bei langen Werkstücken wird eine Stauchplatte auf dem Fußboden verwendet, auf der das warme Ende gestaucht wird.

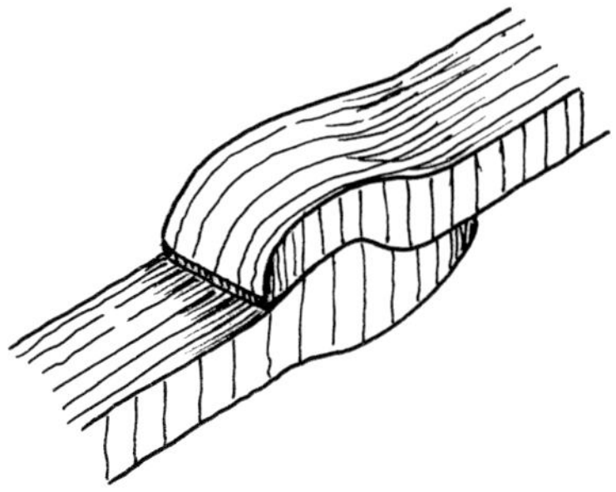

Bild 6.11

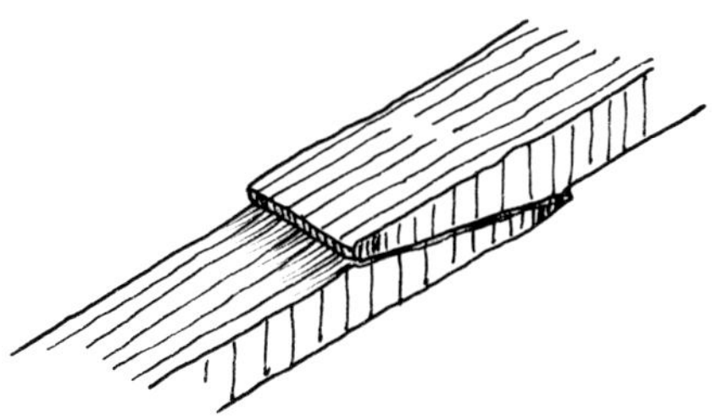

Bild 6.12

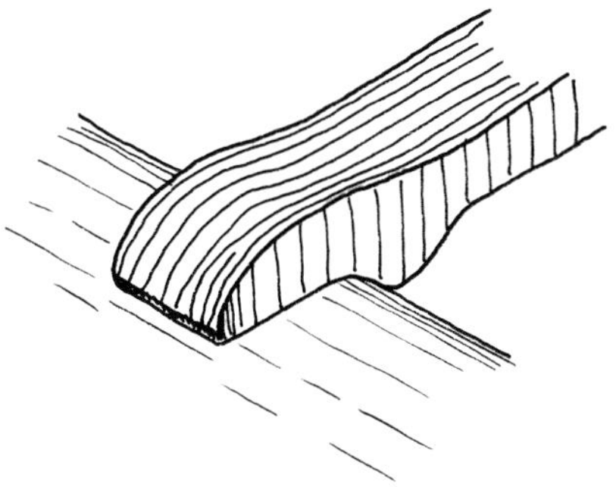

Bild 6.14 Legen Sie ca. 2/3 des gestauchten Teils auf den Amboss und schmieden Sie die Schweißnaht wie oben gezeigt. Für die richtige Form verwenden Sie die abgerundete Ecke des Ambosses. Vermeiden Sie scharfe Ecken, sie sind schwieriger zu schweißen.

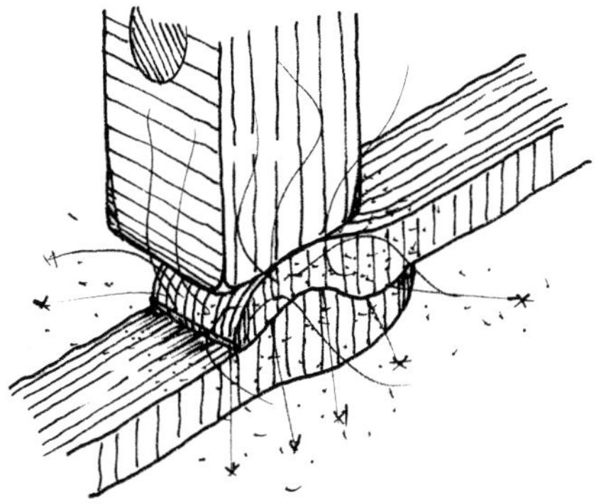

Bild 6.15 Erwärmen Sie beide Enden nebeneinander in der Esse auf Schweißwärme. Wenn sie warm genug sind, nehmen Sie beide heraus und schlagen am Amboss die Schlacke ab. Dann legen Sie die eine Stange schnell über die andere auf den Amboss und drücken ein paar Sekunden fest mit dem Hammer auf die Stelle, dann schmieden Sie mit raschen Schlägen.

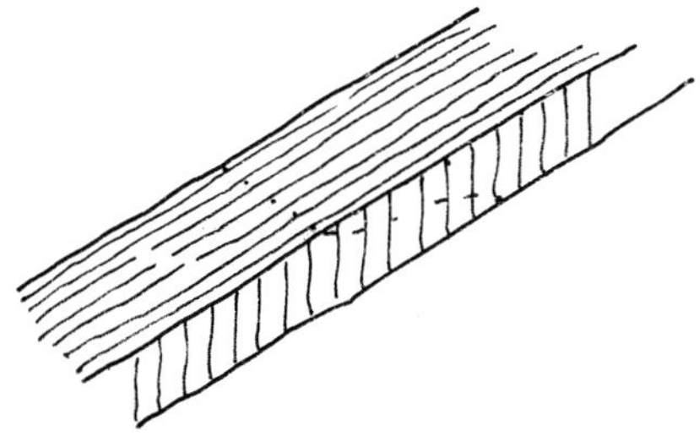

Bild 6.16 Wenn nötig erwärmen Sie das Werkstück zum Nachschweißen noch einmal, damit die Schweißnaht die richtige Dimension erhält. Versuchen Sie zu vermeiden, dass das Werkstück an der Schweißnaht dünner als der Rest wird.

Schweißen einer Spaltverbindung

Die Spaltverbindung ist eine starke Verbindung, sie kann aber etwas schwieriger auszuführen sein. Hier werden zwei Methoden gezeigt.

Verwenden Sie 15-20 mm Rundstahl. Auch hier ist es von Vorteil, die Enden etwas zu stauchen. Im gestauchten Ende meißeln Sie mit einem schlanken Warmmeißel einen Spalt. Öffnen Sie den Spalt von beiden Seiten (siehe Bild 6.19).

Biegen Sie den gemeißelten Spalt auseinander, indem Sie gegen die Ambosskante auf das Werkstück schlagen. Schmieden Sie gleichzeitig die Form der Verbindung wie in Bild 6.20 gezeigt.

Stauchen Sie das andere Ende und spitzen Sie es zu, so dass es in die V-Nut passt. Erwärmen Sie beide Enden und schlagen Sie sie zu einer möglichst dichten Verbindung ineinander. Dann ist das Schweißen leichter.

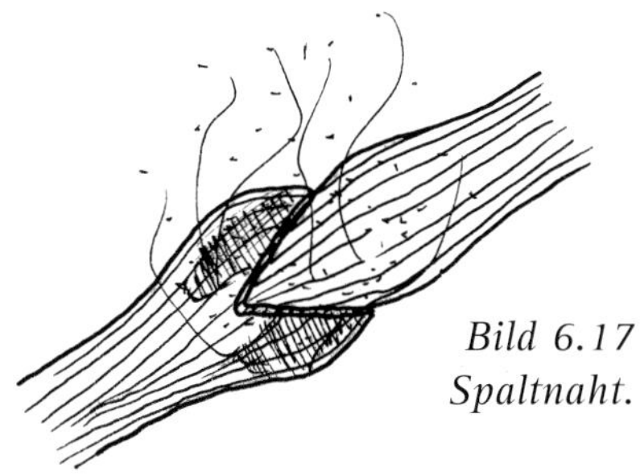

Bild 6.17 Spaltnaht.

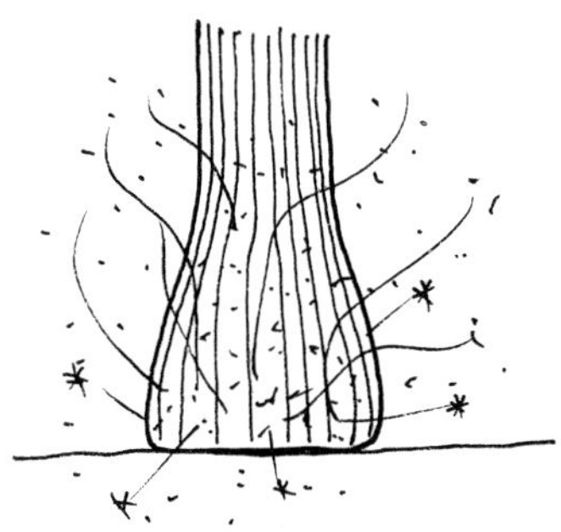

Bild 6.18 Stauchen der Enden.

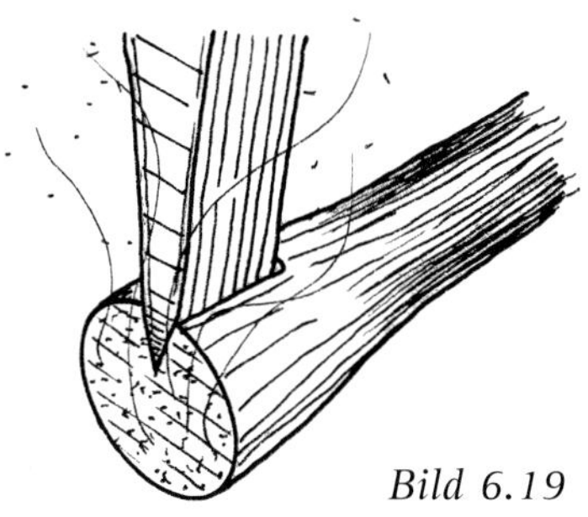

Bild 6.19

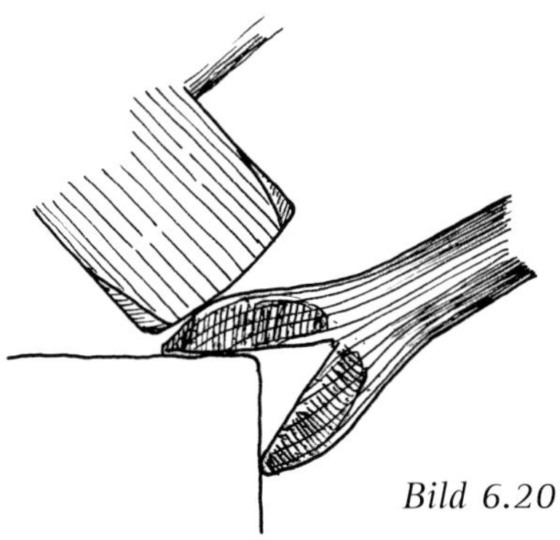

Bild 6.20

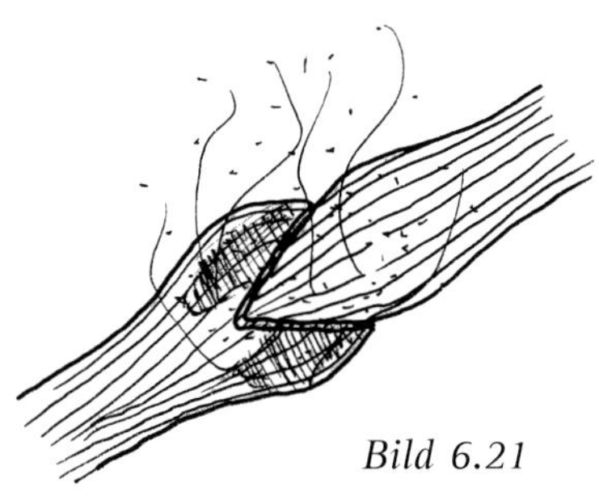

Bild 6.21

Wenn man eine ganze Stange verwenden kann, tut man das natürlich. Eine solche Schweißverbindung wird für eine bestimmte Funktion ausgeführt, z. B. für einen Handgriff einer Schmiedezange.

Schweißmethode 1

Legen Sie beide Enden nebeneinander in die Esse und erwärmen Sie sie bis zur Schweißwärme. Bei erreichter Schweißtemperatur nehmen Sie die Werkstücke schnell aus der Esse und schlagen Sie leicht an den Amboss, um Schlacke und Unreinheiten zu entfernen.

Setzen Sie das eine Stück vertikal in die Gesenkplatte oder ein Hilfswerkzeug. Das spitze Ende setzen Sie jetzt möglichst schnell in die V-Nut und schlagen auf das obere Ende der Stange, um die Enden aneinanderzuschweißen. Schmieden Sie die Stelle zur Dicke der Stange.

Bild 6.22 Schweißmethode 1.

Schweißmethode 2

Legen Sie beide Enden in die Esse, so dass die Verbindung zusammenpasst. Erwärmen Sie bis zur Schweißtemperatur. An die Rückseite der Esse setzen Sie etwas Schweres als Gegenhalt oder bitten einen Helfer, mit dem Vorschlaghammer dagegen zu halten. Wenn die Schweißwärme erreicht ist, schlagen Sie auf das andere Ende, so dass die Verbindung stumpf geschweißt wird, während das Werkstück in der Esse liegt. Anschließend schmieden Sie die Verbindung fertig.

Bild 6.23 Schweißmethode 2.

Schmieden und Schweißen eines Rings

Schmieden Sie am Ende einer Stange aus 12 mm Rundstahl einen Ring (Öse) wie in Bild 6.24 gezeigt, indem Sie das Ende der Stange etwas dünner schmieden und eine Öse um einen Bolzen herum biegen (Bild 6.25). Streuen Sie Borax auf das rotglühende Werkstück und „packen" Sie die Schweißung gut zusammen. Vergessen Sie die Symmetrie nicht! Erwärmen Sie das Werkstück bis zur Schweißtemperatur und schweißen Sie die Naht. Wenn nötig schweißen Sie noch einmal und formen den runden Querschnitt mit einem gleichmäßig schönen Übergang.

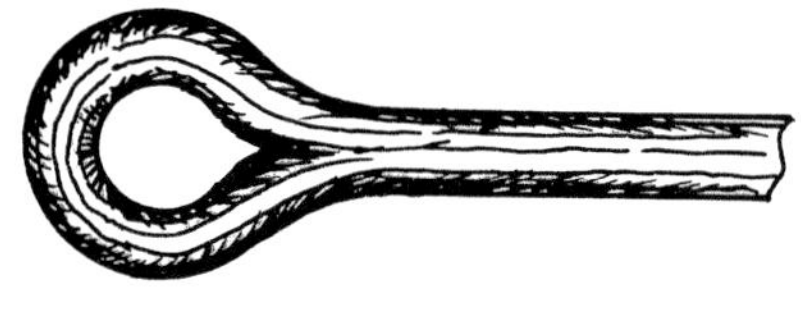

Bild 6.24

Bild 6.25

Bild 6.26

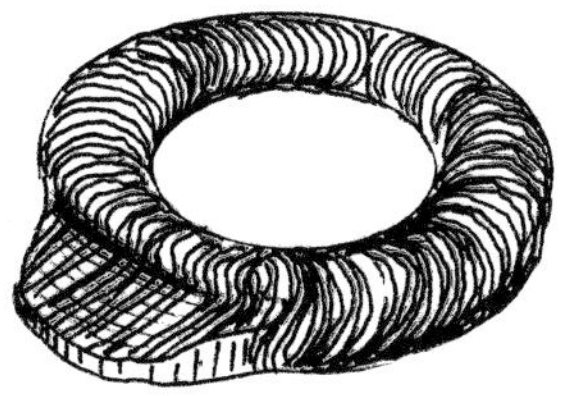
Bild 6.27

Ein anderes Verfahren

Schmieden Sie einen passenden Ring auf dem Ambosshorn. Schmieden Sie die Enden des Rings etwas dünner und schweißen Sie sie mit Überlappung zusammen. Legen Sie den Ring dann auf das Ambosshorn und breiten Sie direkt über der Verbindung eine Lippe aus (siehe Bild 6.27).

Stauchen Sie die Stange zuerst etwas am Ende und bearbeiten Sie sie wie gezeigt. Legen Sie sie am Ambosshorn an und breiten Sie eine kurze Lippe aus, die zum Ring passt. Erwärmen Sie die Stange wieder und formen Sie die Schweißnaht zum Ring passend (Bild 6.28).

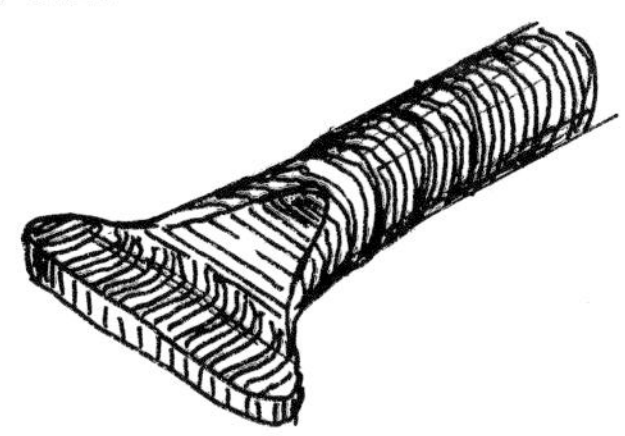
Bild 6.28

Wenn Ring und Stange ungefähr zusammenpassen, werden die Teile feuerverschweißt. Sind Sie allein, können Sie den Ring und die Stange mit einer Schweißelektrode punktverschweißen. Nach anschließendem Schweißen ist die Verbindung stark wie ein massives Teil.

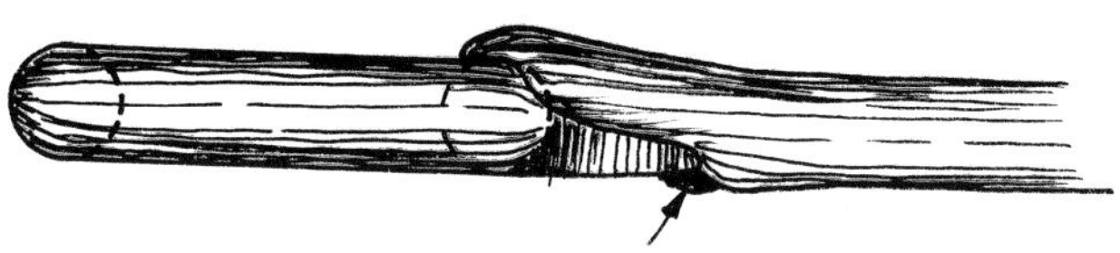

Bild 6.29

Schmieden und Schweißen einer T-Verbindung

Es kommt auch vor, dass man eine T-Verbindung schmieden muss, wie in Bild 6.30 gezeigt. Hier wird das Schmieden der T-Verbindung aus Rundstahl mit Überlappungsnaht und Spaltnaht gezeigt.

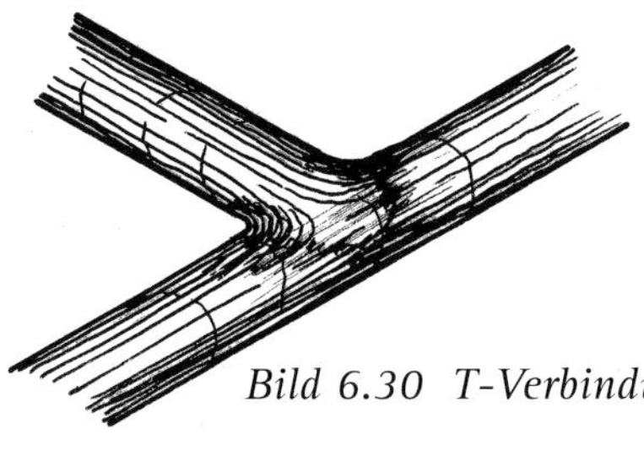
Bild 6.30 T-Verbindung.

Überlappungsnaht

Beginnen Sie mit dem Ausbreiten einer Lippe mit flacher Unterseite an der Stelle der Naht (Bild 6.31).

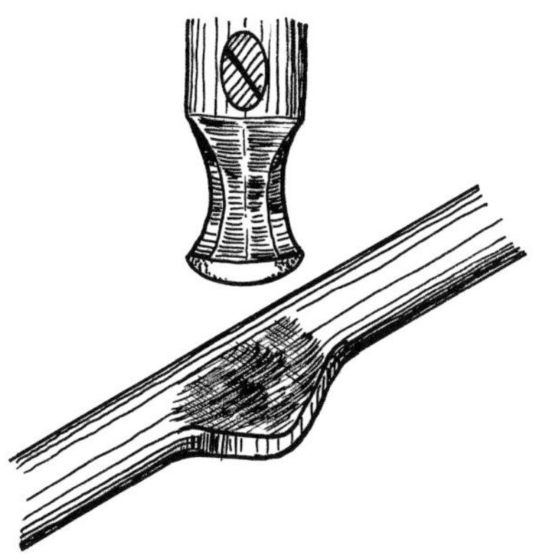
Bild 6.31 Breiten Sie eine Lippe aus.

Spitzen Sie die andere Stange an einem Ende zu (Bild 6.32). Dieses Ende wird über die Lippe der ersten Stange gelegt (Bild 6.31).

In Bild 6.33 sehen Sie im Schnitt, wie die beiden Stangen zusammengesetzt und quer zueinander feuerverschweißt werden. Auch hier können die Teile vor dem Feuerschweißen mit einem kleinen Schweißpunkt zusammengehalten werden, wenn Sie allein arbeiten.

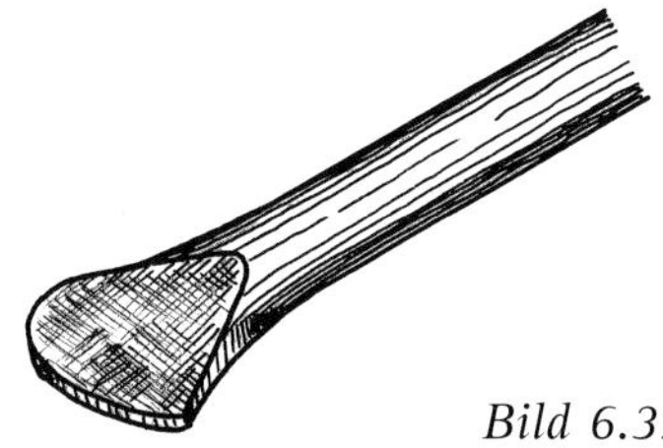

Bild 6.32

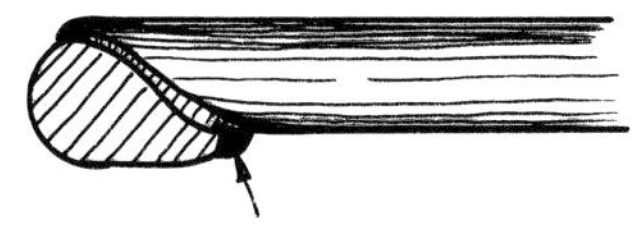

Bild 6.33 Schweißpunkt.

Spaltnaht

Man kann sich vielleicht fragen, warum man überhaupt T-Nähte feuerschweißt. Weshalb verschweißt man die Teile nicht einfach mit einer Elektrode oder Drahtelektrode?

Das kann man schon, aber das hat nichts mit Schmieden zu tun. Eine geschmiedete Verbindung hat eine ganz andere künstlerische Wirkung und zeugt davon, welche Kunst das Schmieden ist (Bild 6.34).

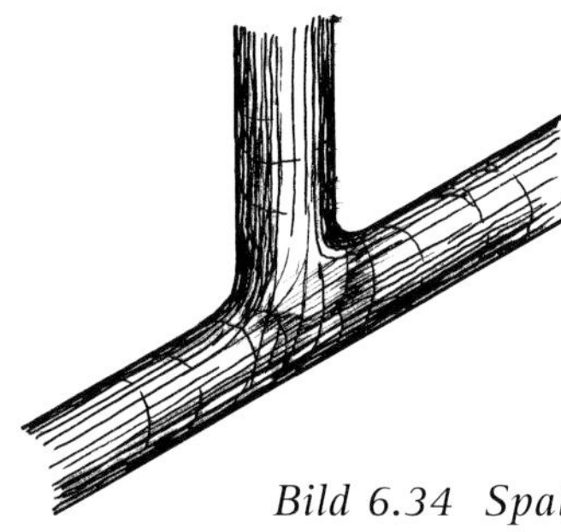

Bild 6.34 Spaltnaht.

Wie man eine Spaltnaht einer T-Verbindung schmiedet, wurde bereits erklärt. Die eine Stange wird in der Mitte aufgemeißelt, an der anderen Stange breitet man eine Lippe aus, die in die Meißelnut passen muss (Bild 6.35).

Für das erste Feuerschweißen setzt man die Stange mit dem Spalt senkrecht auf die gebreitete Lippe. Auch wenn beide Stangen gleichzeitig auf den Amboss müssen, lässt sich das allein ausführen. Schweißen Sie gern noch einmal und schmieden Sie die Kehlungen und Übergänge mit einem gut abgerundeten Hammer.

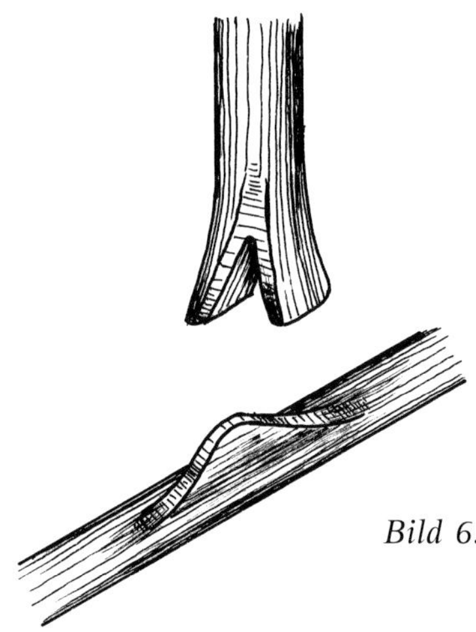

Bild 6.35

Schmieden und Schweißen einer T-Verbindung aus Flachstahl

Bild 6.36 zeigt eine T-Verbindung aus 8 x 35 mm Flachstahl mit Spaltnaht.

Stauchen

Erwärmen Sie den einen Flachstahl ziemlich hoch und stauchen Sie ihn in der Mitte und auf der einen Seite etwas mehr (Bild 6.37).

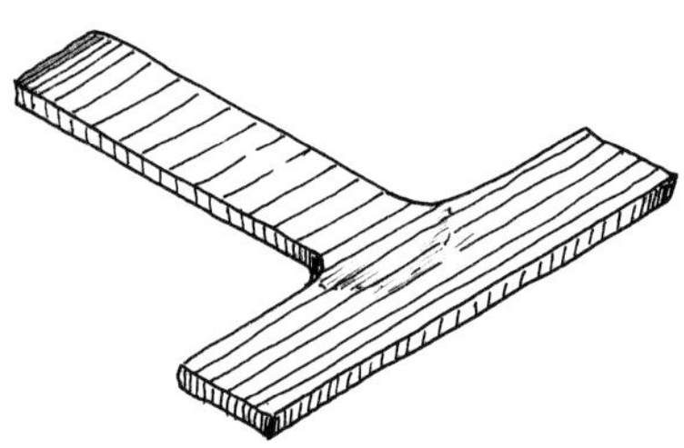

Bild 6.36 T-Verbindung.

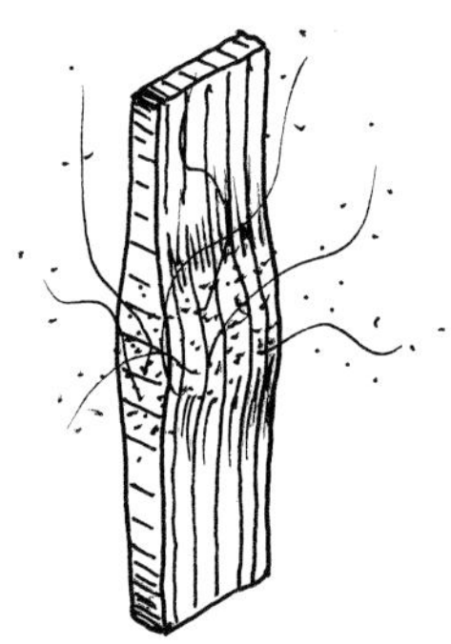

Bild 6.37 Stauchen.

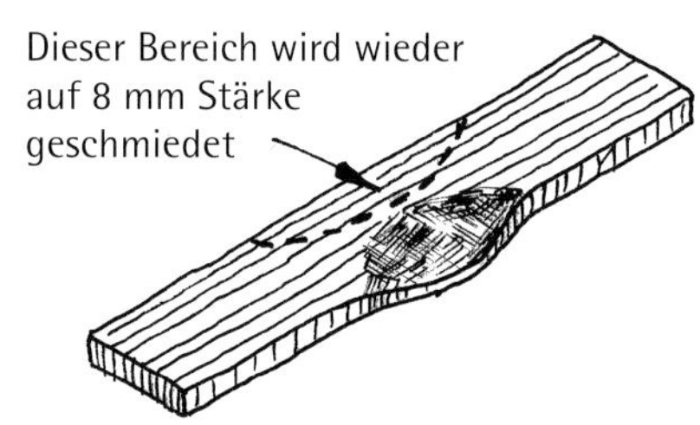

Bild 6.38 Breiten.

Meißeln
Im Zentrum der Lippe meißeln Sie eine Spaltnut mit rundem Boden bis ca. zur Hälfte. Verwenden Sie einen schlanken Meißel (Bild 6.39).

Ausbreiten
Der andere Flachstahl wird zugespitzt und möglichst breit ausgebreitet, er darf aber am Ende nicht dünner als 2 mm sein und muss in die Spaltnut passen.

Schweißen
Wenn beide Flachstähle ungefähr angepasst sind, erwärmen Sie die Spaltnut ziemlich hoch. Dann schlagen Sie den spitzen Flachstahl, der kalt sein muss, in die Spaltnut hinein, wie in Bild 6.41 gezeigt.

Streuen Sie Borax hinein und bereiten Sie die Esse zum Schweißen vor. Entfernen Sie Schlacke und schweißen Sie mit genug Wärme. Hier können Sie die Verbindung in zusammengefügtem Zustand oder die beiden Stücke nebeneinander in der Esse erwärmen. Wenn Sie mit normalweichem Stahl arbeiten, benötigen Sie eigentlich kein Borax. Borax wird vor allem zum Schweißen von Kohlenstoffstahl verwendet.

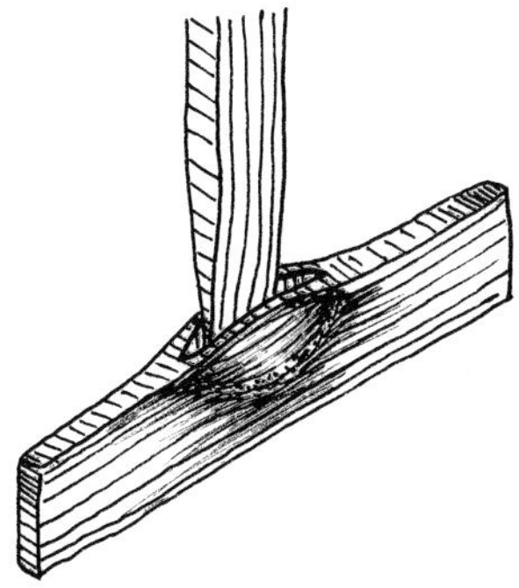

Bild 6.39 Meißeln.

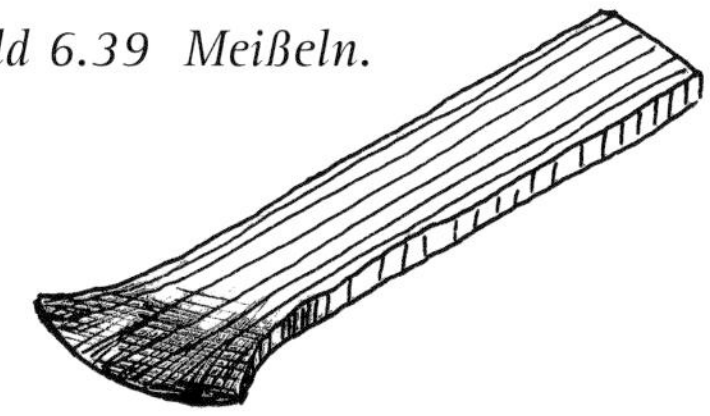

Bild 6.40 Breiten.

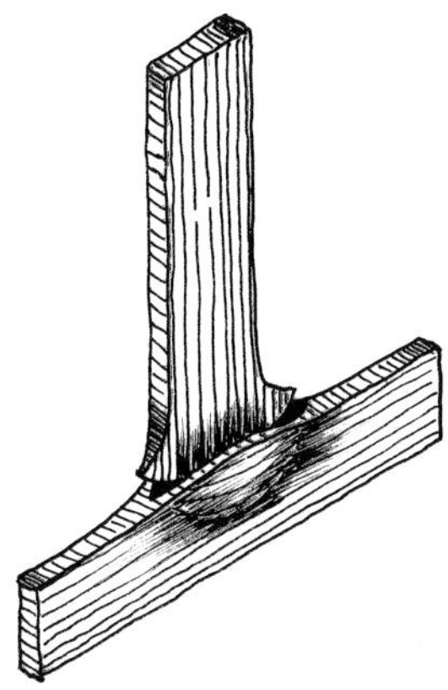

Bild 6.41

Schmieden und Schweißen eines Topfuntersetzers
Hier wird eine einfache Übung im Feuerschweißen von weichem Stahl vorgestellt: Ein Topfuntersetzer, wie in Bild 6.42 gezeigt. Zum Auffrischen des Wissens können Sie sich noch einmal das Kapitel Materialkunde vornehmen.

Trennen Sie drei gleich lange Flachstahlstücke in passenden Längen ab. Biegen Sie die Enden ein wenig und verbinden Sie sie zu einem gleichseitigen Dreieck (Bild 6.43).

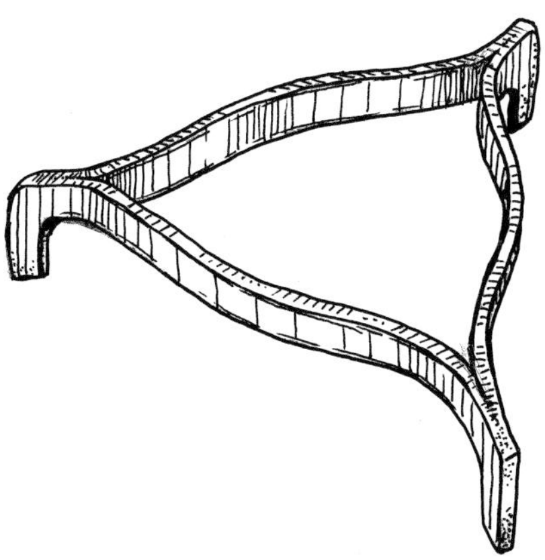

Bild 6.42 Topfuntersetzer.

Bild 6.43 Verbinden Sie die Flachstahlstücke zu einem gleichseitigen Dreieck.

Erwärmen Sie die eine Ecke und streuen Sie Borax zwischen die Schweißflächen. Verwenden Sie eine ziemlich hohe Schweißtemperatur und schweißen Sie alle drei Ecken nacheinander.

Schmieden Sie die Füße über der Ambosskante zu einem 90°-Winkel. Sie können die Füße auch anders gestalten. Zum Schluss formen Sie den Untersetzer gerade und symmetrisch, wie in Bild 6.42 gezeigt.

Vielleicht möchten Sie auch einen Untersetzer zum Beispiel aus Rundstahl nach eigenem Design schmieden?

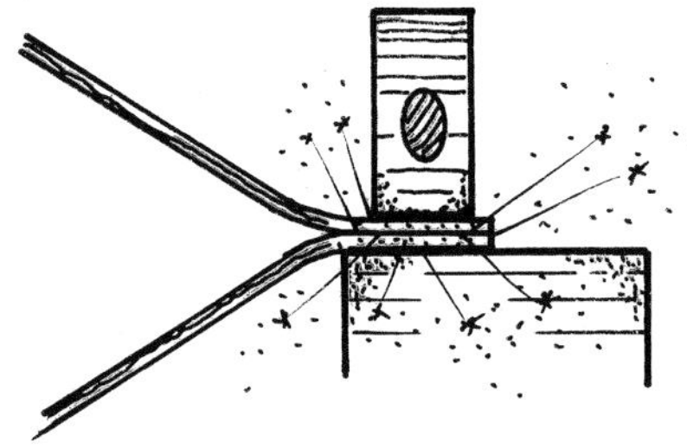

Bild 6.44 Erwärmen Sie die Ecken.

Schmieden eines Kreises

Schmieden Sie einen runden Untersetzer über dem Ambosshorn. Dadurch lernen Sie das Hochkant-Biegen von Flachstahl zu einem Kreis. Feuerschweißen Sie die Enden mit einer Überlappung von ca. 10 mm. Markieren Sie drei gleiche Abstände auf dem Ring und schlagen Sie Vertiefungen in einem Gesenk. Die Füße können auch im Schraubstock zusammengedrückt oder feuergeschweißt werden. Es gibt viele Möglichkeiten, versuchen Sie es mit Ihrem eigenen Design.

Zum Schluss stimmen Sie den Ring genau ab und machen ihn eben und gerade. Erwärmen Sie den ganzen Ring bis zur Rotglut, bürsten Sie ihn mit einer Stahlbürste sauber und brennen Sie ihn ab.

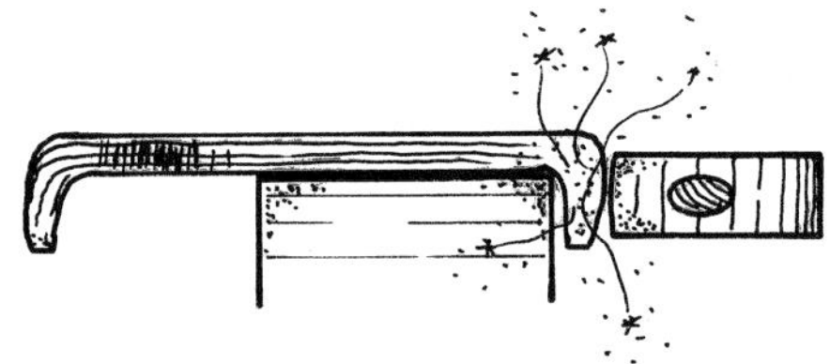

Bild 6.45 Schmieden Sie die Füße.

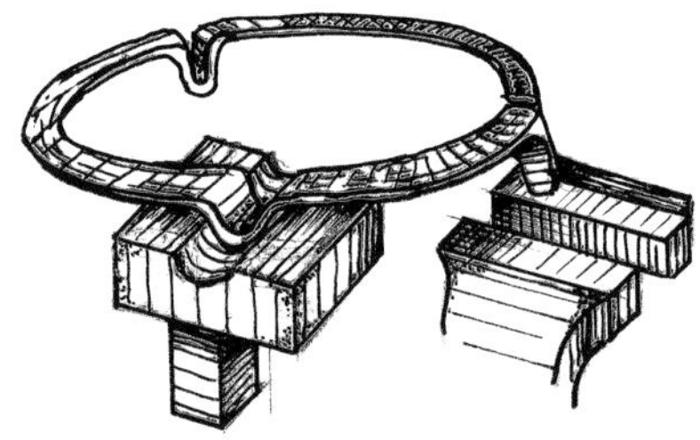

Bild 6.46 Runder Topfuntersetzer.

Schmieden eines Kleiderhakens

Hier ist eine einfache Übung, um das Schmieden einer Kugel und eines Kegels und das Breiten zu lernen, das heißt das Material mit der Finne des Hammers zu strecken, wie im Abschnitt Strecken und Stauchen gezeigt wurde (Bild 6.47).

Wählen Sie 10-12 mm Rundstahl und hämmern Sie über einem schlanken Abschrot eine Kerbe für den Kugelteil. Wenn Sie ohne Zuschläger arbeiten, können Sie für das Absetzen auch ein Hilfswerkzeug anfertigen, das im Amboss befestigt wird (Bild 6.49).

Bild 6.47

Bild 6.48

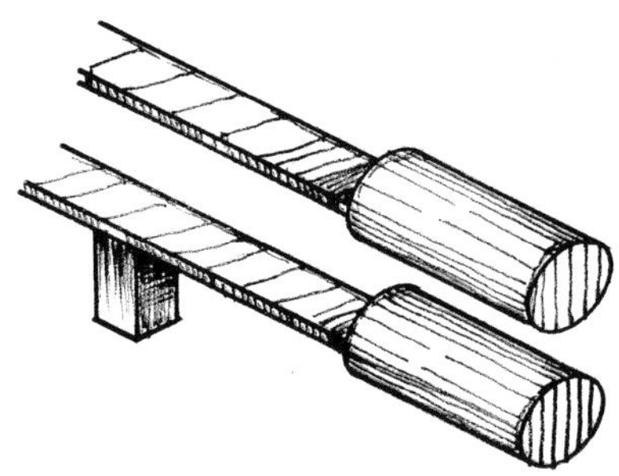

Bild 6.49 Hilfswerkzeug zum Absetzen.

Strecken Sie das Werkstück bis 100-150 mm konisch aus, abhängig von der Größe des Hakens. Schmieden Sie es dann am Ende spitz zu, das heißt die Spitze des Blattes, wie in Bild 6.50 dargestellt.

Schmieden Sie die Kugel- oder Kegelform, wie in den Bildern 6.51 und 6.52 gezeigt. Verwenden Sie einen Hammer mit schwach abgerundeten Ecken.

Verwenden Sie einen Hammer oder Rundsetzhammer und breiten Sie das Blatt des Hakens 1,5 mm dick aus (Bild 6.53). Das Blatt kann auch in die gewünschte Form gefeilt oder gemeißelt werden. Wenn Sie mit Ihrer Arbeit zufrieden sind, biegen Sie den Haken z. B. mit einer Zange (Bild 6.54).

Zum Befestigen des Hakens in der Wand sollten Sie einen geschmiedeten Nagel verwenden. Das Schmieden von Nägeln wird später genauer erklärt.

Der letzte Arbeitsschritt für einen geschmiedeten Gegenstand besteht im Sauberbürsten mit der Stahlbürste und dem anschließenden Abbrennen. Mit der Oberflächenbearbeitung von Schmiedeeisen werden wir uns später beschäftigen.

Schmieden eines Huthakens

Bild 6.56 auf der nächsten Seite zeigt einen Huthaken von vorn und von der Seite. Die Übung ist eine Kombination aus Strecken, Breiten, Markieren, Meißeln und Schmieden einer Löffelform.

Beginnen Sie mit einem Flachstahl, den Sie in der Mitte in eine runde Form schmieden und so an den Enden ein großes und kleines Blatt erhalten. Das große Blatt wird entweder kalt oder warm in Form gemeißelt, das kleine Blatt wird zu einer Löffelform geschmiedet (Bild 6.55).

Bild 6.50

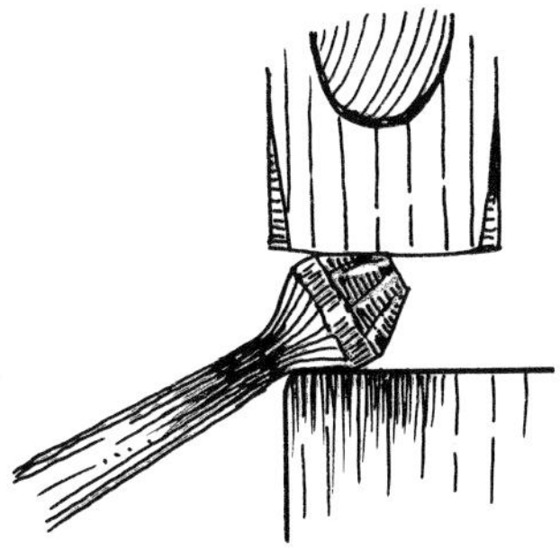

Bild 6.51

Bild 6.52

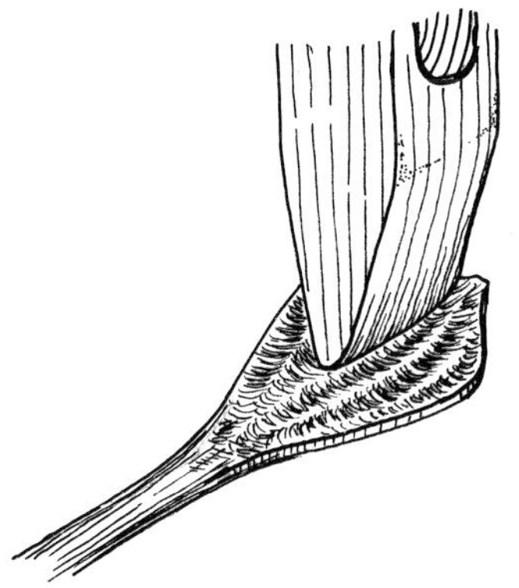

Bild 6.53 Breiten Sie das Blatt des Hakens aus.

Bild 6.54 Biegen Sie den Haken zurecht.

Bild 6.55 Schmieden Sie den Flachstahl in eine Löffelform.

Die Löffelform kann auf einem Kugelwerkzeug geschmiedet werden. Am besten fertigen Sie sich jedoch einen Bleitopf an. Erwärmen Sie ein 40-50 mm dickes Stahlrohr und klemmen Sie es mit einem Schraubstock am Ende flach, so dass der Topf 20-30 mm tief wird. Schmelzen Sie Blei in einer Stahlschale in der Esse und gießen Sie es in den Topf. Wenn das Blei erstarrt ist, setzen Sie den Bleitopf in den Schraubstock und hämmern das Blei mit dem Kugelhammer in die passende Größe.

Biegen Sie zuerst die Form des Hakens und schmieden Sie dann die Löffelform im Bleitopf, wie das Bild zeigt. Auf Grund der Wärmeleitung schmilzt das Blei nicht (Bild 6.58).

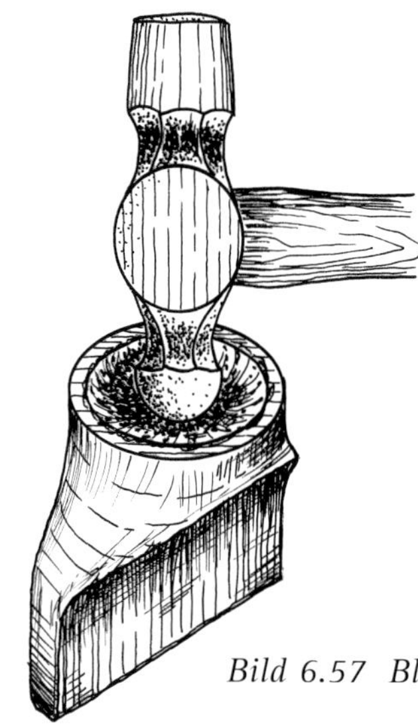

Bild 6.57 Bleitopf.

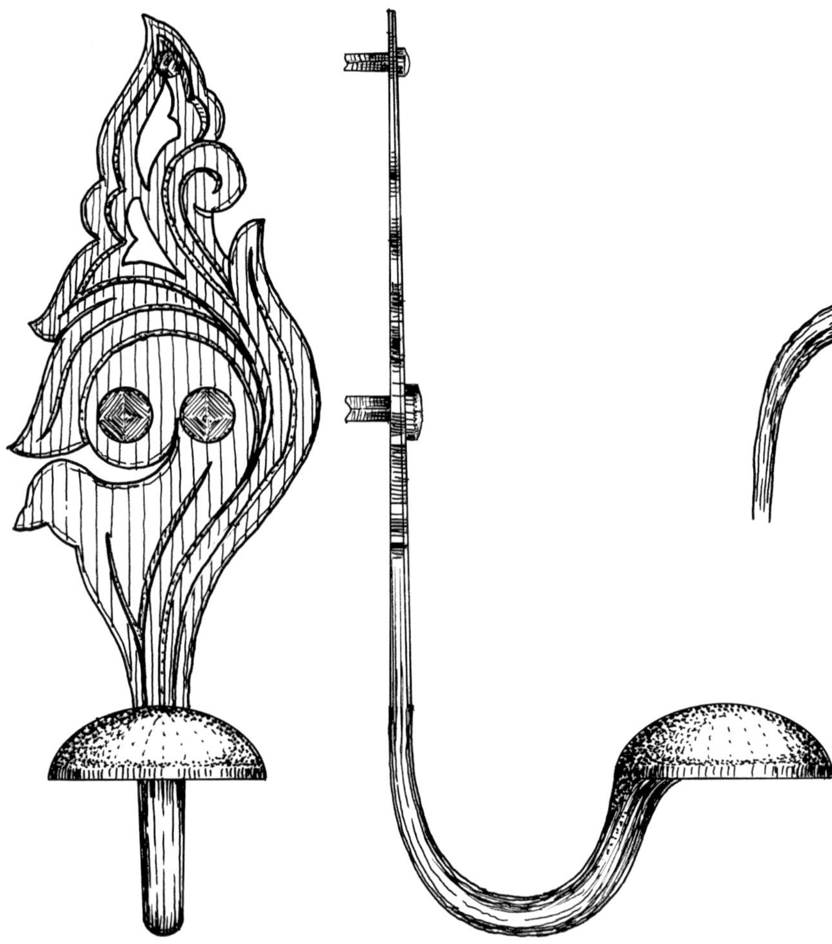

Bild 6.56

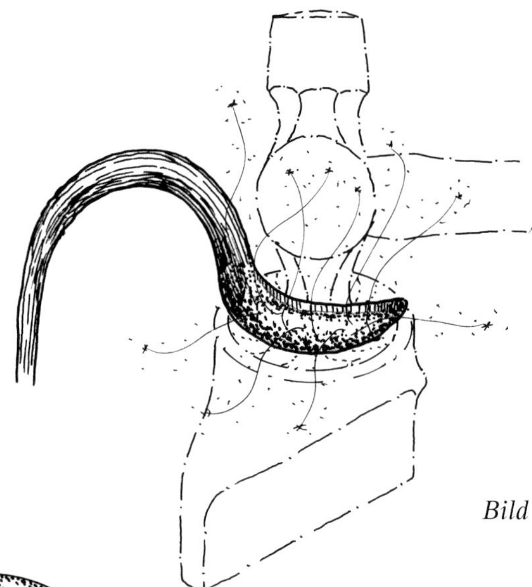

Bild 6.58

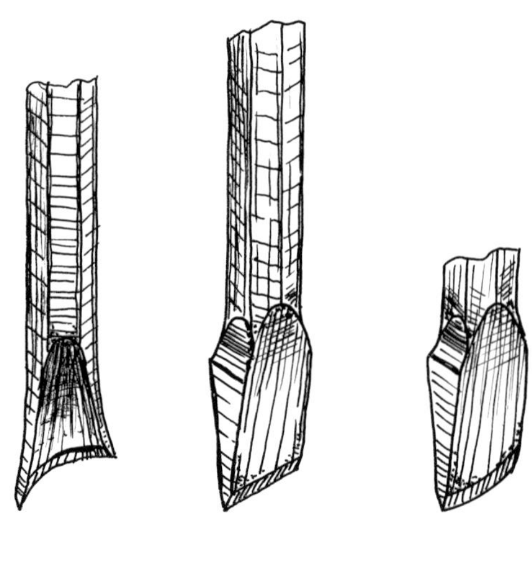

Bild 6.59

Der Bleitopf ist ein praktisches Hilfsmittel, das zum Beispiel auch für Blätter und Blumen Verwendung findet. Deshalb sollten Sie gleich mehrere Bleitöpfe mit unterschiedlichen Durchmessern anfertigen.

Zum Auskerben von Blättern und Mustern benötigen Sie Meißel mit verschiedenen Formen. Beim Warmmeißeln sollten Sie zuerst Steuernuten nach genauer Markierung kaltmeißeln, weil man die Markierung auf warmem Stahl nicht so gut sieht (Bild 6.59).

Schmieden eines rechten Winkels

Eine lehrreiche Übung ist das Schmieden eines rechten Winkels mit scharfkantiger Außen- und Innenecke, ohne dass das Ausgangsmaterial abnimmt. Zweck der Übung ist zu lernen, wie man durch Stauchen und Abkühlen an den richtigen Stellen eine Werkstoffanhäufung erzielt.

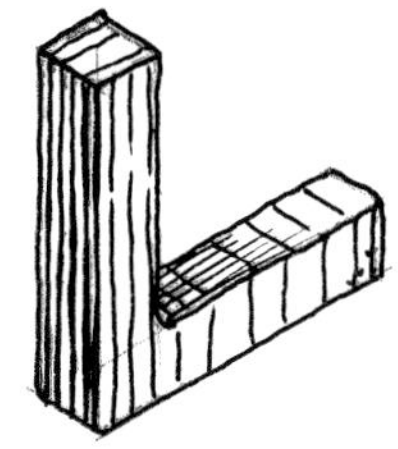

Bild 6.60 Wenn das Ausgangsmaterial 20 mm Vierkantstahl ist, muss der fertig geschmiedete Winkel dieselbe Stärke aufweisen.

Nehmen Sie 20 mm Vierkantstahl, erwärmen Sie ihn gut und biegen Sie das Werkstück über einer möglichst scharfen Ambosskante (siehe Bild 6.61).

Erwärmen Sie den ganzen Winkel kräftig und kühlen Sie das Ende des Winkelschenkels ab, bis die rote Farbe verschwindet (Bild 6.62).

Legen Sie den Winkel auf den Amboss mit dem kalten Ende nach oben und schlagen Sie kräftig, so dass der Materialquerschnitt in der Winkelecke zunimmt. Das muss vielleicht mehrmals gemacht werden, bis man im Winkel mehr Material als ursprünglich hat (Bild 6.63).

Jetzt können Sie über der Ambosskante schmieden, bis der Winkel außen und innen scharfkantig ist. Sie werden merken, wie wichtig scharfe Ambosskanten sind. Kürzen Sie den anderen Winkelschenkel auf die passende Länge und stauchen Sie wenn nötig auch an diesem Ende (Bild 6.64).

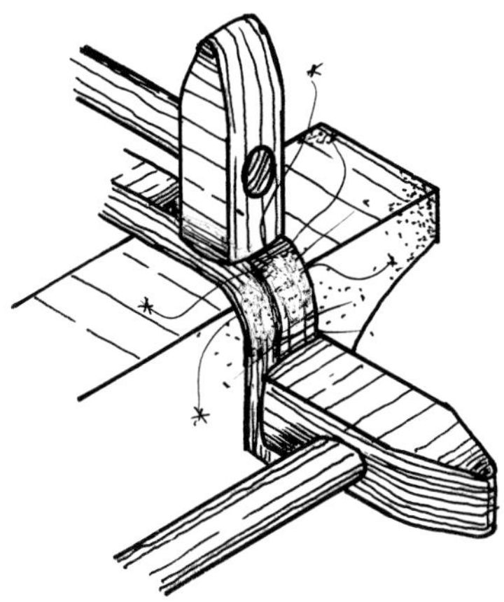

Bild 6.61

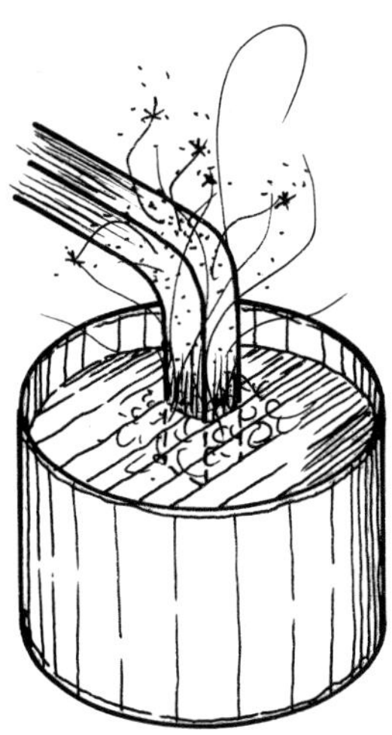

Bild 6.62

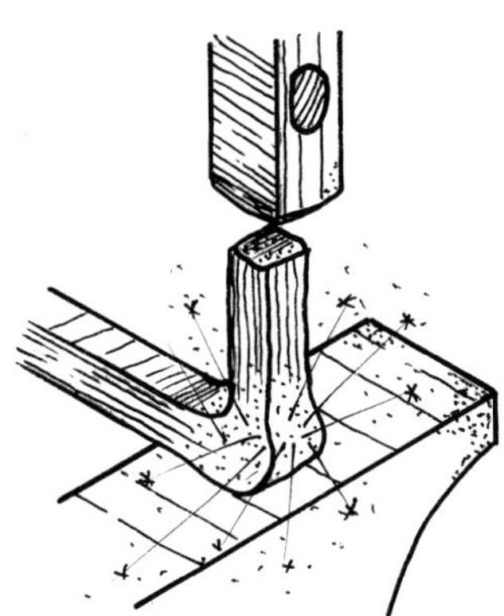

Bild 6.63

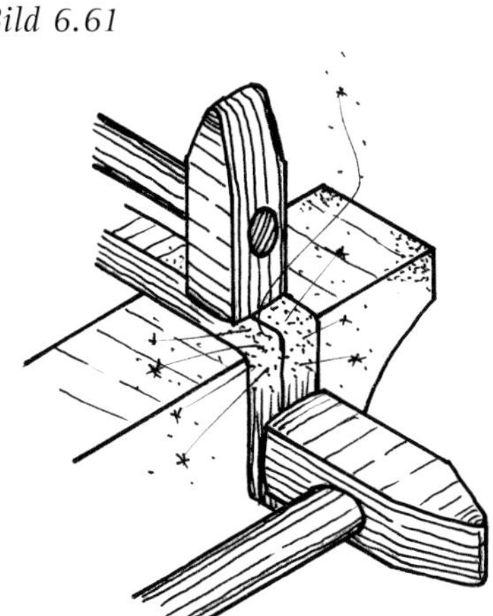

Bild 6.64

Schmieden eines rechten Winkels mit eingeschweißter Ecke

Auf der vorigen Seite wurde das Schmieden eines Winkels mit scharfer Außen- und Innenecke gezeigt. Die Technik hier geht vielleicht schneller, wenn eine scharfe Außenecke und eine runde Innenecke angefertigt werden sollen. Möchten Sie einen Winkel schmieden, wie er in Bild 6.65 gezeigt ist, müssen Sie ziemlich viel Ausgangsmaterial haben.

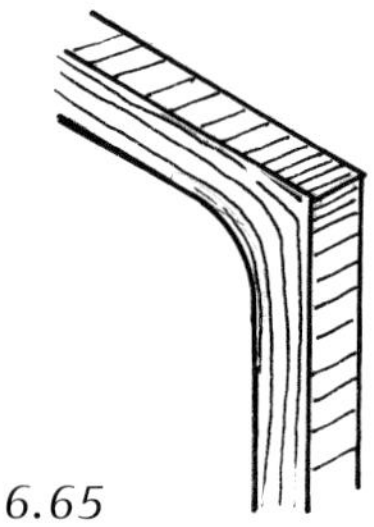
Bild 6.65

Meißeln Sie zuerst an der Stelle, an der die Außenecke des Winkels sein soll, halb durch das Vierkantwerkstück (Bild 6.66).

Biegen Sie das Werkstück über dem Ambosshorn, so dass an der Innenseite eine schöne runde Form entsteht (Bild 6.67).

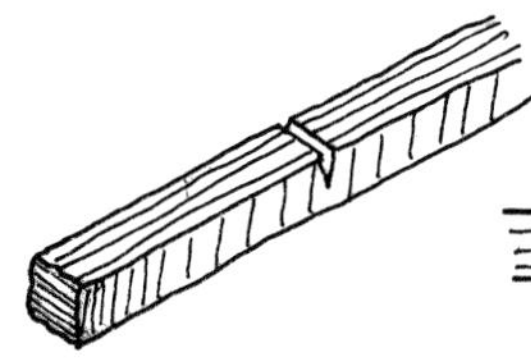
Bild 6.66

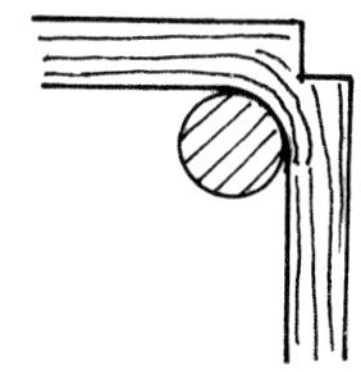
Bild 6.67

Schmieden Sie ein Klötzchen, etwas größer als die fehlende Ecke und 5-6 mm zu lang. Trennen Sie das Eckklötzchen nicht ganz vom Rest des Stahls ab, Sie benötigen ihn als Handgriff beim Schweißen.

Es ist schwierig, diese Ecke hineinzuschweißen, wenn man allein ist. Ich meine aber, dass man das Eckklötzchen mit einer Schweißelektrode punktschweißen kann, damit es beim Erwärmen zur Schweißtemperatur fest sitzt (Bild 6.68).

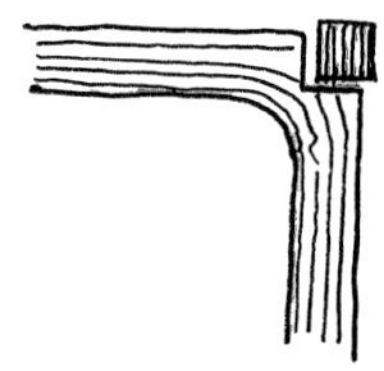
Bild 6.68

Bild 6.69 zeigt, wie man das Schweißen mit einem Helfer ausführt. Sich eines Handgriffs zu bedienen, den man erst nach dem Schweißen abtrennt, ist eine alte und gute Methode beim Erwärmen und Schmieden kleinerer Werkstücke, die man kaum mit der Zange halten kann.

Zum Fertigschmieden können Sie noch einmal bis zur Schweißtemperatur erwärmen, um nachzuschweißen. Wenn Sie das Eckklötzchen etwas zu groß und zu lang gemacht haben, sollten Sie genug Material für eine scharfe Außenecke und eine runde Innenecke haben.

Bild 6.69

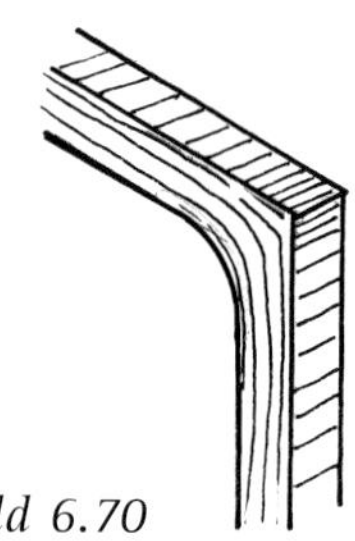
Bild 6.70

Schmieden von Nägeln

Das Schmieden von Nägeln ist eine sehr alte Technik. Vor der maschinellen Herstellung von Nägeln schmiedete man sie für viele Zwecke von Hand, zum Beispiel für den Haus- und Bootsbau und zum Befestigen von Beschlägen und Scharnieren. In den skandinavischen Ländern werden sie zum Bootsbau und zur Restaurierung älterer Gebäude immer noch benötigt. Außerdem werden geschmiedete Nagel- und Bolzenköpfe bei geschmiedeten Zusammenfügungen verwendet.

Selten wirkt Geschmiedetes mehr dekorativ als bei schmiedeeisernen Verbindungen mit geschmiedeten Nagelköpfen. Daher ist das Schmieden solcher Dinge besonders schön und nützlich.

Als Ausgangsmaterial wird Rund- oder Vierkantstahl verwendet. Wählen Sie die Größe im Verhältnis zur Form des Kopfes und zur Größe des Nagels. Um rascher produzieren zu können, erwärmt man gleich mehrere Werkstücke in einer geeigneten Esse.

Beginnen Sie mit dem Schmieden und Strecken der Form des Nagelstammes (Bild 6.71).

Für einen genauen Übergang und eine genaue Zentrierung des Nagelkopfes kann man zuerst mit einem Schrägsetzhammer absetzen und den Nagelstamm dann strecken. Hier sollte man sich zum raschen und effizienten Arbeiten ein Schrägsetzwerkzeug anfertigen (Bild 6.72).

Trennen Sie eine passende Länge für den Kopf ab (Bild 6.73). Zum Formen des Kopfes verwendet man eine Lochplatte mit eckigen und runden Löchern in mehreren Größen. Erwärmen Sie den Kopf gut und setzen Sie das Werkstück in das richtige Loch (Bild 6.74).

Mit ein wenig Übung schafft man es, den ganzen Kopf mit einmal Erwärmen zu formen. Schlagen Sie den ersten Schlag hart und präzise gerade auf den Kopf. Die Schläge 2-3-4 und 5 werden in rascher Reihenfolge mit kräftigen Schlägen und mit Hammer ein wenig schräg gegen den Aurand geschlagen. Die Form des Nagelkopfes kann natürlich unterschiedlich sein. Das hier ist nur ein Vorschlag (Bild 6.75).

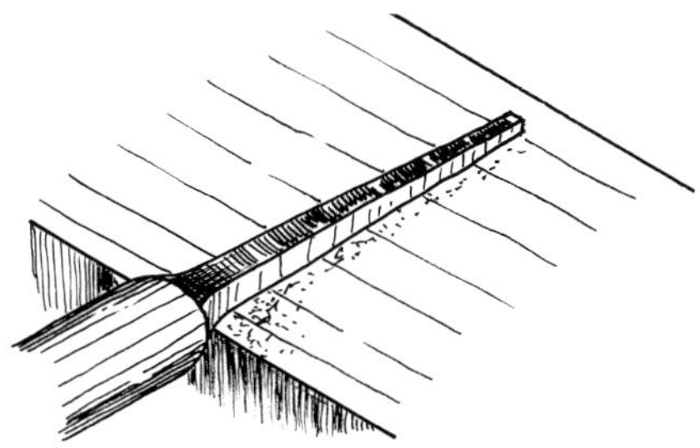

Bild 6.71

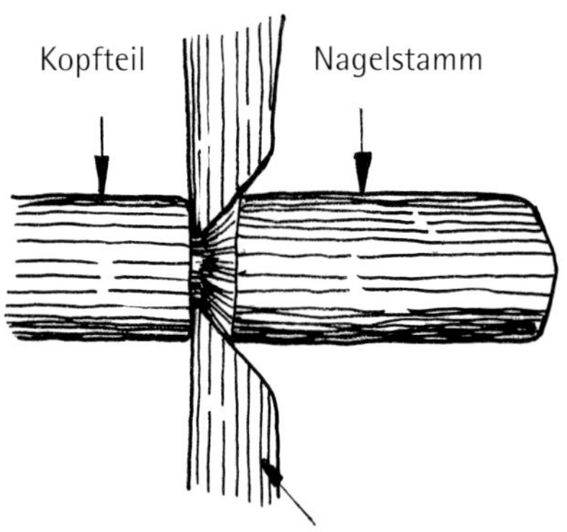

Bild 6.72 Setzen Sie mit einem Schrägsetzhammer ab.

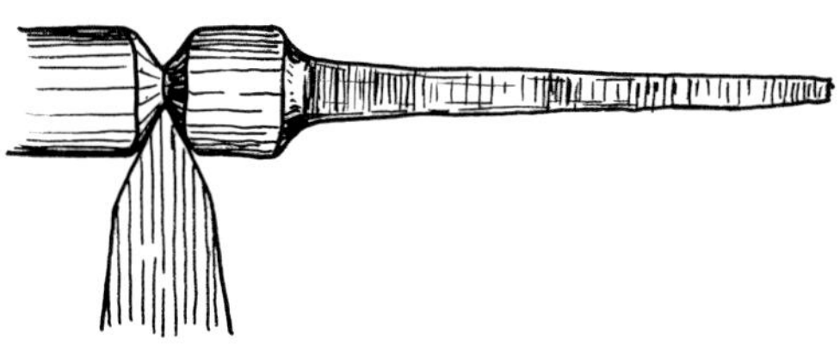

Bild 6.73 Trennen Sie den Kopf ab.

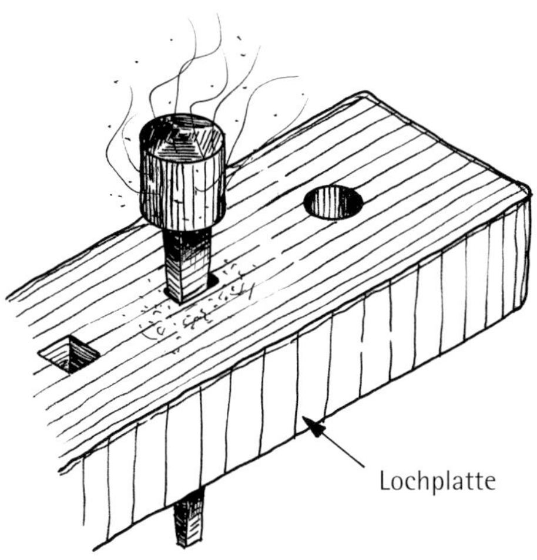

Bild 6.74

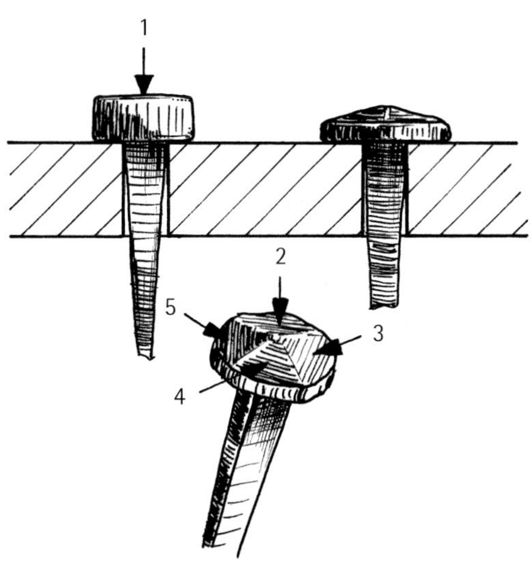

Bild 6.75 Schmieden Sie die Form des Kopfes.

Eine herzliche Begegnung

Im Zusammenhang mit diesem Buch bin ich in Norwegen und anderen Ländern viel gereist. An einem bitterkalten Dezembertag 1998 besuchte ich in Backefors, Schweden, Henry Mabäckers Nagel- und Bauschmiede, die er mit seinem Sohn Lars betreibt.

Ich hatte gehört, dass es die Schmiede seit 1919 gibt, damals mit wasserbetriebenem Maschinenhammer gebaut von Henrys Vater. 1950 errichtete Henry eine neue Schmiede und stattete den alten Maschinenhammer mit einem Elektromotor aus. Ich hatte auch gehört, dass Henry 1908 geboren wurde und seit 80 Jahren schmiedete. Auch jetzt mit 90 Jahren sollte er immer noch aktiv sein.

Gespannt halte ich vor der Tür zur Schmiede an. Von innen höre ich rasches Klopfen eines Maschinenhammers. Es wird unglaublich schnell geklopft. Ich öffne vorsichtig die Tür und gehe hinein. Das Geräusch nimmt zu, und die Hammerschläge schlagen ans Trommelfell.

Dort sitzt er, Henry Mabäcker, 90 Jahre alt, und sieht wie ein Sechzigjähriger aus. Mit blitzschnellen Bewegungen der rechten Hand dreht er die Stange hin und her. Dann ein kurzes Geräusch, und der Nagel wird im Hammer abgetrennt. Sein 47-jähriger Sohn Lars ergreift den rot glühenden Nagel mit einer Zange und setzt ihn schnell in eine Lochplatte. Fünf rasche, harte Schläge und der Nagel ist fertig und verschwindet in einem Eimer. Dann ein neuer Nagel, und noch einer, so arbeiten sie weiter, Vater und Sohn, wie zwei gut geschmierte Zahnräder. Ich zähle fünf Nägel in der Minute und traue kaum meinen eigenen Augen. Das sind ja 300 Nägel in der Stunde. So fahren sie noch zehn Minuten fort, also noch ca. 50 Nägel, bevor der Neunzigjährige zu mir hochsieht.

Ich begegne seinem Blick, der klar wie bei einem jungen Burschen ist. Er legt einen Holzklotz zwischen die Hammerbahnen, und der Hammer hält an. Es ist plötzlich ganz still in der Schmiede, nur der Keilriemen von der Welle und der Keilriemenscheibe an der Decke läuft weiter.

„Guten Tag und willkommen", sagt er mit einem freundlichen Lächeln. Er reicht mir die Hand und drückt sie mit einem festen Griff, als ob meine rechte Hand ein Hammerstiel wäre. Auch Lars nimmt seine Beine von einem Ofen herunter und steht auf. Er reicht mir die Hand zum Gruß. Man unterhält sich und Henry erzählt, dass er eigentlich schon vor einigen Jahren weniger arbeiten wollte, dass ihm das aber zu ruhig war. Daher begann er wieder zu schmieden. Wenn sie Drei-Zoll-Nägel schmieden, können es 500 in der Stunde sein, sagt er, und erklärt mir die Funktionsweise des 100 Jahre alten Hammers.

Er ist immer noch genauso gut und arbeitet wie ein normaler Wasserhammer. Das Zapfenrad bewegt einen Maserbirkenstamm mit hoher Geschwindigkeit auf und ab. Vor und hinter dem Lagerpunkt des

Henry Mabäcker schmiedet Nägel (Backefors, Schweden, 1998).

Ein Schlag auf die Spitze, dann vier schräge Schläge, und der Nagelkopf ist fertig.

Stammes liegen zwei Holzklötze, die die erforderliche Gegenkraft erzeugen.

Henry Mabäcker hat nicht nur Nägel geschmiedet. Während der vielen Jahre als Schmied hat er fast alles hervorgezaubert, unter anderem Beschläge für die Baubranche und vieles mehr. Einen so gesunden und vitalen Menschen von 90 Jahren zu treffen, ist ein Vergnügen.

Sehen Sie sich den 100 Jahre alten Hammer mit Maserbirkenstamm auf dem Bild unten genau an. Der Stamm, der hinter dem Hammerkopf quer liegt, sorgt für genug Gegenkraft. Die Auf- und Abbewegungen des Hammerkopfes können angehalten werden, ohne den Motor auszuschalten. Dann rotiert der Rest dieses gut geschmierten Mechanismus fast lautlos. Man hört nur einen schwachen klatschenden Laut der Riemenverbindung, wenn sie über die Riemenscheibe läuft.

Im Schmiedeherd rechts liegen die Stangen in schwachem Gebläse von der Unterseite. Das bewirkt, dass die Kohle richtig glüht, ohne dass der Stahl zu brennen beginnt. Über den Stangen liegen 20-30 cm Kohle, die langsam nach unten sinkt. Die glühende Kohle hält ein bis zwei Stunden, ohne dass nachgefüllt werden muss.

Kaum zu glauben: Drei bis vier solche Nägel in der Minute.

Lars Mabäcker im Hintergrund schmiedet die Nagelköpfe. Rechts die Esse mit 10-15 Vierkantstangen zum Erwärmen.

Schmieden von Zangen

Jeder Schmied sollte eine Schmiedezange schmieden können, denn es gibt sie kaum mehr zu kaufen. Hier wird das Schmieden einer Flachzange erklärt.

Das Schmieden einer Zange ist eine lehrreiche Übung, die ich wärmstens empfehle. Ein alter Schmied soll einmal gesagt haben, dass das Ausleihen der Zange eines anderen Schmieds das Gleiche sei wie sich die Frau des Nachbarn zu borgen, denn man wisse nie, was geschehen könne. Eine Schmiedezange ist ein persönlich angepasstes Werkzeug, übrigens ohne sonstige Vergleiche anstellen zu wollen.

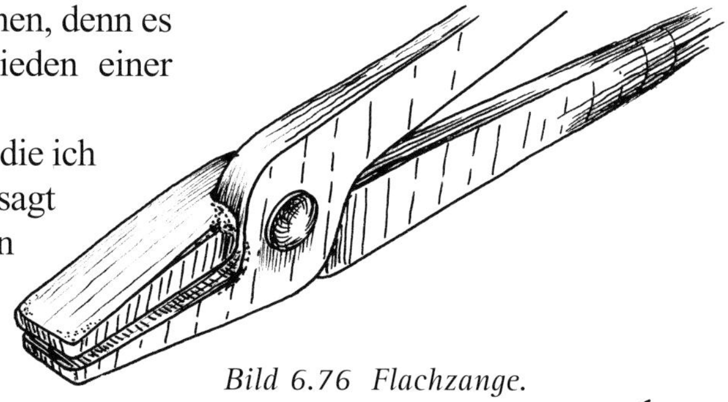

Bild 6.76 Flachzange.

Schenkel

Für die Schenkel der Zange verwendet man Rundstahl, der feuergeschweißt oder elektrisch mit dem Zangenmaul verschweißt wird. Länge und Dicke der Schenkel müssen die richtige Hebelwirkung und Federung im Verhältnis zur Zange bieten. Das Ende, das feuergeschweißt wird, staucht man, damit genug Material zum Schweißen vorhanden ist. Schweißt man elektrisch, sollte die Verbindung anschließend geschmiedet werden, damit sie stark genug wird.

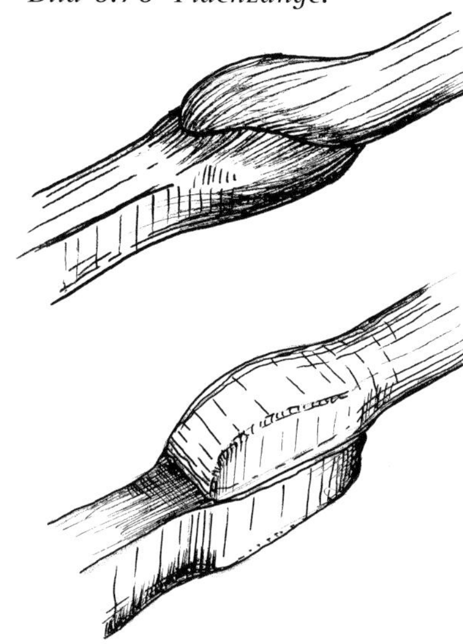

Bild 6.77 Beispiele einer Verbindung zum Feuerschweißen.

Schmieden einer Flachzange

Seit alters her sagt man, ein guter Schmied schmiede die drei Flächen einer Flachzange mit nur dreimaligem Erwärmen (Bild 6.78). Für eine mittelgroße Zange verwendet man 20-25 mm Rund- oder Vierkantstahl als Ausgangsmaterial. Sie können auch ca. 8 x 25 mm Flachstahl benutzen. Dann behalten Sie den Flachstahl als Fläche B und schmieden ihn hochkant, um die Flächen A und C zu erhalten.

Bild 6.79 zeigt, wie man eine Flachzange schmiedet, indem das Werkstück dreimal nach links (A, B und C) gedreht wird. Zuerst schmieden Sie die Maulfläche A, beim nächsten Mal Erwärmen die Gelenkfläche B und beim dritten Mal Erwärmen den Teil, der zum Handgriff feuergeschweißt werden soll. Das Material muss heiß sein, und der Hammer sollte scharfe Kanten haben. Sie können die Flächen A, B und C auch mit einem Setzhammer absetzen, wenn Sie einen Zuschläger haben.

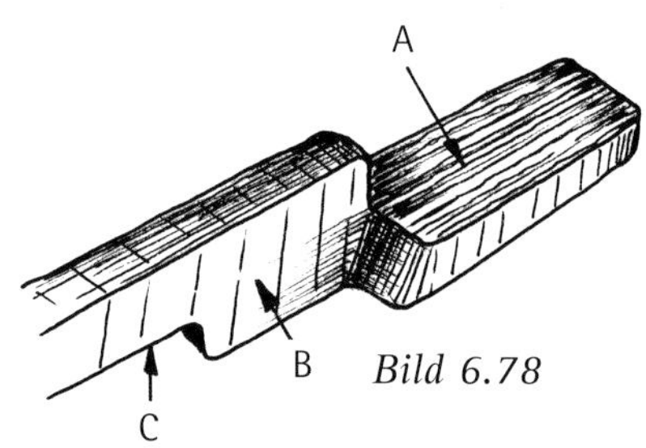

Bild 6.78

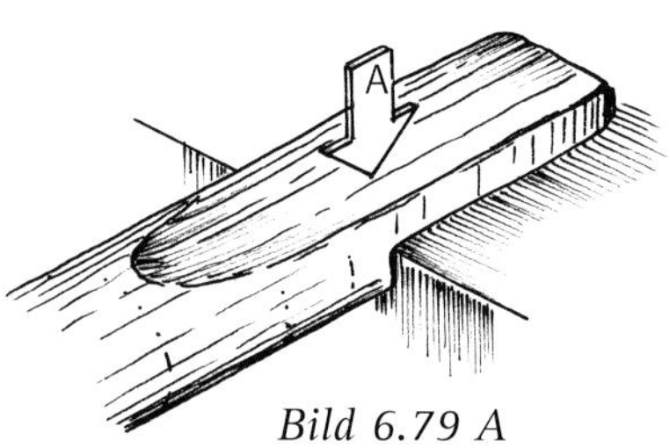

Bild 6.79 A

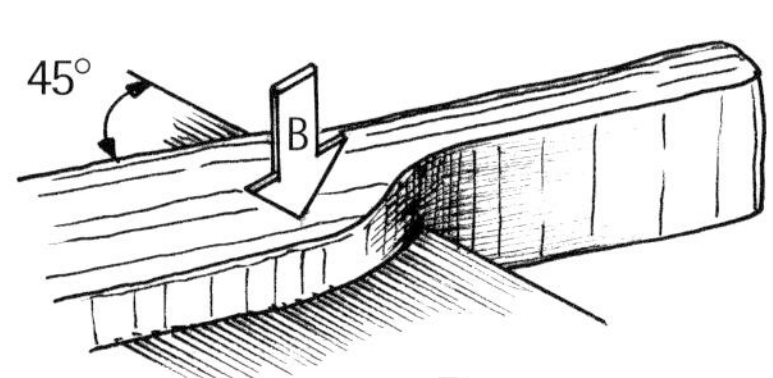

B

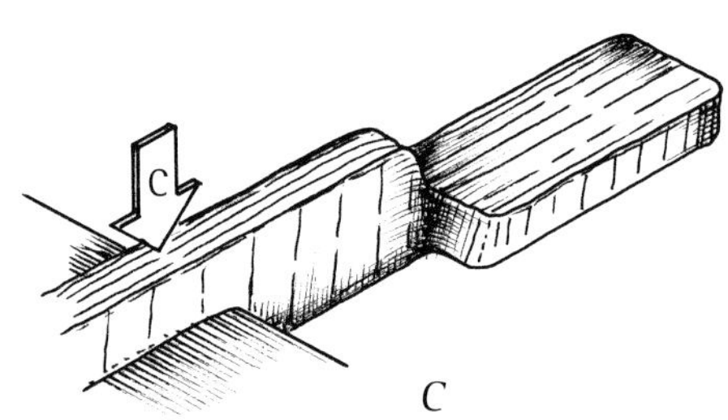

C

Stahl für Zangen

Für kräftigere Zangen kann man weichen Stahl benutzen. Ich persönlich habe auch gute Erfahrungen mit Federstahl. Für kleinere und mittelgroße Zangen habe ich alte Spiralfedern von Autos verwendet, die man preisgünstig erstehen kann.

Aufdornen des Zangenauges

Nach dem Schmieden der drei Flächen A, B und C drehen Sie die Gelenkseite hochkant und schmieden den Übergang in eine rundere Form. Auf diese Weise erhalten Sie eine schönere Zange (Bild 6.80).

Sie können das Loch für den Gelenkstift natürlich bohren, durch das Aufdornen wird die Gelenkfläche jedoch etwas größer und runder.

Da das Loch im Amboss meistens zu groß ist, kann man ein Stahlstück mit einem kleineren Loch unter die Zange legen, um ein Durchbiegen zu vermeiden. Zum Aufdornen muss die Zange heiß sein. Der Dorn wird von beiden Seiten durchgeschlagen, bis das Loch die gewünschte Größe hat (Bild 6.81).

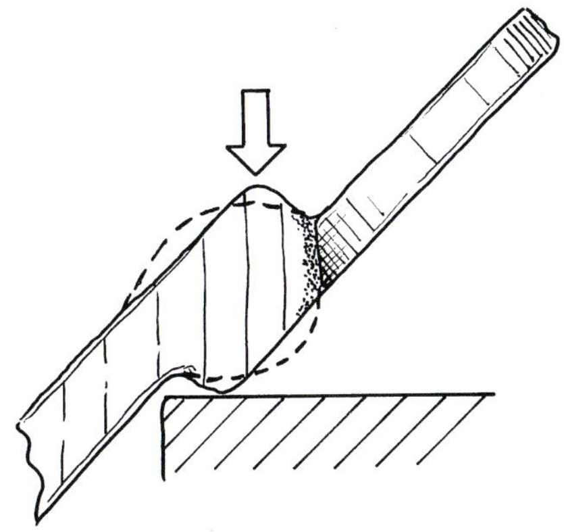

Bild 6.80

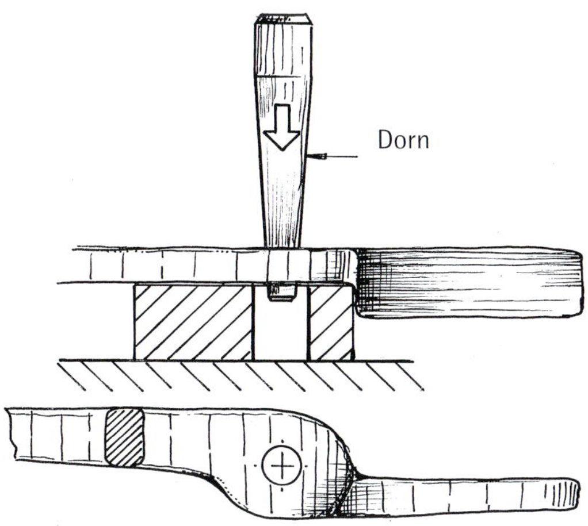

Bild 6.81

Warmnieten einer Zange.

Nieten

Für den Niet (Gelenkstift) verwenden Sie 6-8 mm Rundstahl, je nach Größe der Zange. Es ist besser, Sie stauchen das Ende des Rundstahls, bevor Sie den Niet in der Lochplatte zurechtschlagen.

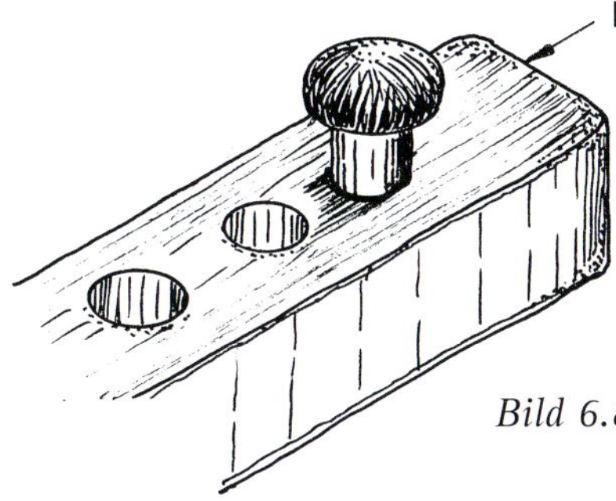

Bild 6.82

Schlagen Sie den Niet dann in der richtigen Länge ab, erwärmen Sie ihn und setzen Sie ihn schnell in die Zange ein. Verwenden Sie einen Gegenhalter mit versenkter Nietkopfform. Benutzen Sie zum Nieten zuerst einen Hammer, dann einen Kopfstempel. Lässt sich die Zange nicht öffnen, wird sie erwärmt und beweglich gemacht (Bild 6.83).

Die in Bild 6.84 gezeigte Zange wurde speziell zum Festhalten einer Messerklinge beim Schmieden des Erls hergestellt. Man kann sie aus einem kleinen Stück Winkelstahl und zwei Flachstahlstücken machen. Ein Flachstahlstück wird eingeschweißt, das andere mit einem Niet gelenkig verbunden. Zum Festhalten des Erls bohren Sie das Loch für den Niet entsprechend.

Bild 6.83

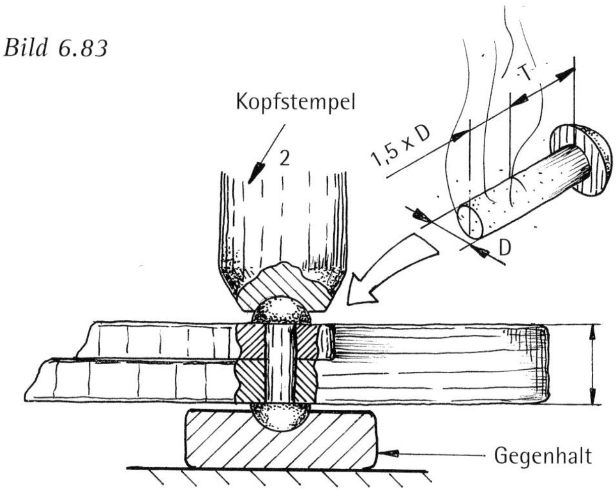

Schmieden eines Kerzenleuchters

Ausgangsmaterial ist 6 x 25 mm Flachstahl oder 8 x 30 mm für ein größeres Exemplar. Die Länge bestimmt man im Verhältnis zur gewünschten Höhe. Kaltmeißeln Sie zuerst eine Steuernut von 80 bis 100 mm. Dann warmmeißeln Sie die durchgehende Nut mit einem schlanken Meißel auf einer weichen Platte als Unterlage (Bild 6.85).

Erweitern Sie die Meißelnut über dem Ambosshorn und stauchen Sie das Schmiedestück hochkant, bis es Lochform annimmt (Bild 6.86). Schmieden Sie das Loch über dem Ambosshorn rundherum auf die selbe Dicke (Bild 6.87).

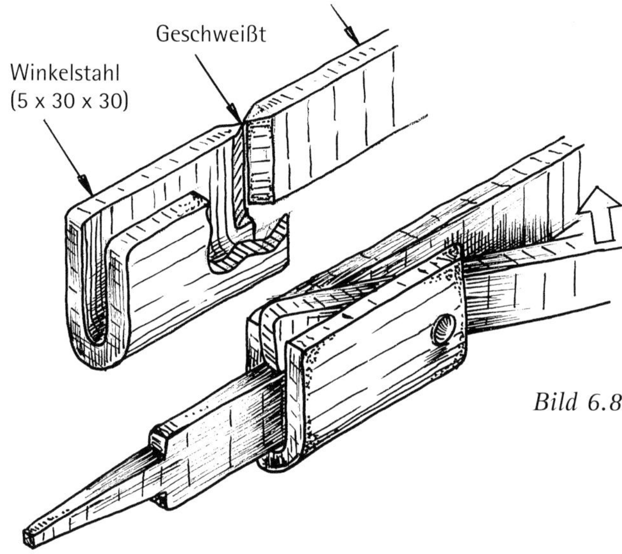

Bild 6.84

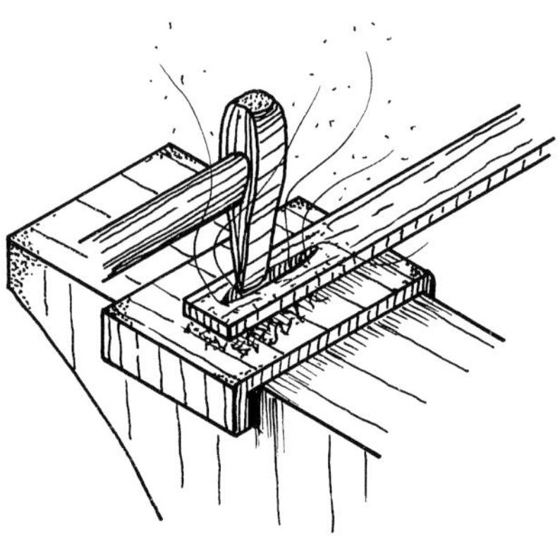

Bild 6.85

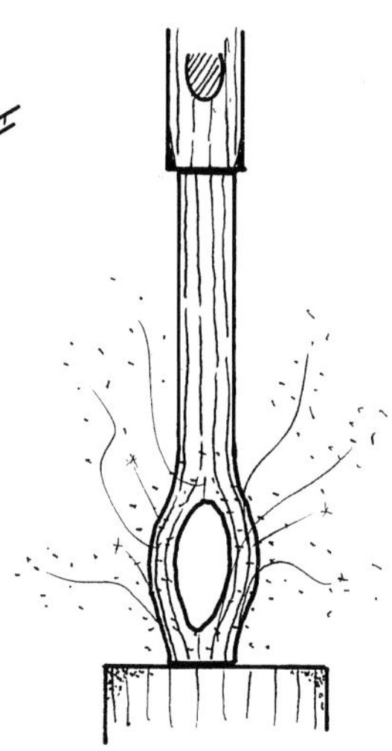

Bild 6.86

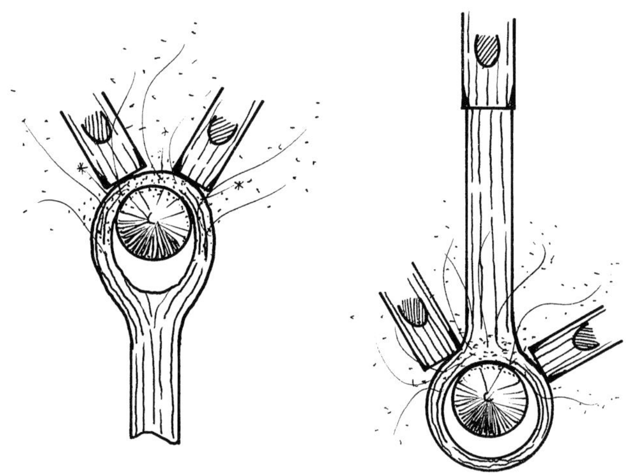

Bild 6.87

Schmieden Sie den Flachstahl hochkant zu einem runden konischen Stamm. Lassen Sie 80-100 mm am Ende übrig und breiten Sie das Material in einer Fächerform möglichst breit aus mit einer Dicke von ca. 1 mm. Schleifen Sie die Ränder sauber. Denken Sie bei der Gestaltung des Fächers an die Dicke der Kerze.

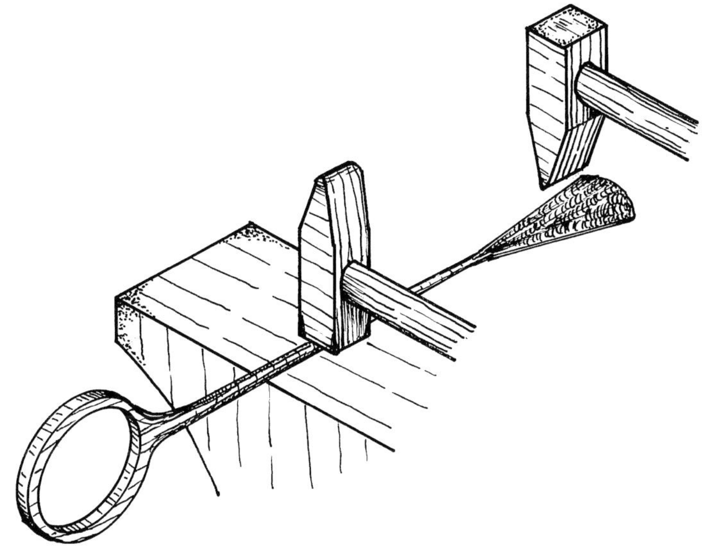

Bild 6.88

Verwenden Sie ein Untergesenk mit Kegelform und formen Sie den Kerzenhalter. Das kann auch nur auf dem Amboss ausgeführt werden (Bild 6.89).

Schmieden Sie den Kerzenständer schön über einem Kegeldorn (Bild 6.90) und lassen Sie die Naht sichtbar bleiben. Biegen Sie den Übergang vom Ring zum Stamm so, dass er der Zentrumslinie des Rings folgt (Bild 6.91).

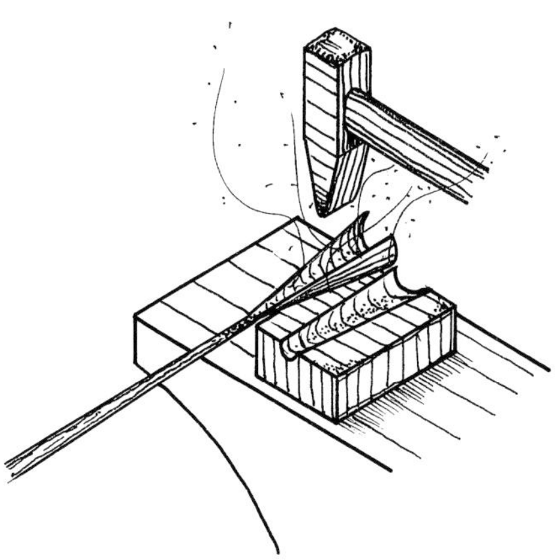

Bild 6.89

Bild 6.90 Feinschmieden des Kerzenleuchters.

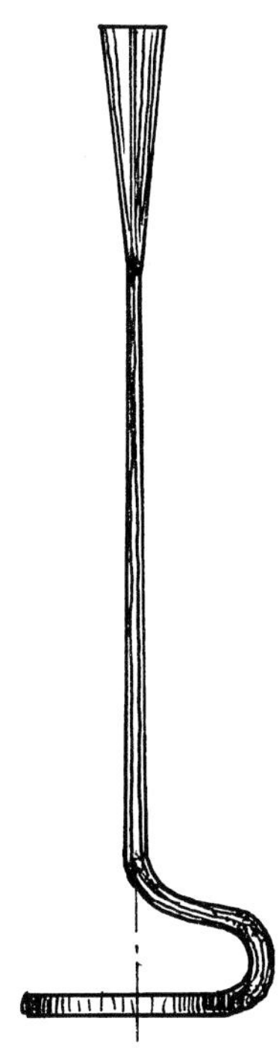

Bild 6.91 Biegen des Übergangs.

Oberflächenbearbeitung von Schmiedeeisen

Die Oberflächenbearbeitung von Schmiedeeisen hat große Bedeutung für das Gesamtaussehen des Gegenstands. Die Oberfläche muss sauber und frei von Schlacke sein, und sie soll einen seidigen Glanz aufweisen. Das ist auch der beste Rostschutz.

Bevor wir mit vier neuen Schmiedeübungen beginnen, werden wir uns die Oberflächenbearbeitung näher ansehen. Schöne, sichtbare Bearbeitungsspuren vom Schmieden braucht man nicht versuchen zu verbergen. Sie sind eine natürliche Folge des Charakters von Schmiedeeisen, sie sind dekorativ und sagen etwas über die Tüchtigkeit des Schmieds aus.

Kerzenleuchter geschmiedet, wie auf der vorigen Seite beschrieben (eigene Arbeit).

Bürsten mit Stahlbürste

Schmiedeeisen erhält ein ansprechendes Aussehen, wenn es so kräftig geschmiedet wurde, dass die Abdrücke der Hammerschläge in der seidig glänzenden, sauberen Oberfläche deutlich sichtbar sind. Daher muss die Oberfläche zuerst gereinigt werden, was am einfachsten mit einer Stahlbürste geschieht. Verwenden Sie die Stahlbürste häufig, damit die Schlacke entfernt und nicht in die Oberfläche hineingeschlagen wird.

Ölbrennen

Schon aus dem Namen geht hervor, dass Öl an der Oberfläche festgebrannt wird. Meistens wird Leinöl oder Bienenwachs verwendet. Diese Stoffe sind nicht gesundheitsschädlich. Man kann aber auch Tiertalg nehmen. Das geschmiedete Eisen muss so warm sein, dass das Öl gerade zu brennen beginnt. Verwenden Sie ein ölgetränktes Tuch und reiben Sie zum Beispiel einen Handgriff wiederholt ein. Das beste Ergebnis erzielt man, wenn das Schmiedeeisen so warm ist, dass das Öl eingetrocknet ist, wenn es kalt ist. Zum Schluss wird die Oberfläche mit einem trockenen Tuch getrocknet und „gebohnert".

Bei einer anderen Methode der Oberflächenbearbeitung verwendet man eine Mischung aus Bienenwachs und Schuhcreme. Mit einer weichen Stahlbürste kann man durch rotierende Bewegungen Schattierungen erzeugen. Die Erhöhungen nach dem Schmieden sind dann etwas blanker und richtig dekorativ.

Modell eines alten Kerzenleuchters (eigene Arbeit).

Hier gibt es viele Möglichkeiten, und viele Schmiede haben Rezepte für Oberflächentechniken, die ich gern gelernt hätte. Man muss nur fragen, die besten Schmiede haben meistens keine Geheimnisse. Gleich, welche Bearbeitung man wählt, ist es immer von Vorteil, die Oberfläche mit Bienenwachs einzureiben (bohnern). Es macht sie schön und schützt sie. Wird die Oberfläche blau, war das geschmiedete Eisen nicht heiß genug. Man kann das Schmiedestück auch mit einer rotierenden Bürste bürsten, wenn es rot ist. Dann verschwindet der Zunder. Anschließend brennt man die Oberfläche mit Öl ein.

Einige Verdrehtechniken

Wir werden uns hier mit einigen Verdrehtechniken beschäftigen, die man für Kunstschmiededetails verwenden kann. Am einfachsten und häufigsten wird Vierkantstahl verdreht. Man möchte fast sagen, es ist die am meisten missbrauchte Verdrehtechnik, denn es gab eine Zeit, wo „alles" verdreht werden sollte. Das geschieht oft, weil dem Schmied keine anderen dekorativen Techniken einfallen.

Vierkantstähle unter 10 mm können kalt verdreht werden. Hier ist es von Vorteil, die Stange in einem Rohr zu verdrehen, damit sie sich nicht verformt. Größere Stärken werden warm verdreht. Wichtig ist, dass die ganze Stange gleichmäßig erwärmt ist, damit schöne und gleichmäßige Windungen entstehen. Viele Schmiede verwenden zum präzisen Verdrehen auch Gasflammen. Dadurch lässt sich die Temperatur an den richtigen Stellen leichter erhöhen oder aufrechterhalten, und die Windungen haben den gleichen Abstand.

Man kann auch eine „Verdrehmaschine" anfertigen, die mit einer Kurbel angetrieben wird. Die Stange wird dann an beiden Enden eingespannt. Sie muss sich aber in Längsrichtung bewegen können.

Bild 6.92 Verdrehter Vierkantstahl.

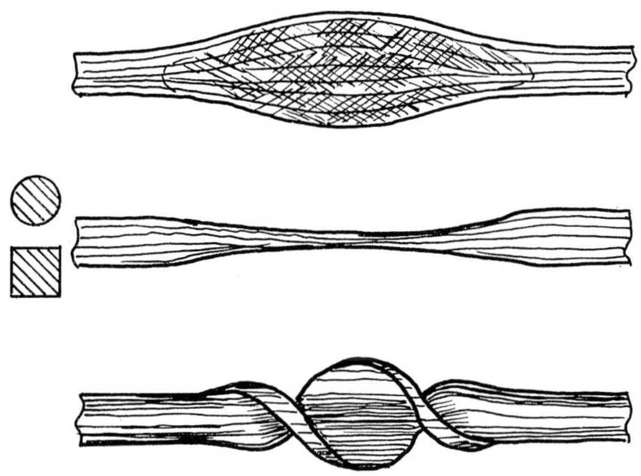

Bild 6.93 Das Verdrehen einer geschmiedeten mittleren Partie wirkt dekorativ und verleiht der Schmiedearbeit eine persönliche Note. Hier können Sie als Ausgangsmaterial Vierkant- oder Rundstahl verwenden.

Bild 6.94 Verdrehen von Flachstahl mit einer Meißelnut auf einer oder beiden Seiten.

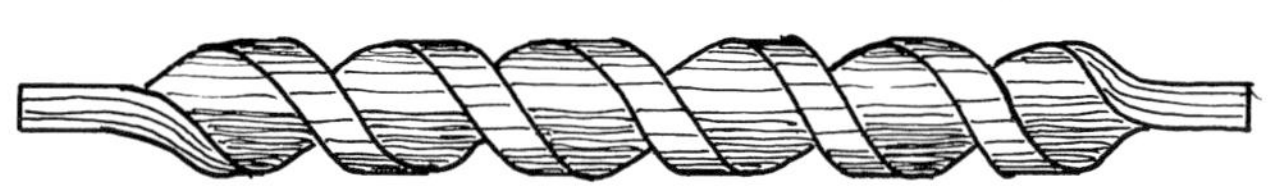

Bild 6.95 Verdrehter Flachstahl.

Verdrehen von Flachstahl

Beim Verdrehen von Flachstahl hat man mehrere Möglichkeiten. Wenn Sie an der Stange entlang eine Nut schmieden, erhalten Sie eine ganz andere Wirkung als wenn Sie den Flachstahl unbearbeitet verdrehen. Beim Flachstahl in Bild 6.94 wurde entlang beider Ränder eine V-Nut geschmiedet. Zweifeln Sie am Ergebnis, versuchen Sie es zuerst mit Modellierton. Bild 6.96 zeigt einige Querschnitte zum Verdrehen. Lassen Sie Ihrer Fantasie freien Lauf.

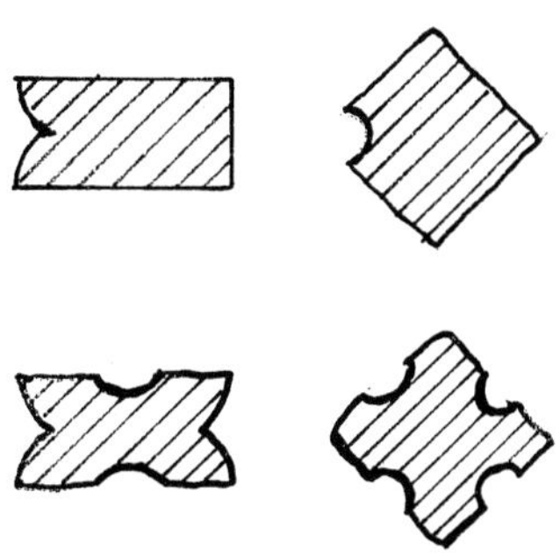

Bild 6.96

Verdrehtechniken

Auf den nächsten Seiten sehen Sie einige Übungen für das Verdrehen von Stahl. Eine Übung, bei der ein Türklopfer oder Türring angefertigt wird, ist im Folgenden genauer beschrieben.

Ausgangsmaterial sind vier 6 mm Rundstahlstäbe, die wie in Bild 6.97 gezeigt, zusammengesetzt und an beiden Enden feuergeschweißt werden. Der innere Durchmesser des Rings beträgt ca. 50 mm, der mittlere ca. 70 mm. Die Länge der Stäbe ist dann 70 x 3,14 = 220 mm.

Erwärmen Sie den ganzen Stab bis zur Rotglut. Schrauben Sie eines der feuergeschweißten Enden im Schraubstock fest und verdrehen Sie die Stäbe gleichmäßig in der ganzen Länge.

Biegen Sie den Ring um das Sperrhorn oder eine Welle. Die Enden sollen sich ca. 10 mm überlappen. Streuen Sie Borax darauf und feuerschweißen Sie die Naht. Verwenden Sie einen kleineren Hammer und schmieden Sie die Innenseite und Naht des Rings (Bild 6.99).

Schmieden Sie die Krampe, die den Ring halten soll. Die Länge hängt von der Dicke der Tür ab, weil die dünnsten Enden der Krampe auf der Rückseite der Tür zur Seite gebogen werden.

Erwärmen Sie die Krampe und legen Sie den Ring hinein. Klemmen Sie sie in einem kräftigen Schraubstock zusammen und formen Sie sie mit dem Hammer (Bild 6.101).

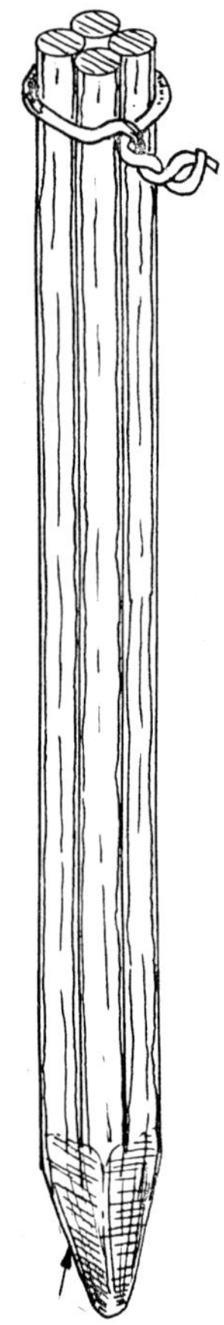

Bild 6.97
Feuerverschweißt.

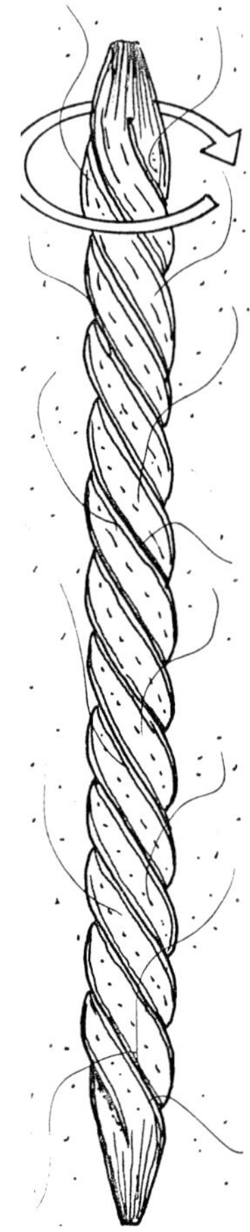

Bild 6.98

Bild 6.99

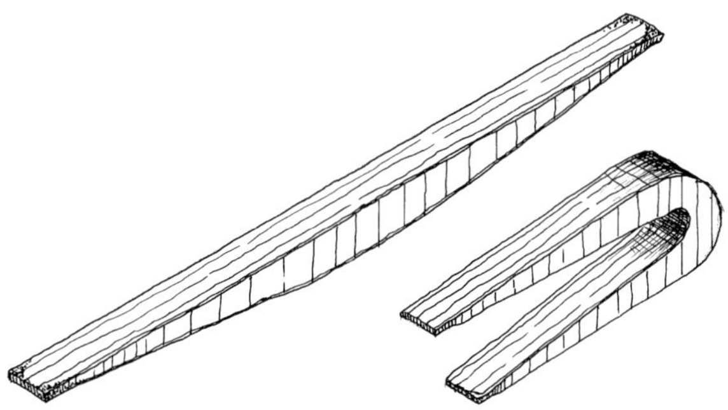

Bild 6.100 Krampe.

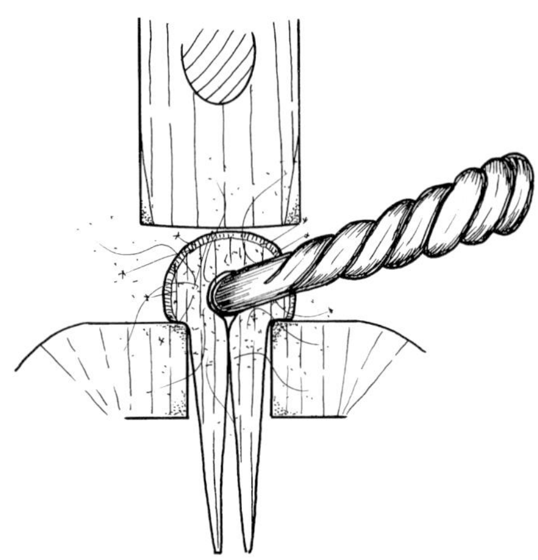

Bild 6.101

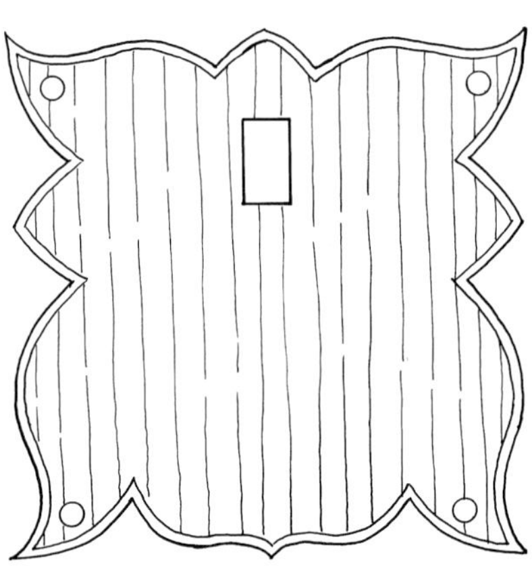

Bild 6.102 zeigt einen Beschlag, der hinter dem Ring liegen kann. Er wird aus einer 1,5-2 mm Platte herausgemeißelt, die Ränder werden schräg gefeilt. Bohren und feilen Sie das rechteckige Loch, in das die Krampe passen soll und schmieden Sie vier Nägel zur Befestigung des Beschlags.

Bild 6.102

Türklopfer

Ausgangsmaterial ist ein 250-300 mm langer 18-20 mm Vierkantstahl, abhängig von der gewünschten Größe. Erwärmen Sie das Werkstück gut und drehen Sie in der Mitte gleichmäßige Windungen in einer Länge von ca. 40-50 mm. Schmieden Sie dann jedes Ende in eine konische runde Form. Die feuergeschweißte Stelle darf nicht zu dünn werden (Bild 6.103).

Schmieden Sie die Form des Bügels und schweißen Sie die Enden. Sie können den Bügel auch zuerst rund formen und schweißen und ihn anschließend in die gewünschte Form schmieden (Bild 6.104).

Körper und Hörner des Bocks werden aus 6 x 25 mm Flachstahl geschmiedet. Beginnen Sie mit dem Aufmeißeln des Endes und schmieden Sie die Hörner in eine konische runde Form (Bild 6.105).

Falten Sie den Flachstahl, so dass Sie eine ca. 15 mm große feuergeschweißte Stelle erhalten. Schmieden Sie die Nase eines Tiergesichts (Bild 6.106).

Der restliche Flachstahl wird, wie in Bild 6.107 gezeigt, ausgeschmiedet. Das Flachstahlstück sollte so lang sein, dass die verdrehte Stelle bis zur Nasenwurzel reicht. Biegen Sie die Hörner mit einer Zange.

Bild 6.103

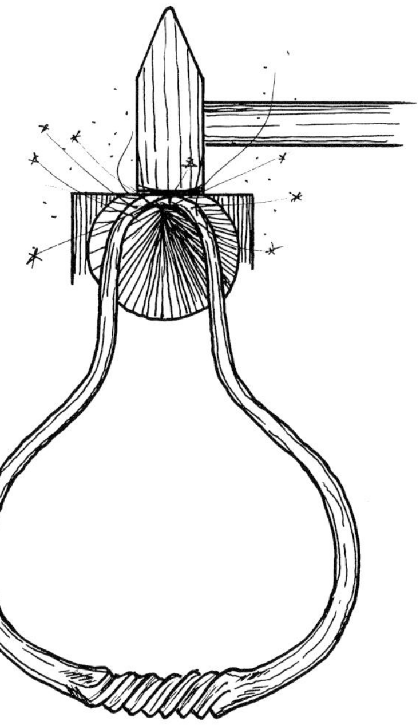

Bild 6.104 Schmieden Sie die Form des Bügels.

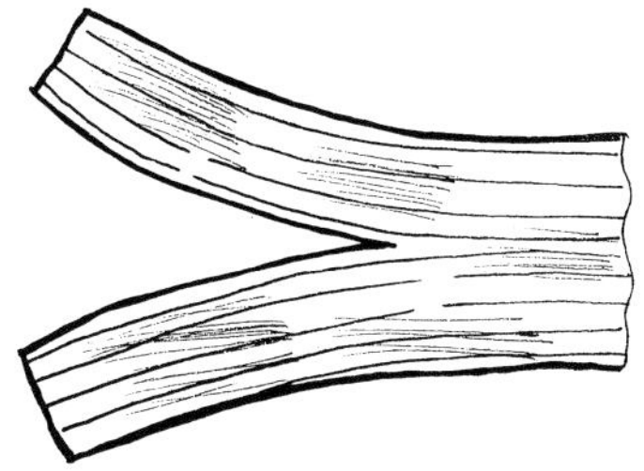

Bild 6.105 Meißeln Sie für die Hörner auf.

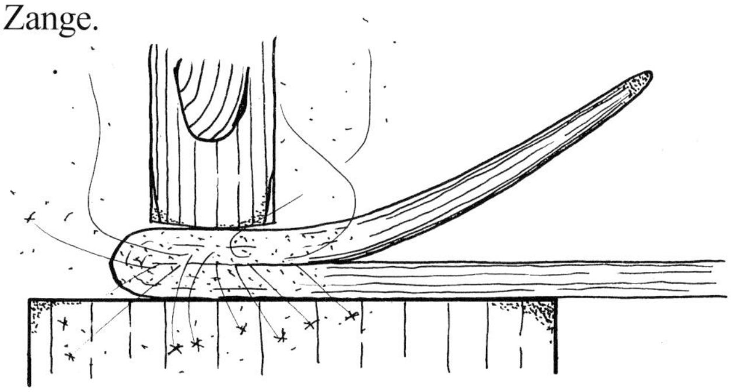

Bild 6.106 Falten und feuerschweißen.

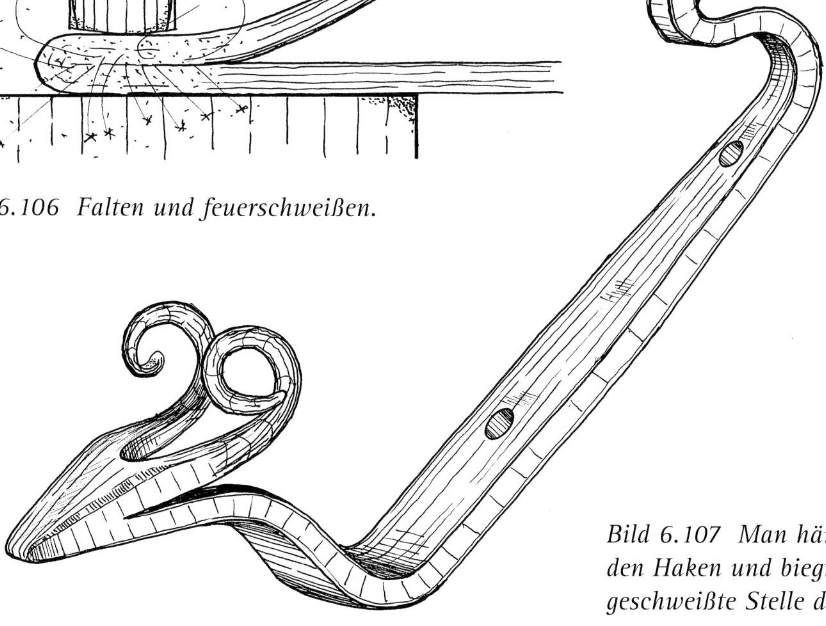

Bild 6.107 Man hängt den Bügel an den Haken und biegt diesen um die geschweißte Stelle des Bügels herum.

Verdrehter Handgriff

Diese Art verdrehter Handgriffe wird häufig für Schmiedeeisendetails verwendet, zum Beispiel für Handgriffe an Werkzeugen, an Kaminbestecken und als Dekoration.

Ausgangsmaterial können 4-6 mm dicke Rundstangen oder Vierkantstangen sein, abhängig von der gewünschten Größe des Handgriffs. Man kann auch einen Vierkantstahl in vier Stangen meißeln und verdrehen. Das wird im Kapitel über das Kunstschmieden näher erläutert.

Wie bereits erklärt, setzt man vier 6 mm Rundstähle zusammen und feuerschweißt an jedem Ende jeweils 10-15 mm (Bild 6.108). Achten Sie darauf, dass der Borax nicht zu weit nach innen dringt. Dann können sich die Stangen aneinander schweißen und sich nur schwer auseinander ziehen lassen, wenn die Spirale geöffnet werden soll.

Es lohnt sich, das Werkstück vor dem Verdrehen mit einer Stahlbürste sauber zu bürsten, um Schlacke und Borax zwischen den Stangen zu vermeiden. Vergessen Sie nicht, dass das ganze Schmiedestück gleichmäßig erwärmt sein muss. Verdrehen Sie es so, dass die Spirale in der ganzen Länge möglichst gleich ist. Ich finde es besser, ohne Borax zu schweißen.

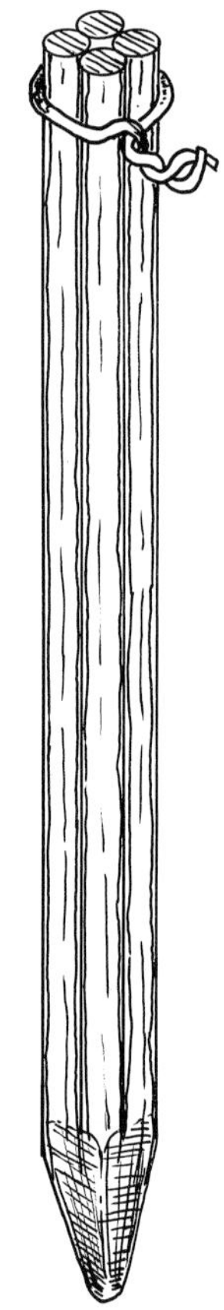

Bild 6.108

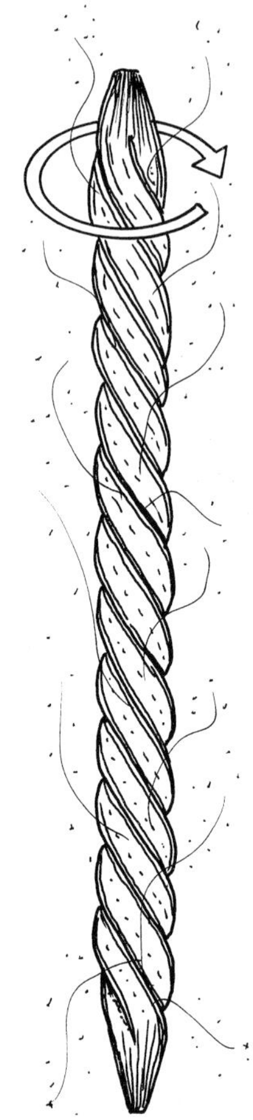

Bild 6.109

Öffnung der Spirale (Bild 6.110):

Erwärmen Sie die Spirale von neuem und bürsten Sie sie wieder sauber. Setzen Sie das eine Ende in den Schraubstock und drehen Sie die Spirale zurück, also in die entgegengesetzte Richtung des ersten Verdrehens. Die Spirale beginnt, sich zu öffnen und nimmt Form an. Eine kleine zusätzliche Formung mit der Zange und einige vorsichtige Schläge mit dem Hammer auf die Seiten sind meist nötig.

Verlängerung des Handgriffs:

Zum Anstücken einer Stange an den Handgriff kann Rundstahl verwendet werden. Stauchen Sie den Rundstahl am Ende und meißeln Sie einen Spalt. Stecken Sie die Enden ineinander und feuerschweißen Sie. Es kann etwas schwierig sein, die Enden beim Schweißen zusammenzuhalten. Am besten ist es, einen Gehilfen zu haben, aber man kann beide Enden bis zur Schweißtemperatur erwärmen und sie zusammenschmieden, während sie flach auf dem Amboss liegen.

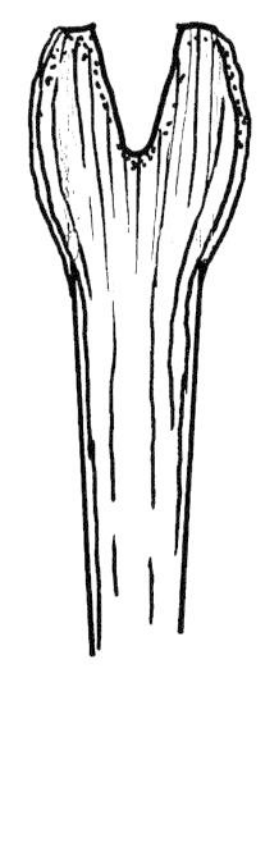

Bild 6.111 Verlängerung des Handgriffs mit einer Spaltverbindung.

Bild 6.110 Öffnung der Spirale.

Handspiegel, wie der Kerzenleuchter in Bild 6.87 geschmiedet (Helfstyn, Tschechien, 1997).

Türring, siehe Bild 6.99 (eigene Arbeit).

Links Türklopfer, siehe Bild 6.104 (eigene Arbeit).

Rechts verdrehter Handgriff, siehe Bild 6.110 (eigene Arbeit).

Untersetzer

Wenn Sie die meisten Schmiedeübungen bis hier hin ausgeführt haben, können Sie sich an einen anderen Untersetzer wagen. Er erfordert ein wenig mehr Können, und das Schwierigste ist dabei, die Länge des Ausgangsmaterial und der Spiralen zu berechnen. Vielleicht sollten Sie es zuerst mit Modellierton versuchen.

Markieren Sie zuerst genau, indem Sie drei Nuten für die Spiralen kaltmeißeln. Dann warmmeißeln Sie die Nuten mit einem schlanken Meißel. Vergessen Sie den Bocksfuß nicht.

Bild 6.112 Topfuntersetzer.

Bild 6.113 Meißeln Sie drei Nuten.

Hämmern Sie die drei herausgemeißelten „Spiralen“ in einem rechten Winkel zur Stange und schmieden Sie sie in die gewünschte Form. Strecken Sie den Flachstahl zwischen jeder „Spirale“ in eine passende Dicke aus.

Bild 6.114

Biegen Sie die Spiralen mit der Zange oder einem Biegehaken. Sie können auch ein gebogenes Hilfswerkzeug anfertigen, wofür Sie sicher auch später noch Verwendung finden werden.

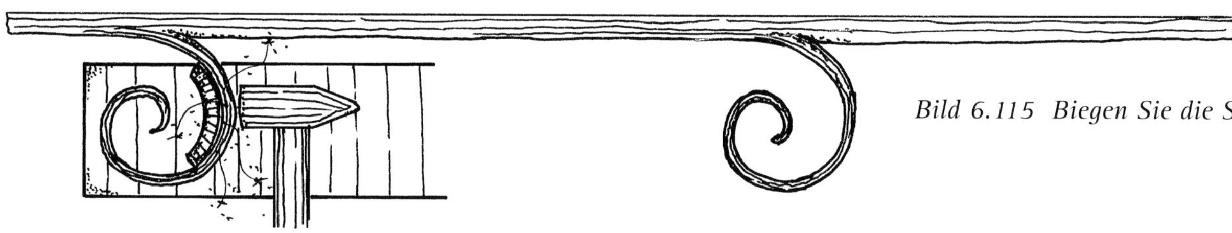

Bild 6.115 Biegen Sie die Spiralen.

Wenn die Spiralen gut aussehen und die Länge richtig ist, können Sie den Ring biegen. Das geht am besten mit einem gebogenen Hilfswerkzeug und dem Biegehaken (Bild 6.116).

Schließen Sie den Ring mit einer kleinen Schweißnaht, die Sie glätten. Vielleicht müssen Sie noch etwas berichtigen. Bürsten Sie den ganzen Untersetzer mit der Stahlbürste und verwenden Sie, wenn nötig, zum Schluss den Schlichthammer.

Vergessen Sie nicht, die Maße, das Strecken und die Längen für später aufzuschreiben!

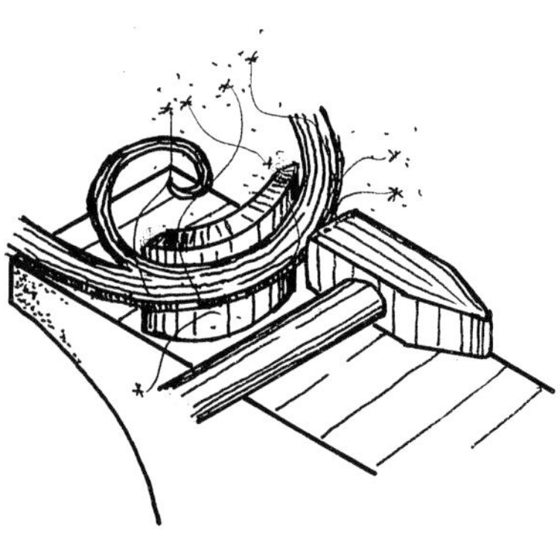

Bild 6.116

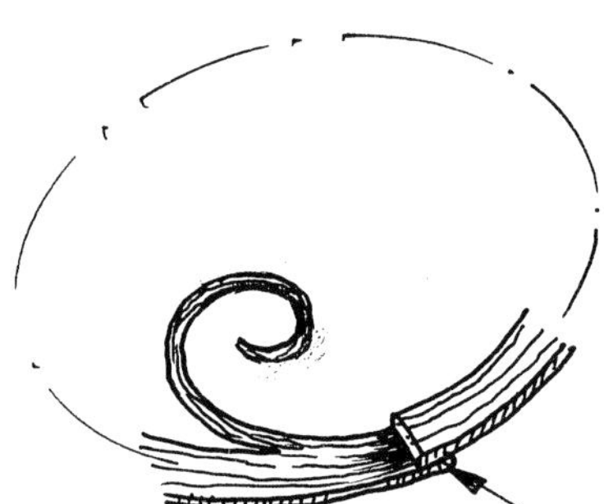

Bild 6.117 Schließen Sie den Ring.

Schmieden eines Flößerhakens

Einen Flößerhaken benötigt man heutzutage wohl nicht mehr so oft, aber er ist eine lehrreiche Schmiedeübung. Als Flüsse und Fjorde noch die wichtigsten Transportwege für Holz waren, waren gute Flößerhaken sehr gefragt. Ein Flößerhaken musste eine grobe Behandlung aushalten. Bei der Bindung von Floßholz schob, zog und hob man das Holz hoch. Auch wenn Sie ihn nicht für Holzarbeit verwenden, kann er in einem Boot ein praktisches Gerät sein (Bild 6.118).

Ausgangsmaterial ist 8 x 40 mm Flachstahl. Spalten Sie den Flachstahl mit einem Stielmeißel und biegen Sie die Hälften auswärts, indem Sie den Spalt gegen die Ecke des Ambosses schlagen. Schmieden Sie dann einen Stachel und einen Haken und biegen Sie sie in die gewünschte Form. Breiten Sie den Stielteil und schmieden Sie ihn etwas konisch, ca. 2 mm dick und am Ende 18 mm breit (Bild 6.119).

Breiten Sie die Lippen, die die Klammer für den Stiel bilden sollen, mit dem Hammer aus und setzen Sie bis zu einer Dicke von 2-3 mm abgerundet ab. Für den schrägen Rand können Sie auch mit dem Rundsetzhammer in Längsrichtung absetzen (Bild 6.120).

Versuchen Sie so viel zu strecken, dass sich ein runder Stiel von 25-30 mm Durchmesser gut befestigen lässt. Formen Sie die Lippen für die Stielbefestigung um einen Wellenzapfen. In die Mitte bohren Sie einige Löcher für durchgehende Schrauben mit Muttern (Bild 6.121).

Die besten Stiele für Flößerhaken werden übrigens aus Traubenkirschholz oder Haselnuss gefertigt.

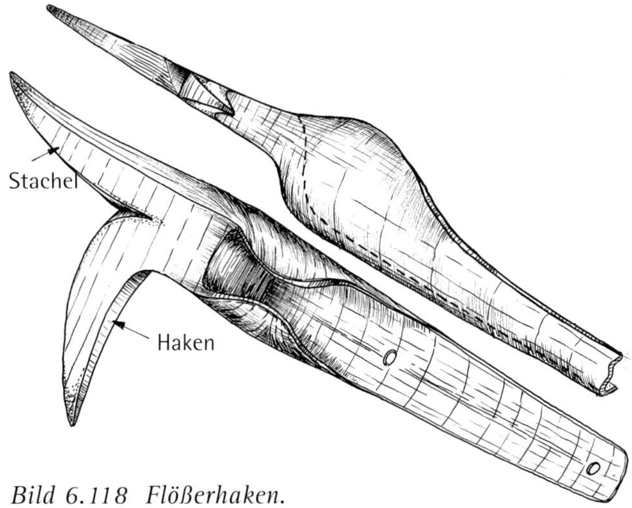

Bild 6.118 Flößerhaken.

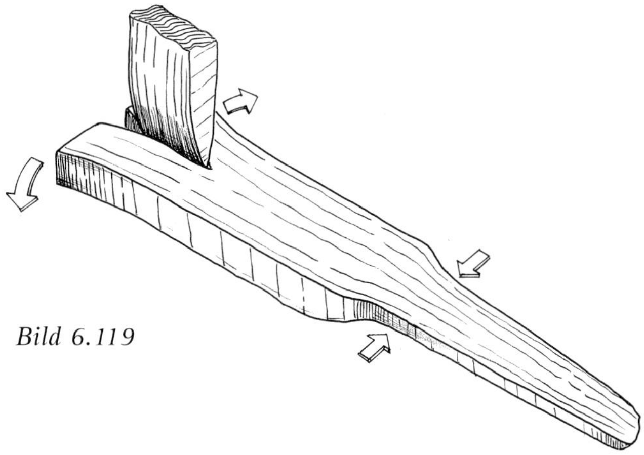

Bild 6.119

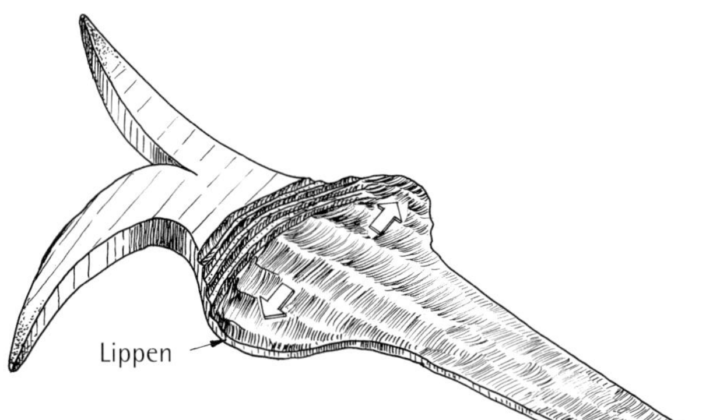

Bild 6.120 Breiten Sie Lippen aus.

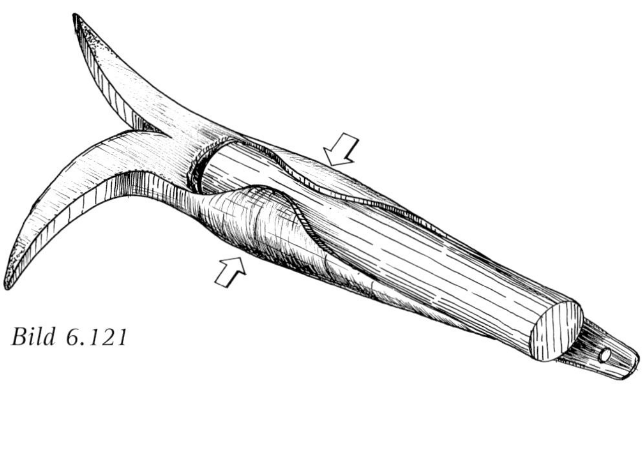

Bild 6.121

Schmieden einer dreizinkigen Hacke

Sehr großen Bedarf für eine Hacke wie in Bild 6.122 gezeigt, dürfte es in unserer Zeit nicht geben, wir führen sie jedoch als Beispiel einer guten und lehrreichen Schmiedeübung an.

Vielleicht keine Anfängerübung, aber so schwierig, wie es auf den ersten Blick erscheint, ist es nicht. Für diese Schmiedeübung sollte man zu zweit sein. Eine Person muss Zuschläger sein. An dieser Aufgabe kann man sich messen, sowohl was die Technik als auch die Form und Funktion betrifft.

Ausgangsmaterial ist Flachstahl, der dort mit zwei kalt gemeißelten Nuten markiert wird, wo man die Zinken haben möchte. Der erste Schritt ist das Absetzen für den Stiel mit einem Rundsetzhammer und das Aufmeißeln der beiden Nuten mit einem Stielmeißel (Bild 6.123).

Erwärmen Sie das Schmiedestück und setzen Sie den Stiel in das Ambossloch. Schlagen Sie mit einem Rundsetzhammer und breiten Sie die Zinken so auseinander, dass die Hacke die Form eines Kreuzes erhält. Hier ist es wichtig, dass das Werkstück richtig warm ist, sonst kann es zwischen den Zinken aufreißen. Wenn Sie die Zinken so ausgestreckt haben, ist es leicht, sie in die richtige Form zu schmieden. Dann schmieden Sie sie in einem Ober- und Untergesenk, um die Seitenränder etwas abzurunden (Bild 6.124).

Der letzte Schritt ist das Biegen der Zinken und das Gesenkschmieden des Stiels in eine halbrunde Form. Anstatt auf dem Ambosshorn können Sie um eine Welle biegen.

Schmieden Sie die halbrunde Form im ganzen S-Bogen zwischen dem Stiel und den Zinken, damit die Hacke stark genug wird.

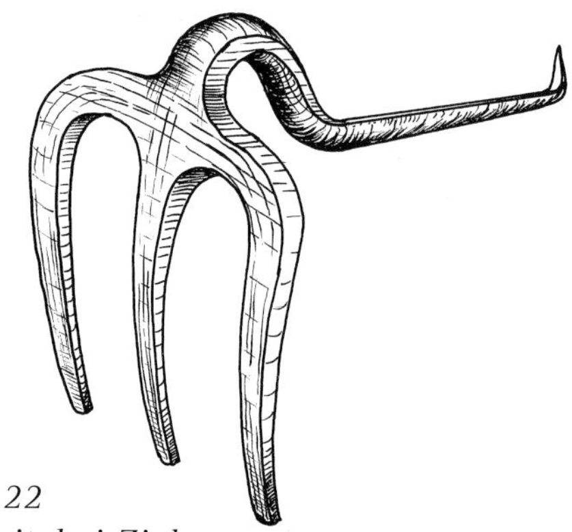

Bild 6.122
Hacke mit drei Zinken.

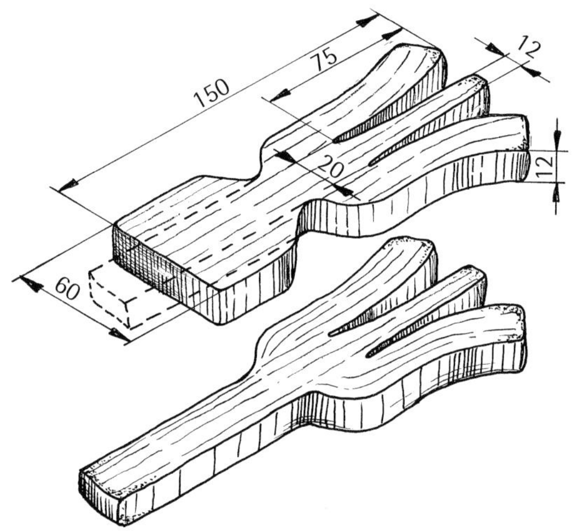

Bild 6.123

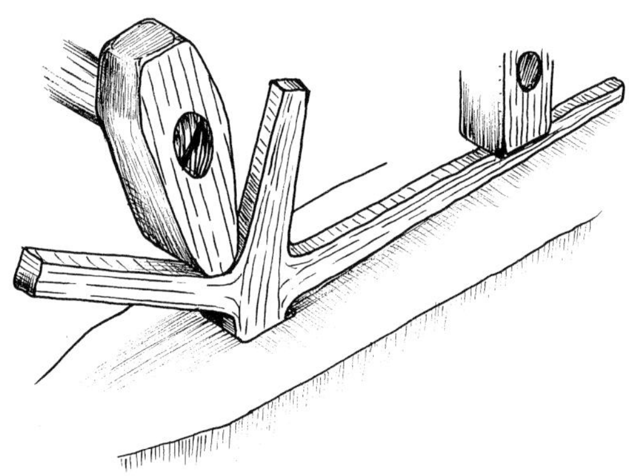

Bild 6.124 Runden Sie die Seitenränder der Zinken ab.

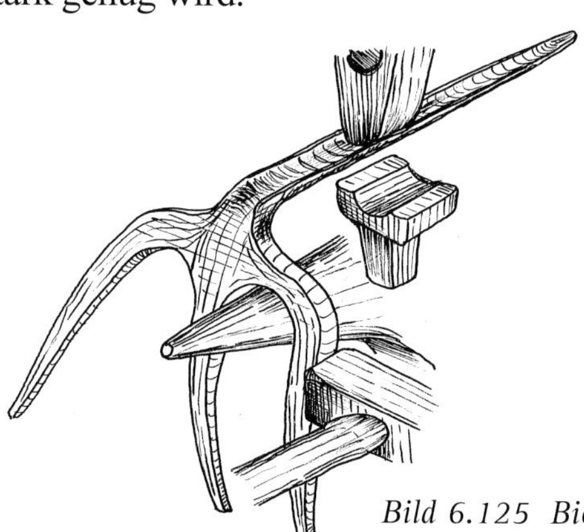

Bild 6.125 Biegen Sie die Zinken zurecht.

Schmieden einer Schere

Das Schmieden einer Schere ist eine anspruchsvolle und lehrreiche Übung. Selbstverständlich kann die Schere aus Vollstahl geschmiedet werden. Hier wird aber beabsichtigt, mehr über das Anschweißen von Schneidenstahl (hartem Kohlenstoffstahl) zu lernen. Denn um die edle Kunst des Schmiedens zu erlernen, ist diese Übung notwendig. Leider gibt es keinen schnelleren Weg.

Das Verfahren ist ähnlich der Methode für das Schmieden einer Schmiedezange. Bei der Schere wird jedoch an der Innenseite der Scherenmäuler Schneidenstahl angeschweißt. Wie bei der Schmiedezange schmiedet man zwei gleiche Teile, die mit einem Gelenkstift verbunden werden.

Als Ausgangsmaterial können Sie zum Beispiel 6 x 20 mm Flachstahl verwenden und auf einer Seite Schneidenstahl feuerschweißen. Wie im Kapitel über das Schmieden von Aushöhlwerkzeugen zur Holzbearbeitung können Sie auch hier Holzkohle verwenden, damit der ungeschützte Schneidenstahl nicht so leicht verbrennt. Vergessen Sie beim Erwärmen bis zur Schweißtemperatur nicht, das Werkstück mit dem Schneidenstahl nach oben auf die Glut zu legen.

Halten Sie die Schweißtemperatur genau ein und schlagen Sie die ersten Hammerschläge vorsichtig, wenn Sie den Schneidenstahl feuerschweißen. Zu harte Schläge während der ersten Sekunden können dazu führen, dass der warme Schneidenstahl zerspringt.

Der Schneidenstahl muss so lang sein, dass er über den Übergang zum Handgriff hinaus reicht, damit dieser hinter der Gelenkverbindung stark genug wird.

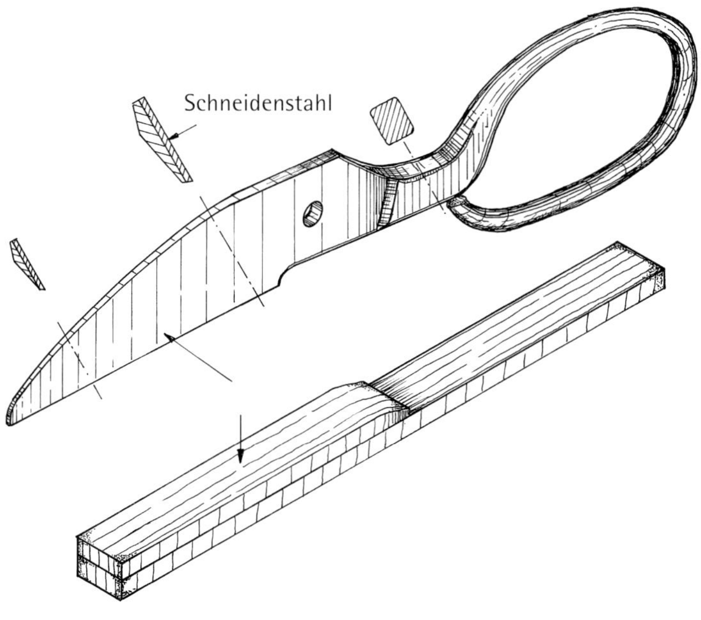

Bild 6.126 Schmieden einer Schere.

Vorschläge für Übungen

Kerzenleuchter: Hochkantbiegen von Flachstahl, siehe Bild 6.112 (eigene Arbeit).

Schmiedezange als Kerzenleuchter (eigene Arbeit).

Grillgabel (eigene Arbeit).

Kaminbesteck für die Wand. Oben das Detail eines verdrehten und zusammengedrückten Handgriffs. (Reidar Berg, Vågå, Norwegen).

Schmieden von Werkzeugen zur Holzbearbeitung

KAPITEL 7

In diesem Kapitel über das Schmieden von Werkzeugen zur Holzbearbeitung werden wir uns vor allem mit *laminiertem Werkzeug* wie z. B. Messerklingen, Werkzeugen für den Blockhausbau und zum Holzschnitzen und Aushöhlen beschäftigen. Die meisten haben im Bereich der Schneide einen Kern aus Stahl mit hohem Kohlenstoffgehalt. Wir werden das Schmieden einiger solcher Werkzeuge durchnehmen.

Messer mit Maserbirkengriff und laminierter Klinge. Scheide mit geschnittenem Drachenmuster (eigene Arbeit).

Dexel (Dachsbeil) zum Aushöhlen, einseitig laminiert, mit Stiel aus Maserbirke (eigene Arbeit).

Tischlerbeil mit mittig laminierter Schneide (eigene Arbeit).

Laminattechnik

Bild 7.1 *Ein Wikinger auf einem Beutezug.*

Das Schmieden von Messerklingen ist eine sehr alte Technik. Man hat festgestellt, dass die Technik des Kombinierens von hartem und weichem Stahl (Schneidenstahl und Eisen) in einem feuergeschweißten Laminat schon bei den Wikingern bekannt war und ihre Produkte den heutigen norwegischen Messerklingen sehr ähnlich sind.

Es wäre interessant zu wissen, wie sich die Wikingerschmiede die unterschiedlichen Schmiedetechniken aneigneten. Vermutlich lernte man aber damals wie heute durch Ausprobieren und Fehlermachen und verschaffte sich auf diese Weise Erfahrung. Sie wussten sicher auch, dass das von ihnen gewonnene Eisen einmal hart und spröde zum Schmieden war und ein anderes Mal weich und zäh. Deshalb war für einen Schmied das Kombinieren dieser beiden Eigenschaften sicher ganz natürlich. Auf diese Weise wurde vermutlich auch die Laminattechnik erfunden. Durch Zusammenschmieden des harten und weichen „Eisens“ mit mehr oder weniger Kohlenstoff machten sie ihre Werkzeuge sowohl hart als auch scharf und zäh.

Die Schmiede lernten wohl auch einiges durch das Untersuchen anderer geschmiedeter Waffen, die sie in Kriegen erbeutet hatten. Vielleicht waren auch einige der fremden Krieger, die gefangen genommen wurden, Waffenschmiede. Wir wissen, dass es andere Länder gab, die in der Entwicklung ihrer technischen Verfahren weiter fortgeschritten waren als die Wikinger. Auf diese Weise erlernten sie vielleicht auch das Damaszieren und stellten Schwerter in Damaszener-Technik her. Eingeschweißter Stahl und das Härten sind viel älter als die Wikinger in Norwegen, und ob einige der damaszierten Schwerter norwegisch sind, ist ziemlich unsicher.

Vermutlich ist vieles, was allmählich entdeckt wurde, auch auf Zufälle zurückzuführen, wie zum Beispiel das Härten. Sie beobachteten sicher ganz einfach, dass in Wasser gekühlter Stahl (Eisen) härter wurde, ohne zu wissen, woran das lag und ohne die Wirkung von Kohlenstoff zu kennen. Diese Erkenntnis löste vermutlich eine Revolution im Schmieden aus, und diese Art Eisen war wohl gefragt und teuer.

Wenn man sich vorstellt, wie wenig Hilfsmittel Schmiede hatten, kann man kaum verstehen, wie sie ihre Arbeit ausführen konnten. Man bekommt daher besonders großen Respekt vor ihrer Tüchtigkeit. Trotzdem möchte ich behaupten, dass es auch heute noch viele sehr begabte Schmiede gibt, jedoch vielleicht auf einer anderen Ebene und mit anderen Voraussetzungen. Sie sind mit vielen Hilfsmitteln in die gegenwärtige technologische Entwicklung integriert, die Technik des Schmiedens ist jedoch im Prinzip immer noch die selbe.

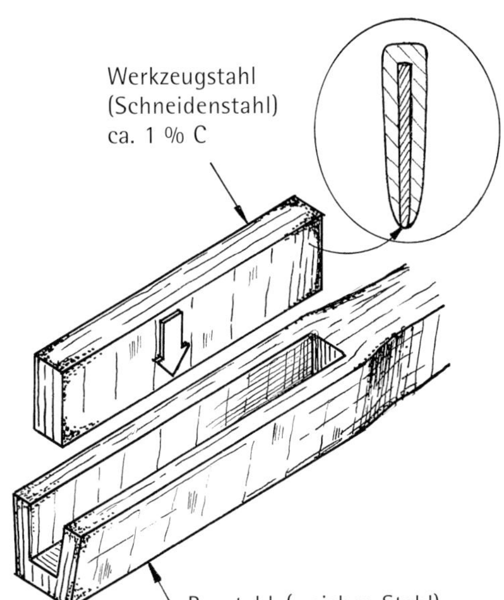

Bild 7.2 *Seit frühester Zeit ist fast alles Werkzeug laminiert, mit eingeschweißtem Kohlenstoffstahl als Kern in der Mitte oder auf einer Seite.*

Schmieden von Messerklingen

Ich werde oft von Leuten, die das Schmieden laminierter Messerklingen sehen, gefragt, weshalb ich Klingen auf diese Weise herstelle. Dafür gibt es drei Gründe:

1 Schneidenstahl (kohlenstoffreicher Stahl) ist seit alters her schwieriger zu gewinnen und zu beschaffen. Er war auch teurer als der weiche Stahl. Deshalb musste man ihn sparsam verwenden und nur in einer Schneide, die mit weichem Stahl laminiert war.
2 Eine zweite wichtige Ursache ist, dass das Werkzeug stärker wird. Würde man nur Schneidenstahl verwenden, könnte es mit der gewünschten Härte leicht brechen. Bei der Laminierung kann der Schneidenstahl härter sein, weil der weiche Stahl, der ihn ein- oder beidseitig umgibt, für die Stärke sorgt und Brüche eher verhindert.
3 Eine der Ursachen für die Laminierung war sicher auch die Arbeit, die das Schleifen erforderte. Eine laminierte Klinge lässt sich leichter schleifen, weil nur die halbe Schleiffase hart ist, und auch das Schmieden erforderte weniger Kraft.

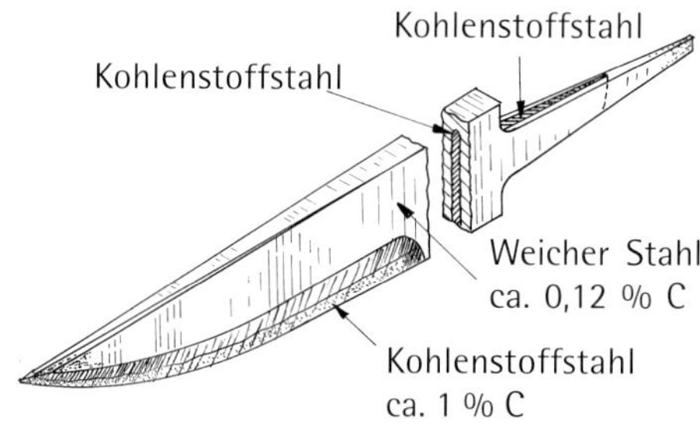

Bild 7.3 Die Klinge wird feuergeschweißt und in die richtige Länge und Stärke gestreckt. Ein Teil des Schneidenstahls reicht bis zum Erl, damit die Schneide am Übergang steif genug ist. Beim Härten der Klinge wird nur der Schneidenstahl hart. Der weiche Stahl lässt sich nicht härten, weil er zu wenig Kohlenstoff enthält.

Obwohl man heute viel bessere Schleifwerkzeuge zur Verfügung hat, ist es leichter, laminierte Messerklingen zu schleifen als Klingen aus nur hartem Stahl. Bei einer laminierten Klinge erkennt man leichter, ob die Klinge eben an der Schleifscheibe oder dem Schleifstein anliegt. Beim Schleifen von Hand spürt man den Unterschied zwischen dem harten und weichen Stahl in der Schleiffase deutlich, weil der weiche Stahl mehr ansaugt. Es lässt sich dann auch leichter feststellen, ob die Schleiffase eben wird (hier handelt es sich immer um Stahl, der sich feuerschweißen lässt, und nicht um neuere Stahlqualitäten wie Chrom-Nickel-Messerstahl.)

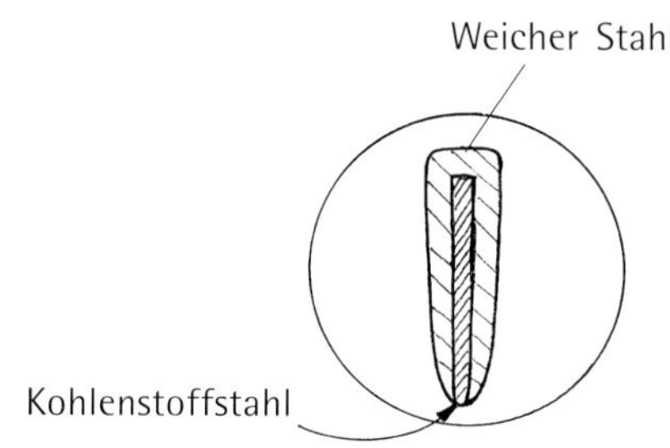

Aufmeißelmethode

Die älteste Methode ist wohl, eine Nut in weichen Stahl zu meißeln, in die man Kohlenstoffstahl legte. Man verwendete ziemlich dicke Stücke. Auf diese Weise benötigte man kein so langes Werkstück, und ein kürzeres war leichter zu schweißen. Man hatte dann auch mehr Material zum Schmieden und Bearbeiten, was auch zu einer dichteren und feinkörnigeren Struktur führte. Der Rücken der Klinge war weich, diente als „Verpackung“ und gewährleistete, dass keine Härtesprünge entstanden.

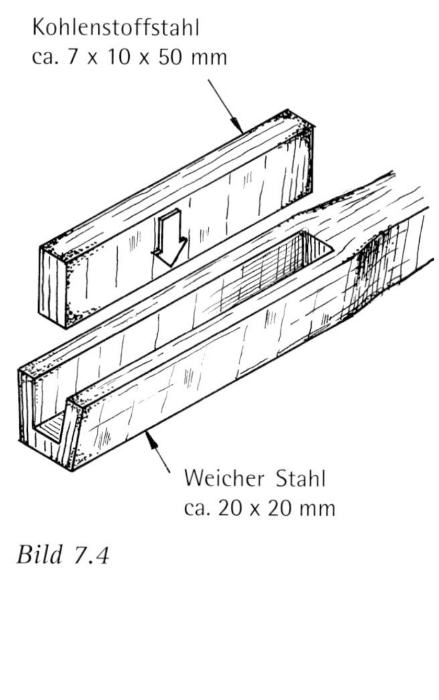

Bild 7.4

Flachstahlmethode

Die Flachstahlmethode ist eine einfachere und raschere Art der Laminierung, weil man nicht aufmeißeln muss. Bei dieser Methode erhält man auch einen harten Rücken der Klinge.

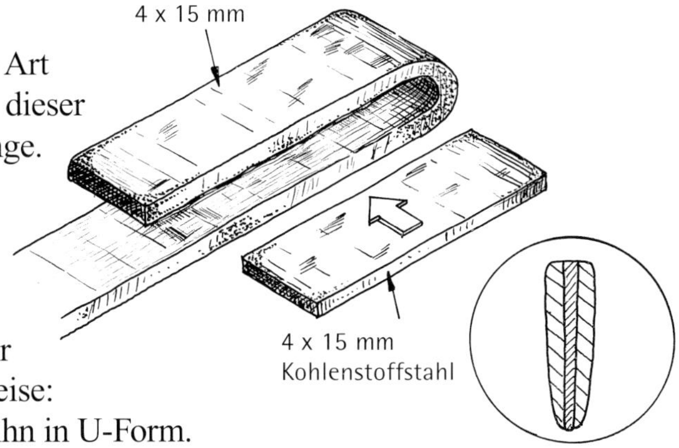

Bild 7.5 Flachstahlmethode.

Winkelstahlmethode

Die Verwendung von Winkelstahl für Messer ist eine Weiterentwicklung der alten Aufmeißelmethode, bei der die Klinge einen weichen Rücken hat. Die Vorgehensweise:

Erwärmen Sie den Winkelstahl und schmieden Sie ihn in U-Form. Bürsten Sie den Zunder mit einer Stahlbürste ab und streuen Sie Borax hinein (Bild 7.6).

Legen Sie ein Stück Schneidenstahl (ca. 50 mm lang) hinein und schmieden Sie den Winkelstahl zusammen, bis der Schneidenstahl festsitzt. Schlagen Sie jetzt, während der Schneidenstahl noch kalt ist, nicht zu hart, denn dann kann er zerspringen oder brechen (Bild 7.7).

Achtung! Ab jetzt wird Kohlenstoffstahl, der zum Feuerschweißen in einem Laminat verwendet wird, als Schneidenstahl bezeichnet. Es ist ein präziserer Ausdruck im Zusammenhang mit dem *Schmieden von Werkzeugen in Laminattechnik.*

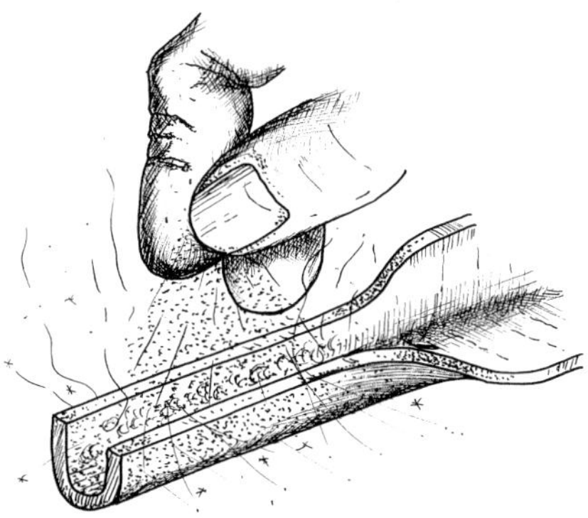

Bild 7.6 U-Form.

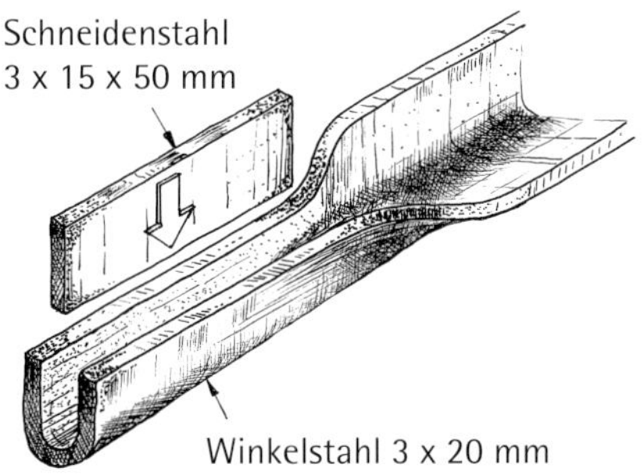

Bild 7.7 Einlage aus Schneidenstahl.

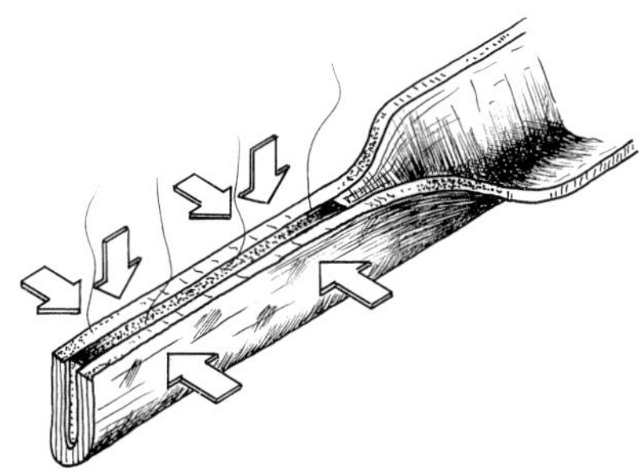

Bild 7.8 Packen.

Erwärmen Sie das ganze „Paket" bis zur hellen Gelbglut bei ca. 1100 °C (ein wenig unter der Schweißtemperatur, also kein Funkensprühen). Lassen Sie das Paket mit der U-Form nach oben liegen, damit der Schneidenstahl nicht herausfällt (Bild 7.8).

Nehmen Sie das Schmiedestück heraus und bearbeiten Sie es rundherum mit leichten schnellen Schlägen. Schlagen Sie so kräftig hochkant auf die Klinge, dass der Schneidenstahl mit den Kanten des Winkelstahls eben abschließt. Der Borax macht die Schlacke flüssig, so dass sie heraus spritzt. Jetzt gilt es, das Paket möglichst dicht und fast ein wenig „geschweißt" zu machen, damit möglichst viel

Sauerstoff entfernt ist, wenn Sie es in der nächsten Operation auf Schweißtemperatur erwärmen. Dieses „Packen“ wird *Feuerschweißen* genannt. Ein Laminat muss möglichst dicht sein, um den Schneidenstahl beim Erwärmen auf Schweißtemperatur zu schützen.

Dann wird geschweißt. Streuen Sie Borax auf die Schneidenseite und legen Sie das Werkstück mitten in die glühenden Kohlen (nicht in den Gebläsestrahl). Wenn der Stahl zu „schwitzen“ anfängt und Sie die ersten Sterne ahnen, drehen Sie die Gebläseluft ab und nehmen das Werkstück zum Feuerschweißen heraus.

Bild 7.9 Feuerschweißen.

Beginnen Sie beim Feuerschweißen mit leichten, schnellen Schlägen und schmieden Sie möglichst bald hochkant (auf der Schneidenseite). Es ist besonders wichtig, die Schneidenseite gut zu bearbeiten. Hier ist der Schneidenstahl ungeschützt und verbrennt leicht. Deshalb müssen Sie hochkant schmieden und nicht nur auf den flachen Seiten. Erwärmen Sie die Klinge nochmals und formen und strecken Sie sie in die passende Länge und Breite, aber noch nicht zu dünn.

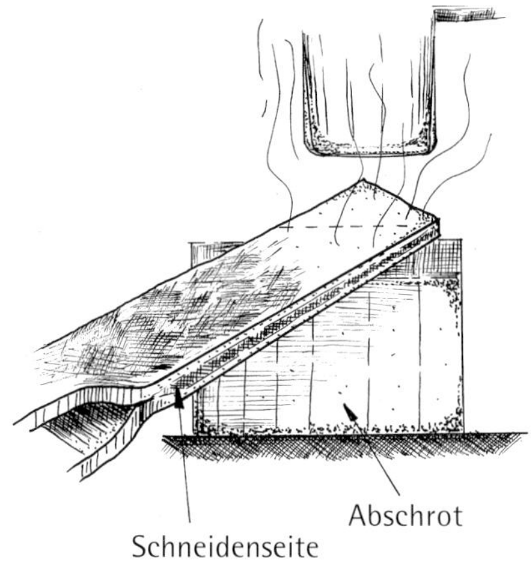

Bild 7.10 Schlagen Sie die Klinge am Ende ab.

Wenn die Klinge fertig feuergeschweißt und in der Breite und Dicke mit etwas Übermaß geschmiedet ist, schlagen Sie sie am Ende in einem Winkel von ca. 45° ab (Bild 7.10), damit im Rücken der Klingenspitze Schneidenstahl ist. Schlagen Sie gegen Ende etwas vorsichtiger, um den geschliffenen Abschrot und die Hammerbahn nicht zu beschädigen.

Schmieden Sie die Spitze der Klinge zur Rückenseite hin, so dass die Klinge ihre natürliche Schneidenlinie erhält (Bild 7.11). Jetzt werden Sie den Schneidenstahl im Rücken der Klingenspitze sehen. Verwenden Sie immer genügend Wärme, ohne den Stahl zu überhitzen. Bearbeiten Sie die Klinge immer gut auf der Schneidenseite. Geben Sie nicht auf, falls die Schweißnaht auseinander klafft! Verwenden Sie mehr Borax und schweißen Sie noch einmal.

Bild 7.11

Schmieden Sie die Klinge fertig, so dass sie zur Spitze und Schneide hin gleichmäßig schräg verläuft. Schlagen Sie die Klinge dann ca. 10 mm außerhalb des Bereichs, wo der Schneidenstahl aufhört, ab. (Bild 7.12).

Achtung! Die Klinge muss ein wenig zu dick sein. Vergessen Sie nicht, hochkant zu schmieden. Das ergibt nämlich eine gute Schneide. Die Klinge dünn zu schmieden, ist dann kein Problem.

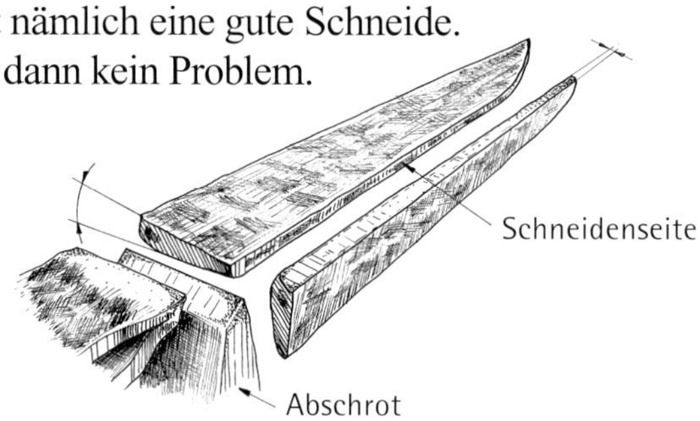

Bild 7.12 Schlagen Sie die Klinge ab.

Für einen Anfänger ist es am einfachsten, mit der Klinge hochkant in einer Rundmaulzange zu schmieden. Um mit einer Flachzange zu arbeiten, muss man mehr Übung haben, auch gleitet die Klinge leicht ab.

Erwärmen Sie jetzt das Ende der Klinge auf Schweißtemperatur und schmieden Sie es ein wenig spitz. Möglicherweise müssen Sie hier eine höhere Schweißtemperatur verwenden, weil zwei Flächen mit weichem Stahl, der eine höhere Temperatur erfordert, feuergeschweißt werden sollen (Bild 7.13).

Das Schmieden des Erls ist für einen Anfänger im Klingenschmieden meistens das Schwierigste, und ich rate Ihnen, zunächst an einem Flachstahl zu üben (siehe die Bilder 7.14 und 7.15).

Halten Sie Klinge und Hammer wie gezeigt und schmieden Sie in ziemlich hoher Temperatur mit präzisen Schlägen von beiden Seiten, bis Sie eine abgesetzte Stelle erhalten und die halbe Länge des Erls Schneidenstahl enthält. Führen Sie das bei ziemlich hoher Temperatur aus.

Sie können ein Hilfswerkzeug herstellen, das Sie an der Seite des Ambosses festschrauben (Bild 7.15). Mit gut erwärmter Klinge und kräftigen Schlägen auf den Bolzen wird der Absatz sehr präzise. Als Bolzen können Sie zum Beispiel Federstahl verwenden.

Zum Strecken des Erls drehen Sie die Klinge nach jedem Hammerschlag abwechselnd nach rechts und links. Verwenden Sie das Sperrhorn zum Strecken. Bei harten und schnellen Schlägen hält sich der Erl auf Grund der Verformung länger heiß (Bild 7.16).

Wenn Sie den Erl in die richtige Richtung gebracht haben und die Klinge die passende Dicke und Breite hat, erwärmen Sie die Klinge wieder. Bürsten Sie den Zunder ab, damit Sie ihn nicht in den Stahl hineinschlagen, wenn Sie jetzt zum Schluss die Klinge durch Feinschmieden feinkörnig machen (Bild 7.17).

Achtung! Denken Sie daran, dass der Stahl die richtige Temperatur zum Schmieden hat, wenn der Zunder leicht abgebürstet werden kann.

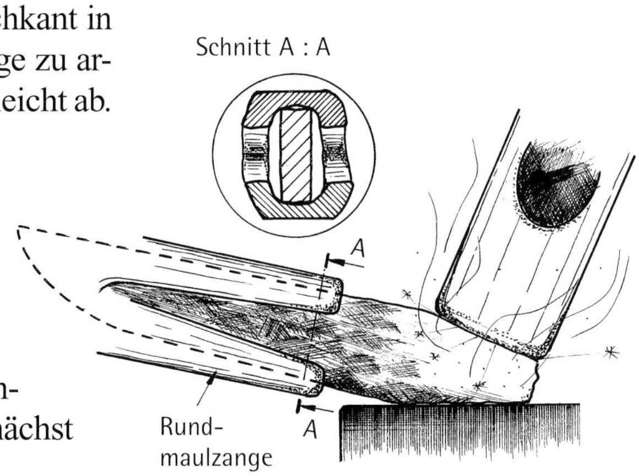

Bild 7.13

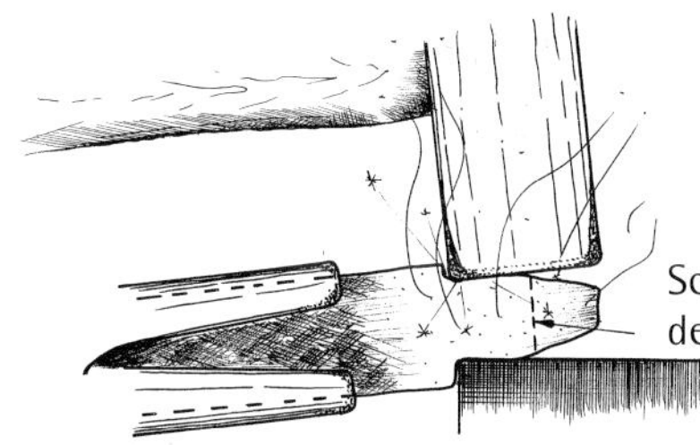

Bild 7.14

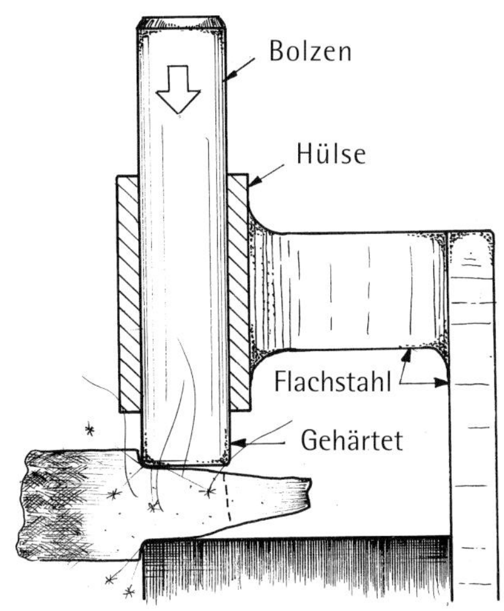

Bild 7.15 Hilfswerkzeuge (können auch zum Befestigen im Ambossloch angefertigt werden).

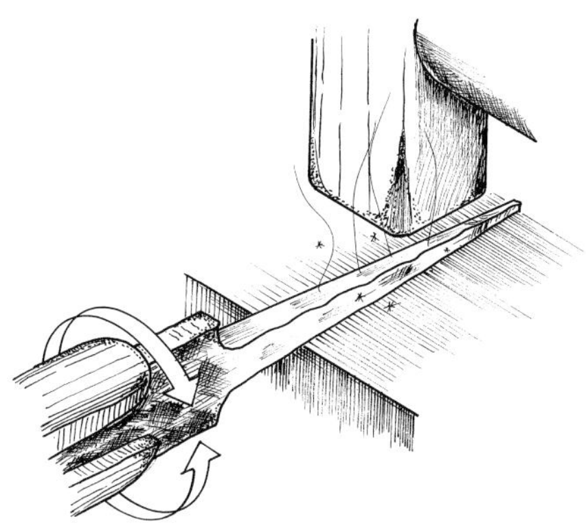

Bild 7.16 Strecken des Erls.

Bild 7.17 Bürsten Sie den Zunder ab.

Zentrieren des Erls

Für das spätere Schäften der Klinge und das Beschlagen des Messergriffs ist es wichtig, dass der Erl in der Mitte der Klinge steht. Das kann am Anfang beim Schmieden von Klingen etwas schwierig sein. Für das Zentrieren gibt es mehrere Methoden. Sie können den Erl aber auch, wie hier gezeigt, in die Mitte schlagen. Erwärmen Sie die Klinge gut und schlagen Sie den Erl mit einigen genauen Schlägen in die Mitte.

Der Erl soll am Übergang zur Klinge am dicksten sein. Von hier aus müssen Klinge und Erl in beide Längsrichtungen gleichmäßig schräg verlaufen. Messermacher, die ihre Klingen kaufen müssen, schätzen ungleichmäßige und dicke Erle nicht besonders.

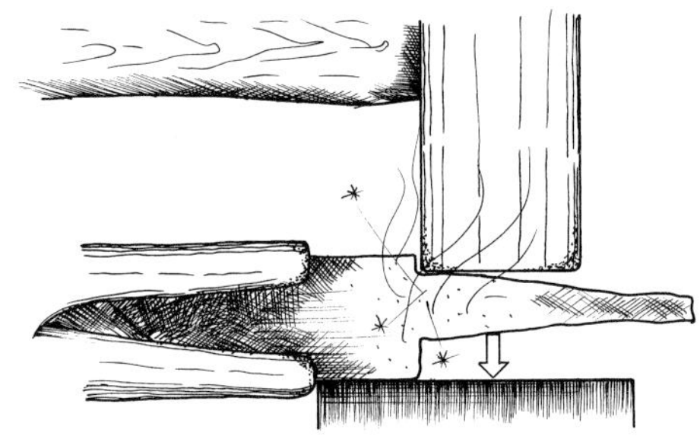

Bild 7.18 Zentrieren des Erls.

Feinschmieden

Wenn die Klinge vom Zunder befreit ist, beginnt das letzte Feinschmieden, um den Stahl zu „packen“. In dieser Phase muss die Klinge eben und gerade geschmiedet werden. Als abschließende Behandlung wird die Klinge bis zur Schleiffase geschmiedet. Wie hier gezeigt wird, spart man sich dadurch eine Menge Schleifarbeit.

Dann sollten Sie normalisieren. Erwärmen Sie die Klinge, bis der Magnet nicht mehr haften bleibt, und lassen Sie sie langsam am Rand der Esse abkühlen.

Überhaupt: Bearbeiten Sie die Klinge möglichst viel. Je genauer Sie schmieden, desto weniger müssen Sie schleifen. Ein wenig zu breit sollte die Klinge sein, damit Sie an der Schneidenseite etwas wegschleifen können und auf kohlenstoffreicheren Stahl treffen. Die Schneidenseite verliert beim Schmieden immer etwas Kohlenstoff.

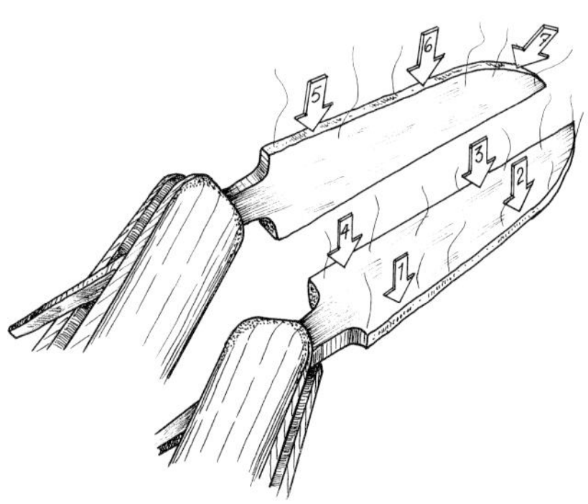

Bild 7.19 Feinschmieden.

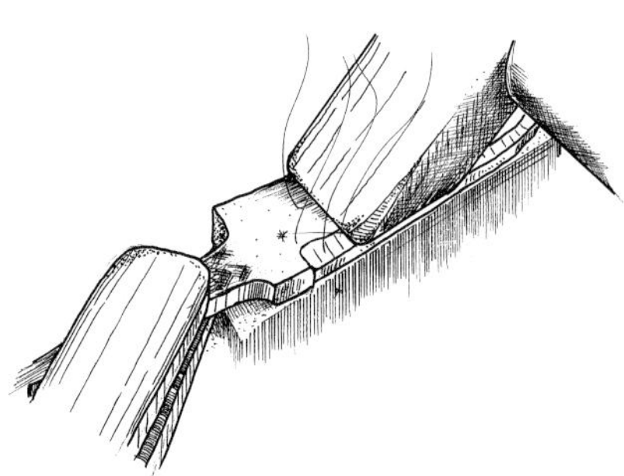

Bild 7.20 Schmieden der „Schleiffase“.

Grob geschmiedete Messerklingen.

Grob geschmiedete Messerklingen

Wenn man als Anfänger versucht, eine Klinge zu schmieden, gerät sie häufig zu dünn und zu breit. Das kommt wohl daher, dass das Schmieden der Breitseiten am einfachsten ist, und dass die meisten Leute etwas Angst davor haben, die Klinge hochkant zu schmieden. An das Hochkant-Schmieden der Klinge sollten Sie sich am besten gleich gewöhnen. Dadurch erzielen Sie die beste Schneide und können gleichzeitig kontrollieren, ob das Schweißen gut genug ausgeführt ist.

Wichtig ist auch, dass Sie die ganze Zeit daran denken, dass die Klinge etwas zu dick sein soll, weil sie ohnehin so leicht zu dünn wird. Außerdem muss genug zum Feinschmieden vorhanden sein.

Sie können die Klinge vor dem Härten in warmem oder kaltem Zustand mit Ihrem Zeichen versehen.

Zum Nachdenken:

Diese Art, Messerklingen zu schmieden, ist hauptsächlich in Skandinavien und besonders in Norwegen verbreitet. Unsere Tradition, im Alltag ein Messer zu tragen, ist natürlich und hat nichts mit Gewalt zu tun. Jeder, der sich bei uns mit der Herstellung von Messern als Hobby oder Beruf befasst, versucht ihrer Verwendung als Waffe entgegenzuwirken, indem Kindern und Jugendlichen ein normales Verhältnis zu Messern vermittelt wird. In Norwegen ist das Messermachen eine Kunstart und ein Teil des norwegischen Kulturerbes.

Trachtenmesser aus Telemark (von Torgeir Omsberg, Dalen, Norwegen).

Eine andere Vorgehensweise zum Schmieden von Messerklingen
Bei einem anderen Verfahren wird der Erl zuerst geschmiedet und dann eine Lochplatte verwendet.

Welche der beiden Methoden die bessere ist, weiß ich nicht. Im Grunde genommen ist das Gewohnheitssache. Ich schmiede am liebsten zuerst die Klinge, denn dann besteht kein Zweifel, wo die Schneidenseite liegt.

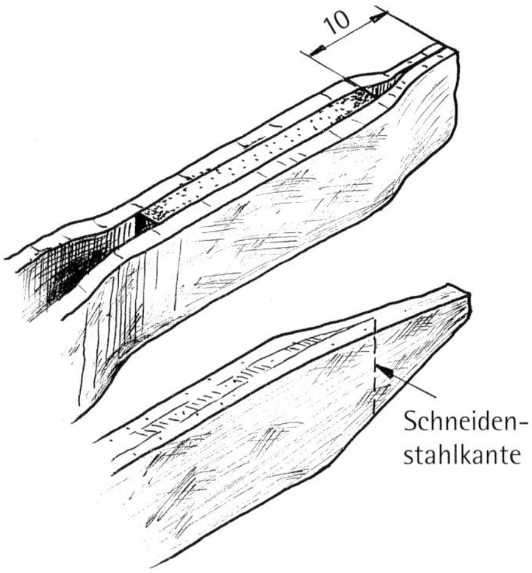

Bild 7.21 Setzen Sie den Schneidenstahl ca. 10 mm vom Ende entfernt ein, feuerschweißen und grobschmieden Sie bis zum Erl.

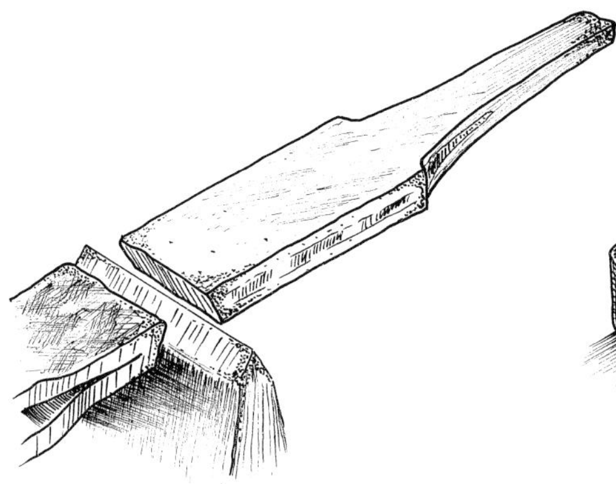

Bild 7.22 Wenn der Klingenteil geschweißt ist, schlagen Sie die Klinge am Ende des Schneidenstahls ab. Markieren Sie den Rand der Klinge, damit Sie während des restlichen Schmiedens wissen, welches die Schneidenseite ist.

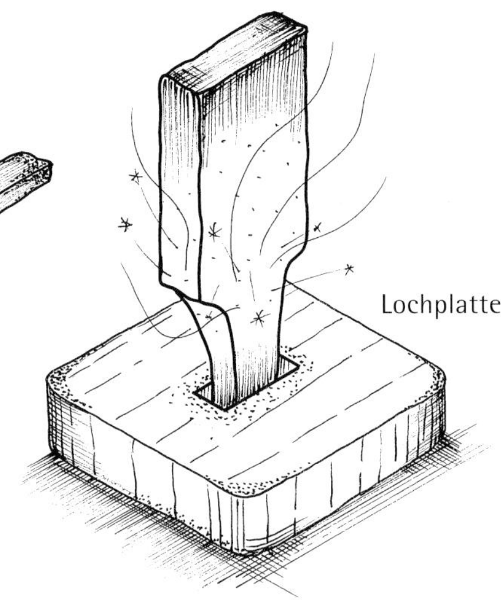

Bild 7.23 Erwärmen Sie den Übergang zwischen Klinge und Erl stark und setzen Sie die Klinge in die Lochplatte über dem Loch im Amboss.

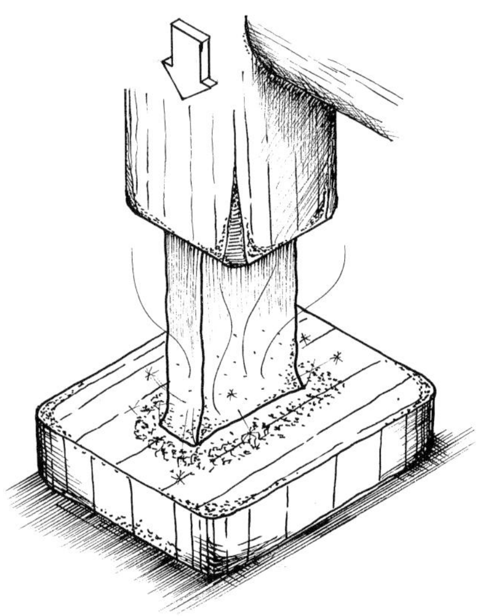

Bild 7.24 Lassen Sie die Klinge am Ende etwas kälter sein und geben Sie ihr ein paar kräftige Schläge, damit am Übergang von Klinge zum Erl ein rechter Winkel entsteht.

Bild 7.25 Halten Sie die Klinge mit einer Zange fest und schmieden Sie die endgültige Form. Es ist wichtig, dass Sie die ganze Zeit die Markierung an der Klinge haben, damit Sie wissen, welches die Schneidenseite ist. Schlagen Sie die Klinge wie üblich schräg ab und schmieden Sie die Klingenspitze zur Rückseite hin, wie bereits beschrieben.

Schleifen von Messerklingen

In dem vielseitigen Prozess der Anfertigung von Messerklingen machen das Feilen und Schleifen fast 50 % der Arbeit aus. Daher ist es wichtig, eine möglichst gute Schleifausrüstung zur Verfügung zu haben. Nicht nur, weil die Arbeit dann schneller vonstatten geht, sondern hauptsächlich, um richtig schleifen zu können.

Manche Messerklinge ist während des Schleifens schon ruiniert worden. Normalerweise ist das Schleifen für die Klinge jedoch nicht schädlich. Entscheidend ist, wie Sie es machen und was für eine Schleifscheibe und Geschwindigkeit Sie verwenden. Das wird später näher erläutert. Zuerst wird das Zurechtschleifen einer fertig geschmiedeten Klinge erklärt.

Nach dem Härten zu viel an einer Klinge herumzuschleifen, ist nicht gut. Denn dann wird sie häufigen Hitze- und Kälteschocks ausgesetzt, durch die Mikrosprünge entstehen können. Am besten schleift man die Klinge vor dem Härten fertig, an der Schneide sollte jedoch zum Feinschleifen nach dem Härten noch etwas übrig sein.

Schleifen Sie den Erl zuerst, damit er möglichst zentriert und auf allen Seiten gleichmäßig konisch ist. Normal reicht ein Erl, der gleich lang wie die Klinge ist. Haben Sie sorgfältig geschmiedet, muss am Erl nicht so viel weggeschliffen werden.

Wie groß die Hohlkehle am Übergang von der Klinge zum Erl sein soll, hängt vom Wunsch des Messermachers ab. Was die Höhe des Erls (die Breite) betrifft, sollte sie ungefähr die halbe Klingenhöhe betragen. Ist die Klinge 20 mm breit, sollte der Erl ca. 10 mm hoch sein.

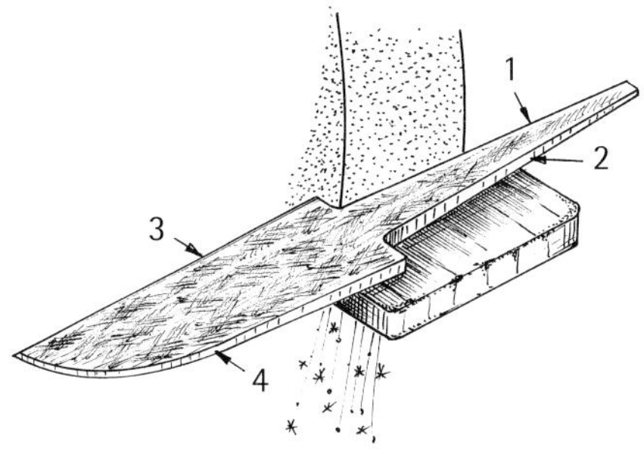

Bild 7.26 Schleifen der Form von Erl und Klinge:
Beim Schleifen kann man, wenn nötig, die Richtung des Erls etwas korrigieren, indem man die Klinge bzw. den Erl etwas zuschleift. Normalerweise sollte die Zentrumslinie durch den Erl etwas unter der Klingenspitze liegen. Das ist aber auch von der Art des Messers abhängig.

Schneidenseite

An der Schneidenseite sollten Sie einiges wegschleifen. Wurde oft und auf hohe Temperaturen erwärmt, ist die Schneidenseite vermutlich ziemlich entkohlt. Daher ist es besser, etwas vom „toten Stahl" abzuschleifen, um an den frischen Kohlenstoffstahl heranzukommen.

Klingenseiten

Die Seiten der Klinge werden an der Schleifscheibe oder am Schleifband geschliffen. Ich verwende eine Tellerscheibe mit Körnung 46 und Härte I. Halten Sie die Klinge eben an die Schleifscheibe und regulieren Sie den Druck mit einem Holzklotz. Bewegen Sie die Klinge zugleich zwischen Rand und Zentrum der Schleifscheibe hin und her.

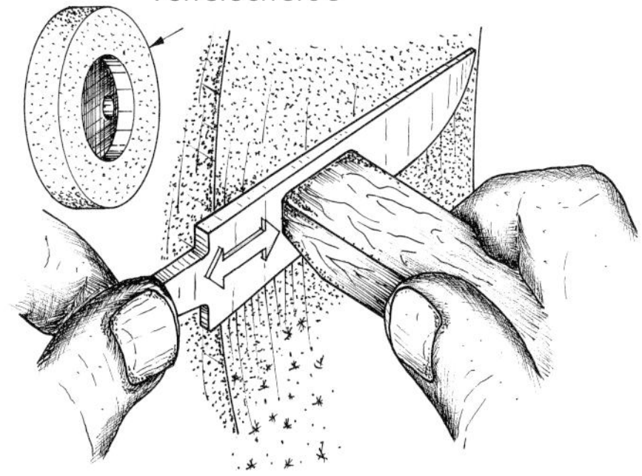

Bild 7.27 Grob- und Planschleifen der Klingenseiten:
Verwenden Sie einen mittelharten Tellerschleifer. Mit Körnung 46 wird viel abgetragen, und es entsteht verhältnismäßig wenig Wärme. Wenn Sie einen Tellerschleifer verwenden, können Sie die Klinge mit einem Holzklotz anpressen, weil eine solche Schleifscheibe für Seitendruck berechnet ist.

Bandschleifen

Ein Bandschleifer ist ein sehr effizientes Schleifwerkzeug, beim Formchleifen aber auch gefährlich. Lässt man sich dazu verleiten, ein abgenutztes Schleifband zu verwenden, und wird in der Nähe einer bereits gehärteten Schneide geschliffen, kann diese schnell blau anlaufen, also überhitzt werden, was zu einer weichen Klinge führt.

Den Bandschleifer kann man zum Grobschleifen der Form und der Seiten der Klinge verwenden. Das sollte aber vor dem Härten und mit einer Körnung von 50 bis 80 geschehen. Nach dem Härten darf man nur noch Feinschleifen, und zwar mit scharfen Bändern mit einer Körnung von 200 bis 400 (zum Polieren 400 bis 1000).

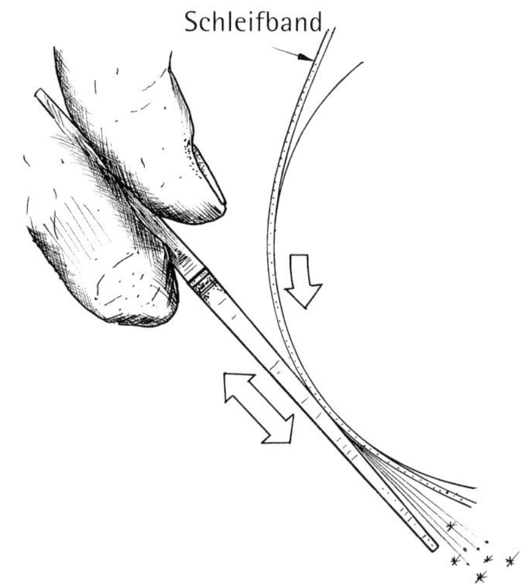

Bild 7.28 Schleifen der Klingenseiten mit der Bandschleifmaschine. Sie können auch den ebenen Teil der Maschine verwenden.

Schleifen der Schneide mit der Schleifscheibe

Eine Klinge mit schöner Schleiffase und einer guten Schneide zu schleifen, schafft man oft nicht beim ersten Mal, da es von der richtigen Schleifscheibe und viel Gefühl und Geschicklichkeit abhängig ist.

Eine Schleifscheibe sollte weiß und ziemlich offen sein. Die Geschwindigkeit ist normal auf ca. 30 Meter pro Sekunde festgelegt (Umfangsgeschwindigkeit, in der Fachsprache Schnittgeschwindigkeit). Für Klingen kann sie etwas herabgesetzt werden.

Schleifscheiben sind in unterschiedlichen Qualitäten und mit verschiedenen Eigenschaften erhältlich. Versuchen Sie es mit einer weißen Scheibe mit Körnung 60, das heißt mittelhart.

Damit die Schleifscheibe richtig funktioniert, müssen Sie ein gutes Abdrehwerkzeug haben. Sie können einen Rollenabzieher verwenden, um die Scheibe von Schleifschmutz zu befreien und damit wieder scharf zu machen. Damit die Schleifscheibe ohne Unwucht läuft, müssen Sie sie mit einem Diamantwerkzeug abrichten. Am einfachsten machen Sie sich selbst einen Abrichter aus einem Diamantzahn eines Betonsägeblattes, den Sie an einer Stahlstange mit Silber festlöten.

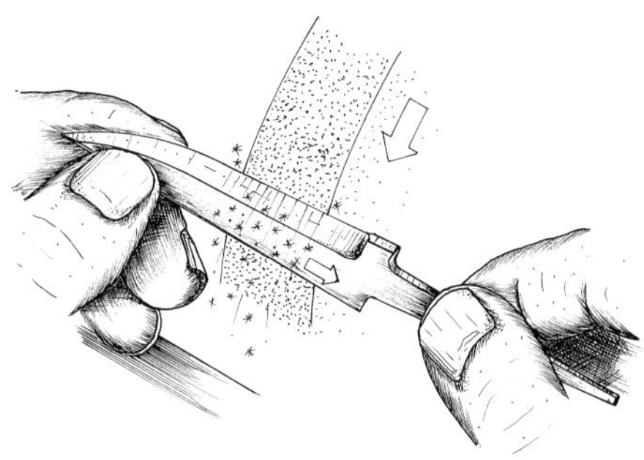

Bild 7.29 Schleifen einer Klinge an der Schleifscheibe.

Ein paar Ratschläge zum Schleifen

Ziehen Sie die Schleifscheibe zuerst mit dem Diamantabrichter ab. Stützen Sie die Finger leicht auf der Anlage ab. Führen Sie die Klinge hin und her und kühlen Sie sie regelmäßig im Wasser ab.

Um sehen zu können, ob die Klinge eben an der Schleifscheibe anliegt, müssen Sie sie fest an die Schleifscheibenperipherie drücken. Drehen Sie die Schneide so zur Schleifscheibe, dass die „Funken" an der Oberseite der Schneide heraussprühen, sonst schleift die Scheibe zu viel von dem weichen Stahl weg, und die Schleiffase wird zu breit. Vergessen Sie nicht, die Schleifscheibe immer wieder abzuziehen, damit sie sich scharf hält. Werden die Schleifkörner stumpf, wirkt die Scheibe hart und wird beim Schleifen heiß.

Schleifen von Klingen mit Werkstückhalter mit -führung

Wie erwähnt ist das Schleifen von Klingen ziemlich schwierig. Man braucht dazu sowohl Erfahrung als auch Übung. In den letzten Jahren ist eine „neue“ Schleifvorrichtung aufgetaucht, bei der eine gesteuerte Bewegung der Klinge die Schleifarbeit erleichtert.

Der größte Vorteil ist wie gesagt, dass das Schleifen einfacher ist, und dass man Wasserkühlung verwenden kann, ohne den Wasserstrahl selbst abzubekommen, weil die Schleifscheibe sich in die andere Richtung dreht. Die Schleifscheibe ist eingekapselt, und das Wasser rinnt in einen Behälter.

Die Klinge wird in einem Halter mit Handgriff befestigt, der zur Schleifscheibe hin eingestellt werden kann, bis man die richtige Schräge zur Schleiffase gefunden hat. Dann verschiebt man das Ganze quer zur Scheibe in beide Richtungen, während man sich auf der Auflage abstützt. Den Handgriff schiebt man die ganze Zeit gegen die Auflage.

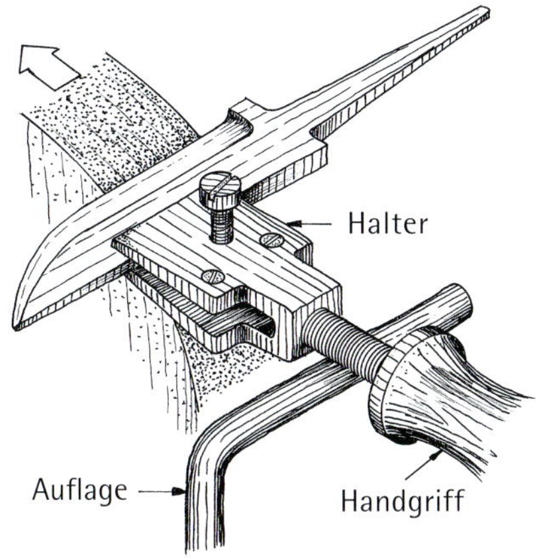

Bild 7.30 Jakob Lavold aus Torpo im Hallingtal, Norwegen, stellt diese Schleifvorrichtung her.

Schleifstein

Mit dem Schleifstein erzielt man die beste Schneide, sie ist aber je nach Feinheit des Schleifsteins unterschiedlich. Schleifsteine sind sowohl gegossen als auch als Natursteine erhältlich und für das Nassschleifen berechnet. Ansonsten unterscheidet sich die Technik nicht von der mit der Schleifscheibe.

Schleifstein zum Nassschleifen.

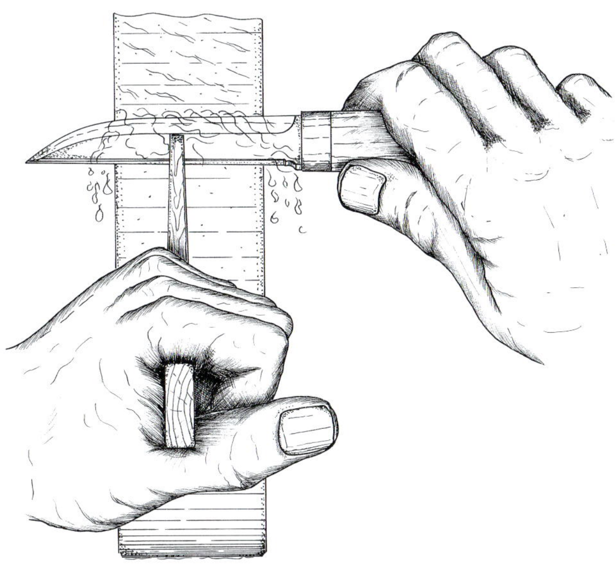

Bild 7.31 Fertigen Sie sich eine Schleifhilfe aus Holz zum Abstützen der Klinge an. Drehen Sie die Schneide dem Schleifstein zu und kontrollieren Sie, dass Wasser und Schleifschlamm an der Oberseite der Schneide austreten.

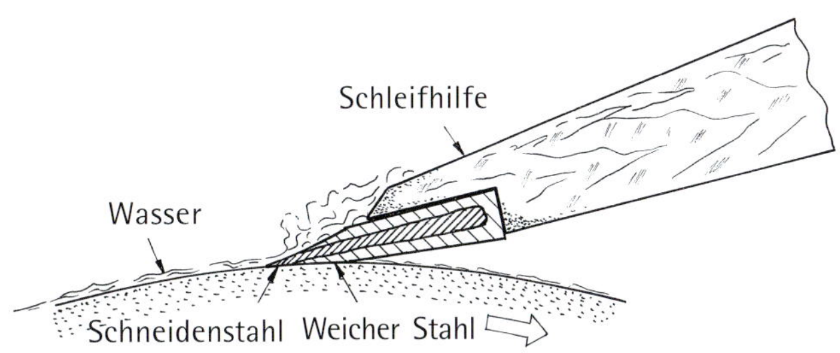

Bild 7.32 Schnitt durch die Klinge beim Schleifen. Der größte Vorteil des Nassschleifens auf dem Schleifstein ist, dass die Klinge nicht heiß wird und man auf der Schleiffase eine glatte schöne Oberfläche erhält.

Schleifscheiben

Durch das Schleifen wird die Schleifscheibe abgenutzt und kleiner. Daher erhöht sich der Abstand zwischen der Auflage und der Schleifscheibe. Das ist gefährlich, weil sich das Werkstück zwischen Schleifscheibe und Auflage verkeilen und die Schleifscheibe sprengen kann.

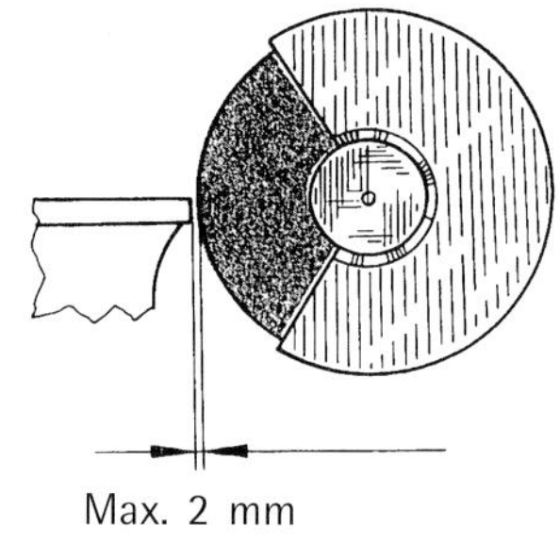

Bild 7.33 Richtiger Abstand.

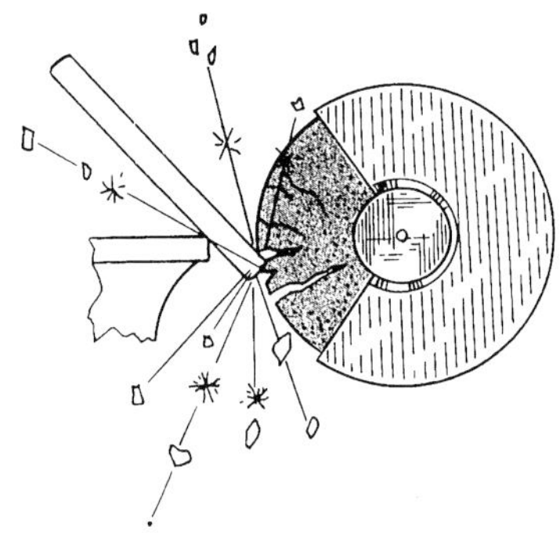

Bild 7.34 Zu großer Abstand.

Aufbau der Schleifscheibe

Eine geeignete Schleifscheibe besteht aus ca. 35 % Schleifmittel, ca. 25 % Bindemittel und ca. 40 % Luftporen. Schleifmittel sind Schleifkörner, die härter sein müssen als der Werkstoff, der geschliffen werden soll. Heutzutage verwendet man fast nur künstlich hergestellte Schleifmittel.

Das am meisten benutzte Schleifmittel ist Aluminiumoxid (A). Solche Schleifscheiben sind meistens rosa, weiß oder grau und eignen sich zum Grob- bis Feinschleifen fast aller Stahlsorten. Die weißen Schleifscheiben sind besonders zum Schleifen von Werkzeugstahl berechnet.

Siliziumkarbid (C) ist das zweite Schleifmittel. Es wird vor allem zum Schleifen von Gusseisen, Hartmetall, Kupferlegierungen und Stein verwendet. Schließlich hat man Diamantkörner (D), die in Schleifscheiben zum Schleifen von Hartmetall, Porzellan und keramischen Stoffen eingesetzt werden.

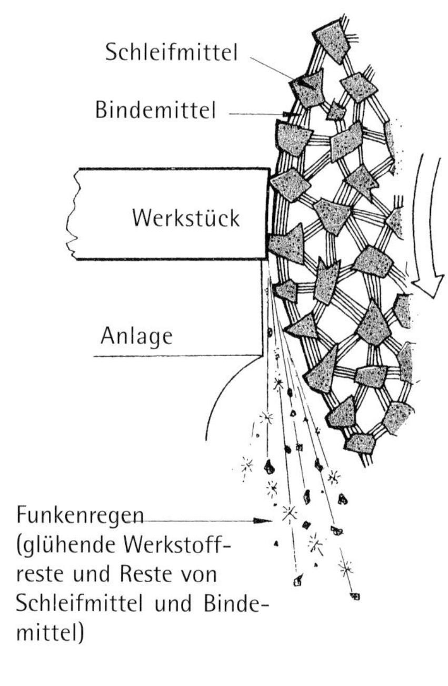

Bild 7.35 Aufbau der Schleifscheibe.

Bindemittel

Das Bindemittel, das aus keramischen Stoffen, Kunststoff, Schellack oder Gummi bestehen kann, bestimmt die Härte der Schleifscheibe.

Eine *harte* Schleifscheibe enthält viel Bindemittel, die Schleifkörner sitzen fest, und ihr Abtrag erfolgt langsam.

Eine *weiche* Schleifscheibe enthält wenig Bindemittel, und die Schleifkörner brechen leichter aus der Bindung heraus. Eine solche Schleifscheibe wird schneller abgetragen, kann aber härtere Materialien schleifen.

Härtegrad	Buchstaben
Sehr weich	A B C D E F G
Weich	H I J K
Mittel	L M N O
Hart	P Q R S
Sehr hart	T U V W X Y Z

Bild 7.36a Unterteilung von Schleifscheiben nach Härte.

Grob	Mittel	Fein	Sehr fein
10	30		220
12	36	80	240
14	46	90	280
16	54	100	320
20	60	120	400
24		150	500
		180	600

Bild 7.36b Genormte Korngrößen im Schleifmittel.

Schmieden einer Laubsichel

Die Laubsichel oder Gertel war ein viel verwendetes Werkzeug. Wie aus dem Namen ersichtlich ist, wurde sie zum Entlauben von Ästen benutzt. Wenn das Laub am saftigsten war, lagerte man es als Winterfutter für die Schafe. Meistens war es Birken- und Weidenlaub, das mit einem weichen Reisig zu Bündeln gebunden und in der Scheune getrocknet wurde.

Die Gertel musste gut in der Hand liegen und vor allem scharf sein. Vorne musste sie einen Haken besitzen, damit man die Äste leicht zu sich herunterziehen konnte. Mit der einen Hand hielt man den Ast gespannt, mit der anderen Hand schlug man das Laub ab.

Eine Gertel wird nach derselben Methode wie eine Messerklinge und eine Sense geschmiedet, nur aus einem größeren Werkstück. Wie bei der Sense muss die Klinge so gebreitet werden, dass ein Rücken bleibt. Zum Schmieden einer Gertel können Sie auch 40-50 mm Winkelstahl wie für Messerklingen verwenden.

Für die hier gezeichnete Gertel war eine von Kjetil Lio von Norwegen angefertigte Laubsichel das Modell. Sie wird als eine der Besten bezeichnet. In den Griff schnitt er mit dem Messer eine Spirale und ließ ihn eine Weile im Wasser liegen. Dann brannte er den Griff ein wenig in der Esse und bürstete ihn mit einer steifen Bürste. Das Holz zwischen der Spirale brannte etwas weg, während die nasse Spirale stehen blieb. Man hätte zwischen die Spiralnuten auch Fett schmieren können, bevor man den Griff ins Wasser legt. Dann hätte man eine etwas tiefere Wellenform erhalten. Die Wellenform wurde so gestaltet, damit der Griff gut in der Hand liegt.

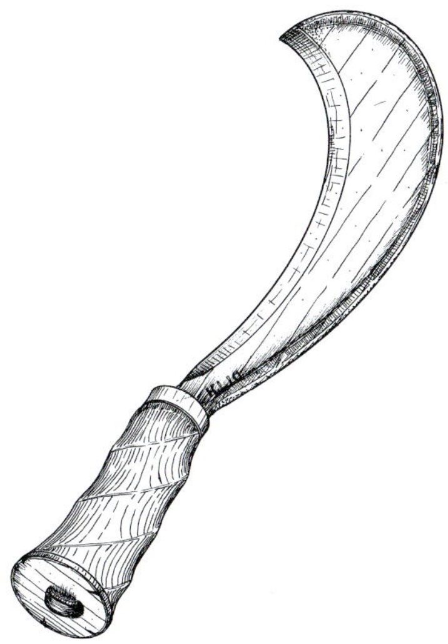

Bild 7.37 Heutzutage wird die Gertel meistens zum Abhauen von Ästen u. Ä. in Gärten verwendet - ein effizientes Werkzeug.

Axt, Waldhammer und Gertel, von Kjetil Lio geschmiedet (Dalen, Norwegen, ca. 1900).

Große und kleine Gertel (eigene Arbeit).

Schmieden von Aushöhleisen (Hohlbeitel)

Vorbild ist ein Hohlbeitel von Nils Lio, Dalen in Norwegen.

Die hier abgebildete Art Aushöhleisen und andere ähnliche Werkzeuge werden häufig mit der Sammelbezeichnung *Hohlbeitel* versehen und für Aushöhlarbeiten und hier in Norwegen für aus einem schweren Holzklotz geschnitzte Stühle verwendet. Holzbearbeitungswerkzeuge und ähnliche Werkzeuge zeichnen sich durch das Zusammenspiel von Stärke, Schneidenwinkel und Form aus. Sie sind mit Schneidenstahl auf der einen Seite oder wie Messerklingen mit Schneidenstahl in der Mitte laminiert. Auch zur Erzielung der nötigen Stärke wird laminiert. Das Werkzeug kann Einhand- oder Zweihand-Handgriffe haben und ist normalerweise dünn und schlank, meist zum Schaben und für Feinarbeit vorgesehen. Es gibt unterschiedliche Größen mit großem oder kleinem Radius der Schneide, abhängig von der Verwendung.

Der Schneidenstahl wird auf der einen Seite des Flachstahls feuergeschweißt. Um den Schneidenstahl an Ort und Stelle zu halten, bis Sie ihn angeschweißt haben, können Sie ihn mit einer Zange halten oder das Ende des weichen Stahls etwas über den Schneidenstahl biegen.

Beim Erwärmen bis zur Schweißtemperatur liegt der Schneidenstahl ungeschützt. Verwenden Sie daher reichlich Borax und legen Sie das Werkstück mit dem Schneidenstahl nach oben in die Esse. Dann kommt die Gebläseluft nicht so leicht in Berührung mit dem Schneidenstahl, der auch nicht so schnell zu brennen beginnt. Auf diese Weise wird der weiche Stahl zuerst bis zur Schweißtemperatur erwärmt, während der Schneidenstahl eine niedrigere Temperatur hat. Diese Art des Feuerschweißens ist schwieriger als das Schweißen von Messerklingen, weil der Schneidenstahl auf der einen Seite ungeschützt ist, und man sowohl mit der Temperatur als auch beim Schmieden vorsichtig sein muss. Hier ist es von Vorteil, Holzkohle zu verwenden.

Wenn Sie das Werkstück zu einer Stärke von 4-5 mm und einer Breite von 18-20 mm ausgeschmiedet haben, können Sie es grobschleifen, wie im Schnitt von Bild 7.38 gezeigt.

Dann biegen Sie das Werkstück um einen Bolzen herum, so dass der Schneidenstahl nach innen zeigt, und feuerschweißen das Ende zum Handgriff hin, der ein wenig konisch zum Erl geschmiedet wird. Das Zurechtbiegen der Form des Werkzeugs geht am besten in einem Schraubstock (Bild 7.41).

Bei Verwendung von ca. 1 % Kohlenstoff im Schneidenstahl empfehle ich für das Härten das Abschrecken in Härteöl und das Anlassen auf ca. 250 °C (kupferfarben mit schwachem Einschlag von Violett).

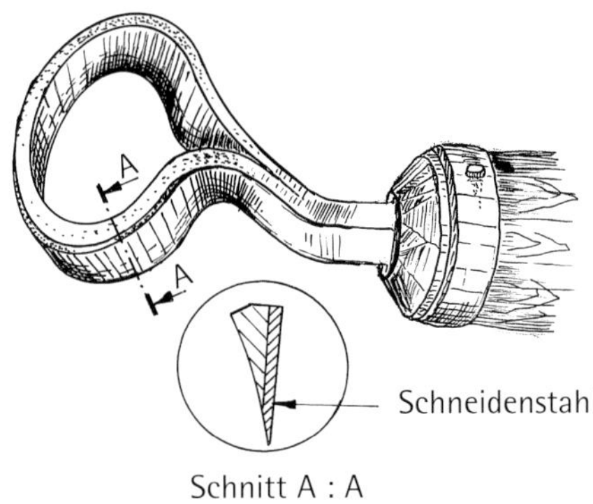

Bild 7.38 Hohlbeitel.

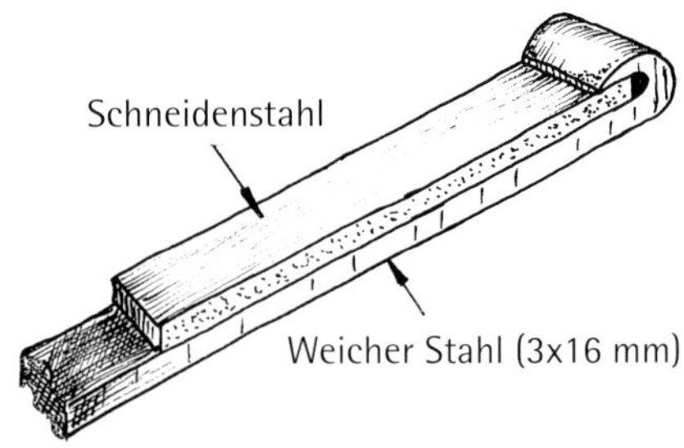

Bild 7.39

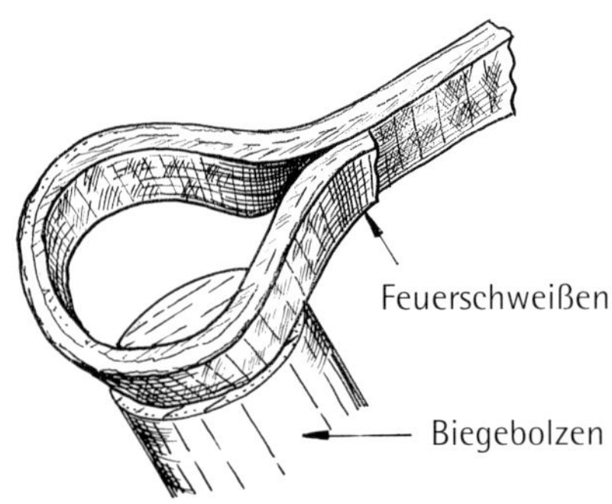

Bild 7.40

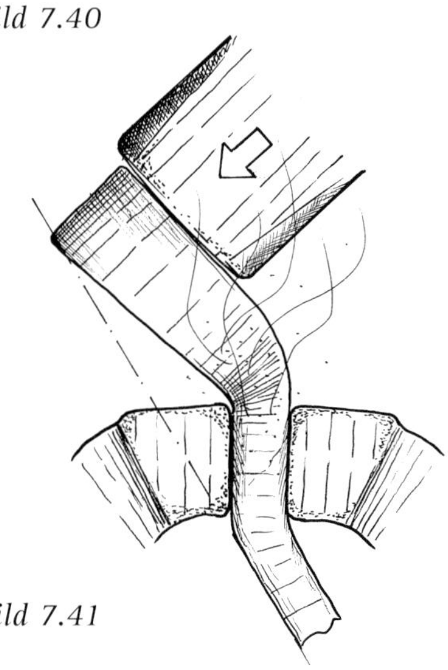

Bild 7.41

Zugmesser

Dieses Aushöhlwerkzeug ist eine andere Art Werkzeug mit Griff, das zum Feinhobeln verwendet wird und sowohl in Schweden als auch in Norwegen vorkommt. Der Griff ist für eine Hand gestaltet, und man benutzte solche Werkzeuge auch zum Reinigen von Trögen und Holzbechern. Dann schärfte man die Schneide absichtlich weniger.

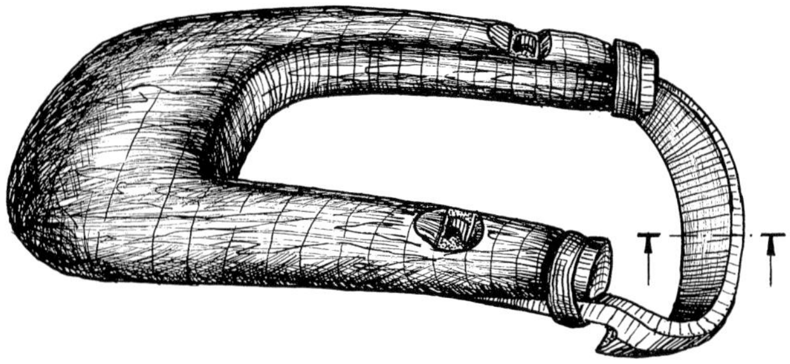

Die Klinge wird so wie das vorige Werkzeug mit Schneidenstahl an der Innenseite und angeschliffen an der Außenseite gefertigt. Der Unterschied ist, dass das Messer nicht so krumm ist und zwei Erle am Handgriff befestigt werden.

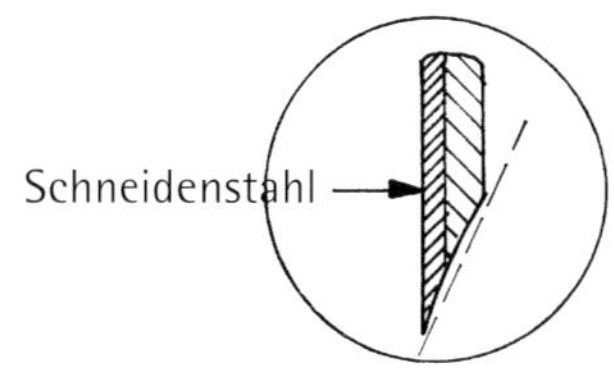

Bild 7.42 Aushöhlwerkzeug.

Bild 7.43 zeigt, wie man die Erle des Messers am Handgriff befestigt. An den Enden der Erle darf kein Schneidenstahl sein, weil sie beim Montieren kalt gebogen werden müssen.

Man verwendete auch häufig Metalldraht, um die Erle am Handgriff zu befestigen, was ganz gut funktioniert, wenn es ordentlich gemacht wird.

Bei näherem Betrachten dieses Zugmessers sieht man, dass der Schneidwinkel die ganze Zeit mit der Hand reguliert wird. Wenn man den Handgriff senkt, geht das Messer tiefer, hebt man ihn an, greift es nur feinere Späne.

Bild 7.44 zeigt dieselbe Art Werkzeug mit dem Unterschied, dass an der Unterseite ein Stützfuß eingesetzt ist, mit dem der Schneidwinkel eingestellt werden kann, indem er mehr oder weniger in den Handgriff hineingeschoben wird. Auf diese Weise erhält man die ganze Zeit eine gleich feine Spandicke, und das Messer bohrt sich nicht zu tief ins Holz oder reißt. Dieses Patent funktioniert gut, aber man muss vorsichtig vorgehen. Das Messer wirkt unterschiedlich mit ebener Schleiffase bzw. hohl geschliffener Schleiffase, und ob ein großer oder kleiner Radius gehobelt oder geschabt werden soll.

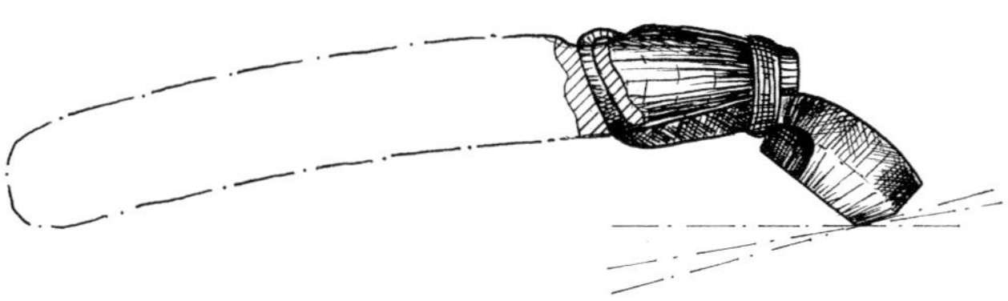

Bild 7.43

Bild 7.44

Beitel für Holzbecher

Für einen guten Beitel für Holzbecher ist das Verhältnis zwischen der Krümmung und den Schleifwinkeln sehr wichtig. Ich schmiede dieses Werkzeug aus Wälzlagerstahl. Bei richtiger Wärmebehandlung erhalten Sie mit diesem Stahl eine Superschneide. Folgen Sie dem Wärmebehandlungsprozess für den Stahl.

Ausgangsmaterial ist 8-20 mm Rundstahl, abhängig von der gewünschten Größe. Die Bilder 7.46 und 7.47 zeigen ein mittelgroßes Eisen mit einer Löffelbreite von ca. 20 mm und einem Durchmesser von ca. 7 mm am Stiel.

Einige Beitel für Holzbecher (eigene Arbeit).

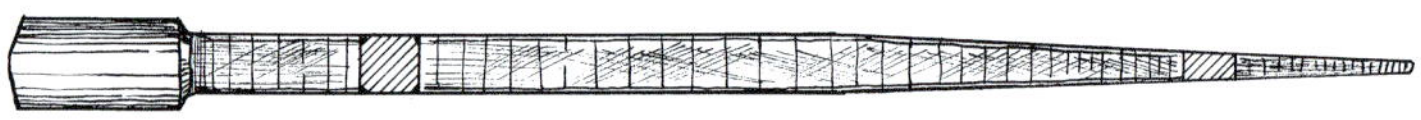

Bild 7.45

Schmieden Sie zuerst den Stiel so, dass ein Kopf übrig bleibt wie beim Schmieden von Nägeln (Bild 7.45).

Dann schmieden Sie den Schöpfteil aus und schleifen ihn in die geeignete Form. Hier wie auch sonst, wenn es sich um Schneidwerkzeug handelt, ist ein feinkörniges Gefüge wichtig, das durch kräftiges Schmieden erzielt wird, während die Temperatur bis auf ca. 600 °C absinkt. Überhaupt muss man bei kohlenstoffreichem Werkzeugstahl mit hohen Schmiedetemperaturen vorsichtig sein.

Außerdem lohnt es sich, ein Werkzeug zum Schmieden des Schöpfteils anzufertigen. Das kann ein gelenkig verbundenes Werkzeug sein, bei dem die Form zwischen einem Untergesenk und einem Obergesenk gebildet wird. Sie können die Löffelform auch in einem Bleitopf mit einem Kugelhammer in der richtigen Größe schmieden. Siehe dazu die Schmiedeübung Huthaken (Bild 6.58). Zum Schluss biegen Sie den Teil des Erls, der in den Handgriff hinein soll.

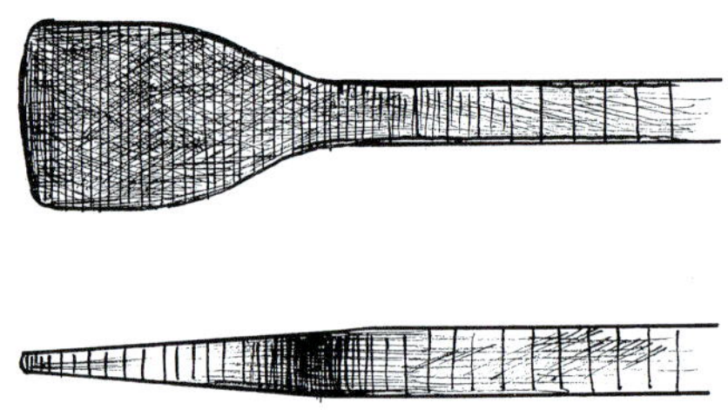

Bild 7.46 Schmieden des Schöpfteils.

Schleifen:

Um innen in der Löffelform zu schleifen, verwenden Sie am besten schnelllaufende Schleifstifte, zum Feinschleifen einen mit Schleiftuch bedeckten Schleifdorn. Außen schleift man am leichtesten mit einer Bandschleifmaschine. Zum Schluss und vor dem Härten wird normalisiert.

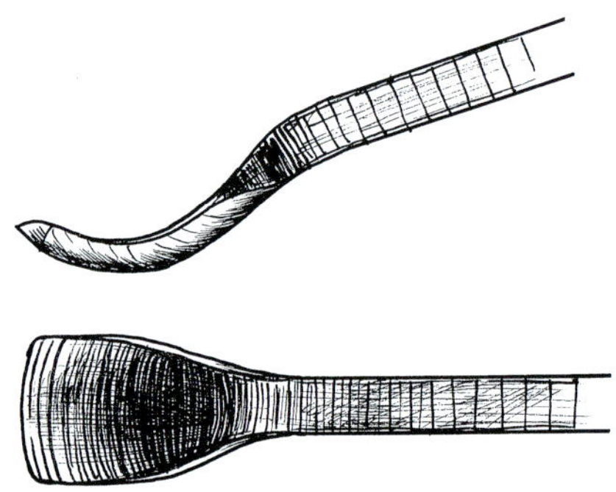

Bild 7.47 Schmieden der Löffelform.

Härten/Anlassen:

Für diesen Stahl verwende ich Öl zum Abschrecken. Das Anlassen erfolgt während einer Stunde zweimal bei (ca. 210 °C). Dann schleife ich fein und poliere. Das Polieren ist wichtig, um die Reibung beim Schneiden zu verringern.

Drechseleisen für Holzarbeiten

Zum Drechseln von Holzschüsseln hat sich allmählich eine Art Drechseleisen entwickelt, das von vielen Leuten verwendet wird. Am Ende befindet sich ein Haken, der aus einem Stück Stahl oder mit einfachem oder doppeltem Laminat geschmiedet ist wie eine feuergeschweißte Messerklinge.

Das Drechseleisen von Bild 7.48 ist vor allem zum Drechseln von rohem Hirnholz gedacht. Das Werkstück für die Schüssel wird wie ein liegender Stamm eingespannt, mit dem Mark im Zentrum. Das Drechseleisen wird mit möglichst wenig Überhang auf der Anlage und ein wenig schräg nach unten mit dem Ende des Stiels unter der Armhöhle verwendet. Auf diese Weise hat das Eisen den richtigen Schneidewinkel und einen „sprühenden" Spanabtrag.

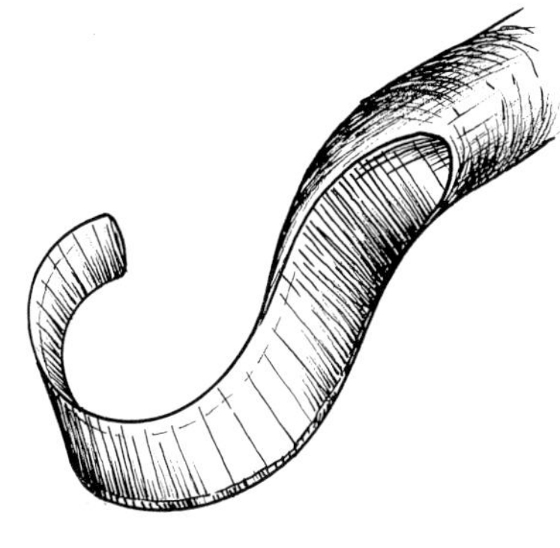

Bild 7.48 Drechseleisen

Für das Drechseleisen verwendet man 12-15 mm Rundstahl, der am Ende flach geschmiedet und laminiert wird. Man kann es so machen, wie Bild 7.49 zeigt, oder das Werkstück länger schmieden und es doppelt falten wie bei der Flachstahlmethode für Messerklingen. Wenn Sie das Drechseleisen aus Monostahl schmieden möchten, ändert das nichts an der Form.

Bevor Sie den Haken am Ende biegen, können Sie das Werkstück zur Schneidenseite hin dünner schmieden. Dann müssen Sie nicht so viel wegschleifen.

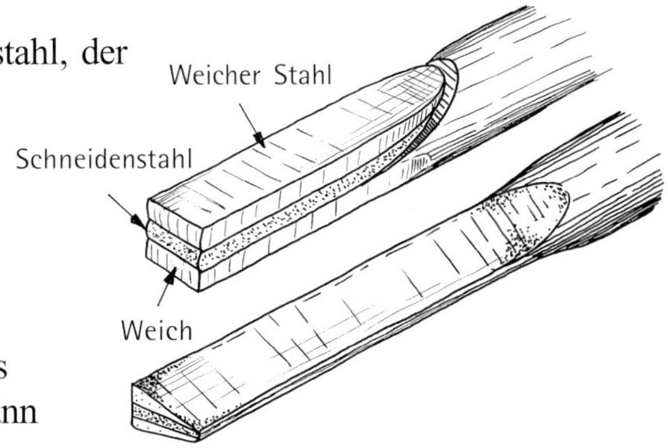

Bild 7.49

Bild 7.50 zeigt das Drechseleisen fertig laminiert und geschliffen wie eine Messerklinge. Es wurde auch ein wenig nach unten gebogen, damit die Schneidkante in der Zentrumslinie des Handgriffs liegt. Der Übergang zwischen Haken und Griff muss schön abgerundet und darf nicht flach oder kantig sein. Vergessen Sie nicht, dass man das Drechseleisen auf der Anlage leicht drehen können muss.

Bild 7.51 zeigt ein Drechseleisen, das nur auf der einen Seite Schneidenstahl aufweist. Er wurde an die Außenseite gelegt, weil der Holzschnitzer die Schneidenfase auf der Innenseite schräg geschliffen haben wollte. Das ist eine Frage der Erfahrung, und ein Drechseleisen aus Monostahl tut denselben Dienst.

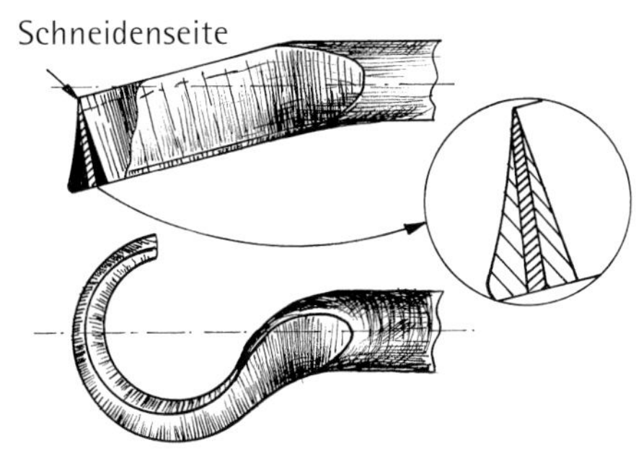

Bild 7.50

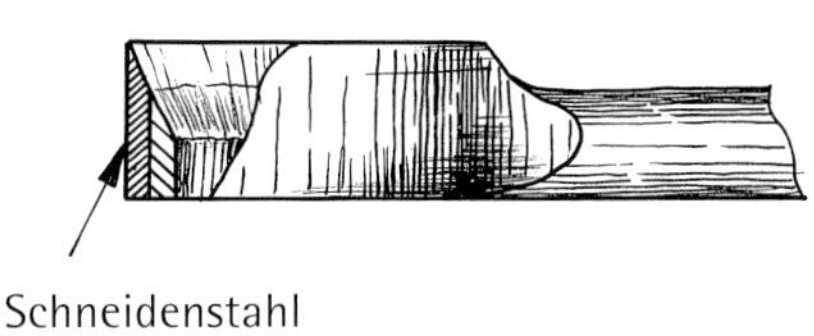

Bild 7.51

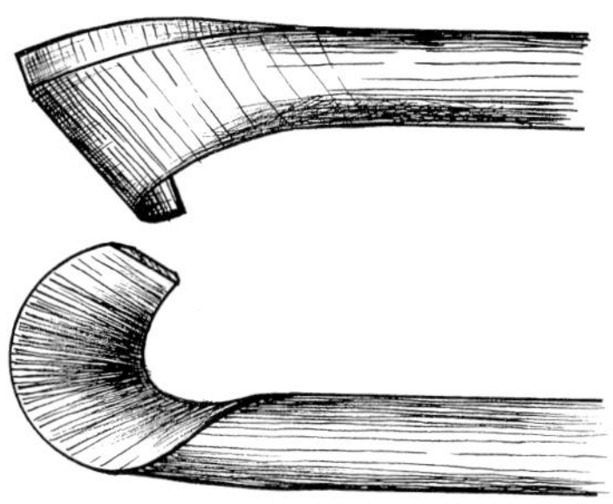

Bild 7.52 Drechseleisen aus Wälzlagerstahl zum Drechseln von Schüsseln. Modell Lars Aldén, Nyköping, Schweden.

Diese Art Beitel wird meistens zum Drechseln von Holzbechern und Trögen verwendet, kann aber auch beim Schnitzen nützlich sein.

Dexel und Beitel für Holzbecher. Beispiele von Aushöhlwerkzeugen für Tröge und Ähnliches (eigene Arbeit).

Drechseleisen zum Drechseln von Schüsseln, insbesondere für nicht getrocknetes Holz. Der Stahl schneidet und hinterlässt eine glatte, saubere Fläche. Die Verwendung eines solchen Eisens erfordert Erfahrung. Es wird häufig zum Drechseln von Hirnholz verwendet.

Zum Anfertigen eines aus einem schweren Holzklotz geschnitzten Stuhls verwendet man heutzutage viele unterschiedliche, mit Motor angetriebene Werkzeuge. Trotzdem ziehen viele Leute die traditionellen Werkzeuge wie Dexel, Beitel und verschiedene Aushöhleisen vor. Es hängt von der Oberfläche ab, die dem Holz verliehen werden soll – davon, ob sie blank poliert werden oder die Spuren eines Werkzeugs zeigen soll.

Schmieden einer Axt

Das Schmieden einer Axt ist arbeitsaufwändiger als die bisherigen Arbeiten. Es erfordert eine etwas größere Esse, weil mehr Wärme benötigt wird. Eine Axt kann auf unterschiedliche Weise gefertigt werden, abhängig davon, ob man einen Zuschläger oder Maschinenhammer hat, oder ob man allein schmiedet.

Hier möchte ich das Schmieden einer Axt zeigen, wenn man allein schmiedet. Es macht wirklich Spaß, und eine solche Aufgabe bewältigt zu haben, ist ein gutes Gefühl. Später wird das Schmieden größerer Äxte und Werkzeuge für den Blockhausbau mit Hilfe eines Maschinenhammers gezeigt.

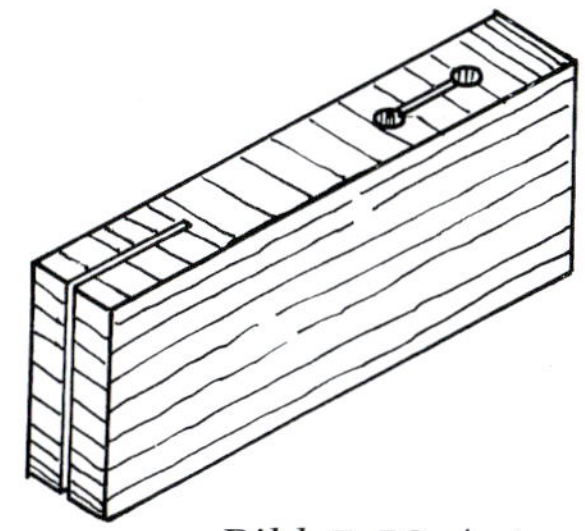

Bild 7.53 Axtwerkstück.

Vorarbeit

Als Ausgangsmaterial schlage ich 20 x 60 x 140 mm Flachstahl vor. Das ist die richtige Größe für ein kleineres Tischlerbeil. Zuerst werden auf beiden Seiten des Werkstücks, dort wo das Loch für den Stiel und den Einsatz aus hartem Scheidenstahl sein sollen, Steuernuten kalt gemeißelt. Das Bohren von zwei 6 mm großen Löchern durch das Werkstück an jedem Ende des Loches für den Stiel erleichtert das genaue Meißeln.

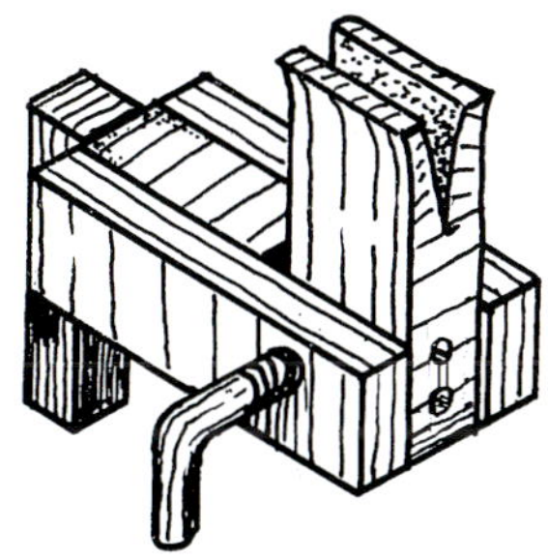

Bild 7.54 Hilfswerkzeug zum Befestigen im Ambossloch.

Aufmeißeln

Wenn Sie allein schmieden, benötigen Sie zum Befestigen des Axtstückes während dem Meißeln ein Hilfswerkzeug. Die Bilder 7.54 und 7.55 zeigen zwei Beispiele von Befestigungswerkzeugen.

Erwärmen Sie das Schmiedestück gut und beginnen Sie mit dem Aufmeißeln für die Stahleinlage. Verwenden Sie einen schlanken Meißel, der ausreichend konisch ist, um sich nicht festzukeilen. Vergessen Sie nicht, den Meißel regelmäßig abzukühlen.

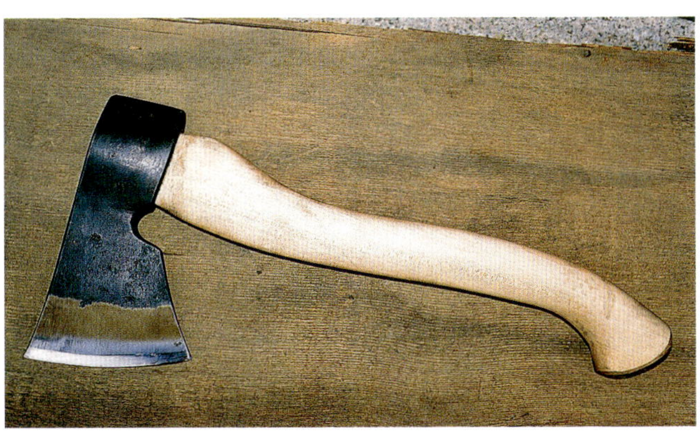

Axt (eigene Arbeit).

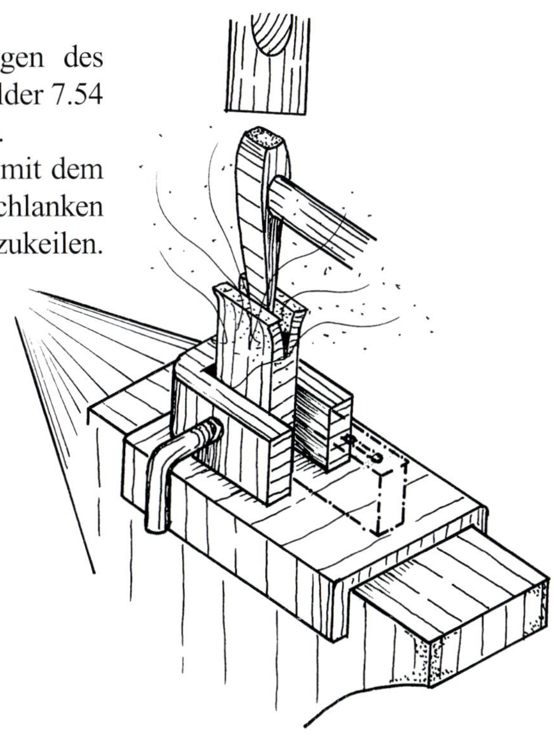

Bild 7.55 Hilfswerkzeug mit Auflageplatte.

Breiten Sie die Nut für die Stahleinlage zur Seite und das Werkstück in zwei konische Lippen (Bild 7.56).

Dann schlagen Sie die Lippen wieder zusammen, damit das Axtstück im Hilfswerkzeug Platz hat. Erwärmen Sie das Loch für den Stiel und platzieren Sie das Werkstück liegend im Hilfswerkzeug (gestrichelte Linie in Bild 7.55). Schlagen Sie den Meißel von beiden Seiten hinein, bis die Löcher in der Mitte des Werkstücks aufeinander treffen. Das Aufmeißeln des Loches für den Stiel dauert etwas, und Sie müssen damit rechnen, drei- bis viermal erwärmen zu müssen.

Jetzt können Sie zwischen das Loch für den Stiel und den Spalt für den Schneideneinsatz einen Absatz schmieden, aber nicht zu tief, denn er ist nur vorläufig. Schmiedet man Äxte auf diese Weise, schafft man es nicht, die unterschiedlichen Operationen in einem Mal zu beenden. Man muss das Werkstück oft mehrmals erwärmen und die gleichen Verfahrensschritte wiederholen.

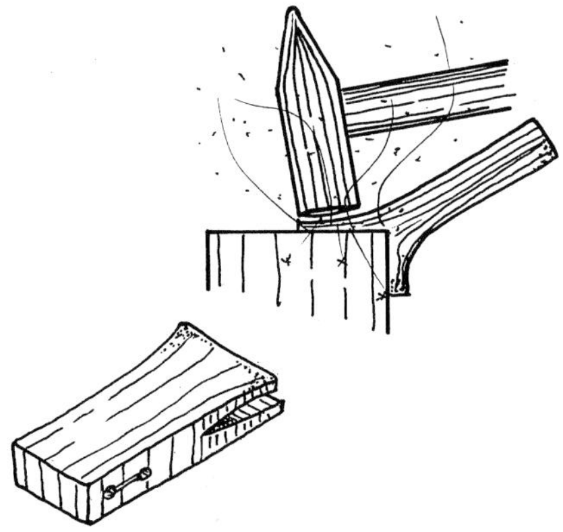

Bild 7.56 Breiten Sie das Werkstück aus.

Bild 7.57 Setzen Sie mit einem Rundsetzhammer ab.

Aufdornen

Zum Strecken des Loches für den Stiel braucht man zwei bis drei größer werdende Lochdorne. Solche Dorne müssen konisch geschmiedet und geschliffen werden. Der größte Dorn muss fast wie die Form des Loches für den Stiel sein.

Damit die Dorne nicht in den Amboss geschlagen und gestaucht werden, muss man ein Abstandsstück unter der Axt verwenden, das aus zwei kräftigen Flachstahlstücken angefertigt werden kann.

Erwärmen Sie das Loch gut und schlagen Sie den kleinsten Dorn (Bild 7.59) von beiden Seiten hinein und schmieden und strecken Sie die Wände um das Loch herum, während der Dorn drinsteckt. Auf diese Weise wird das Loch immer größer. Dann fährt man mit einem größeren Dorn fort, und streckt und formt, bis das Loch die richtige Größe hat.

Die Wände müssen auf beiden Seiten des Loches gleich dick sein. Ist eine Wand dicker geworden, kann man die dünnere Wand mit einem nassen Lappen abkühlen und sie zum Amboss drehen. Durch das Schmieden auf der dicksten Lochwand, die warm ist, gleicht sich der Unterschied aus.

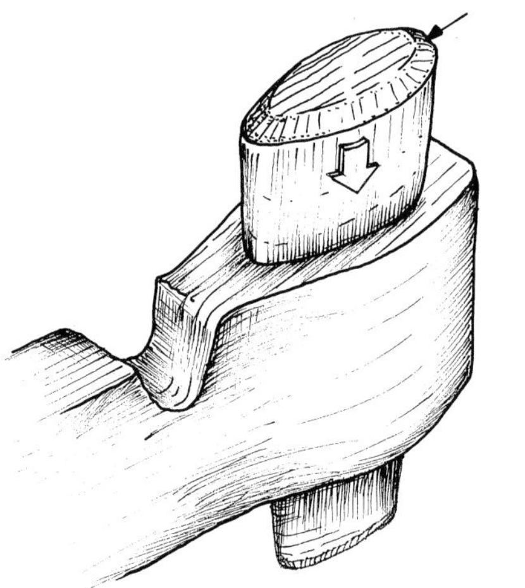

Bild 7.58 Aufdornen.

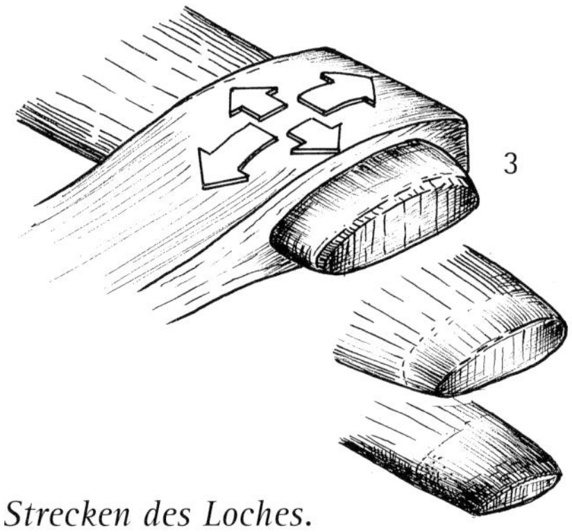

Bild 7.59 Strecken des Loches.

Laminierung

Wenn der Lochteil für den Stiel grob geschmiedet ist, kommt noch das Einschweißen des Schneidenstahls. Für Äxte kann man gut Schneidenstahl mit etwas weniger Kohlenstoff verwenden, z. B. 0,7-0,9 %.

Schmieden Sie den Schneidenstahl, bis er ungefähr gleich dick wie die Lippen der Axt ist. Schmieden Sie ihn auch spitz zu, damit er ganz in die Axt hineingeschlagen werden kann. Der Schneidenstahl darf auf keiner Seite vorstehen, weil er beim Schweißen dann leicht verbrennen und zerspringen kann. Vergessen Sie nicht, dass ungeschützter Kohlenstoffstahl im Temperaturbereich des Schweißens brüchig ist.

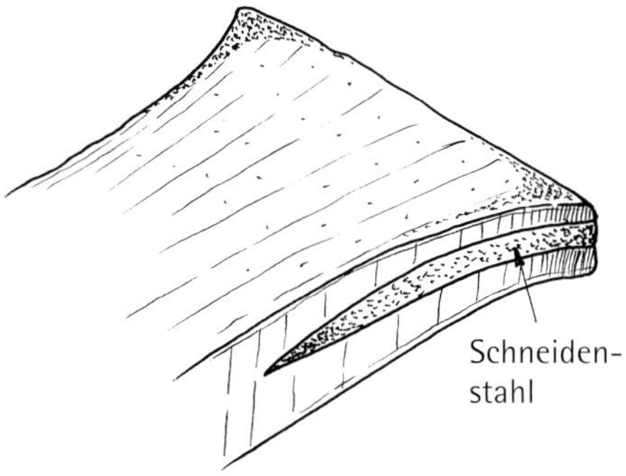

Bild 7.60 Laminierung.

Packen

Wenn der Schneidenstahl mit Borax dazwischen platziert ist, wird er mit den Lippen leicht zusammengepackt. In der Esse darf keine Schlacke sein, und sie muss einen großen, warmen Gluthaufen haben. Erwärmen Sie den Teil mit dem Schneidenstahl vom dicksten Ende her bis zur Weißglut, etwas unter Schweißtemperatur. Beginnen Sie mit dem Hämmern innen und klopfen Sie systematisch nach außen, so dass Schlacke und Borax herausspritzen.

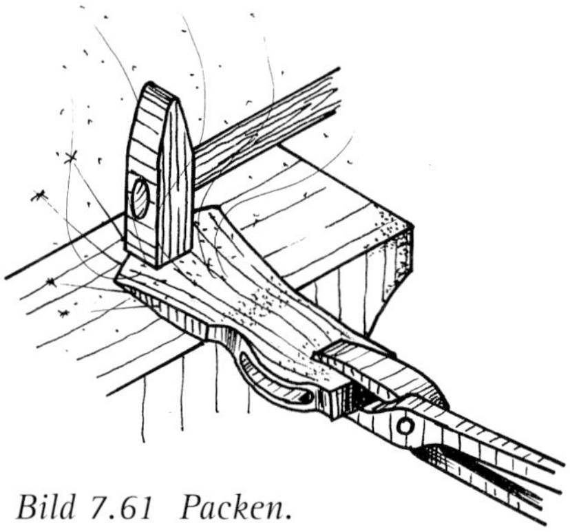

Bild 7.61 Packen.

Schweißen

Bereiten Sie die Esse wieder mit einem warmen, großen Gluthaufen vor. Erwärmen Sie vom dicksten Ende ausgehend, bis der ganze Schneidenteil Schweißtemperatur erreicht hat.

Durch ein kleines Loch in der Glut sehen Sie, dass der Borax siedet, und wenn es eine Andeutung von kleinen, leichten Sternen neben den Flammen gibt, ist die Temperatur erreicht.

Schlagen Sie schnell von innen nach außen. Allmählich können Sie einen größeren Hammer verwenden und kräftiger schlagen. Mit der Finne des Hammers strecken Sie die Klinge auf beiden Seiten in alle Richtungen. Wenn Sie einen Zuschläger haben, geht es schneller mit einem Rundsetzhammer.

Nach der Bearbeitung, der die Axt soeben ausgesetzt war, müssen Sie damit rechnen, dass sie etwas deformiert ist. Deshalb kann es nötig sein, sie nochmal zu formen, bevor Sie mit dem Feinschmieden beginnen. Wenn nötig, können Sie der Axt mit einem scherengeschliffenen Meißel die richtige Form verleihen.

Schlagen Sie den größten Lochdorn in das Loch und formen Sie es wieder. Mit dem Rundsetzhammer schmieden Sie jetzt den Absatz in die endgültige Form. Prüfen Sie, ob die Axtklinge und die Schneidenlinie gerade sind. Zum Schluss kontrollieren Sie, ob das Loch in die gleiche Richtung zeigt wie die Schneide.

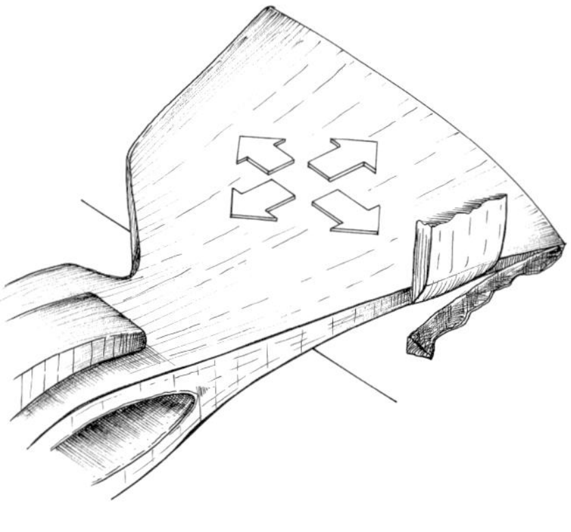

Bild 7.62 Schweißen und Formen.

Härten der Axt

Das Härten der Axt ist keine Zauberei. Hier gelten die bereits beschriebenen Grundregeln und Verfahrensweisen, also das Erwärmen bis zum Austenitgefüge und das Abschrecken zu Martensit (Bild 4.14).

Wie beim Härten und Schmieden von Meißeln und Messerklingen ist das feinkörnige Gefüge der Schneide wichtig, nicht zuletzt bei der Schneide einer Axt. Am besten ist es, wenn das Gefüge durch das Schmieden feinkörnig geworden ist. Leider ist das nicht immer so. Deshalb normalisieren Sie auf jeden Fall (d. h. erwärmen, bis der Magnet nicht mehr hält, und anschließendes Abkühlen auf Zimmertemperatur).

Beim Erwärmen zum Härten sollten Sie die Wärme vom dickeren Teil der Axt zur Schneide ziehen lassen. Wenn Sie zum Erwärmen einen Härteofen verwenden, müssen Sie die Axt liegen lassen, bis sie durch und durch warm ist.

Zum Abschrecken empfehle ich Öl, dann können Sie auf diese Weise fortfahren:

- Sie können im Anlass- oder Backofen, auf der Kochplatte oder einer erwärmten Stahlplatte anlassen.
- Wenn Sie mit Eigenwärme anlassen, geht das so: Schrecken Sie die Schneide vollständig in Öl ab, dabei sollte der Axtkörper nicht voll abgeschreckt werden und noch zischwarm sein. Diese noch im Axtkörper verbliebene Hitze lassen Sie dann nach vorne zur Schneide laufen, bis diese die gewünschte Anlasstemperatur erreicht hat. Nach entsprechender Anlasszeit kühlen Sie das Werkstück vollständig ab.

Die Anlasstemperatur hängt von der Verwendung der Axt ab. Durchschnittlich kann man sagen, zwischen 250 und 300 °C mit ein wenig Violett, abhängig vom Kohlenstoffgehalt. Das Anlassen beeinflusst auch das Schleifen des Schneidenwinkels, siehe Bild 7.63.

Ein kleinerer Schneidenwinkel wird für feinere Arbeit verwendet. Für gröbere Arbeiten und Äste muss der Winkel größer sein. Das heißt, eine härtere Axt mit kleinem Schneidenwinkel taugt nicht für Äste. Wenn Sie einen kleinen Winkel brauchen, müssen Sie sicher etwas mehr anlassen.

Normalisiert wird in der Esse oder im Ofen.

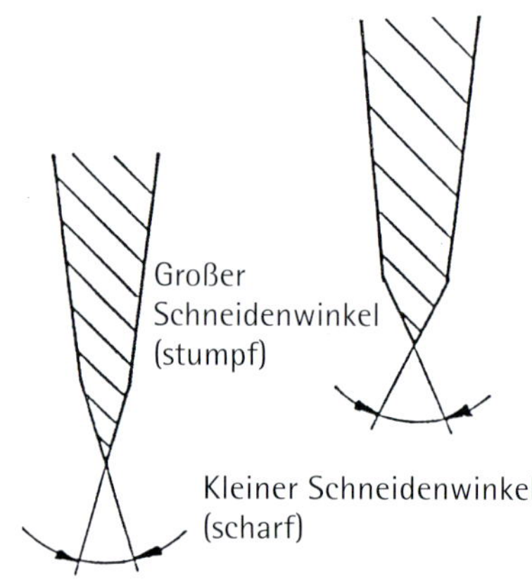

Bild 7.63 Schneidenwinkel.

Schäften

Bei einem Beil zum Tischlern und Bauen von Blockhäusern muss der Stiel innerhalb der Schneidenlinie und der Mittellinie des Loches für den Stiel liegen. Daher muss die Axt richtig abgewinkelt werden.

Das Loch für den Stiel muss in der Mitte am kleinsten sein, und der Stiel wird am besten mit geklebten Keilen längs und quer befestigt.

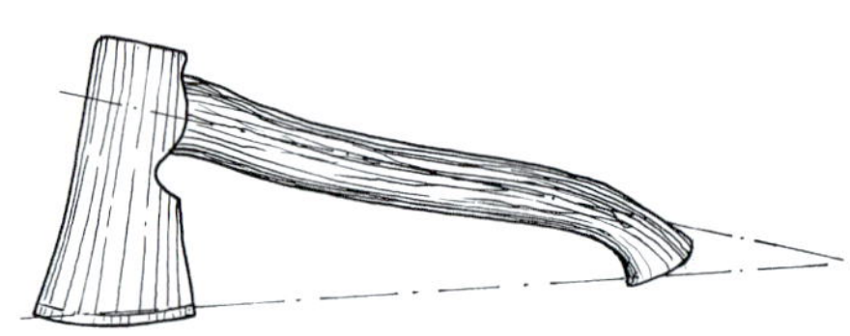

Bild 7.64

Axt nach der Biegemethode

Ohne Maschinenhammer oder jemanden, der für Sie schlagen kann, ist es leichter, eine Axt zu schmieden, indem Sie einen Flachstahl falten. Die Größe des Flachstahls und des Werkstücks ist wieder abhängig von der Größe der Axt und ihrer Anwendung. Hier wird eine kleine Axt gezeigt.

Um genug Material im Nacken der Axt zu haben, schweißen Sie quer zum Flachstahl ein Stück Vierkantstahl. Sie können es mit einem elektrischen Schweißapparat anschweißen. Vergessen Sie aber nicht, Borax hineinzustreuen. Dann erwärmen Sie bis zur Schweißwärme und feuerverschweißen den Vierkantstahl mit dem Flachstahl. Hier verwenden Sie am besten Kohlenstoffstahl für den Vierkantstahl, da dieser sich leichter schweißen lässt. Schlagen Sie in den Vierkant mit einem Rundsetzhammer einen Hohlkeil.

Falten Sie den Flachstahl so zusammen, dass der Vierkantstahl in das Loch für den Stiel zu liegen kommt, und schweißen sie beide Hälften zusammen. Zwischen die beiden weichen Flachstahlseiten legen Sie den Schneidenstahl, der bis zum Loch reichen muss. Streuen Sie Borax dazwischen und wärmen Sie richtig, so dass beim Packen Borax, Schlacke und Verschmutzungen heraus spritzen.

Man legt Schneidenstahl bis zum Loch für den Stiel statt einem Stück weichen Stahl, um eine starke Schweißnaht zu erhalten, die dem Druck des Lochdorns standhält. Kohlenstoffstahl gegen weicheren Stahl ist in diesem Fall leichter zu schweißen als weich gegen weich, außerdem wird die Schweißung stärker.

Erwärmen Sie bis zur Schweißwärme und versuchen Sie zuerst, eine gute, starke Schweißnaht unter dem Loch zu erhalten (Bild 7.67). Hier ist eine etwas höhere Schweißtemperatur besser. Dann schweißen Sie die ganze Axtklinge noch einmal.

Jetzt muss noch das Loch für den Stiel mit einem passenden Lochdorn ausgeweitet werden. Erwärmen Sie das Werkstück gut, damit die Schweißnaht nicht springt. Zum Schluss schmieden Sie die Axtklinge in Form. Auch bei dieser Methode können Sie einen Rundsetzhammer zum Absetzen der Stelle, wo die Axtklinge beginnt, verwenden. Dieser Übergang kann aber auch ausgemeißelt werden, wie in der Zeichnung dargestellt. Die Faltmethode kann auch für andere Werkzeuge mit einem Loch für den Stiel angewandt werden (Bild 7.68).

Anwendung von Äxten

Kaum ein anderes Werkzeug wurde so viel verwendet wie die Axt. Außer zum Bäume fällen wurde sie auch für Tischlerarbeiten und zum Bootsbau eingesetzt. Wer die Anwendung einer Axt gelernt hatte und sie richtig schleifen konnte, war imstande, Meisterwerke zu schaffen. Die Axt wird auch heute noch verwendet, aber nicht mehr so häufig

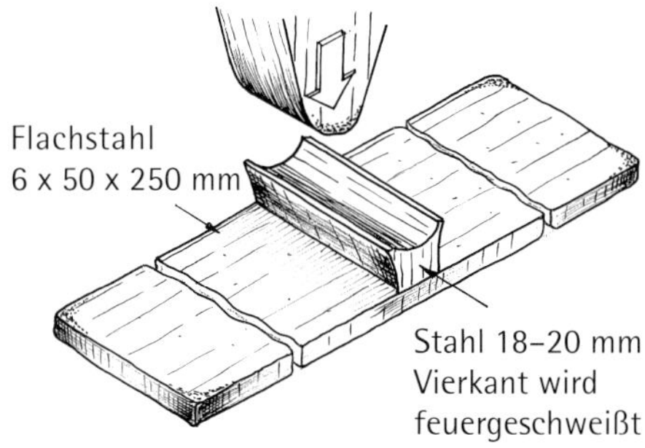

Bild 7.65 Schweißen Sie einen Vierkantstahl fest.

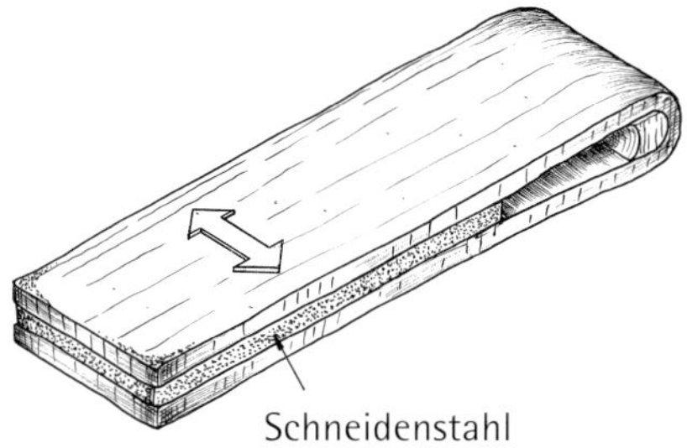

Bild 7.66 „Packen" und feuerschweißen.

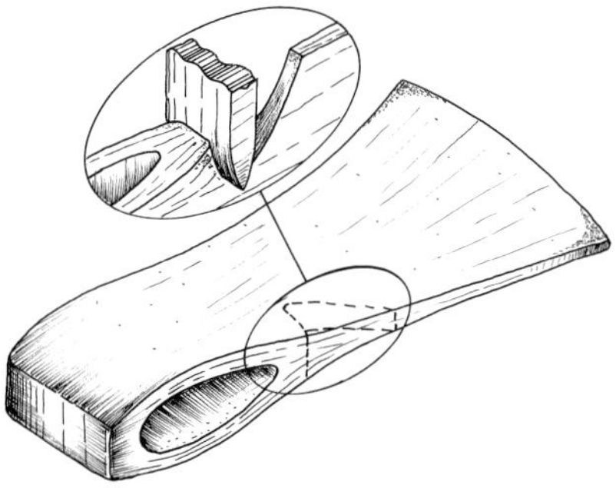

Bild 7.67

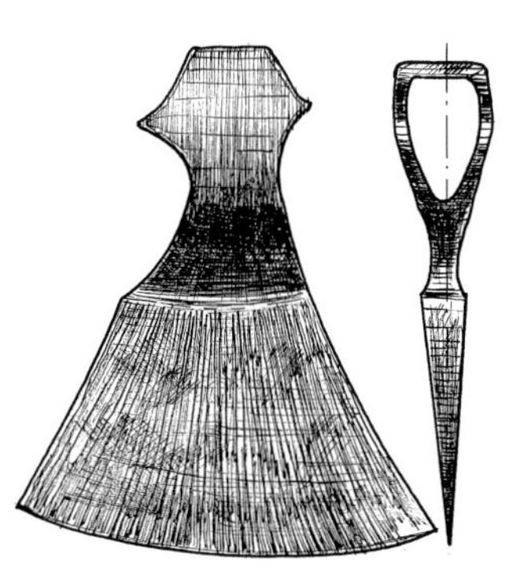

Bild 7.68 Wikingeraxt.

wie früher. Sie wird noch zum Blockhausbau und zum Bootsbau verwendet, aber auch hier hat man andere Hilfsmittel in Gebrauch genommen. Im Kapitel über das Schmieden mit dem Maschinenhammer wird das Schmieden und die Anwendung von Werkzeug für den Blockhausbau erklärt.

Der Bootsbauer Jakob Helset (1937) in Bjørkedalen verwendet immer noch die Axt, rasch und genau. Er baut seit 50 Jahren Boote, und auf dem Foto unten rechts haut er nach einer Markierung ein Spant für den Vorsteven eines Wikingerschiffes. In Bjørkedalen ist der Bootsbau seit 500 Jahren Tradition.

Ein hoch aufgerichteter Vorsteven in erlesener Kiefer zeigt eine hervorragende Anwendung der Werkzeuge.

Harmonie in Spant und Plankengang. Hier ist eine Axt unentbehrlich.

Der Bootsbauer Jakob Helset.

Dexel

Der Dexel ist ein Werkzeug für Aushöhlarbeiten in Holz. Er wurde zum Aushöhlen von Dachrinnen verwendet, für Trinkbecher, Schüsseln, Tröge und die norwegischen Stühle, die aus einem schweren Holzklotz geschnitzt wurden. Dexel sind auch heute noch gefragt.

Es gibt zwei Arten von Dexeln. Schnitt A in Bild 7.69 zeigt einen Dexel mit Schneidenstahl an der Außenseite. Er dringt tiefer ein und schneidet mehr ab. Schnitt B zeigt Schneidenstahl an der Innenseite. Dieses Beil arbeitet nicht so tief und schneidet feiner, es ist auch leichter zu schleifen. Krümmung und Schleifwinkel sind dabei wichtig. Daher sollte ein Schmied ein solches Werkzeug immer selbst ausprobieren.

Ein Dexel kann aus einer alten Axt umgeschmiedet oder nach der Vorgehensweise für Äxte weiter vorn hergestellt werden.

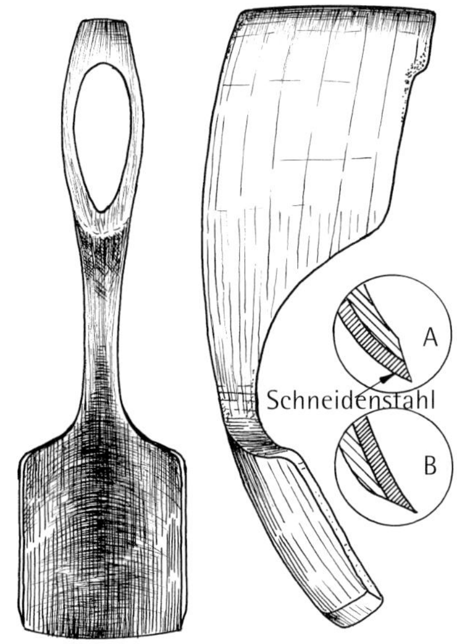

Bild 7.69 Dexel.

Schmieden eines Dexels

Wie Sie sehen, schmiedet man einen Dexel außer der Klinge im großen und ganzen wie eine Axt (Bild 7.70 A). Versuchen Sie, möglichst nahe dem Loch für den Stiel abzusetzen, denn ein Dexel wird gern zu lang, und dann ist er nicht gut. Als Faustregel kann die richtige Breite des Klingenteils wie die Länge des Lochs für den Stiel sein, abhängig von der Anwendung.

Der Übergang zwischen Klinge und Stamm darf nicht zu dünn geraten (B). Wenn ein wenig Schneidenstahl bis in den Stamm reicht, wird das Beil stärker. Außerdem ist ein höheres Gewicht für einen Dexel günstig. Daher sollte man den Kopf nicht zu klein machen.

Der Bogen der Klinge kann in einem Gesenk mit Rundsetzhammer geschmiedet werden (C). Er kann je nach Anwendung unterschiedlich sein. In der Mitte kann er annähernd flach und nur an den Seiten gebogen sein. Die Klinge kann auch gerade geschmiedet werden. Dann erhält man eine Queraxt.

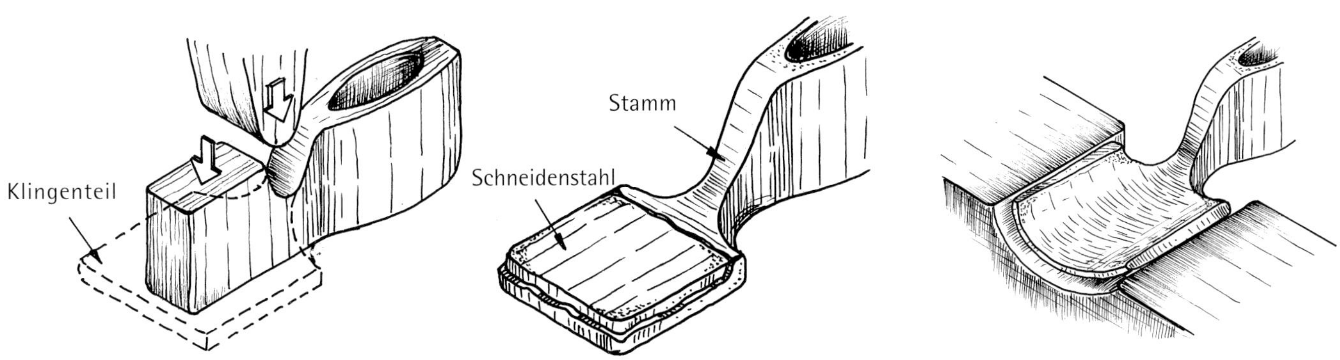

Bild 7.70 A *B* *C Schmieden des Bogens der Klinge.*

Damit der Dexel gut funktioniert, muss der lange Bogen vorn richtig sein. Insbesondere bei einem Dexel mit Stahl an der Außenseite und Schliff an der Innenseite hat der Bogen an der Außenseite viel zu sagen. Unter anderem hängt davon ab, wie tief der Dexel eindringt oder ob er nur an der Oberfläche greift.

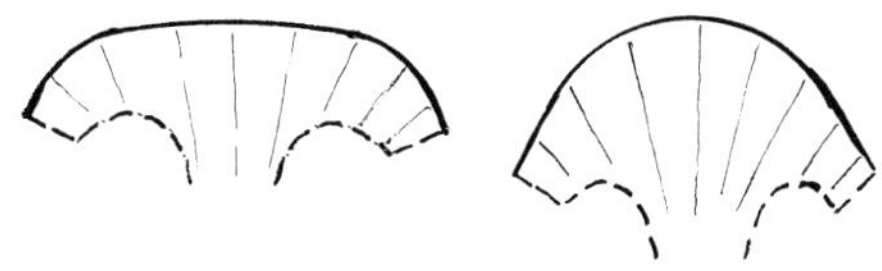

Bild 7.71 Beispiele einer gebogenen Schneidenform. Bei der am wenigsten gebogenen Schneide erhält man die schönste Oberfläche. Die kreisförmige Schneide eignet sich am besten für die grobe Arbeit und erzielt den größten Spanabtrag.

Afrikanischer Dexel

In den meisten Kulturen gibt es Dexel. Dieser hier ist von Afrika inspiriert, aber man findet entsprechende Modelle in anderen Ländern, wo das Werkzeug nicht nur für Trinkbecher und Tröge verwendet wird, sondern auch für Bildhauerarbeiten und zum Bootsbau.

Dieser Dexel ist verhältnismäßig einfach herzustellen, denn man muss kein Loch für den Stiel schmieden. Statt dessen wird ein Loch in den Stiel gebrannt, in das der Dexelkörper hineingesteckt wird. Das Loch sollte man vor dem Härten brennen, und es lohnt sich vorzubohren.

Wenn man das Stielende mit einem Beschlag versieht und an der Unterseite eine Halteplatte montiert, zerspringt der Stiel nicht so leicht. Der Dexelkörper kann bei Bedarf auch herausgeschlagen und umgedreht werden, so dass er sich entgegengesetzt krümmt.

Dann liegt der Schneidenstahl an der Außenseite, und die Schneide wird von der Innenseite her geschliffen. Mit all den Hilfsmitteln, die es heutzutage gibt, ist das Schleifen von der Innenseite her kein Problem. Bei alten Dexeln ist der Schneidenstahl häufig an der Innenseite angeschweißt, weil das Schleifen an der Außenseite am einfachsten war.

Man kann den Dexelkörper auch als Hohleisen verwenden und einen Stiel zum Klopfen mit einem Holzhammer darauf setzen. Hier sollte man auch eine Halteplatte unter dem Beschlag verwenden, damit der Stiel nicht zerspringt. Für genauere Aushöhlarbeiten ist ein Hohleisen oft besser (Bild 7.73).

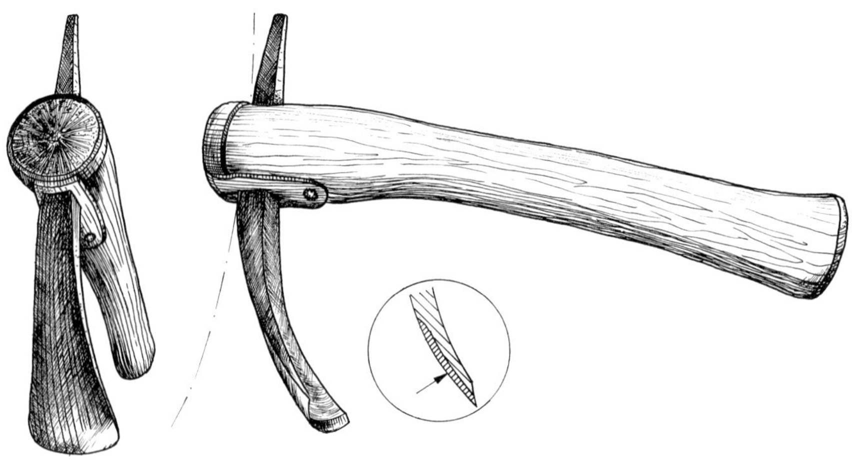

Bild 7.72 Afrikanischer Dexel.

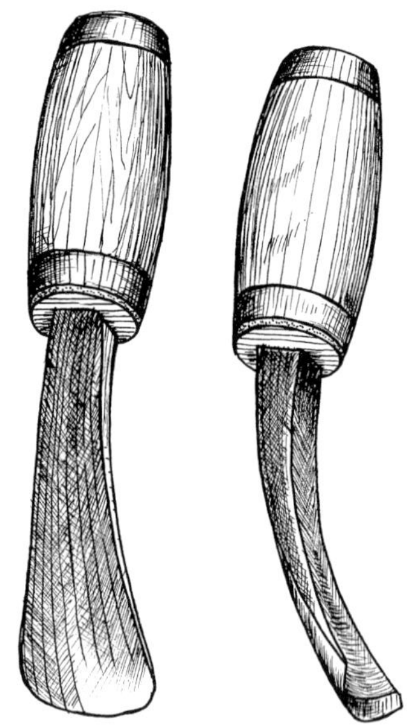

Bild 7.73 Dexelkörper als Hohleisen.

Das Schmieden von Schneckenbohrern

Das Schmieden von Schneckenbohrern ist eine uralte Tradition in Norwegen. Besonders in Westnorwegen ist diese Tradition erhalten geblieben. Diese Bohrer wurden in vielen unterschiedlichen Größen geschmiedet, vom Bohrer in einer Dicke von 2 mm bis zu Bohrern von 50 bis 75 mm, die für die Arbeit der Zimmerleute, den Bootsbau und das Bohren von Radnaben für Karren verwendet wurden.

Schneckenbohrersatz, geschmiedet von Edvin Odland in Frekhaug, Norwegen.

Stahl für Schneckenbohrer

Wegen der großen Drehbelastung, der diese Bohrer ausgesetzt sind, verwendet man meistens Stahl mit geringerem oder mittlerem Kohlenstoffgehalt. Am besten Stahl mit 0,4-0,6 % C für kleine und mittelgroße Bohrer und Bohrstahl mit 0,8 % C für die größten Bohrer.

Bei einem Kohlenstoffgehalt von 1-1,1 % C sind die Bohrer für die meisten Schmiede nicht zäh genug, sondern zu hart und spröde. Das war wohl darauf zurückzuführen, dass viele Schmiede die Wärmebearbeitung von Werkzeugen mit so großer Drehbelastung nicht kannten. Viele vermieden deshalb Stahl mit so hohem Kohlenstoffgehalt, weil er so schwierig zu schmieden war.

Seit alters her verwenden die meisten Schmiede zum Schmieden von Holzbohrern Bessemerstahl mit 0,4-0,6 % C. Das entspricht ungefähr dem heutigen Federstahl, den ich empfehlen kann. Sonst ist auch Bohrstahl ausgezeichnet, aber er muss höher angelassen werden.

Zum Härten empfehle ich Öl, und zum Anlassen schlage ich vor:

Stahl mit 0,4-0,6 % C	ca. 250 °C (mit neuer Feile kaum zu feilen)
Stahl mit 0,6-0,8 % C	ca. 300-350 °C
Stahl mit 0,8-1 % C	ca. 350-400 °C

Schneckenbohrer (eigene Arbeit).

Schmiedetechniken für Schneckenbohrer

Beginnen Sie mit einer runden Form und schmieden Sie das Werkstück auf allen Seiten konisch, so dass es aber auf der Hohlkeilseite am breitesten wird.

Schlagen Sie einen kleinen Knick, wo der Hohlkeil und die Spirale beginnen sollen. Zum Schmieden des Hohlkeils verwenden Sie ein Untergesenk mit der richtigen Abrundung im Verhältnis zur Größe des Bohrers.

Erwärmen Sie das Werkstück gut und formen Sie den Hohlkeil über dem Untergesenk, so dass die Dicke innen am Hohlkeil konisch (dünner) zur Spitze verläuft. Drehen Sie den Bohrer jetzt so, dass die Schneidenkanten möglichst auf der Spitze des Rundgesenks liegen. Schmieden Sie die Schneidenkanten dünn und gerade wie in Ausschnitt B in Bild 7.75.

Wenn der Bohrer die richtige „Löffelform" oder die Form eines halbkonischen Rohres hat und die Schneidkanten dünner sind, können Sie die Spirale drehen. Zum Drehen der Spirale verwendet man eine Kneifzange mit Schnabelform. Meistens muss man eine andere Zange umschmieden, damit sie auch in der Größe gut zum Bohrer passt.

Kleine Schneckenbohrer kann man mit der einen Hand halten und mit der anderen drehen, am besten schraubt man den Bohrer aber im Schraubstock fest (Bild 7.76).

Erwärmen Sie das Werkstück zunächst. Beginnen Sie mit der Zange ganz außen und drehen Sie nach links. Greifen Sie weiter innen und drehen Sie mehr. Fahren Sie so fort, bis die ganze Spirale schön und gleichmäßig ist. Man schafft das selten in einem Erwärmen, zwei- bis dreimal erwärmen muss man schon, abhängig von der Größe des Bohrers. Verzweifeln Sie nicht, wenn der Bohrer durch das Drehen etwas deformiert wird. Er muss ohnehin noch feingeschmiedet und angepasst werden, damit er möglichst gerade wird.

Ich werde jetzt das Feinschmieden erklären, das Ihnen viel Schleifarbeit ersparen wird.

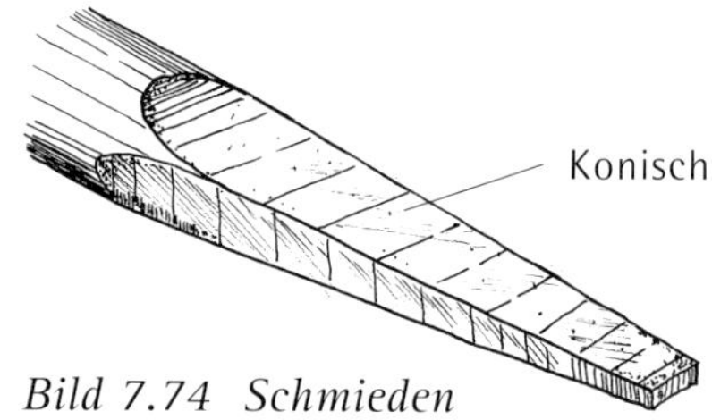

Bild 7.74 Schmieden Sie das Werkstück konisch auf allen Seiten.

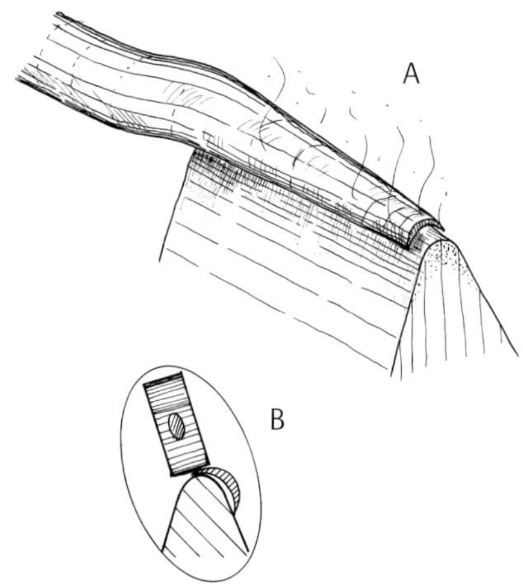

Bild 7.75

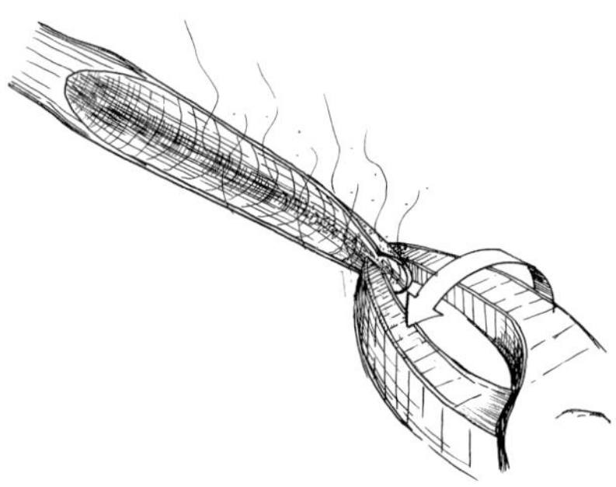

Bild 7.76

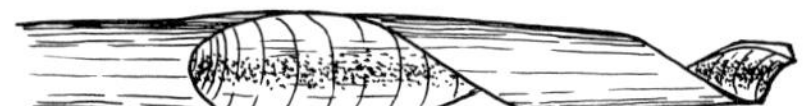

Bild 7.77

Feinschmieden von Schneckenbohrern

Der Schneckenbohrer wird außen an der Spirale durch das Drehen gern etwas hohlkeilförmig. Das muss jetzt zurückgeschmiedet werden (Bild 7.78).

Verwenden Sie einen Kehlhammer in richtiger Größe und schmieden Sie innen in der Spirale, wie in der Abbildung gezeigt. Um die Spirale in der Mitte zu treffen, setzen Sie die Finne zuerst in die Spirale und schlagen dann sowohl den Bohrer als auch den Kehlhammer auf den Amboss. Wenn Sie die Finne die ganze Zeit in der Spirale lassen, schlagen Sie nicht falsch und zerstören die Schneidkanten nicht.

Zum Schluss feinschmieden Sie den Bohrer vorsichtig außen und richten Spirale und Schneidkanten so aus, dass er gerade und zentriert ist. Schlagen Sie außen nicht zu viel auf die Schneidkanten, damit sich diese nicht nach innen biegen. Dann wird das Schleifen außen (Rückschleifen) problematisch.

Wenn Sie größere Bohrer aus einem runden Ausgangsmaterial von 20 mm schmieden, wird das Drehen der Spirale schwieriger. Dann benötigen Sie eine größere und kräftigere Zange, die gut greift. Schmieden Sie eine Flachzange zu einer Zange mit kurzen, krummen Mäulern um. Sie hält besser und hat ein größeres Moment beim Drehen (Bild 7.79).

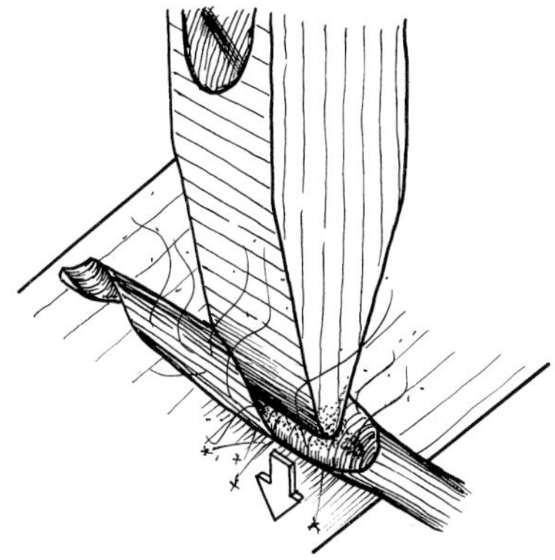

Bild 7.78 Schmieden Sie den äußeren Hohlkeil wieder zurück.

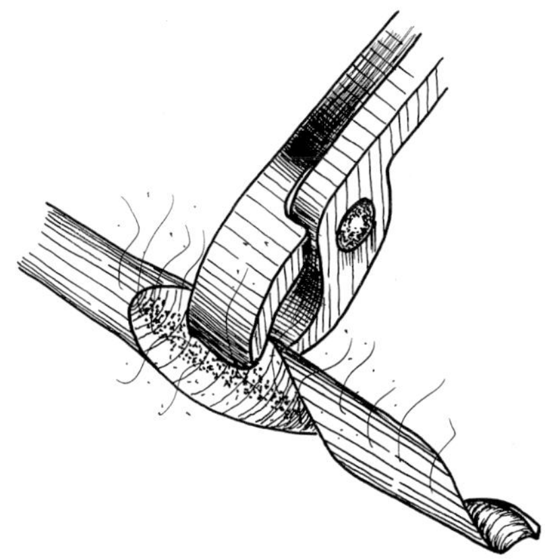

Bild 7.79 Das Drehen großer Bohrer mit einer kräftigen Zange.

Gesenkschmieden von Schneckenbohrern

Hat man mehrere Bohrer zu schmieden, kann es sich lohnen, sich zum Maschinenhammer, falls man einen hat, ein Gesenkwerkzeug anzufertigen. In das Untergesenk schmiedet man eine konische Hohlkehlnut. Die Nut kann gern etwas größer sein, damit man mehrere Größen von Bohrern schmieden kann. Das Obergesenk muss einen etwas kleineren Durchmesser haben als die Hohlkehlnut. Bei dieser Art des Schmiedens von Bohrern schlägt man den Bohrer nicht in die fertige Form, sondern man schmiedet die Löffelform grob und schmiedet die Schneidkanten dünn. Durch Drehen des Bohrers kann man die Schneidkanten ausdünnen. Anschließend schmiedet man den Bohrer fein auf dem Ambosswerkzeug in die richtige Form und dreht.

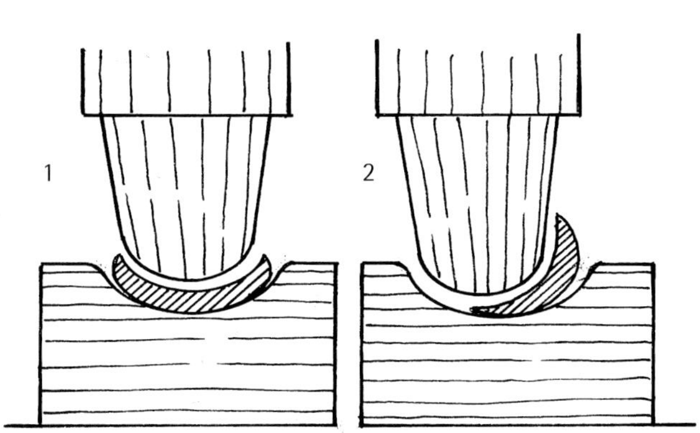

Bild 7.80 Schmieden von Schneckenbohrern im Maschinenhammer mit Gesenkwerkzeug.
1 Schmieden der Löffelform.
2 Ausdünnen der Schneidkanten.

Schleifen der Spirale innen

Zum Schleifen der Spirale innen verwendet man am besten einen kleineren Winkelschleifer. Halten Sie den Bohrer mit der einen Hand auf einem Holzstück und mit der anderen den Winkelschleifer. Schleifen Sie der Spirale entlang und drehen Sie den Bohrer die ganze Zeit. Sie können den Winkelschleifer auch in den Schraubstock spannen und den Bohrer in der Hand halten.

Wiederholen Sie das mehrmals und stellen Sie den Winkelschleifer so ein, dass Sie zur Schneidkante einen Hohlkeilbogen erhalten. Man kann die Spirale auch mit einer Rundfeile innen feilen, wie man es früher machte. Das erfordert aber mehr Zeit. Zum genauen Ausrichten der Schneidkanten an der Innenseite kann innen in der Spirale auch eine Rundfeile verwendet werden.

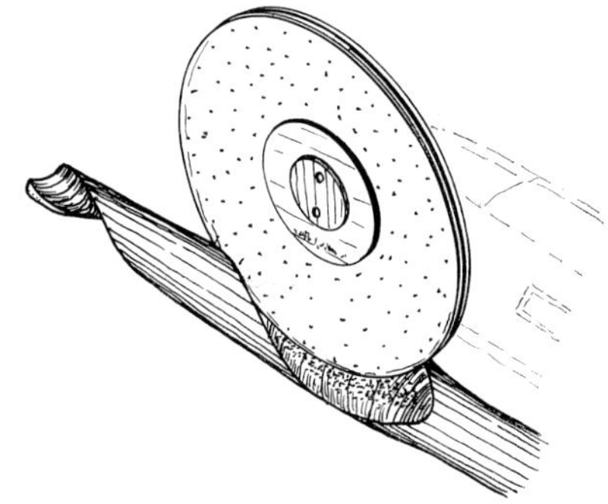

Bild 7.81 Schleifen der Spirale innen mit einem Winkelschleifer.

Schleifen der Spirale an der Außenseite

Zum Schluss schleifen Sie den Bohrer außen an einer weißen, unwuchtfreien Schleifscheibe. Legen Sie den Bohrer auf die Auflage und drehen Sie ihn gleichmäßig gegen die Schleifscheibe. Schieben Sie gleichzeitig hin und her. Hinter den Schneidkanten muss etwas Platz bleiben (Rückschleifen). Die Schneide an der Spitze wie in Bild 7.83 schleifen.

Probieren Sie den Bohrer aus. Wenn er richtig ist, frisst er sich in das Holz hinein, ohne dass Sie Druck ausüben. Springt das Holz, ist er so geschmiedet, dass sich die Schneide zu sehr nach unten frisst. Wenn die Schneidenkanten nicht greifen, dann ist meistens der Freiwinkel nicht groß genug. Die freie Fläche hinter den Schneidkanten muss etwas niedriger sein als die Schneide.

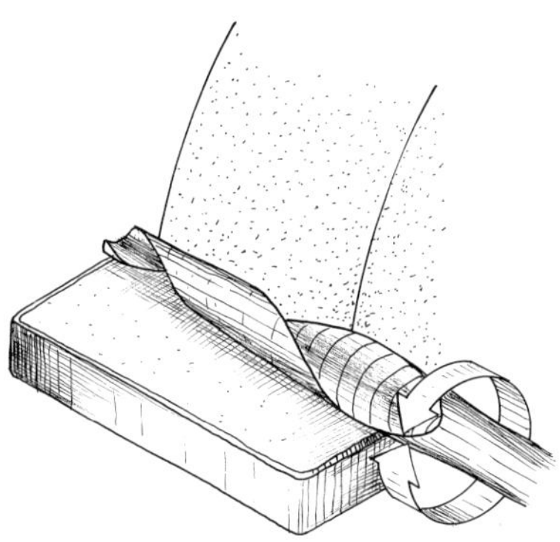

Bild 7.82 Schleifen der Spirale außen.

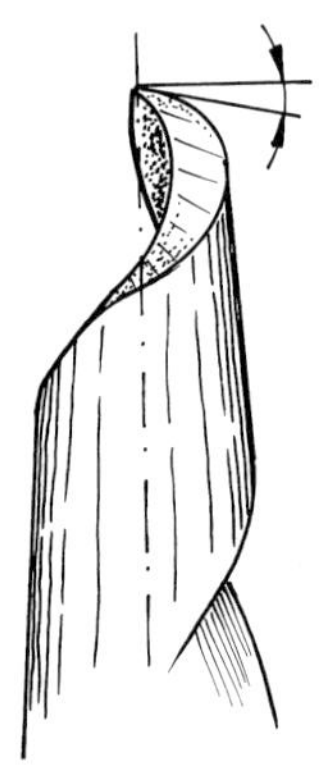

Bild 7.83 Schleifen der Schneide an der Spitze des Bohrers.

Härten

Normalisieren Sie, damit Sie sicher sind, dass der Bohrer feinkörnig wird, und härten Sie wie üblich mit Abkühlen in Öl. Das Anlassen erfolgt entsprechend dem Kohlenstoffgehalt, wie bereits erklärt. Zum Schluss wird feingeschliffen.

Schmieden von Holzschuheisen

Wir werden uns hier nicht zu sehr in das Schmieden dieser Art von Aushöhleisen vertiefen. Ich möchte das Wichtigste aber erwähnen, damit die Technik nicht in Vergessenheit gerät.

Alle Aushöhl- und Schneidwerkzeuge sollte der Schmied selbst ausprobieren. Auf diese Weise erzielt man die richtige Form und die richtigen Schneideigenschaften.

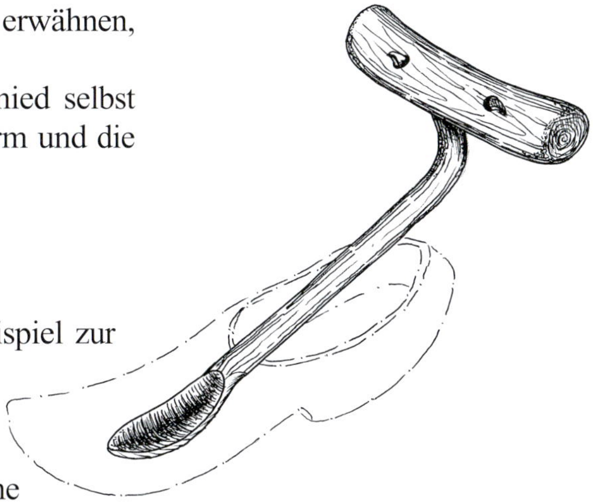

Bild 7.84

Löffeleisen

Ein Löffeleisen wird zum tiefen Aushöhlen, wie zum Beispiel zur Herstellung von Holzschuhen verwendet. Es hat die Form eines Löffels, daher hat es auch diesen Namen erhalten.

Wie der Schnitt in Bild 7.85 zeigt, ist der Schneidenstahl mit der Innenseite feuerverschweißt. Der weiche Stahl liegt wie eine Lasche an der Unterseite, um dem Werkzeug die nötige Stärke zu verleihen. Man kann die Löffelform in einem Bleitopf oder über einem Kugelwerkzeug schmieden. Die innere Fläche schleift man vor dem Formen zum Löffel sauber.

Am anderen Ende wird ein Stiel quer montiert, um das Löffeleisen leichter drehen zu können. Das Ende wird in zwei Erle gespalten, die in den Stiel gebrannt und an der Rückseite abgebogen werden.

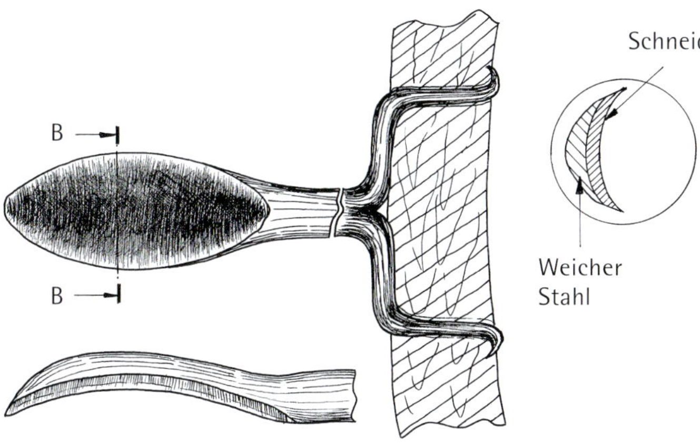

Bild 7.85 Schnitt durch ein Löffeleisen.

In norwegischen Schmieden trug man früher Holzschuhe.

Schmieden eines Scorpeisens

Das Scorpeisen ist auch ein Aushöhleisen. Es wird häufig auch als Holzschuheisen bezeichnet. Auch wenn Holzschuhe heutzutage nicht mehr angefertigt werden, kann das Scorpeisen anderen Aushöhlarbeiten und der inneren Formung an Stellen dienen, die man mit anderem Werkzeug nicht erreicht.

Das Scorpeisen muss dünn und schlank sein, weil es gut schneiden soll. Es sollte laminiert werden, damit es stark genug wird. Scorpeisen werden wie Messerklingen nach der Flachstahlmethode geschmiedet, so dass sie auf beiden Seiten eine Schneide haben (Bild 7.88).

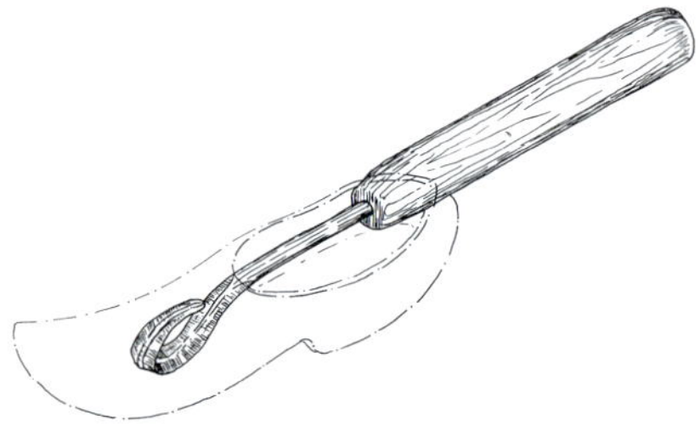

Bild 7.86

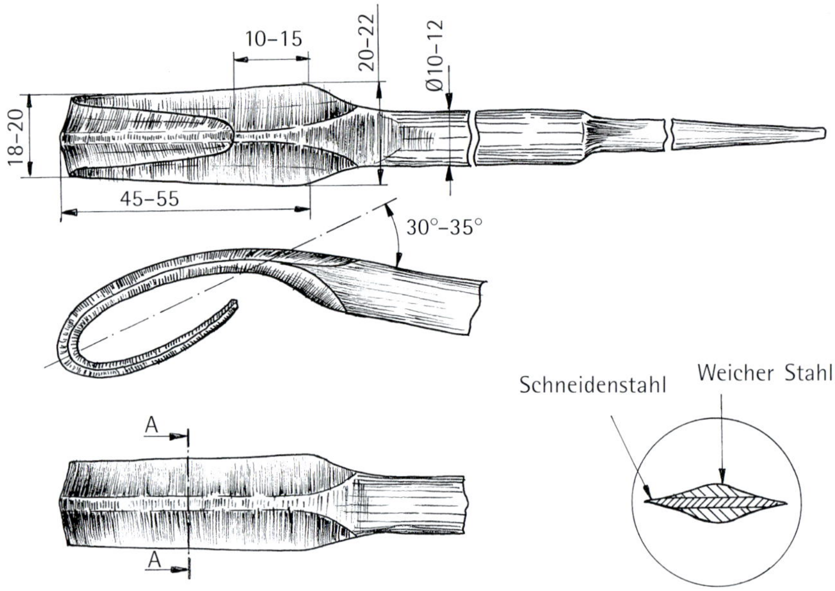

Bild 7.87

Scorpeisen (eigene Arbeit).

Am besten schmiedet man den größten Teil der „Schleiffase", aber dann muss das Werkstück verhältnismäßig schmal sein, weil es an Breite zunimmt. Das Scorpeisen wird auf beiden Seiten fertig geschliffen, bevor es erwärmt und mit einer Zange in die endgültige Form gebogen wird.

Härten und Anlassen werden wie bei Messerklingen ausgeführt, und zum Schluss wird das Eisen feingeschliffen und poliert. Es ist wichtig, Aushöhlwerkzeuge zu polieren, weil die Reibung zwischen Werkzeug und Holz dadurch kleiner wird und die Schneide leichter schneidet.

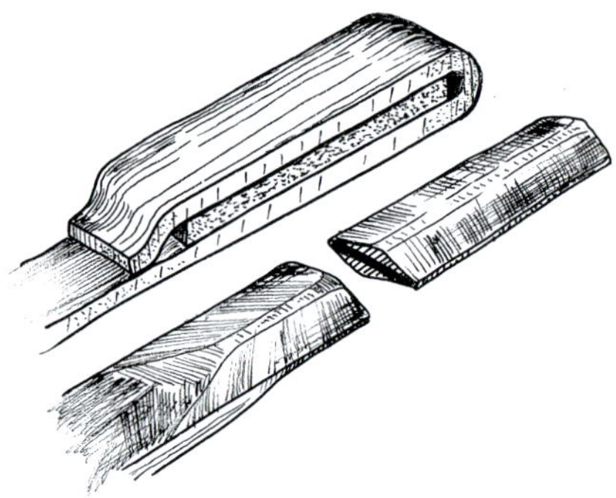

Bild 7.88 Beide Schneiden werden vor dem Biegen fertig geschliffen.

Über die Geschichte der Axt

Ich werde hier keine Abhandlung über die Geschichte und Entwicklung der Axt schreiben. Das würde in diesem Zusammenhang zu weit führen und wäre eher ein Thema für ein eigenes Buch über Äxte. Ich werde nur versuchen, den Hintergrund ein wenig zu erhellen, bevor wir uns mit dem Schmieden von Äxten und anderen Werkzeugen für den Blockhausbau beschäftigen werden.

In der griechischen Mythologie kann man über Hephaistos, den Gott der Schmiede, lesen, dass er den Kopf des Gottes Zeus mit einer doppelschneidigen Axt gespalten habe. Das Ereignis ist auf einer griechischen Schale aus dem Jahr 550-560 vor Christus abgebildet. Daher kann man davon ausgehen, dass die doppelschneidige Axt eine der „ursprünglichen" Äxte ist. Von der gefürchteten Mordwaffe entwickelte sich die Axt weiter bis in die „Stahlzeit".

Im 19. Jahrhundert, bevor die Motorsäge bei den Waldarbeitern in Kanada und den USA eingeführt wurde, war die doppelschneidige Axt fast ein Symbol für den Holzfäller in Nordamerika. Interessant ist, dass die eine Schneide damals schlanker geschliffen wurde als die andere. Die scharfe Schneide mit dem kleineren Schneidenwinkel drang leicht ins Holz ein und wurde hauptsächlich zum Fällen von Bäumen verwendet. Die andere Schneide war stumpfer geschliffen, also mit einem größeren Schneidenwinkel, und deshalb stärker. Sie wurde zum Äste abtrennen und für harte Hölzer verwendet (Bild 7.89).

Später benutzte man diese doppelschneidige Axt für ganz andere Zwecke, nämlich für den Sport Axtwerfen auf eine Zielscheibe. Viele Leute betreiben diesen Sport, ohne je eine Axt für ihren eigentlichen Zweck verwendet zu haben.

Vermutlich gab es eine enge Zusammenarbeit zwischen den Zimmerleuten und den Schmieden, um zum besten Ergebnis zu kommen. Es war selbstverständlich, dass die Schmiede, denen es möglich war, das Werkzeug ausprobierten und sowohl mit dem Schleifen des Schneidenwinkels als auch dem Schmieden der Form experimentierten.

Auf den nächsten Seiten werde ich einige Äxte und anderes Werkzeug für den Bau von Blockhäusern vorstellen. Diese Äxte werden auch Beile genannt. Die meisten Äxte, die breiter und größer als eine gewöhnliche Axt zum Spalten sind, werden als Beil bezeichnet.

Hephaistos, der Gott der Schmiede.

Doppelaxt von Gränsfors Bruks, Schweden.

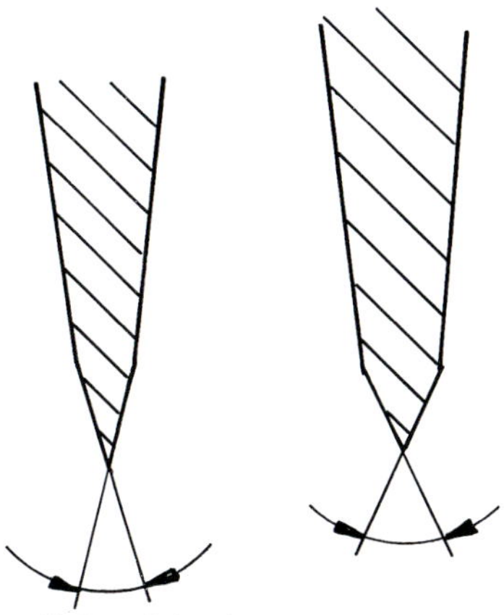

Bild 7.89

Kleiner Schneidenwinkel (scharf)

Großer Schneidenwinkel (stumpf)

Werkzeug für den Blockhausbau

Diese Werkzeuge werden zum Bauen von Häusern in Blockhausbauweise verwendet. Beim Blockhausbau werden Stämme aufeinander gelegt, deren beide Enden mit Sperrnuten versehen sind, die die ganze Konstruktion fixieren.

Die Technik der Blockhausbauweise und das Schmieden des Werkzeugs wurde in vielen Teilen der Welt verwendet, aber am meisten in den großen Nadelwaldgebieten nördlich des 55. Breitengrads in Norwegen, Schweden, Finnland, Russland und Polen. Man benutzte hauptsächlich Kiefernholz wegen der natürlichen Imprägnierung dieser Holzart, aber auch Tanne kann verwendet werden.

In Norwegen sind dazu folgende Werkzeuge üblich:

- Zimmermannsbeil
- Zugmesser
- Ritzwerkzeug
- Geradeisen

Sonst werden auch andere Werkzeuge wie das Tischlerbeil zum Gestalten der Blockhausecke und der Rinne im unteren Auflager verwendet. Profileisen und Profilhobel werden zum Hobeln von Profilen an Brettern und Stämmen verwendet, außerdem Dexel und Queräxte, breite Stemmmeißel, Schabeisen und lokale Werkzeugtypen. Die Schmiedetechnik und die Formen der Werkzeuge sind unterschiedlich, je nach Gebiet und von Land zu Land. Hier sehen Sie die Form einiger Werkzeuge für den Blockhausbau und wie sie verwendet werden.

Alte Blockbauweise in neuem Holz (Hans Marumsrud, Tinn, Norwegen). Im Blockhausbau sind die Erfahrungen von vielen Jahrhunderten vereint. Ein Blockhaus schafft ein schönes Umfeld, ist naturgerecht, und vor allem haben die Leute entdeckt, dass das Leben in einem Blockhaus gesund ist.

Zurechthauen mit Zimmermannsbeil.

Das Zimmermannsbeil wird auch für die feine Arbeit benutzt und wie ein Hobel geschoben (von Ottar Romtveit, Rauland, Norwegen).

Industriell hergestellte Äxte

Heutzutage werden alle industriell hergestellten Äxte in Ganzstahl produziert, das heißt ohne Laminierung. Das ist auf Rationalisierung und Kostenreduktion zurückzuführen, was sich auch bei der Qualität bemerkbar macht. Man verwendet Stahl mit geringerem Kohlenstoffgehalt, oft nicht mehr als 0,4-0,5 %, da er weniger arbeits- und kostenintensiv ist.

Mit dem niedrigeren Kohlenstoffgehalt lässt sich die Superschneide, die man mit Stahl mit rundem einem Prozent Kohlenstoff erhält, nicht herstellen. Die Industrie muss natürlich Produktionskosten, Qualität und Verkaufspreis gegen einander abwägen. Außerdem richtet sich die Produktion danach, wie die Leute die Werkzeuge verwenden. Heutzutage wird viel für die moderne Wegwerfgesellschaft hergestellt, und immer mehr Leute können ihr Werkzeug nicht mehr pflegen.

Ein erfahrener Handwerker, wie ein Tischler oder Zimmermann, behandelt seine Axt mit Vorsicht. Er weiß viel über das Schleifen, über Schneidenwinkel, die Struktur des Holzes und den Stahl und kann sein Werkzeug instandhalten.

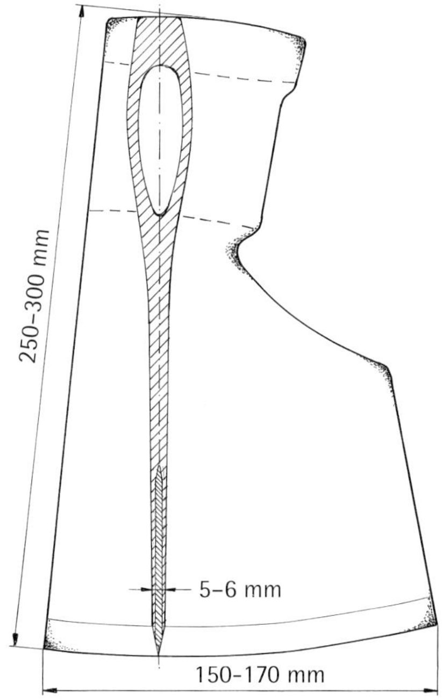

Bild 7.90 Gewöhnliches Zimmermannsbeil (mittig laminert).

Laminierte Zimmermannsbeile

Man kann sich fragen, wozu Beile laminiert sein sollen. Das ist eine komplizierte Frage, weil die Antwort von mehreren Faktoren abhängig ist. Erstens kann der Schmied dadurch die Wünsche des Kunden, wie zum Beispiel Gewicht und Größe, besser berücksichtigen. Heutzutage wollen die meisten Leute ein schlankes, dünnes Beil mit einem Gewicht von 2,5 bis 3 Kilo. Hier ist es von Vorteil, die dünne Schneide zu laminieren, damit sie stark genug ist. Das Gewicht wird durch die Menge Material im Nacken des Beils, um das Loch für den Stiel und in der Höhe und Breite des Beils bestimmt.

Durch das Laminieren des untersten Teils mit 0,7 bis 1,1 % Kohlenstoffstahle rhält man eine ausgezeichnete Schneide mit einer größeren Härte und Verschleißbeständigkeit.

Ein laminiertes Beil anzufertigen, ist ein zusammenhängender Prozess von Schmieden, Härten, Anlassen und dem richtigen Schleifwinkel im Verhältnis zum Material, für das das Beil verwendet wird und die Person, die das Beil benutzen wird. In Norwegen gibt es zwei Haupttypen von Zimmermannsbeilen: das Beil mit Scherenanschliff nur auf der einen Seite, und das mittig laminierte und auf beiden Seiten geschliffene (Bilder 7.90 und 7.91).

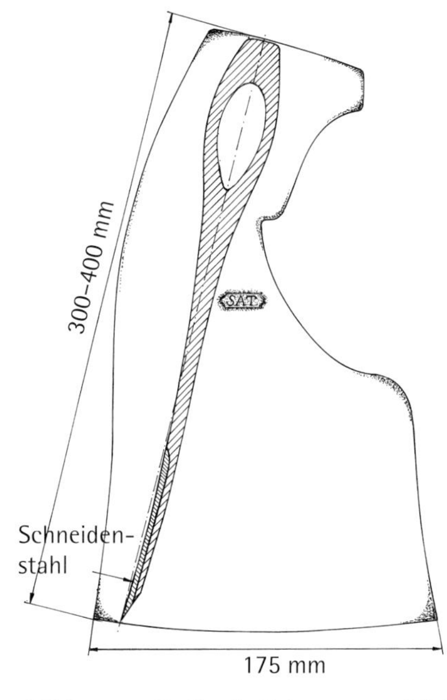

Bild 7.91 Beil mit Scherenanschliff, d.h. nur einseitig geschliffen und laminiert.

Schmieden von Zimmermannsbeilen

Diese Beile allein in einer gewöhnlichen Schmiede zu schmieden, ist fast nicht möglich. Selbst mit einem Maschinenhammer ist es eine große Aufgabe, die sich nur durch Kombination neuer und alter Technik ausführen lässt.

Der Axtkopf kann von einer alten oder neuen Axt stammen. Industriell hergestellte Axtköpfe sind billiger als selbstgeschmiedete. Für die Qualität hat es keine Bedeutung, denn man benötigt nur weichen Stahl für den Axtkopf. Bei diesem Beil ist die laminierte Schneide das Wichtigste.

Das Zwischenstück wird aus einer 10-14 mm dicken, warm gewalzten Platte zugeschnitten, abhängig von der gewünschten Größe des Beils. Der Schneidenteil wird nach der Messerklingenmethode aus 8 x 50 mm Winkelstahl mit einem 6 x 45 mm großen Stück 1,1 % Kohlenstoffstahl in der Mitte angefertigt.

Der Winkelstahl wird zurechtgebogen, der Schneidenstahl mit Borax eingefügt, und das ganze Paket wird feuergeschweißt und gestreckt, bis es etwas dünner als das Mittelstück ist.

Alle drei Teile werden mit X-Fugen geschliffen und mit einem Winkel von ca. 10° punktgeschweißt, um den richtigen Winkel zum Hauen und für die Richtung des Stiels zu erhalten. Dann werden die Teile mit einer basischen Elektrode aneinander geschweißt. Ich verwende hierfür die Marke Baso 120, die das anschließende Schmieden gut verträgt. Es ist wichtig, einen guten Bodenstrang ohne Wurzelfehler zu schmieden.

Zum Schluss wird das ganze Beil erwärmt und auf dem Maschinenhammer in die richtige Form und Dicke geschmiedet. Um sicher zu sein und das Laminat nachzuschweißen, verwende ich an der Schneide Schweißtemperatur. Beginnen Sie innen und schlagen Sie auswärts, damit eventuelle Schlackenreste herausspritzen. Wenn Sie zuerst an der Schneide schmieden, können Schlackenteilchen eingeschlossen werden, was sich ungünstig auswirkt.

Wie Sie sehen, verwende ich im Maschinenhammer runde Backen, um scharfe Absätze zu vemeiden. Hier können Sie aber Hilfswerkzeug mit runden Backen und einem Bügel benutzen, wenn der Maschinenhammer flache Backen hat.

Wenn das Axtstück so geschmiedet wird, erhält die ganze Klinge ein gleichmäßig feinkörniges Gefüge, und die Schweißverbindungen erhalten optimale Stärke. Ich finde diese Methode akzeptabel, wenn man die Schweißnähte nicht sieht.

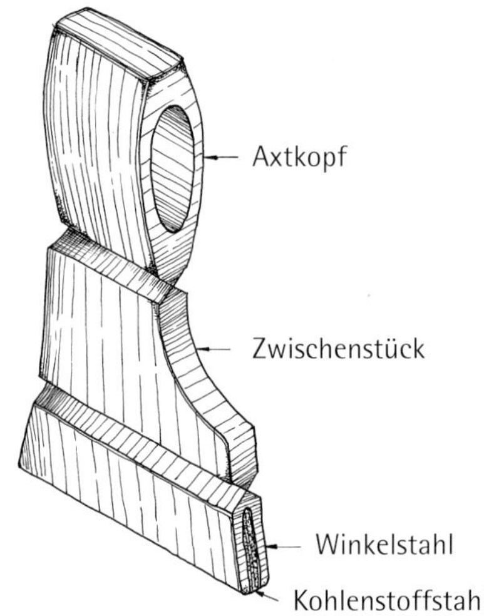

Bild 7.92 Axtkopf.

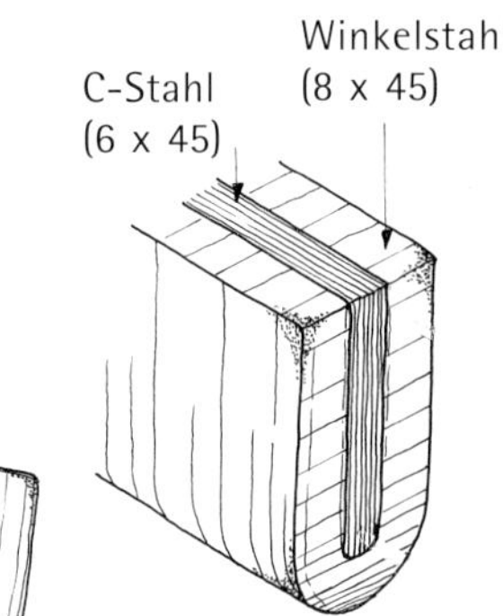

Bild 7.93 Schneidenteil.

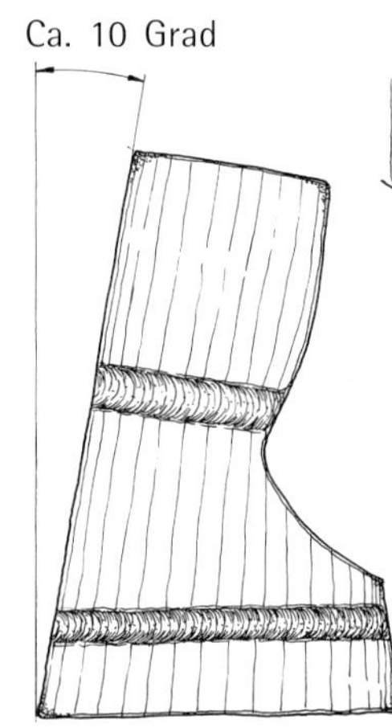

Bild 7.94

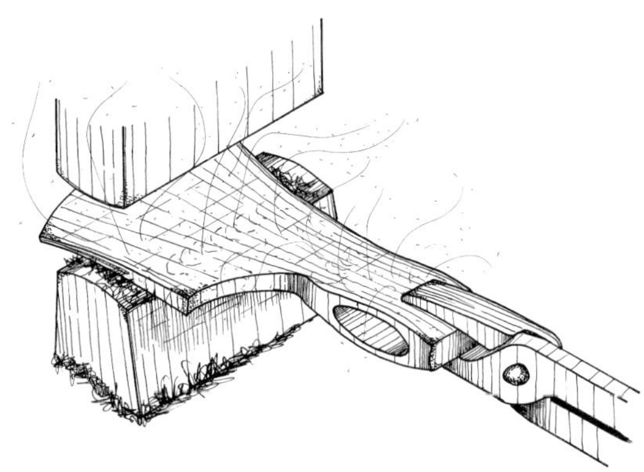
Bild 7.95 Ausschmieden.

Schmieden eines Zimmermannsbeils am Maschinenhammer mit gebogenen Ambossbacken (Verfahren wie auf der vorigen Seite erklärt). Beim ersten Erwärmen wird die laminierte Schneidenpartie nachgeschweißt und gestreckt.

Beim zweiten Erwärmen beginnt man mit dem Strecken der Klinge vom Loch des Stiels aus zur Schneide hin. Das Werkstück muss regelmäßig gedreht und auf beiden Seiten geschmiedet werden, damit der Stahl in der Mitte zu liegen kommt.

Das Beil muss gerade und symmetrisch sein. Beachten Sie, dass sich das Loch nicht im Verhältnis zur Längsrichtung der Schneide dreht. Erfahrene Zimmerleute verwenden häufig ca. 300 mm hohe und 2,5 bis 3 kg schwere Beile mit einer Schneidenlänge von 170-200 mm.

Schleifen von Äxten

Wir werden jetzt das Schleifen von Äxten durchnehmen, das heißt die Schneidengeometrie, die für die meisten Schneidwerkzeuge zur Bearbeitung von Holz gilt.

Wir beginnen mit einem Zimmermannsbeil mit Scherenanschliff, das heißt, dass es wie eine Schere geschliffen wird und wie alte Scheren nur auf der einen Seite Kohlenstoffstahl hat. Diese Beile werden hauptsächlich in Telemark verwendet. Der bekannte Schmied Steinar Aslakson Turtedalen hat dieses Modell vermutlich geschaffen. Er stempelte mit SAT und schmiedete Beile, die sich zum Zurechthauen und Stechen eigneten. Siehe die Bilder und Zeichnungen eines solchen Beils (Bild 7.91).

Zimmermannsbeil von Steinar Aslakson Turtedalen, 1895 in Norwegen geschmiedet. Ein Modell, das viel von Zimmerleuten in Telemark verwendet wird.

Zimmermannsbeil mit Scherenanschliff

Ein solches Zimmermannsbeil kann über 400 mm hoch sein und eignet sich gut zum Zurechthauen von Baumstämmen, weil der Stiel nicht im Weg ist. Ein wesentlicher Grund für das Schleifen auf nur einer Seite ist die vertikalere Stellung der Schneide, durch die das Beil tiefer ins Holz greift und wegen des kleineren Schneidenwinkels leichter schneidet (Bild 7.96).

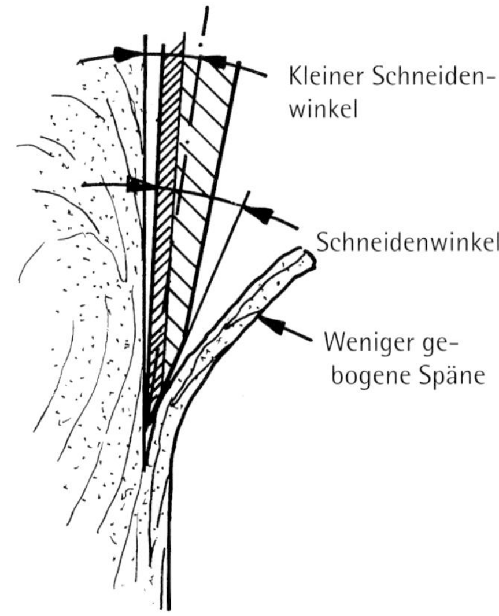

Bild 7.96 Beil mit Scherenanschliff und gerader Schleiffase.

Gewöhnliches Beil

Gewöhnliche, auf beiden Seiten geschliffene Beile müssen schräger gehalten werden und schneiden stärker gebogene Späne, siehe Bild 7.97.

Wird die Schneide zu stumpf geschliffen, ist das Beil schwer zu gebrauchen. Hier muss man eben Vor- und Nachteile abwägen. Bei spitzer Schneide, also mit kleinerem Schneidenwinkel schneidet das Beil leichter, aber es ist natürlich dünner und schwächer. Beides kann man leider nicht haben, weil die Dicke der Schneide im Verhältnis zum Material steht, für das das Beil verwendet wird. Das ist dann nicht von der Fähigkeit des Schmieds abhängig.

Die Schuld wird häufig dem Schmied gegeben, wenn die Schneide bricht, und oft kann das auch berechtigt sein. Trotzdem glaube ich, dass sich Schmied und Zimmermann die Schuld teilen müssen. Auch bei guter Schmiedearbeit gibt es eine Grenze, die beim Schleifen der Schneide im Verhältnis zur Anwendung nicht unterschritten werden darf. Auch ein Rasiermesser bricht, wenn es für andere Zwecke als zum Rasieren verwendet wird.

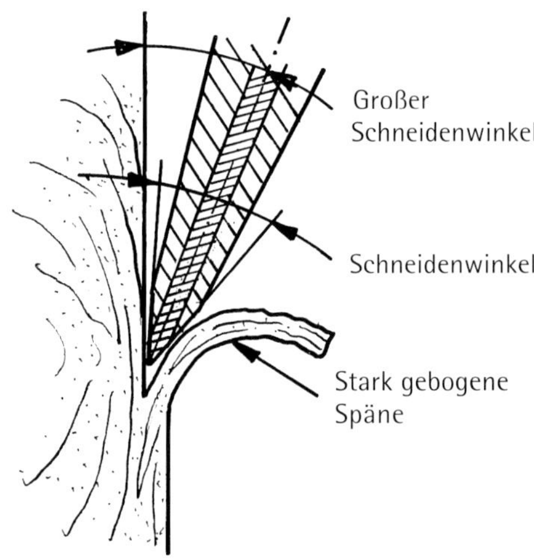

Bild 7.97 Gewöhnliches Beil mit gerader Schleiffase.

Hohlschleifen von Schneiden

Es gibt Leute, die sagen, man fordere das Schicksal heraus, wenn man eine Schneide hohl schleife. Trotzdem machen es die Holzschnitzer. Es gibt auch Leute, die ein hohl geschliffenes Beil vorziehen, und es ist möglich, so zu schleifen. Hier muss man natürlich nass auf einem größeren Schleifstein schleifen. Man hat seit jeher Holzbearbeitungswerkzeuge auf diese Weise geschliffen.

Eine hohl geschliffene Schneide kann sehr scharf werden und sich fast am Holz „festsaugen". Natürlich ist sie dann auch verletzbarer. Ein solches Beil taugt nur für Feinarbeit, und man leiht es auch nicht gern aus. Außerdem muss man noch Material zum Abziehen haben, bevor die Schneide rund wird. Sobald die Schneide rund wird, verliert das Beil seine Eigenschaft als Hobel.

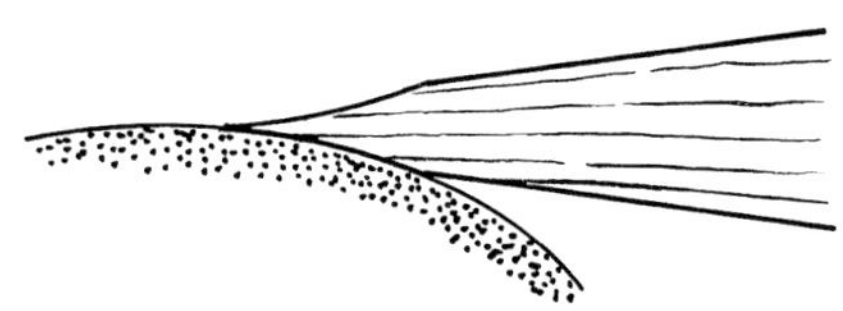

Bild 7.98 Hohl geschliffene Schneide.

Schneide mit Scherenanschliff

Eine Schneide mit Scherenanschliff schneidet gut, aber leicht wie ein Stemmmeißel. Bei dieser Art Schliff kann man sich auch ein wenig Hohlschliff erlauben. Nur muss der Benutzer bei dieser Schneide wissen, was er tut. Meistens wird wohl eine gerade Fase geschliffen. Bei einer solchen Schneide kann der Schneidenwinkel etwas größer sein, ohne dass die Schneideigenschaften beeinträchtigt werden. Ein größerer Winkel macht die Schneide stärker, die man dann auch zum Zurechthauen und Hauen in Holz mit härteren Ästen verwenden kann.

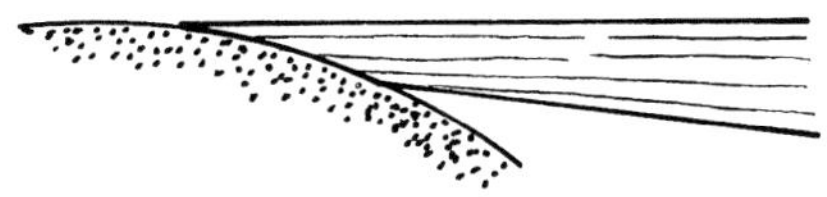

Bild 7.99 Hohl geschliffenes Tischlerbeil.

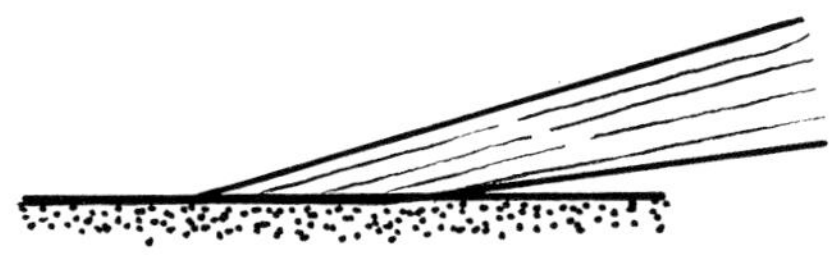

Bild 7.100 Gerade Schleiffase eines Tischlerbeils.

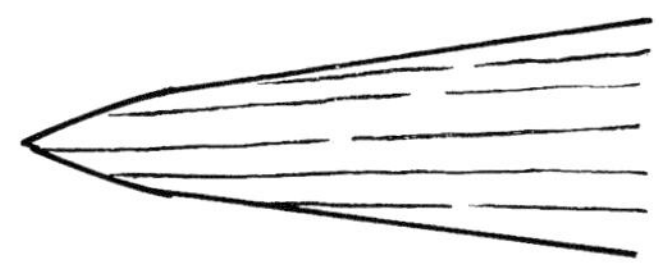

Bild 7.101 Rund geschliffene Schneide. Viele Zimmerleute besitzen für den Blockhausbau 2-3 Beile mit unterschiedlichem Schliff und wählen das Beil je nach der Härte des Materials.

Rund (ballig) geschliffene Schneide

Sie ist die stärkste Schneide, aber vielleicht nicht die beste für Zimmermannsbeile. Man darf sie aber richtig hart behandeln, und sie passt am besten für Spaltbeile und ähnliches Werkzeug. Diese Schneide ist auch am einfachsten zu schleifen. Das haben sicher schon viele Leute erlebt, denn das Schleifen einer Messerklinge oder einer Axt ist beileibe nicht das Einfachste. Es erfordert einige Übung und die richtige Ausrüstung. Beim Schleifen auf nassem Stein wird das Blauschleifen (blaue Anlassfarbe) als Zeichen für ein Überhitzen und Weichwerden der Schneide vermieden. Wenn Sie Schleifscheiben verwenden, dann weiße und mittelharte. Für das Feinschleifen auf einem Bandschleifer darf man, wenn überhaupt, nur neue und scharfe Bänder benutzen.

Schleifen allgemein

Vergegenwärtigen Sie sich, was wir besprochen haben und beachten Sie den Schneidenwinkel. Für weiche und lose Holzarten können Sie einen kleinen Schneidenwinkel verwenden, für Äste und härtere Hölzer einen großen.

Gerade oder gebogene Schneide der Axt?

Ich unterhalte mich häufig mit dem Schmied Øyvind Klausen aus Nordheim über Werkzeug für den Blockhausbau, und wir haben unterschiedliche Schliffe und Winkel ausprobiert. Ein Schmied muss das Werkzeug, das er schmiedet, verwenden können, damit es möglichst richtig wird. Daher muss man mit erfahrenen Zimmerleuten zusammenarbeiten, wovon auch sie profitieren.

Wer eine Axt benutzt, hat sicher bemerkt, dass die Schneide gerade oder gebogen sein kann. Dass eine Schneide gerade oder gebogen geschliffen ist, kann mehrere Ursachen haben. Es kann ein Stück an der Ecke der Schneide abgefallen sein und man muss die ganze Schneide abschleifen, oder man wählt eine gebogene Schneide, weil sie leichter ins Holz eindringt. Denn der spezifische Druck erhöht sich, wenn nur ein Teil der Schneide greift.

Die gesamte, durch den Axtstiel übertragene Kraft setzt sich durch die Schneide fort und ergibt daher einen hohen Schneidedruck in einem begrenzten Bereich der Schneide (Bild 7.102).

Bei einer ganz geraden Schneide wird die Gesamtkraft auf die ganze Schneidenlänge verteilt, und der spezifische Schneiddruck wird kleiner (Bild 7.103).

Eine gerade Schneide wirkt häufig leblos und schneidet nicht so leicht ins Holz, weil die ganze Schneidenlänge greift. Ein Spaltbeil und eine Axt zum Bäume fällen haben meist eine gebogene Schneide und eine größere Eindringwirkung. Ein Zimmermannsbeil mit gerader Schneide wirkt beim Zurechthauen eines Baumstamms wie eine Axt mit runder Schneide (Bild 7.104).

Ein erfahrener Tischler besitzt meist mehrere Äxte und wählt die richtige Axt für ein bestimmtes Arbeitsstück. Er weiß auch, dass eine Axt mit gebogener Schneide hohlere Nuten gibt, während man mit einer geraden Schneide leichter Ecken erreicht und eine ebene Fläche erhält.

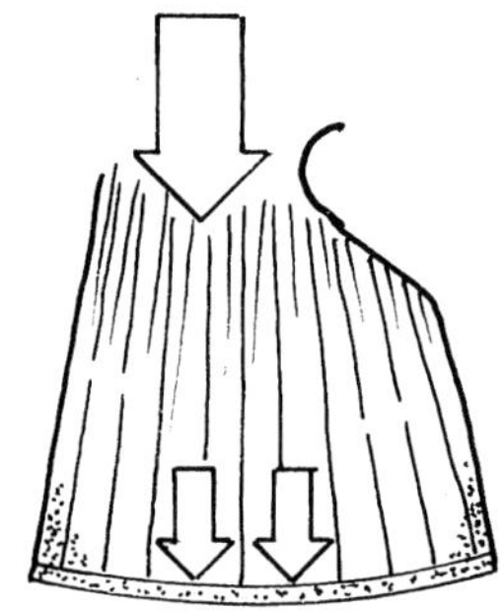

Bild 7.102 Gebogene Schneide.

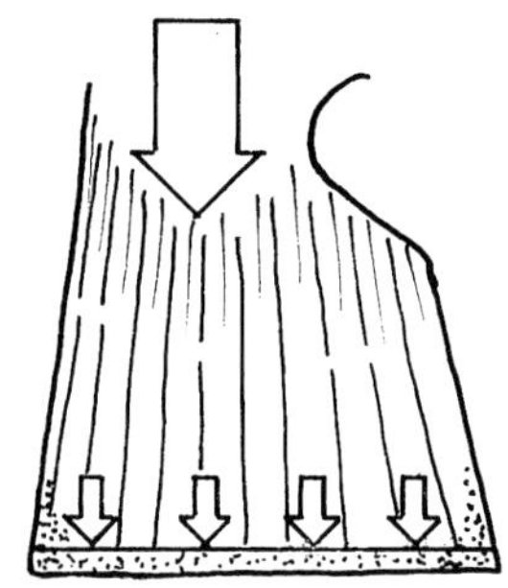

Bild 7.103 Gerade Schneide.

Bild 7.104 Zurechthauen eines Baumstamms.

Schmieden eines Beils mit Scherenanschliff

Ein solches Beil mit Kohlenstoffstahl auf der einen Seite zu schmieden, ist schwieriger als ein gewöhnliches, in der Mitte laminiertes Beil. Das Beil kann wie ein normales Beil aufgebaut werden, aber mit einem größeren Zwischenstück. Der Kohlenstoffstahl wird auf die Seite des Zwischenstücks gelegt und oben elektrisch mit basischer Elektrode angeschweißt. Damit Kohlenstoffstahl oder Schweißnaht nicht springen, muss der Kohlenstoffstahl vor dem Schweißen auf ca. 400 Grad vorgewärmt werden. Beim Schweißen entstehen im Kohlenstoffstahl große Schrumpfkräfte, die durch das Vorwärmen reduziert werden.

Halten Sie den Stiel in der Hand und legen Sie den Kohlenstoffstahl auf die linke Seite, erhalten Sie ein Rechtsbeil, und umgekehrt.

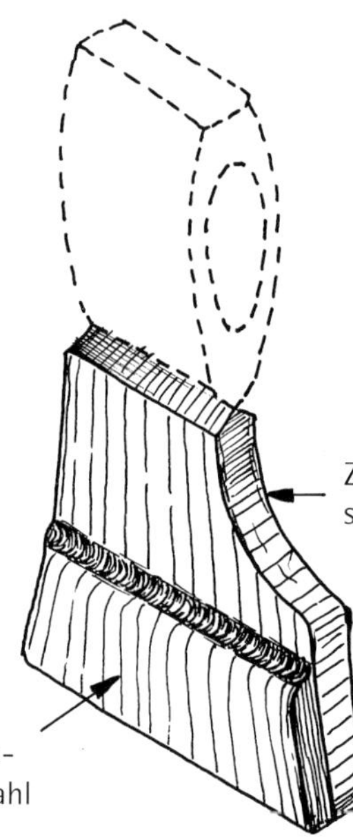

Bild 7.105 Zimmermannsbeil mit Scherenanschliff (Rechtsbeil).

Beim Schmieden des Kohlenstoffstahls und des Zwischenstücks benötigt man einen großen Gluthaufen in der Esse, damit der ganze Bereich, der geschweißt werden soll, oben und unten von glühender Kohle umgeben ist. Nur so hat man genug Oberwärme für den Kohlenstoffstahl, der beim Erwärmen oben liegen muss, weil er keine so hohe Schweißtemperatur verträgt.

Das Zwischenstück mit wenig Kohlenstoff braucht eine höhere Schweißtemperatur. Daher muss es ganu unten liegen. Die ersten sprühenden Sterne kommen normalerweise vom unteren Stück, das am wärmsten wird. Dann hat auch der Kohlenstoffstahl die richtige Temperatur.

Schweißen Sie die erste Naht von Hand und schlagen Sie von innen nach außen, um die Schlacke herauszutreiben. Versuchen Sie, Ihre Hammerschläge zu zügeln, denn bei dieser Temperatur ist der Kohlenstoffstahl am zerbrechlichsten.

Dann erwärmen Sie noch einmal bis zur Schweißtemperatur und strecken das Werkstück auf dem Maschinenhammer in die richtige Länge, Breite und Dicke.

Das Beil darf an der Schneide nicht zu dünn geschmiedet werden. Ca. 6–7 mm sollte genug sein, damit Sie auf beiden Seiten der Schneide noch etwas Material zum Schleifen haben. Wird die Schneide zu dünn, wirft sie sich gern beim Härten. Sie biegt sich dann und ist schwer zu begradigen. In diesem Fall muss man es nach dem Anlassen tun.

Ganzstahlschneide

Um einen langen Bogen in der Schneide zu vermeiden, was häufig ein Problem ist, kann man natürlich eine Ganzstahlschneide anschweißen. Eine Schneide aus Ganzstahl verzieht sich nicht. Das geschieht nur, wenn zwei Stahltypen laminiert werden, weil die Schrumpfkräfte in den zwei verschiedenen Stahlsorten unterschiedlich sind.

Ob Ganzstahl oder Laminat besser ist? Fragen Sie einen erfahrenen Zimmermann.

Bild 7.106 Ganzstahlschneide. Man darf nicht zu dünnes Material verwenden. Das Schmieden ist gut für das Werkstück. Es ergibt ein feinkörniges und starkes Gefüge.

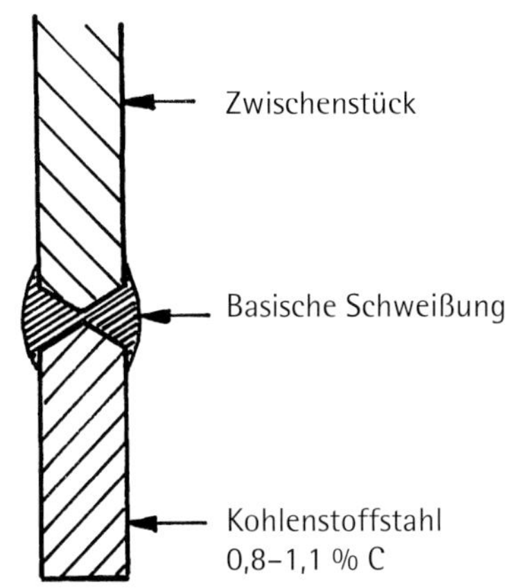

Ritzwerkzeug für den Blockhausbau

Dieses Werkzeug überträgt die Unregelmäßigkeiten des unteren Baumstamms auf den oberen Baumstamm. Damit erhält man eine geritzte Linie im Stamm, nach der man die Rinne mit dem Zughobel hobeln kann.

Man muss vielleicht beim Anpassen des Stammes mehrmals ritzen. Die Stämme sollen ja so dicht liegen, dass der obere Stamm das zwischen die Stämme gelegte Werg abschneidet. Heute verwendet man häufig elektrisches Werkzeug und Motorsägen für die grobe Arbeit. Für das Ritzwerkzeug hat man aber immer noch Verwendung.

Schmieden des Ritzwerkzeugs

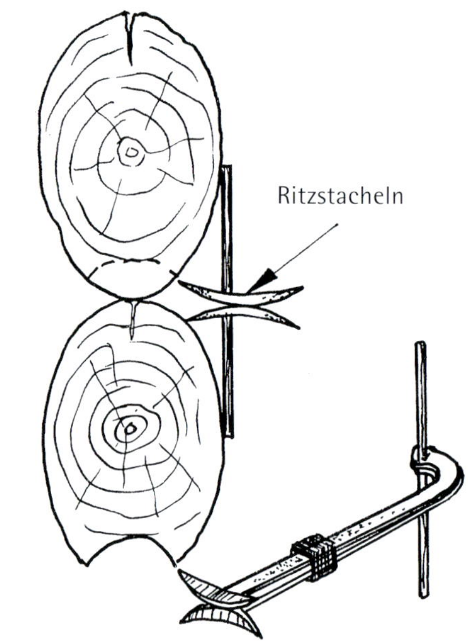

Bild 7.107 Ritzwerkzeug.

Es gibt viele verschiedene Ritzwerkzeuge, und jeder Zimmermann hat seinen Favoriten. Jeder hat seine Meinung zu den Werkzeugen und ihrer Verwendung. Daher ist es nicht einfach, nur ein Schmied zu sein, der die Arbeit des Zimmermanns vielleicht gar nicht ausführen kann.

Rechts sehen Sie ein verstellbares Ritzwerkzeug. Es hat am Ende des Handstücks ein Steuereisen, das an das Holz gelegt wird. Es kann aber auch nur ein gerader Griff sein.

Wir haben schon so viel über Schmiedetechniken gelernt, dass das Schmieden eines Ritzwerkzeugs nicht problematisch sein sollte. Man kann weichen Stahl benutzen, aber Federstahl ist besser. Der Griff besteht aus zwei federnden Flachstählen, die am Ende feuerverschweißt sind. Die Stacheln schweißt man quer zum Griff und feilt sie in die richtige Form.

Auf dem Handstück steckt ein „eckiger“ Ring, der auf einem Vierkantdorn aus einem Rohr geschmiedet werden kann. Im linken Foto

Das Ritzen.

Nicht verstellbares Ritzwerkzeug mit vier unterschiedlichen Abständen der Ritzstacheln, das noch von meinem Vater stammt.

auf Seite 152 ist eine Einstellschraube zu sehen, mit der der Abstand zwischen den Stacheln fixiert wird.

Wie erwähnt, gibt es viele unterschiedliche Modelle der Werkzeuge, aber das beste Modell entsteht sicher, wenn Schmied und Zimmermann zusammenarbeiten. Ein guter Zimmermann kennt die beste Form des Werkzeugs, und ein guter Schmied weiß, was mit Stahl und einem Hammer geformt werden kann. Daher ist eine engere Zusammenarbeit immer von Vorteil.

Zughobel

Der Zimmermann Ottar Romtveit führt die Anwendung des Zughobels vor.

Zu allen Zeiten wurden unterschiedliche Techniken für die gezogene Rinne im Baumstamm angewandt. Der Zughobel im Foto rechts ist eine Möglichkeit. Die Methoden sind von Gebiet zu Gebiet verschieden und abhängig vom Ort, an dem der Zimmermann sein Handwerk gelernt hat.

Früher schlug man die Rinne mit dem Beil und bearbeitete mit ihm auch die Bohlen nach den geritzten Linien. Heute verwendet man Motorsägen und andere moderne Hilfsmittel für die grobe Arbeit mit der Rinne. Der Zughobel wird nur zum genauen Hobeln nach den geritzten Linien benutzt.

So ist es in allen Fächern: Eine neue Technologie, neue Werkzeuge und Hilfsmittel werden bekannt, und man lernt neue Techniken bei der Ausführung der Arbeit. Soll man heutzutage von seinem Handwerk leben können, kann das nicht vermieden werden. Eine wichtige Voraussetzung ist dennoch, dass die handwerkliche und gebrauchsmäßige Qualität nicht verringert wird. Neue Hilfsmittel und Techniken dürfen in traditionellen Produkten auch nicht als Fremdkörper erscheinen.

An der Rückseite geschliffener Zughobel

Der in Bild 7.108 abgebildete Zughobel ist ein älteres Modell. Das sieht man an dem auf der Innenseite des Bogens feuergeschweißten Schneidenstahl und an der an der Rückseite geschliffenen Schneide. Es war nämlich am leichtesten, dort zu schleifen, wenn man nur einen nassen Schleifstein hatte. Damals gab es die Möglichkeit von Schleifscheiben in unterschiedlichen Größen noch nicht.

Das Problem beim Schleifen an der Rückseite ist, dass der Griff am Zughobel stark nach unten gedreht werden muss, damit die Schneide greift. Der Vorteil dabei ist, dass die Schneide nicht so tief greift.

Ein solcher Zughobel wird aus ca. 8 mm Flachstahl und einem 6 x 100 mm Kohlenstoffstahl in der Mitte feuerverscheißt hergestellt. Die Länge des Bogens sollte mindestens 80 mm sein, und der Griff muss in derselben Höhe wie die Schneide liegen. Liegt der Griff über der

Schneide, entsteht ein Hebelarm, der die Schneide nach unten zwingt. Zum Schmieden des Bogens verwendet man einen großen Rundsetzhammer und ein Untergesenk mit großem Radius.

Feuergeschweißt wird wie beim Beil mit Scherenanschliff, man legt den weichen Stahl unten in die Esse. Schmieden Sie den Bogen ziemlich heiß, damit die Schweißstelle nicht aufreißt.

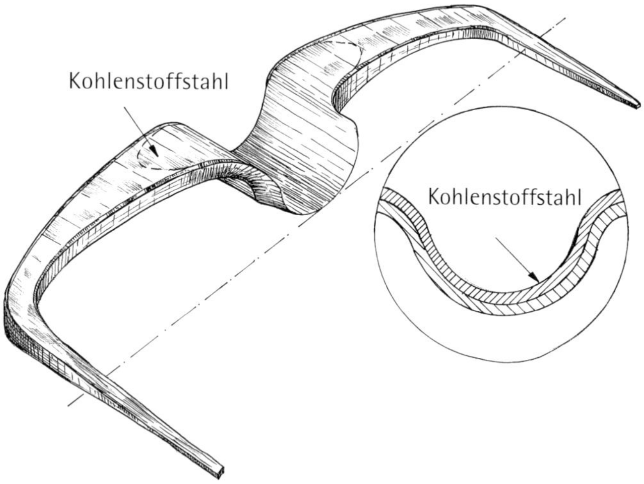

Bild 7.108 An der Rückseite geschliffener Zughobel. In Verbindung mit laminiertem Werkzeug wird auch die Bezeichnung Schneidenstahl verwendet, was das gleiche wie Kohlenstoffstahl ist. Früher machte man häufig einen Unterschied zwischen Schmied und Klingenschmied. Der Klingenschmied beherrschte das Laminieren und das Feuerschweißen.

Auf der Innenseite geschliffener Zughobel

Hier wird eine raschere Art der Anfertigung eines Zughobels vorgestellt. Ausgangsmaterial ist Kohlenstoffstahl (8 x 40 x 100), der mit basischer Elektrode an den Flachstahl geschweißt wird (Bild 7.109). Vorher sollte die Schneide noch auf der einen Seite schräg ausgeschmiedet werden, was mit runden Backen am Maschinenhammer gut geht (Bild 7.110).

Als nächstes schmiedet man eine Schweißnaht und streckt die Handstücke aus, wie in Bild 7.111 gezeigt. Dann biegt man die Arme zu sich. Der Beginn der Arme muss mit der Schneide in einer Linie liegen, damit kein zu langer Hebelarm entsteht.

Zum Schmieden des Bogens habe ich ein Gesenkwerkzeug angefertigt, mit dem ich die Form im Maschinenhammer schmiede (Bild 7.112).

Dadurch werden die Arme automatisch ein wenig nach unten gebogen, so dass die Griffe auf derselben Höhe wie die Schneidenlinie liegen.

Für das Härten benötigt man einen rechteckigen Härtekanister, der so tief ist, dass die Schneide vertikal in das Härteöl gehalten werden kann. Zum Anlassen verwende ich den normalen Backofen.

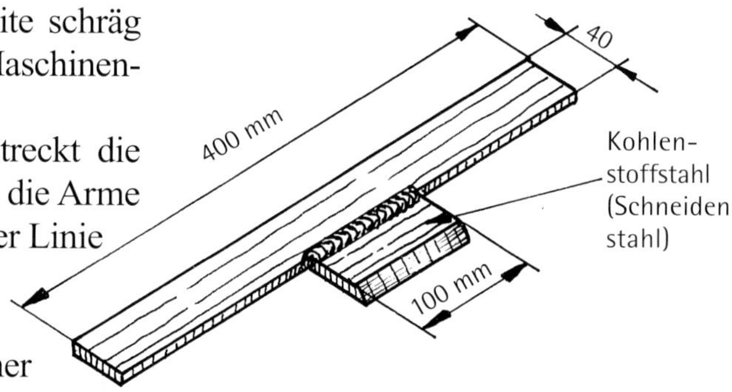

Bild 7.109 Der Schneidenstahl wird mit basischer Elektrode mit X-Fuge an den Flachstahl geschmiedet.

Man kann auch nur den Kohlenstoffstahlteil härten und mit Eigenwärme, die es hinten noch gibt, anlassen.

Zum Schluss schleife ich die Schneidenfase innen fein mit einem Schleifrondell. An der Rückseite erhält die Schneide wegen dem Biegen einen kleinen Aufwärtsbogen.

Durch genaues Schleifen des Bogens an der Rückseite kann man bestimmen, wie tief die Schneide greifen soll. Siehe den Zughobel auf der nächsten Seite.

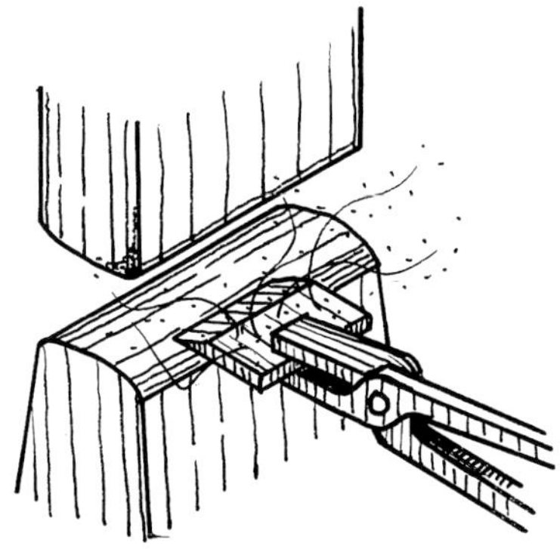

Bild 7.110 Das Schräg-Schmieden der Schneide.

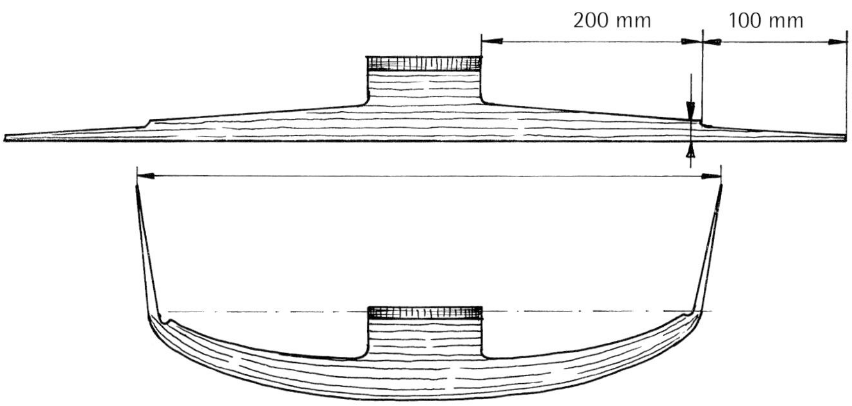

Bild 7.111 Strecken Sie den Stahl für die Griffe aus.

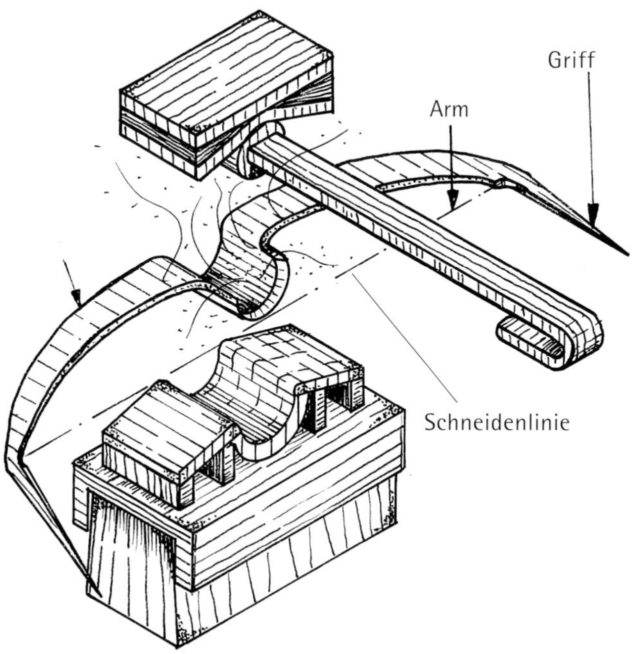

Bild 7.112 Schmieden des Schneidenbogens auf dem Gesenk. Er kann auch mehr eine V-Form erhalten.

Eine Serie von Tischlerbeilen aus eigener Produktion. Zimmermann: Ottar Romtveit.

Zughobel: Mit dem richtigen Bogen auf der Rückseite der Schneide greift der Hobel in der richtigen Tiefe und erzeugt die richtigen Späne.

Nassschleifen: Mit einem solchen Schleifstein schleift man schnell ein Beil, ohne ein „Blauschleifen" zu riskieren (Kongsberg Silberminen, Norwegen).

Ottar Romtveit, Rauland, Norwegen, haut Rundholzbohlen.

Ein Beil mit Scherenanschliff ist genau so gut wie ein Hobel.

Øyvind Klausen vor seiner Schmiede.

Eine Auswahl von Øyvinds Produktion.

Der Schmied aus Nordheim

Øyvind Klausen betreibt die Nordheimschmiede in Fyresdal in Telemark. Er hat einen kleinen Bauernhof, der idyllisch am See Fyresdalsvannet liegt. Øyvind war viele Jahre Baumeister, 1991 baute er sich eine Schmiede und begann als Schmied zu arbeiten. Sein Vater war auch Schmied. Der Apfel fällt also nicht weit vom Stamm.

Zuerst betrieb er das Schmieden als Hobby. Inzwischen ist er Schmied von Beruf und schmiedet vor allem Werkzeuge für den Blockhausbau, von großen Tischlerbeilen bis zu Zughobeln und anderen Holzbearbeitungswerkzeugen. Er schmiedet aber auch Beschläge und dekorative Gebrauchsgegenstände.

Wir verbringen viel Zeit zusammen, sowohl in unserer Freizeit als auch auf Reisen, und diskutieren über das Schmieden und die Gesellschaft. Beide schätzen wir gutes Essen und haben gemeinsam ein Gericht bestehend aus Renke, Pilzen und Weißwein komponiert.

Zu Besuch bei Øyvind mit einer gemütlichen Angeltour im See Fyresdalsvannet.

Betrachtet man eine Holzskulptur aus Hartholz wie diese mit ihrem ganzen Detailreichtum, kann man davor nur den Hut ziehen. Stellen Sie sich vor, welches Wissen man über Werkzeuge, Materialien und Gestaltung haben muss.

Mit polierter Oberfläche wird die Reibung beim Schneiden geringer und die Schneide besser.

Das Schmieden solch spezieller Holzschnitzereisen ist eine große Herausforderung, insbesondere wenn man weiß, welch ausgezeichneter Holzschnitzer Fred Cogelow ist. Die Eisen mussten schlank sein und eine Superschneide haben und gleichzeitig eine hohe Belastung aushalten.

Holzbearbeitungswerkzeug für Holzschnitzkünstler

Vor ein paar Jahren erhielt ich ein kleines Paket aus den USA. Es kam von meinem Freund Fred Cogelow, einem der besten Holzschnitzkünstler der USA. Ich hatte Fred als Schüler in einem Messerkurs in Amerika kennengelernt. Wie viele andere Amerikaner ist er norwegischer Abstammung. Er ist in Minnesota geboren, besuchte die Universität in Chicago und begann 1973 mit dem Holzschnitzen. Im Paket lagen einige aus Holz geschnitzte „Holzschnitzeisen“ und ein kleiner Zettel: „Håvard kannst du solche Eisen für mich schmieden? Danke.“ Ich habe die Eisen soeben an ihn gesandt und freue mich auf seine Antwort, auch wenn ich mich zugleich davor fürchte.

Therapie für Menschen

Abschließend zum Holzschnitzwerkzeug möchte ich diese Bilder hinzufügen. Vor einigen Jahren hatte ich einen Schüler in einem Messerkurs in Amerika. Ich kann mich leider an seinen Namen nicht mehr erinnern, aber er saß am Abend da und „spielte" mit dem Messer. Man braucht nicht zu erwähnen, dass er das Messer meisterhaft verwendete.

Eigentlich benötigt man zum Schnitzen kein anderes Werkzeug als ein kleines, schlankes Messer mit einer guten Schneide. Die Schnittflächen im Holz sollen sauber und glatt sein und die Spuren des Messers deutlich zeigen. Sandpapier und Schleifmittel sind verpönt.

Schmieden Sie sich eine Klinge und fangen Sie an. In Laubhölzern wie Espe, Linde oder Erle lässt es sich gut schnitzen.

Außer einem gewöhnlichen Messer verwendet man auch den unten abgebildeten Typ. Er ist leichter zu handhaben.

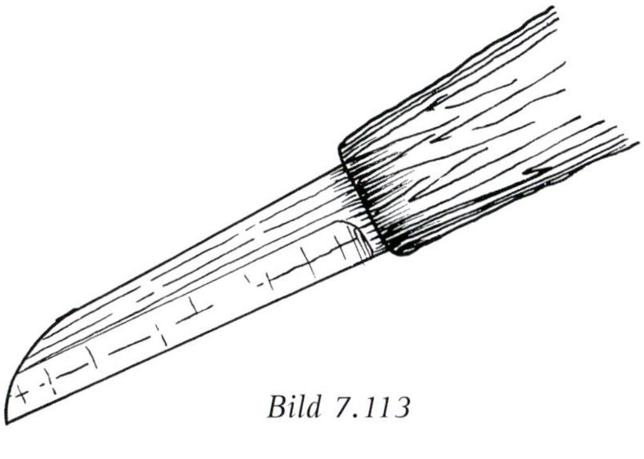

Bild 7.113

Äxte und Beile

Auf den nächsten Seiten sind Äxte und Beile aus dem In- und Ausland abgebildet. Es sind Werkzeuge, die hauptsächlich von Zimmerleuten beim Blockhausbau verwendet wurden. Die hier gezeigten Äxte und Beile stammen aus dem Freilichtmuseum „De Sandvigske Samlinger" (Sandvig-Sammlung) in Lillehammer, Norwegen.

Norwegische Zimmermannsbeile

In Amerika gefundene Axt. Steinar Aslakson Turtedalen reiste 1899 nach Amerika. Vermutlich hat er dieses Beil geschmiedet. Es ist nicht gestempelt, aber vergleichen Sie es mit dem hier in Norwegen hergestellten.

Mittelalteraxt (eigene Arbeit).

Wikingeraxt: In Damasttechnik geschmiedet, was nicht üblich war (eigene Arbeit, ganz oben links).

Norwegisches Tischlerbeil mit „Mustad, Gjøvik, Norwegen“ gestempelt. Es enthält auch den Stempel „Gussstahl“, da zum Laminieren der Schneide gegossener Kohlenstoffstahl verwendet wurde (Nr. 2 von oben).

Axt aus dem Jahr 1895, in Norwegen von Steinar Aslakson Turtedalen vor seiner Abreise nach Amerika geschmiedet (Nr. 2 von unten).

Tischlerbeil, gestempelt K. Lio (ganz unten links).

Schwedische Tischlerbeile

Ich habe mich immer darüber gewundert, dass schwedische Tischlerbeile sich so sehr von den norwegischen unterscheiden. Man sollte glauben, dass zwei Länder, die aneinander grenzen, eher übereinstimmen, was Tischlerbeile und die Zimmermannsarbeit beim Blockhausbau betrifft. Ich finde, die schwedischen Beile sind mehr von den deutschen Zimmermannsbeilen beeinflusst.

Beile können häufig schräg geschäftet sein, um für die Hände mehr Platz zu geben, wenn man Wände oder Baumstämme zurechthaut.

Die Beile oben tragen folgende Stempel (von oben nach unten):
Beil 1 mit „Hults Bruk“ gestempelt.
Beil 2 mit „Hults Bruk“ gestempelt.
Beil 3 ungestempelt.
Beil 4 mit „OBG“ gestempelt und schräg geschäftet.

Gestempelt mit „FINSPONG GJUTSTÅL GARANTI“. Die Länge der Schneide beträgt 400 mm.

Mit „Hults Bruk“ gestempelt, Schneidenlänge 235 mm, Höhe 400 mm.

Mit diesem Zeichen gestempelt: 

Noch mehr Beispiele:

Queraxt aus Sheffield in England. Der Stiel kann herausgenommen und gedreht werden, so dass die Axt mehr oder weniger krumm ist.

Amerikanische Spaltaxt. Das Loch für den Stiel ist durch Falten und Feuerschweißen hergestellt. Die Hacke ist norwegisch und mit einer neuen, angenieteten Klinge versehen.

Neuere schwedische Freizeitaxt von Gränsfors Bruks.

Altes und neues Axtmodell von Fiskars in Finnland.
Die neue Axt besitzt einen Kunststoffstiel.

Amerikanisches Breitbeil.

Maschinenhämmer und Fundamentierung

KAPITEL 8

Das Schmieden mit Wasserhämmern ist eine uralte Technik, die erstmals in Handbüchern aus dem 16. Jahrhundert erwähnt ist. Im 18. Jahrhundert hatten die meisten Sägewerke und Eisenhütten Wasserhämmer angeschafft. Diese Hämmer zum Ausschmieden von Stangenstahl in den Eisen- und Stahlwerken stellten einen großen Fortschritt dar. Anstatt der früheren Schufterei, als man bei der Bearbeitung von glühendem Stahl nur seine Muskelkraft zur Verfügung hatte, entstand eine neue Maschinenindustrie, die Stangenstahl, Halbzeuge und fertige Schmiedeeisenprodukte herstellte.

Durch die Nutzung der Wasserkraft, bei der Wasser zu großen Schaufelrädern aus Holz geleitet wurde, entwickelten sich rasch mehrere Arten dieser Hämmer in unterschiedlicher Größe. Die größten Hämmer, wie der hier gezeigte, konnten Wasserräder mit einem Durchmesser von vier bis fünf Metern und einen Baumstamm als Hammerstiel in entsprechender Länge haben. Der Hammerkopf am Stielende konnte 200 bis 300 Kilogramm wiegen. Er war festgekeilt und wurde in die richtige Position zum Amboss eingestellt.

Auf der nächsten Seite sieht man besser, wie der Hammer wirkt. Es konnten auch zwei Hämmer nebeneinander stehen, die von einem großen Schaufelrad angetrieben wurden. Ein großes, schweres Schwungrad garantierte eine gleichmäßige Rotation.

Das Wasser wurde durch Rinnen mit schützenden Wänden zum Schaufelrad geleitet. Die Achse des Rads war solide gelagert und mit einem oder zwei Knaggenrädern mit Knaggen aus Hartholz versehen.

Bild 8.1 Wasserhammer aus dem 18. Jahrhundert im Sägewerk Strömfors Bruk in Finnland. Der Hammer ist heute restauriert und wird zum Vorführen benutzt.

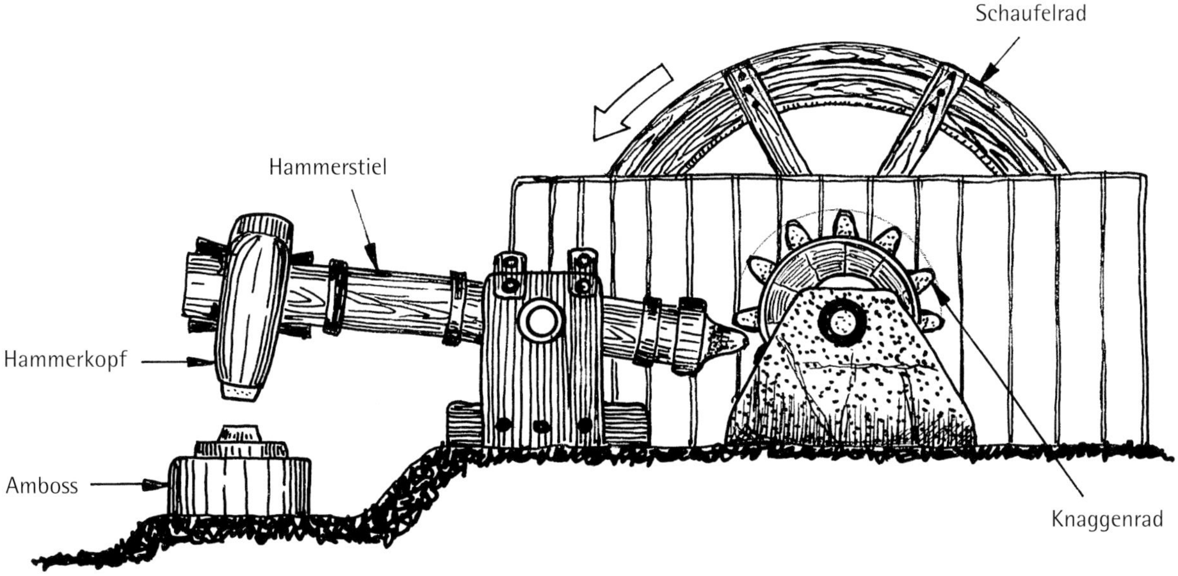

Bild 8.2 Wasserhammer von Abbeydale Industrial Hamlet in Sheffield.

Durch Regulierung der Wassermenge mit einer beweglichen Rinne oder einem Abflussrad wurde die Geschwindigkeit des Schaufelrads und damit der Hammerschläge eingestellt. Wie Sie sehen, wird der Hammerkopf nach oben gehoben und fällt dank seines Gewichts nach jeder Knagge, die den Hammerstiel hinten nach unten drückt, herunter. Die Geschwindigkeit ist je nach Größe des Hammers unterschiedlich, aber ein Schlag pro Sekunde ist nicht ungewöhnlich. Ich habe einen kleinen, elektrisch betriebenen Wasserhammer gesehen, der rascher schlug als ein schneller Federhammer.

In Sheffield in England wurden bis 1933 Wasserhämmer zum Schmieden von Sensen verwendet. Vielleicht war der Wasserhammer der Vorläufer des Kissenhammers, den wir in Norwegen zum Schmieden von Sensen verwendeten. Wir kommen später darauf zurück.

Mit einem Wasserhammer konnte man ziemlich große Werkstücke schmieden, was so anstrengend war, dass mehrere Schmiede einander helfen mussten. Bei der Massenproduktion und beim Schmieden von Details musste man entspannt arbeiten können, um den Rücken zu entlasten und Kräfte zu sparen. Daher saßen Schmiede oft in einem Hängestuhl und konnten sich mit den Beinen etwas um den Amboss herum bewegen. Bei der Montage eines Hammers muss die Arbeitshöhe für sitzende oder stehende Arbeit genau bedacht werden.

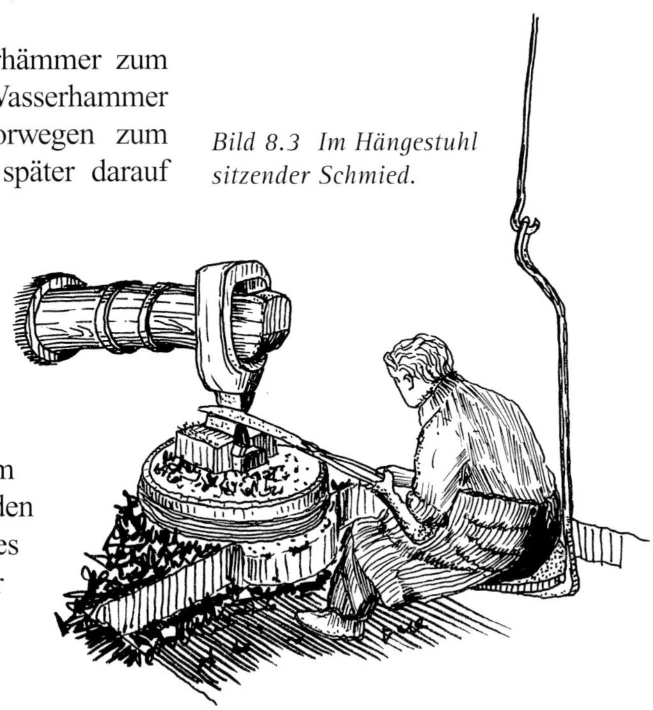

Bild 8.3 Im Hängestuhl sitzender Schmied.

Motorbetriebene Maschinenhämmer

BECHE-Hammer in meiner eigenen Schmiede. Der Ambossfuß ist einstellbar und im Maschinenkörper festgekeilt.

In diesem Abschnitt werden motorbetriebene Maschinenhämmer behandelt. Die Funktion, ihre Wirkung und das Fundament werden genauer beschrieben. Zu dieser Gruppe von Maschinenhämmern gehören Federhämmer, Lufthämmer und Fallhämmer mit der Möglichkeit unterschiedlicher Bearbeitungsweisen und verschiedener Hilfswerkzeuge.

Einleitend ist es interessant zu sehen, was über Maschinenhämmer in der „Berufskunde für Schmiede", 1949 im norwegischen Universitätsverlag herausgegeben, geschrieben steht. Das ist ein wahres Wort, aber für den Dorfschmied war es vielleicht zu früh, und viele fanden eine solche Anschaffung wohl auch zu teuer.

Maschinenhämmer

Den einfachen Zugang zu Strom, den man jetzt in großen Teilen des Landes hat, haben sich die meisten Berufe in großem Ausmaß zu Nutze gemacht, indem sie verschiedene motorbetriebene Maschinen in Gebrauch genommen haben. Der Schmied verwendet die motorbetriebene Bohrmaschine und den Schmiedeventilator, und auch die Schleifmaschine. Aber auf dem Dorf ist bei den Schmieden immer noch selten ein Maschinenhammer zu finden. Man sollte glauben, dass ein Beruf wie der des Schmieds, der so große Anforderungen an die Muskelkraft stellt, eine so nützliche Maschine wie den Maschinenhammer häufiger in Gebrauch genommen hätte. Wenn dem nicht so ist, kann es unter anderem auf fehlende Kenntnisse dieser Maschinen zurückzuführen sein.

Ein Maschinenhammer stellt nicht weniger Anforderungen an die fachliche Tüchtigkeit des Schmieds, eher im Gegenteil, und er macht auch den Handhammer nicht überflüssig, sondern kann dem Schmied viel schwere Muskelarbeit ersparen.

Der Maschinenhammer ist eine Hilfe und kein Automat. Er erfordert keine neue Arbeitstechnik oder neue Methoden, sondern ergänzt die alten und erleichtert den Beruf.

BECHE-Hammer, von einem 10-PS-Motor angetrieben. Eine alte Mechanikerregel besagt, dass ein Keilriemen pro PS benutzt werden soll.

Vor allem die Maschinenindustrie nahm diese Maschinenhämmer in Gebrauch. Ich besitze selbst einen BECHE-Hammer mit 75-kg-Bärgewicht, der 1920 von G. Hartmann Maskinforretning in Kristiania gebaut wurde. Maschinenhämmer waren also schon zu dieser Zeit in der Industrie üblich. Meinen Hammer kaufte ich 1987 von einer stillgelegten Schmiede. Zum Glück hatte man ihn nicht entfernt, vermutlich, weil er so groß und schwer war. Viele dieser ausgezeichneten Maschinenhämmer wurden leider verschrottet.

Federhämmer

Federhämmer sind in unterschiedlichen Konstruktionen erhältlich, in diesem Rahmen können aber nicht alle beschrieben werden. Der gewöhnlichste Federhammer hat ganz oben eine liegende gerade Blattfeder, aber auch Hämmer mit hufeisenförmigen Federn sind üblich.

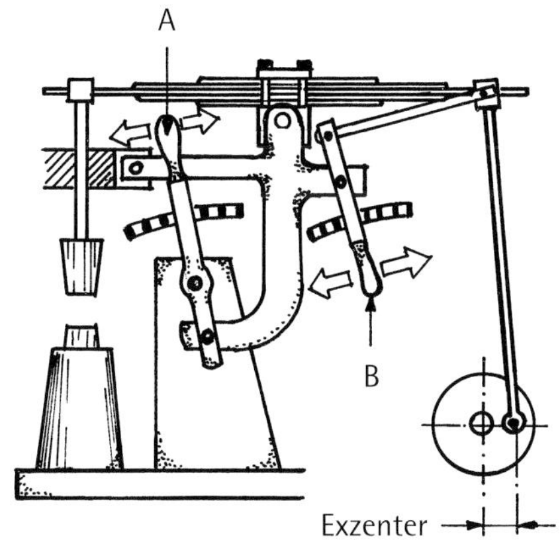

Bild 8.4

Der Hammerkörper besteht meist aus Gusseisen, und der Amboss steht auf dem Hammerkörper. Bei größeren Hämmern steht der Amboss auf einem eigenen Fundament, damit die Schlagkraft den Hammerkörper nicht zerstört. Die Hammer- und Ambossbahnen sind aus Stahl gefertigt und für gewöhnlich zähgehärtet, auswechselbar und mit einem Stahlkeil festgekeilt.

Der Hammerkopf ist an dem einen Ende der Feder aufgehängt und bewegt sich auf und ab. Ein Vorteil dieser Konstruktion ist, dass sich die Hammerbahn immer parallel zur Ambossbahn bewegt. Das andere Ende der Feder ist mit einer Pleuelstange verbunden, die auf einem exzentrisch verschiebbaren Bolzen in einer rotierenden Kurbelscheibe gelagert ist. Eine Umdrehung der Kurbel führt den Hammer einmal nach oben und wieder nach unten

Die Schlaglänge des Hammerkopfes wird vom Abstand des Exzenters zur Achse der Kurbelscheibe und der Umdrehungsgeschwindigkeit bestimmt. Mit erhöhter Geschwindigkeit wirkt die Massenträgheit des Hammerkopfes stärker, er schwingt weiter nach oben aus und die Schlaglänge des Hammerkopfes wird größer. Die Feder wird dabei in die entgegengesetzte Richtung gebogen und erhöht zusammen mit der höheren Geschwindigkeit bei der Abwärtsbewegung zusätzlich die Schlagstärke.

Bei vielen Federhämmern kann die Schlaglänge und der Abstand zwischen Hammer- und Ambossbahn eingestellt werden. Durch Schieben des Hebels A im Bild 8.4 wird der Abstand zwischen den Bahnen verstellt. Durch Verschieben des Hebels B wird der wirksame Bereich der Feder kürzer oder länger. Wenn die Feder mit einem kürzeren Hebelarm arbeitet, erhöht sich die Schlaglänge des Hammerkopfes, weil die Feder stärker gebogen wird.

Die Größe eines Maschinenhammers wird durch das Gewicht des Hammerstempels angegeben. In der Regel liegt es zwischen 25 und 100 Kilogramm. Über den Daumen gepeilt, rechnet man damit, dass ein 25-kg-Hammer die doppelte Dicke schmieden kann, also ca. 50 mm dicken Vierkantstahl. Ein 25-kg-Hammer besitzt meistens einen Motor mit 1 bis 2 PS und 200–300 Kurbelumdrehungen in der Minute.

Grundsätzlich kann man sagen: Je schneller ein Hammer schlägt, desto länger hält sich das Schmiedeeisen warm, weil die interne Reibung im Schmiedestück Wärme erzeugt und dadurch die Temperatur im Werkstück erhalten bleibt.

Das Foto rechts zeigt einen Federhammer derselben Art wie in Bild 8.4. Er wurde 1955 neu geliefert, und ich benutzte ihn ab 1960 in der Schule, in der ich Lehrer war. Damals gab es das Fach Schmieden in der Berufsschule. Als ich 1987 die Schule verließ und meine eigene Schmiede aufbaute, erhielt ich ihn als „Aussteuer“, weil ihn niemand in der Schule brauchte. Die Zeit der Computer hatte begonnen, und alte nostalgische Aktivitäten wie das Schmieden verschwanden mit Vollgas aus den Berufsschulen.

Federhammer in meiner Schmiede.

Das einzige, was ich mit ihm gemacht habe, ist dickes Leder dort um die Feder herum zu montieren, wo sie oben in den Hammerkopf hinein geht. Jetzt läuft er leiser und besser denn je. Ich behandle ihn wie einen guten Freund und glaube, dass es ihm bei mir gefällt.

Der Hammer im Bild 8.5 ist ein altes Modell, das immer noch gut funktioniert. Er ist aus rund vier 100-mm-Rohrsäulen aufgebaut und hat einen Motor, eine Friktionskupplung und oben eine Kurbel. Man kann die Schlaglänge durch Verschieben des Exzenterbolzens regulieren. Der Abstand zwischen dem Hammer und der Ambossbahn wird mit einer Stange zwischen Feder und Exzenterbolzen eingestellt.

Der Hammerkopf wird mit großer Wucht im Schlitten auf- und abgeschleudert. Wieder entscheiden die Schlaglänge und die Geschwindigkeit über die Schlagkraft. Bei richtig eingestellter Friktionskupplung kann man Einzelschläge ausführen. Daher kann man den Hammer zu einem gewissen Grad auch zum Schmieden mit Hilfswerkzeugen, z. B. Gesenken, Meißeln usw. verwenden.

Bei solchen Hämmern müssen Feder und Gelenkstangen mit einem Deckel abgeschirmt sein, denn die Sicherheit ist äußerst wichtig.

Alter Federhammer von Enkjøping, Schweden, mit Hufeisenfeder und großer Schlagkraft. Die Verbindung zwischen den Enden der Feder und dem Hammerstempel ist ein kräftiger Gürtel. Der Hammerkörper besitzt für lange Werkstücke durchgehende Löcher.

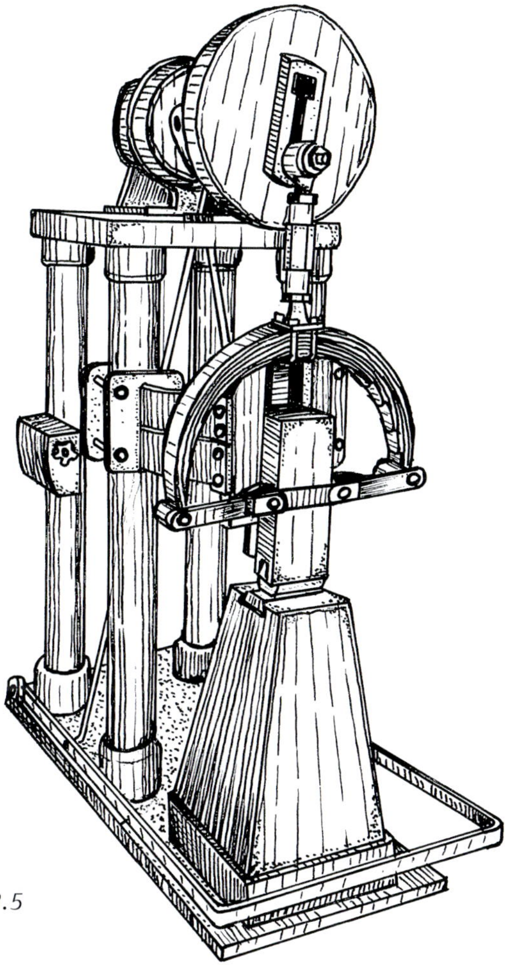

Bild 8.5

Kleiner 20-Kilo-Federhammer. Ein sehr praktischer Hammer mit einstellbarer Schlaglänge und Geschwindigkeit des Hammerstempels (Thorsensmia, Kongsberg, Norwegen).

Alter Maschinenhammer (ganz links) auf vier Säulen, mit Hufeisenfeder gebaut.

Selbst gebauter Federhammer.

Lufthammer

Ein Lufthammer mit nur einem Zylinder wird oft als Luftfederhammer bezeichnet, weil der Hammerstempel in seiner Aufwärtsbewegung von einem federnden Luftkissen gestoppt wird. Stempel A wird von einer Kurbelscheibe mit einstellbarem Exzenter angetrieben.

Im Prinzip bewegt sich der Hammerstempel mittels Luftdruck. Zwischen zwei beweglichen Stempeln ist Luft eingesperrt, die abwechselnd Über- oder Unterdruck besitzt. Der Hammerstempel B hat keine mechanische Übertragung, sondern bewegt sich nach folgendem Prinzip auf und ab:

Wenn sich der Stempel A nach oben bewegt, wird die Luft zwischen den beiden Stempeln dünner, und es entsteht ein Unterdruck. Stempel A saugt Stempel B nach oben.

Wenn Stempel A seinen höchsten Punkt erreicht hat, setzt Stempel B aufgrund der Massenträgheit seinen Weg noch ein Stück nach oben fort. Auf diese Weise wird die Luft zwischen den Stempeln komprimiert. Dieser Überdruck bremst Stempel B ab und beschleunigt ihn wieder kräftig nach unten. Dadurch wird die Schwerkraft unterstützt, und der Hammer versetzt dem Werkstück auf dem Amboss einen kräftigen Schlag.

Die Schlagstärke kann durch Einstellen der Luftmenge zwischen den Stempeln durch das Ventil C und durch Erhöhen oder Verringern der Umdrehungszahl der Kurbel reguliert werden. Die Schlaglänge ist vom Abstand des Exzenters zur Achse der Kurbelscheibe abhängig.

Lufthammer mit zwei Zylindern, einem Luft- und einem Hammerzylinder, haben in der Regel keine Exzentereinstellung an der Kurbel, was im Folgenden erklärt wird.

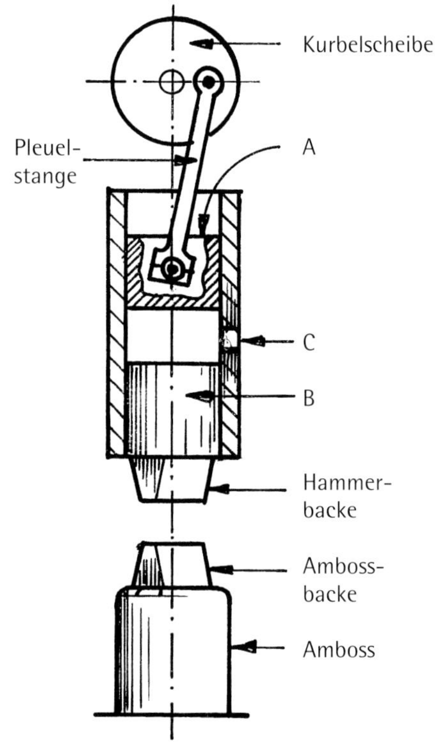

Bild 8.6 Lufthammer.

Lufthammer mit zwei Zylindern

Bild 8.7 zeigt einen modernen Lufthammer mit zwei Zylindern. Im Luftzylinder wird die Luft komprimiert und durch Ventile in den Hammerzylinder „geschossen".

Der Stempel im Luftzylinder ist mit der Kurbelwelle verbunden. Der Hammerstempel, an dem die Hammerbacken befestigt sind, bewegt sich auf und ab, weil die Luft über dem Hammerzylinder abwechselnd verdünnt und komprimiert wird. Der Luftdruck zwischen den beiden Zylindern wird mit zwei, mit einer Stange und einem Pedal verbundenen Ventilen (A und B) reguliert. Mit dem Pedal wird die Luftmenge, die durch die Ventile strömen kann, und damit die Geschwindigkeit und der Schlagdruck des Hammerstempels reguliert. Solche Lufthämmer können einfach- oder doppelwirkend sein. Dieser hier ist doppelt wirkend, weil die Luft sowohl über als auch unter den Stempeln wirkt, also Überdruck vorliegt.

Beim Start eines Lufthammers stehen die Ventile so, dass der Hammerstempel in Oberstellung stehen bleibt. Bei doppelt wirkenden Lufthämmern kann der Hammerstempel so eingestellt werden, dass er in unterer Stellung steht und beim Drehen, Biegen o. Ä. einen konstanten Druck auf das Werkstück ausübt. Diese Möglichkeit gibt es beim Federhammer nicht.

Der Lufthammer hat auch den Vorteil, dass er einen mehr drückenden Schlag als der Federhammer ausführt. Das ergibt eine bessere Schlagkraft und größere Wirkung beim Feuerschweißen und Gesenkschmieden.

Der Lufthammer ist langlebig, nicht zuletzt deshalb, weil die Stempelbewegung durch ein Luftkissen angehalten wird.

Das Wichtigste ist, dass der Maschinenhammer regelmäßig geschmiert und vernünftig gebraucht wird. Wenn es im Winter kalt in der Schmiede ist, muss er eine Weile leer laufen, damit das Öl leichter zu den Lagern und Schmierflächen gelangt.

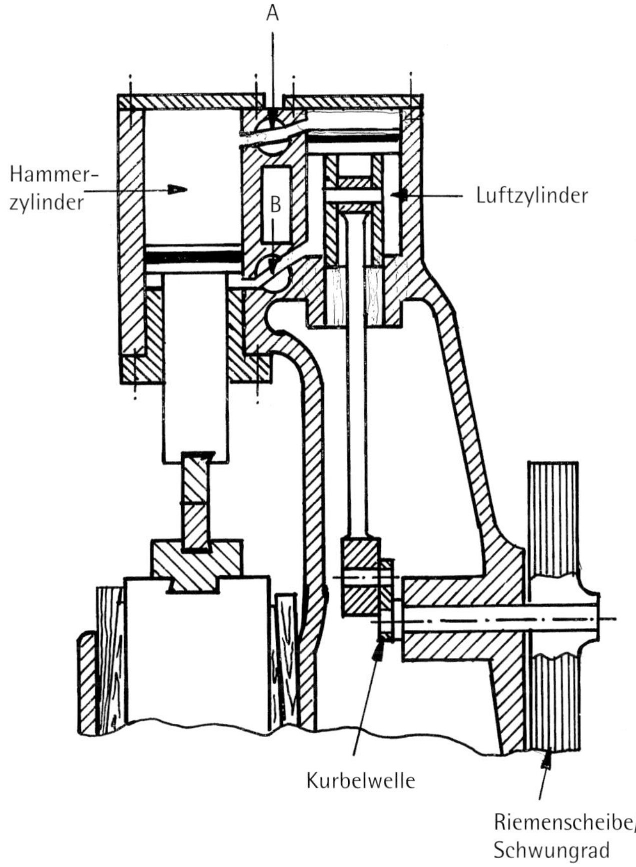

Bild 8.7 Lufthammer mit zwei Zylindern.

Schmieren

Ein Maschinenhammer besitzt meistens Fett- und Öltassen mit Tropfschmierung. Von den Öltassen wird das Öl durch dünne Rohre zu den Lagern und Zylinderflächen geführt. Daher dürfen die Ölkanäle nicht dicht sein. Einige Maschinenhämmer sind mit einer Ölpumpe ausgerüstet, die das Öl zu den Schmierstellen pumpt.

Sie können eine solche Vorrichtung selber bauen, indem Sie an die Schwungradwelle oder ein anderes rotierendes Teil einen Exzenterring, eine Riemenscheibe oder etwas Ähnliches montieren, die mit einer kleinen Ölpumpe verbunden ist. Durch dünne Kunststoff- oder Metallrohre wird das Öl zu den Lagern gepumpt. Sie brauchen auch eine Schraube zur Regulierung der Ölmenge.

Fundamentierung des Maschinenhammers

Die Fundamentierung des Maschinenhammers kann ein Problem sein und ist meistens vom Grund unter dem Hammer abhängig. Einen kleinen Hammer kann man direkt auf einen Betonboden setzen, wenn der Boden stark genug ist. Die Vibrationen werden sich aber leicht in die Wände der Schmiede übertragen.

Am besten ist es, in ca. 50–60 cm Tiefe ein Betonfundament für den Hammer zu betonieren, das vom übrigen Boden isoliert ist. *Eine Faustregel besagt, dass das Fundament eines Maschinenhammers ca. 1,5 mal so schwer wie der Maschinenhammer und vom Rest des Bodens isoliert sein soll.*

Es gibt aber auch andere Lösungen. Wenn es bis zu einem Felsen hinunterreicht, braucht das Fundament nicht so schwer und groß zu sein. Was man auch in Betracht ziehen muss, ist die Art des Hammers. Bei kleineren Hämmern steht der Amboss auf dem Maschinenfuß. Hier kann man gekreuzte Hartholzlagen zwischen den Maschinenfuß und das Fundament legen, abhängig von der gewünschten Arbeitshöhe (Bild 8.8).

Bei größeren Maschinenhämmern ist der Amboss meistens vom Hammerkörper getrennt und steht auf einem eigenen Fundament. Zu solchen Hämmern muss im Fundament eine Vertiefung betoniert werden, in die der Ambossfuß mit Hartholz darunter gesetzt wird (Bild 8.9).

Man kann auf das Fundament auch eine Erhöhung betonieren, auf die man den Hammerkörper setzt (Bild 8.10).

Unabhängig von der gewählten Lösung legt man dicke Bitumenpappe zwischen die gekreuzten Hartholzlagen und dort, wo Stahl an Beton grenzt. Der Hammer setzt sich dann gut auf die Unterlage, und eventuelle kleine Unebenheiten werden behoben. Die Dicke der Holzlage unter dem Amboss muss auch an die Arbeitshöhe angepasst werden, die vor allem davon abhängt, ob man beim Schmieden sitzen oder stehen möchte.

Wenn der Hammer richtig montiert ist, soll der Amboss mit ungefähr derselben Kraft wie der Hammerstempel schlagen. Beim Absetzen eines warmen Stahlstücks soll der Absatz auf beiden Seiten gleich groß werden (Bild 8.11). Bei größerem Absatz auf einer Seite kann der Amboss zu sehr hüpfen oder zu leblos sein. Das kann auf die Beschaffenheit des Holzes oder den Grund unter dem Fundament zurückzuführen sein.

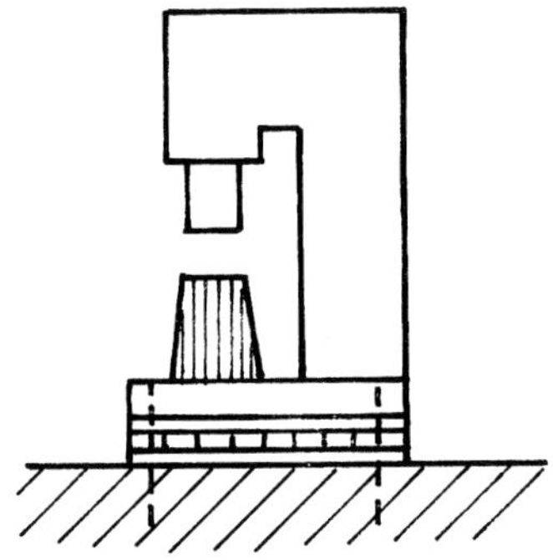

Bild 8.8

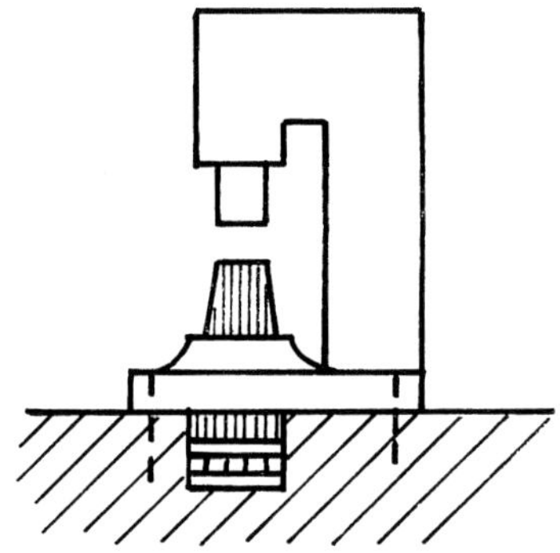

Bild 8.9

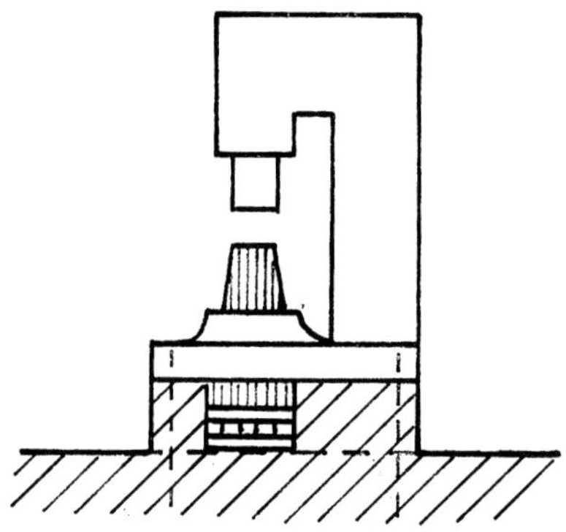

Bild 8.10

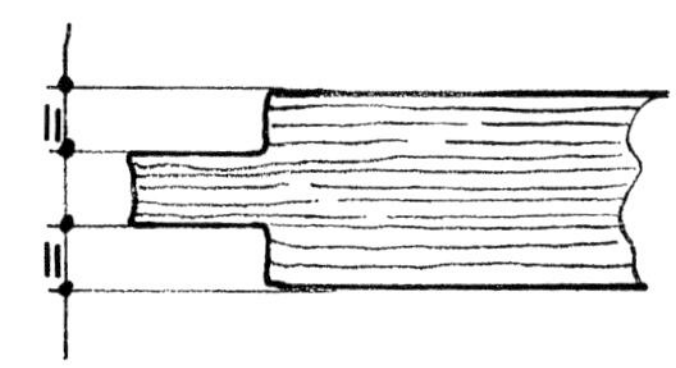

Bild 8.11 Der Absatz wird auf beiden Seiten gleich.

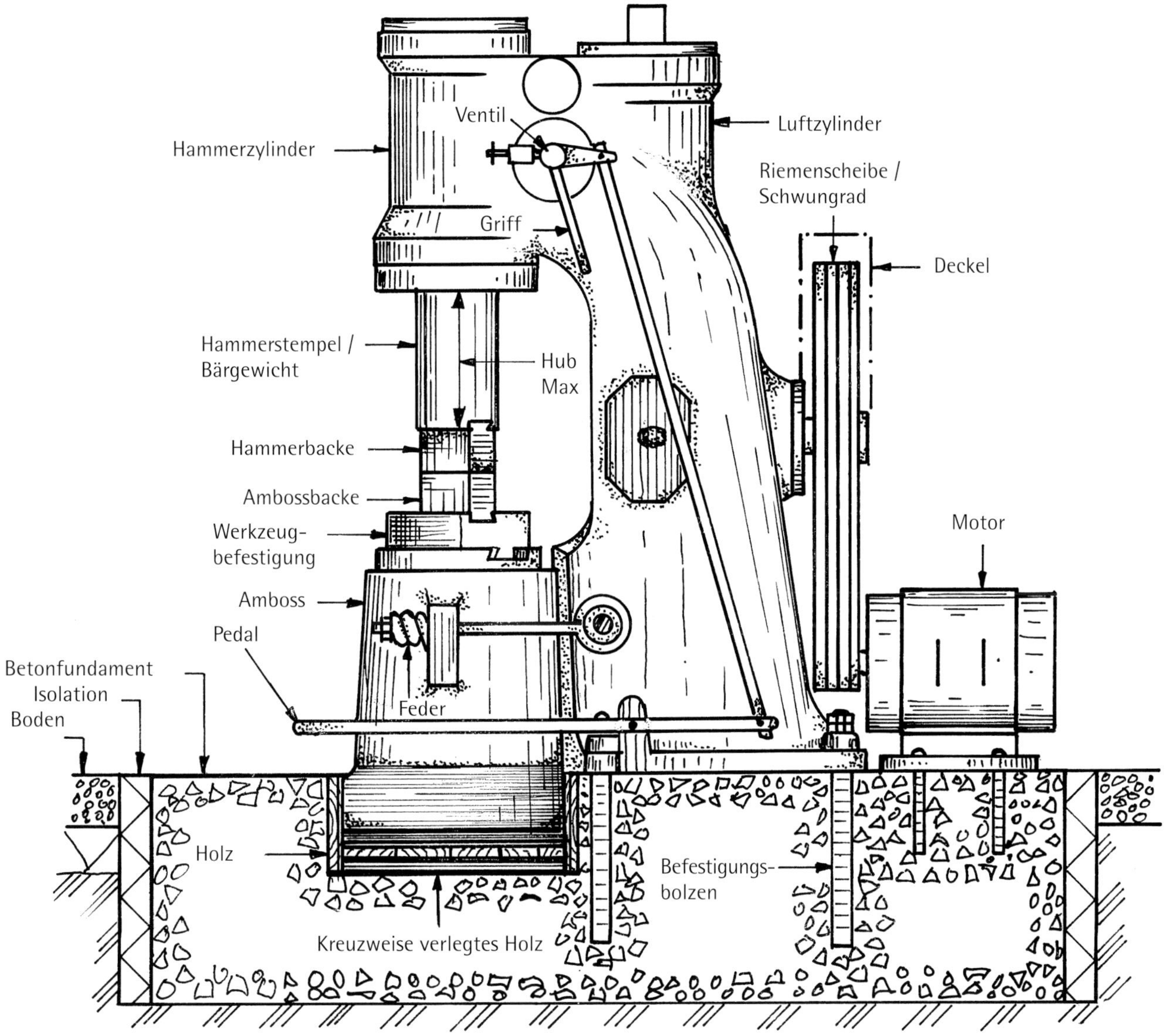

Bild 8.12

Die Abbildung oben zeigt einen Schnitt durch den Amboss und das Fundament des Maschinenhammers mit dem Amboss auf einem versenkten Fundament. Es ist auf allen Seiten vom Boden isoliert, um zu vermeiden, dass sich Vibrationen in die Wände fortpflanzen. Als Dämmstoff muss man etwas nicht zu Hartes verwenden, wie z .B. hartes Styropor, oben mit einer flexiblen Masse abgedichtet. Der Amboss ruht auf kreuzweise verlegtem Hartholz mit einer Lage Bitumenpappe zwischen allen Lagen, auch zwischen Metall und Beton. Das Loch für den Amboss darf nicht zu eng sein, damit er verschoben werden kann.

Besonders wichtig ist, dass das Fundament unter dem Amboss und die Fläche, auf der der Hammerkörper steht, genau parallel verlaufen. Graben Sie das Loch für das Fundament nicht tiefer als nötig.

Achtung: Die meisten Lufthämmer haben eine Maximum-Marke für den Weg des Hammerstempels. Sie darf nicht überschritten werden und muss bei der Tiefe, in der der Amboss montiert wird, beachtet werden.

Bild 8.13 zeigt einen Schnitt durch Amboss und Fundament eines BECHE-Hammers. Der Amboss ist achteckig und mit Holzkeilen an jeder der acht Flächen festgekeilt. Auf diese Weise setzt man den Amboss in die richtige Position im Verhältnis zum Hammerstempel.

Der Amboss wiegt zwischen 1000 und 1500 kg, und es übertragen sich große Kräfte in das Fundament hinunter, wenn ein 75 kg schweres Bärgewicht gegen den Amboss „schießt“. Daher müssen die Holzkeile regelmäßig nachjustiert werden, damit sich der Amboss nicht aus der richtigen Stellung bewegt.

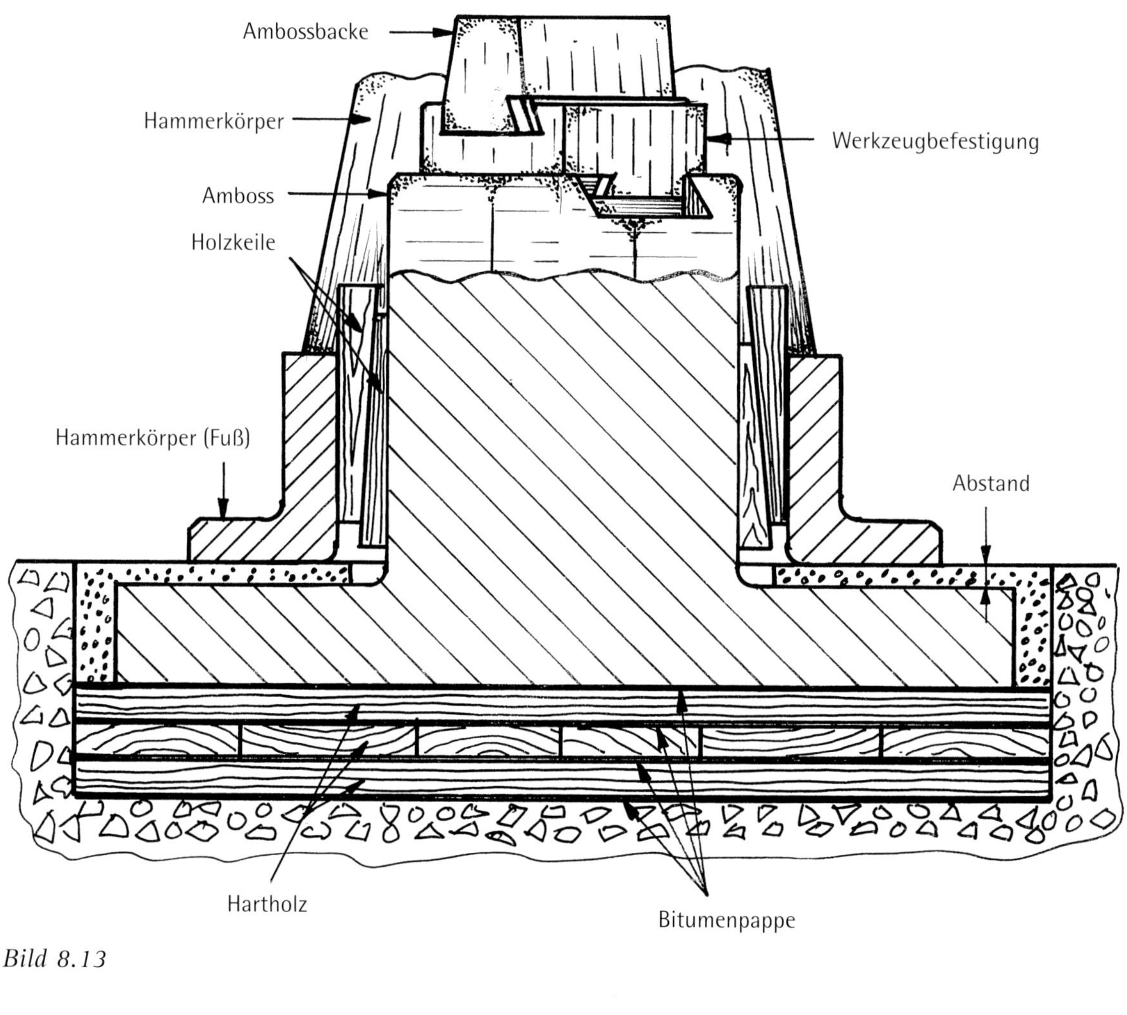

Bild 8.13

Bei der Montage dieser Art von Maschinenhammer muss man den Amboss zuerst auf das abgesenkte Fundament heben. Dann hebt man den Hammerkörper über den Amboss und senkt ihn auf das Fundament ab und schlägt die Holzkeile fest. Man muss im voraus sicher sein, dass die Fläche am Boden des Fundaments ganz parallel mit der Fläche verläuft, auf der der Hammerkörper steht. Bevor man den Kran oder die Hebevorrichtung entfernt, sollte man mit einem Papier prüfen, ob Hammerbacke und Ambossbacke parallel sind. Schrauben Sie den Hammerkörper fest und schmieden Sie, bis sich der Amboss „gesetzt" hat. Prüfen Sie dann noch einmal mit einem Papier, ob die Backen immer noch parallel sind.

Befestigung der Hammerbacken

Bild 8.14 zeigt die Backen von vorn und wie die Hammer- und Ambossbacken befestigt werden. Hammerkörper und Amboss sind aus Gusseisen, die Werkzeugbefestigung für die Ambossbacke besteht aus Stahl und wird im Amboss in Schwalbenschwanznuten und mit Keilen befestigt.

Beide Backen sind der Längsrichtung des Hammers gegenüber 45° schräg gestellt, damit längere Werkstücke beim Schmieden in der Längsrichtung der Backen am Hammerkörper vorbeigehen.

Die Backen sind mit Keilen befestigt, damit man sie einstellen oder auswechseln kann. Es gibt Backen in unterschiedlichen Formen. Man verwendet zwei Keile, die mit den dünnen Enden gegeneinander geschlagen werden. Alle Flächen müssen sauber und frei von Hieben sein, und die zwei Keile zusammen müssen parallel sein. Die Keile müssen vorsichtig behandelt werden, damit sie beim Auswechseln der Backen leicht zu entfernen sind. Bei ungenauen Keilen können sich die Backen lockern und verschieben. Das kann vermieden werden, indem man eine dünne Kupferplatte zwischen die Keile legt. Das Kupfer formt sich danach und gleicht die Unebenheiten aus. Die beste Lösung ist, die Keile zu bearbeiten, bis sie passen. Verwenden Sie Markierungsfarbe, um die Sitzfläche der Keile zu kontrollieren.

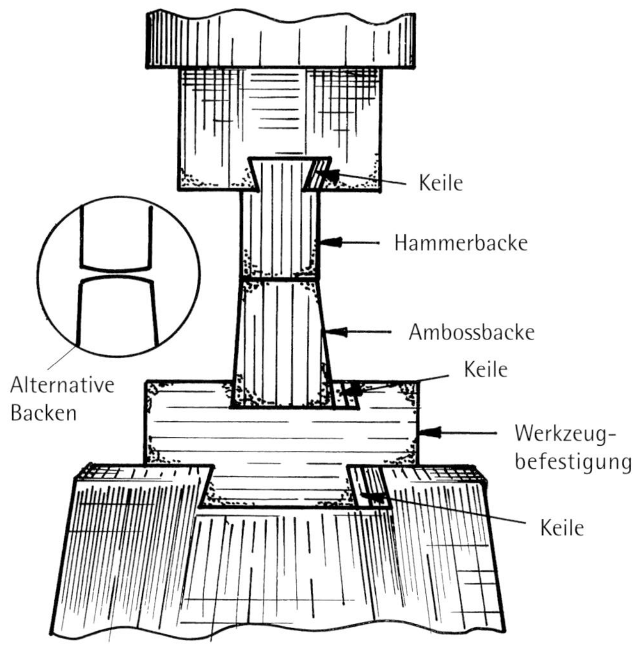

Bild 8.14

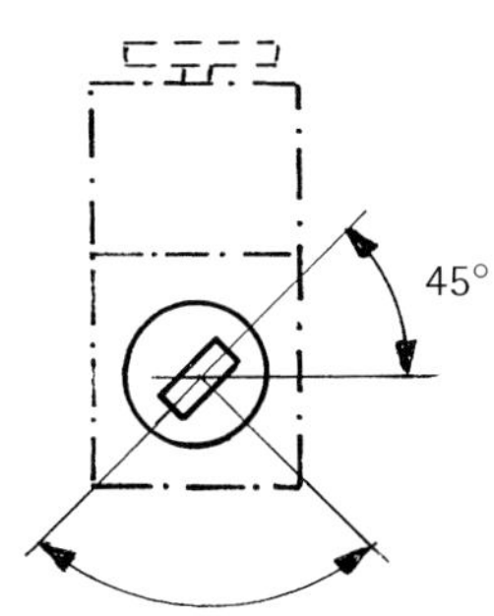

Bild 8.15 Die Backen sind schräg gestellt.

Der Hammer in Bild 8.16 ist ein traditioneller Federhammer, bei dem der Hammerstempel in einem Schieber läuft und von einer Blattfeder auf und ab getrieben wird.

Der Amboss ist im Hammerkörper festgegossen, die Ambossbacke im Gusseisen des Ambosses festgekeilt. Bei kleineren Hämmern ist das die übliche Lösung. Unter dem ganzen Hammerkörper liegt Holz. Wie erwähnt, können die Hammerbacken unterschiedliche Formen und Eigenschaften aufweisen.

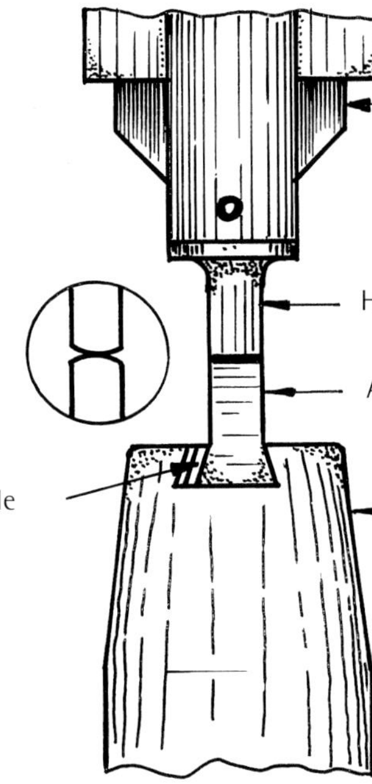

Bild 8.16 Federhammer.

Flache oder runde Backen

Beim Schmieden mit einem Handhammer haben wohl die meisten Schmiede bemerkt, dass nicht alle Hämmer gleich gut sind. Meistens ist das auf die Form der Hammerbahn zurückzuführen. Bei abgerundeter Bahn sind die Schläge wirksamer, und das Material wird mehr gestreckt. Eine flache Hammerbahn streckt wenig und gibt leicht Kerben. Das ist auch beim Maschinenhammer so.

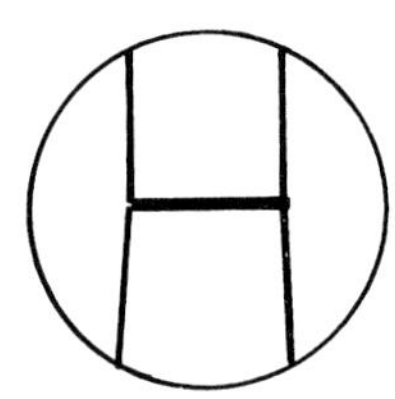

Bild 8.17 Flache Backen.

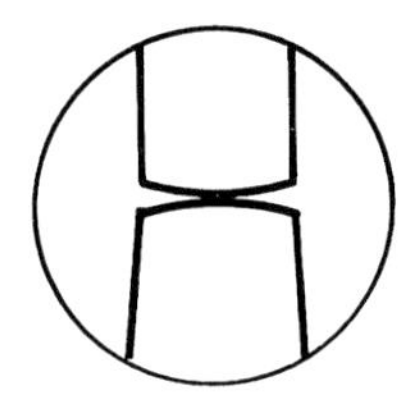

Bild 8.18 Runde Backen.

Runde Backen

Mit abgerundeten Backen lässt es sich leichter schmieden, und das Material wird gut gestreckt, wenn man quer zu den Backen schmiedet.

Bei Arbeiten, bei denen man eine große Verschiebung des Materials wünscht, wie beim Strecken und Breiten, können die Backen so abgerundet sein, dass sie wie ein Rundsetzhammer aussehen. Das Problem mit runden Backen ist, dass man mit ihnen nicht so leicht ebene Flächen schmieden kann, und Hilfswerkzeuge, wie z. B. Abschrot und Gesenk, schwer zu verwenden sind. Bei runden Bahnen schlägt das Werkzeug gern zur Seite aus.

Man kann auch die eine Hälfte der Bahn abgerundet und die andere flach schleifen (Kombinationsbacken).

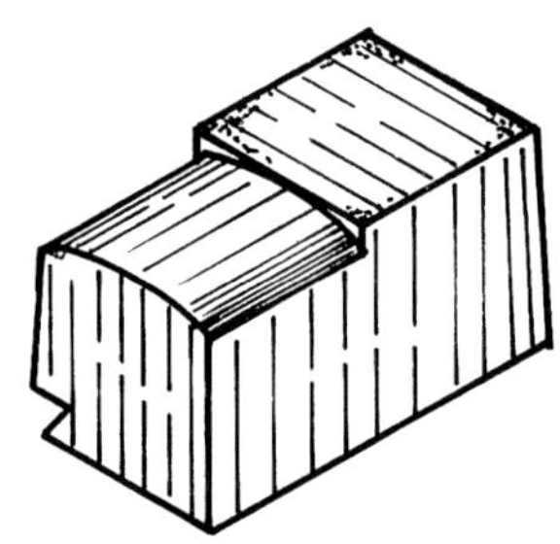

Bild 8.19 Kombinationsbacke.

An meinem größten Maschinenhammer habe ich beide Backen abgerundet, weil er meist zum Schmieden von Äxten und größeren Werkstücken verwendet wird. Mitten auf der Bahn ist aber trotzdem eine ebene Fläche, die ca. 1/3 der Breite der Bahn einnimmt. Es gibt keinen merkbaren Übergang zwischen der runden und flachen Bahn, aber es ist wichtig, dass die Ecken an der langen Seite der Backen schön abgerundet sind. Auf einer solchen Bahn ist es angenehm zu schmieden, und man erzielt eine schöne Oberfläche.

Wie groß die Abrundung der Bahn sein soll, hängt davon ab, was Sie schmieden und wie viel Sie in Längsrichtung strecken möchten. Auch die Breite des Werkstücks, das bearbeitet werden soll, ist wichtig.

Zum Schmieden von Äxten, wie z. B. Tischleräxten, habe ich an der Längsseite der Backe eine ca. 6 mm große Öffnung, wenn die Bahnen ganz gegen einander stehen. An dem 75-kg-BECHE-Hammer beträgt die Breite der Backen 73 mm, die Länge 180 mm.

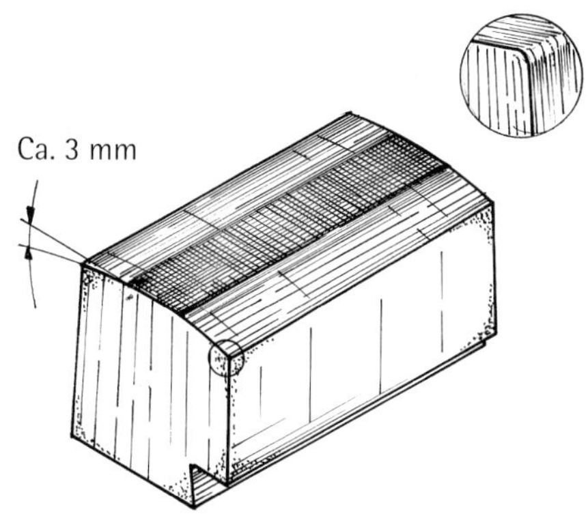

Bild 8.20 Runde Backe mit ebener Bahn in der Mitte.

Flache Backen

Mit einem Hammer mit flachen Backen ist das Schmieden anders, denn viel von der Streckwirkung geht verloren. Außerdem hat er nicht dieselben Eigenschaften für die plastische Bearbeitung. Da die Backen flach sind, kann man die Ränder der Bahn eher zum Schmieden scharfer Ecken, Absätze u. Ä. nutzen. Der Nachteil der flachen Backen ist, dass man beim Schmieden von konischen Werkstücken leicht Stufen auf der Oberfläche erhält, die man wie in Bild 8.22 gezeigt entfernen kann.

Das heißt, man schmiedet mit Hilfswerkzeugen, in diesem Fall mit konischen Backen an einem Federbügel. Dabei muss man das Werkstück mit der einen Hand und das Hilfswerkzeug mit der anderen Hand halten.

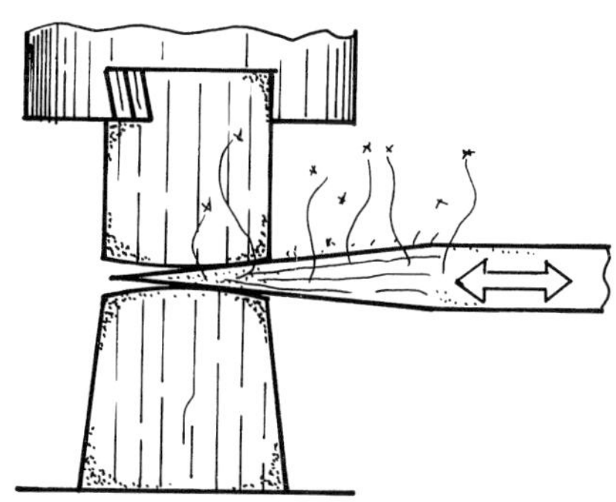

Bild 8.21 Beispiel von Backen zum Schmieden von Sensen und ähnlichen konischen Flächen.

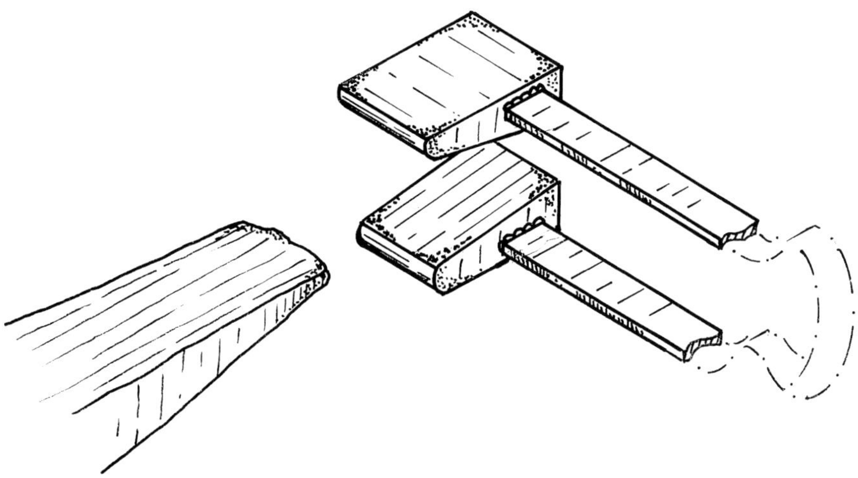

Bild 8.22 Schmieden einer konischen Fläche auf flachen Backen.

Man wählt auch flache Backen, wenn der Hammer so konstruiert ist, dass man mit ihm Einzelschläge ausführen kann. Dann eignet er sich ausgezeichnet zum Schmieden mit Hilfswerkzeugen, weil diese Methode fast wie das Schmieden mit einem kostenlosen Zuschläger ist.

Wir werden später Hilfswerkzeug zum Schmieden mit dem Maschinenhammer vorführen. Unten sehen Sie nur ein paar Beispiele für das, was man unter Hilfswerkzeug versteht und wie man es verwendet.

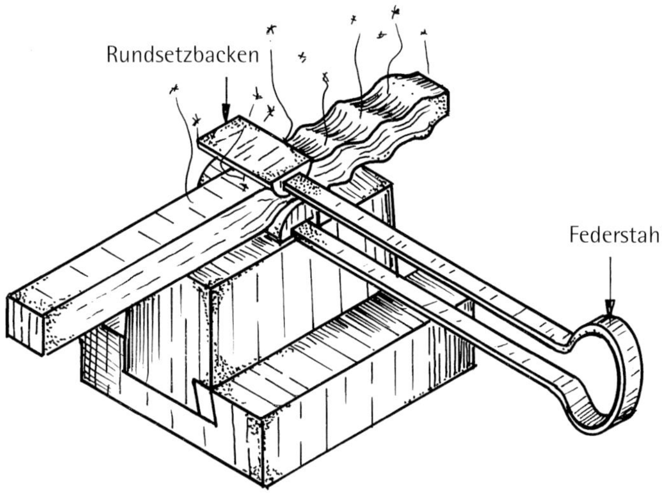

Bild 8.23 Beispiel für das Strecken mit Hilfswerkzeug auf flachen Backen. Dieses einfache Werkzeug arbeitet fast wie ein Rundsetzhammer. Der Griff aus Federstahl ist mit den Rundsetzbacken verschweißt.

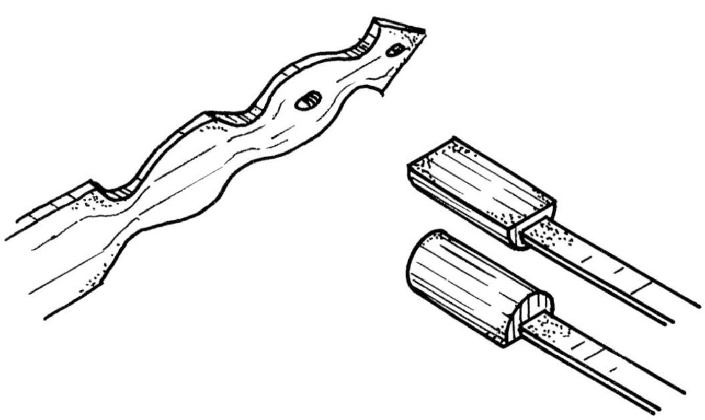

Bild 8.24 Mit zweiseitigem Hilfswerkzeug kann man sich viel Arbeit ersparen. Das selbe Werkzeug wird für verschiedene Zwecke verwendet.

Fallhammer

Der Fallhammer wird nicht mehr viel verwendet, er ist bei richtigem Gebrauch aber immer noch an-anwendbar. Er eignet sich nicht so gut zum normalen Schmieden, dafür ist er zu langsam, denn er führt nur Einzelschläge aus und wird daher am besten zum Gesenkschmieden verwendet.

Der Fallhammer besteht aus einem kräftigen Fuß, der als Amboss wirkt, und zwei hohen Säulen mit Riemenscheiben und Walzen oben. Das Untergesenkwerkzeug wird im Amboss und das Obergesenkwerkzeug im Hammerkopf festgekeilt, in der exakt richtigen Position zueinander.

Vom Hammerkopf führt ein starker Flachriemen oder wie hier ein solides Holzbrett zwischen zwei rotierenden Walzen nach oben. Auf jeder Seite des Holzbretts liegt eine Walze. Bei Betätigung des Pedals klemmen die Walzen das Holzbrett ein und ziehen den Hammerkopf hoch. Wenn er den Auslöser in der im voraus eingestellten Höhe erreicht hat, fällt er herunter und führt einen kräftigen Schlag aus.

Der Hammerkopf kann zwischen 170 und gewaltigen 1200 (!) kg wiegen. Das Gewicht des ganzen Hammers kann vier bis 18 Tonnen erreichen. Das ist kein Hammer für Hobbyschmiede! Ich habe vor kürzerer Zeit in den USA vier solche Hämmer gesehen. Sie wurden zur Serienherstellung von gesenkgeschmiedeten Hufeisen benutzt. Die Qualität der Hufeisen war auf Grund des komprimierten Gefüges im Stahl ausgezeichnet (Nordic Forge, Guttenberg, Iowa, USA).

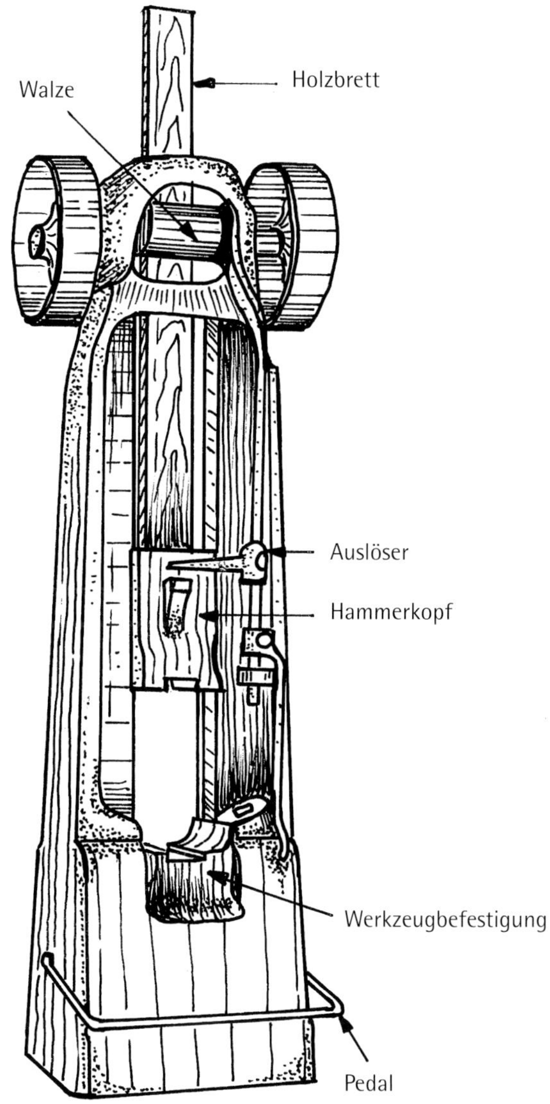

Bild 8.25 Fallhammer.

Kissenhammer

Ein solcher Hammer steht ganz oben auf meiner Wunschliste, denn er ist fantastisch zum Schmieden, insbesondere von dünneren Werkstücken. Hier in Norwegen verwenden wir ihn hauptsächlich für Messer und Sensen. Es gibt mehrere Konstruktionen dieses Hammertyps, gemeinsam haben sie aber einen Holzbalken von ein paar Metern mit Gummikissen vor und hinter der

Achse des Balkens. Aufgrund der Federung durch die Gummikissen schlägt der Hammer sehr schnell und erzeugt fast eine pulsierende Schlagbewegung. Daher eignet er sich ausgezeichnet zum Strecken, denn das Material hält sich wegen der Reibung durch das starke Kneten lange Zeit warm. Beim Sensenschmieden kann man zum Ausebnen, Profilschmieden und Schneiden gleichzeitig drei verschiedene Werkzeugbacken eingespannt haben. Der Kissenhammer ist eine Weiterentwicklung der schmalen Wasserhämmer.

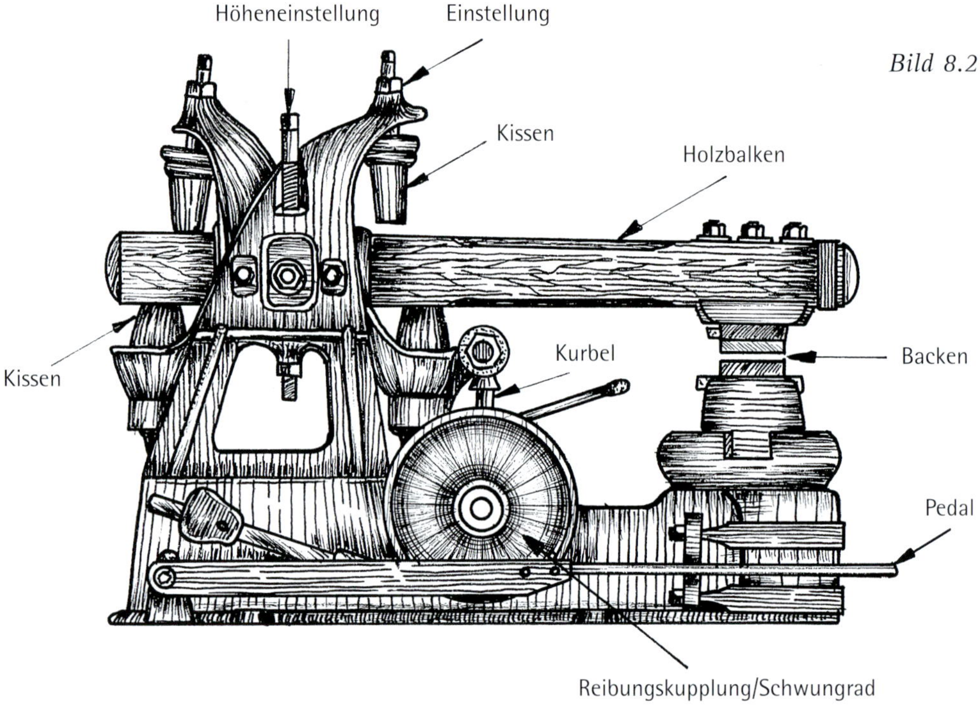

Bild 8.26 Kissenhammer.

Die Messerschmiede Brusletto in Geilo, Norwegen, hatte früher acht solche Kissenhammer. Jetzt gibt es nur noch einen.

Alter Federhammer mit Hufeisenfeder. Hier sind Tausende von Sensen geschmiedet worden (Schmiede von Johan Hamre, Hardanger, Norwegen).

Brian Russel aus Little Newsham, Großbritannien, feuerschweißt das meiste seiner Produktion mit einem Federhammer. Ein kleiner Dieselmotor hinter einer Wand treibt den Hammer an.

Beim Schmieden mit Hilfswerkzeugen ist eine ebene Hammerbahn am besten.

Stellen Sie Ihren eigenen Federhammer her

Der hier abgebildete Hammer wurde von Alf Lange in Drammen konstruiert. Er betrieb eine Maschinenwerkstatt und war ein tüchtiger Erfinder. Alf lebt leider nicht mehr, aber sein Freund Sverre Pettersen in Krokstadelva, Norwegen, hat den Hammer übernommen.

Alf Lange nahm vor vielen Jahren an einem Kurs im Klingenschmieden teil und hatte viel Freude an diesem Hobby. Er konstruierte gern, unter anderem fertigte er diesen Federhammer und eine Esse mit vorgewärmter Luft an. Alfs Wunsch war, einen kleinen Federhammer zum Messerklingenschmieden zu konstruieren, für den die meisten Hobbyschmiede Platz in einer kleinen Schmiede finden konnten.

Ich habe versucht, ihn möglichst genau nachzubauen, habe mir aber erlaubt, Winkelfedern zu benutzen, damit er noch weniger Platz einnimmt.

Der Hammerkörper ist aus 20 mm Stahlplatten mit 70 mm Vierkantstahl für den Hammerkopf geschweißt, der zwischen zwei Gusseisenschiebern läuft. Hier kann man je nach Wunsch die Dimensionen vergrößern oder verringern. Alle Maße sind daher ungefähre Maße.

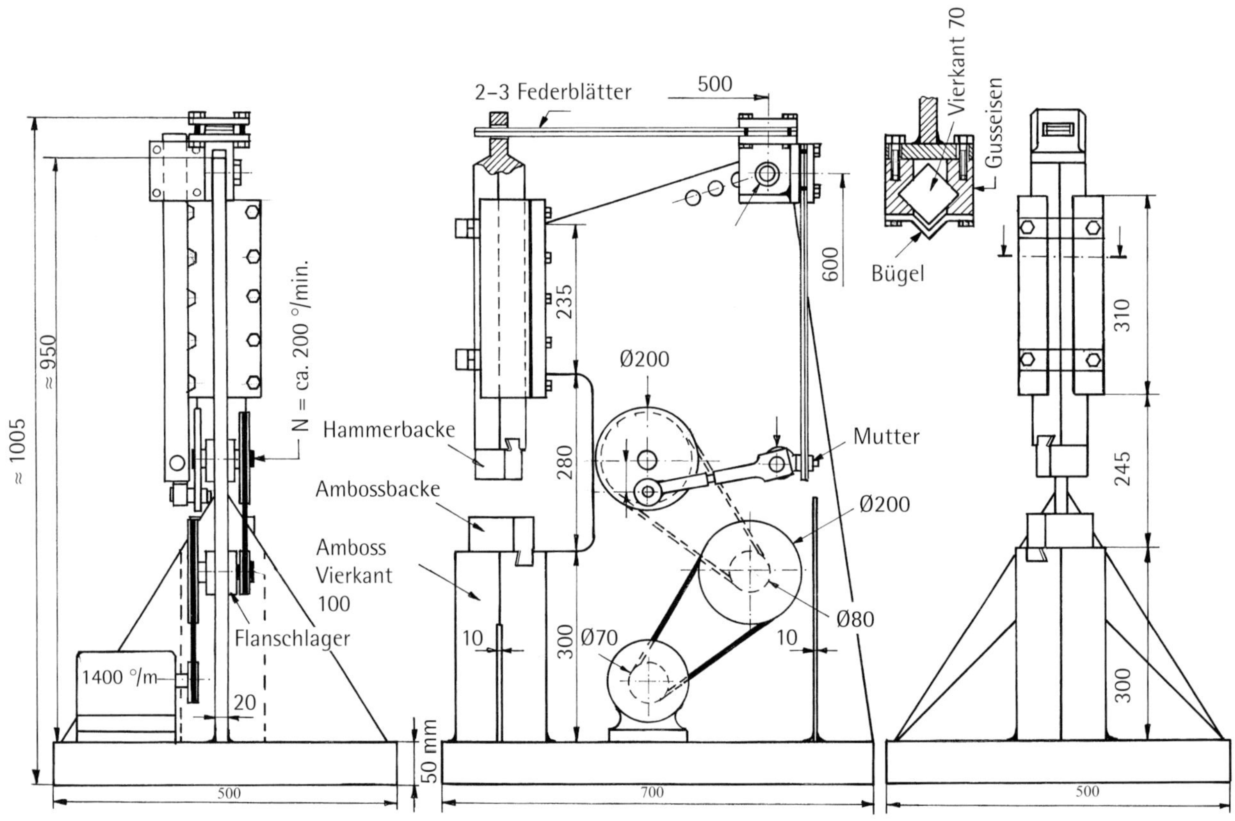

Bild 8.27

Bild 8.28

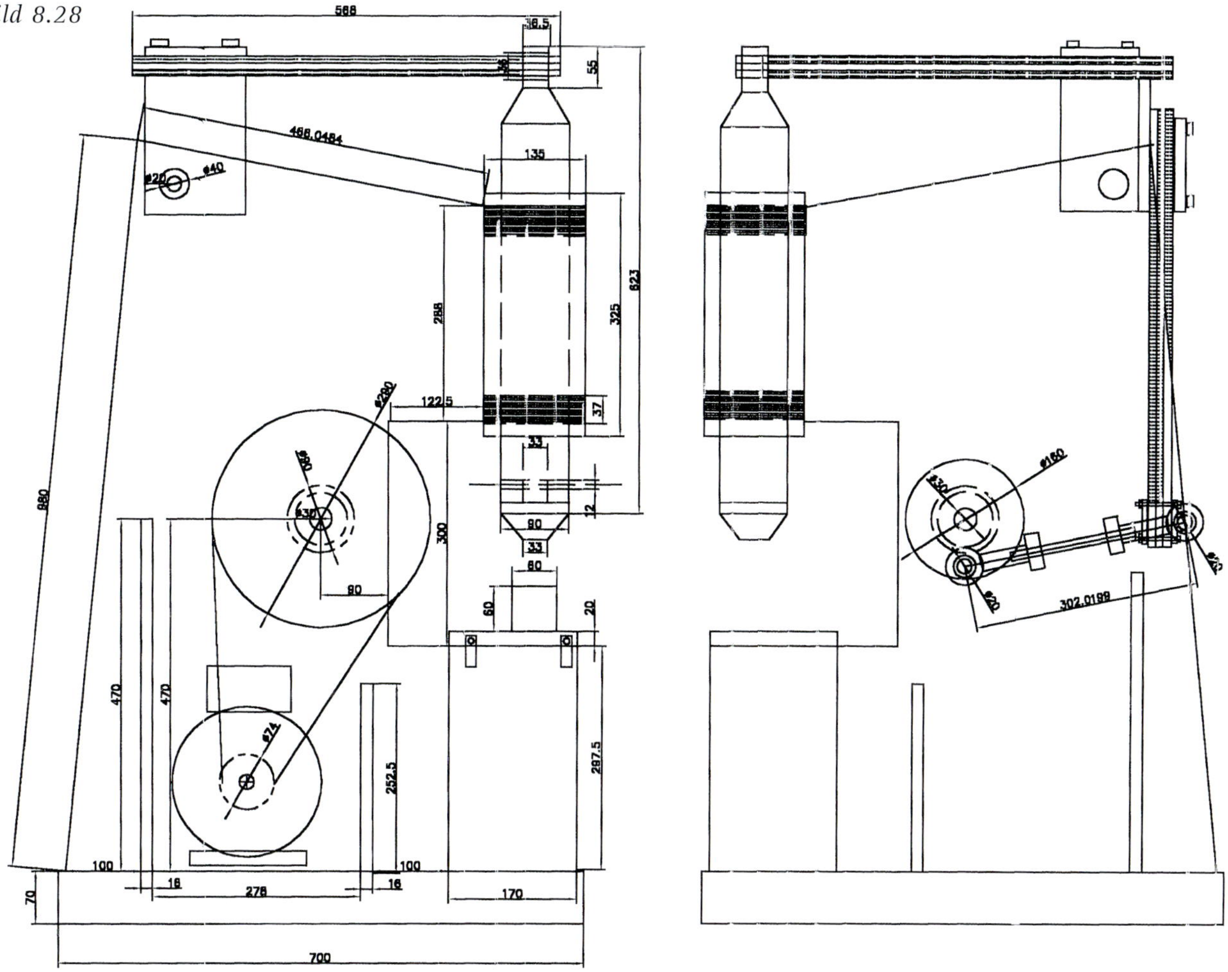

Vor ungefähr einem Jahr rief mich Jouni Markus James an und fragte, ob ich eine Zeichnung eines Maschinenhammers hätte. Ich schickte ihm die Zeichnung vom Maschinenhammer in Bild 8.27, und Bild 8.28 ist das Ergebnis.

Jouni Markus James kommt ursprünglich aus Finnland und ist Mechaniker. Er wohnt in Westnorwegen (N-6280 Sørvik), ist Hobbymessermacher und schmiedet seine eigenen Klingen. Wie aus der Zeichnung ersichtlich ist, hat er den Hammer mit einem zylindrischen Hammerstempel mit Messingfutter gebaut. Die Ambossbacke ist auf einer zylindrischen, drehbaren Platte als Unterlage montiert, so dass unterschiedliche Werkzeuge benutzt werden können.

Sonst unterscheidet der Hammer sich kaum vom Prototyp mit Winkelfedern. Er hat hier insgesamt sechs 7 mm x 55 mm x 570 mm Federstahlstücke, verteilt auf drei Federblätter auf jedem Winkelschenkel, verwendet. Der Motor ist ein 2,2-kW-Motor mit Frequenzsteuerung. Jouni berichtet, dass der Hammer mit Winkelfedern ausgezeichnet funktioniert.

Jouni probiert seinen selbst konstruierten Hammer aus.

Andere Maschinenhämmer

Kleiner englischer Lufthammer (Thorsensmia, Kongsberg, Norwegen).

Kleiner selbst konstruierter Federhammer beim Schmiedetreffen in Ybbsitz, Österreich, 1998.

Schmieden und Strecken mit flacher Unterbacke und runder Oberbacke. Neuer KUHN-Hammer aus Augsburg (Gemeinschaftsprojekt auf dem Schmiedetreffen in Luxemburg, 1999).

Schmieden mit Kombinationsbacken bei äußerster Konzentration. Neuer KUHN-Hammer beim Schmiedetreffen in Kolbermoor, 1998.

Hilfswerkzeug für das Schmieden mit dem Maschinenhammer

KAPITEL 9

Das Schmieden mit Maschinenhammer und Hilfswerkzeugen ist beinahe ein eigenes Fach. Man könnte fast sagen, dass sich aus unterschiedlichen Hilfswerkzeugen, in einem Maschinenhammer verwendet, unbegrenzte Möglichkeiten der Bearbeitung ergeben.

Aber nicht alle Maschinenhämmer eignen sich gleich gut dazu. Die erste Bedingung ist, dass der Hammer flache Backen hat, damit das Werkzeug nicht „weggeschlagen" wird. Die zweite Bedingung ist, dass der Hammer nicht zu schnell schlägt, sondern dass man Einzelschläge ausführen kann. Der Hammer sollte sich also wie ein „Zuschläger" verhalten. Das Problem ist nur, dass es nichts nutzt, mit dem Hammer zu sprechen. Was Sie ausdrücken wollen, müssen Sie durch vorsichtige Betätigung des Pedals vermitteln.

Man braucht einige Erfahrung, um mit Hilfswerkzeugen in einem Hammer zu schmieden. Außerdem müssen Reibungskupplung und Ventile in Ordnung sein. Meistens ist es auch nicht damit getan, dass man das Hilfswerkzeug unter dem Hammerbär anbringt und zuschlägt. Man muss alles bedenken und darf nicht vergessen, welche enormen Kräfte ein Hammer hat. Das Werkzeug kann schnell in eine falsche Stellung geraten und einem aus der Hand geschlagen werden. Oder es kann das Werkstück und die Backen des Hammers zerstören. Ich meine nicht, dass es unmöglich ist, aber man muss es üben und sich alles gut überlegen, bevor man beginnt.

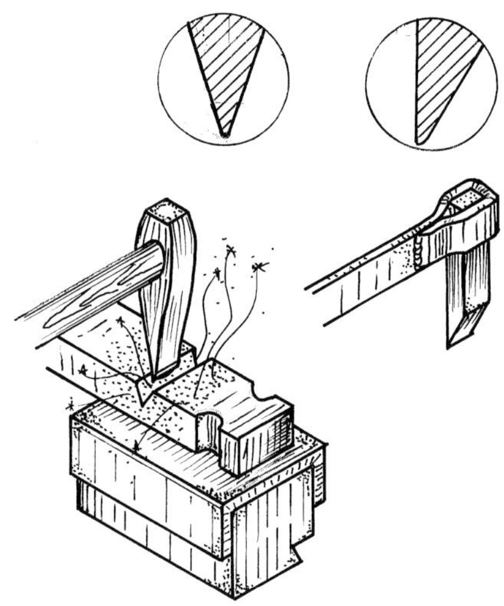

Bild 9.1 Abtrennen mit dem Schrothammer.

Werkzeug zum Abschroten

Zum Abschroten warmer Werkstücke mit dem Hammer verwendet man meistens Schrothämmer. Die Hämmer sollten mit einer kleinen Abrundung an der Schneide geschliffen sein, das macht die Schneide stärker, und sie oxidiert nicht so schnell. Für eine rechtwinklige Schnittfläche können sie auch nur auf der einen Seite als Rechts- oder Linkshämmer geschliffen sein.

Vergessen Sie nicht, zum Schutz der Bahn und des Hammers eine weiche Stahlplatte auf die Ambossbacke zu legen und den Hammer regelmäßig abzukühlen.

In Bild 9.2 ist ein Abschrotwerkzeug mit Federbügel gezeigt, das die Schneide und Ambossbacke nicht beschädigt.

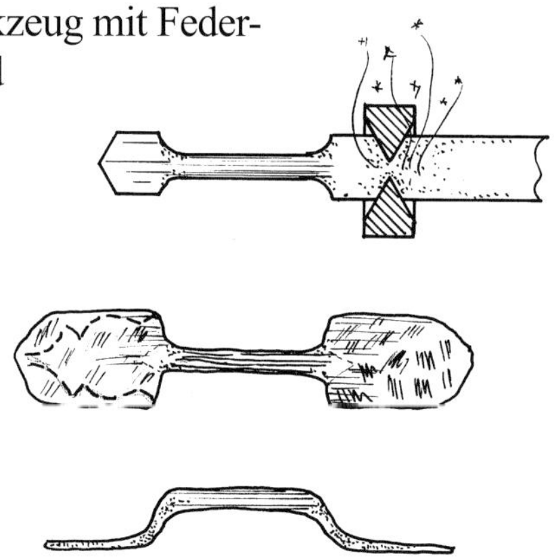

Bild 9.3 Beispiele für das Abschroten, bei dem die Schnittfläche ein Teil der Form wird.

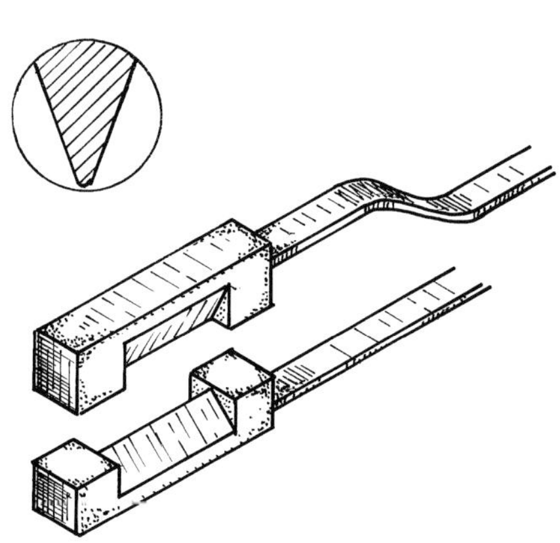

Bild 9.2 Abschrotwerkzeug mit Anschlag.

Stahl für Abschrotwerkzeuge

Die meisten Werkzeuge zum Warmschroten bestehen aus Federstahl mit 0,5–0,6 % Kohlenstoff. Zum Kaltschroten verwende ich Bohrstahl mit 0,8 % Kohlenstoff. Federstahl ist billig, und man kann ihn leicht beim Schrotthändler erstehen. Es können Blattfedern oder Spiralfedern von Autos in unterschiedlicher Größe sein.

Normal härte ich alles Hilfswerkzeug, das heißt, ich schrecke es in Öl ab und lasse es auf 300–400 °C an. Bei dieser Temperatur wird es hart genug zum Warmschroten. Außerdem ist es dann so zäh und „weich", dass es in den Backen des Maschinenhammers keine Kerben hinterlässt. Es gibt Hilfswerkzeug zur warmen Bearbeitung, das nicht gehärtet werden muss, wenn es mehr als 0,8 % Kohlenstoff enthält.

Achtung! Es ist wichtig, dass kein Öl auf der Backe liegt. Das macht sie glatt, und das Werkzeug kann sich „legen" oder zur Seite geschlagen werden. Sorgen Sie für eine gute Arbeitsstellung.

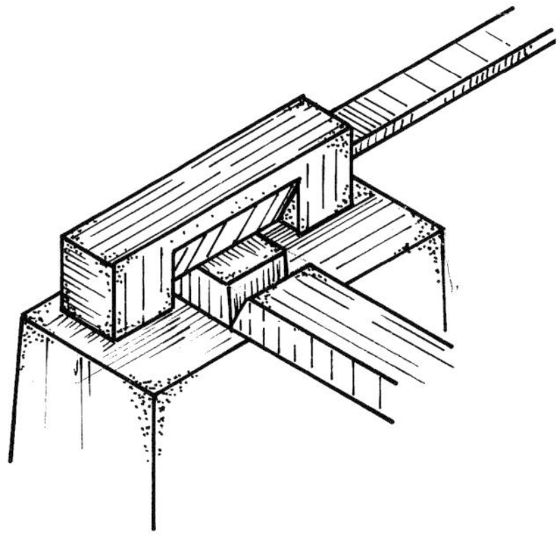

Bild 9.4 Abschrotwerkzeug mit Anschlag.

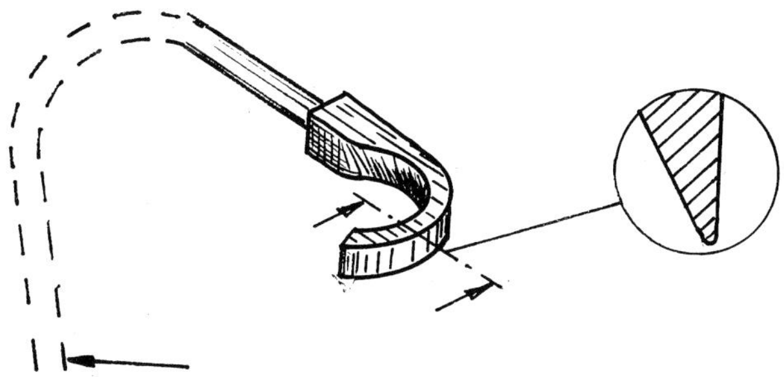

Bild 9.5 Radiusabschrotwerkzeug mit gebogenem Griff, damit man von der Rückseite her leichter arbeiten kann. Man sieht dann auch den Bogen besser, den man abtrennen möchte. Dieses Werkzeug kann auf der Innen- oder Außenseite geschliffen werden.

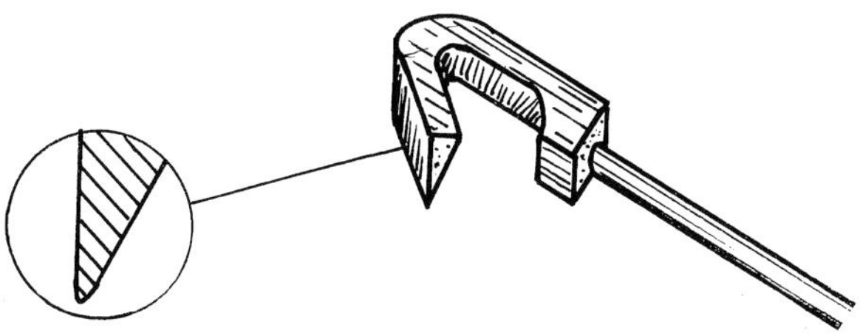

Bild 9.6 Radiusabschrotwerkzeug mit geradem Griff.

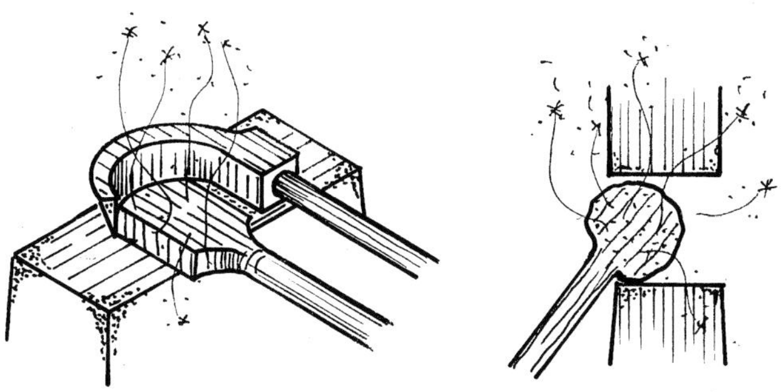

Bild 9.7 Beispiel für die Anwendung eines Radiusabschrotwerkzeugs.

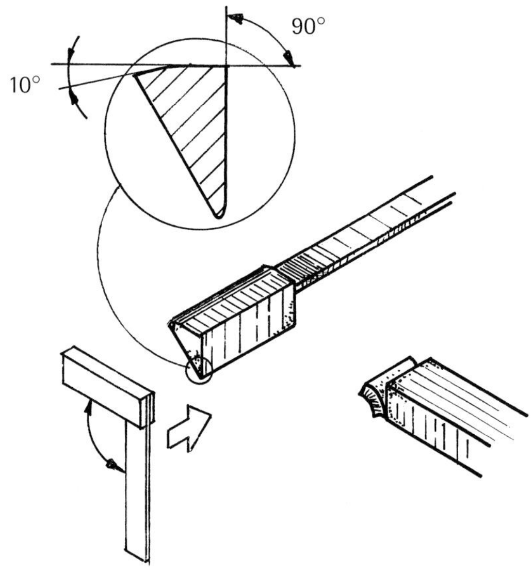

Bild 9.8 Rechtsmeißel zum Abschlagen in rechtem Winkel. Schleifen Sie ca. 1/3 des Meißelnackens ab, damit er ca. 10° abschrägt. Dann lässt es sich leichter in einem rechten Winkel abtrennen.

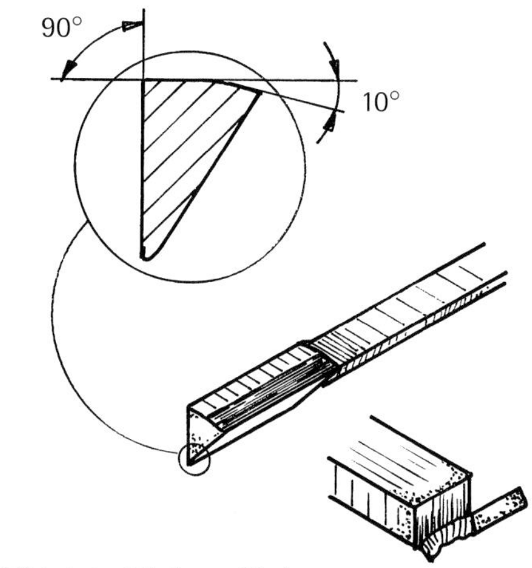

Bild 9.9 Linksmeißel.

Abschroten mit Auflagemeißel

Das Problem mit dem Maschinenhammer als „Zuschläger“ auf einem Hilfswerkzeug ist, dass der Hammer zu schnell schlägt, und dass sich der Fuß für Einzelschläge nicht feinfühlig genug bewegen lässt.

Ich möchte jetzt einige andere Methoden anführen, die für die Ambossbacke und das Werkzeug schonender sind. Es ist vor allem eine Methode zum Abschroten von warmem Stahl.

Die Schneide des Abschrotwerkzeugs wird ziemlich rund geschliffen. Das macht sie stärker und weniger gefährlich für die Ambossbacke. Mit einem solchen Werkzeug können Sie von vier Seiten her abschroten, wie in Bild 9.11 gezeigt, ohne bis zur Backe durchzudringen. Am besten hat man eine Auswahl solcher Werkzeuge und kann eines wählen, das das Werkstück nicht ganz durchschlägt. Anschließend verwenden Sie Auflageabschrotwerkzeuge mit geradem oder gebogenem Griff (Bilder 9.13–9.15).

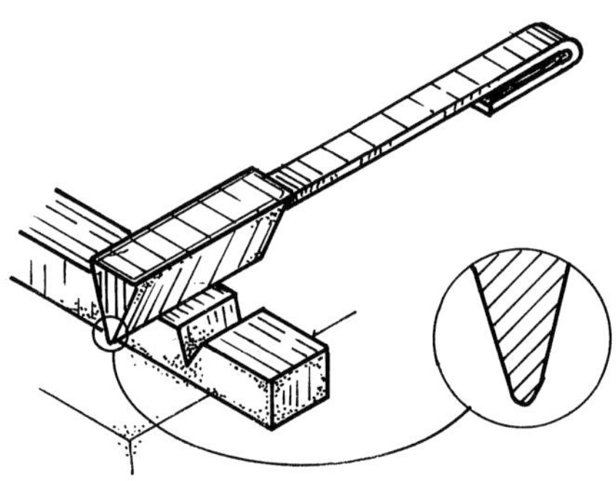

Bild 9.10 Abschrotwerkzeug mit abgerundeter Schneide.

Bild 9.11

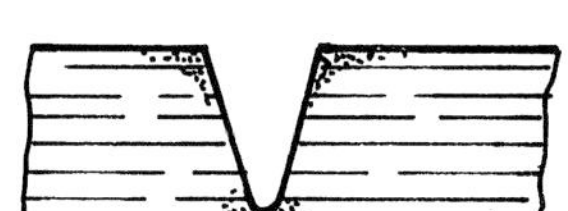

Bild 9.12

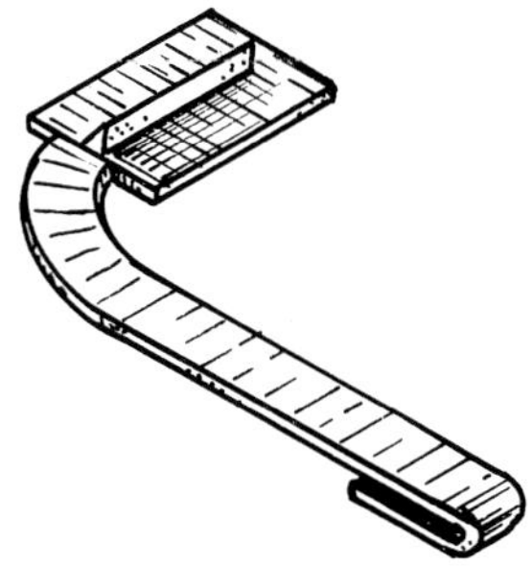

Bild 9.13 Auflagemeißel mit gebogenem Handstück.

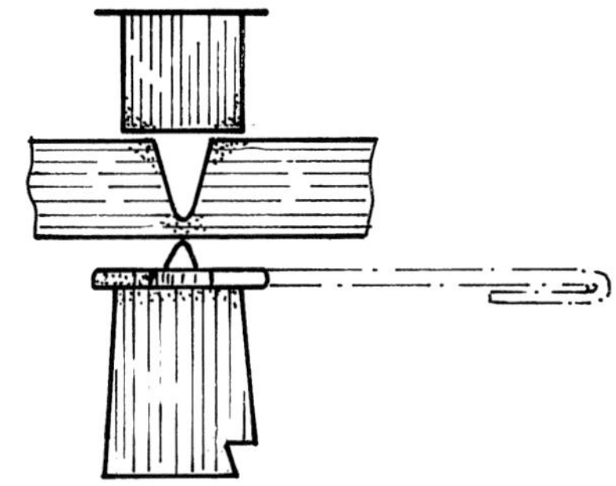

Bild 9.14

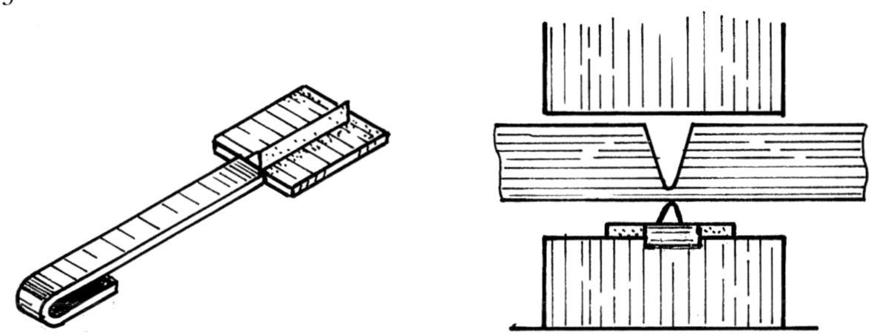

Bild 9.15 Auflagemeißel mit geradem Handstück.

Abschroten mit Abkapper

Diese Methode ist ziemlich sicher. Verwenden Sie zuerst ein Abschrotwerkzeug mit der richtigen Höhe. Drehen Sie dann das Werkstück mit der gemeißelten Nut nach unten und legen Sie den Abkapper darauf. Er besteht aus einem 7-10 mm starken scharfkantigen, zähgehärteten Flachstahl, er kann aber auch spitz sein. Es braucht nur einen kleinen Schlag mit dem Hammer, und das Werkstück ist getrennt.

Wenn man auf diese Weise arbeitet, sollte man ein Werkzeugbrett auf oder neben dem Hammer haben. Nach dem Werkzeug zu suchen, ist ärgerlich und Zeitverschwendung.

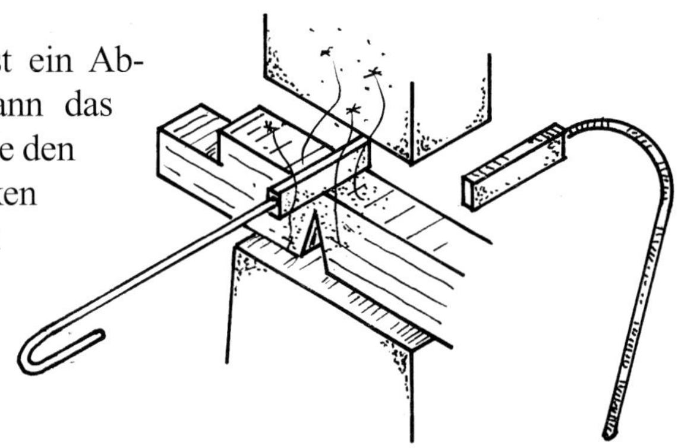

Bild 9.16 Anwendung des Abkappers mit geradem und gebogenem Handstück.

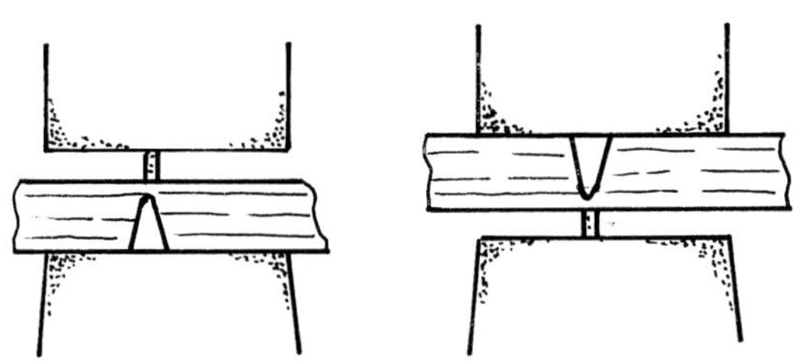

Bild 9.17 Der Abkapper kann darauf oder darunter gelegt werden.

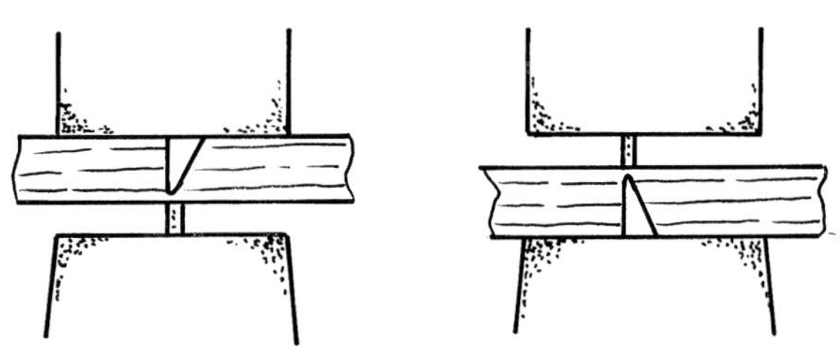

Bild 9.18 Abschroten mit rechtem Winkel. Legen Sie den Abkapper so darauf oder darunter, dass die Kante gerade wird.

Werkzeugbefestigung beim Gebrauch von Hilfswerkzeugen im Maschinenhammer

Beim Hilfswerkzeug zum Schmieden von Hand haben wir gesehen, dass dieses im Vierkantloch des Ambosses befestigt wurde. Dasselbe kann man im Maschinenhammer machen, wenn man einen Werkzeughalter anfertigt, der auf der Ambossbacke montiert wird, wie in Bild 9.19 gezeigt.

Es ist ein Werkzeug mit Bügeln zum Schmieden von längs verlaufenden Nuten. Die halbkreisförmigen Backen sollten an den Enden etwas mehr abgerundet sein als in der Zeichnung dargestellt, damit man Kerben in der Nut vermeidet. Der Vorteil einer solchen Befestigung von Werkzeug ist, dass man beide Hände zum Festhalten des Werkstücks frei hat. Unten sehen Sie einige andere Hilfsgesenke.

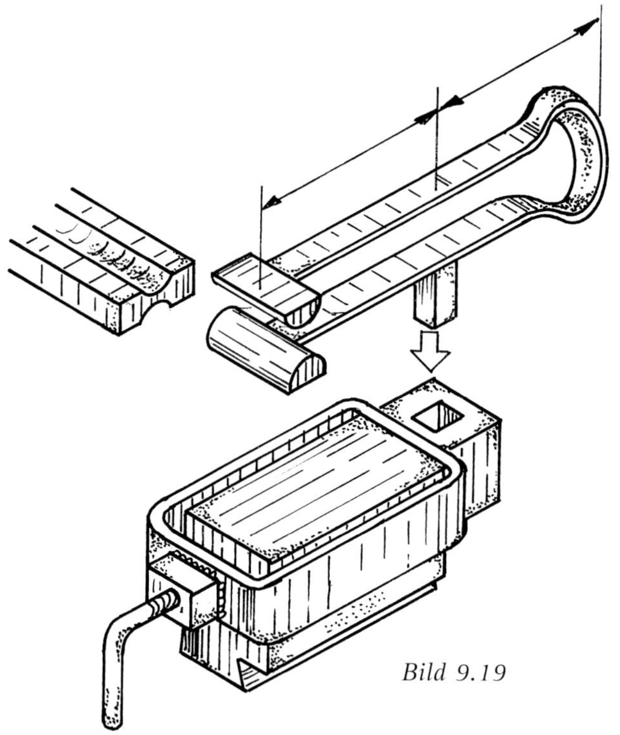

Bild 9.19

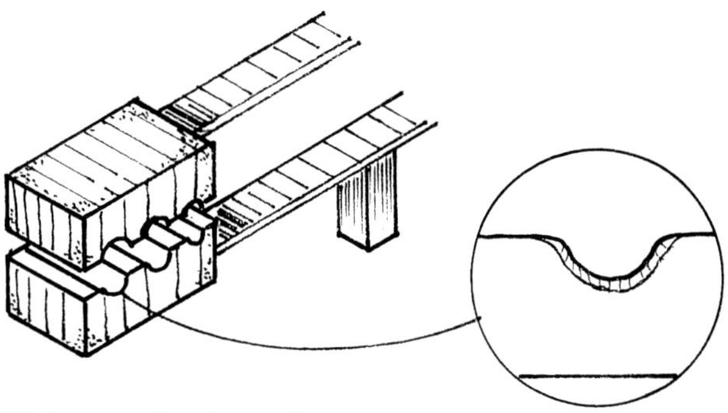

Bild 9.20 Rundgesenk.

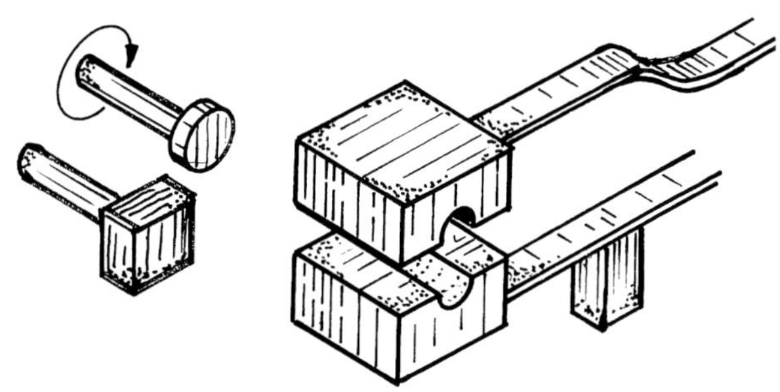

Bild 9.21 Rundgesenk.

Rundgesenke

Rundgesenke werden zum Feinschmieden runder Details verwendet. Das Werkstück wird zuerst viereckig geschmiedet, dann achteckig, ein wenig größer als das fertige Detail sein soll. Dann legt man das Werkstück ins Gesenk, schlägt auf die Gesenkbacken und dreht das Werkstück gleichmäßig zwischen ihnen.

Rundgesenke werden angefertigt, indem man Löcher zwischen die Gesenkbacken bohrt, während sie im Schraubstock zusammengepresst werden. Dann sind die Halbkreisnuten oben zu schleifen, bis sie etwa elliptisch sind. Die Enden der Halbkreisnuten müssen auch versenkt und abgerundet werden (siehe das Detail im Kreis von Bild 9.20).

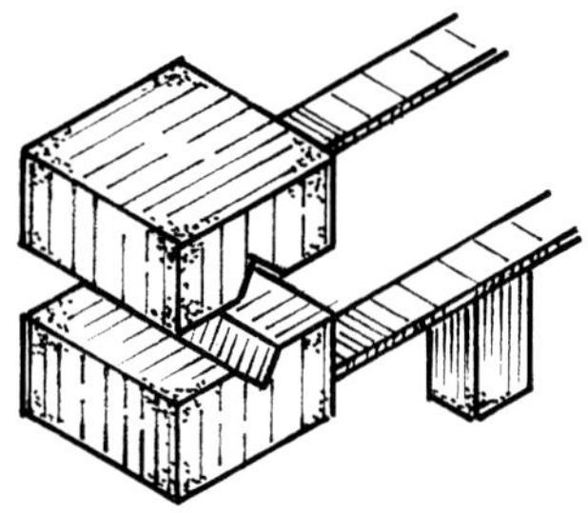

Bild 9.22 Eckiges Gesenk.

Ein eckiges Hilfsgesenk kann man mit Hilfe eines Vierkantwerkstücks herstellen, das man zwischen erwärmte Gesenkbacken legt, die zusammengeschlagen werden.

Für Hilfsgesenke wie dieses verwende ich normalerweise Federstahl, den ich zähhärte.

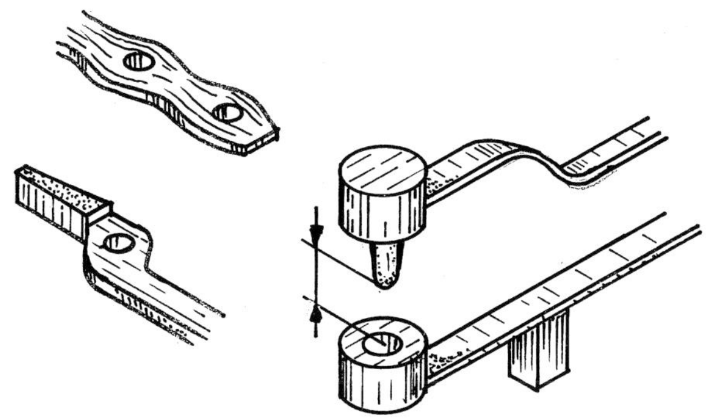

Bild 9.23 Das Werkzeug zum Aufdornen muss etwas konisch sein, damit es sich nicht verkeilt.

Wie man ein Hilfsgesenk anfertigt

Um ein Hilfsgesenk herzustellen, hat man mehrere Möglichkeiten. Mit modernen Hilfsmitteln ist es kein Problem, aber die Kosten stehen meistens in keinem Verhältnis zur Produktion, die man in einer normalen Schmiede hat. Daher fertigt der Schmied seine Hilfsgesenke meist selbst an.

Ich habe einige Hilfsgesenke für den Maschinenhammer auf diese Weise hergestellt. Wir können das an einem Türklopferring mit Kugel, wie in Bild 9.26 gezeigt, vorführen.

Zuerst fertige ich das Hilfsgesenk mit Bügel an, wie bereits gezeigt (Bild 9.26). Dann muss ein Modell angefertigt werden, für das das Gesenk geschmiedet werden soll. Es wird grobgeschmiedet, feingeschmiedet und in die richtige Form gedreht (Bild 9.28).

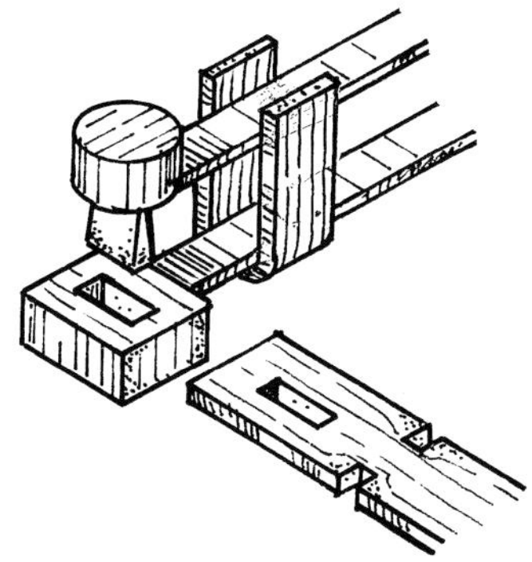

Bild 9.24 Werkzeug zum Lochen (Abtrennen).

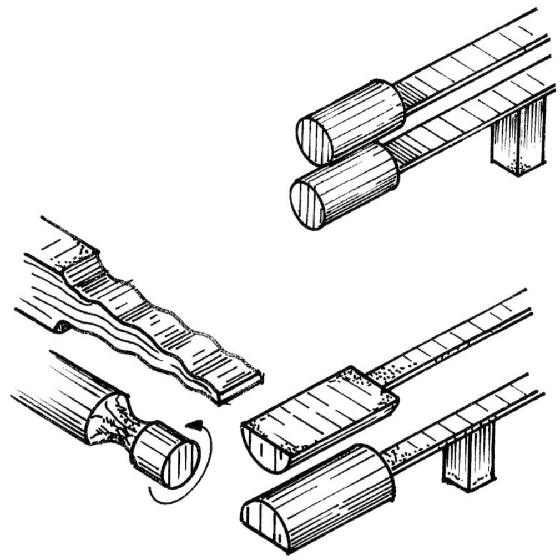

Bild 9.25 Werkzeug zum Strecken und Absetzen.

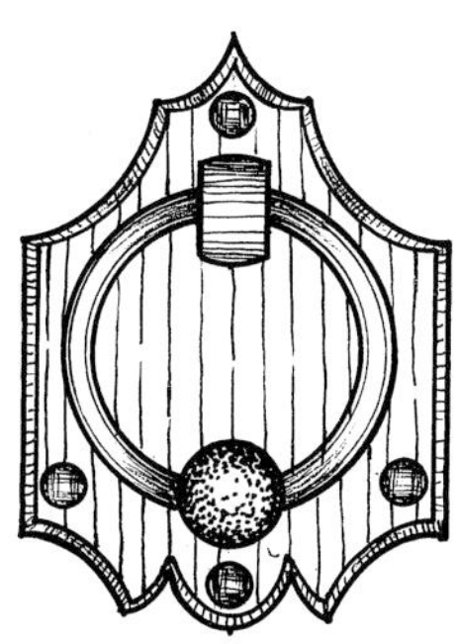

Bild 9.26

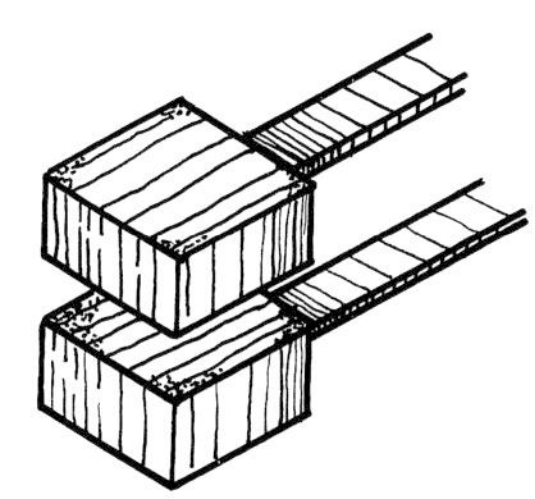

Bild 9.27

Ohne Drehbank können Sie das Modell zurechtschleifen und -feilen. Mit mittlerem Kohlenstoffgehalt muss das Modell nicht gehärtet werden.

Dann müssen beide Backen des Hilfsgesenks ziemlich rot erwärmt werden. Legen Sie das Modell zwischen die Backen, und halten Sie es durch Zusammenklemmen der Bügel fest. Schlagen Sie die erwärmten Backen zusammen bis auf 3 mm. Wenn die Backen gleich warm sind, erhalten Sie einen Abdruck des halben Modells in jeder Backe.

Werden Sie das Hilfsgesenk häufig benutzen, lohnt sich das Zähhärten (Bild 9.29).

Jetzt ist es Zeit für den Ring mit der Kugel. Nehmen Sie einen Rundstahl, der ein wenig dicker als die Kugel ist und setzen Sie auf beiden Seiten der Kugel mit einem Rundsetzhammer ab. Strecken Sie das Werkstück auf beiden Seiten der Kugel und feinschmieden Sie die Kugel in einem Rundgesenk annähernd rund.

Erwärmen Sie den Kugelbereich ziemlich hoch und legen Sie ihn zwischen die Gesenkbacken. Führen Sie leichte Schläge mit dem Maschinenhammer aus, während Sie die Kugel drehen. Schmieden Sie dann den Teil, in dem der Ring aufgehängt wird und schieben Sie ihn auf den Ring. Jetzt kann der Ring gebogen und die Enden verschweißt werden (Bild 9.32).

Diese Art der Herstellung von Werkzeug zum Gesenkschmieden ist einfach und preiswert. Beispiele sehen Sie in den Bildern auf der nächsten Seite.

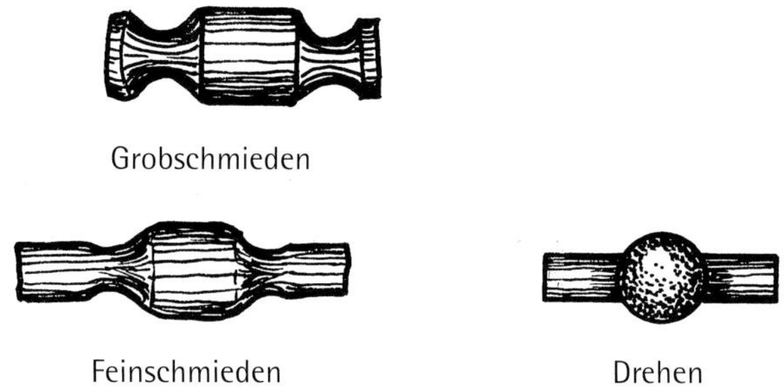

Bild 9.28

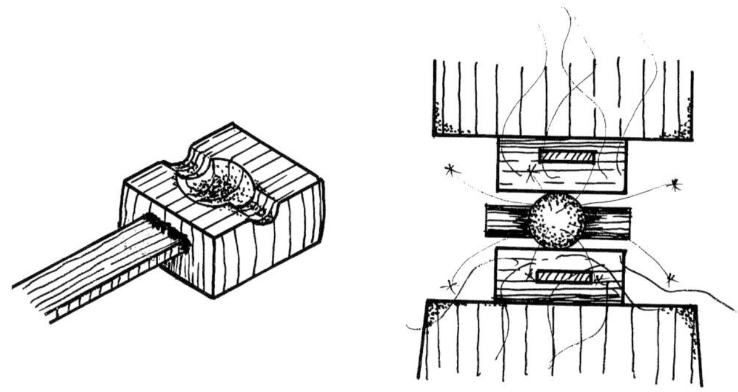

Bild 9.29

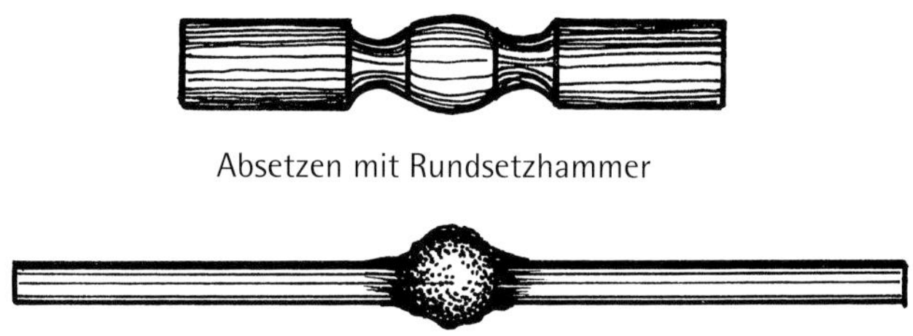

Bild 9.30 Feinschmieden der Kugel.

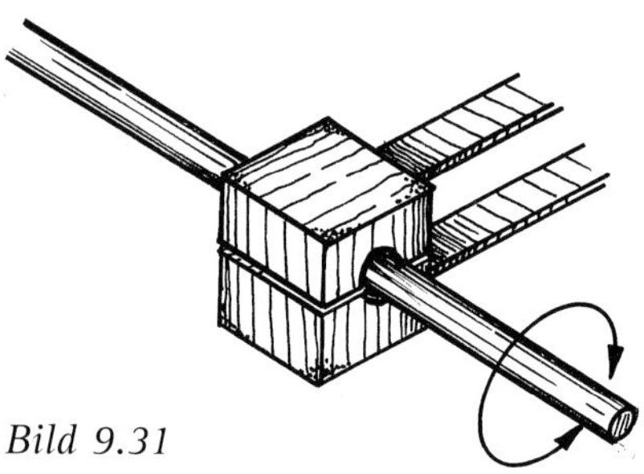

Bild 9.31

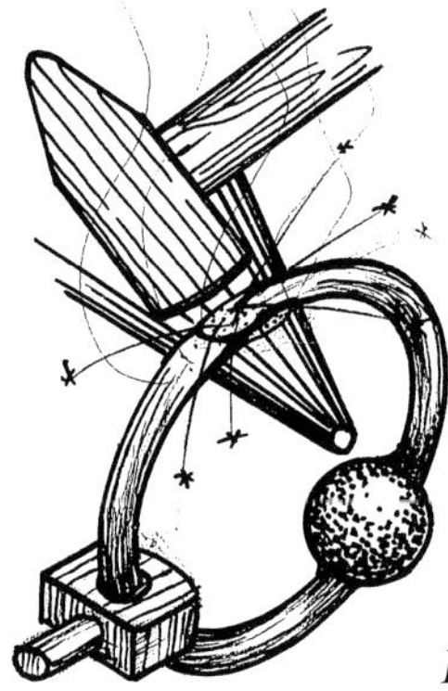

Bild 9.32

Beispiele von Hilfsgesenken

Profilierter Achszapfen für eine Türangel, mit Gesenk geschmiedet. Das Hilfsgesenk muss abgerundet sein, und das Werkstück wird während des Schmiedens die ganze Zeit gedreht. Es darf auch nicht zu hart geschlagen werden. (Rådvad-Center, Dänemark).

Beispiel eines Hilfsgesenks mit Bügelhandgriff. Die Bügel können gut aus Federstahl sein, abhängig vom Gewicht der Gesenkbacken (aus der Schmiede von Brian Russel, England).

Ein anderes Beispiel eines Modells und Hilfsgesenks. Das Modell ist nach einer alten Türklinke gefertigt und besteht aus zwei zusammengenieteten Teilen. Daher müssen für dieses Modell zwei Hilfsgesenke angefertigt werden. Die beiden Teile werden zum Schluss genietet oder mit einem Gewinde versehen. Solche Details werden geschmiedet, weil man denselben Herstellungsprozess wie beim Original nachvollziehen will.

Weitere Beispiele aus der Schmiede von Brian Russel in Little Newsham in England

Das Foto zeigt eine manuelle Schraubenpresse, die für vieles anwendbar ist. Hier kann man sich verschiedene Werkzeuge zum Warmpressen und Formen anfertigen. Eine Welle mit Doppelgewinde und großer Steigung besorgt die vertikale Schraubbewegung.

Eine Auswahl von Hilfsgesenken, für die man ständig Verwendung hat. Ein wenig Ordnung, damit man das Werkzeug nicht suchen muss, wenn man es benötigt, ist von Vorteil.

Ein einmaliges Beispiel eines großen Hilfsgesenks. Hier muss man aber zu zweit sein: Einer muss das Hilfsgesenk halten, der andere das Werkstück drehen.

Beispiel der Anwendung einer Schraubenpresse. Am Ende dieser viereckigen Welle soll ein zylindrischer Zapfen geschmiedet werden. Zuerst setzt man aber einen scharfkantigen Achshals ab.

Beispiel

Bild 9.33 zeigt, wie man mit einem anderen runden Gesenk schmiedet. Das Hilfsgesenk wird mit der einen Hand, das Werkstück mit der anderen gehalten.

Das Werkstück ist im Ausgangspunkt Flachstahl, der in der Mitte mit dem Maschinenhammer viereckig, achteckig und dann rund geschmiedet wird. Mit dem Gesenk wird die runde Form anschließend feingeschmiedet.

Das Hilfsgesenk hat ein Gelenk und fünf Löcher, die jeweils 1 mm kleiner werden. Indem man mit immer kleineren Löchern schmiedet, erzielt man zu einem gewissen Grad auch eine konische Form. Die Löcher im Gesenk müssen elliptisch oder abgerundet sein, damit das Werkzeug nicht kneift (Bild 9.34).

Die Bilder 9.35 A, B und C zeigen, wie der Maschinenhammer beim Schmieden von Hand eingesetzt werden kann. Zuerst schmiedet man das Ende 6- bis 8-kantig, dann von Hand. Zum Schluss wird das Werkstück auf flachen Backen geschlichtet.

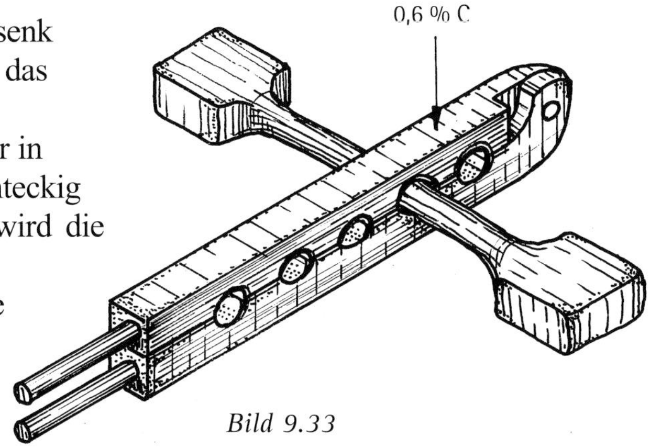

Bild 9.33

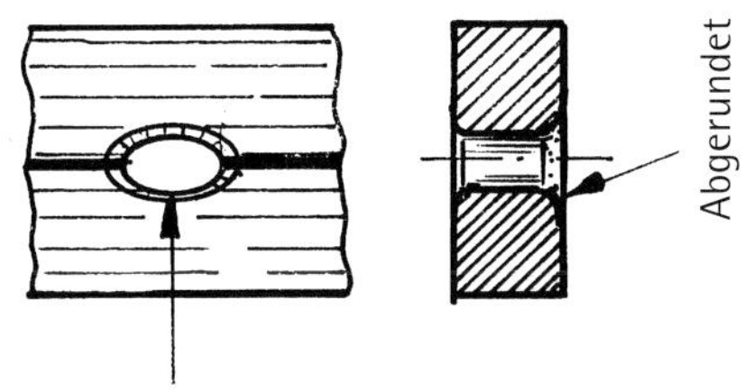

Bild 9.34

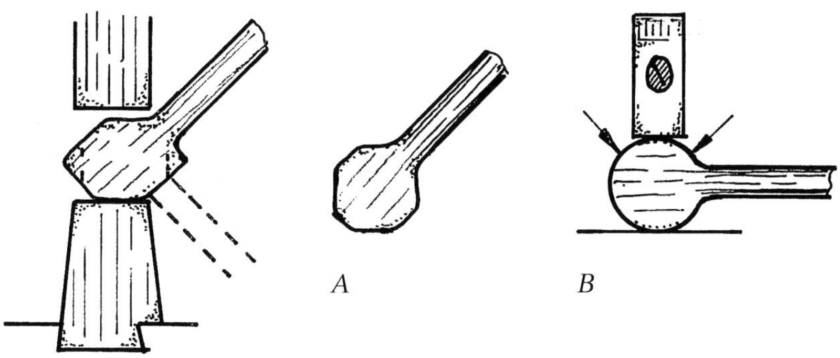

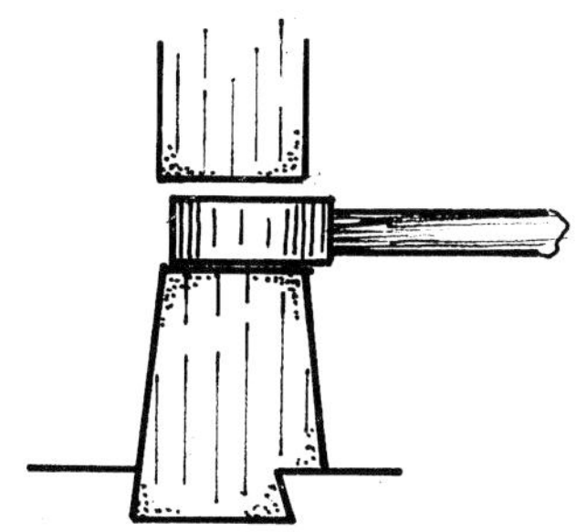

Bild 9.35

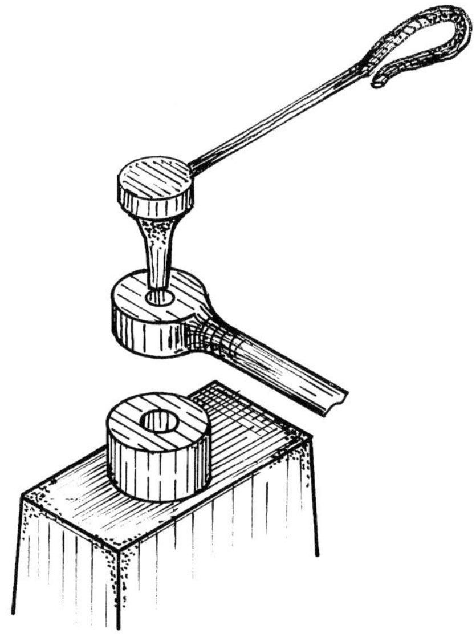

Bild 9.36 Beispiel für das Aufdornen und Ausweiten des obigen Details.

Bild 9.37 Schmieden und Strecken des Rings auf dem Ambosshorn in die gewünschte Größe.

Schmieden eines Schäkels

Wir werden das Werkstück der vorigen Seite weiter bearbeiten und eine Serie Schäkel mit Hilfswerkzeugen im Maschinenhammer schmieden.

Verwenden Sie zwei gleiche Hilfsbacken. Die eine wird an der Ambossbacke befestigt und die andere, die einen Stiel hat, hält man mit der einen Hand (Bild 9.40). Das Werkstück wird mit der anderen Hand gehalten. Passen Sie auf die Bewegungen des Werkstücks auf.

Schlagen Sie mit leichten Hammerschlägen, bis das Werkstück die richtige Form hat und in der Längsrichtung parallel ist (Bild 9.41).

Drehen Sie das Werkstück um und formen Sie das andere Ende (Bild 9.41).

Achtung! Bei dieser Art zu schmieden, müssen Sie Ihren Hammer gut kennen und das Pedal mit Vorsicht betätigen können (Bild 9.42). Ein wenig Übung hilft dabei ungemein.

Biegen Sie das Werkstück um eine Welle oder ein Biegewerkzeug. Schlagen Sie die Schäkelköpfe mit dem Hilfswerkzeug dazwischen zusammen, damit sie parallel werden.

Bild 9.38

Bild 9.39 Fertiger Schäkel.

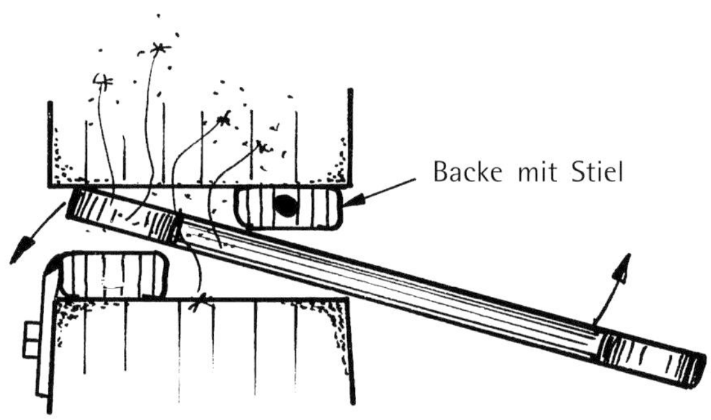

Bild 9.40

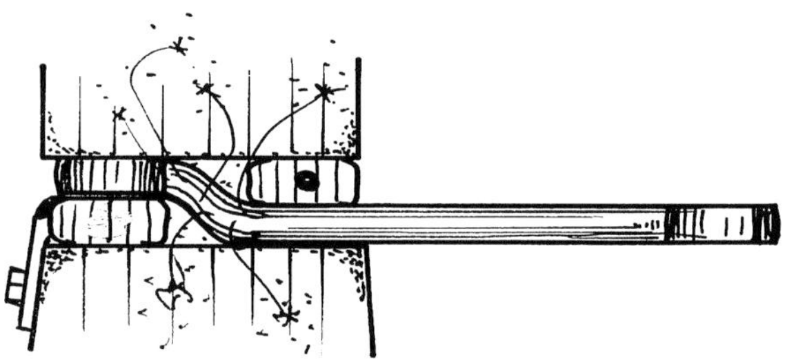

Bild 9.41

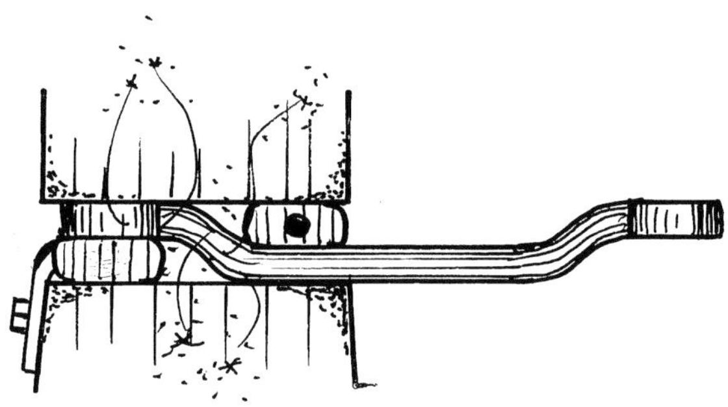

Bild 9.42

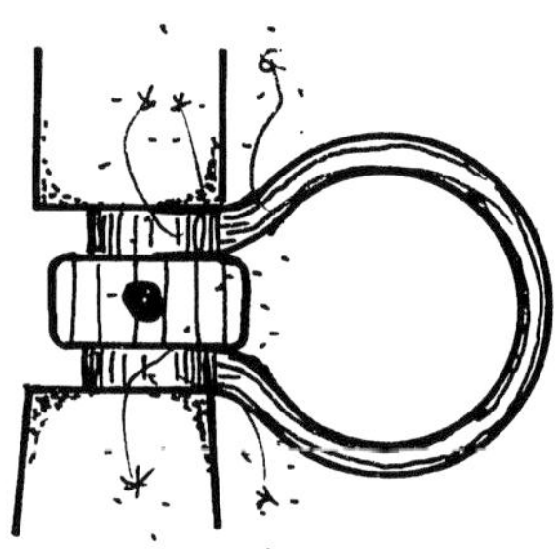

Bild 9.43 Biegen des Werkstücks.

Absetzen mit Hilfswerkzeug

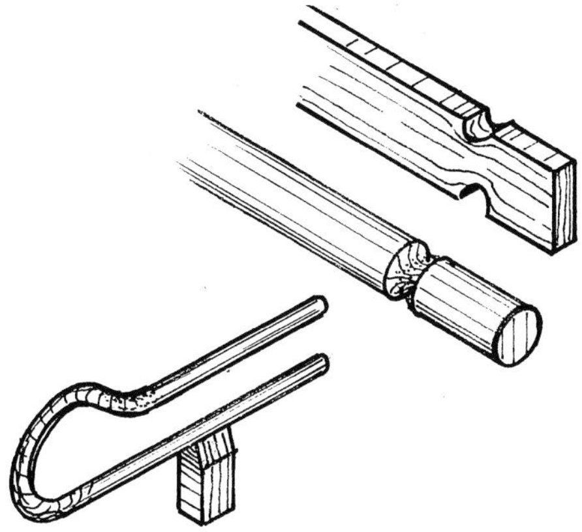

Bild 9.44 Einfaches Bügelwerkzeug aus Federstahl zum Absetzen beim Schmieden von Hand.

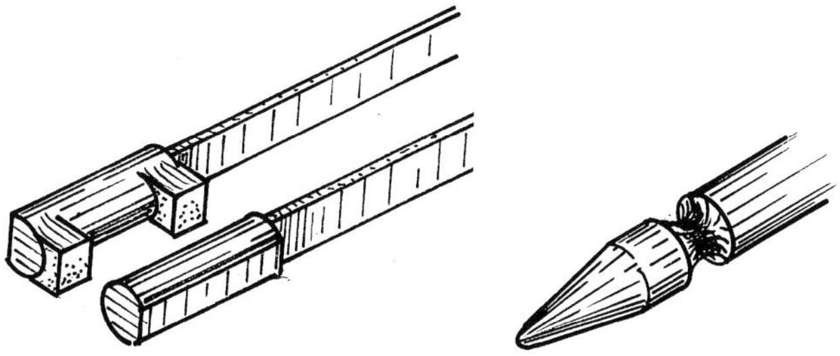

Bild 9.45 Bügelwerkzeug mit Anschlag zum Absetzen im Maschinenhammer (mehrere Werkstücke erhalten die gleiche Form).

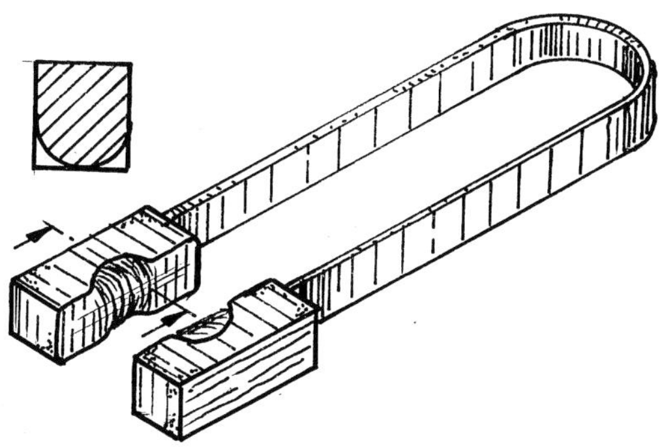

Bild 9.46 Bügelwerkzeug, das ganz zusammengeht.

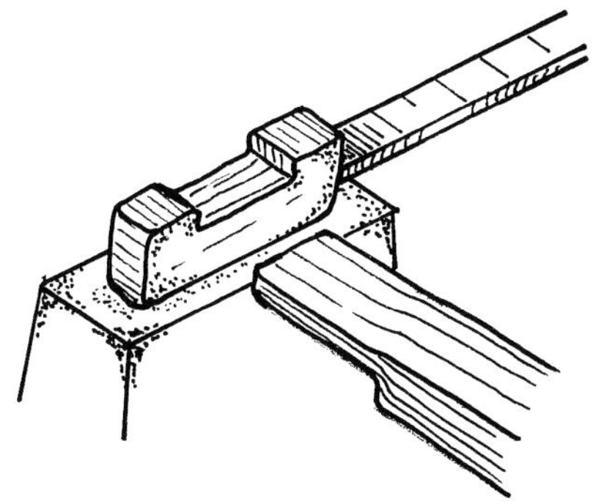

Bild 9.47 Einseitiges Absetzen mit Anschlag (mehrere Werkstücke erhalten die gleiche Form).

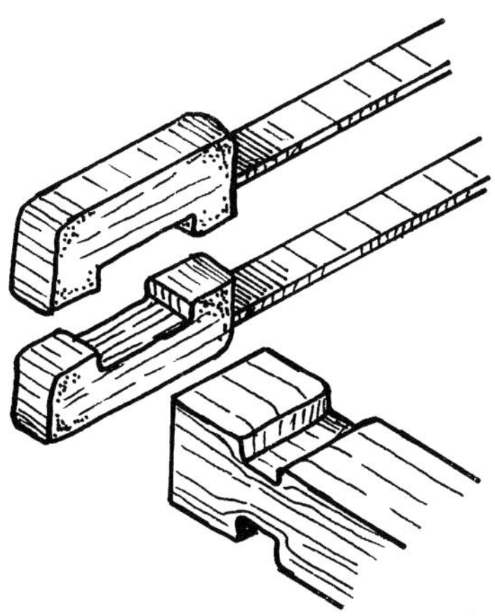

Bild 9.48 Absetzen auf zwei Seiten mit Anschlag (mehrere Werkstücke erhalten die gleiche Form).

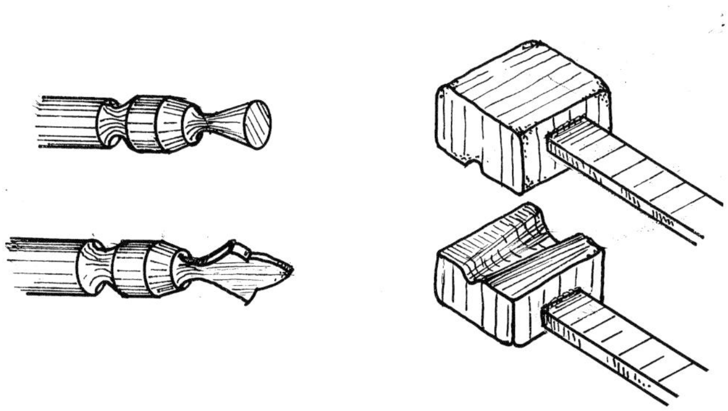

Bild 9.49 Hilfsgesenk zum Schmieden einer Kegelform.

Hilfswerkzeug für konische Werkstücke

Wie man konische Werkstücke im Maschinenhammer schmiedet, wurde bereits gezeigt. Hier sehen Sie eine andere Lösung zum Schmieden konischer Werkstücke, wenn Sie im Maschinenhammer keine abgerundeten Backen haben (Bild 9.50).

Mitt einem Hilfswerkzeug mit elliptischen Backen kann man sowohl strecken als auch schlichten. Beim Strecken wird das elliptische Hilfswerkzeug auf beiden Seiten eingesetzt, beim Schlichten verwendet man eine ebene Unterseite und eine elliptische Oberseite. Dreht man die abgerundete Seite nach oben, verliert man die Kontrolle über die Hammerbacke des Maschinenhammers nicht.

Eine andere Methode, konische Werkstücke zu schmieden, ist eine Schrägbacke, die auf der Ambossbacke festgeschraubt werden kann. Auf diese Weise kann man viele unterschiedliche Hilfswerkzeuge befestigen (Bild 9.52).

Sollte die Ambossbacke zu hart zum Bohren sein, oder will man sie nicht beschädigen, kann man sich eine neue, weichere Ambossbacke anfertigen. Das ist vom Bedarf und der Art der Produktion abhängig, und im Grunde genommen sind dabei der Phantasie kaum Grenzen gesetzt.

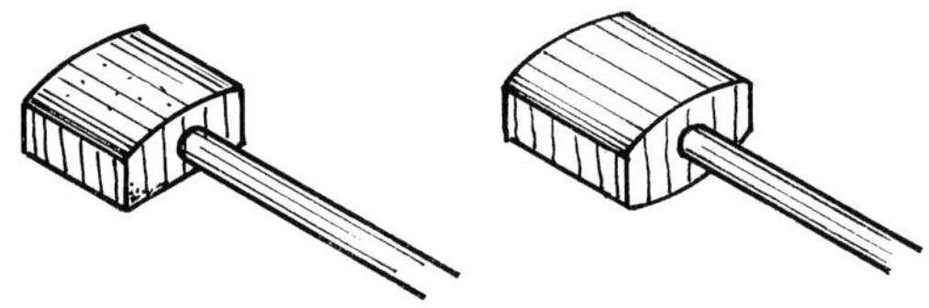

Bild 9.50 Zum Schlichten. Zum Strecken.

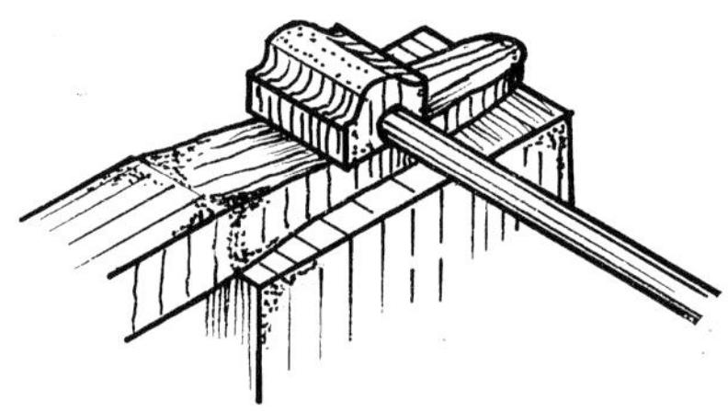

Bild 9.51 Schlichten eines konischen Werkstücks. Die Hammerbacke wird die Kontrolle über das Hilfswerkzeug nicht übernehmen.

Bild 9.52 Schmieden eines konischen Werkstücks auf einer Schrägbacke, die auf der Ambossbacke festgeschraubt wird.

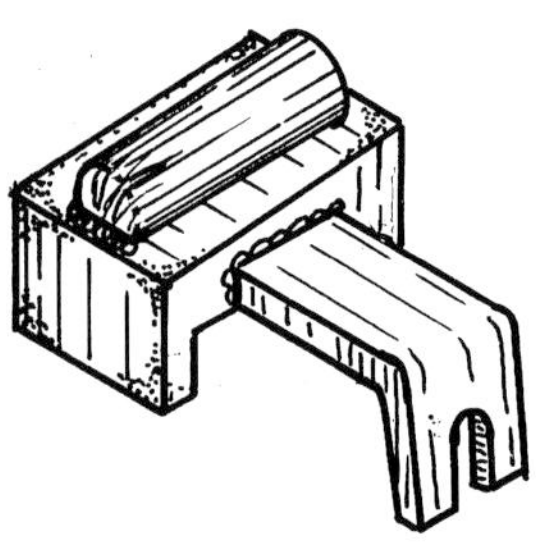

Bild 9.53 Eine runde Schrägbacke zum Breiten und Strecken konischer Werkstücke in Querrichtung.

Bild 9.54

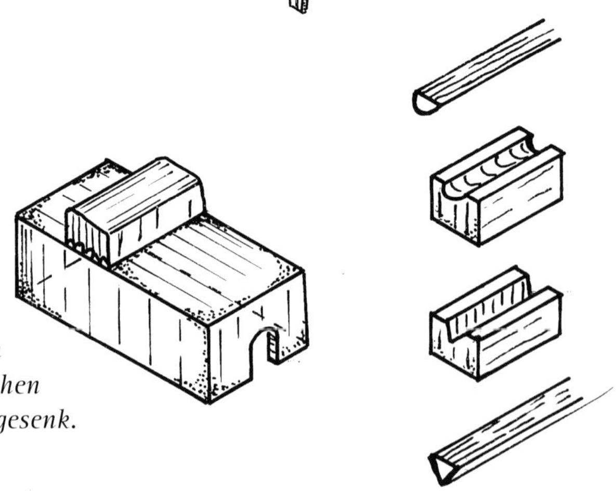

Bild 9.55 Ein anderes Hilfswerkzeug zum Festschrauben an der Ambossbacke. Hier kann man Backen mit unterschiedlichen Profilen anschweißen. Im Grunde ist es ein einseitiges Hilfsgesenk.

Werkzeug zum schnellen Auswechseln

Wie erwähnt, gibt es für die Anwendung von Hilfswerkzeugen im Maschinenhammer viele Möglichkeiten. Aber es ist ziemlich zeitraubend, wenn man beim Wechseln zu den verschiedenen Backen und Werkzeugen dauernd Keile hinein- und herausschlagen muss.

Statt dessen kann man zum Festschrauben der Backen und Werkzeuge einen Werkzeughalter anfertigen. Bild 9.56 zeigt ein Beispiel. Er ist auf eine speziell zu diesem Zweck verwendete Ambossbacke geschweißt. Hier wird das unterschiedliche Werkzeug einfach eingesetzt. Man spart dadurch viel Zeit und kann durch Auswechseln der Backen zwei bis drei Arbeitsschritte mit einmaligem Erwärmen erledigen.

Beispiel von Backen (Bild 9.56):
1 zum Schlichten oder Meißeln
2 zum Strecken
3 für halbrunde oder runde Werkstücke
4 als Unterlage beim Aufdornen/Lochen

Bild 9.57 zeigt ein Beispiel für die Anwendung einer V-Backe zum Schmieden eines rechten Winkels. Das Bild im Kreis zeigt die unterschiedlichen Ecken eines Hilfswerkzeugs. Auf die scharfe Ecke darf man natürlich nicht schlagen, sonst beschädigt man die Hammerbahn.

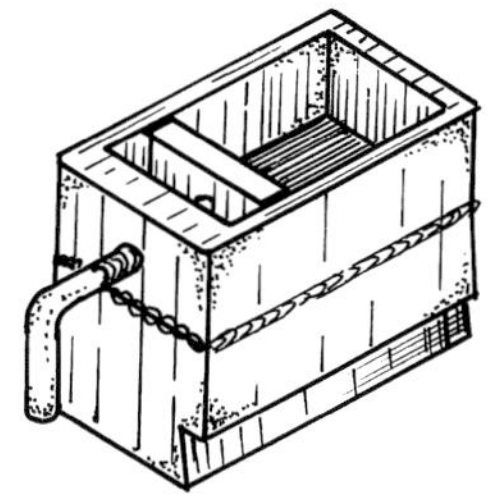

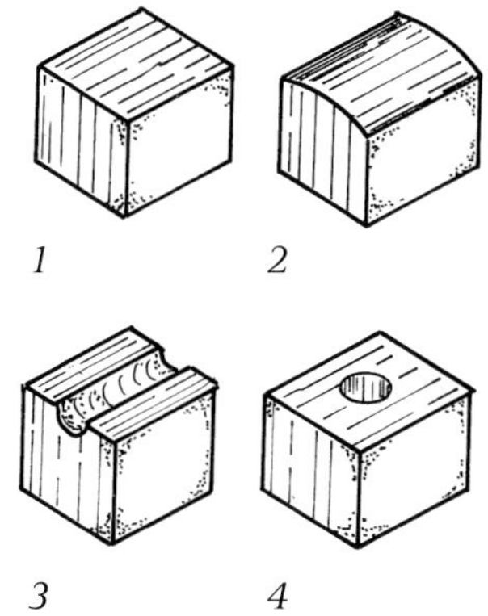

Bild 9.56 Werkzeughalter.

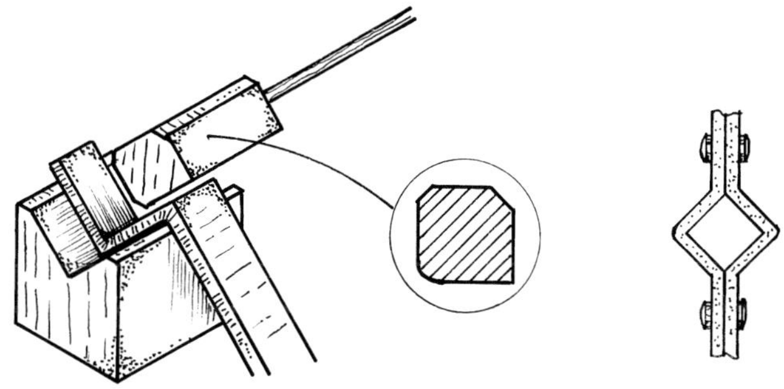

Bild 9.57 Beispiel eines Details.

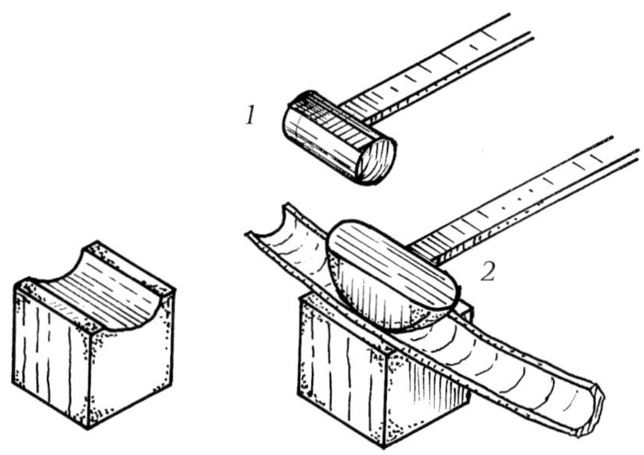

Bild 9.58 Beispiel für das Schmieden eines Hohlkeils. Hilfswerkzeug 1 dient dem Schlichten des Hohlkeils, Werkzeug 2 ist zum Vorbiegen und Formen gedacht.

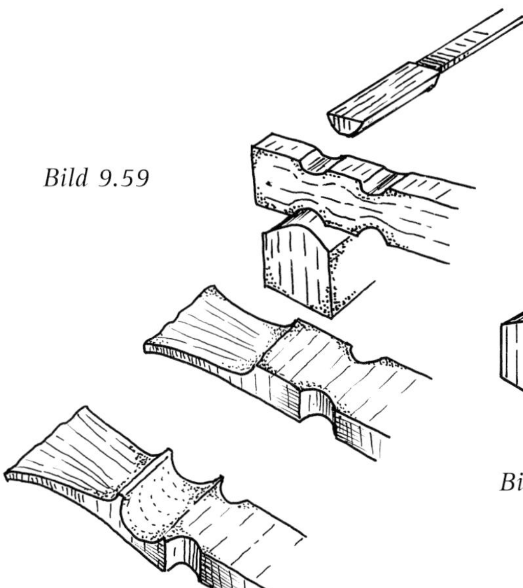

Bild 9.59

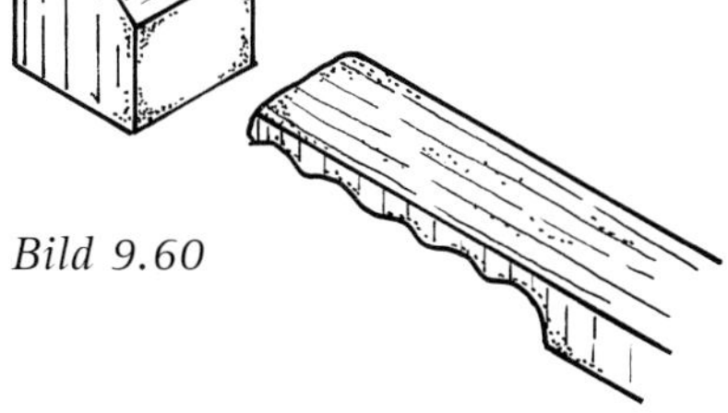

Bild 9.60

Die Bilder 9.59 und 9.60 zeigen die Anwendung von Rundsetzbacken zum Absetzen oder Strecken. Achtung! Eine Voraussetzung für das Arbeiten mit solchem Werkzeug ist, dass Sie ein aufgeräumtes Werkzeugbrett in Ihrer Reichweite haben, damit Sie das Werkzeug auch finden.

Beispiele für die Anwendung von auswechselbaren Rundsetzbacken im Maschinenhammer (vom Schmiedetreffen in Kolbermoor, Deutschland, 1998)

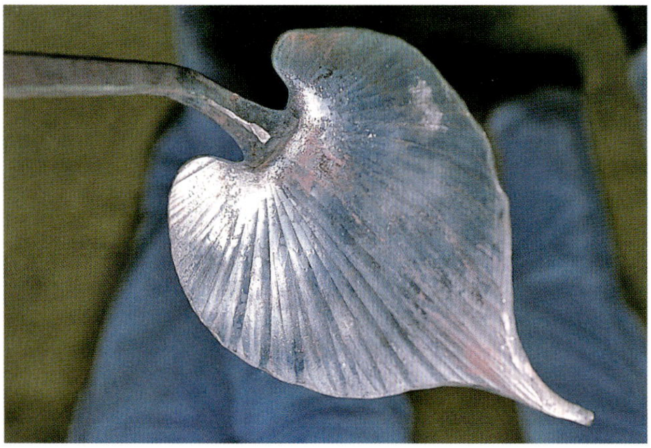

Perfekte Schmiedearbeit mit Rundsetzbacken. Das Blatt wird zuerst zu einer Kegelform geschmiedet und dann gestreckt und quer gebreitet.

Ergebnis beim Schmieden mit Rundsetzbacken. Ein Stück aus einem 35 mm Vierkantstahl wurde zu einem Kreuz gebreitet.

Hier wird mit Rundsetzbacken geschmiedet, um beim Strecken und Breiten eine größtmögliche Wirkung zu erzielen. Das ist eine raschere Methode als das Schmieden mit Rundsetzhammer mit Stiel, weil die Schlaggeschwindigkeit den Stahl länger warm hält.

Eine aus drei Blättern zusammengesetzte Blume. Die beiden innersten Blätter werden zuerst unten verschweißt, dann werden alle drei Blätter nacheinander in Form gebogen.

Werkzeug zum schnellen Auswechseln

Wir werden uns jetzt mit einem anderen Werkzeug zum schnellen Auswechseln beschäftigen, das sich in etwas größeren Maschinenhämmern, mit denen man auch Einzelschläge ausführen kann, verwenden lässt. Das Werkzeug ist nur als Vorschlag gedacht und kann an die eigene Produktion angepasst werden.

Der Werkzeughalter ist hier mit Löchern versehen, in die das Werkzeug oder die Backen gesteckt werden können. Die Löcher und Bolzen müssen denselben Mittenabstand aufweisen und etwas Spiel, damit sich die Bolzen nicht verkeilen, sondern rasch ausgewechselt werden können. In Bild 9.61 sehen Sie eine Rundbacke, eine Steuergabel und eine Schlichtplatte.

Bild 9.62 zeigt ein Beispiel, wie man diese Werkzeuge zum Schmieden der gleichen Form einer Serie von Rundstählen benutzt. Die Schlichtplatte wird zum Schluss zum Schlichten und Berichtigen verwendet.

Die Bilder 9.64a, b und c zeigen ein Geländer mit gabelförmigen Spitzen, das in einem Maschinenhammer warm aufgedornt wurde. Stellen Sie sich vor, Sie hätten eine Bestellung von 300 m Geländer, das in dieser Form geschmiedet werden soll. Da lohnt es sich, ein Hilfswerkzeug anzufertigen.

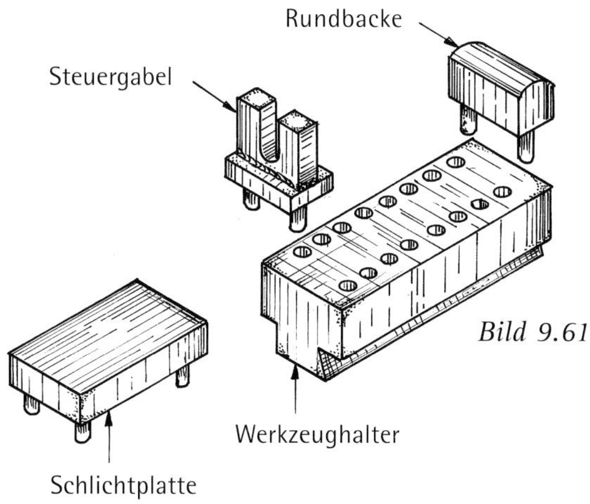

Bild 9.61

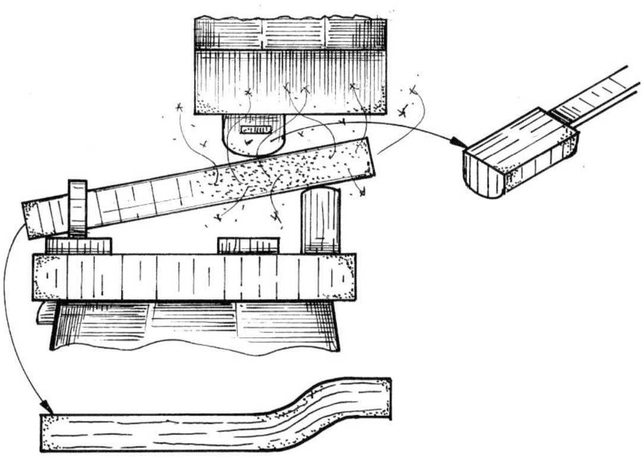

Bild 9.62

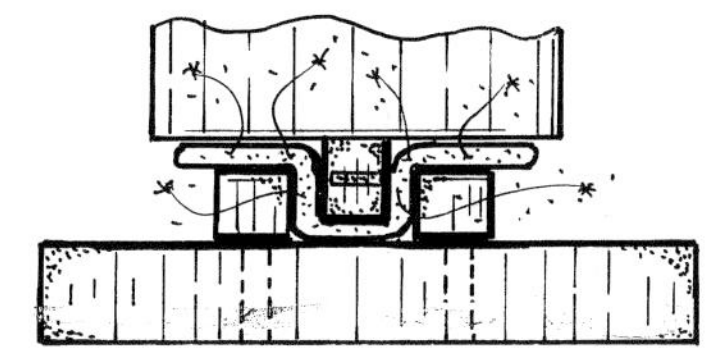

Bild 9.63 Beispiel für das Schmieden einer U-Form mit Backen, die in die Löcher gesteckt werden.

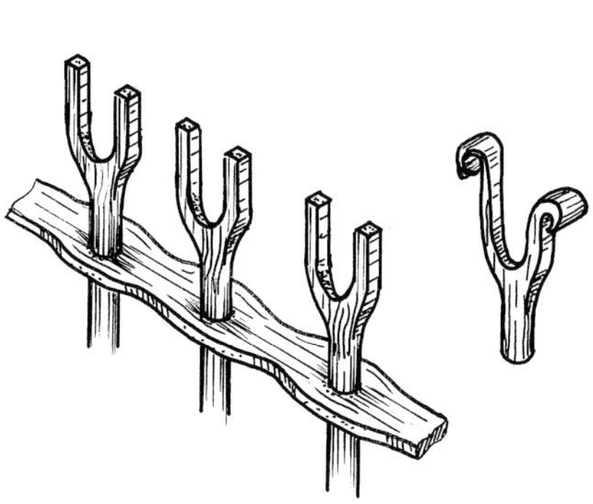

Bild 9.64a Die Gabelstücke sind an den Rundstahl feuergeschweißt.

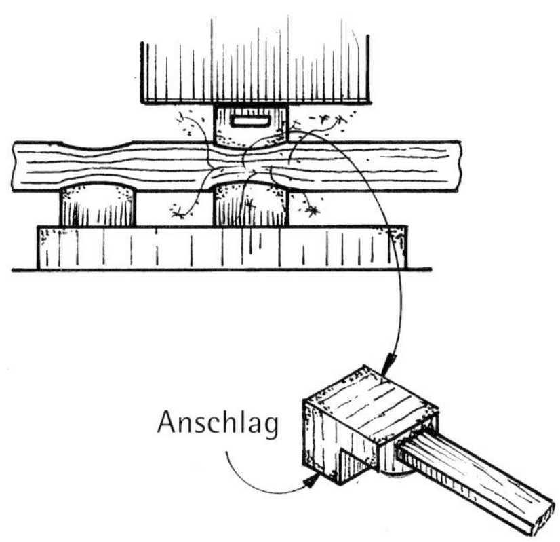

Bild 9.64b Der Geländerrahmen wird mit jedem Absetzen im gleichen Abstand seitlich verschoben.

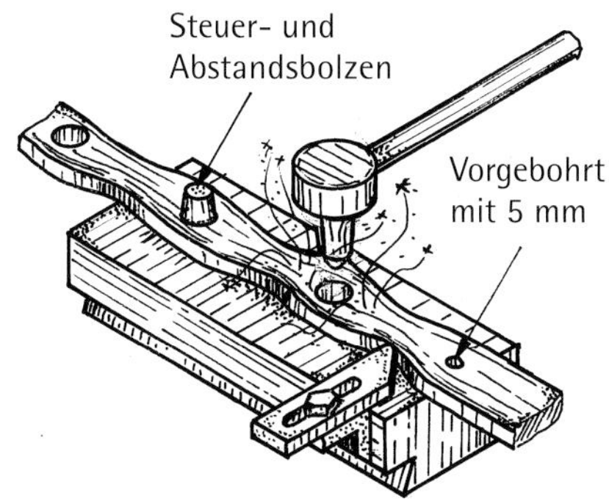

Bild 9.64c Aufdornen von Löchern mit gleichem Mittenabstand. Damit wird der Flachstahl breiter.

Beispiel für das Schmieden eines Gabelstücks

Hier wird ein anderes Verfahren für das Schmieden der Gabelstücke des Geländers der vorigen Seite gezeigt.

Bild 9.65a Aufmeißeln des Werkstücks.

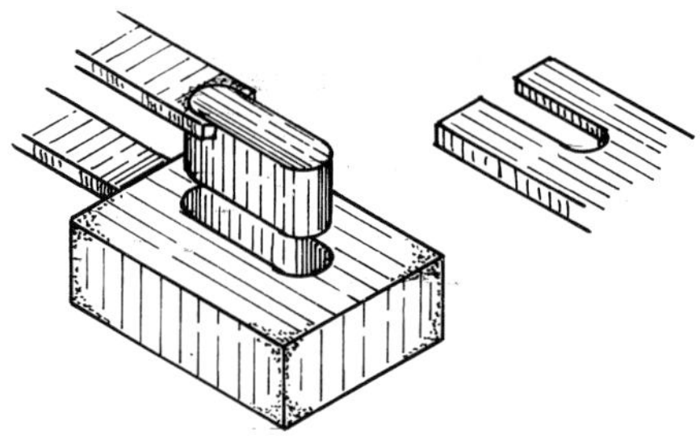

Bild 9.65b Alternativ warmes Aufdornen.

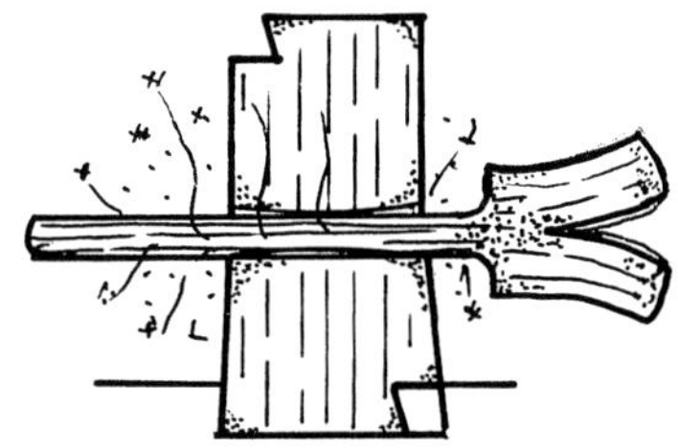

Bild 9.65c Der Stiel wird rund oder viereckig geschmiedet.

Bild 9.65d Die Gabel wird auf der Ambosskante gebogen.

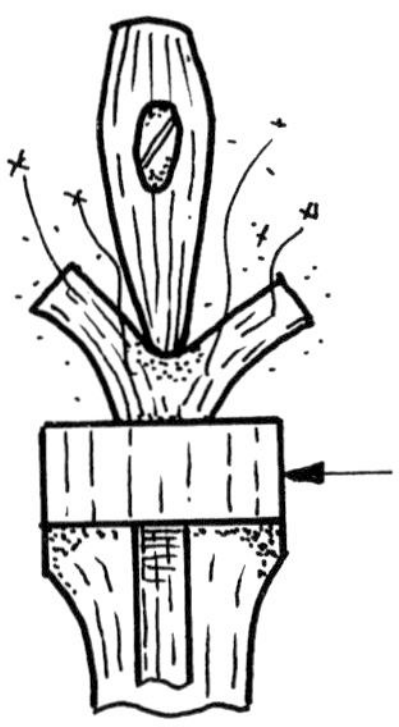

Bild 9.65e Schmieden eines Hohlkeils zwischen den Zinken mit Rundsetzhammer auf dem Sperrhorn.

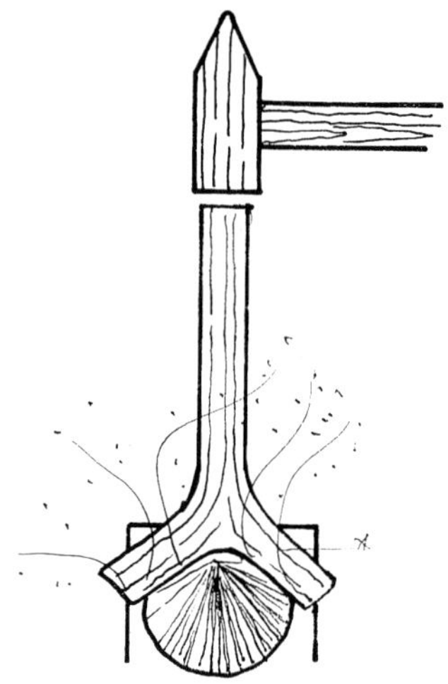

Bild 9.65f

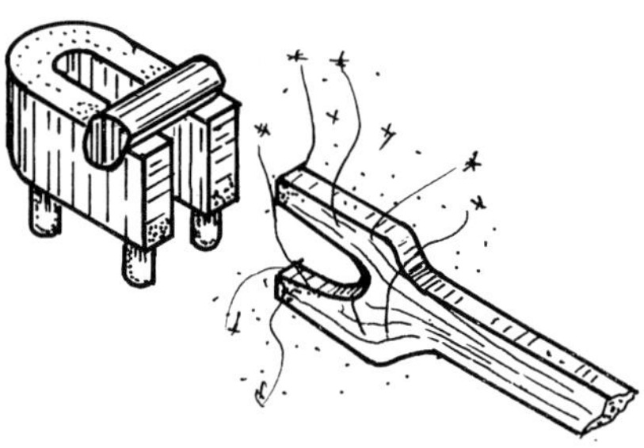

Bild 9.65g Schnell auswechselbares Werkzeug zum Strecken und Formen der Gabel.

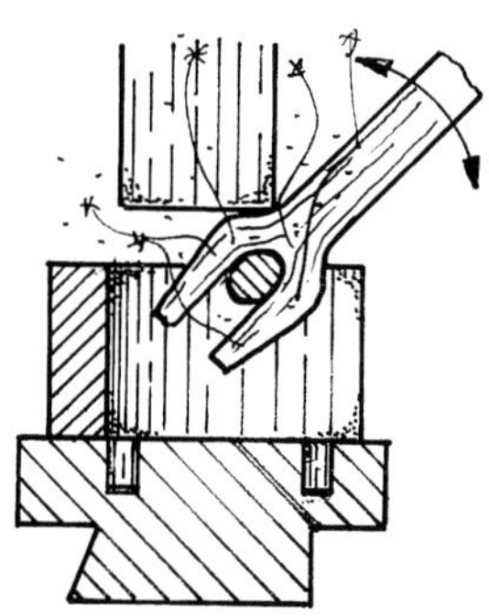

Bild 9.65h

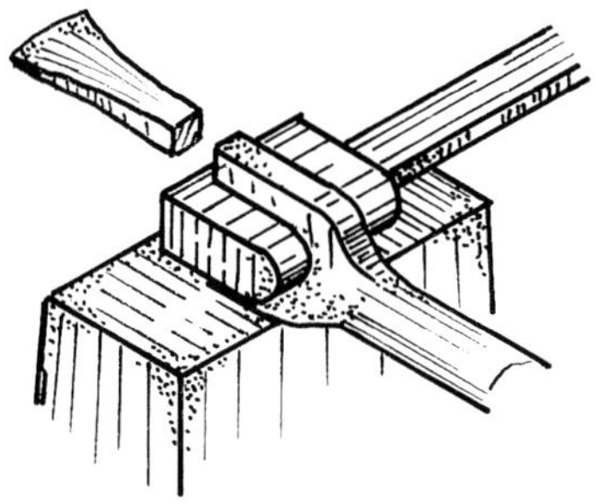

Bild 9.65i Parallelbacke zum Strecken und Feinschmieden der Gabel.

Schmieden einer Zange mit Hilfswerkzeug im Maschinenhammer

Bild 9.66 zeigt eine im Maschinenhammer geschmiedete Flachzange. Sie benötigen zwei 40–50 mm Vierkantbacken mit Stiel. Die eine Backe muss eine abgesetzte Fläche von ca. 8 mm (Bild A) aufweisen und die andere eine von ca. 12 mm (Bild E), abhängig von der gewünschten Größe der Zange.

Verwenden Sie dieselbe Vorgehensweise wie im Abschnitt über das Handschmieden von Zangen, nämlich das Werkstück dreimal nach links drehen. Der Vorteil des Schmiedens mit Hilfswerkzeug ist, dass die Zangenstücke gleich groß und gleich dick werden.

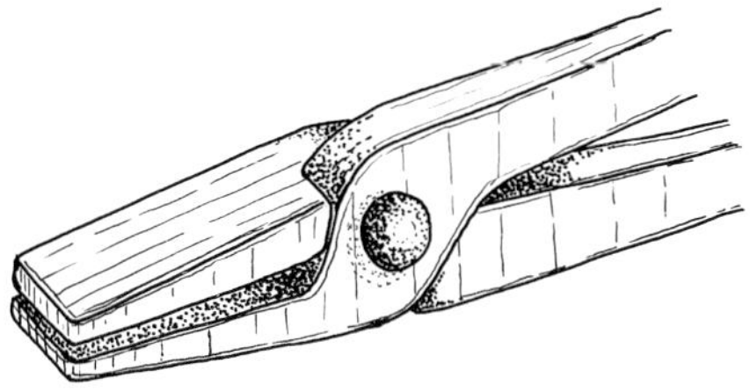

Bild 9.66 Flachzange.

Bild B: Schmieden Sie die Dicke des Zangenmauls bis zur Anschlagfläche des Hilfswerkzeugs.

Bild C: Drehen Sie das Werkstück einmal nach links, legen Sie es in einem Winkel von 45° auf die scharfe Kante des Hilfswerkzeugs und schmieden Sie die Gelenkfläche. In der Regel macht man die Gelenkfläche so dick wie das Zangenmaul hinten. Dann schmiedet man das Ende des Handstücks, wie in Bild D gezeigt.

Bild E: Verwenden Sie das andere Hilfswerkzeug mit der um 12 mm abgesetzten Fläche und schmieden Sie das Handstück. Dort, wo das Handstück angeschweißt werden soll, brauchen Sie etwas mehr Material zum Schmieden.

Bild F: Durch Auf- und Abbewegung des Zangenstücks können Sie die Form der Gelenkfläche grobschmieden. Man schmiedet besser von Hand, wenn man mit dem Maschinenhammer noch nicht so viel Übung hat.

Zum Schluss wird das Loch in den Gelenkflächen aufgedornt. Der Verbindungsniet wird wie im Abschnitt über das Schmieden von Hand eingesetzt.

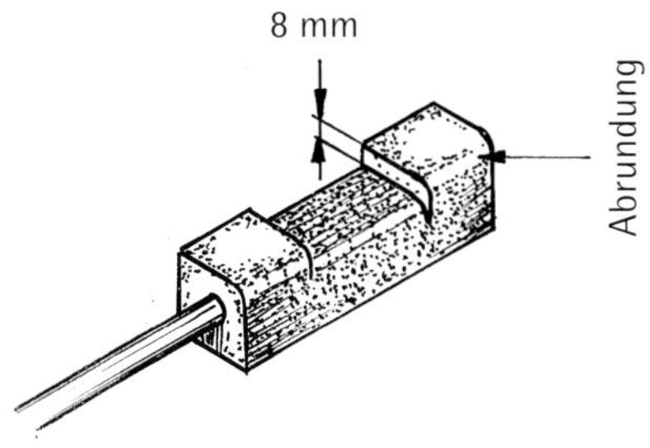

A

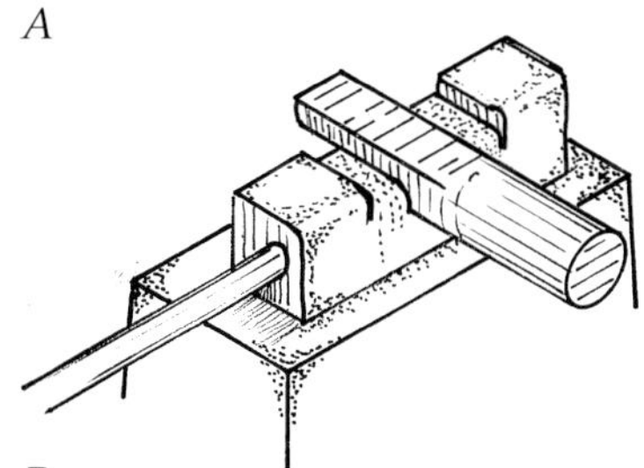

B

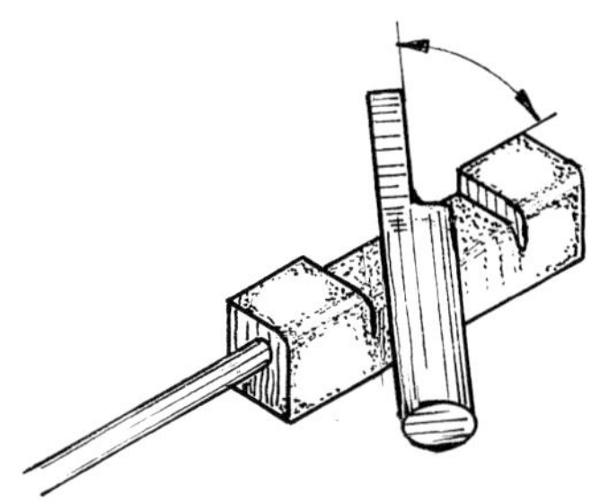

C

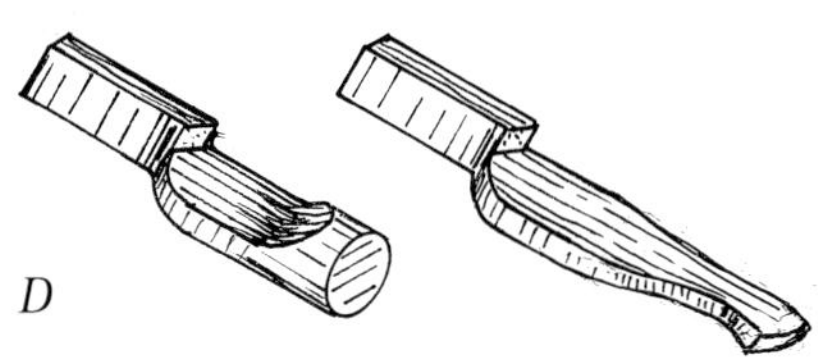

D

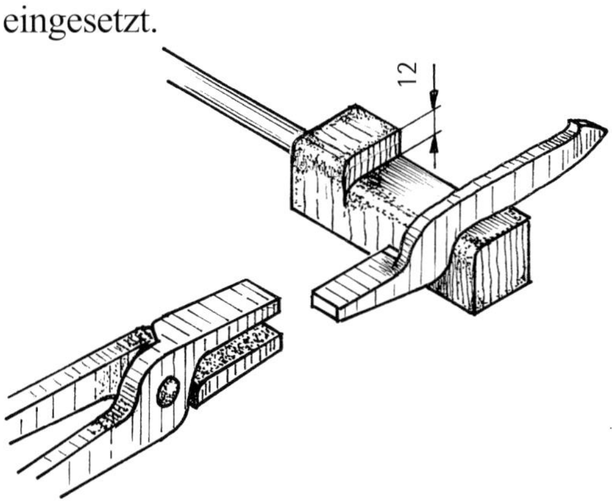

E

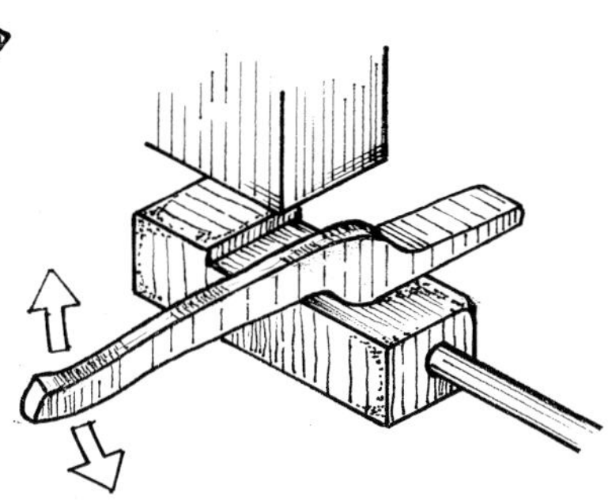

F

Beispiel

Wenn man ein Detail schmieden möchte, muss man die Maße des Materials, die Größe des Ausgangswerkstücks und die Schmiedetechnik bestimmen.

Ich habe hier eine zweizinkige Ziehhacke als Beispiel gewählt. Eine solche Hacke hätte man durch Aufmeißeln der Zinken auch aus Flachstahl schmieden können.

Hier wird eine Vorgehensweise ohne Meißeln und Zuschläger gezeigt. Zur Berechnung der Größe des Werkstücks und seiner Ausweitung durch das Strecken kann man Modellierton verwenden. Der Ton lässt sich leicht mit den Händen formen und gibt einen Anhaltspunkt für die Schmiedetechnik und die am besten geeignete Materialdimension.

Ansonsten findet man das natürlich auch beim Schmieden einer Hacke heraus. Vergessen Sie aber nicht, die Maße und Techniken aufzuschreiben, damit Sie später wieder darauf zurückgreifen können.

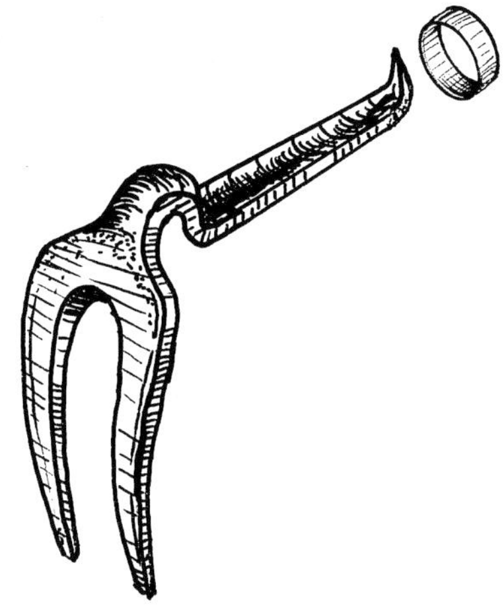

Bild 9.67 Zweizinkige Ziehhacke.

Bild A: Verwenden Sie einen Rechts- und einen Linksmeißel und schlagen Sie die Einschnitte wie gezeigt.

Bild B: Schmieden Sie die Zinken mit den Hammerbacken zuerst grob aus. Feinschmieden Sie die Zinken dann in die richtige Größe mit dem Hilfswerkzeug zum konischen Schmieden. Zum Schluss biegt man die Zinken zurecht.

Bild C: Verwenden Sie ein Hilfsgesenk und strecken Sie den Stielteil aus.

Bild D: Wechseln Sie zu einem Rundgesenk über und schmieden Sie den Hohlkeil.

Bild E: Biegen Sie einen rechten Winkel und schmieden Sie die Kugelform in der Biegung, um einen möglichst starken Querschnitt zu erhalten. Man kann dazu auch ein Hilfsgesenk verwenden.

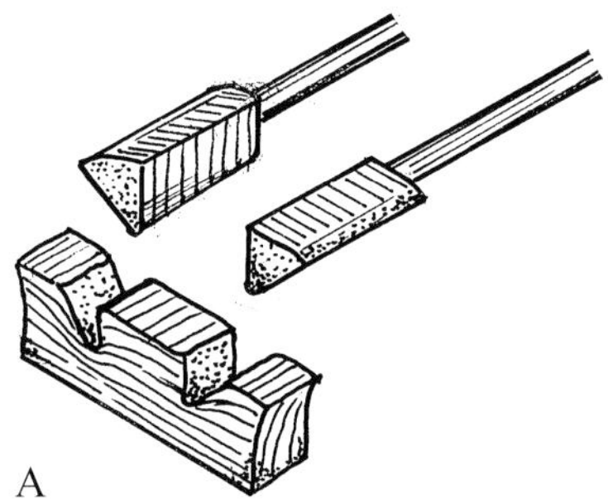

A

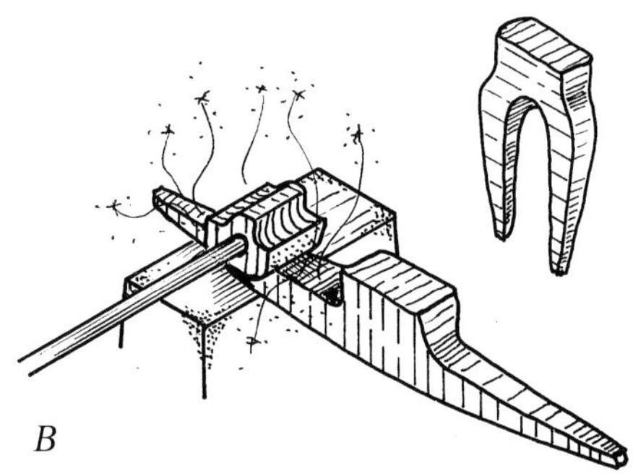

B

Zum Schluss wird die ganze Hacke von Hand funktionell und schön feingeschmiedet.

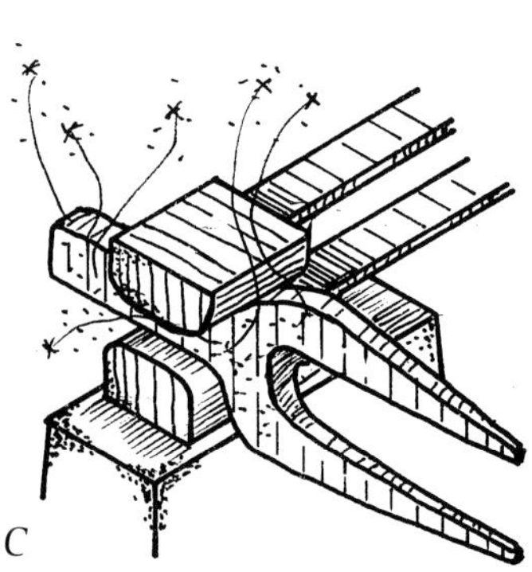

C

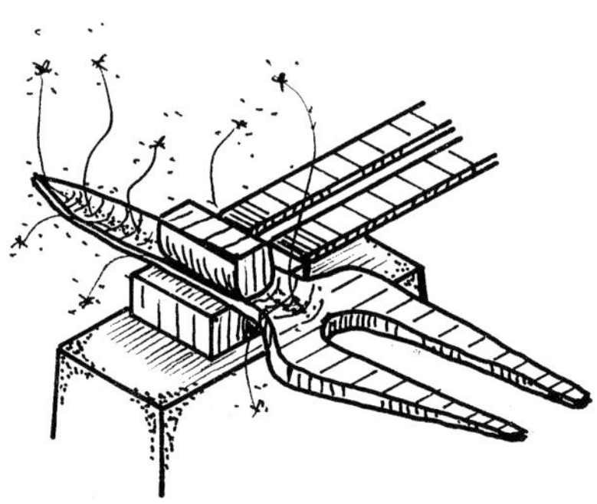

D

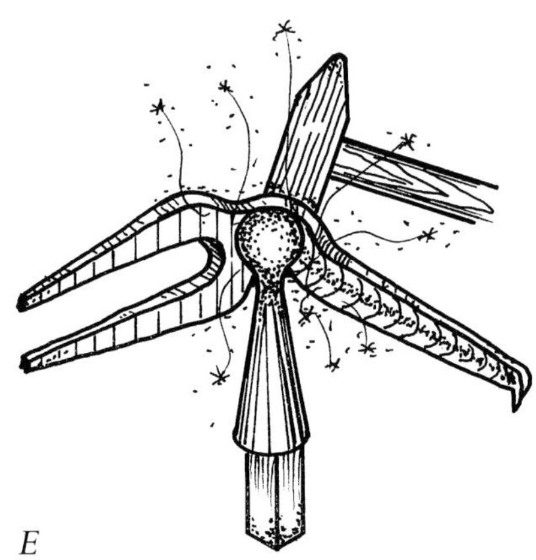

E

Schmieden einer Sense

Hier wird das Schmieden einer Sense im Prinzip vorgestellt. Eigentlich geht man wie beim Schmieden von Messerklingen vor, nur verwendet man für eine Sense ein größeres Werkstück.

Zuerst werde ich das Schmieden einer Sense von Hand durchnehmen, da die Vorgehensweise mit dem Maschinenhammer dieselbe ist.

Schweißen

Zunächst meißelt man die Nut in den Mantelstahl mit Zuschläger und Stielmeißel, oder allein auf dem Abschrot des Ambosses. Dann legt man Borax und den Schneidenstahl in die Nut und erwärmt das Werkstück bis knapp unter Schweißtemperatur. Wie beim Messerklingenschmieden ist es hier wichtig, den Schneidenstahl gut zu „packen", bevor Sie schweißen.

Wenn man ein verhältnismäßig dickes Werkstück verwendet, kann es kürzer sein. Dann schafft man es, das ganze Werkstück mit nur einmaligem Erwärmen zu schweißen. Die Maße des Werkstücks können unterschiedlich sein, abhängig von der Größe der Sense. Das Werkstück in Bild 9.69 ist für eine Kurzsense (ca. 350 mm fertig ausgestreckt) berechnet.

Strecken

Bei einer Sense lohnt es sich, das Werkstück auf dem Ambosshorn zu strecken. Wie bei Messerklingen ist das Hochkant-Schmieden wichtig, um den Schneidenstahl am besten zu erhalten. Die Sense wird jetzt in eine Dicke von 4–5 mm innen und etwas dünner gegen die Spitze geschmiedet.

Der Rest der Sense wird ziemlich stark gebogen, weil er sich beim Breiten der Schneide ausrichten wird. Jetzt wird auch der Haken geschmiedet.

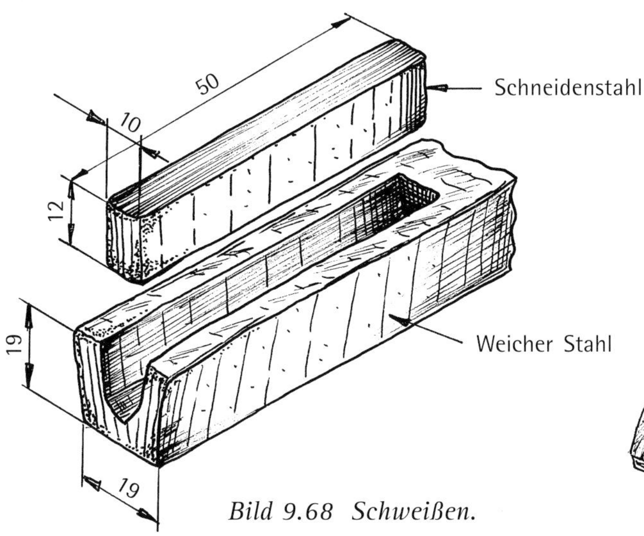

Bild 9.68 Schweißen.

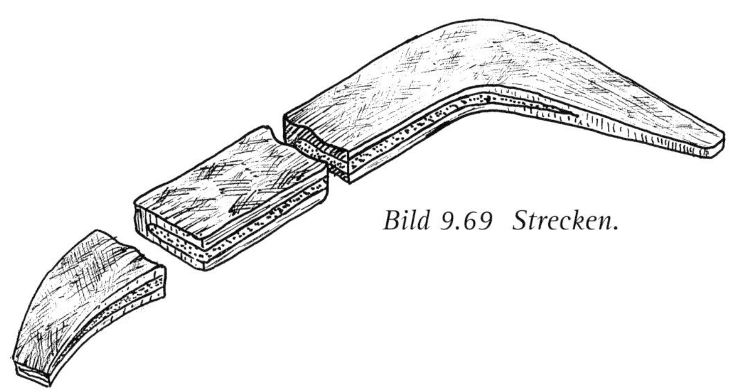

Bild 9.69 Strecken.

Breiten

Jetzt muss noch gebreitet werden, was mit der Finne des Hammers wie in der Zeichnung gezeigt, erfolgt. Erwärmen Sie gut und schlagen Sie mit kräftigen und genauen Schlägen, damit am Rücken der Sense noch etwas übrig bleibt, das der Sense die Steifheit verleiht.

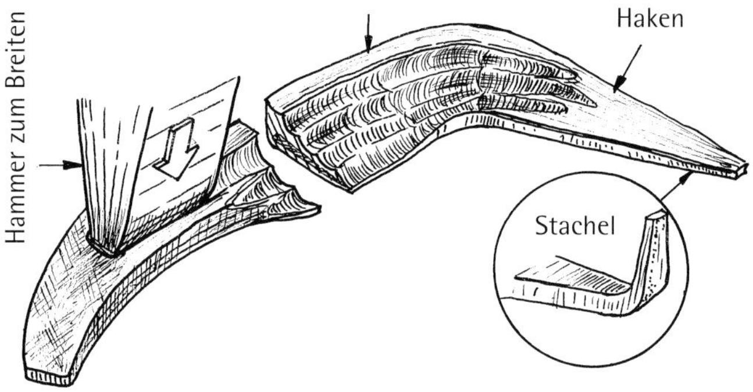

Bild 9.70 Ausbreiten.

Schmieden im Gesenk

Zum Schmieden und Formen des Rückens der Sense wird ein Gesenk mit gebogener Nut verwendet, wie im Schnitt dargestellt. Hier muss man in mehreren Etappen erwärmen und schmieden. Mit Schlägen auf den Rücken bzw. auf die Schneidenseite können Sie den Bogen der Sense bestimmen. Zum Schluss biegen Sie den Stachel hoch, der die Sense, mit einem Lederriemen umwickelt, am Stiel hält.

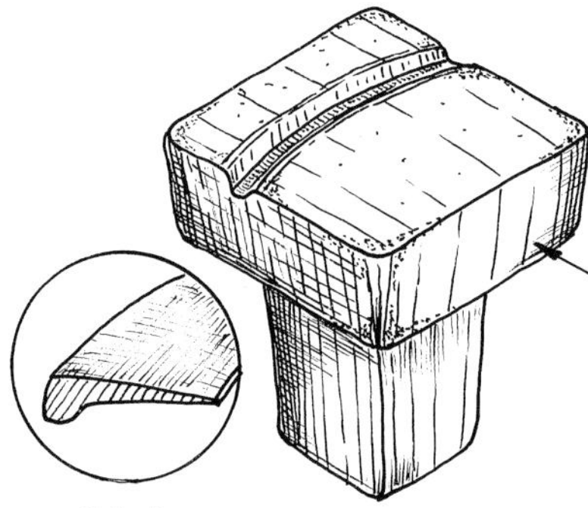

Bild 9.71 Die verschiedenen Teile der Sense wie Rücken, Haken und Stachel hatten in Norwegen je nach Ort und Dialekt unterschiedliche Namen.

Sensenschmieden mit Maschinenhammer

Sensen waren vor nicht allzu langer Zeit ein guter Verkaufsartikel. Sensenschmieden gab es im ganzen Land, sowohl in den engen Fjorden von Westnorwegen als auch im Dorf Tinn in Telemark und im Hallingtal. Hier lagen die Sensenschmieden so dicht wie heute die Tankstellen, und die Schmieden hatten sogar mehrere Maschinenhämmer in Betrieb. In der Fabrik Brusletto im Hallingtal gab es früher acht bis neun Maschinenhämmer für die Produktion von Sensen, und sogar kleine Hofschmieden hatten häufig mehr als einen Maschinenhammer.

Für die kleineren Dorf- und Hofschmieden war es eine willkommene Winterarbeit und eine gute Einnahmequelle. Nach der Arbeit im Winter wurden fast alle Eisenwarenhändler und Dorfläden in der Stadt und auf dem Land mit Sensen und Messerklingen beliefert.

Im Hallingtal hatte man allmählich besondere Maschinenhämmer zum Sensen- und Messerklingenschmieden entwickelt. Sie waren ungeheuer effizient, und eine Messerklinge war im Nu ausgestreckt. Die dazu verwendeten Hämmer waren *Kissenhämmer.* Ein kräftig laminierter, 1,5 bis 2 m langer Holzbalken war in der Mitte gelagert und diente als „Hammerstiel“. Auf jeder Seite der Lagerung gab es Gummikissen, die als Anschlag für den Balken dienten. Dadurch bekam der Balken einen pulsierenden und effizienten Hammerrhythmus, und das Sensenstück hielt sich auf Grund der intensiven und schnellen Bearbeitung des Stahls länger warm. Siehe das Foto und die Beschreibung des Kissenhammers auf Seite 182.

An den Enden des Balkens, wo die Hammerbahn und der Amboss sind, konnte man mehrere Werkzeuge nebeneinander eingespannt haben, wie Werkzeuge zum Schlichten, Abschroten und Breiten. Zuerst wurde die Sense mit einmaligem Erwärmen geschweißt und mit einem Schlichtwerkzeug in die richtige Größe gestreckt. Dann wurde sie mit einem Werkzeug zum Breiten, das an einer Stützschiene entlang geführt wurde, ausgebreitet, um am Rücken die richtige Breite zu erhalten. Zuerst wurde zur Spitze hin gebreitet, dann wieder zurück. (siehe die Pfeile in Bild 9.72b.)

Einer der letzten, die das Sensenschmieden betreiben, ist Lars Sønderål in Hol im Hallingtal. Er hat Tausende von Sensen hergestellt, und es ist ein großes Erlebnis, einem so tüchtigen Sensenschmied zuzusehen. Jetzt macht er nicht mehr so viele Sensen, aber er schmiedet immer noch Messerklingen.

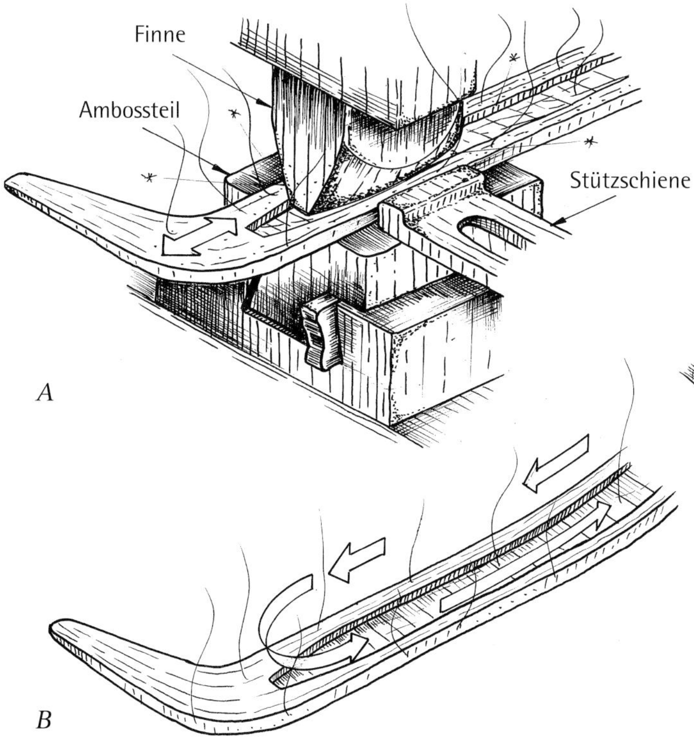

Bild 9.72a und b Sensenschmieden auf dem Kissenhammer. Die Bilder zeigen das Breiten nach dem Schweißen und Strecken, wobei das Ausdünnen mit einem Werkzeug zum Breiten erfolgt. Zuerst wird nach außen gezogen, dann wieder zurück.

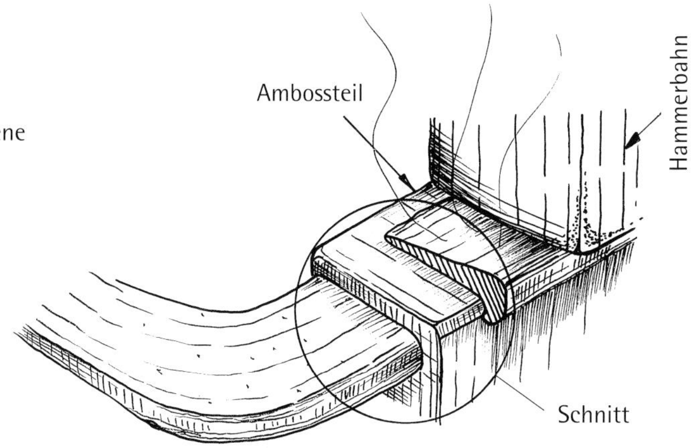

Bild 9.72c Zum Schluss wird die Sense geschlichtet und mit dem richtigen Bogen versehen, indem man das Hammerwerkzeug auf die Schneidenseite bzw. auf die Rückenseite der Sense schlagen lässt.

In den meisten Ländern der Welt werden Sensen und Sicheln geschmiedet. Hier werden einige norwegische Exemplare gezeigt.

Der Schmied Johan Hamre aus Hardanger in Norwegen führt das Schmieden von Sensen vor. Die Hamreschmiede ist ein alter Familienbetrieb.

Laminierte Klinge für Sense mit kurzem Wurf (eigene Arbeit).

Alte Sicheln aus Hedmark, Norwegen. Sie wurden zum Schneiden von Korn verwendet, bevor der Mähdrescher seinen Einzug hielt.

Johan stellt immer noch viele schmiedeeiserne Produkte her. Unter anderem werden große Mengen Sensen hergestellt. Heute bestehen sie jedoch nicht mehr aus laminiertem Stahl.

Das Schmieden von Bändern und Beschlägen

KAPITEL 10

Im Laufe der Zeit sind viele prachtvolle Bänder und Beschläge geschmiedet worden sowohl für große, schwere Türen, als auch für die feinste Einrichtung und die schönsten Schränke. Wer sich an solchen Schmiedearbeiten versuchen möchte, kann seine kreativen Eigenschaften und Fertigkeiten wirklich auf die Probe stellen.

Die meisten Schmiede schmiedeten früher Bänder und Beschläge, aber auch Landwirtschaftsgeräte und andere Gebrauchsgegenstände. Einige Schmiede waren jedoch besonders ideenreich und eher das, was man Kunstschmied nennt. Sie waren gute Zeichner und freuten sich über die Anforderungen an ihre Kreativität, die Schaffensfreude mit sich brachte, obwohl die Bezahlung nicht immer die beste war.

Wer sich mit dem Schmieden von Bändern und Beschlägen befasste, war häufig auch ein Meister im Härten und fertigte gute Meißel zum Kaltmeißeln von durchbrochenen Mustern an. Einige Schmiede beherrschten auch das Reliefschmieden, eine Technik, mit der im Muster durch *Treiben* auf der Vorderseite des Beschlags erhöhte Flächen und Konturen erzeugt werden.

Türschild nach Amund Berg, Vågå, Norwegen.

Der Schmied Amund Berg

Ein Schmied, der tiefe Spuren hinterlassen hat, ist Amund Berg aus Vågå im Gudbrandstal. Er wurde 1888 geboren und starb 1957. Als Dorfschmied schmiedete er praktisch alles, aber berühmt war er aufgrund seiner Bänder, Beschläge, Schlösser und Stützen für offene Kamine.

Er war ein Mensch von wenig Worten, machte aber auch gern Spaß. Man erzählt sich, dass ein Mann einmal mit einem Ziehmesser, das in zwei Stücke gebrochen war, zu Amund Berg gekommen sei und ihn gebeten habe, für ihn ein Ziehmesser zu schmieden, und zwar genau

Reidar Berg mit einigen Arbeiten seines Vaters (1888–1957).

Goldmedaille für ein schmiedeeisernes Tor.

Türbänder für eine Stabkirche.

Detail eines Türbandes.

Türband nach Amund Berg, Vågå, Norwegen.

Im Jahr 2000 erhielt Island von Norwegen eine Stabkirche als Geschenk. Türbeschläge und -bänder wurden von Vater und Sohn Reidar und Robert Berg geschmiedet.

das gleiche wie das alte. Amund schmiedete ein Messer, brach es entzwei und reichte es dem Mann. Vermutlich erhielt der Kunde trotzdem ein (intaktes) Ziehmesser.

Amund Berg war ein tüchtiger Schmied und erhielt unter anderem an der Jubiläumsausstellung in Oslo 1914 eine Medaille für ein schmiedeeisernes Tor, das an einen Reeder in Oslo verkauft wurde. Die Fotos zeigen einige der Arbeiten von Amund Berg, die seinem Sohn Reidar Berg als Vorbild dienen. Er hat sich auch eine Schmiede gebaut und führt das Werk seines Vaters weiter. Er schmiedet sowohl Bänder als auch Beschläge, aber auch Werkzeuge wie Messerklingen und Tischlerbeile. Er hat den Sinn für Form von seinem Vater geerbt.

Schmieden eines Langbandes

Das üblichste Türband ist das Langband, bei dem der Beschlag mit der Bandrolle auf dem Kloben sitzt. Der Kloben besteht aus einer Befestigung in der Wand oder im Türrahmen und einer Stütze, wie auf dem Foto gezeigt.

Die Wandbefestigung wird in die Wand oder den Türrahmen hineingeschlagen und ist der Teil, der das Hauptgewicht der Tür trägt. Die vertikale Stütze ist in der Wandbefestigung festgeschrumpft und weist ganz unten häufig ein herzförmiges Blatt auf, das an der Wand oder dem Türrahmen befestigt wird.

Ausgangsmaterial ist meist Flachstahl, der in der Breite und Stärke unterschiedlich ist, je nach Türgröße und Belastung. In der Regel sollte der Flachstahl 2-3 mal so breit wie der Kloben sein. Das Schmieden der Bandrolle ist in den Zeichnungen rechts dargestellt.

Langband.

A: Schmieden Sie das Ende zuerst schräg.

B: Verwenden Sie das äußerste Ende des Sperrhorns und biegen Sie den schrägen Rand zuerst.

C bis D: Biegen Sie weiter und schlagen Sie, wie die Pfeile es zeigen. Hierzu können Sie auch ein Hilfswerkzeug zum Biegen anfertigen, mit einem zylindrischen Bolzen in der richtigen Größe.
(zu Bild C: Das Werkzeug kann im Viereckloch des Ambosses oder im Schraubstock befestigt werden.)

E: Setzen Sie den passenden Rundstahl in die Bandrolle und schmieden Sie den Zylinder dicht und rund.

F: Damit die Bandrolle gut auf dem Kloben sitzt, können Sie das Werkstück etwas hohl schmieden, bevor Sie das Loch biegen. Dadurch erhalten Sie einen gleichmäßigen Durchmesser im ganzen Loch. Es wird an den Enden nämlich gern größer.

G: Das Loch für den Kloben muss schön zylindrisch sein. Eine Nut an der Außenseite wird am besten vor dem Biegen gemeißelt. Das habe ich bereits gezeigt (Bild 5.12).

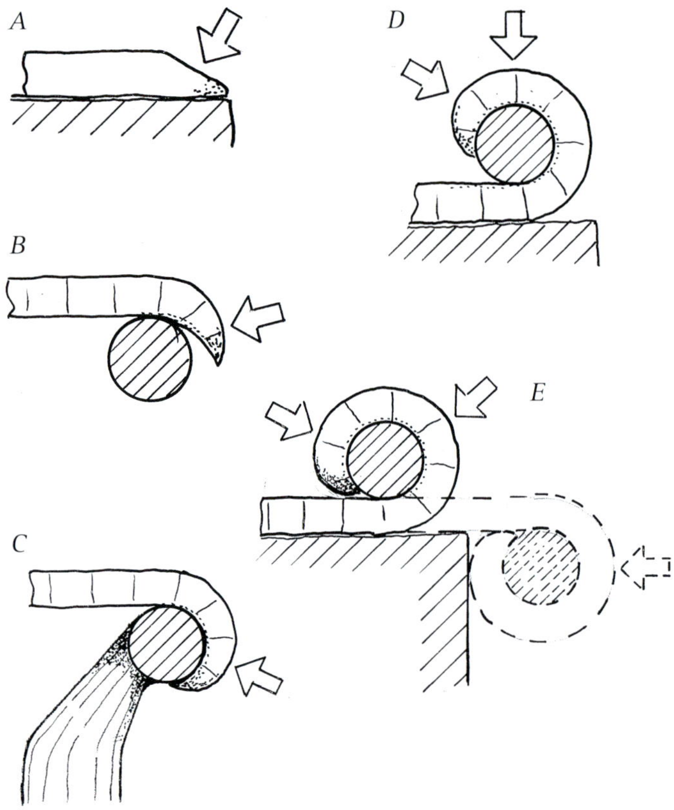

Bild 10.1 Reihenfolge für das Biegen der Bandrolle.

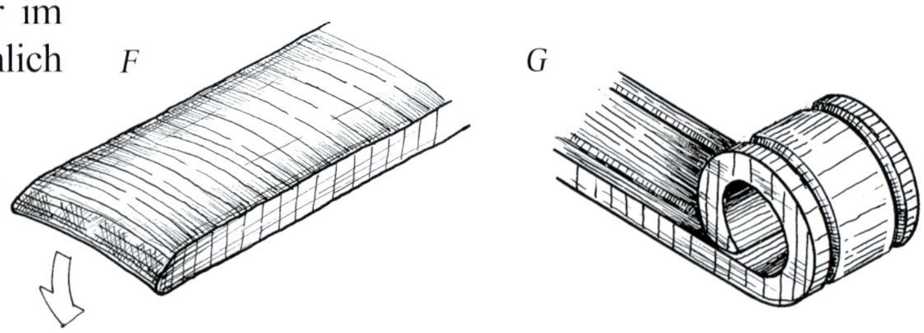

Schmieden des Klobens

Die Wandbefestigung von Bild 10.2 wird aus einem Werkstück geschmiedet, das so groß ist, dass der Kopf mit Loch einen Durchmesser aufweist, der dreimal so groß wie der Kloben ist. Das Loch kann auch aufgedornt werden, damit der Durchmesser groß genug wird. Es sollte 0,5 mm kleiner als der Kloben sein.

Der untere Teil des Klobens ist meistens herzförmig. Schmieden Sie das Ende zuerst konisch und setzen Sie mit einem Rundsetzhammer ab (Bild 10.3).

Schmieden Sie den Kloben vom Blatt aufwärts um ca. 1/3 konisch. Legen Sie den Kloben in einem Winkel von 45° auf eine scharfe Ambosskante und breiten Sie die Form des Herzens aus. Drehen Sie 45° in die andere Richtung und breiten Sie weiter aus. Auf der Vorderseite erhalten Sie jetzt eine 45°-Spitze als Übergang zum Blatt. Das kann man auch mit dem Setzhammer machen. Siehe die Bilder 10.5a und b.

Bohren Sie ein Loch in das Herzblatt und schmieden Sie einen Nagel dazu. Unten biegen Sie den Kloben, so dass er etwas mehr als die Materialdicke der Wandbefestigung von der Wand absteht. Das Loch wird ca. 0,5 mm kleiner als der Kloben gebohrt. Zum Aufschrumpfen erwärmen Sie den Kopf der Wandbefestigung bis zu schwachem Rot und schlagen ihn vorsichtig auf den Kloben. Kühlen Sie den Kopf rasch mit einem nassen Lappen ab. Das bewirkt, dass er auf dem Kloben schrumpft. Der Kloben wird am besten in einen Schraubstock gespannt und der Kopf mit einem Rohrstück auf den Kloben geschlagen und dann abgekühlt (Bild 10.6).

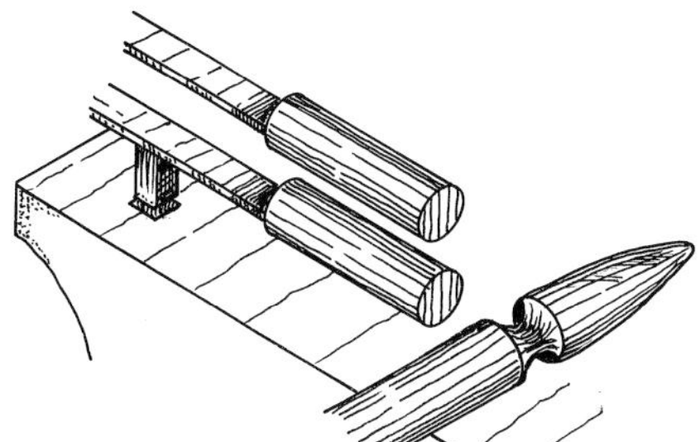

Bild 10.3

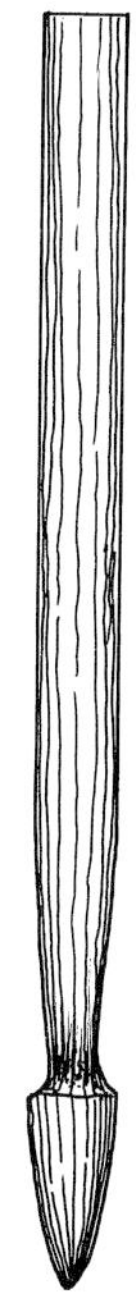

Bild 10.4 Kloben.

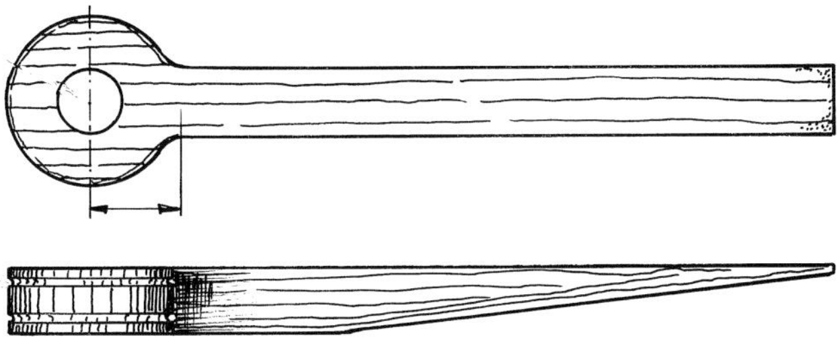

Bild 10.2 Wandbefestigung.

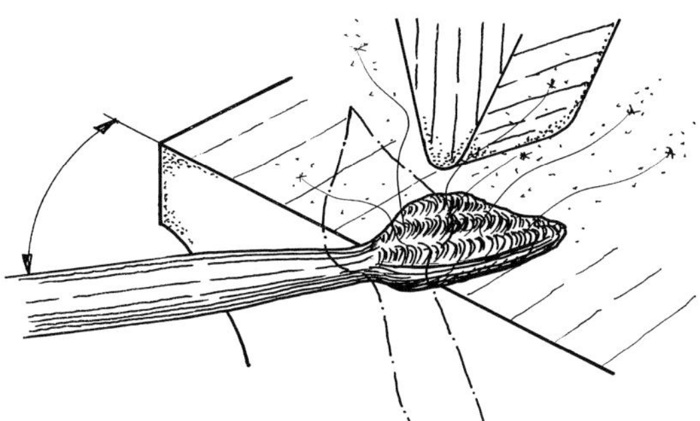

Bild 10.5a

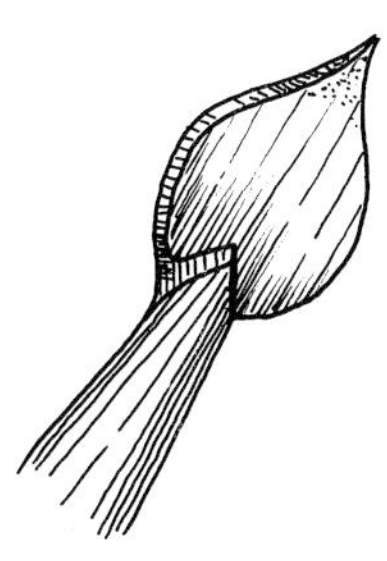

Bild 10.5b

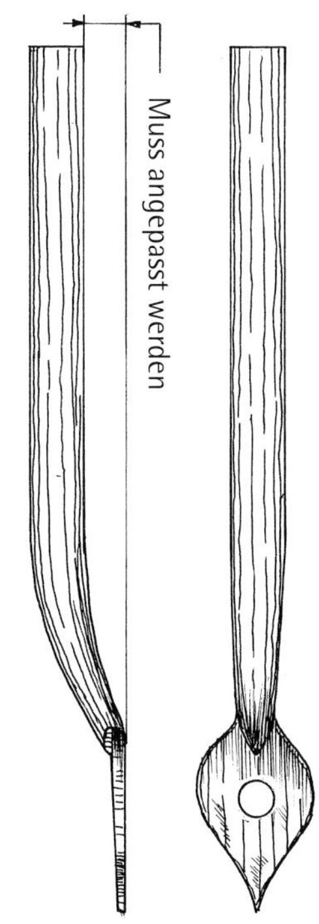

Bild 10.6

Details von Bändern der Restaurationsschmiede im Raadvad-Center in Dänemark

Altes Langband, gefaltet und feuergeschweißt.

Alter Kloben und Band zum Einmauern.

Beispiel der Montage des Langbandes (links), an der Rückseite des Türrahmens festgekeilter Kloben (rechts).

Langband warmgemeißelt

Nicht immer ist ein großes Band quer zur Tür gewünscht, oder es passt auf Grund der Konstruktion der Tür nicht, oder der Tür und dem Band sollen eine andere Form und ein anderes Gepräge verliehen werden. Daher muss man die Form des Bandes und sein Dekor immer auf die Konstruktion von Gebäude, Tür und Fassade abstimmen.

Der in Bild 10.7 gezeigte Türbeschlag kann in verschiedenen Größen angefertigt werden. Ausgangsmaterial ist in diesem Fall 6 x 40 mm Flachstahl, der am Ende aufgemeißelt, gestreckt und zurechtgeschmiedet ist.

Kloben und Stütze sind wie das auf den Seiten zuvor erklärte Langband angefertigt. Beachten Sie, dass die Form des Beschlags ganz unten an der Stütze wiederholt wird und das Loch für den Nagel bildet. Beim Schmieden und Feilen von Bändern und Beschlägen ist es wichtig, dass alle Ecken abgeschrägt werden.

Das Langband von Bild 10.8 ist auf eine andere Weise hergestellt, aber auch hier soll ein langes Band quer zur Tür vermieden werden. Daher ist der vertikale Beschlag quer zur Türangel befestigt. Der Türbeschlag erhält dadurch eine weniger traditionelle Form.

Der Kloben ist in einem kräftigen Flachstahl festgeschrumpft, der durch Nieten oder Schweißen am Wandbeschlag befestigt ist. Der vertikale Türbeschlag ist aus einem etwas größeren Stück geschmiedet und in der Breite ausgebreitet. Die Form ist durch Warmmeißeln und Ausbreiten der flügelförmigen Details entstanden. Die dünnsten Teile wurden kalt ausgemeißelt.

Bild 10.7

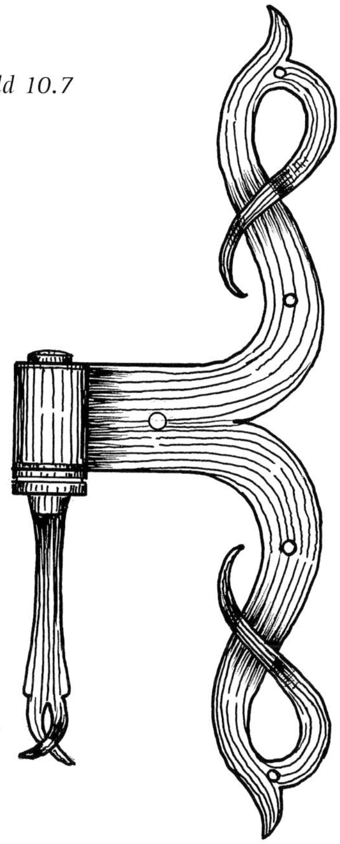

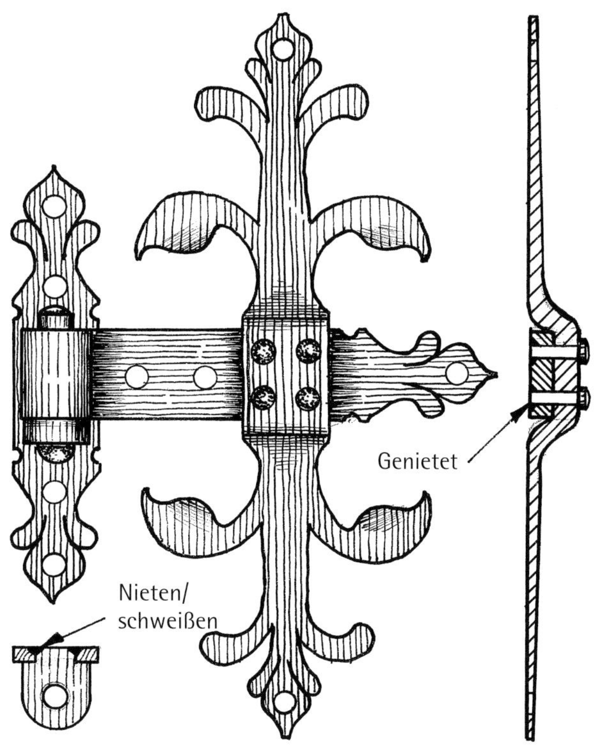

Bild 10.8

Beispiele anderer Langbänder

Der Türbeschlag rechts ist an Hand von Spuren in einer alten Schranktür und von Resten des Beschlags rekonstruiert. Das Vorbild kann von der norwegischen Rosenmalerei oder Holzschnitzkunst stammen. Die Bandrolle ist aus einem ca. 2 mm dicken Werkstück geschmiedet und an den Rest des Bandes genietet, das aus einem ca. 1 mm dicken Blech kaltgemeißelt wurde.

Das Rosenmuster hat auf der Vorderseite geschmiedete Meißelnuten und ist von der Rückseite her mit einem abgerundeten Meißelwerkzeug so bearbeitet, dass das Muster erhöht erscheint. Bei dieser Technik kann man eine Bleiplatte als Unterlage verwenden. Im Kapitel über das Treiben oder Reliefschmieden werden wir auf diese Technik zurückkommen.

Die Langbänder unten sind vor allem als Türbeschläge gedacht, wenn ein langes Band quer zur Tür nicht passt. Die Größe der Beschläge muss auf die Größe und das Gewicht der Tür abgestimmt werden. Tür und Beschlag sollten immer ein harmonisches Ganzes bilden.

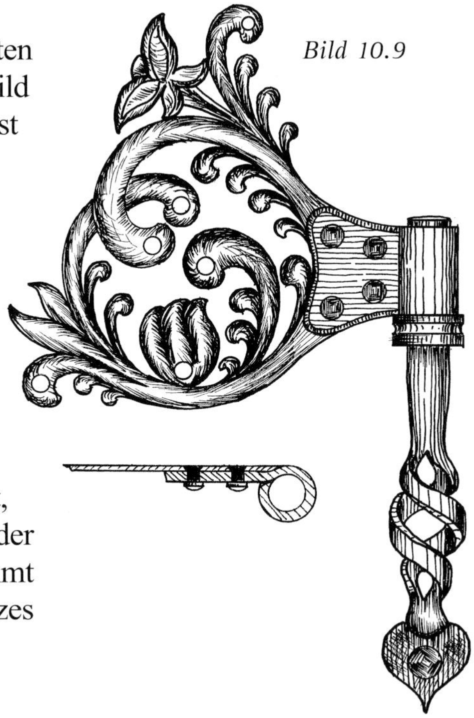

Bild 10.9

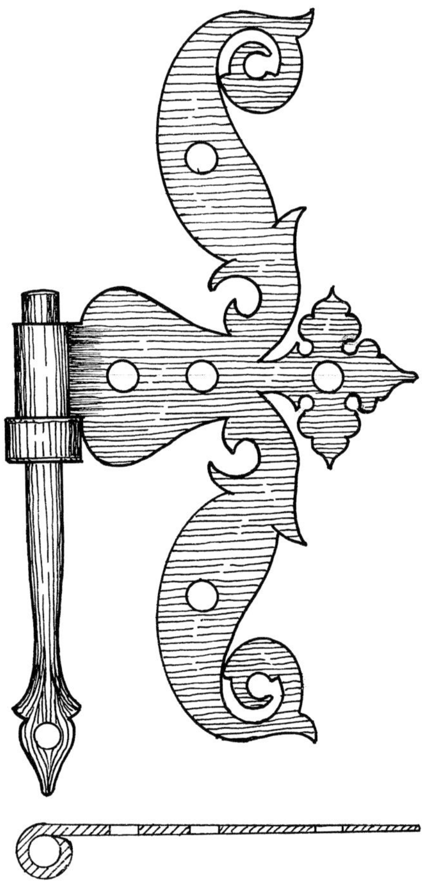

Bild 10.10 Aus einem Stück geschmiedet, warmgemeißelt und gestreckt. Die dünnsten Teile sind kaltgemeißelt.

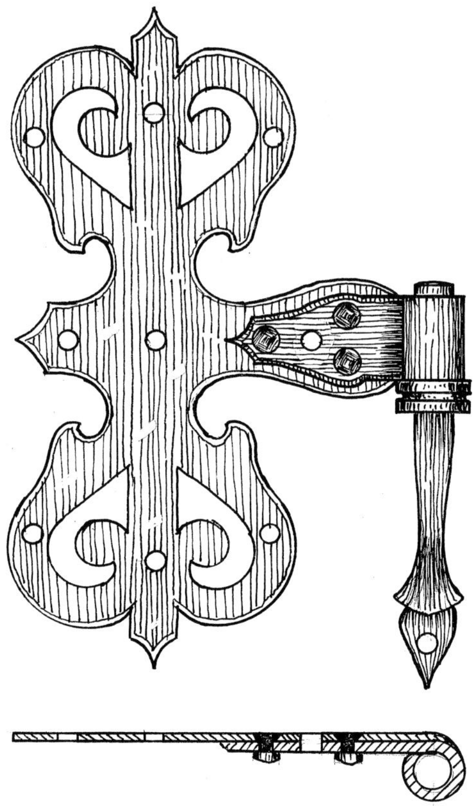

Bild 10.11 Kaltgemeißelte Platte mit aufgenieteter Bandrolle.

Warmgemeißeltes Langband

Der Beschlagtyp unten ist von einem alten Beschlag aus Telemark inspiriert. Ausgangsmaterial ist Flachstahl, der gegen das Ende etwas schmaler und dünner geschmiedet ist und in zwei runden Drähten endet, die zu einem Knoten gebogen werden.

Der Kloben wurde vor dem Drehen viereckig und konisch mit Nuten entlang der flachen Seiten geschmiedet.

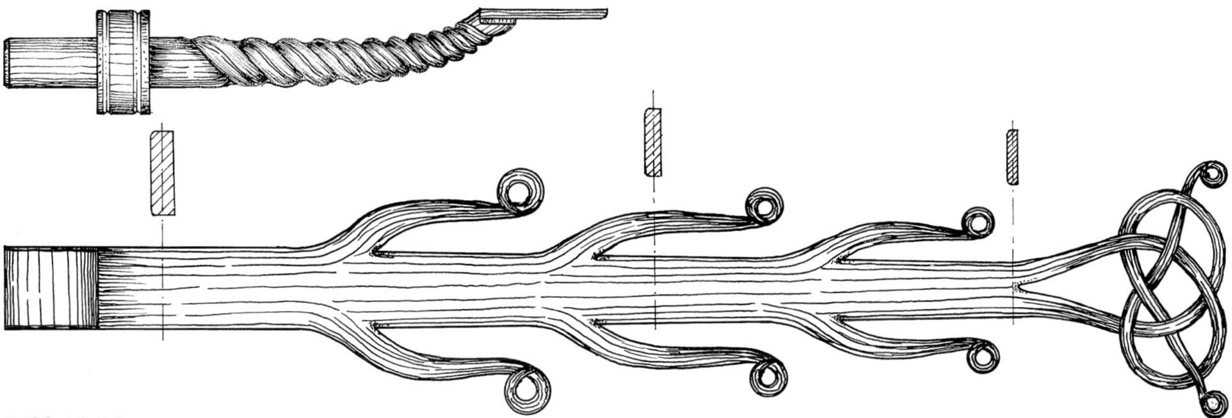

Bild 10.12

Bild 10.13 zeigt, wie man beginnen kann. Beide Werkstücke werden zuerst in der Breite und Dicke gleichmäßig konisch geschmiedet. Es ist von Vorteil, zuerst Steuernuten kaltzumeißeln, bevor man die Arme warmmeißelt.

Verwendet man Meißel mit Scherenanschliff, erhält man gerade Schnittflächen und hat weniger Nacharbeit. Um die Querschnittsform zu schmieden, werden die Arme im rechten Winkel ausgebogen. Überhaupt müssen die Arme vor- und zurückgebogen werden, um beim Schmieden an alle Stellen zu gelangen. Sie brauchen auch unterschiedliche Hilfswerkzeuge dazu.

Beim Schmieden solcher Werkstücke muss man die ganze Zeit aufpassen, dass man runde Übergänge erhält und nicht zu kalt schmiedet. Werden die Arme dauernd gebogen, ohne warm genug zu sein, bilden sich leicht Risse in den Übergängen.

Der Knoten wird mit einer eigenen Zange zurechtgebogen.

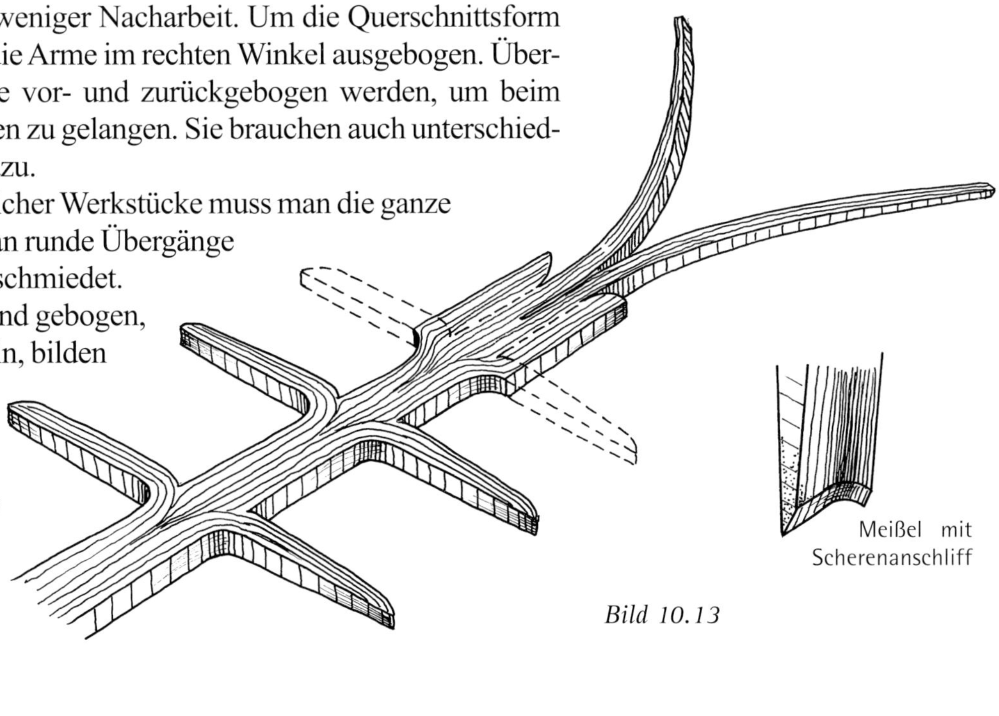

Bild 10.13

Warmgemeißeltes Langband

Das Langband von Bild 10.14 ist aus Flachstahl hergestellt, der in der Mitte dünner geschmiedet und am Ende aufgemeißelt ist. Bild 10.15 unten zeigt die Vorgehensweise. Um zu wissen, wie viel das Werkstück gestreckt wird, muss man etwas Übung haben. Ich verwende häufig Modellierton und „schmiede“ zuerst mit den Fingern. Dann sehe ich, wie viel sich das Werkstück strecken wird oder wie viel ungeformt bleibt. Modellierton kann ausgewalkt und flachgeklemmt werden. Er kann mit dem Messer geschnitten und mit den Fingern geformt werden. Sie können also herumprobieren, bis Sie eine Form oder ein Muster gefunden haben, das Ihnen gefällt. Ist es nicht so gut gelungen, kneten Sie den Ton zusammen und beginnen von Neuem. Das lässt sich mit Stahl nicht machen. Wenn Sie fertig sind, legen Sie den Ton in eine luftdichte Plastiktüte, damit er nicht austrocknet.

Die Beispiele A, B und C unten sind Ideen und Vorschläge.

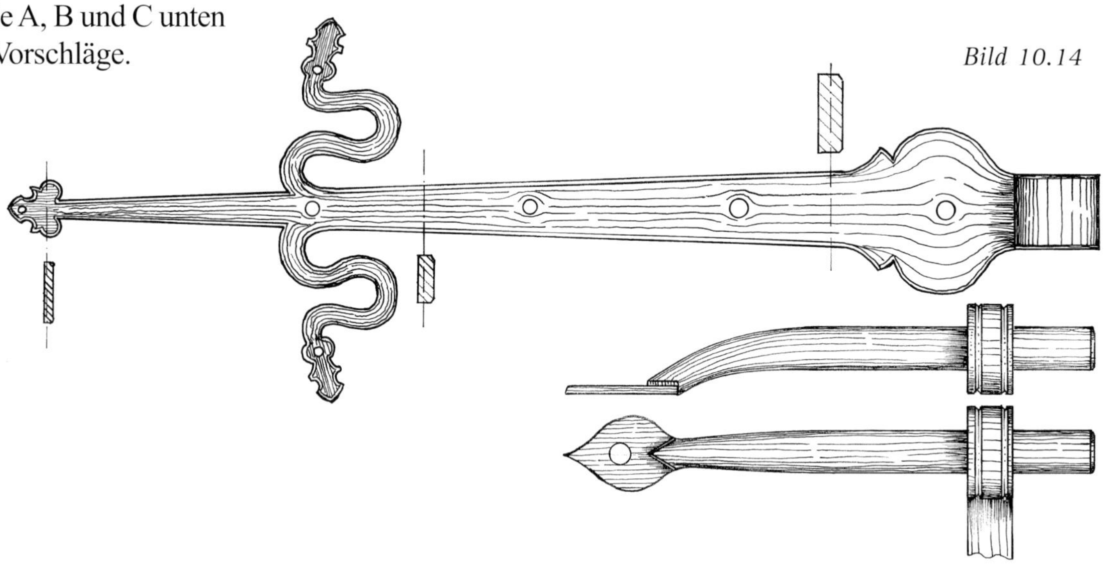

Bild 10.14

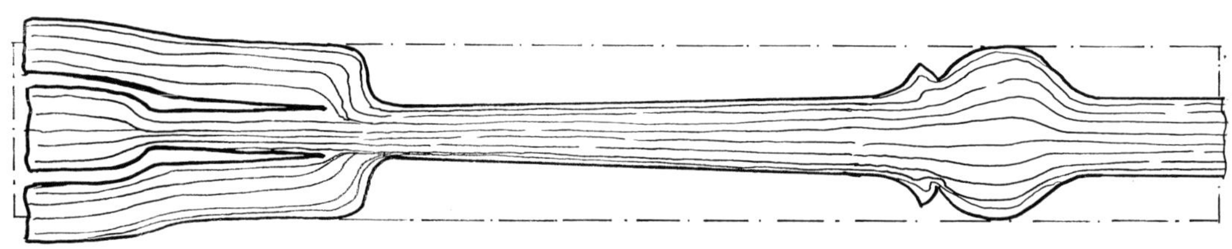

Bild 10.15 Warmgemeißeltes und grobgeschmiedetes Werkstück für das Langband oben.

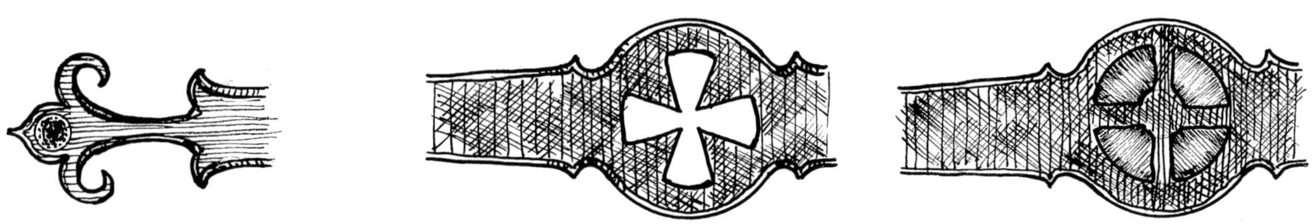

Bild 10.16 A Kaltgemeißeltes Dekor. *B Warmgemeißeltes Dekor.* *C Warmgestempeltes Dekor.*

Von alten Modellen (um 1700) aus Telemark und dem Gudbrandstal inspirierte Langbänder

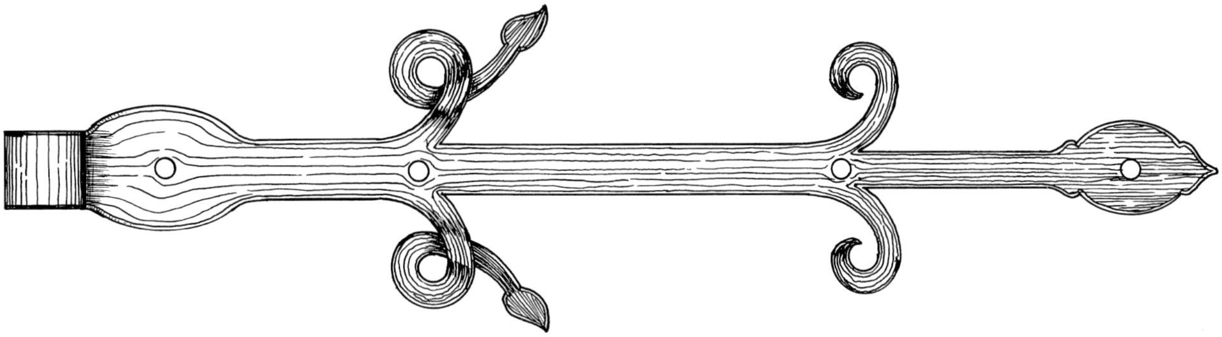

Bild 10.17 Telemark (warmgemeißelt).

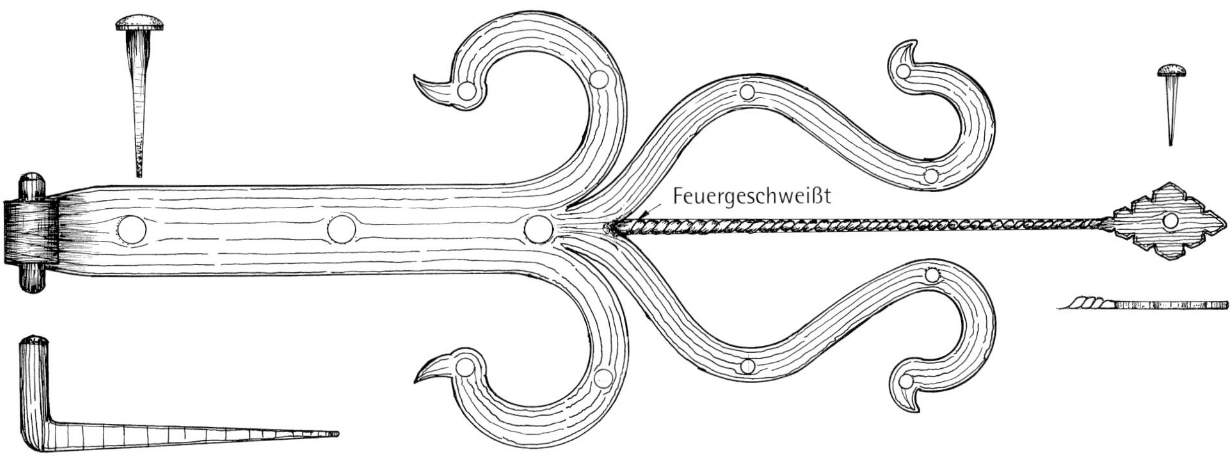

Bild 10.18 Telemark (warmgemeißelt).

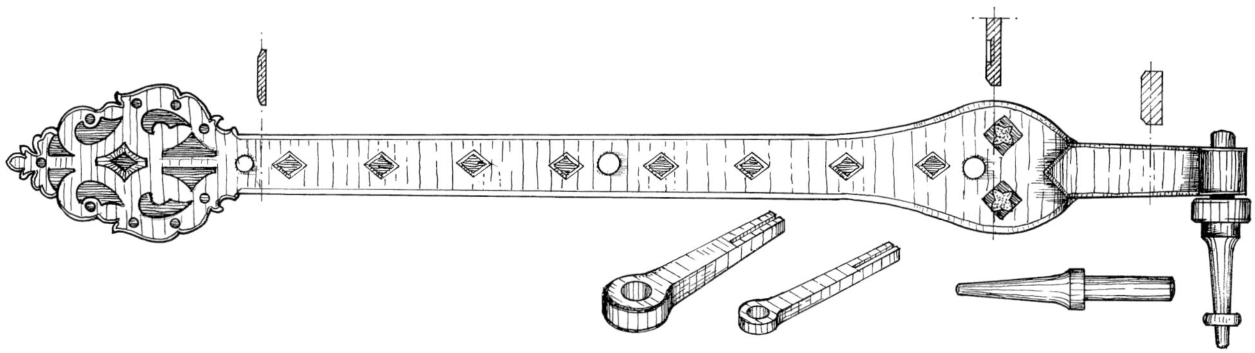

Bild 10.19 Aus dem Gudbrandstal (warmgestempeltes Dekor).

Wandbefestigungen, an der Rückseite gespreizt.

Kloben.

Rosenmalerei von Kari Signe Bråten, Rjukan, Norwegen. Ich glaube, Rosenmaler und Schmiede haben sich im Laufe der Zeit gegenseitig inspiriert.

Langband aus dem 19. Jahrhundert im Freilichtmuseum „De Sandvigske Samlinger“, Maihaugen, Lillehammer, Norwegen. Es wurde ein durchmeißelter Überbeschlag auf einer dichten Unterlage benutzt. Vermutlich, weil das Meißeln einer dünnen Platte leichter ist und sie stark genug wird, wenn man sie doppelt verwendet.

Langband einer Stabkirchentür aus der Zeit um 1150. Museum Bergen, Norwegen. Technik: Aufmeißeln und Feuerschweißen.

Langband bei der Kunstschmiedeausstellung in Helfstyn, 1998.

Langband für Innentüren im Stil der Region Telemark

Der Türbeschlag von Bild 10.20 ist aus einem Werkstück von 5 mm Dicke an der Bandrolle auf 1,5 mm zum Ende hin verjüngend geschmiedet. Der Kloben ist 10 mm dick. Das Dekor ist hauptsächlich kaltgemeißelt und gefeilt.

Zum Meißeln solcher Dekore benötigen Sie einige unterschiedliche Meißelarten. Siehe das Kapitel über das Härten von Werkzeug unter Materialkunde (Bild 4.23).

Das in Bild 10.21 dargestellte Türband ist so angefertigt wie der Beschlag oben und nimmt gleichmäßig von 4 mm Wanddicke in der Bandrolle bis zu 1 mm Stärke am Ende ab. Das Dekor ist kaltgemeißelt und gefeilt.

Beide Beschläge sind an den Außenrändern abgeschrägt. Hier kann auch eine Reliefwirkung erzielt werden. Dazu schmiedet man auf der Rückseite, beispielsweise auf einer Bleiunterlage, so dass der Beschlag auf der Vorderseite erhöht erscheint. Mehr über diese Technik später.

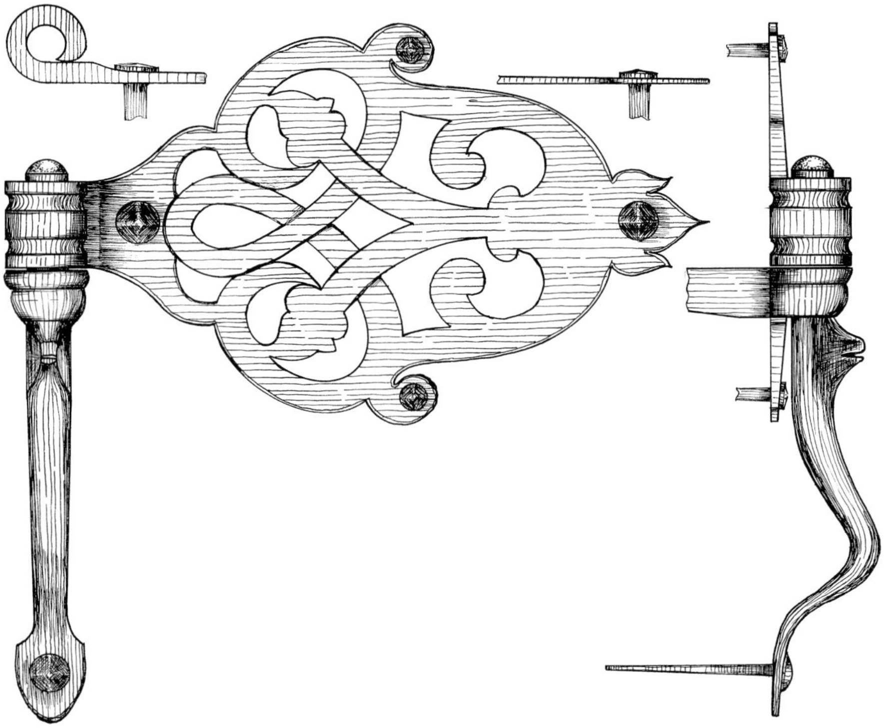

Bild 10.20

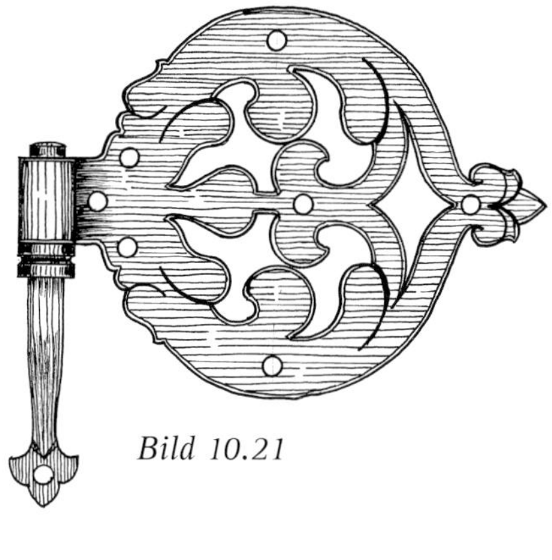

Bild 10.21

Bandbeschlag an einem Reiseschrein im Stil des Gudbrandstals

Es ist oft schwer, die Begriffe auseinanderzuhalten, wenn es sich um Bänder und Beschläge handelt. Man spricht von Langbändern, Kloben, Türbändern, Möbelbändern, Truhenbändern, Truhenbeschlägen, Türschildern und Türbeschlägen. Sicher ist allerdings, dass alles, was mit einem Gelenk verbunden wird, ein Band genannt wird. Die Gelenkverbindung muss einen Kloben und eine Bandrolle haben. Ich bezeichne das in der Zeichnung von Bild 10.22 Dargestellte als Band und alle Details, die keine Gelenkfunktion haben, als Beschlag, zum Beispiel Truhenbeschlag.

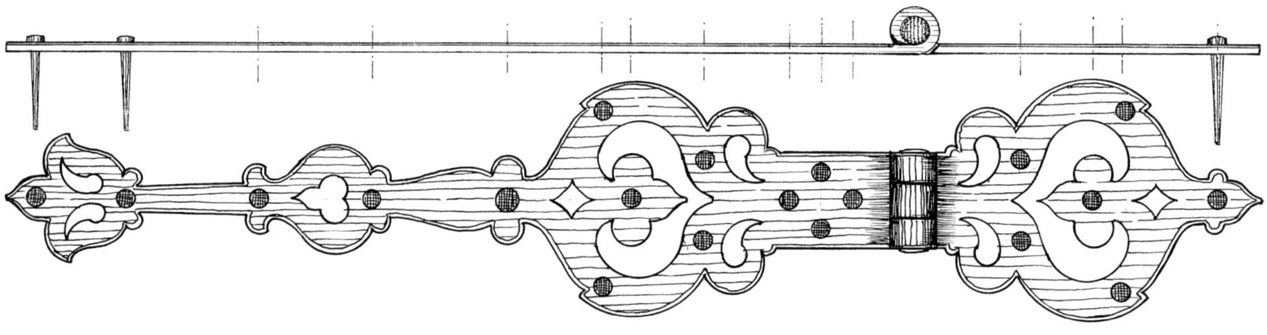

Bild 10.22

Außerdem sind die meisten Beschläge aus dünnerem Material angefertigt, das zu einem Blech ausgeschmiedet oder gewalzt ist. Das Band ist aus einem 1,5 mm dicken Blech hergestellt und kaltgemeißelt.

Wir werden uns jetzt mit den Teilen des Gelenks befassen. Die Bandrollen werden am besten warm mit dem Hammer bearbeitet. Man geht im Großen und Ganzen wie bereits beschrieben vor. Für Blechstärken von 1,5-2 mm kann mit Vorteil ein Bockshorn oder Ähnlichem als Hilfswerkzeug verwendet werden, wie die Bilder A und B zeigen.

Die beiden Bandrollen werden aufeinander abgestimmt, indem man das, was weg soll, heraussägt oder -meißelt. Zum genauen Anpassen werden die Teile gefeilt. Es gibt mehrere Verfahren, die benutzt werden können, und auf den nächsten Seiten werde ich andere Methoden vorstellen.

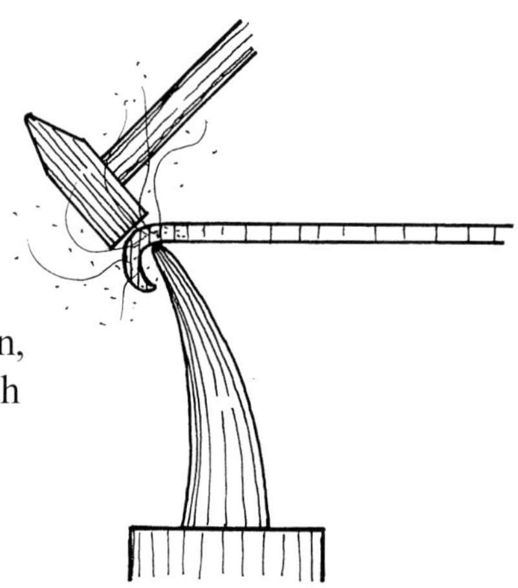

A Schmieden auf dem Bockshorn.

B Setzen Sie einen Bolzen in die Bandrolle und schmieden Sie dicht daran.

Reiseschrein

Der Reiseschrein war der damalige Reisekoffer, in dem sowohl Lebensmittel als auch Wertsachen aufbewahrt wurden. Reiseschreine konnten vom besten Schmied der Gegend mit Beschlägen und Bändern fein geschmückt sein. Hier sind einige Beispiele.

Reiseschrein vom Hof Stordeglum gård in Furnes, Norwegen. Datiert 1765.

Band auf einem Reiseschrein aus dem 18. Jahrhundert. Doppeltes Band, an dem nur der obere Teil durchmeißelt ist (Sandvig-Sammlung, Norwegen).

Bänder für einen Reiseschrein aus dem 18. Jahrhundert (Sandvig-Sammlung).

Die Fotos oben und links zeigen den Deckel eines Reiseschreins aus dem 18. Jahrhundert. Ich finde, dieser schmiedeeiserne Beschlag ist einer der allerschönsten in Norwegen (Sandvig-Sammlung).

Hier sind noch weitere Beispiele von schmiedeeisernen Beschlägen für Reiseschreine. Sie stammen alle aus dem 18. Jahrhundert und können im Freilichtmuseum „De Sandvigske Samlinger“ bewundert werden.

Ich nehme an, ein solcher Schrein erregte Aufsehen, auch wenn er in der Blütezeit dieser Behälter entstand.

Seltene Ausgabe eines Doppelbeschlags mit Unterbeschlag aus Messing.

Beispiel eines Ziehrings und Beschlags, kombiniert mit bemalter Holzschnitzerei.

Kombination mit bemalter Holzschnitzerei.

Schmieden einer Bandrolle aus einem 1–3 mm starken Blech

Wie erwähnt gibt es mehrere Verfahren, eine Bandrolle anzufertigen. Hier sind einige Vorschläge. Die Vorgehensweise ist abhängig von der Art des Bandes, der Stärke des Blechs und davon, ob der Beschlag an dem der Bandrolle entgegengesetzten Ende dünner sein soll.

Zum Entfernen des mittleren Teils der einen Bandrolle kann man zwei Nuten sägen und das Stück herausmeißeln, wie in Bild 10.23 dargestellt.

Bei einer größeren Produktion solcher Bänder lohnt es sich, ein Stanz- und Schneidwerkzeug anzufertigen, wie in Bild 9.56b im Kapitel über Hilfswerkzeuge zum Schmieden im Maschinenhammer gezeigt.

Das Werkstück wird auf der Ambosskante oder auf einem Bockshorn vorgebogen. Siehe Seite 224. Mit Untergesenk und Rundsetzhammer kann die Form geschmiedet werden, wie in Bild A unten dargestellt. Bild B zeigt, wie der Rest der Bandrolle geschmiedet wird, indem man einen passenden Bolzen hineinsetzt.

Zum richtigen Zusammenklemmen der Bandrolle müssen Sie wohl auch das Bockshorn verwenden. Theoretisch sollte der Umfang der Bandrolle 3,14 mal den mittleren Durchmesser des Loches der Bandrolle betragen.

Bild 10.23 Herausmeißeln.

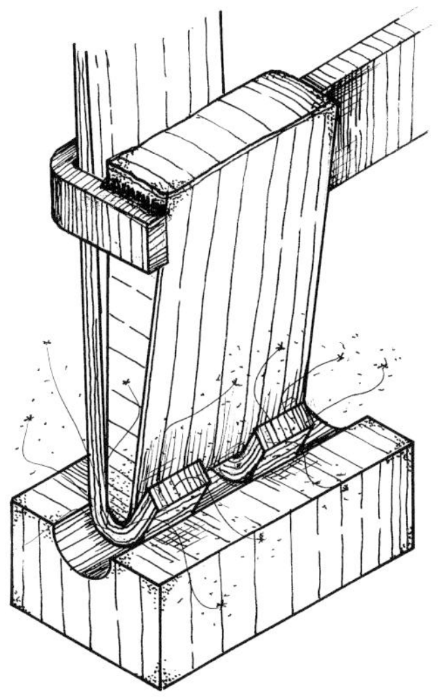

A Formen mit Gesenk.

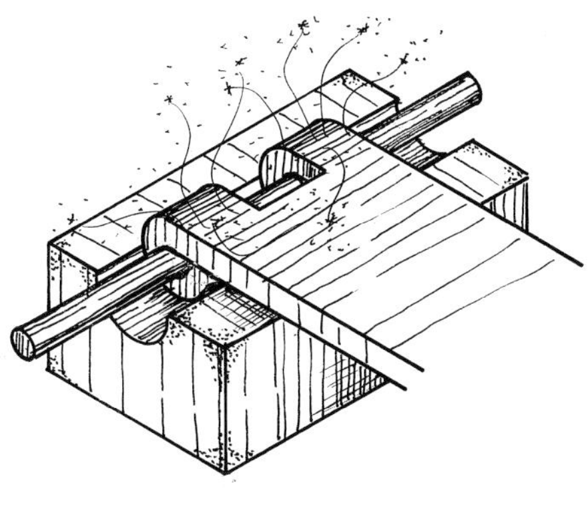

B Formen mit Gesenk.

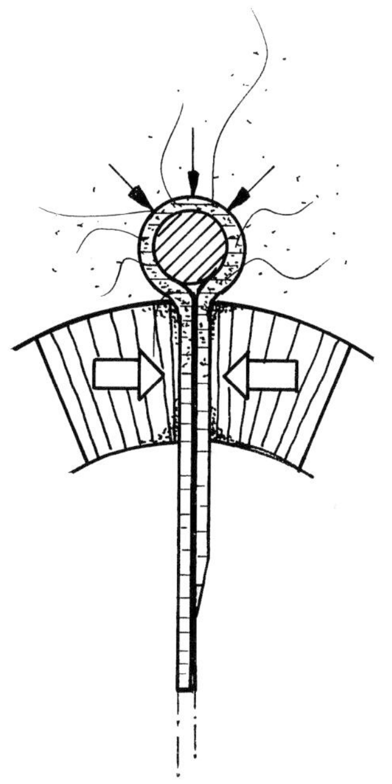

Bild 10.24 Klemmen im Schraubstock.

Alte Bänder für unterschiedlichen Gebrauch

Untersucht man alte Bänder für Truhen oder Fenster genauer, sieht man, dass das Blech häufig doppelt verwendet wird. Die Bandrolle wird mit dem Kloben darin in einem Schraubstock zusammengeklemmt, und dann wird das Werkstück feuergeschweißt. Damit wird das Band an der Bandrolle am dicksten und dem Ende zu dünner, wie man an alten geschmiedeten Bändern oft beobachten kann.

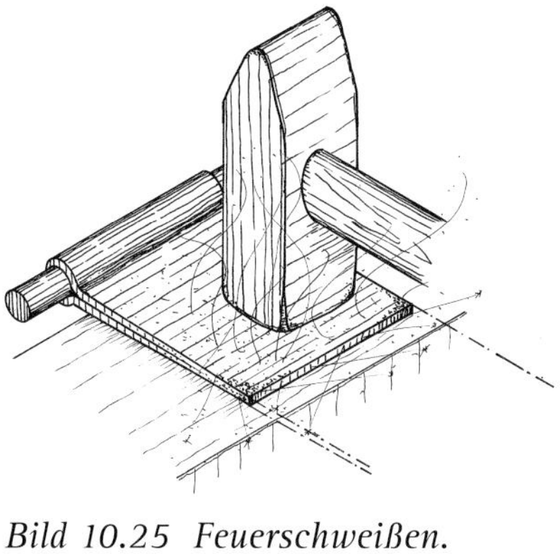

Bild 10.25 Feuerschweißen.

Beispiele von Tür- und Schrankbändern

Das Band von Bild 10.26 ist aus einem Blech von 1,5 mm kaltgemeißelt. Die Bandrollen sind aus einer 3 mm starken Platte geschmiedet, und der rechte Bandrollenteil ist an das Band genietet. Dadurch spart man sich die Arbeit des Ausschmiedens auf 1,5 mm Stärke. Außerdem hat das Nieten eine funktionelle und dekorative Wirkung.

Zur Markierung des Musters solcher Beschläge lohnt es sich, eine Vorlage zum Ritzen aus 0,3 mm starkem Blech anzufertigen. Sie kann leicht ausgeschnitten und als Vorlage zum Ritzen auf das Blech gelegt werden. Außerdem können Sie sie wiederverwenden.

Bild 10.27 zeigt ein 4 mm dickes, warm ausgemeißeltes Band. Siehe das Detail zum Ausmeißeln. Auch hier kann das Ausprobieren mit Modellierton von Vorteil sein, um herauszufinden, wie weit man hinein meißeln muss, um die richtige Länge der Arme, die mit einer Rosette am Ende ausgeschmiedet werden sollen, zu erhalten. Das Band ist am Rand ziemlich stark abgeschrägt, was ihm ein weicheres und freundlicheres Aussehen verleiht.

Das Band in Bild 10.28 kann aus 2–5 mm starkem Material geschmiedet werden, abhängig von der Tür, an der das Band benutzt werden soll. Es ist mit großen, geschmiedeten Nägeln versehen, die ein Teil des Dekors sind.

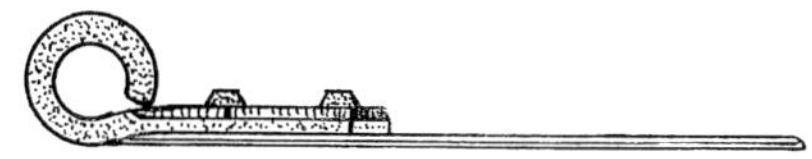

Genietetes Detail.

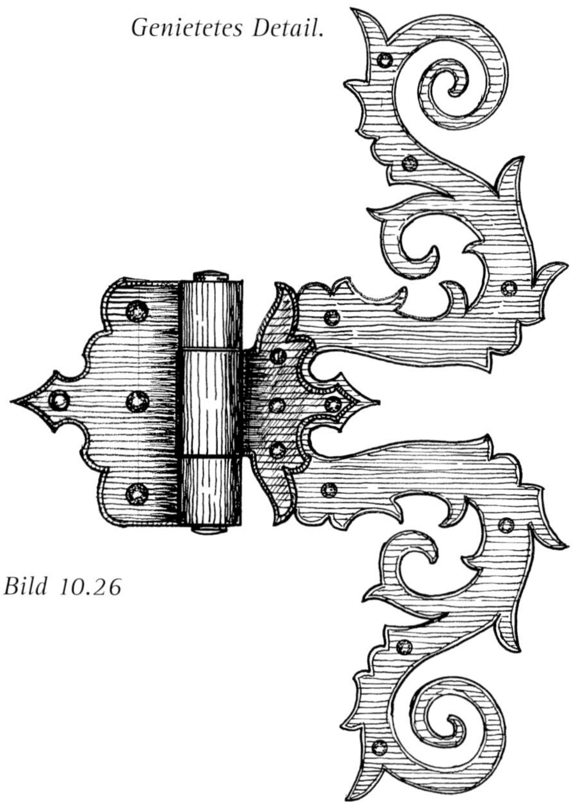

Bild 10.26

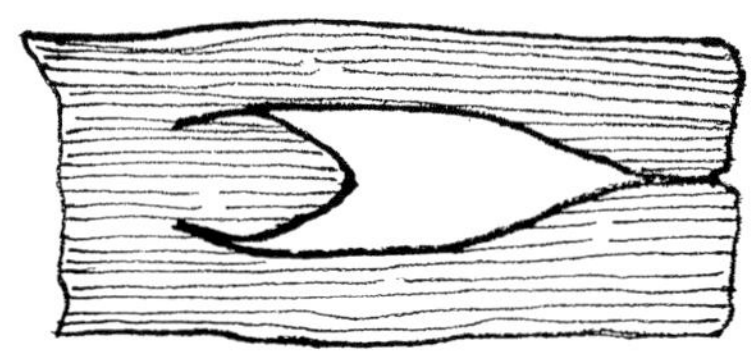

Ausgemeißeltes Detail.

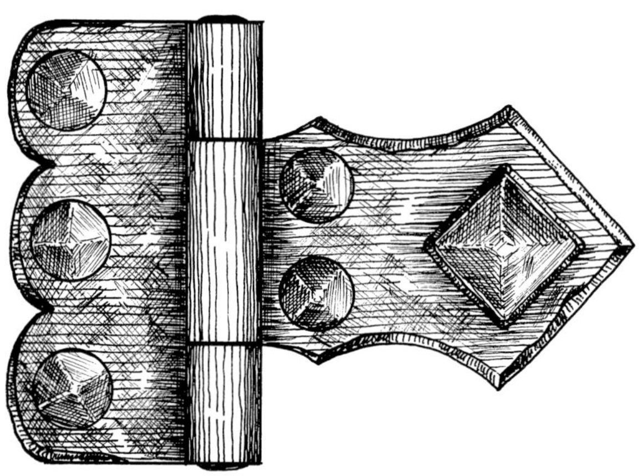

Bild 10.28

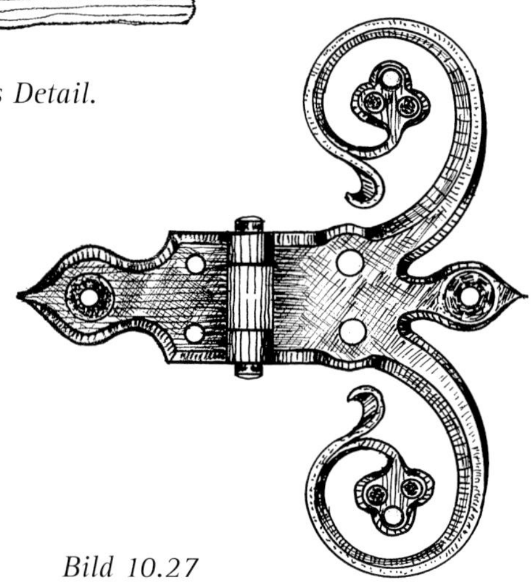

Bild 10.27

Schrankbänder mit gesenkgeschmiedetem Kloben

Bild 10.29 stellt ein kaltgemeißeltes Schrankband aus einem 2 mm starken Blech dar. Der Kloben ist gesenkgeschmiedet, mit einem losen Kopf, der aufgeschrumpft wird.

Im Kapitel „Hilfswerkzeug zum Schmieden im Maschinenhammer" können Sie die Herstellung von Hilfsgesenken sehen (Bild 10.29).

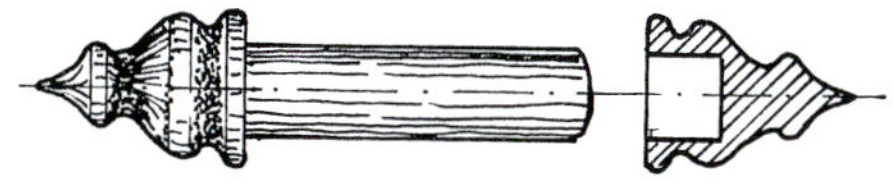

A Gesenkgeschmiedeter Kloben.

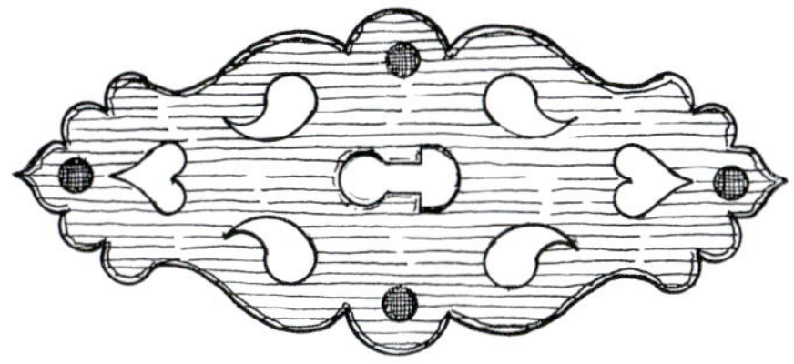

B Schrankschild.

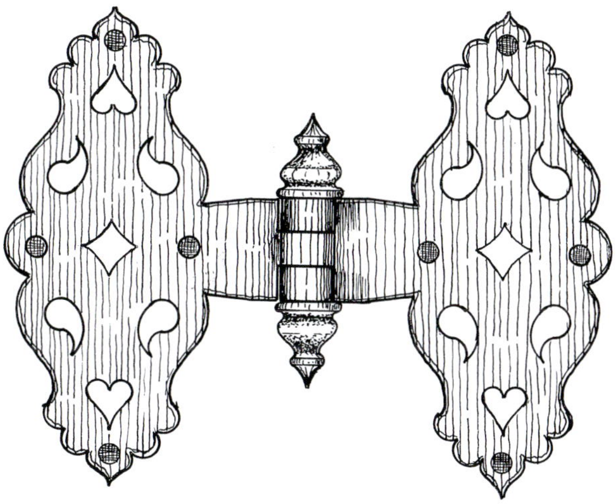

Bild 10.29 Schrankband.

Beispiel eines Hilfsgesenks.

Beispiel eines gesenkgeschmiedeten Klobens (Raadvad-Center in Dänemark).

In der Schmiede des Raadvad-Centers in Dänemark: Jan Gunnar Jensen führt den Gebrauch von Hilfsgesenken im Maschinenhammer vor.

Schwedische Eichentruhe aus dem 18. Jahrhundert

Man sagt, es sei im 18. Jahrhundert in Schweden verboten worden, Eichenholz für Möbel und Ähnliches zu verwenden. Was an Eiche übrig war, sollte nur zum Schiffsbau benutzt werden. Ich besitze jedenfalls eine Eichentruhe mit schönen schmiedeeisernen Beschlägen. Die Bandrollen sind aus einem gefalteten, feuergeschweißten und gegen die Enden dünner geschmiedeten Stück Blech gefertigt.

Die Truhe hat insgesamt elf große Beschläge, von denen drei die Bänder bilden. Auf dem Deckel gibt es vier Eckbeschläge, an den Truhenecken sind es insgesamt 16 Winkelbeschläge. Alle Beschläge sind 2–4 mm dick, und sie scheinen sowohl geschmiedet als auch teilweise warm- und kaltgemeißelt zu sein. Kommen Sie zu Besuch, wird der Kaffee ganz sicher auf diesem „Couchtisch“ serviert.

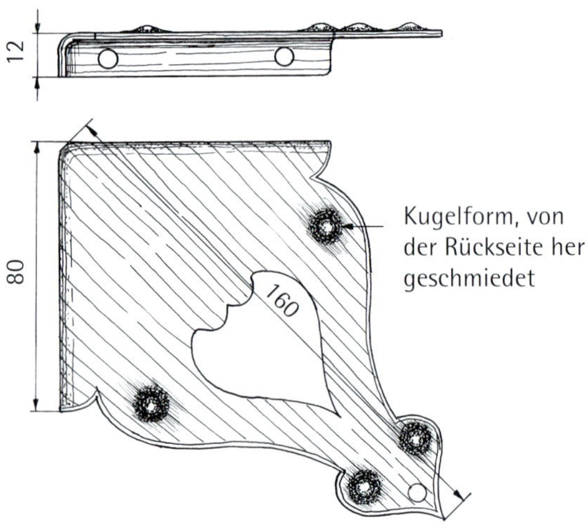

Bild 10.30 Eckbeschlag für den Truhendeckel.

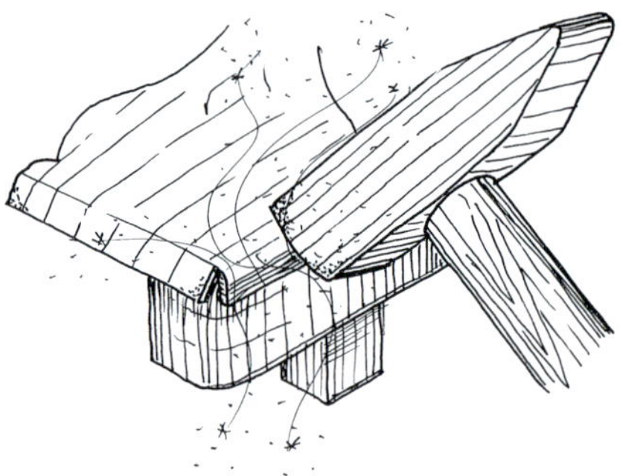

Bild 10.31 Die Eckbeschläge auf dem Deckel sind auf der Außenseite heruntergeschmiedet.

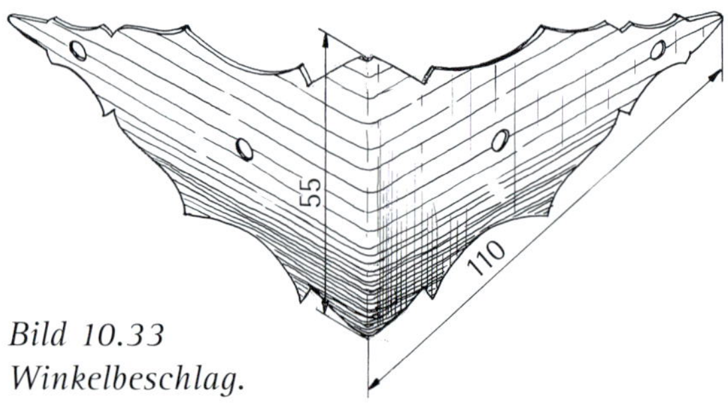

Bild 10.33 Winkelbeschlag.

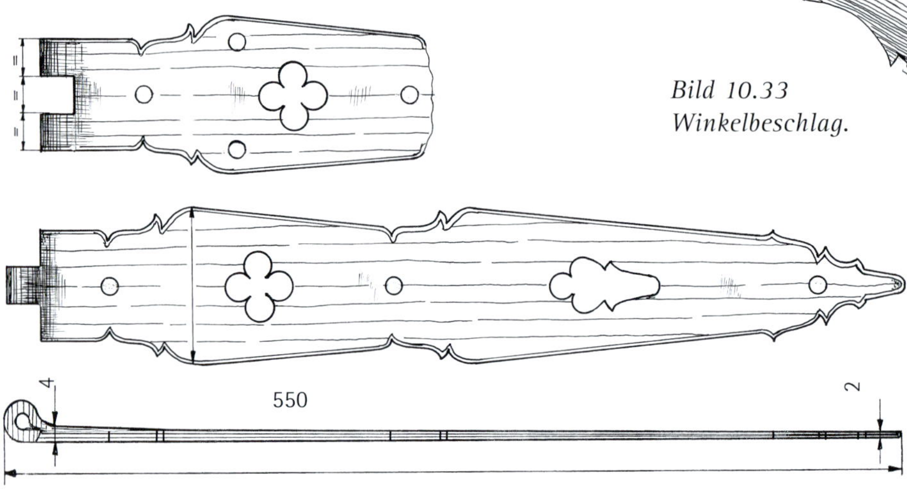

Bild 10.32 Die Bänder sind gefaltet und feuerverschweißt.

Schmieden eines Truhenziehrings

Ich möchte jetzt vorführen, wie ein Ziehring für Truhen, wie er in Bild 10.34 gezeigt ist, geschmiedet werden kann.

Er besteht aus einem Bügelhandgriff und zwei Bandrollen mit Bolzen, die auf einer Platte im Inneren der Truhe festgenietet werden. Ausgangsmaterial für den Ziehring ist 18-20 mm Rundstahl, der gegen die Enden zu einem Durchmesser von 8-9 mm konisch geschmiedet wird (Bild A).

In der Mitte setzt man zwei Nuten auf einem Rundsetzabschrot ab und formt die Mittelpartie. Hier kann man zum Schmieden des Kugelteils in der Mitte auch ein Hilfsgesenk verwenden.

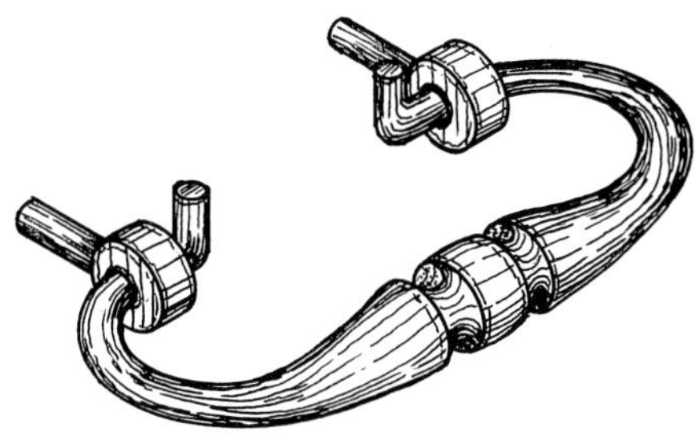

Bild 10.34

Bild A: Ziehring.

Bild B: Biegen des Ziehrings. Er kann auch auf einer Vorlage oder mit einem Werkstückhalter gebogen werden, wenn man viele Ziehringe herstellen will.

Bild C: Stauchen und schmieden der Bandrolle mit Kloben.

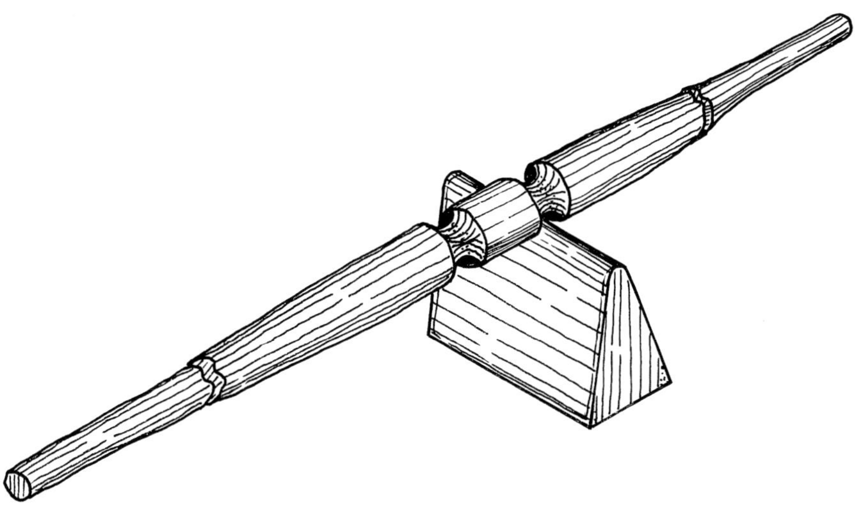

A

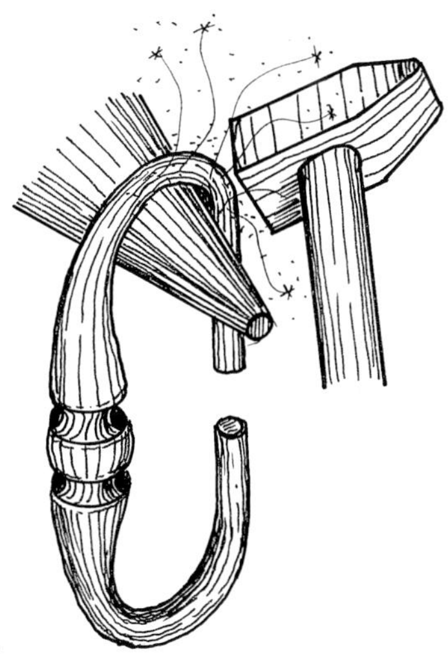

B

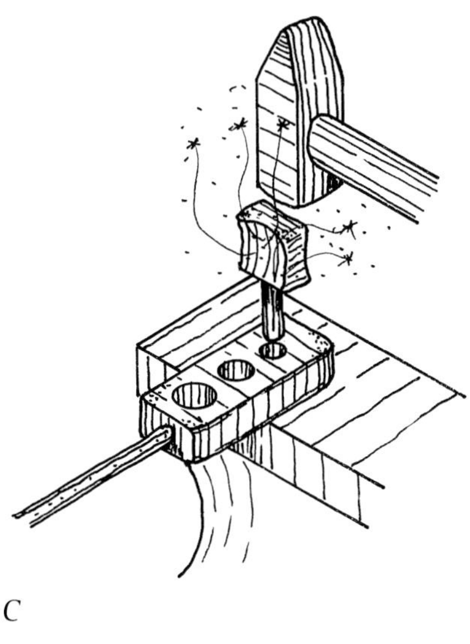

C

Bild D: Feinschmieden der Bandrollen mit Kloben.

Bild E: Anschlagplatte für den Ziehring.

Bild F: Bohren, eventuell lochen/aufdornen.

Bild G: Zum Schluss fädelt man die Bandrollen auf den Ziehring, der in einem rechten Winkel nach oben gebogen wird.

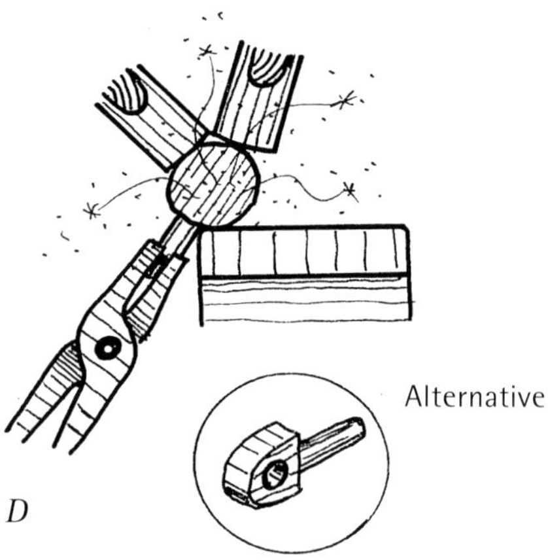

D

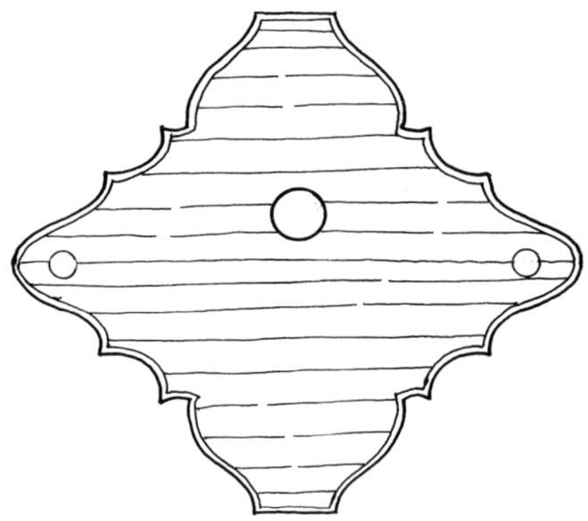

E

F

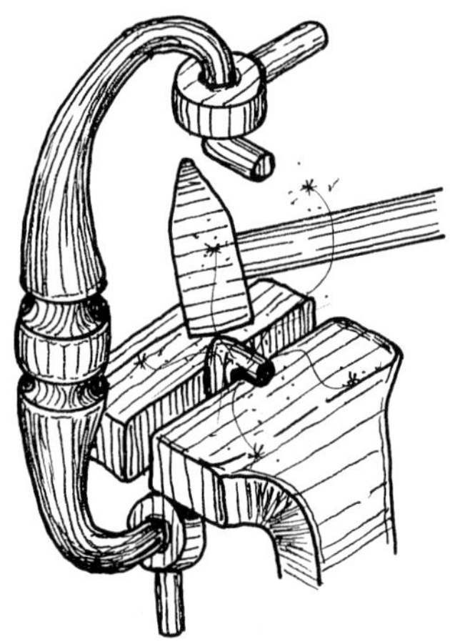

G

Emigrantentruhe mit norwegischen Beschlägen

Mein Freund Bud Sacguitne in Decorah, Iowa (USA) besitzt diese schöne Truhe. Sie stammt aus Granvin in Hardanger – wie sein Großvater Snare Sacguitne, der im Jahr 1957 nach Amerika ausgewandert war. Der Name Sacguitne kommt aus Såkvitne in Hardanger. Sein Großvater ließ sich in Highland Township, Winneshiek County, im Staat Iowa nieder. Die erste Scheune, die er auf seiner Farm baute, wurde dem Auswanderermuseum in Hamar vermacht und steht heute dort.

Emigrantentruhe aus Hardanger, Norwegen.

Eckbeschlag.

Frontbeschlag, der gleichzeitig ein großes, dekoratives Schlüsselschild ist.

Endstückbeschlag am Schloss auf der Innenseite des Deckels.

Foto: Darrell Henning

Emigrantentruhen

Es gab wohl viele Truhen mit Beschlägen, mit denen die Leute damals nach Amerika auswanderten. Leider lassen sich die Schmiede nur schwer ermitteln, aber gute Schmiede sind sie gewesen. Wie viele andere Dinge waren Truhen ein Statussymbol und wurden häufig von berühmten Schmieden angefertigt.

Die hier abgebildeten Truhen gehören dem Norwegian American Museum Vesterheim in Decorah und wurden dem Museum von Auswanderern oder ihren Nachkommen geschenkt.

Die Eichentruhe rechts und unten war im Besitz des norwegischen Musikers und Komponisten Ole Bull und stammt aus dem 17. oder frühen 18. Jahrhundert. Sie wurde von seinen Urenkeln nach Amerika gebracht. Ich weiß nicht, wo die Truhe hergestellt wurde, die Beschläge zeugen von einem fachlichen hohen Niveau der Schmiedearbeit, denn sie sind reliefgeschmiedet oder getrieben.

Foto: Darrell Henning

Truhe mit Rosenmalerei aus dem Jahr 1845 mit einem großen dekorativen Schlüsselschild. Sie stammt vermutlich aus Voss, Norwegen.

Ganz besondere Beschläge an einer Truhe aus dem Jahr 1826, die von Emigranten aus Stavanger mitgebracht wurde.

Schlösser und Verriegelungen

KAPITEL 11

In diesem Kapitel werden Schlösser und Verriegelungen genauer behandelt. Es gibt so viele unterschiedliche Schließ- und Verriegelungsmechanismen, dass ich nur ein paar „Kostproben“ anführen kann.

Schlösser und Verriegelungen aus früheren Zeiten und berühmte Schlossschmiede sind ein Gebiet, dem man mehr als nur *ein* Buch widmen könnte. In dem begrenzten Rahmen, der hier zur Verfügung steht, stelle ich trotzdem so viele Varianten vor, dass etwas dabei sein sollte, das Sie selbst anfertigen können. Schlösser herzustellen, ist eine große Herausforderung und ein kontinuierlicher Entwicklungsprozess.

Schlösser und Verriegelungen können in die zwei Hauptgruppen *stationär* und *mobil* gegliedert werden.

Stationär sind:
Heberiegel
Riegelschlösser
Einsteckschlösser
Speicherschlösser
Truhenschlösser
Schrank- und Schubladenschlösser

Mobil sind:
Vorhängeschlösser
Sperrfeder- oder P-Schlösser

Speicherschloss (stationär): Gesellenstück aus dem Jahr 1955, von Kjell Foldvik, Hamar, Norwegen, angefertigt. Ein „Diamant“ unter den Schlössern.

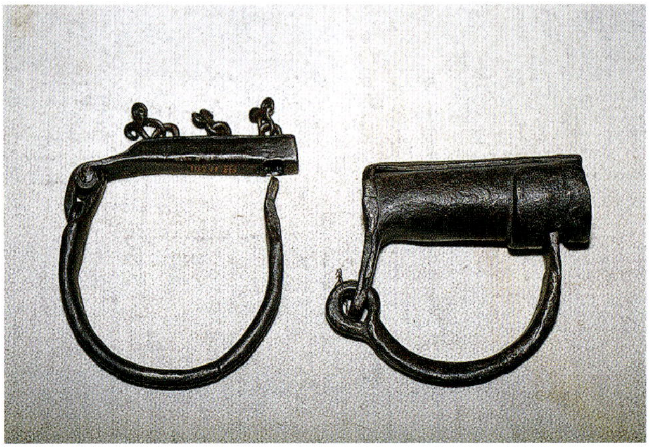

Mobile Schlösser. Vorhängeschloss und Sperrfederschloss aus der Sandvig-Sammlung, Lillehammer, Norwegen.

Einsteckschloss (stationär). Gesellenstück aus dem Jahr 1960 (eigene Arbeit).

Schmieden eines Türhakens

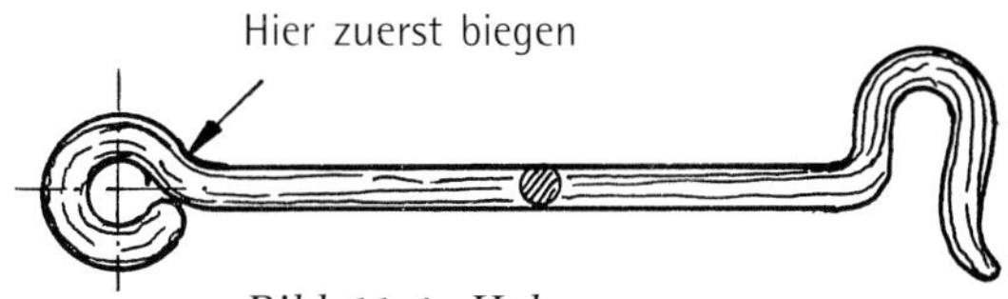

Bild 11.1 Haken

Ein gewöhnlicher Haken ist vermutlich die einfachste Form einer Verriegelung. Man findet ihn an einfachen Holztüren, die nicht verschlossen werden müssen. Trotzdem ist er gar nicht so einfach zu schmieden, wie man glauben sollte.

Versuchen Sie es mit 6 mm Rundstahl und biegen Sie zuerst die Hakenöse. Am einfachsten schmiedet man eine solche Öse, indem man die Stange zuerst im rechten Winkel abbiegt und die Öse dann in eine symmetrische Kreisform schmiedet (A und B).

Die Krampen werden an beiden Enden zugespitzt und in der Mitte gebogen (C).

Die Länge der Krampen muss auf die Dicke des Holzes abgestimmt werden, durch das sie hindurch sollen. Am besten bohrt man ein wenig vor, damit das Holz nicht springt. Es kann auch notwendig sein, die Krampen an der Rückseite umzubiegen.

Wollte man die Tür früher mit einem Vorhängeschloss absperren, schmiedete man einen Beschlag, der mit den Krampen montiert wurde (D).

Der Beschlag hatte oft eine Form wie in Bild E gezeigt, weil die Löcher aufgedornt wurden und die Breite sich daher erhöhte. Es gab dem Beschlag aber auch eine ansprechende Form.

Vielleicht sollte man bei moderner Einrichtung wieder an Design mit schmiedeeisernen Beschlägen denken. Ich glaube, da könnte viel Schönes gemacht werden.

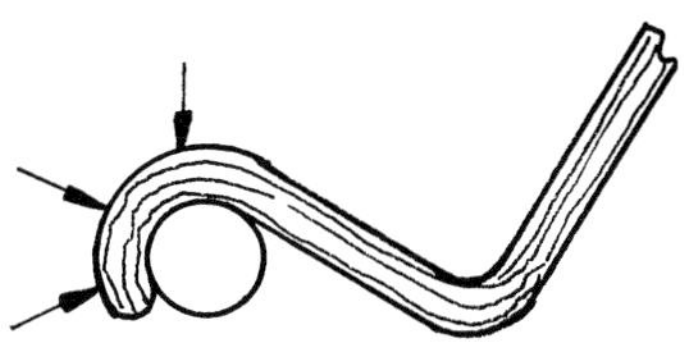

A

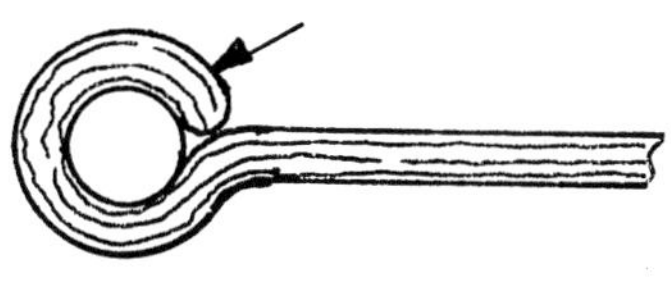

B Haspenöse.

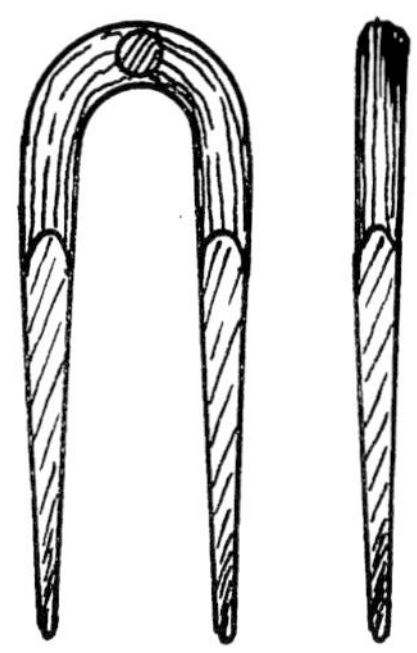

C Krampe.

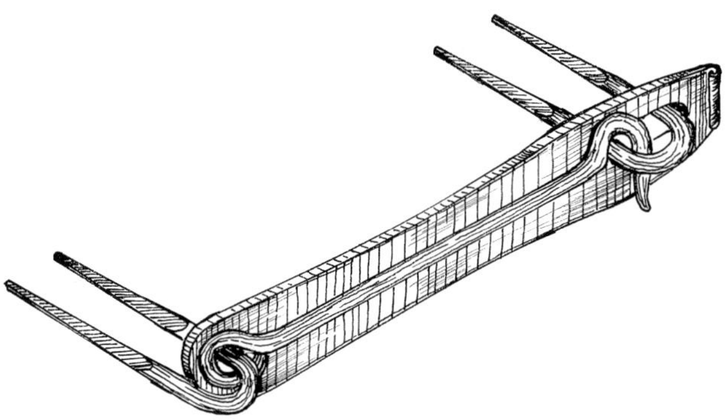

D Beschlag.

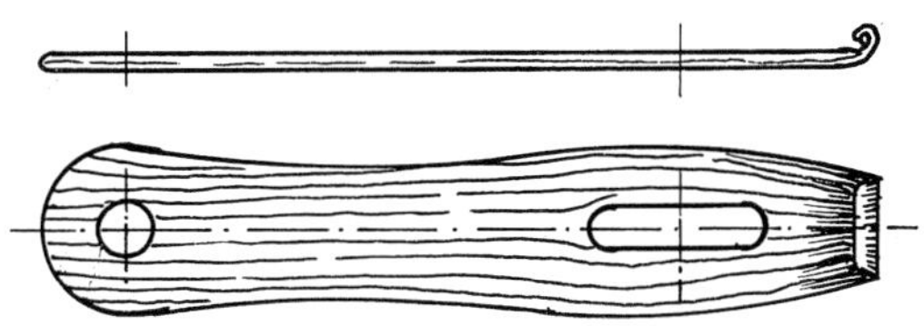

E Beschlag mit aufgedornten Löchern.

Stationäre Verriegelungen

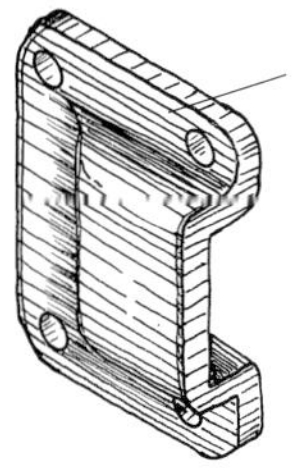

Ich möchte hier mit einer einfachen Verriegelung beginnen, die nicht mit einem Schlüssel, sondern mit einem von Hand geschobenen Schließriegel geschlossen wird und nur von einer Seite bedient werden kann (siehe Bild 11.2).

Die meisten stationären Schlösser und Verriegelungen sind aus einer Grundplatte, die an der Tür befestigt ist und einem Riegel, der von Hand oder mit einem Schlüssel betätigt wird, aufgebaut. Weil es je nach Region für die Elemente eines Schlosses so viele verschiedene Bezeichnungen gibt, habe ich mir erlaubt, Ausdrücke zu verwenden, die die meisten Leute kennen und mit anderen Dingen mit ähnlichen Funktionen verbinden können.

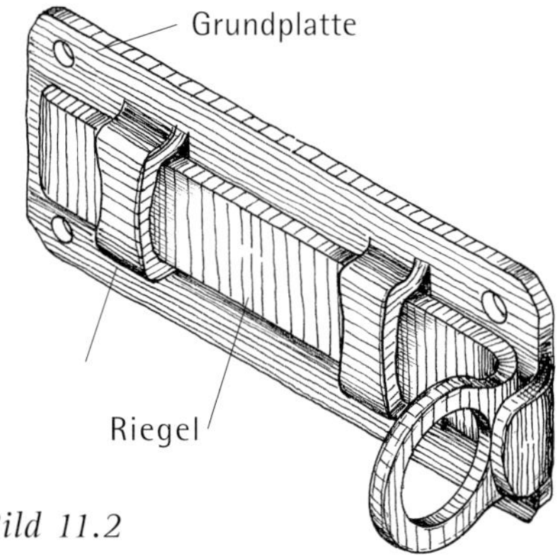

Bild 11.2

Werkzeug

Zur Herstellung von Werkzeug für solche Arbeiten, wie Sie hier sehen, kann man die normale Federstahlqualität verwenden. Wird nur warm geformt und gepresst, ist ein Härten des Werkzeugs normalerweise nicht nötig. Für eine schöne Bearbeitung müssen solche Werkzeuge an allen Ecken abgerundet sein. Man muss auch genug Spiel haben, um ein Festkeilen zu vermeiden (Gleitflächen).

Bild A zeigt, wie die Riegelführungen mit einem einfachen Werkzeug, auf das man mit dem Hammer schlägt oder das man in einem Schraubstock pressen kann, aus der Grundplatte gepresst werden.

Zuerst meißelt man auf jeder Seite der Riegelführung zwei Nuten, um sie leichter herauspressen zu können. In diesem Fall wurde eine 3 mm starke Platte benutzt, die warm gemeißelt und gehämmert wurde.

Bild B stellt das Werkzeug zum Formen des Türrahmenbeschlags dar, auf das mit dem Hammer geschlagen wird. Damit der Beschlag nicht zu eng wird, sollte der Flachstahl unter dem Beschlag etwas dicker und breiter als der Riegel sein.

Das Schloss in Bild 11.3 ist dem Schloss oben ähnlich. Türrahmenbeschlag und Riegelführungen sind mit demselben Werkzeug wie oben warm geformt. Die Riegelführungen sind an der Grundplatte an der Rückseite angenietet.

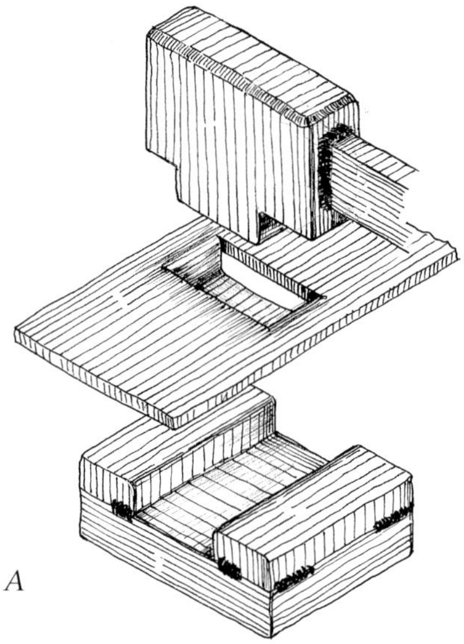

A

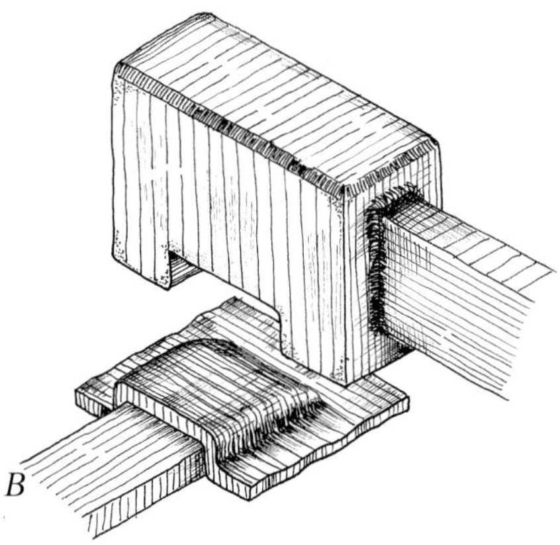

B

Bild 11.3

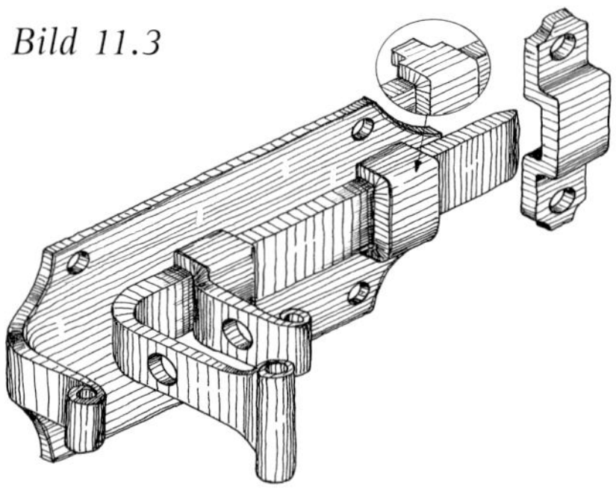

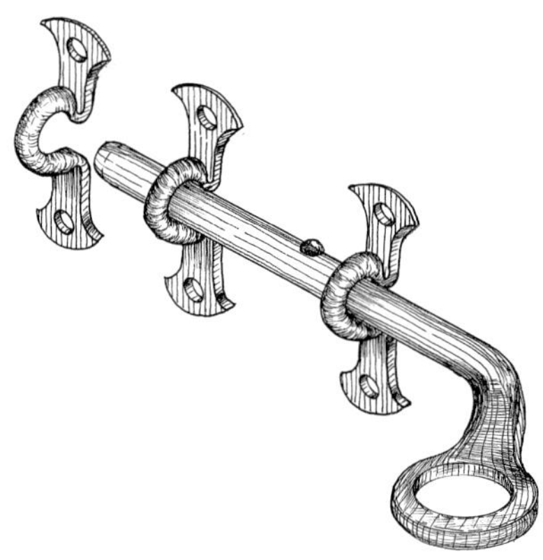

Bild 11.4 Bolzenriegel mit gemeißeltem und geschmiedetem Ring.

Heberiegel

Heberiegel ist eine Sammelbezeichnung für die meisten Schließvorrichtungen, die ein drehbar gelagertes längliches Eisen, hier Drehbeschlag genannt, als Verriegelung zwischen Türrahmen und Tür aufweisen. Der Beschlag am Türrahmen ist häufig ein in den Türrahmen oder die Wand hineingeschlagener Haken. Ganz unten ist er oft mit einem Nagel befestigt.

Der Heberiegel von Bild 11.5 ist eine einfache Schließvorrichtung, die von einer Seite geöffnet und geschlossen wird.

Türrahmenbeschlag

Den Türrahmenbeschlag oder Haken kann man auf unterschiedliche Weise schmieden, wie in Bild 11.6 gezeigt. Ich habe für solche Haken Flachstahl verwendet, teilweise mit dem Setzhammer oder Ambosshorn abgesetzt und überflüssiges Material weggemeißelt.

Vergessen Sie nicht, dass das Schmieden eine Form der plastischen Gestaltung mit unendlich vielen Möglichkeiten ist.

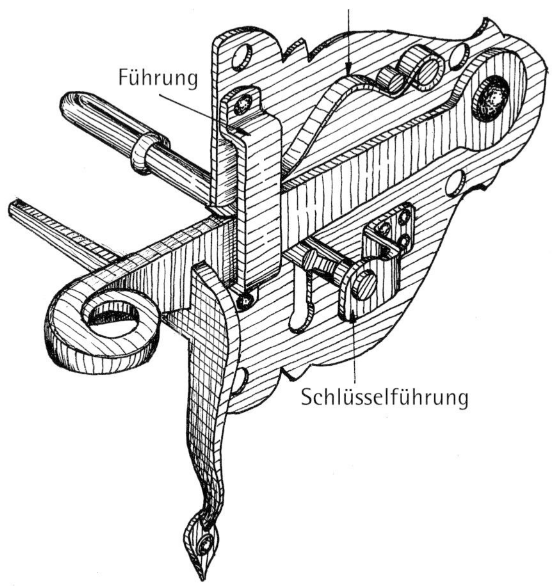

Bild 11.8 Heberiegel mit Drehbeschlag, Schlüssel und Feder. Er kann von beiden Seiten geöffnet und geschlossen werden. Der Drehbeschlag wird vom Schlüssel nach oben geschoben.

Bild 11.5 Heberiegel mit Drehbeschlag, der von einer Seite geöffnet und geschlossen werden kann.

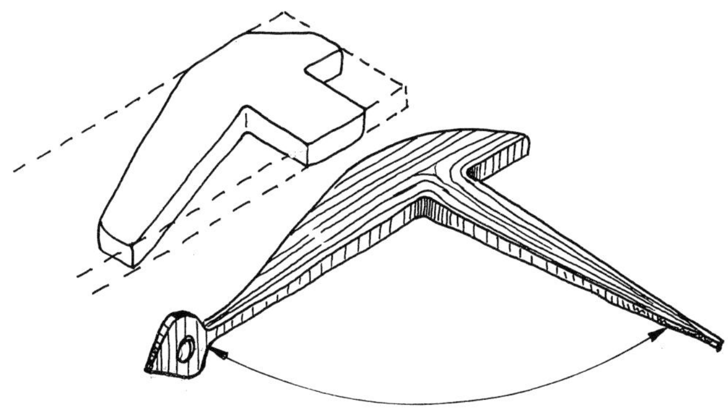

Bild 11.6 Kann auch gemeißelt und ausgebreitet werden.

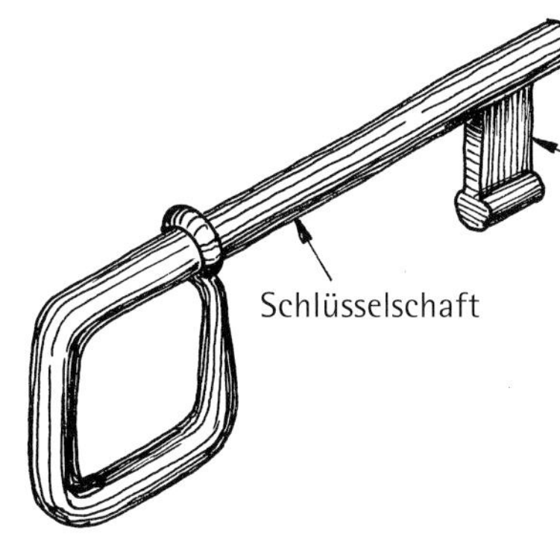

Bild 11.7 zeigt einen einfachen Schlüssel, der nur den Drehbeschlag des Riegels von Bild 11.8 heben soll. Die Klinke ist auf einer Grundplatte aufgebaut, auf die die einzelnen Teile genietet sind. Die aus zähgehärtetem Flachstahl bestehende Feder ist leicht konisch geschmiedet und auf 400-500 °C angelassen.

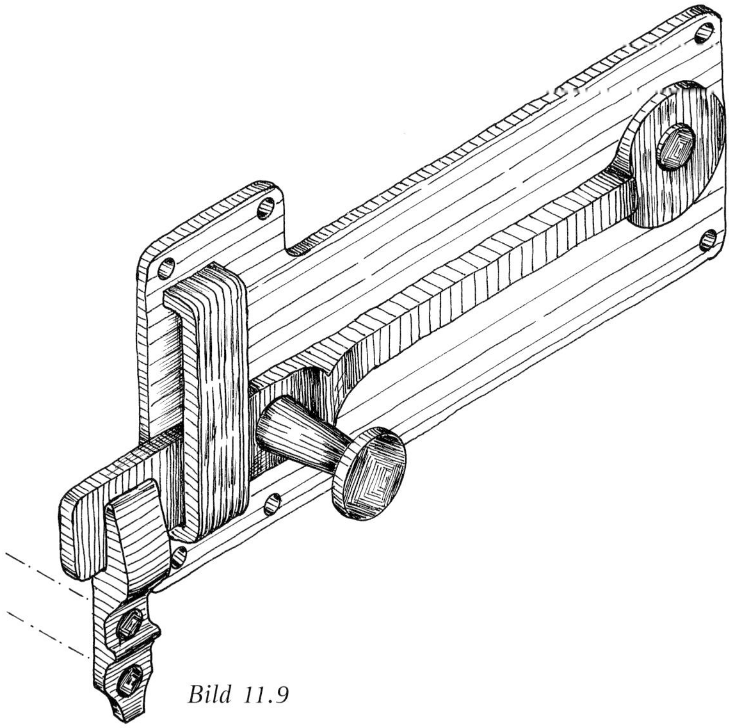

Bild 11.9

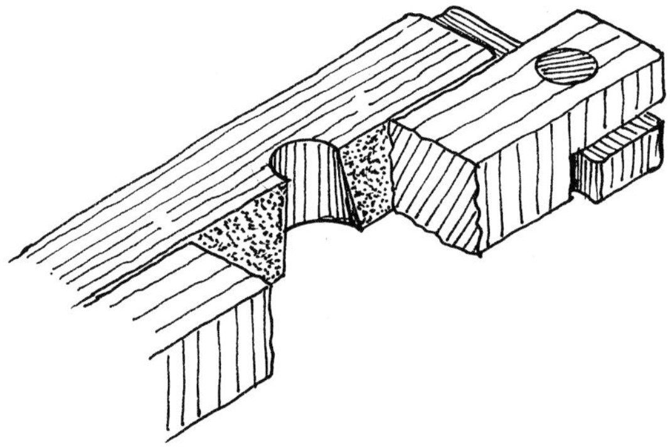

Bild 11.10 Gelenkig verbundene „Lochplatte".

Bild 11.9 zeigt einen Heberiegel, bei dem der Drehbeschlag an die Grundplatte genietet ist. Er ist kräftiger ausgeführt und daher etwas schwieriger zu schmieden.

Der Riegel wird aus einer dickeren Stärke geschmiedet, um diesem Detail eine persönlichere Note zu verleihen. Zum Schmieden des Kopfes am runden Handgriff fertigt man sich am besten eine gelenkig verbundene „Lochplatte" mit einem konischen Loch an (siehe Bild 11.10).

Prunkriegel

Der Drehbeschlag in Bild 11.11 ist an der Grundplatte befestigt. Er passt für Türen, die nur von einer Seite geöffnet werden, z. B. für eine größere Schranktür. Der Drehbeschlag ist aus einem dickeren Werkstück geschmiedet und warm- und kalt zurechtgemeißelt. Das Dekor besteht aus gemeißelten Einkerbungen. Außerdem gibt es einiges zu feilen hier.

Aus der Zeichnung ist nicht ersichtlich, dass alle Ränder und Ecken mit einer Feile abgeschrägt sind, um dem Riegel eine freundlichere Form zu verleihen. Das Dekor ist von Rosenmalerei und Holzschnitzkunst inspiriert.

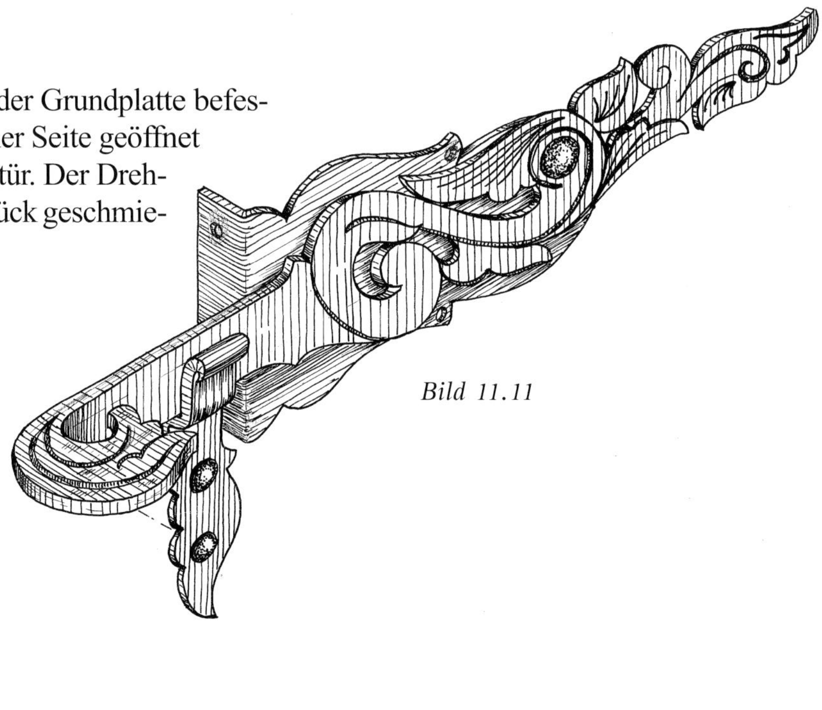

Bild 11.11

Hebelriegel mit Türdrücker

Beim in Bild 11.12 dargestellten Heberiegel wird der drehbar gelagerte Beschlag, in diesem Zusammenhang auch hebende Falle genannt, zum Öffnen mit einem Hebelhandgriff oder Türdrücker hochgehoben, der durch die Tür hindurchgeht.

Auf diese Weise kann die Tür von beiden Seiten geöffnet und geschlossen werden. Es gibt viele unterschiedliche Heberiegel dieser Art. Einige haben Türdrucker oder einen Hebebeschlag, der am Türblatt befestigt ist.

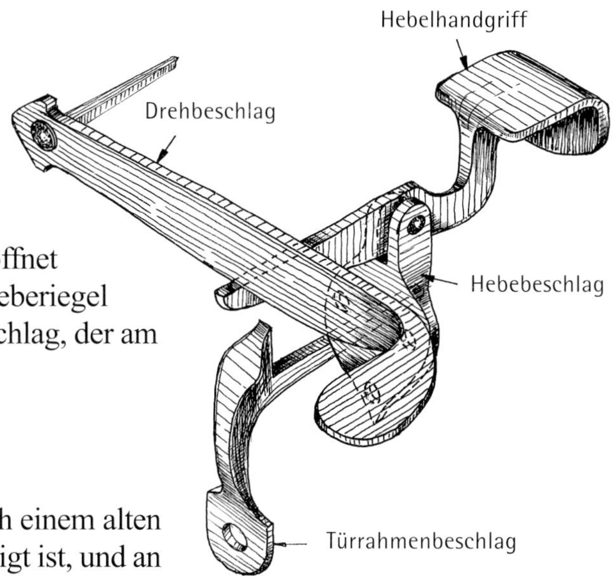

Bild 11.12 Heberiegel.

Heberiegel mit Olive

Der Heberiegel in Bild 11.13 ist ein Prunkriegel, der nach einem alten Modell aus der norwegischen Provinz Hedmark angefertigt ist, und an der Tür zum Wohnzimmer, in dem man Gäste empfing, oder zur Küche verwendet wurde. Damals waren schöne Riegel fast ein Statussymbol, und das Schmiedeeisen hatte neben der funktionellen Aufgabe auch einen dekorativen Zweck.

Der Heberiegel ist aus einer 2 mm starken, kalt zurechtgemeißelten Platte, einem Drehbeschlag und einem Türrahmenbeschlag geschmiedet, die von einem besonders tüchtigen Schmied zeugen. Der Drehbeschlag wird mit einer Olive und einem ellipsenförmigen Hebebeschlag auf der anderen Seite der Tür hochgehoben.

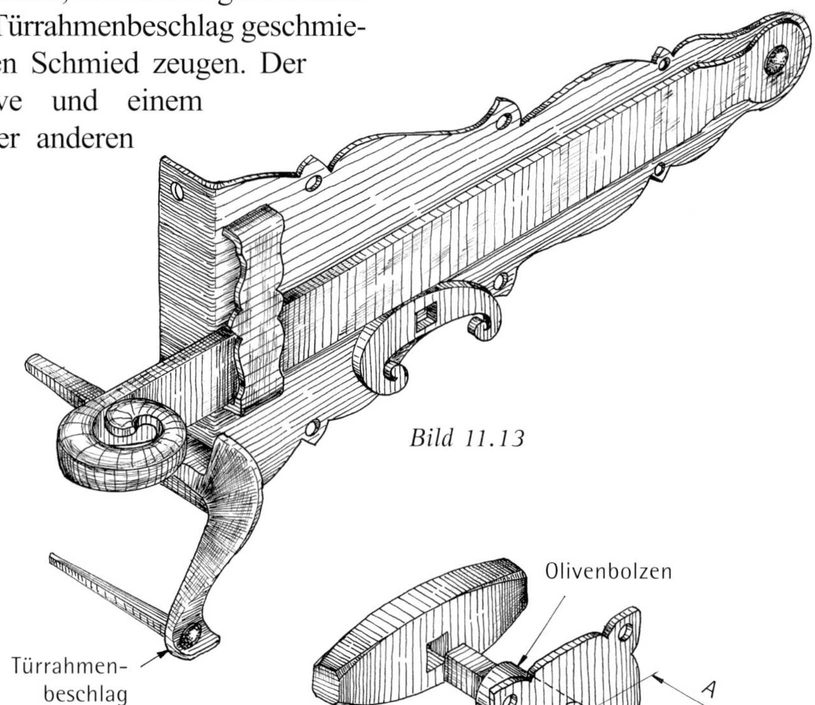

Bild 11.13

Montage des Drehmechanismus

Die Olive hat ein viereckiges aufgedorntes Loch, das mit einem dekorativen Kopf an den Olivenbolzen genietet ist. Der Abstand A muss groß genug und an die Dicke von Türblatt und Grundplatte angepasst sein. Das Loch in der Tür für den Olivenbolzen muss von der Drehbeschlagseite her gebohrt werden, und der Stützbeschlag wird angeschraubt oder genagelt. Dann wird der Hebebeschlag festgenietet. Nach einer solchen Arbeit gibt es für den Schmied sicher mehr als nur eine Tasse Kaffee.

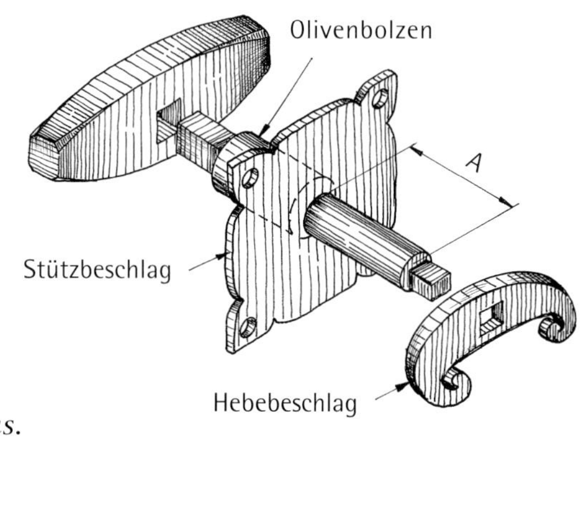

Bild 11.14 Drehmechanismus.

Heberiegel mit Türziehgriff

Ich finde, auch der Riegel rechts verdient die Bezeichnung Prunkriegel. Er ist eine Kopie eines Heberiegels vom Hof Bjåland in Morgedal, der meinen Großeltern gehörte, und steht innen an der Tür zum Wohnzimmer. Er ist aus einem Stück geschmiedet, und das Foto zeigt das Ausgangsmaterial, das ca. 40 mm Rundstahl war, der in der Mitte zurechtgeschmiedet und an beiden Enden ausgebreitet wurde.

Heberiegel dieser Art waren in ganz Norwegen verbreitet, und man findet eine reiche Auswahl unterschiedlicher Typen. Die Beschlagblätter an beiden Enden des Türziehgriffs können unterschiedlich gestaltet sein. Der Hebelhandgriff war auf vielerlei Weise gelenkig verbunden.

An der Rückseite der Tür befand sich häufig eine dekorative Platte, an der der Drehbeschlag befestigt wurde. Siehe Bild 11.16 auf der nächsten Seite.

Drehbeschlag für Heberiegel

Der Heberiegel in Bild 11.16 gehört zur Verriegelung von Bild 11.15. Die Grundplatte ist gemeißelt, und alle scharfen Ecken sind mit einer Feile abgeschrägt.

Solche Riegel können unterschiedlich gestaltet werden, und es gibt daher unzählige dekorative Lösungen. Hier darf der Schmied Kreativität und Formsinn spielen lassen.

Schmieden eines Drehbeschlags

Wie aus Bild 11.17 hervorgeht, ist der Drehbeschlag aus einem größeren Stück als dem Flachstahl geschmiedet und an einem Ende zu einem Blatt gebreitet und an dem anderen zu einer Kugel geformt.

Dem Original zufolge hat der Schmied das Flachstahlstück mehrmals gefaltet, um genug Material für die Kugel zu haben. Dann wurde das Werkstück feuergeschweißt und zu einer Kugel geschmiedet.

Ich habe diese Technik versucht. Um annähernd genau und leichter falten zu können, habe ich zum Meißeln der Einkerbung quer zum Flachstahl einen abgerundeten Meißel benutzt. Die Einkerbungen sind einmal auf der Oberseite und einmal auf der Unterseite gemeißelt.

Heberiegel mit Türziehgriff (eigene Arbeit).

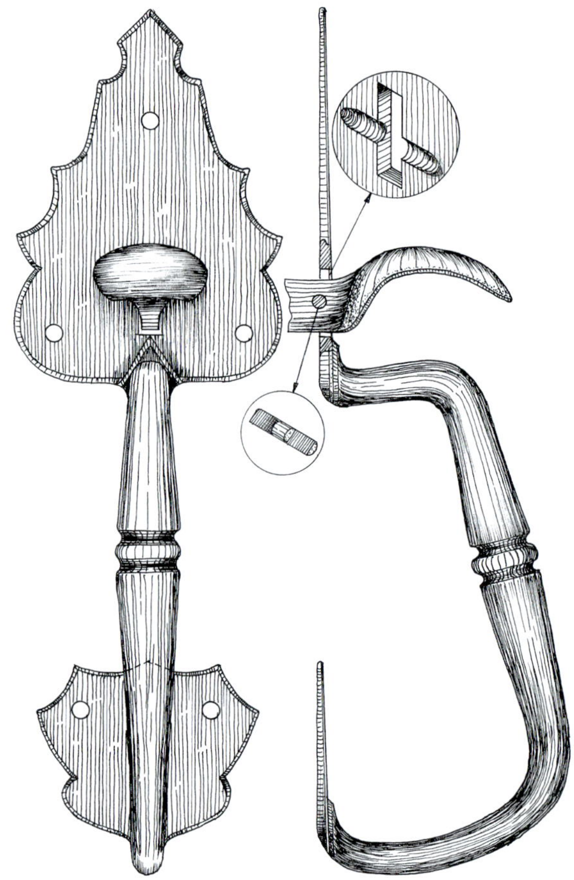

Bild 11.15 Heberiegel mit Türziehgriff.

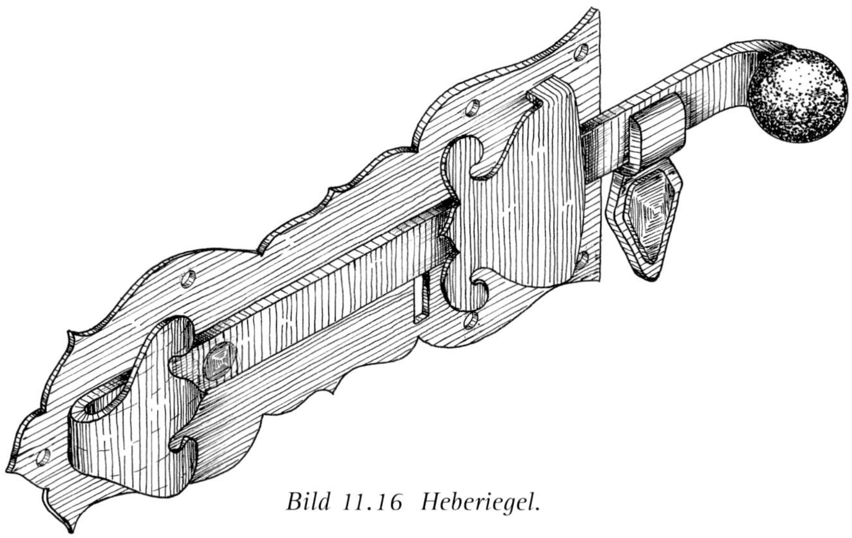

Bild 11.16 Heberiegel.

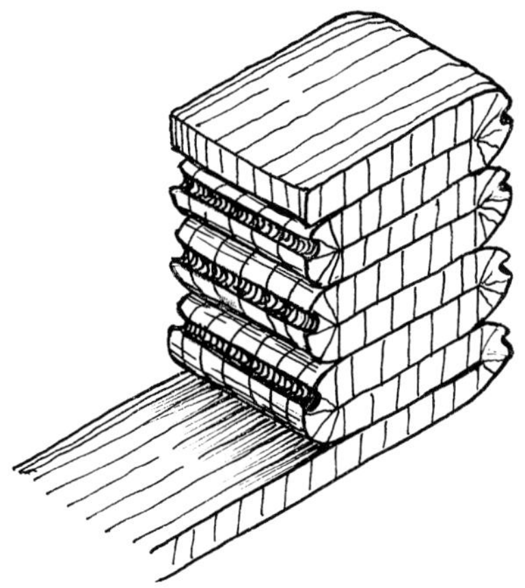

Bild 11.17 Kugelstück.

Je tiefer die Einkerbung, desto gerader werden die Kanten der gefalteten Lagen. Wenn Sie ein dickeres Stück verwenden, müssen Sie nicht so oft falten.

Nach dem Feuerschweißen der Lagen kann man mit dem Schmieden der Kugel beginnen, indem man alle Ecken wegschmiedet. Für die Kugel können Sie auch in jeder zweiten Lage Kohlenstoffstahl verwenden. Dann erhalten Sie ein Damaszenermuster in der Kugel.

Türziehgriff

Bild 11.18 zeigt einen einfachen Türziehgriff, bei dem die Blattbeschläge in beide Richtungen weisen. In Bild 11.19 gehen die Blattbeschläge in dieselbe Richtung, um Platz zu sparen, wenn ein langer Griff an der Tür nicht passt. Beide Bügel sind in diesem Fall gleich groß.

Zum Schmieden solcher Türgriffe ist ein Maschinenhammer natürlich von Vorteil, weil man meist mit einem ziemlich großen Stück beginnen muss, damit man genug Material für die Blätter hat. Die Blätter werden mit gebogenen Backen im Maschinenhammer quer gebreitet.

Bild 11.20a zeigt, wie man beginnt. Haben Sie so einen Griff noch nie geschmiedet, erhalten Sie im Kapitel über das Schmieden mit Hilfswerkzeug im Maschinenhammer eine Anleitung (Bild 9.45).

Um die Länge des mittleren Teils zu bestimmen, können Sie es mit Modellierton versuchen. Da sieht man auch leichter, mit welchem Durchmesser man anfangen muss. Der mittlere Teil kann in einem Rundgesenk oder nur im Maschinenhammer geschmiedet werden. Dreht man schnell und schlägt leicht mit schwach gebogenen Backen, kann man mit dem Maschinenhammer recht gut feinschmieden.

Bild 11.18
Langer Ziehgriff.

Bild 11.19
Kurzer Ziehgriff.

Es lohnt sich, die Köpfe der Blattbeschläge kegelformig zu schmieden. Dann muss an den Blättern nicht so viel weggemeißelt werden.

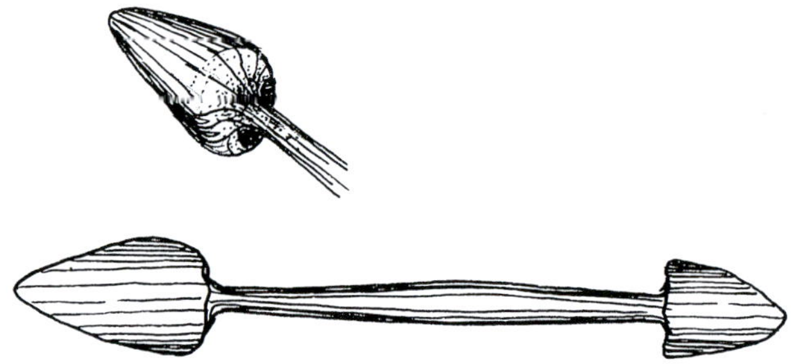

Bild 11.20a Ausgeschmiedeter mittlerer Teil des Rundstahls.

Ziehgriff

Hier sehen Sie ein paar andere Türziehgriffe, die etwas kunstvoller gestaltet sind. Der Ziehgriff auf dem Foto hat ein geschmiedetes Dekor auf den Blättern. Es wurde im Maschinenhammer mit geeignetem Werkzeug gefertigt. Der Ziehgriff in Bild 11.20b ist wie oben geschmiedet und herausgemeißelt.

Ziehgriff (eigene Arbeit).

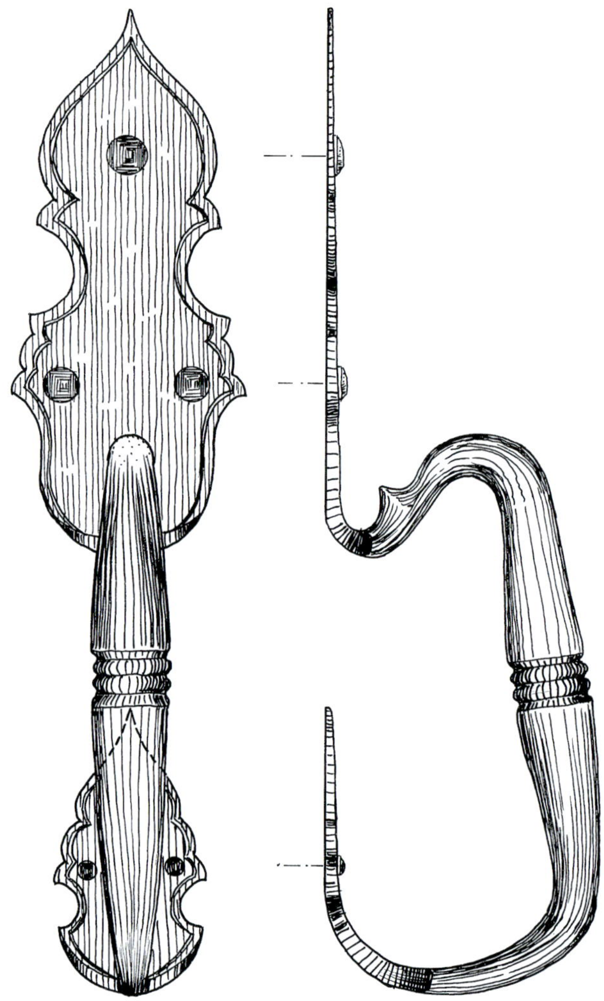

Bild 11.20b

Einige Beispiele von Ziehgriffen und Heberiegeln

Türziehgriff aus der Sandvig-Sammlung, Norwegen. Es wurde die selbe Technik wie bei dem doppelten Band verwendet. Vermutlich hat auch derselbe Schmied den Griff hergestellt.

Ziehgriff für einen Heberiegel (Raadvad-Center in Dänemark). Daneben der eine Teil eines Hilfsgesenks zum Schmieden des Griffs.

Ziehgriff und Heberiegel vom Hof Stordeglum gård in Furnes, Norwegen. Schöne Arbeit, der Schmied ist leider unbekannt.

Der Schlossschmied

Im Beruf des Schmieds hat es viele Untergruppen gegeben. Außer den gewöhnlichen Schmieden, die das meiste anfertigten und reparierten, gab es auch Schmiede, die sich spezialisierten. Sie konnten Hufschmiede, Wagenschmiede, Schiffsschmiede, Klingenschmiede, Kunstschmiede und nicht zuletzt Schlossschmiede sein.

Die Fotos auf dieser Seite stammen von den Sandvigske Samlinger in Lillehammer und zeigen, wie eine Schlosserwerkstatt aussehen konnte. Auch der Schlossschmied benötigte Esse und Amboss, er benutzte aber auch anderes Werkzeug. Insbesondere mit Feilen und Meißeln war er besser ausgerüstet als andere Schmiede.

Viele Schlosser benutzten zum Formen, Biegen und Pressen von Schlossteilen und Platten auch eine Schraubenpresse. Im Mittelpunkt der Werkstatt stand ein Schmiedeschraubstock, in dem geschmiedet und gefeilt wurde.

Außer den fachlichen Fähigkeiten in Bezug auf das Werkzeug und das Schmieden waren viele Schlosser Experten im Konstruieren von ausgeklügelten und komplizierten Schließmechanismen. Daher waren das Denken und Zeichnen mit dem Bleistift eine Voraussetzung für einen guten Schlosser. Natürlich wurden auch hier wie überall Schlösser von anderen Schmieden kopiert, vereinfacht und weiterentwickelt. In den meisten Fächern verläuft die Entwicklung wohl auf diese Weise.

Aus der Werkstatt des Schlossers.

Im Laufe der Jahre sammelten sich einige Schlüssel an.

Der Amboss - eines der wichtigsten Werkzeuge des Schlossers.

Schraubenpresse.

Speicherschlösser

Der Mensch versucht seit jeher, Eigentum und Werte zu schützen. Allmählich haben sich auch kompliziertere und damit sicherere Schlösser entwickelt. In Skandinavien baute man solide Häuser aus Rundholzbohlen und versah die Türen mit kräftigen, mehr oder weniger einbruchsicheren Schlössern. Vielleicht haben sich die Speicherschlösser auf diese Weise entwickelt. Man begann Schlüssel zu verwenden, weil man Schlösser haben wollte, die sicherer waren als die aus Holz hergestellten. Die Schlüssel wurden so gestaltet, dass es sehr schwierig, um nicht zu sagen unmöglich war, ein Schloss mit einem anderen Gerät als mit dem Schlüssel zu öffnen oder zu verschließen.

Sollte ich alle Schlosstypen und Schließmechanismen beschreiben, würde das den Umfang dieses Buches sprengen. Ich muss mich daher auf die Prinzipien begrenzen, die für die meisten Speicherschlösser gelten. Es gibt Fachleute, die mehr über Schlösser wissen als ich, und das Thema sollte in einem eigenen Buch behandelt werden.

Bild 11.21 zeigt ein verhältnismäßig einfaches Speicherschloss. Wie die meisten Schlösser ist es auf einer Grundplatte aufgebaut, die auch als dekorativer Beschlag gestaltet sein kann. Gemeinsam haben alle, dass die offene Seite des Schlosses an der Innenseite der Tür liegt. An der Außenseite sind nur das Schlüsselloch und eventuell ein Schlüsselschild sichtbar.

Das Schloss hat ein oder zwei federbelastete Schieberiegel, die von der Innenseite mit einem Handgriff auf jeder Seite der Riegel zurückgeschoben werden können. Man verwendete zwei Riegel, damit das Schloss ohne Schlüssel schwerer zu öffnen war.

In der Mitte des Schlosses liegt das *Schlüsselgehäuse*. Er ist der „geheime Raum“ und enthält ein Labyrinth verschiedener Reifen und Führungen für den Schlüsselbart. Dieser Teil des Schlosses trennte bei den Schlossern „die Spreu vom Weizen“.

Im Schlüsselgehäuse dieses Schlosses sehen Sie nur einen Reifen, um das Prinzip zu zeigen.

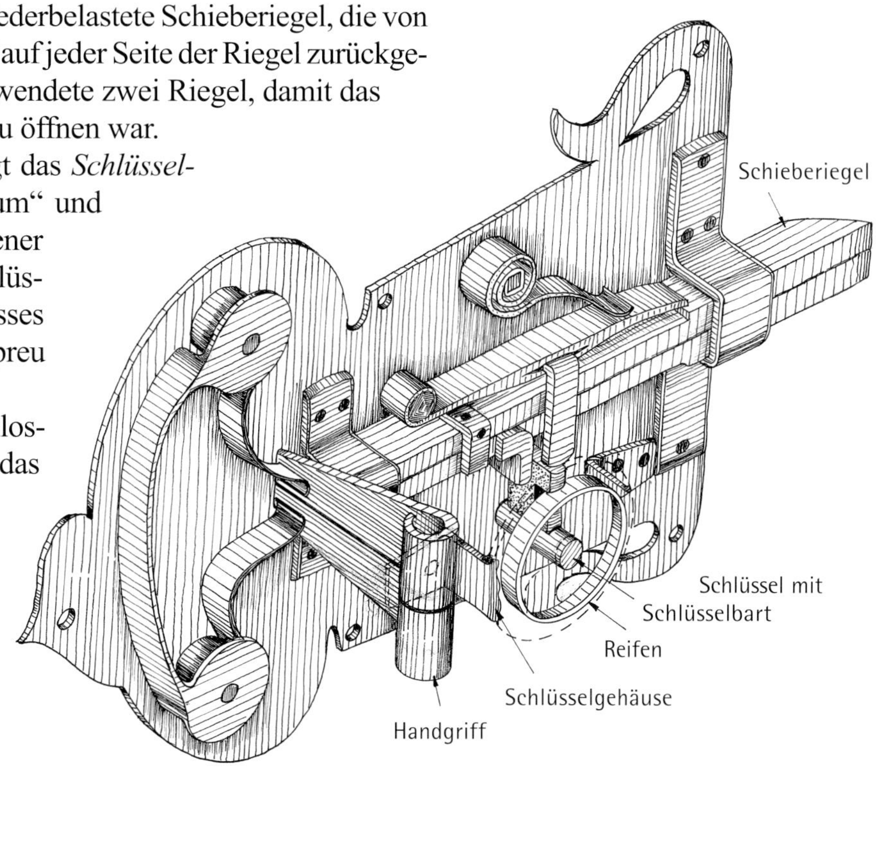

Bild 11.21 Speicherschloss.

Schlüsselgehäuse

Das Schlüsselgehäuse kann unterschiedlich gestaltet sein. Meistens ist es mit zwei Schenkeln an der Grundplatte festgenietet. Es war einfacher, zwei abgewinkelte Schenkel zu biegen als ein rundes Profil um das ganze Gehäuse herum. Das Schlüsselgehäuse ist eine Art Aufbewahrungsbehälter und dient der Befestigung für die einzelnen Teile. Am Boden des Gehäuses und in der Grundplatte kann ein Führungsloch für den Schlüssel liegen. Auch am Ende des Schlüssels ein Loch zu machen und einen zylindrischen Führungsbolzen am Boden des Schlüsselgehäuses festzunieten, ist üblich.

Andere Schlösser haben ein Führungsrohr, das durch die Tür hindurch geht und wie beim Schlüsselgehäuse rechts in der Grundplatte befestigt ist. Innen ist ein Reifen montiert, um das Prinzip zu zeigen. Der Reifen muss denselben Radius wie die Einkerbung im Schlüsselbart haben, das heißt vom Zentrum des Schlüssels aus gemessen.

Man versteht leicht, dass es von der Anzahl der Reifen im Gehäuse und damit der Anzahl der Einkerbungen im Schlüssel abhängig ist, wie schwer sich ein Schloss ohne den richtigen Schlüssel öffnen lässt.

Der Schlüsselbart soll den Riegel auch seitlich verschieben. Auf dem Riegel kann ein Haken aufgenietet sein, der als Zuhaltung dient. Hat man zwei Riegel, braucht es für jeden eine Zuhaltung. Sie greifen ineinander, wenn der Schlüsselbart die eine Zuhaltung schiebt. Siehe das Schloss auf der vorigen Seite. Die Reifen können mit kleinen ausgefeilten Zapfen an der einen Seite des Reifens, der sich zum Boden des Schlüsselgehäuses hin wendet, an das Schlüsselgehäuse genietet sein.

Nachdem allmählich auch Kupfer und Messing zum Löten verwendet wurden, benutzte man diese auch zum Befestigen der Teile im Schlüsselgehäuse. Es war eine sehr komplizierte Arbeit, denn alle Teile, die zusammengelötet werden sollten, mussten zuerst ausgeglüht werden, um die Spannungen nach der kalten Bearbeitung zu entfernen. Werden die Teile nicht spannungsgeglüht, bewegen sie sich beim Löten und können aus der richtigen Position geraten.

Bild 11.22

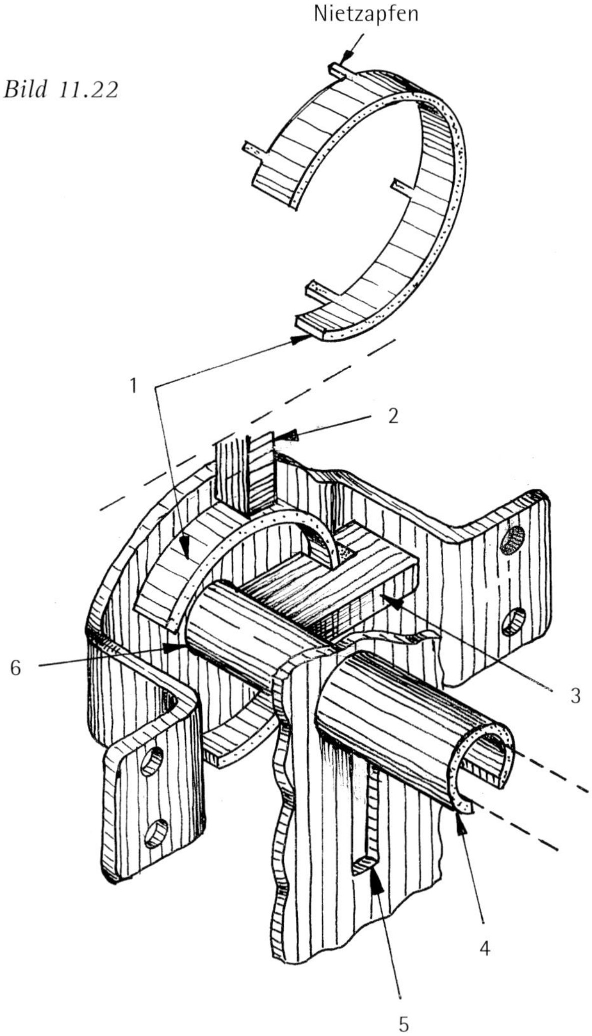

Prinzipskizze für Schlüsselgehäuse mit Teilen:

1 *Reifen in 1-2 mm Stärke mit gefeilten Nietzapfen.*
2 *Zuhaltung, die am Schieber befestigt wird.*
3 *Schlüsselbart mit ausgefeilten Nuten, die auf die Reifen abgestimmt sind.*
4 *Führungsrohr für den Schlüsselschaft, das durch das Türblatt hindurchgeht und an der Innenseite der Tür an der Grundplatte befestigt wird.*
5 *Grundplatte mit Schlüsselloch.*
6 *Führungsloch am Boden des Schlüsselgehäuses für das Ende des Schlüssels. Bei einigen Schlössern ist anstatt des Führungsrohrs ein Führungsloch in der Bodenplatte vorgesehen.*

Die alten Schlösser mit Schlüsselgehäuse sind im Prinzip gleich, aber trotzdem ziemlich unterschiedlich, was die Funktion des Schlüssels und den Schwierigkeitsgrad betrifft. Um ein guter Schlosser zu werden, musste man von den Arbeiten der anderen lernen, und dann je nach eigener Tüchtigkeit eine Verbesserung oder Vereinfachung vornehmen. Schlösser waren damals Spitzentechnologie, und der Schlosser war ein angesehener und hoch geachteter Mann. In einzelnen Fällen wurde er auch überwacht.

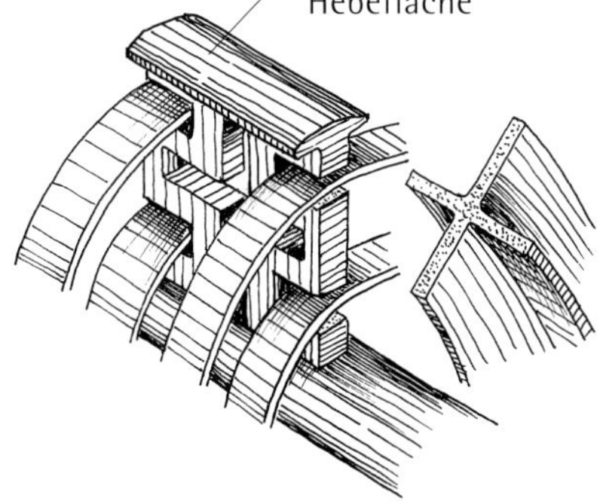

Bild 11.23 *Schlüssel für vier Reifen und ein Kreiskreuz.*

Schlüsselbart

An alten Schlüsseln können Schlüsselschaft und Schlüsselbart in einem Stück geschmiedet und zurechtgefeilt sein. Häufig sieht man auch, dass der Schaft als Rohr geschmiedet und der Länge nach feuergeschweißt ist, was auf einem Dorn mit ein wenig Überlappung ausgeführt wurde.

Nachdem das Löten mit Messing und Kupfer üblich geworden war, lötete man den Bart an den Schaft. Das sieht man auch an Schlüsselschäften, die als Rohr geschmiedet wurden. Sie können der Länge nach verlaufende Lötnähte aus Kupfer haben.

Der Schlüssel in Bild 11.23 ist ziemlich kompliziert. Er weist vier Reifen im Schlüsselgehäuse auf. Außerdem verläuft in der Mitte eine kreisförmige Schiene, die die Form eines Kreuzes hat. Es ist wichtig, dass alle Reifen genau zylindrisch sind, und dass die Nuten im Schlüsselbart mit genau demselben Radiusabstand vom Lagerungszentrum des Schlüssels gefeilt werden. Mit einer solchen Schlüsselkonstruktion wäre es sicher einfacher, die Tür zu zerstören als das Schloss mit dem Dietrich zu öffnen.

Bild 11.24 *Gefeilter Schlüsselbart mit dem gleichen Radius wie die Reifen.*

Federn

In einem Schloss können viele verschiedene Federn mit unterschiedlicher Elastizität vorkommen. Am wichtigsten ist, dass eine solche Feder etwas konisch geschmiedet wird, das heißt, sie wird am beweglichen Ende ein wenig dünner geschmiedet. Dadurch verteilt sich die Bewegung der Feder auf eine größere Länge. Bewegt sich die Feder zu sehr in einem Punkt, entstehen strukturelle Unregelmäßigkeiten und Spannungen, die allmählich zu einem *Ermüdungsbruch* führen.

Bild 11.25 *Blattfeder, kleine Bewegung.*

Die meisten Federn in Schlössern sind als kleine Blattfedern oder Spiralfedern hergestellt. Spiralfedern werden bei Schiebern verwendet, die eine lange Bewegung und während der ganzen Bewegung eine möglichst gleichmäßige Spannkraft benötigen. Eine Blattfeder bietet mehr Widerstand, was aber von der Länge der Feder abhängig ist. Bei der Spiralfeder wird die Bewegung auf eine größere Länge verteilt, und sie nimmt trotz ihrer „Länge" wenig Platz ein.

Bild 11.26 *Spiralfeder, größere Bewegung.*

Ein passendes Material für Federn ist die übliche Federstahlqualität mit 0,5 bis 0,6 % C. Nach dem Schmieden und anderem Erwärmen muss die Feder normalisiert werden, um sie vor dem Zähhärten so feinkörnig wie möglich zu machen. Beim Zähhärten wird in Öl abgeschreckt und bei 350–450 °C angelassen, abhängig von der gewünschten Härte. Dazu kann man auch das Backrohr verwenden.

Bild 11.27 zeigt die Teile eines Speicherschlosses ohne Grundplatte und Schlüsselgehäuse. Die Konstruktion ist etwas anders als bei anderen alten Speicherschlössern. Modell für die Zeichnung ist ein altes Schloss, das als Übung im Schulunterricht benutzt wurde.

Funktion

Beim Umdrehen des Schlüssels hebt der Hebearm den oberen Schließarm hoch. Gleichzeitig wird der untere Schließarm aus seiner Schließnut freigesetzt. Dann nimmt der Schlüsselbart die untere Zuhaltung mit, die wiederum die obere Zuhaltung mitnimmt. Damit werden die Schieberiegel nach links verschoben.

Lässt man den Schlüssel los, schieben die Spiralfedern die Riegel zurück, und die Schließarme gehen in ihre Schließnuten zurück.

Das Führungsrohr ist an der Grundplatte befestigt wie auch der größte Reifen. Der kleinste Reifen ist am Boden des Schlüsselgehäuses befestigt. Das Schlüsselgehäuse ist ziemlich groß und deckt den größten Teil des Schließmechanismus ab.

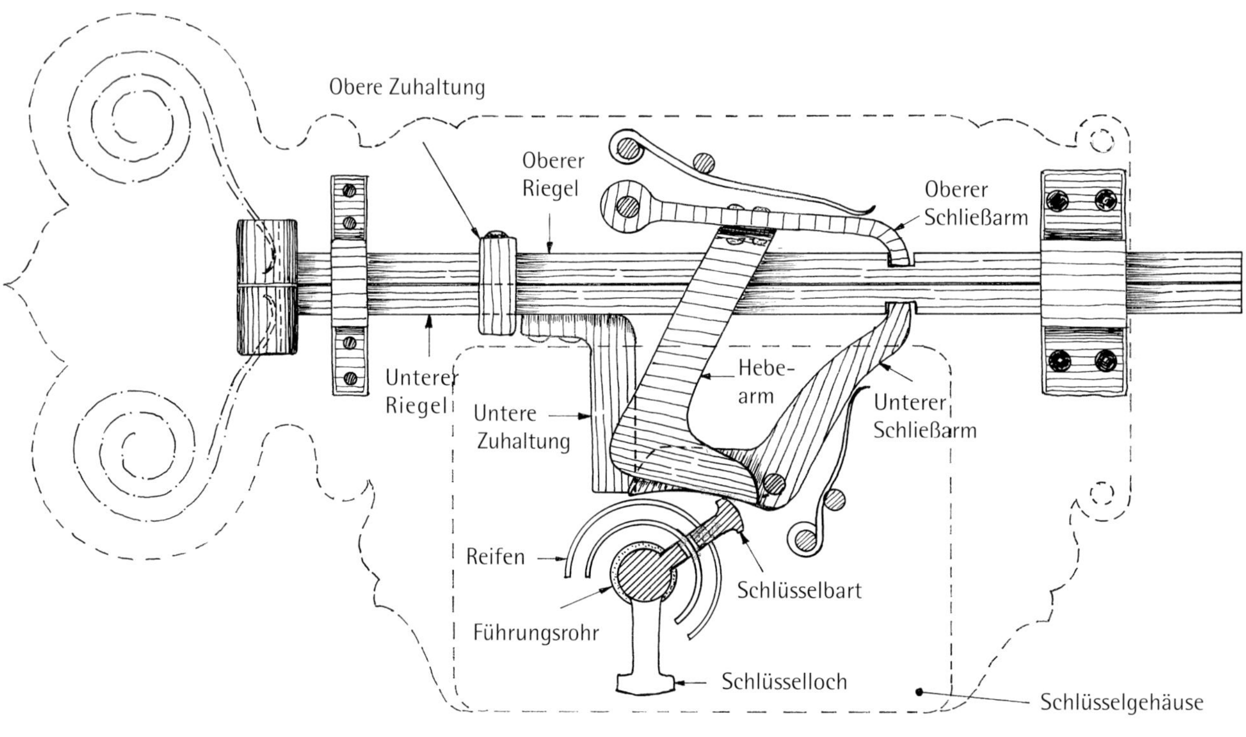

Bild 11.27

Schmieden des Schlüsselgriffs

Ein Schlüssel kann auf verschiedene Weise hergestellt werden. Ursprünglich wurde er jedoch in einem Stück geschmiedet. Man beginnt mit dem Schlüsselgriff und meißelt und dornt ein passendes Loch auf. Es kann quer oder längs zum Werkstück gemacht werden, abhängig von der gewünschten Form des Griffs.

Dann schmiedet man die Form auf dem Ambosshorn oder mit einem passenden Hilfswerkzeug. Siehe Bild 11.29.

Der Schlüsselschaft wird grob rund geschmiedet und in einem Rundgesenk feingeschmiedet. Eventuelle Profile werden mit Gesenk geschmiedet. Denken Sie gleich daran, wie viel das Werkstück gestreckt wird, wie viel für das Gesenkschmieden übrig sein muss und wie viel Sie für den Schlüsselbart brauchen.

Unten sehen Sie einige Beispiele von Schlüsselgriffen, die durch Meißeln, Aufdornen, Schmieden, Bohren und Feilen entstanden sind. Über die Anwendung anderer und moderner Hilfsmittel muss jeder Schmied selbst entscheiden.

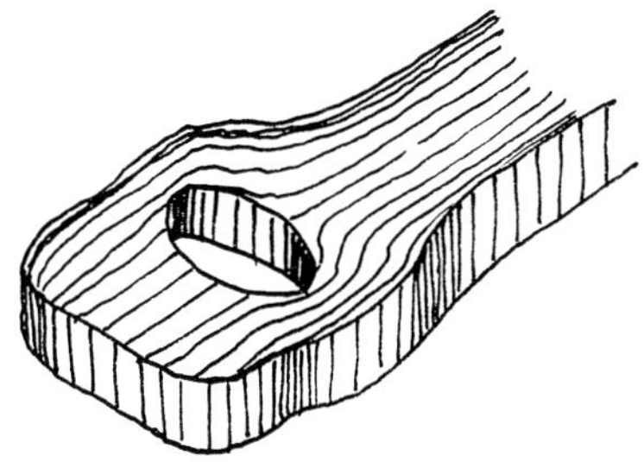

Bild 11.28 Meißeln, aufdornen.

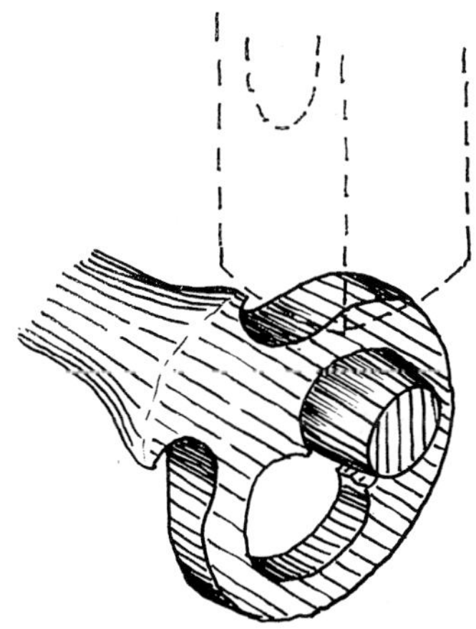

Bild 11.29 Formen auf dem Ambosshorn oder mit geeignetem Hilfswerkzeug.

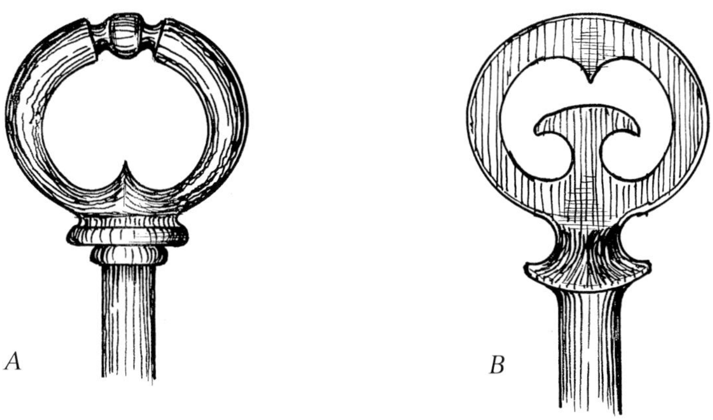

Bild 11.30 A *B*

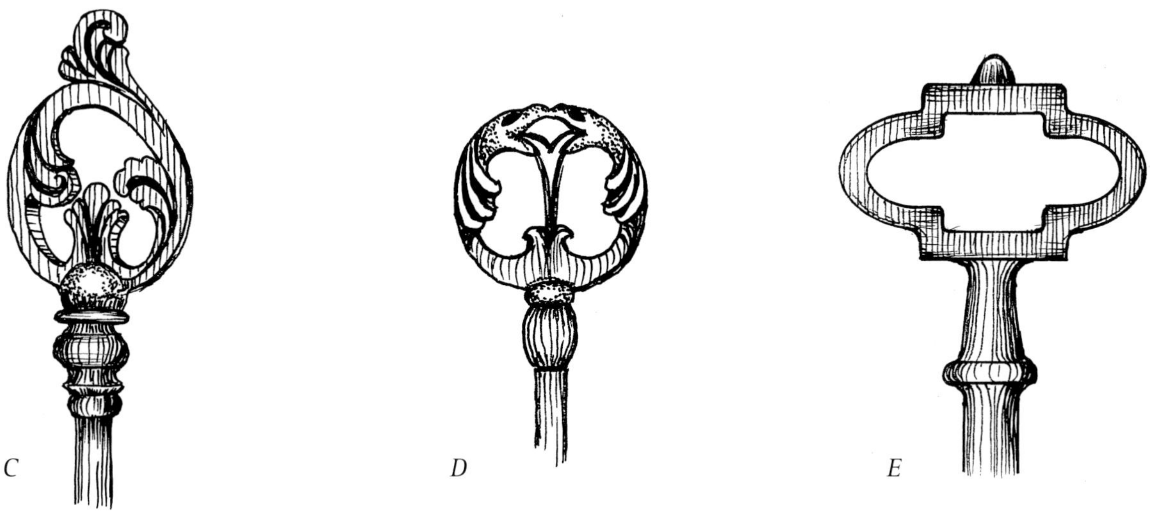

C *D* *E*

Eine Auswahl von Schlössern der Sandvig-Sammlung

Altes Schloss in Holz und Stahl.

Einfaches Speicherschloss mit einem Schieberiegel.

Altes Türschloss mit zwei Schieberiegeln und zwei Schlüsseln. Der eine Schlüssel wird von der Innenseite verwendet, der andere von der Außenseite. Die Grundplatte ist auch geschmiedet.

Traditionelles Speicherschloss.

Truhenschlösser

Truhenschlösser gibt es fast ebenso viele verschiedene wie es Truhen gibt. Diese Art Schlösser ist nicht so prunkvoll und sichtbar wie die Speicherschlösser, konstruktionsmäßig sind sie aber mindestens gleich schwierig anzufertigen und mindestens genau so schwierig ohne Schlüssel zu öffnen.

Schlösser entwickelten sich zu einer Art Statussymbol wie viele andere kunstfertige Produkte vom Schmied. Die allerwertvollsten und edelsten Dinge schloss man gern in Truhen, Schubladen und Schränke. Vermutlich war ein tüchtiger Schlosser ein sehr begehrter Handwerker.

Leute mit viel Geld erhielten damals wie heute die besten Produkte. Höchstwahrscheinlich fanden tüchtige Schlosser die Arbeit an einem Prunkschloss für die Kirche oder den Großbauern auch interessanter als an einem einfachen und billigen Schloss wie das in der Zeichnung gezeigte.

Das Truhenschloss in Bild 11.31 ist ein einfaches Fallenschloss oder Schnappschloss, wie es auch genannt wird. Typisch für Truhenschlösser ist ein Endstück, das an der Innenseite des Truhendeckels befestigt ist. Bei dieser Konstruktion greifen häufig ein oder zwei drehbar gelagerte Haken in das Endstück ein und halten es fest. Wird der Truhendeckel fallen gelassen, wird der Haken zur Seite gedrückt und schnappt dann wieder ein, daher der Name Schnappschloss.

Truhenschlösser sind mit wenigen Ausnahmen an der Innenseite und oben an der Truhenfront montiert. Diese Schließkonstruktion mit Grundplatte und unterschiedlich gestaltetem Schlüsselgehäuse findet man auch an Schubladen und Schranktüren, dann sind Endstück und Schnappkonstruktion aber durch Riegel ersetzt.

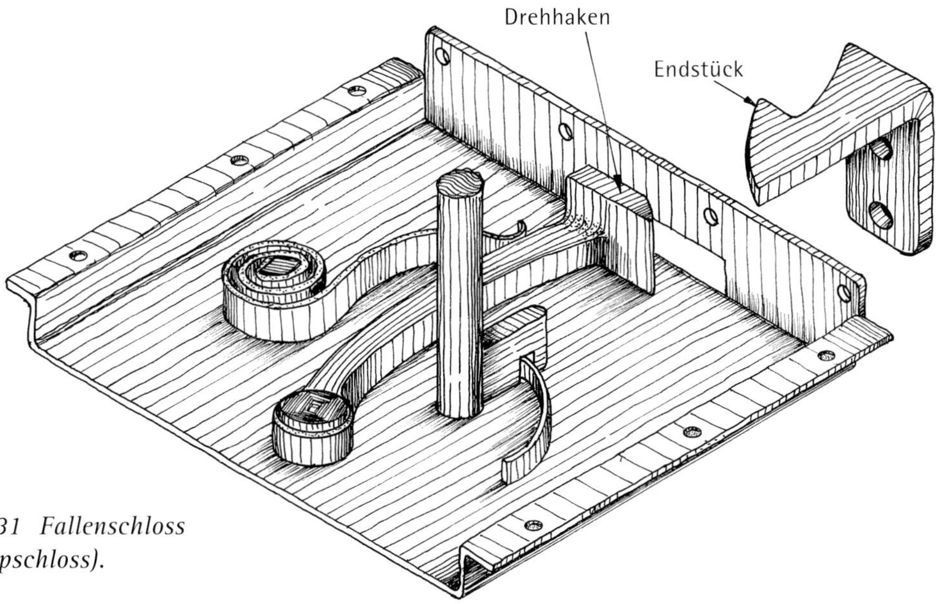

Bild 11.31 Fallenschloss (Schnappschloss).

Schnappschloss

Das Schloss unten ist an einer schwedischen Eichentruhe mit flachem Deckel aus dem 18. Jahrhundert montiert. Wie andere Schlösser ist auch dieses auf einer Grundplatte aufgebaut, wobei alle Teile von einer akanthusförmigen Platte abgedeckt werden, die mit den Lagerbolzen an den drehbar gelagerten Haken festgenietet ist. Eine interessante Konstruktion ist die kreisförmige Feder, die die Haken zusammenklemmt.

Dreht man den Schlüssel um, schiebt der Schlüsselbart die Schwenkarme 2 und 3, die ihrerseits die Haken auseinanderpressen. Der Schlüssel hat am Ende ein Loch und ist auf einem Führungsbolzen gelagert, der am Boden des Schlüssellochs festgenietet ist. Der Schlüssel wird auch vom Schlüsselloch in der Grundplatte gestützt. Das Schloss ist nicht ganz einfach zu zeichnen, aber ich habe versucht, es in drei Projektionen darzustellen mit einer Detailzeichnung in der Mitte, die zeigt, wie die Schwenkarme 2 und 3 wirken.

1 *Schlüsselgehäuse*
2 *Schwenkarm (äußerer)*
3 *Schwenkarm (innerer)*
4 *drehbar gelagerter Haken*
5 *Endstück*
6 *Kreisfeder*
7 *Grundplatte*
8 *Deckplatte*
9 *Schlüsselbart*
10 *Führungsbolzen*
11 *Schlüsselschaft*

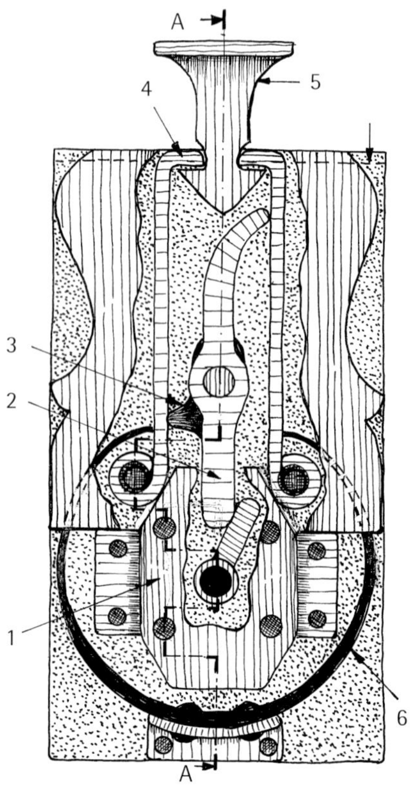

Bild 11.32

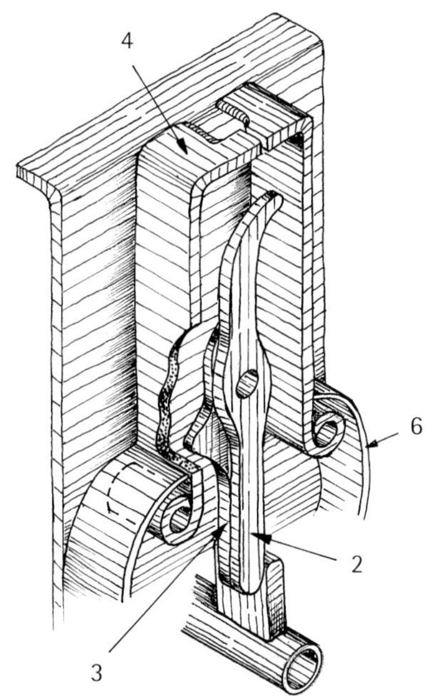

Detailzeichnung.

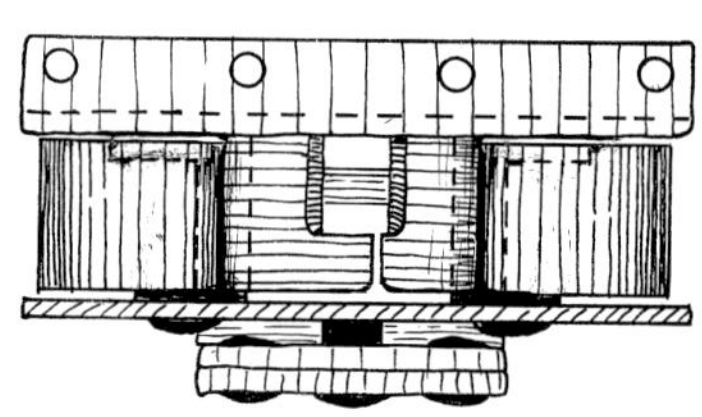

Von oben gesehen.

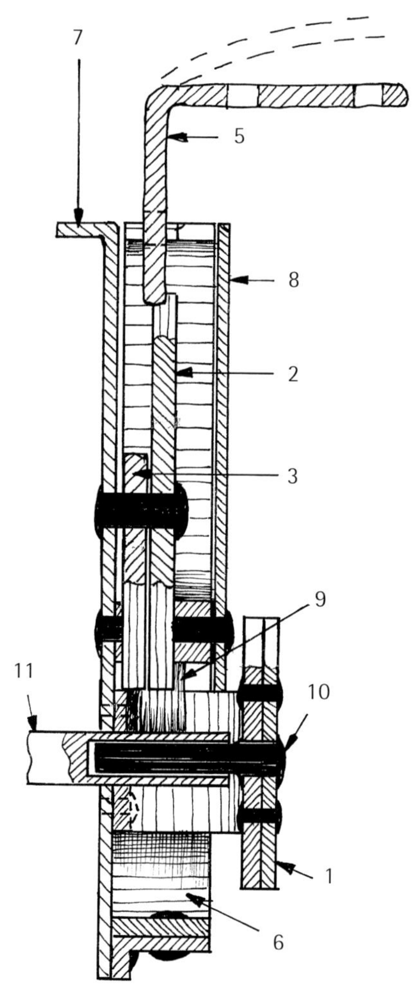

Schnitt A : A

Bild 11.33

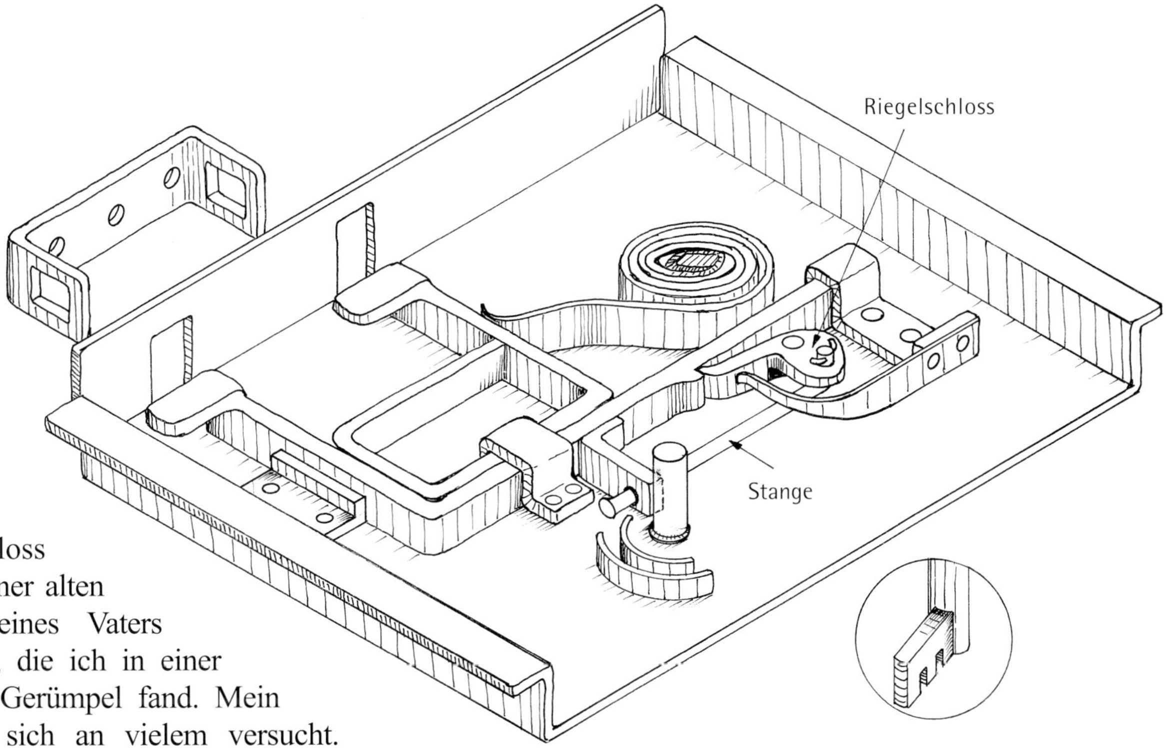

Das obige Truhenschloss ist nach einer alten Skizze meines Vaters gezeichnet, die ich in einer Kiste mit Gerümpel fand. Mein Vater hat sich an vielem versucht. Durch die Zuhaltung zum linken Riegel geht eine zylindrische Stange. Wenn sie vom Schlüsselbart eingedrückt wird, wird das Riegelschloss geöffnet, und die Schieberiegel können sich frei bewegen. Auch wenn der Schlüsselmechanismus einfach ist und nur zwei Reifen hat, glaube ich nicht, dass das Schloss mit einem Dietrich so leicht zu öffnen ist.

Kreiskreuz

In alten Schlössern findet man im Schlüsselgehäuse unzählige komplizierte und unterschiedliche Konstruktionen. Weiter vorn wurde ein Schlüssel mit Kreiskreuz gezeigt, und ich habe mich gefragt, wie es wohl hergestellt wurde. Eine Methode kann die in Bild 11.34 gezeigte sein.

Zuerst macht man zwei genaue Ringe, die an beide Seiten einer Platte mit Loch in der Mitte mit Kupfer oder Messing gelötet werden. Sie müssen im Verhältnis zueinander genau kreisförmig montiert und während des Lötprozesses festgeklemmt werden. Macht man das in der Esse, sollte man Holzkohle und zum Lötmetall passenden Borax benutzen.

Dann bearbeitet man die Platte zwischen den Ringen, bis sie außen eine genau kreisförmige Form hat mit dem gleichen Zentrum wie das Loch in der Mitte. Danach sägt man das Kreiskreuz in die richtige Größe. Zum Befestigen des Kreiskreuzes im Schlüsselgehäuse kann man entweder an dem einen Ring den Nietzapfen zurechtfeilen oder ihn anlöten. Für den, der es versuchen möchte, ist das eine wirkliche Herausforderung.

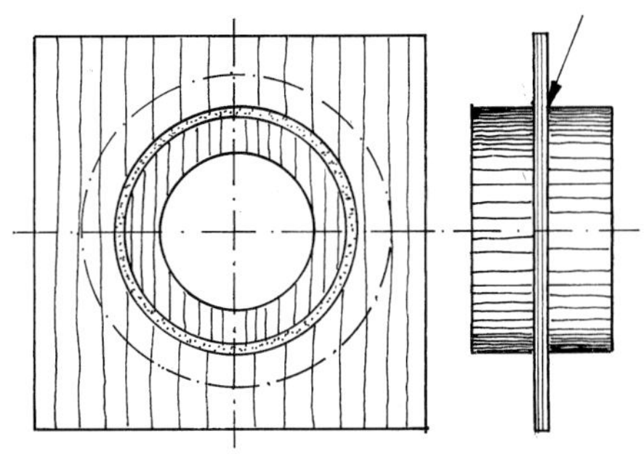

Bild 11.34

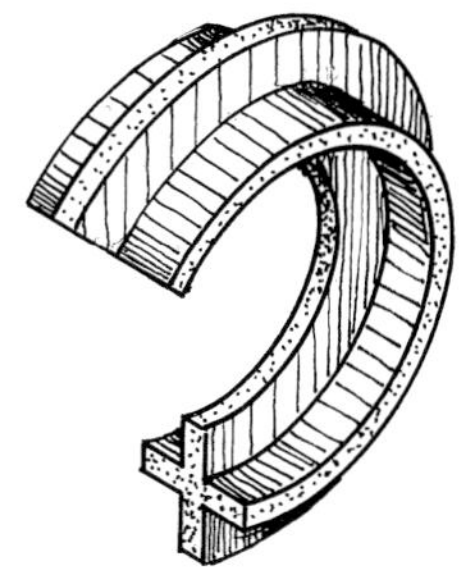

Bild 11.35 Kreiskreuz.

Schrank- und Schubladenschlösser

Die beiden Fotos oben zeigen ein ganz spezielles Schloss mit drei Schieberiegeln. In einem solchen Schloss kann es acht bis zehn Federn geben. Es ist so schwer aufzusperren, dass man sogar zum Öffnen mit Schlüssel den Schließmechanismus kennen muss.

Man schließt immer nur einen Riegel auf, indem man den Schlüssel zuerst nach rechts dreht, bis man einen Klick hört oder „fühlt". Dann wird der Schlüssel nach links ganz herumgedreht, und der erste Riegel ist geöffnet. Der gleiche Vorgang wird bei jedem Riegel wiederholt. Sie haben nur wenig Spielraum, denn beim geringsten Fehler rastet der Schieberiegel wieder ein. Das Schloss stammt aus dem Gudbrandstal.

Ein offenes Schloss mit allen Riegeln eingeschoben.

Einfaches Schloss mit zwei Riegeln (Sandvig-Sammlung, Norwegen).

Schloss mit zwei Schieberiegeln, das genau so schwierig zu öffnen ist wie das Schloss mit drei Riegeln.

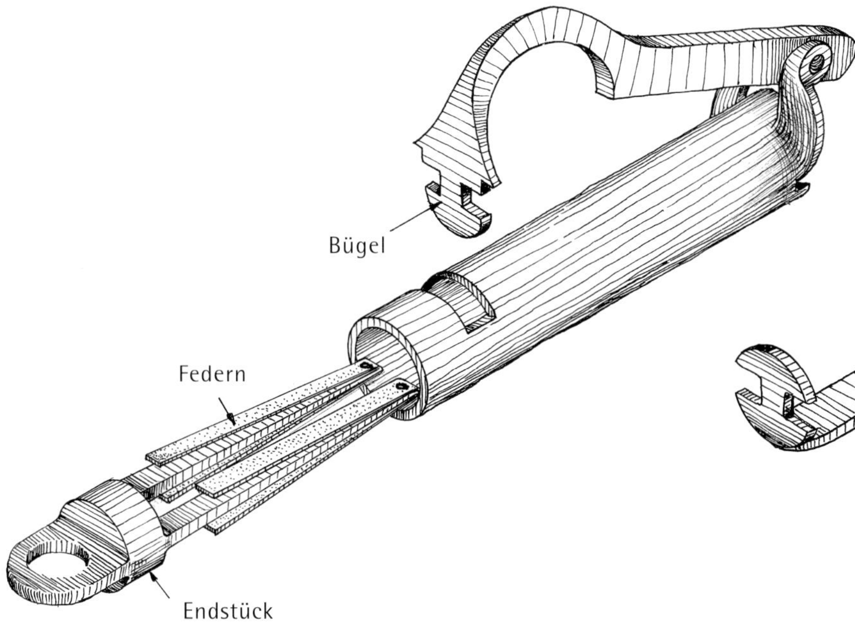

Bild 11.36 *P-Schloss.*

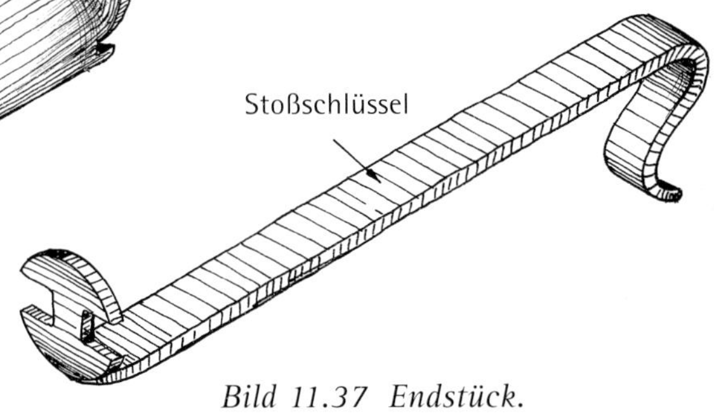

Bild 11.37 *Endstück.*

Sperrfederschloss

Das Sperrfederschloss oder auch *P-Schloss* genannt, gehört zu den *mobilen Schlössern*. Ihre Geschichte reicht bis ins 10. Jahrhundert zurück. Siehe Bild 11.36.

Sie waren die damaligen Vorhängeschlösser, die so wie die heutigen verwendet wurden. Im Prinzip sind sie alle ungefähr gleich, nur in der Gestaltung und der Funktion des Schlüssels gibt es Unterschiede. Sie bestehen aus einem Rohr mit einem Bügelbeschlag, der von einem Endstück (mit Federn), das in das Rohr geschoben wird, versperrt wird.

Solche Schlösser wurden auch an Halsjochen für Kühe und Fußfesseln für Pferde verwendet. Halsjoche waren oft schön dekoriert, und das Pferd war ja doch ein wertvolles Tier.

Zum Versperren schiebt man das Endstück in das Rohr. Die Federn werden von den Einschnitten am Bügel zusammengeklemmt. Wenn das Endstück ganz hineingeschoben ist, springen die Federn wieder heraus, und halten so den Bügel im Rohr versperrt. Wenn aufgesperrt werden soll, müssen die Federn wieder zusammengedrückt werden. Dazu wird eine Art Schiebe- oder Stoßschlüssel verwendet, der von dem Ende in das Rohr geschoben wird, das dem Endstück entgegengesetzt ist. Der Schlüssel gibt das Endstück wieder frei.

Wie bei anderen Schlössern können Endstück und Schlüssel sehr unterschiedlich und kompliziert gestaltet sein, so dass das Schloss mit einem Dietrich nur sehr schwer zu öffnen ist.

Die Gestaltung des Rohrs

Das Rohr ist aus einem ausgeschmiedeten Plattenstück geschmiedet und gebogen. Die Naht am Rohr kann eine Überlappungsnaht oder eine einfache Stoßverbindung sein. Sehr viele dieser Nähte sind gelötet, denn beim Schaben an der Naht stößt man auf die Lötmetalle Kupfer oder Messing. Ich habe auch feuergeschweißte Verbindungen gesehen, die vermutlich auf einem Dorn geschweißt wurden.

Die Gestaltung des Rohrendes ist unterschiedlich und richtet sich nach der Form von Endstück und Schlüssel. Wieder kann man sich wundern, wie tüchtig viele Schmiede waren, und man versteht gut, dass Schmiede die Grundlage für die Maschinenindustrie schufen.

In Bild 11.39 ist das Schloss im Schnitt dargestellt, um zu zeigen, wie der Schlüssel wirkt. Im dem Ende, das dem Endstück entgegengesetzt liegt, befindet sich ein rechteckiges Schlüsselloch. Es ist möglichst klein gehalten, damit das Schloss ohne Schlüssel nicht leicht zu öffnen ist.

Um den Schlüssel hinein zu bringen, muss man ihn in einem Winkel von 45° hineinstecken und dann parallel mit dem Rohr schieben und die Feder zusammenklemmen.

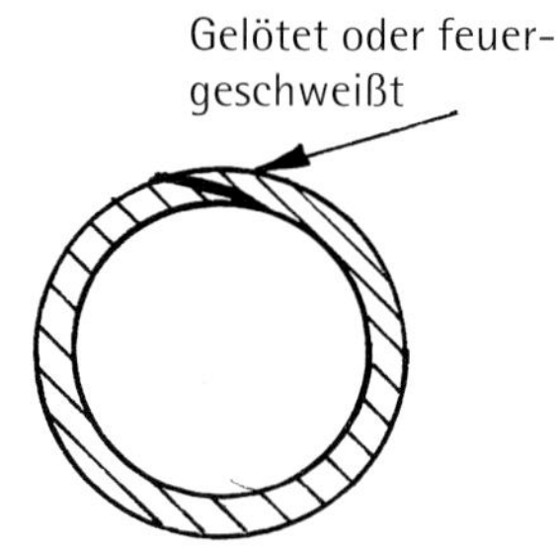

Bild 11.38 A Überlappungsnaht.

Bild 11.38 B Einfache Stoßverbindung.

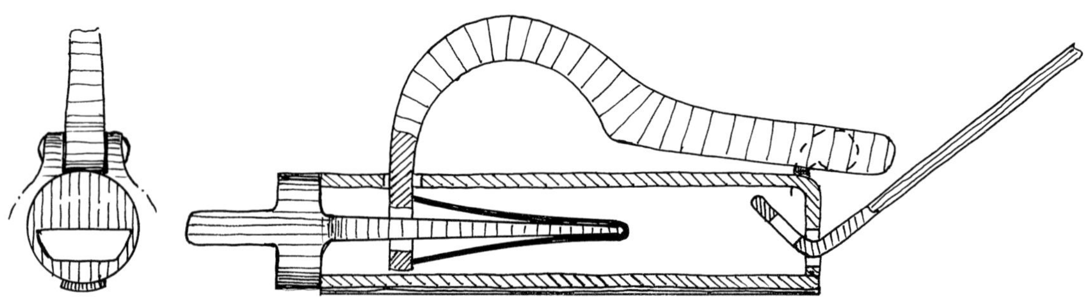

Bild 11.39

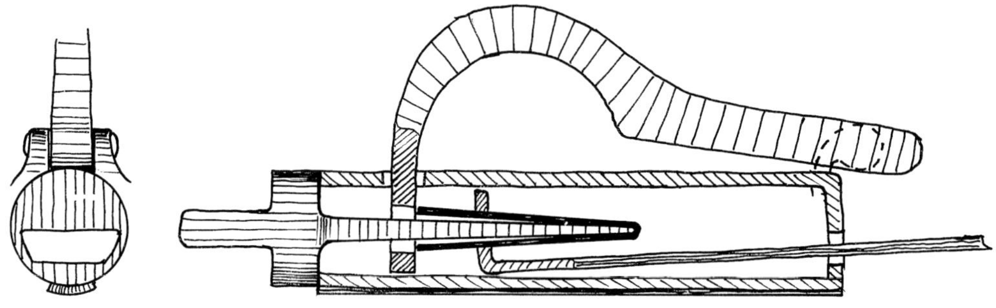

Bild 11.40

Bild 11.40 zeigt den Schlüssel hineingeschoben. Die vier Federn sind zusammengedrückt, und das Endstück kann herausgezogen werden, um den Bügel freizugeben.

Mehrere dieser Schlosstypen haben an dem Ende mit dem Schlüsselloch eine Platte angelötet, die gleichzeitig als Gelenk für den Bügel dient. Siehe Bild 11.41.

Bild 11.42 zeigt eine andere Konstruktion. Das Endstück hat nur zwei Federn, ist aber als H-Profil gestaltet. Ansonsten funktioniert der Schiebeschlüssel wie beim vorigen Schloss. Es wäre interessant, ein solches Schloss als Fahrradschloss mit zähgehärtetem Bügel auszuprobieren.

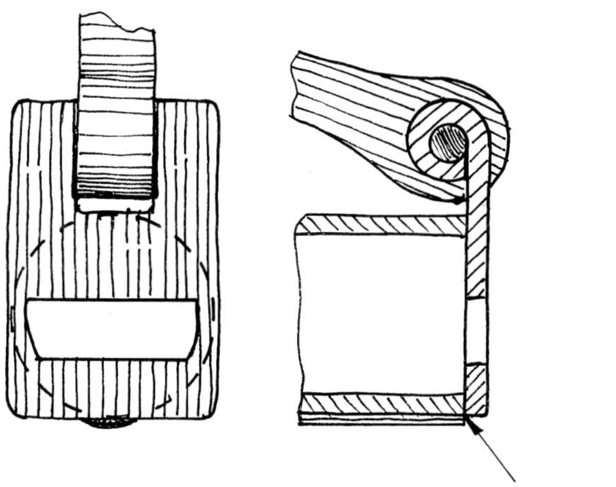

Bild 11.41

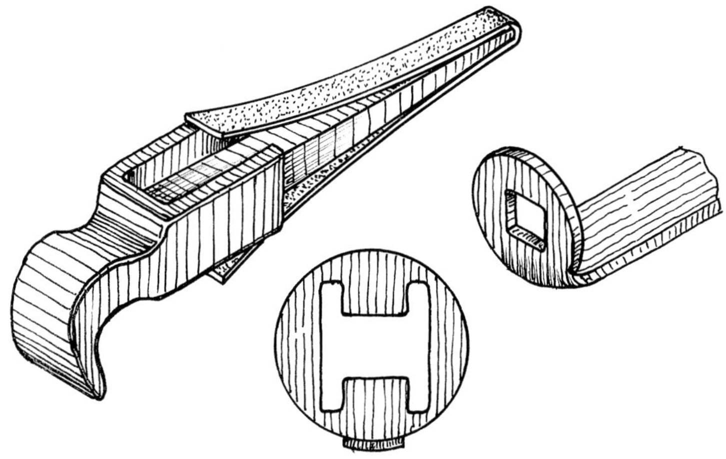

Bild 11.42

Vorhänge- und P-Schlösser aus der Sandvig-Sammlung

Sperrfederschlösser: An größeren Schlössern können am Rohr mehrere Nähte sein, die feuergeschweißt oder gelötet sind.

Sperrfederschloss mit aufgelötetem Dekor.

Kugelförmiges Vorhängeschloss, das aus zwei zusammengelöteten Hälften besteht (unten).

Dekoriertes Vorhängeschloss (gemeißeltes Dekor).

Restaurierungs-schmieden

KAPITEL 12

Das Raadvad-Center in Dänemark war früher unter anderem eine Messerfabrik.

Hier liegt die Schmiede des Raadvad-Centers. Einige Gebäude stammen noch aus dem Jahr 1647.

Restaurierung ist eine bedeutende und umfassende Arbeit, die die meisten unserer Handwerkstraditionen und -techniken einbezieht. In diesem Zusammenhang würde es zu weit führen, eine erschöpfende Einführung in die vielfältigen Aufgaben der Restaurierung zu geben. Es würde meine Kompetenzen auch weit überschreiten.

Daher werde ich das Thema auf Restaurierungsarbeiten begrenzen, die das Schmiedefach betreffen. Quelle meiner Ausführungen ist das Raadvad-Center nördlich von Kopenhagen. Es besteht aus mehreren tüchtigen Handwerksbetrieben, die zusammen über umfassende Kompetenzen innerhalb des Bauwesens und der angeschlossenen Bereiche verfügen.

Mein besonderer Dank richtet sich an den Meister des Schmiedefachs und Berater Jan Gunnar Jensen und seinen Freund und Lehrling für ihre Hilfe und Anleitungen. Sie führen unter Anwendung alter Schmiedetechniken und -methoden traditionelle Schmiedearbeiten und Restaurierungsaufgaben aus.

Um dem Leser das Verständnis von Restaurierung innerhalb des Schmiedefachs zu erleichtern, wird im weiteren Verlauf die Vorgehensweise bei der Restaurierung eines schmiedeeisernen Gitters aus dem 17. Jahrhundert beschrieben.

Viele Probleme, denen man heutzutage bei der Restaurierung von Schmiedeeisen begegnet, beziehen sich auf Beschläge, Bänder, Schlösser, Geländer, Gitter und Ähnliches. Es kann sich dabei sogar um Arbeiten aus der Wikingerzeit handeln, in erster Linie ist es jedoch Schmiedeeisernes aus der Zeit ab dem 16. Jahrhundert.

Immer noch gibt es viele erhaltungswürdige Arbeiten aus dieser Epoche, die dringend restauriert werden sollten. Es können auch Nachbildungen oder Reparaturen und Instandhaltung erforderlich sein. Viele Gegenstände sind von Wind und Wetter angegriffen und werden ständig einer sich vermehrenden Korrosion und Zerstörung ausgesetzt, insbesondere in der letzten Zeit durch die ätzende Luftverschmutzung.

Großer Bedarf an Fachleuten

Ein Problem der Museen und Einrichtungen der Denkmalpflege ist der Mangel an Fachleuten und Schmieden, die für das Restaurierungsschmieden und die Anfertigung von Nachbildungen qualifiziert sind. Außerdem zeigt es sich, dass viele alte Schmiedearbeiten von sehr hoher Qualität sind. Man findet Verbindungen, Formen und Symbole, die mit so komplizierten Schmiedetechniken hergestellt sind, dass es keine Schmiede und andere Kooperationspartner mehr gibt, die solche Aufgaben übernehmen können. Die Gesellschaft hat sich so schnell verändert, dass wir den Bedarf an Nachwuchs nicht decken können.

Neue und rentablere Techniken haben übernommen und die Schmiede weltweit verdrängt. Damit haben wir die Leute mit Erfahrung und praktischen Fertigkeiten verloren, die das Schmiedefach hätten weiterführen können. Ohne Lehrstellen werden auch die Kenntnisse über die Bearbeitung und Herstellung von Stahl und Eisenmaterialien aus früheren Zeiten nicht weiter vermittelt. Das führt unter anderem dazu, dass wir große Probleme mit modernen Stahltypen haben, weil sie z. B. im Hinblick auf Korrosion, Zähigkeit und Festigkeit nicht zu den alten Materialien passen.

Bei vielen alten schmiedeeisernen Gegenständen kann man zur Ausbesserung und Restaurierung nicht einfach neue Technologien und neue Stahltypen verwenden, wenn der Zweck der Restaurierung die Erhaltung oder Wiederherstellung des Originals ist. Viele alte Schmiedetechniken sind so kompliziert und schwierig, dass sie nicht angewandt werden können. Das ist außer auf die neueren Stahltypen auf fehlende Kenntnisse und Fertigkeiten zurückzuführen.

Ist die Gesellschaft bereit, mehr für die Denkmalpflege aufzuwenden, sollte es trotzdem möglich sein, das Schmiedefach und die Restaurierungsarbeit weiterzuführen. Denn es gibt heutzutage immer noch

Viele unterschiedliche und komplizierte schmiedeeiserne Gegenstände warten auf die Restaurierung.

Gitter des Schlosses Fredriksborg, fertig restauriert in der Schmiede des Raadvad-Centers.

sehr tüchtige Schmiede, die solche Aufgaben ausführen können. Außerdem muss die technisch-theoretische Schulung in Ästhetik, Formgebung und Kulturgeschichte viel gründlicher werden.

Der Schmied Poul Jørgensen am Maschinenhammer. Wo es möglich ist, wird der Stahl beim Schmieden zusammengepresst, um ein feinkörnigeres Gefüge zu erzielen und ihn korrosionsbeständig zu machen. Es hat sich gezeigt, dass geschmiedeter Stahl weniger rostet als gewalzter.

Raadvad-Center – skandinavisches Zentrum zur Erhaltung alten Handwerks

In Dänemark hat man durch die Etablierung des Raadvad-Centers, eines Informationszentrums zur Erhaltung von Baudenkmalen, für Restaurierung, traditionelle Handwerksmethoden und alte Baumaterialien versucht, Abhilfe zu schaffen. Es liegt in Lyngby, nördlich von Kopenhagen, und ist in Gebäuden untergebracht, die teilweise aus dem Jahr 1647 stammen. Es arbeiten hier Maler, Tischler, Steinmetze, Gürtler, Holzschnitzer und Schmiede. In den verschiedenen Restaurierungswerkstätten sind Lehrstellen eingerichtet.

In der Schmiede ist Meister Jan Gunnar Jensen der Betriebsleiter. Als ich zu Besuch war, hatte er zwei Lehrlinge. Die anderen Schmiede bilden sich auch weiter und arbeiteten damals an Restaurierungsprojekten und Spezialaufträgen aus dem 18. und 19. Jahrhundert.

Rasmus Bugge, einer der Schmiede, hat einen ausführlichen Bericht über die Restaurierung eines schmiedeeisernen Gitters von Schloss Fredriksborg geschrieben. Dieses Gitter wurde 1617 vom berühmten Schmied Caspar Fincke hergestellt, der um 1584 in Schatzlar in Böhmen geboren wurde und seine Lehre vermutlich irgendwo in Süddeutschland absolviert hatte.

Um einen Eindruck zu vermitteln, wie bei der Restaurierung eines solchen Gitters vorgegangen wird, werden wir auf den Bericht von Rasmus Bugge und die Arbeit in der Raadvad-Schmiede während der Restaurierung des Gitters näher eingehen.

Die Lehrlinge Martin und Jonas, mit der Restaurierung eines Geländers beschäftigt.

Schmiedemeister Jan Jensen und Rasmus Bugge mit einem restaurierten Gitter des Schlosses Fredriksborg. Das Gitter wurde 1617 von Caspar Fincke geschmiedet.

Vorarbeiten bei der Restaurierung

Hat man nun ein solches Restaurierungsobjekt, wie Sie es hier sehen, von einem meisterhaften Schmied wie Caspar Fincke in seiner Schmiede, steht man vor einer ziemlich umfassenden und technisch schwierigen Aufgabe. Man muss tausend Dinge berücksichtigen, erforschen und zu verstehen versuchen. Anhand des Berichts von Rasmus Bugge werde ich einige Punkte anführen:

1 Man beginnt mit dem Fotografieren, Zeichnen und Registrieren. Alle Teile werden mit kleinen Schildern versehen, falls beim Sandstrahlen oder anderer Reinigung etwas zerstört wird oder abbricht.

2 Dann untersucht man, ob schon Restaurierungsarbeiten vorgenommen wurden, und ob diese richtig und qualitativ gut genug ausgeführt wurden. An diesem Gitter fand man Details, die nicht von Caspar Fincke stammten, sondern vor vielleicht hundert Jahren schlecht ausgebessert wurden. Oberstes Gebot eines Restaurierungsschmieds muss sein, den Originalzustand wiederherzustellen.

3 Bevor man am Gitter zu arbeiten beginnt, sollte man untersuchen, ob es Zeichnungen oder andere Auskünfte gibt (es können Teile weggerostet, verbogen oder abgefallen sein).

Wenn das Restaurierungsobjekt bekannt ist, sollte man versuchen herauszufinden, wo es hergestellt wurde und von wem. Man sollte auch in Erfahrung bringen, welches Werkzeug verwendet wurde, ob etwas gesenkgeschmiedet ist und nicht zuletzt, welche Materialien benutzt wurden. Es kann sein, dass man dazu Proben entnehmen und sie analysieren lassen muss. Das ist wichtig, wenn andere Stahltypen und moderne Verbindungstechniken angewandt werden müssen. Denn es kommt vor, dass man die ursprünglichen Methoden nicht einsetzen kann. Bei neuen Verfahren müssen an die fachliche Tüchtigkeit hohe Anforderungen gestellt werden, und Neues darf nicht als Fremdkörper erscheinen.

Bild 12.1 Gitter vom Schloss Fredriksborg, 1617 von Caspar Fincke geschmiedet. Größe 861 x 1854 mm, Gewicht 35 kg. Ganz schön schwierig, damit umzugehen, wenn man feuerschweißen muss.

Man sollte sich über den Hintergrund und die Fähigkeiten des Schmieds und/oder Künstlers informieren. Auch die Bedeutung von eventuellen symbolischen Darstellungen, Stilart, Form und Design usw. können wichtig sein. Der Schmied muss mit Fachleuten in Einrichtungen der Denkmalpflege, mit Architekten, Metallurgen und anderen zusammenarbeiten.

Korrosionsschutz

Das Raadvad-Center hat die Genehmigung erhalten, für Restaurierungsarbeiten immer noch Bleimennige verwenden zu dürfen, jedoch streng vorschriftsmäßig, damit keine Gesundheitsschäden entstehen. Bleimennige wird aus pulverformiger Bleimennige mit kaltgepresstem Leinöl hergestellt. Wenn Bleimennige gemischt und in rohem Zustand verwendet wird, ist sie beim Einatmen nicht gesundheitsschädlich. Trotzdem werden Rostschutz und Korrosionsbehandlung nach den Vorschriften des Umweltschutzes vorgenommen.

Um die ursprüngliche Oberfläche möglichst genau zu erhalten, wird mit Pinsel aufgetragen und nicht im Spritzverfahren.

Man verwendet:

– Bleimennige in kaltgepresstem Leinöl, zweimal aufgetragen.
– Titan + Zink in kaltgepresstem Leinöl, zweimal aufgetragen.
– Schlussanstrichfarbe, zum Beispiel ein Gemisch aus Graphitpulver und kaltgepresstem Leinöl, ein- bis zweimal aufgetragen.

Auch Elektrolysebehandlung und das Auftragen in einem Anstrichbad unter Luftabschluss werden angewandt. Auf diese Weise wird gewährleistet, dass der Anstrich ganz eindringt – auch dort, wo man mit dem Pinsel nicht hinkommt.

Sandgestrahltes Detail eines mehr als 200 Jahre alten Geländers, das mit Bleimennige behandelt war. Es ist erstaunlich, wie wenig Rost sich gebildet hat.

Ölbrennen

Ölbrennen ist eine altbewährte Methode der Oberflächenbehandlung von Schmiedeeisen, worauf ich im Kapitel über die Schmiedeübungen näher eingegangen bin. Am wichtigsten ist beim Ölbrennen, dass das Schmiedeeisen so heiß ist, dass sich das Leinöl in die Oberfläche hineinbrennt. Wird die Oberfläche heller oder bläulich, war das Eisen nicht heiß genug.

Allgemeine Betrachtungen zur Restaurierungsarbeit

Nicht jeder kann ein schmiedeeisernes Gitter wie das hier vorgestellte restaurieren. Es erfordert sowohl Zeit als auch ein außerordentliches Fachwissen, um eine annehmbare Arbeit liefern zu können, die notwendigerweise etwas teurer ist, da sie mehrere Generationen überdauern soll. Billige und leichte Lösungen sind in einem solchen Fall nicht brauchbar. Trotzdem ist nicht jede Restaurierungsarbeit so schwierig. Auf keinen Fall darf man irgendein fremdes Element hineinbringen. Oberfläche und Funktionen müssen dem Ursprünglichen möglichst ähnlich sein.

Nachdem man Informationen über den Hintergrund des Objekts eingeholt und sich ein Bild vom Restaurierungsobjekt gemacht hat, kommt eine wichtige Phase: Es ist zu untersuchen, wie das Gitter geometrisch aufgebaut ist, wie die Teile montiert sind und in welcher Reihenfolge. Weitere Fragen, die man sich stellen muss, sind, wie die alten Teile hergestellt und welche Werkzeuge verwendet wurden, ob Löcher u. Ä. gemeißelt, gelocht oder aufgedornt sind und aus welchem Grund eine bestimmte Technik oder welche Zusammenfügungsmethode angewandt wurde und ob feuergeschweißt oder geschrumpft wurde. Um auf diese Fragen eine Antwort zu finden, kann eine Röntgenuntersuchung erforderlich sein.

Zur Berechnung der Längen, die gestreckt oder feuergeschweißt werden müssen, kann man Modellierton verwenden und mit den Fingern „schmieden“. Außerdem muss untersucht werden, wo Eisen oder Stahl erhältlich ist, der sich mit dem alten feuerschweißen lässt. Ist man gezwungen, beim Zusammenfügen neuere und andere Methoden anzuwenden, muss das Ergebnis gleich stark wie die ursprüngliche Konstruktion sein und eine spätere Restaurierung ermöglichen.

Aber es gibt auch Probleme, die sich nicht lösen lassen. Zum Beispiel können Teile fehlen, deren Aussehen sich nicht rekonstruieren lässt. Hier gilt: Anstelle eines fremd wirkenden Elements ist eine Lücke besser und ehrlicher.

Nähert man sich dem Ende einer Restaurierungsaufgabe stellt sich die Frage der Oberflächenbehandlung und des Korrosionsschutzes. An vielen älteren schmiedeeisernen Gegenständen aus dem 16. bis 18. Jahrhundert findet man deutliche Reste von Bleimennige. Das Eisen ist

Es hat sich gezeigt, dass über 200 Jahre alte Stahlteile, die mit Bleimennige behandelt waren, praktisch nicht gerostet sind. Hier sieht man Reste der roten Bleimennige.

an diesen Stellen unversehrt und weist keinen Rost auf. Ein Beispiel zeigt das Foto auf Seite 267, auf dem Teile eines Geländers aus dem Jahr 1774 abgebildet sind. Wir haben bis heute gegen Rost leider keine gleichwertige Alternative zu Bleimennige, aber die Anwendung ist verboten.

Bild 12.2 Linker Teil des Gitters aus dem Bericht von Rasmus Bugge. Die Zeichnung wurde an Hand von Röntgenbildern erstellt und zeigt, wo feuergeschweißt wurde. Die ganze „Komposition“ ist aus Kreisbögen aufgebaut, die durch aufgedornte Löcher hindurchgezogen und durch Feuerschweißen zusammengefügt sind. Hier darf man nicht die Übersicht verlieren.

Kunstschmieden

KAPITEL 13

Den Begriff Kunst zu definieren, ist nicht einfach. Wir haben alle die Ausdrücke Kunstwerk und Kunstgegenstand gehört und verbinden sie gern mit einer Person mit besonderen Eigenschaften im Bereich schöpferischer Gestaltung und mit außergewöhnlicher Geschicklichkeit.

Über einen Gegenstand kann man auch sagen: „Das ist ja ein wahres Kunstwerk" oder „das war schon ein Kunststück, das ihm da gelungen ist". Dabei denkt man vielleicht hauptsächlich daran, dass derjenige, der den Gegenstand angefertigt hat, sehr tüchtig ist.

Eines ist sicher, ein Schmied ist ein Handwerker, der erhitzten Stahl mit Hilfe eines Hammers bearbeitet und formt.

Viele der traditionellen Schmieden entwickelten sich zu reinen Schweißwerkstätten. Man spricht ja auch von schmiedeeisernen Geländern und Toren, obwohl sie überhaupt nicht geschmiedet sind. Eine Metallwerkstatt, in der natürlich sehr tüchtige Leute arbeiten können, hat meistens weder einen Schmiedehammer noch einen Amboss. Damit möchte ich nur daran erinnern, dass die Ausdrücke Schmied und Schmiedeeisen auch auf Personen und Gegenstände angewandt werden, die nichts mit dem Schmieden zu tun haben.

Kunstschmieden ist plastische Gestaltung von Stahl in einer dekorativen Komposition, bei der unterschiedliche Schmiede- und Verbindungsmethoden angewandt werden. Daher muss man die grundlegenden Techniken des Schmiedens beherrschen und Hilfswerkzeug und andere Vorrichtungen, die dem Schmieden dienen, anfertigen und benutzen können.

Ich werde einige Techniken und Methoden des Zusammenfügens und Fotos von Arbeiten verschiedener Schmiede im In- und Ausland zeigen. Ich hoffe, Sie lassen sich davon inspirieren.

Wenn ich an einen Schmied denke, fällt mir oft das ein, was ich in einem dänischen Buch über Schmiede und Künstler gelesen habe:

Das Schmieden kann im Allgemeinen nicht als Kunst bezeichnet werden, aber es ist auf jeden Fall schwierig, und man findet viele Schmiede, die nichts vom Schmieden verstehen und noch viel weniger vom Schweißen. Aber ein Schmied, der ein kompliziertes Werkstück schmieden oder einen schönen Gegenstand formen kann, ist wirklich ein Künstler. Eine solche Fertigkeit wird erst durch jahrelange Übung erzielt.

Aus dem Vigelandspark in Oslo: Ausschnitt eines schmiedeeisernen Tores von Gustav Vigeland, 1934–38.

Alfred Habermann – ein Schmied und Designer von Weltformat

Das Kapitel über das Kunstschmieden möchte ich mit dem Schmied und Designer Alfred Habermann einleiten, dessen Bekanntschaft ich 1997 bei einem Schmiedetreffen in Helfstyn in Tschechien gemacht habe. Er ist ein unwahrscheinlich tüchtiger und kenntnisreicher Mann. Zudem hat er keine Geheimnisse, sondern er lebt für seine Kunst und die Erhaltung des Schmiedefaches, indem er andere die edle Kunst des Schmiedens lehrt.

Alfred Habermann wurde 1930 in Iglau in der Tschechoslowakei geboren und bildete sich zum Kunstschmied aus. Er ist ein Skulpturenschmied von Weltklasse und lehrt als Professor Design und Schmieden. Seine Schmiedekurse hält er in der ganzen Welt und hat auch an Kunstakademien und Schulen als Lehrer für Kunstschmieden gearbeitet.

1981 ließ er sich in Deutschland nieder und eröffnete kurz danach seine eigene Schmiede. In den Schmiedeszenen weltweit ist er bekannt und wird für seine Arbeiten und Kunstwerke bewundert, die die Zeiten überdauern werden.

Mehr seine Arbeiten und die Person Habermann erfahren Sie in Peter Elgas´ interessantem Buch: *Alfred Habermann, Schmied und Designer* (Verlag Hephaistos, Immenstadt, ISBN 3-931951- 08-1).

Alfred Habermann in bekannter Kluft vor einer seiner Arbeiten.

Ein schöner Anblick: Von Alfred geschmiedeter Türdrücker (links).

Eine der vielen Spezialitäten Alfreds ist das Reliefschmieden und Treiben. Er stellt sein Werkzeug natürlich selbst her.

Eine Rose aus einem Stück geschmiedet

Mit großer Bewunderung sah ich 1997 beim Schmiedetreffen in Tschechien beim Schmieden dieser Rose zu. Es wurde ein ca. 30 mm starker Rundstahl verwendet, der in der Mitte abgesetzt und an dem dann der Stengel der Blume grobgeschmiedet wurde.

„Eine Rose springt auf", Helfstyn 1997.

Bild C: Das Material wird in einer Lochplatte mit einem Loch von ca. 12 mm in Kugelform gestaucht.

Bild D: Das Werkstück wird in die Kugelform feingeschmiedet.

Bild E: Die Kugel wird in eine kreisrunde Platte von ca. 10 mm flach geschlagen.

Bild F: Die Kreisplatte wird um den ganzen Umfang zum Zentrum hin mit Abschrot und Stielmeißel gleichmäßig aufgemeißelt.

Bild G: Man meißelt fast bis ins Zentrum, bis in der Mitte ein Kern von 8-10 mm übrig ist.

Bild H: Die jetzt aus zwei ca. 5 mm dicken Platten bestehende Kreisplatte wird erwärmt und zu einem größeren Durchmesser gebreitet und gestreckt. Wiederholen Sie das Erwärmen mehrmals und schmieden und strecken Sie auf beiden Seiten, bis die Platten gleich dünn sind.

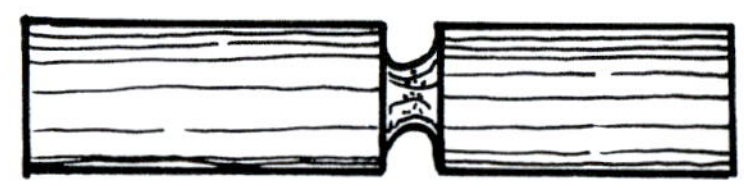

Bild 13.1 A

B

Achtung! Hier dürfen Sie nur sehr vorsichtig und nicht zu hoch erwärmen, damit die Platten nicht zusammengeschweißt werden.

Bild I: Wenn die Platten die richtige Dicke haben und ganz außen etwas dünner sind, markieren Sie und meißeln Sie durchgehende Nuten zwischen den Rosenblättern. Verwenden Sie eine weiche Auflageplatte.

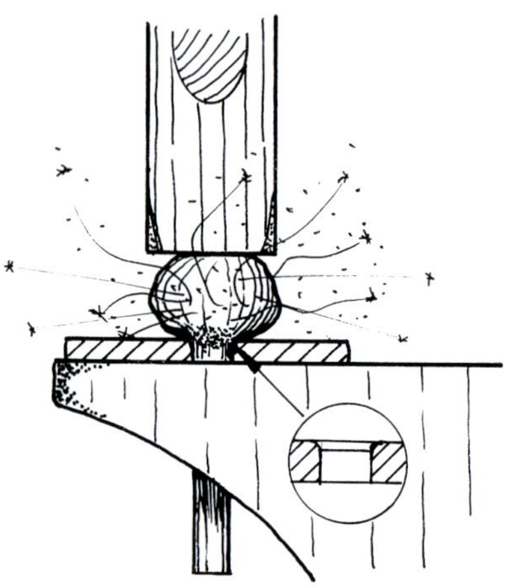

C

D

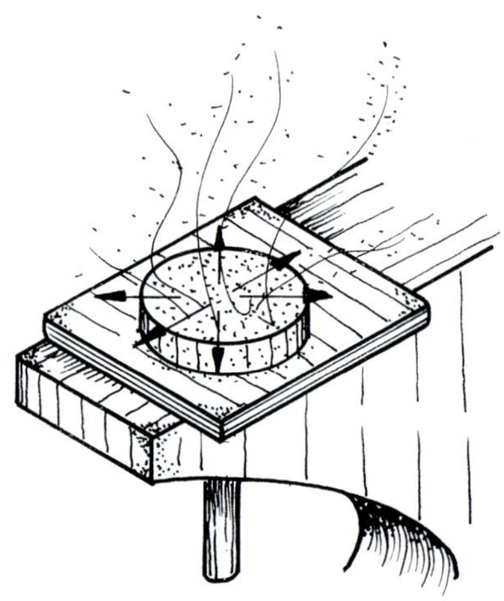

E

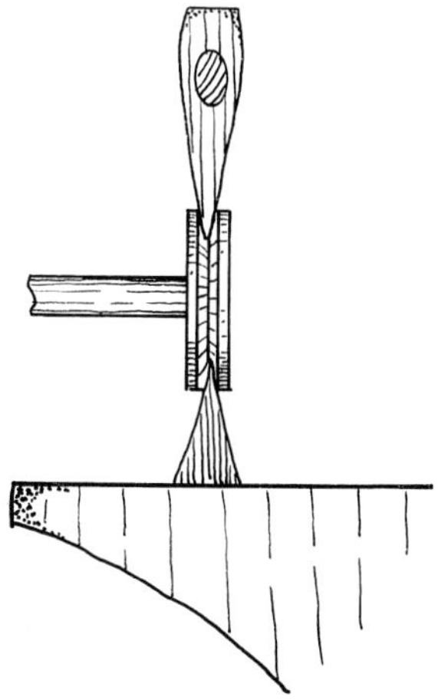

F

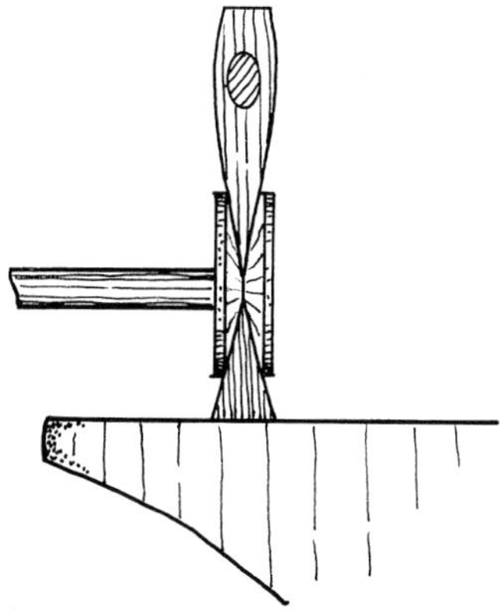

G

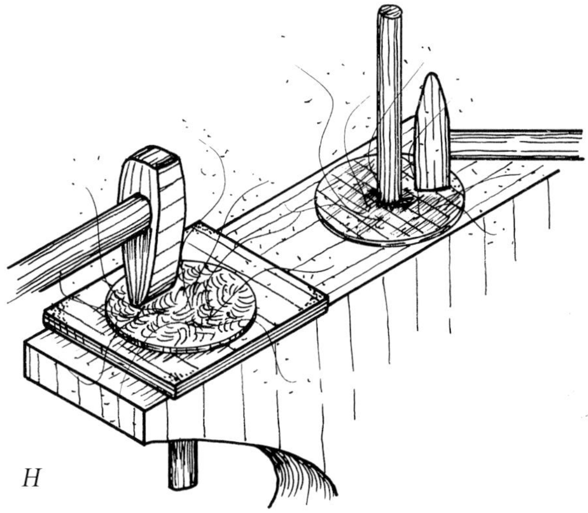

H

I

J

K

L

Bild J: Wenn die Blütenblätter rundherum feingemeißelt sind, spalten Sie die dünnen Blätter mit einem schlanken Meißel wieder auseinander. Jetzt können Sie die Blätter auch gut ausbreiten, damit Sie, wenn nötig, noch dünnere Blätter feinschmieden können.

Bild K: Jetzt kommt das Formen der Blütenblätter mit passenden Zangen.

Bild L: Sie können zum Schmieden der Blütenblattformen auch ein Bockshorn anfertigen.

Bild M: Die Blätter am Stiel werden aus dünnem Flachstahl geschmiedet und mit dem Stiel feuerverschweißt. Vielleicht können Sie die Rose einem guten Freund schenken. Es gibt nicht so viele Leute, die jemals eine solche Rose bekommen haben.

M

Schmieden einer Tulpe

Warum nicht auch eine Tulpe verschenken? Viele Leute mögen Tulpen lieber als Rosen. Eine Tulpe ist nicht so schwierig zu schmieden, aber es lohnt sich, eine echte Tulpe vorher genau zu betrachten und ihre Blütenblätter zu zählen.

Beginnen Sie mit dem Schmieden der Blütenblätter. Hier kann aus 2-3 mm dickem Flachstahl die Form und Dicke des Blattes geschmiedet werden. Dann schmieden Sie die Stiele an das Blatt. Sie können natürlich auch die Stiele zuerst schmieden.

Zum Schmieden der gebogenen Löffelform in den Blättern kann man eine Bleiform verwenden. Nehmen Sie ein 40–50 mm dickes Ofenrohr und klemmen Sie es im warmen Zustand im Schraubstock flach. Schmelzen Sie dann Blei und gießen Sie es hinein. Wenn das Blei erstarrt ist, können Sie das Rohr mit einem großen Kugelhammer in einen passenden Radius schlagen. Solche Bleiformen in mehreren Größen sind sehr praktisch (Bild 13.3).

Lassen Sie die Bleiform im Schraubstock stehen und schmieden Sie die Form des Blütenblattes, während es warm ist. Auf Grund seiner Wärmeleitfähigkeit verträgt das Blei die Wärme, ohne zu schmelzen.

Wenn alle Blütenblätter fertig sind, setzen Sie sie zusammen. Dann feuerschweißen Sie sie an einen längeren Stengel, den Sie mit angeschweißten Blättern versehen, die Sie in der Bleiform geformt haben.

Tulpe in Vase (eigene Arbeit).

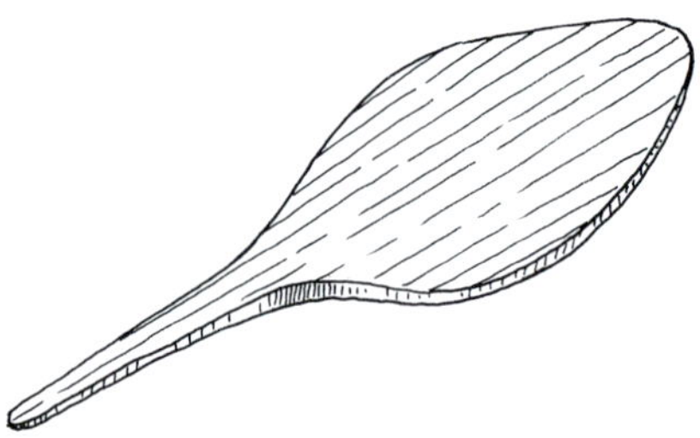

Bild 13.2 Schmieden Sie die Form und Dicke des Blütenblattes.

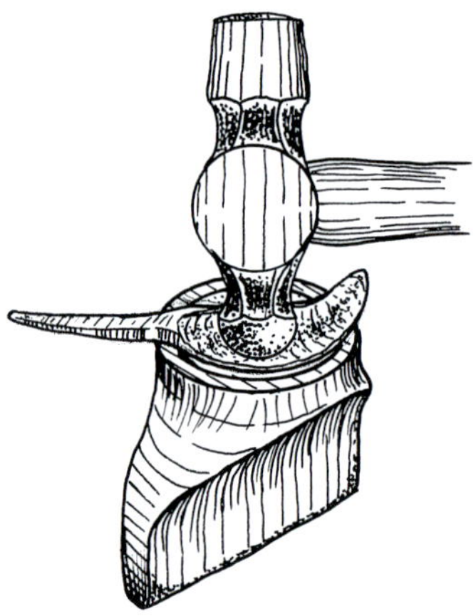

Bild 13.3 Warmformen in der Bleiform.

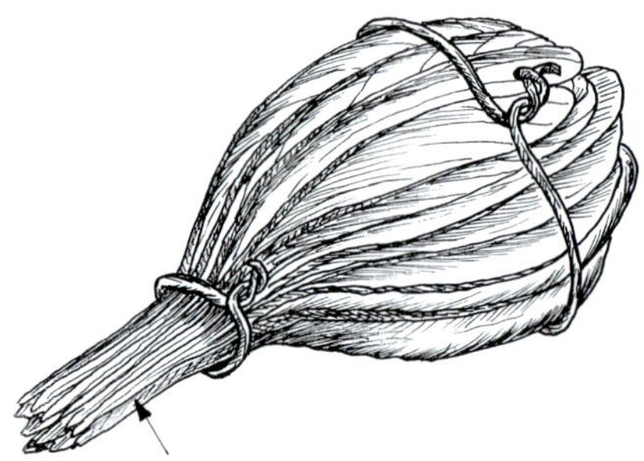

Bild 13.4 Zu einem längeren Stengel feuerverschweißen.

Schmieden einer Vase

Eine Vase zu schmieden, wie Sie sie auf der nächsten Seite sehen, ist recht anspruchsvoll. Das Ausgangsmaterial ist ein normales Ofenrohr mit einem Durchmesser von 40-50 mm, abhängig von der gewünschten Größe.

Erwärmen Sie das Ende des Rohres und setzen Sie zuerst für den Fuß der Vase ab. Verwenden Sie oben und unten einen Kehlhammer und schlagen Sie vorsichtig, bis Sie um das ganze Rohr herum eine Hohlkehle haben.

Sie müssen vermutlich mehrmals erwärmen. Es ist wichtig, das Rohr die ganze Zeit gleichmäßig zu drehen, damit der Fuß ins Zentrum kommt. Versuchen Sie, eine ebene, schöne Hohlkehle zu formen und setzen Sie so viel ab, dass der Fuß nicht durchsichtig ist. Zum Ausschmieden des Fußes sollten Sie einen Amboss mit einem ziemlich dünnen Ambosshorn haben.

Der Fuß wird gegen das Ende des Ambosshorns gehalten und wie im Bild 13.6 gezeigt gebreitet und gestreckt. Auf diese Weise erhält er einen größeren Durchmesser und wird am äußeren Rand dünner. Zum Schluss klopfen Sie den Rand des Fußes eben, damit die Vase genau senkrecht steht.

Beim Erweitern des oberen Randes der Vase geht man wie beim Fuß vor.

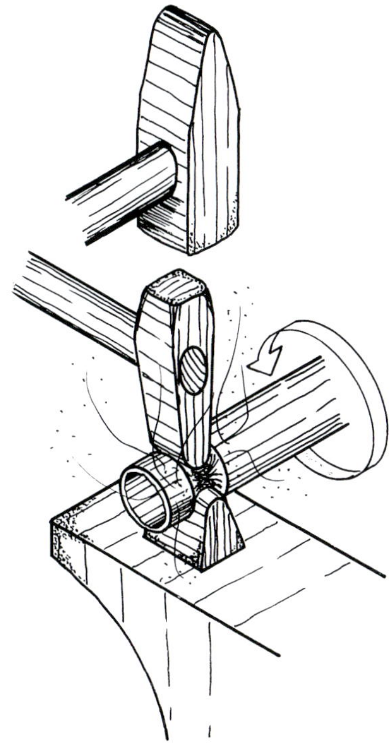

Bild 13.5 *Setzen Sie mit einem Kehlhammer oben und einem Kehlunterteil unten ab.*

Bild 13.6 Breiten und Strecken des Fußes.

Aus einem Rohr geschmiedete und in der Esse pulveremaillierte Vasen (Helfstyn, 1997).

Alfred Habermann diskutiert als Mitglied der Preisrichterjury mit Teilnehmern verschiedene Schmiedetechniken.

Von der Ausstellung des Kunstschmiedetreffens in Helfstyn, Tschechien, 1997

Aus einem dickwandigen Rohr geschmiedete Glocke. Ybbsitz, Österreich, 1998.

Vögel aus Rohren, geschmiedet mit der selben Technik wie zuvor beschrieben.

Aus einem Stück geschmiedet. Bekommen Sie nicht auch Lust zum Nachmachen?

Aus einem größeren Rohr geschmiedete Klingel (ca. 100 mm). Das Ende des Rohres ist flach geschmiedet und um eine wippende Achse gedreht.

Meißelwerkzeuge

Im Kapitel Materialkunde haben wir verschiedene Flachmeißel und ihre Härtung durchgenommen. Meißel sind Gebrauchsgegenstände, die wir selbst anfertigen können. Sie werden beim Kalt- oder Warmmeißeln häufig einer harten Behandlung ausgesetzt. Das stellt an die Stahlsorte und die Wärmebehandlung des Werkzeugs hohe Anforderungen. Insbesondere das Kaltmeißeln erfordert eine hohe Qualität der Meißelschneide, wenn schön und sauber gemeißelt werden soll. Beim Warmmeißeln muss man den Meißel häufig abkühlen, damit er nicht zu viel angelassen wird und sich die Schneide nicht „legt“, wenn sie in die Auflageplatte eindringt.

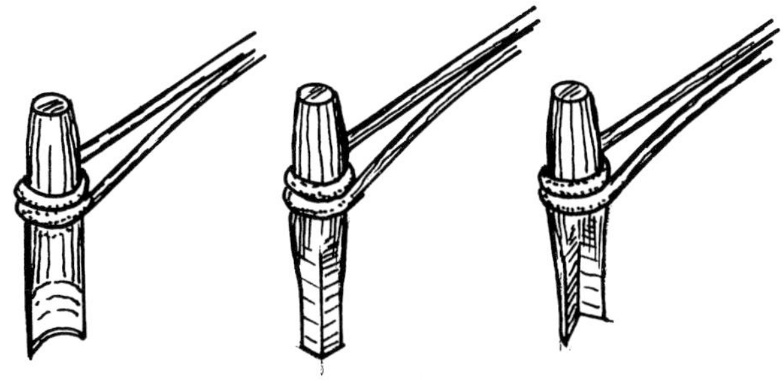

Bild 13.7

Meistens muss der Meißel dann neu geschliffen und gehärtet werden. Für gewöhlich härte ich nur einen Teil der Schneide und lasse mit Eigenwärme an. Daher ziehe ich bei Warmmeißeln einen Handgriff aus Stahl vor, denn dann muss ich den Holzhandgriff nicht abziehen wie bei den üblichen Stielmeißeln.

Ich verwende am liebsten normalen Kohlenstoffstahl aus Federstahlqualität mit 0,55 bis 0,7 % C für Warmmeißel, Dorne und Werkzeug zum Formen. Für Kaltmeißel benutze ich Stahl mit einem Kohlenstoffgehalt von ca. 0,7 bis 1 %.

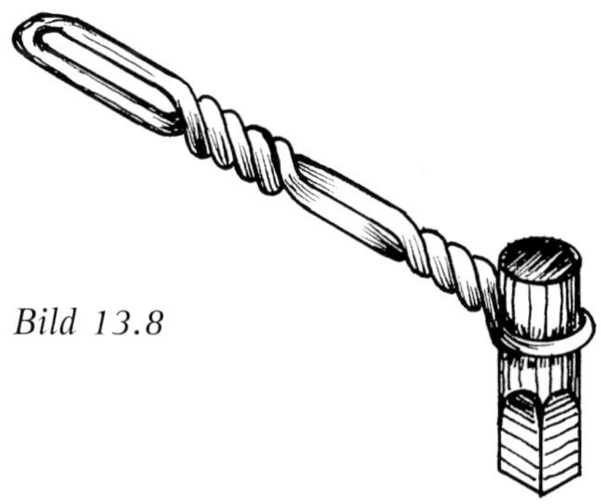

Bild 13.8

Bevor wir mit dem Kunstschmieden fortfahren, möchte ich auf andere Meißeltypen und Gestaltungswerkzeuge genauer eingehen.

Bild 13.7 zeigt einen Radiusmeißel, einen Vierkantdorn und einen rechtwinkligen Meißel mit Federhandgriff. Wenn man meißelt oder aufdornt, kann es von Vorteil sein, den Meißel in einer anderen Stellung als genau vor sich zu haben. Durch Öffnen des Federhandgriffs können Sie den Meißel in die passende Stellung drehen. Sie sehen dann besser, wo gemeißelt oder aufgedornt werden soll.

In Bild 13.8 ist eine andere Art von Stiel gezeigt. Damit der Stiel besser sitzt, kann man um das Werkzeug herum eine Nut schmieden.

Bild 13.9 stellt Meißel und Gestaltungswerkzeuge vor, die mit der Zange gehalten werden. Mit einem 8-10 mm großen Loch im Werkzeug und einer umgeschmiedeten Zange kann das Werkzeug auch schnell ausgewechselt werden.

Bild 13.10 zeigt das Dekorschmieden eines Blattes.

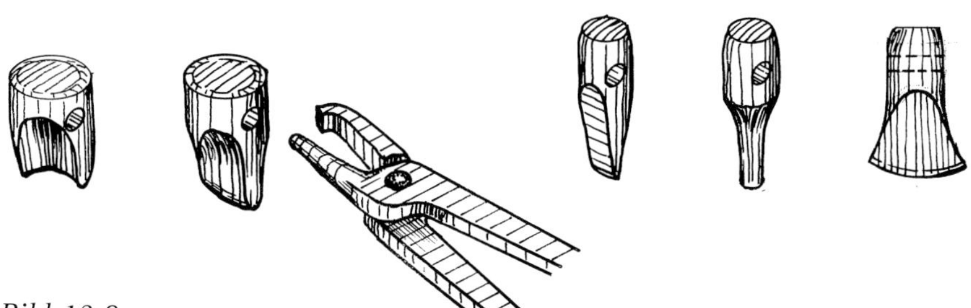

Bild 13.9

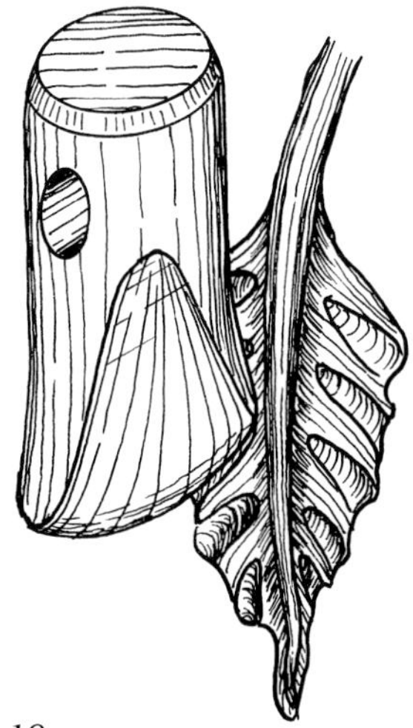

Bild 13.10

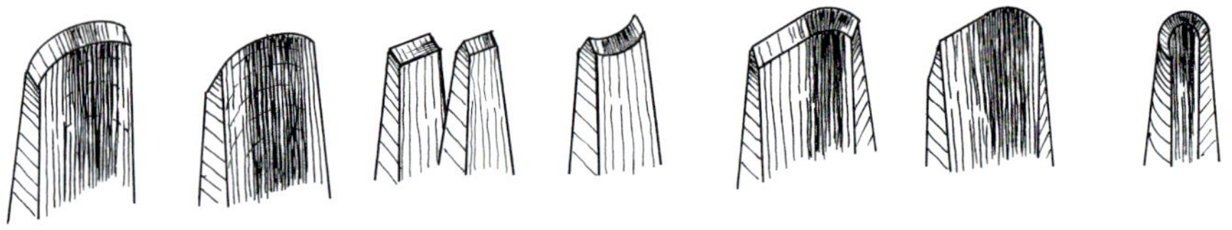

Bild 13.11 Zum Warmmeißeln und Kaltmeißeln benötigen Sie oft unterschiedliche Meißel, die man sich je nach Bedarf anfertigt.

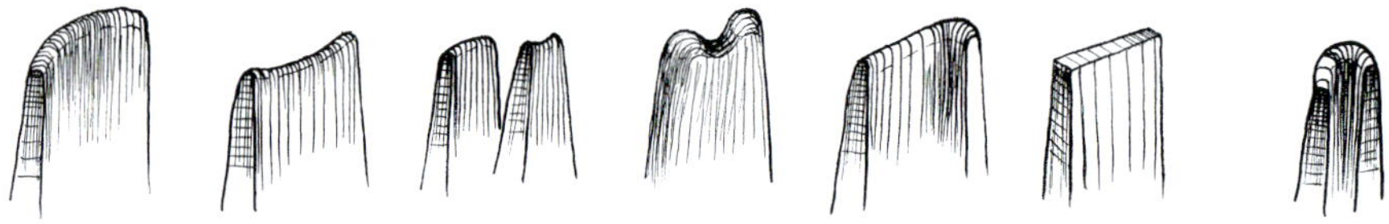

Bild 13.12 Beim Dekorschmieden und Treiben verwendet man zum Schmieden von Nuten und Profilen auch Werkzeuge mit abgerundeter Schneide.

Meißel- und Gestaltungswerkzeuge wie oben erklärt (Ybbsitz, Österreich, 1998).

Abschrot mit Anschlag: Eine kluge Lösung, besonders für Anfänger (in Peat Oberons Schmiede in Middlesborough, England, 2000).

Schräggeschmiedeter Warmmeißel für eine bessere Übersicht beim Meißeln (in der Schmiede von Peat Oberon).

Werkzeug muss übersichtlich und leicht zugänglich aufgehängt sein (in der Schmiede von Peat Oberon).

Gestaltungswerkzeug

Dünnere Werkstücke wie Bleche u. Ä. können häufig kalt gemeißelt und geformt werden. Das führt aber zu großen Spannungen, und das Material sollte daher öfter geglüht werden. Bei unterschiedlicher Stärke des Werkstücks und dickeren Stücken meißelt und formt man besser warm. Unten sehen Sie einige Beispiele für Werkzeuge zum Warmmeißeln.

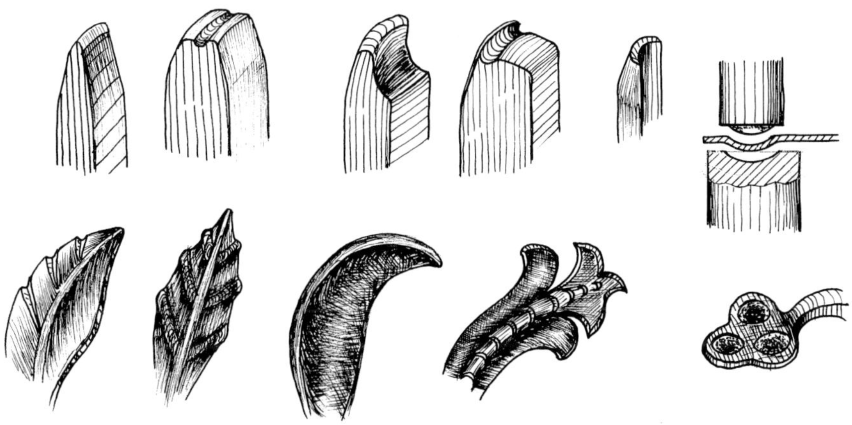

Bild 13.13

Beispiele für das Aufmeißeln

Die Bilder zeigen Beispiele für das Aufmeißeln und Ausschmieden von Flachstahl zu dekorativen Elementen in einem Geländer. Beim Aufmeißeln muss man die aufgemeißelten Arme meistens nach außen biegen und sie schmieden, um den Details ein ansprechenderes Äußeres zu verleihen. Nur zu meißeln und zu biegen, wird selten besonders schön.

Aus den Bildern 13.14 A, B, C und D ist die Reihenfolge ersichtlich, in der Sie arbeiten können. An den Stellen, die Sie mit dem Hammer nicht erreichen, können Sie auch Biegegabeln verwenden.

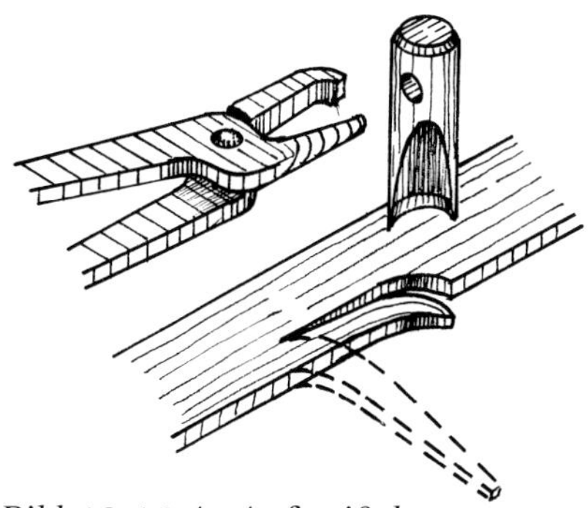

Bild 13.14 A Aufmeißeln.

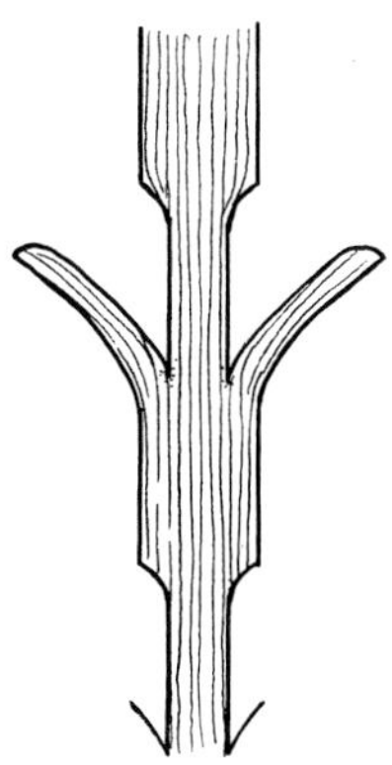

B Ausbreiten.

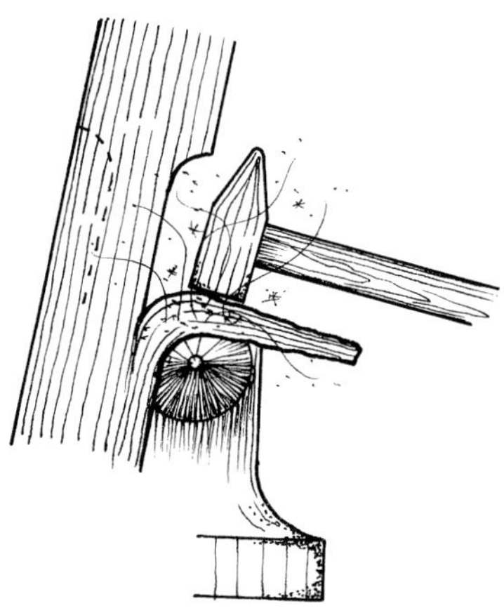

C Schmieden/Strecken.

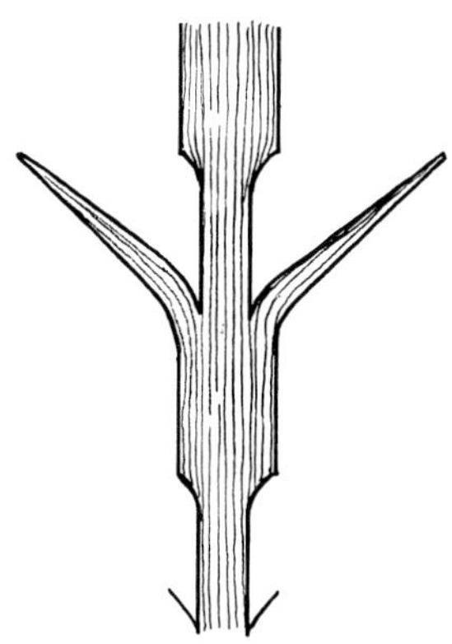

D Zum Biegen und Formen bereit.

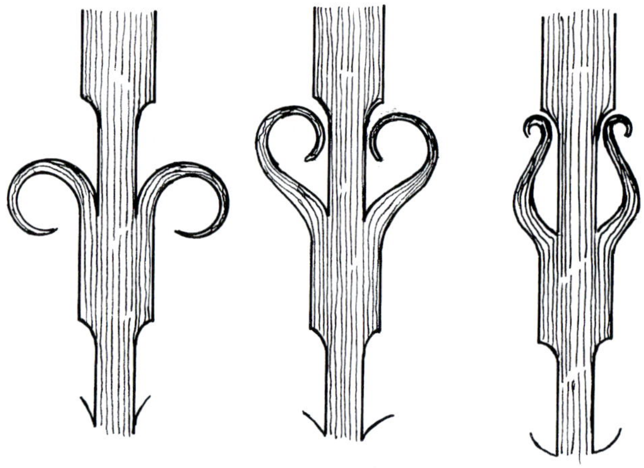

Bild 13.15 Vorschlag für unterschiedliche Formen der Arme. Hier können Sie auch Biegegabeln und Zangen verwenden.

Kerzenleuchter, in einem Stück geschmiedet (eigene Arbeit).

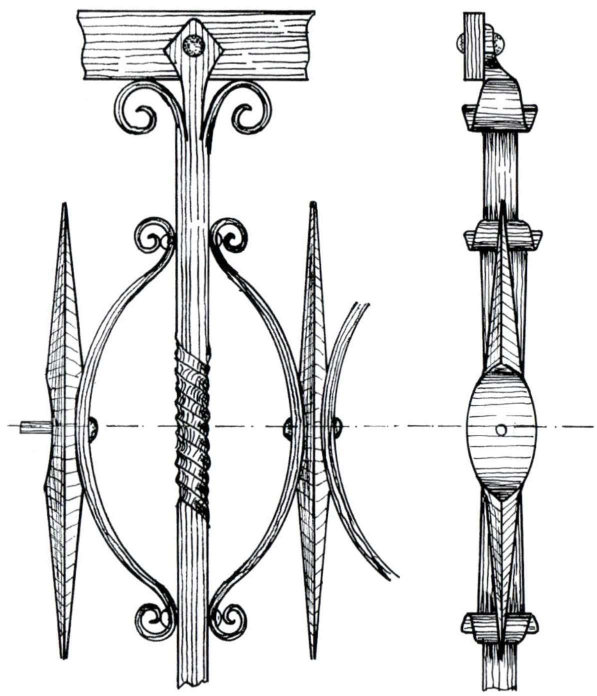

Bild 13.17 Verschiedene Details, warmgenietet.

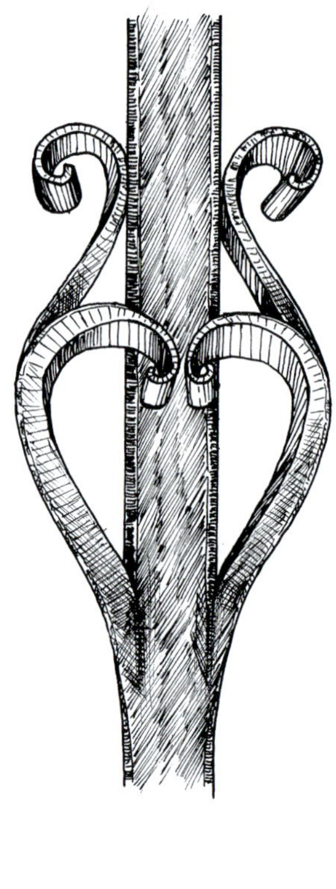

Bild 13.16 Beispiel für das Aufmeißeln und geschmiedetes Detail eines Geländerpfostens. Das Detail kann auch an den Pfosten feuergeschweißt werden.

Vierkantstahl, in vier Stäbe aufgemeißelt, mit eingelegten Flusssteinen (Helfstyn 1997).

Spiegel für den Flur mit aufgemeißeltem Fuß (Helfstyn 1997).

„Pranger" mit zwei Händen (Helfstyn 1997).

Schmieden von Kreuzen

Als ich diese Technik das erste Mal sah, fand ich sie sehr imponierend. So einfach und doch so wirkungsvoll! Um solche Methoden zu üben, verwendet man am besten Modellierton, wie Sie es auf der nächsten Seite unten sehen. Modellierton können Sie mit dem Messer schneiden und ihn biegen und formen, wie Sie es mit Meißel und Hammer machen.

Das Ausgangsmaterial kann 20–30 mm starker Vierkantstahl sein, abhängig von der Größe des Kreuzes. Diese Technik kann natürlich auch für andere Gegenstände angewandt werden.

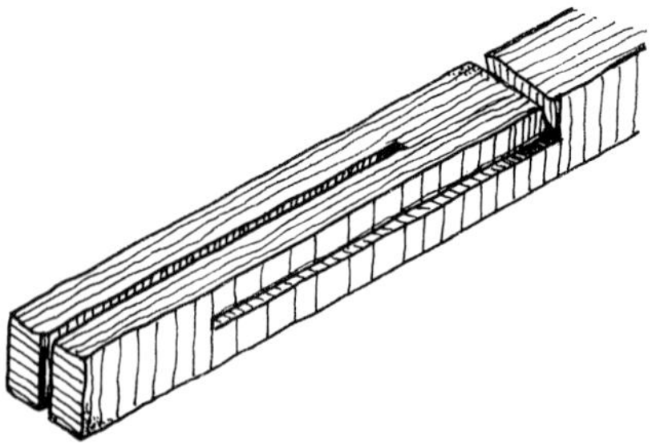

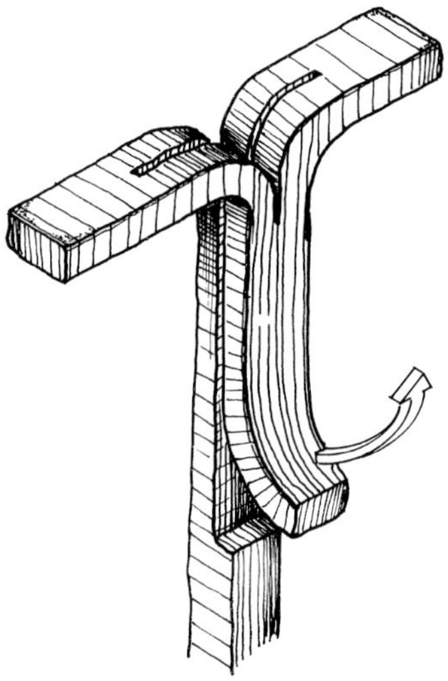

Bild 13.18

A Beginnen Sie mit dem Aufmeißeln des Werkstücks, wie oben gezeigt. Es lohnt sich, vor dem Warmmeißeln eine Steuernut kalt vorzumeißeln.

B Biegen Sie die aufgemeißelten Enden nach außen und oben und feinschmieden Sie sie.

C Beispiel für das fertig ausgefaltete Kreuz. Die Enden werden nach eigenem Wunsch gestaltet.

Bild 13.19 Beispiel für eine andere Art Kreuz, aufgemeißelt und warmgenietet.

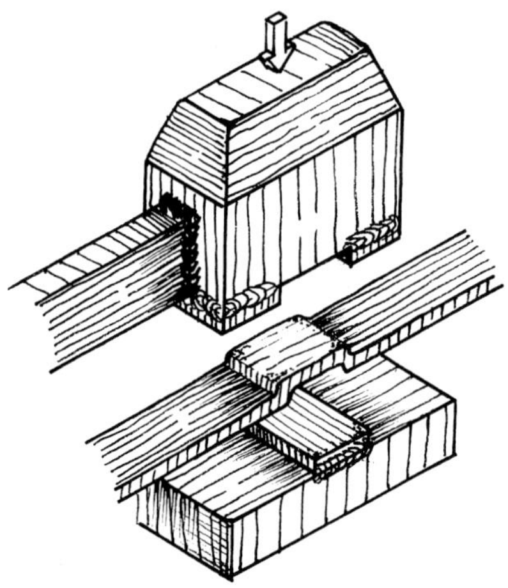

Bild 13.20 Vorschlag für ein Hilfswerkzeug zum Schmieden von Kreuzen, die genietet werden sollen.

Einige Beispiele von Grabkreuzen

Schmied und Zuschläger mit einem in einem Stück geschmiedeten Kreuz. Die Technik ist auf der vorigen Seite erklärt (Kolbermoor 1998).

Kreuz an einer eigenen Arbeit.

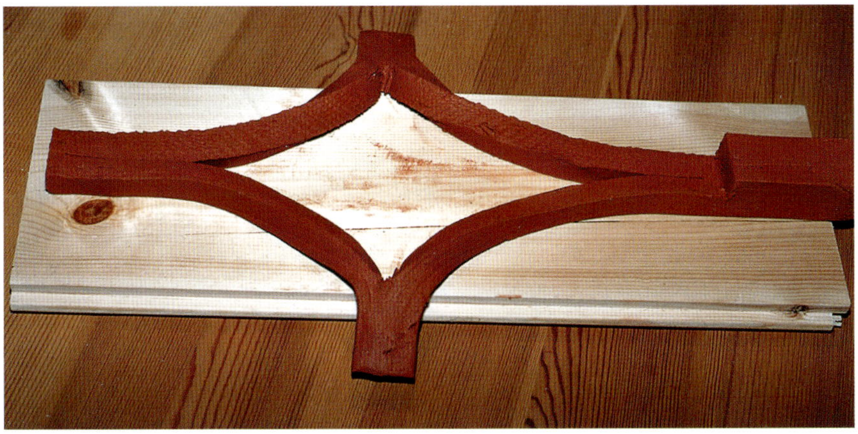

Anwendung von Modellierton zum Ausprobieren, wie der Gegenstand gestaltet, geschmiedet und gemeißelt werden soll, welche Maße er haben soll und wie viel gestreckt werden muss.

Kreuz beim Schmiedetreffen in Helfstyn, 1997.

Beispiele für das Aufmeißeln und Drehen

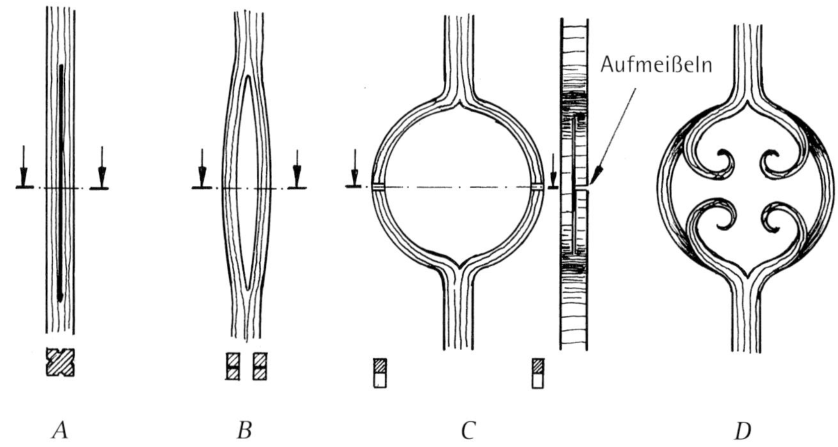

Bild 13.21

A Auf allen vier Seiten des Vierkantstahls zuerst Steuernuten meißeln.
B Mit einem schlanken Meißel in vier Teile warmmeißeln.
C Zu einem Kreis schmieden und eine halbe Seite aufmeißeln.
D Die aufgemeißelten Enden ausfalten und in die gewünschte Form schmieden. Enden zu vier symmetrischen Formen nach innen biegen.

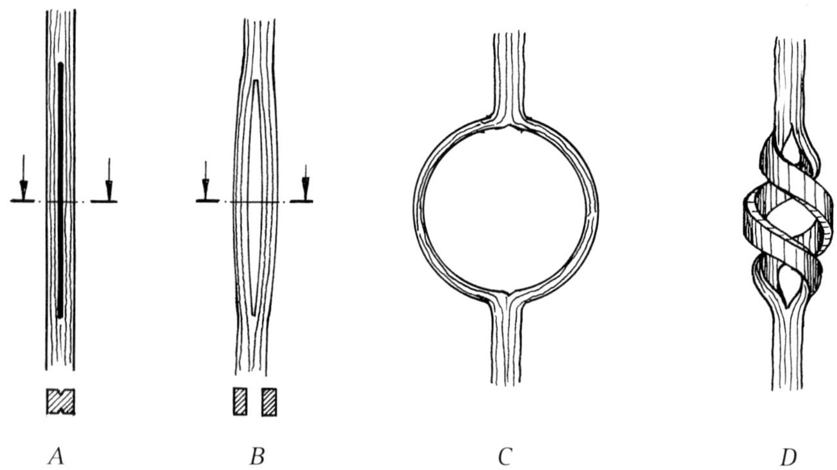

Bild 13.22

A Steuernuten kaltmeißeln.
B In zwei Teile warmmeißeln.
C Zu einem Kreis schmieden.
D Drehen und mit einer Zange ausrichten.

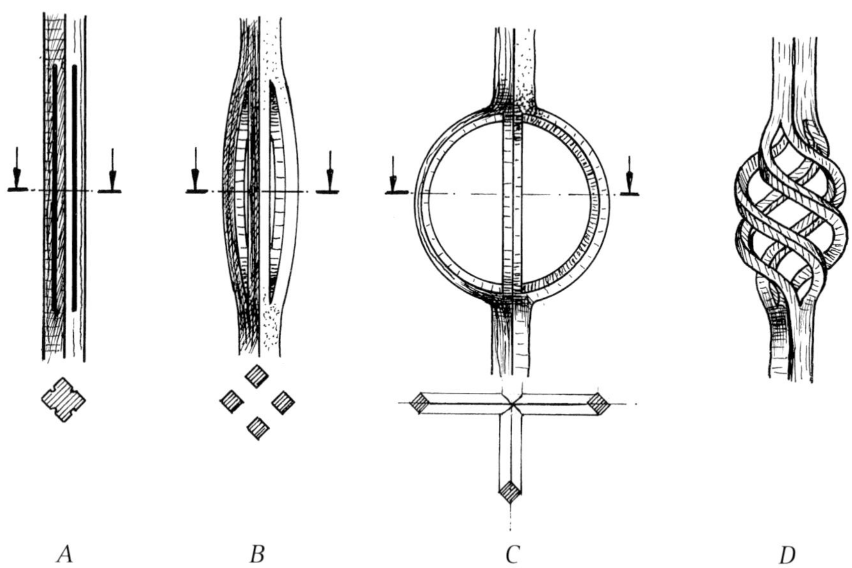

Bild 13.23

A Steuernuten kaltmeißeln.
B In vier Teile warmmeißeln.
C Zwei Kreise mit der Kante nach außen schmieden.

Achtung! Verwenden Sie einen Bleihammer, um an den Kanten Spuren zu vermeiden.

D Drehen und mit einer Zange ausrichten.

Zusammenfügungstechniken mit Bund

Zusammenfügungstechniken mit Bund sind eine alte und viel angewandte Methode für Schmiedeeisen. Das Schmiedeeisen erhält dadurch ein natürliches und gefälliges Aussehen.

Nachdem in den Schmieden und Werkstätten allmählich die Schweißapparate ihren Einzug hielten, verschwand die Technik des Bundens. Das ist eine natürliche Entwicklung, denn das Zusammenfügen von einzelnen Teilen durch Schweißen war viel einfacher.

Es konnte mitunter sehr viel Zeit und Arbeit erfordern, große Ornamente in der Esse zu bunden oder feuerzuschweißen. Ob man in einem solchen Fall schweißen will, muss jeder Schmied selbst entscheiden. Auf jeden Fall sollte man sich im Klaren darüber sein, dass jede Schweißung ein gutes oder schlechtes Licht auf den Schmied wirft – je nachdem.

Hier möchte ich auf das Anfertigen und die Montage eines Bundes näher eingehen. Es gibt mehrere Methoden zum Biegen und Zusammenfügen eines Bundes. In den Bildern 13.25 A–D sehen Sie eine Schrägnaht, eine gerade Naht und eine Überlappungsnaht. Der Bund wird meist mit einem Hilfswerkzeug geformt und warm um die Details herum montiert (Bild D).

Die Bilder 13.26 A, B und C zeigen, wie der Bund um einen Dorn herum geschmiedet werden kann, der die gleiche Größe wie die Details hat. Man kann den Bund abschlagen oder absägen, wenn er grobgebogen ist. Lassen Sie ihn ein wenig zu kurz sein, er streckt sich beim Schmieden etwas. Wenn Sie viele Bunde anfertigen müssen und sie im voraus abhauen möchten, lohnt es sich, die Länge auszurechnen. Dabei müssen Sie von der Mittellinie des Bundes ausgehen. Wenn der Bund über einem Dorn oder einem Leisten derselben Größe wie das Detail grobgeschmiedet ist, öffnen sie ihn wieder und schmieden Sie ihn um das Detail herum. Zum Zusammenpressen kann man auch den Schraubstock und Zwingen benutzen. Der Bund muss dicht angeschweißt werden, und zwar so warm, dass beim Abkühlen eine Schrumpfwirkung entsteht.

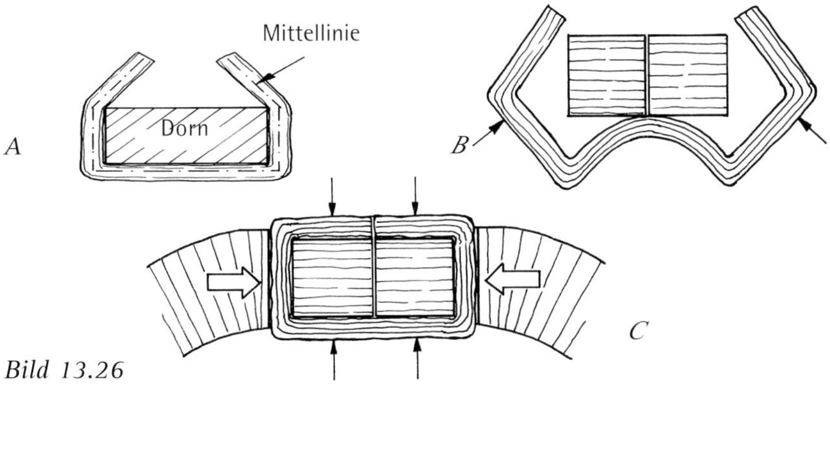

Bild 13.26

Bild 13.24 Der Bund muss eine natürliche und funktionelle Verbindung bilden.

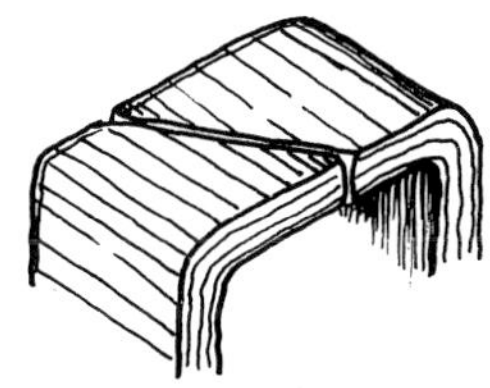

Bild 13.25 A Schrägnaht.

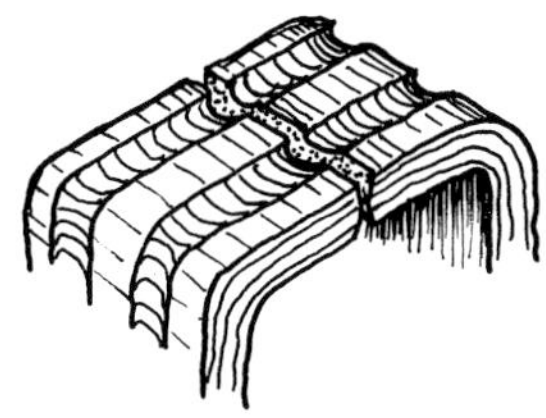

B Gerade Naht.

C Überlappungsnaht.

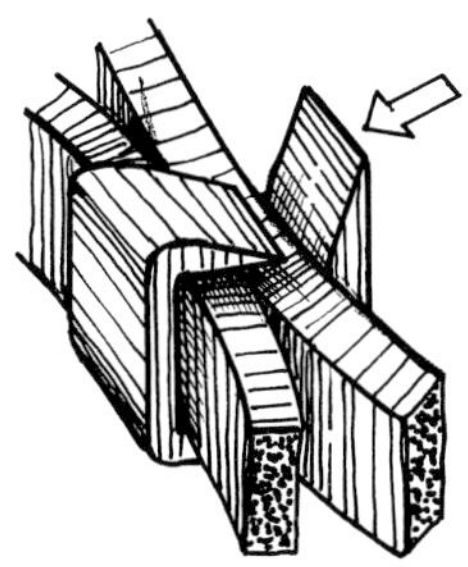

D Warme Montage.

Formen des Bundes

Muss man viele Bunde anfertigen, lohnt es sich, ein Hilfswerkzeug für die Größe und Form des Bundes herzustellen. Bild 13.27 zeigt einen Vorschlag für ein Hilfswerkzeug. Zuerst wird die Klammer in der Mitte gebogen und in das Gesenk gesetzt, dann wird der Bund mit einem rechtwinkligen Dorn, der wie ein Obergesenk wirkt, in Form geschmiedet. Das Material ist Kohlenstoffstahl mit ca. 0,6 % C.

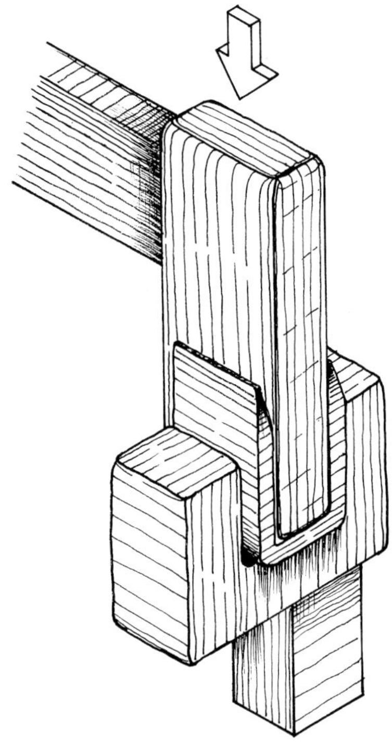

Bild 13.27 Gesenk zum Formen des Bundes.

Profilierter Bund

Noch dekorativer sind profilierte Bunde, außerdem gibt man dem Gegenstand eine persönliche Prägung. Dazu können Sie ein Gesenk anfertigen, wie Sie es unten sehen. Denken Sie daran, dass die Einkerbung im Untergesenk nur ein paar Millimeter breiter als das Flacheisenstück des Bundes ist. Der Bund erhöht seine Breite ein wenig, wenn das Profil hineingeschlagen wird (Bild 13.28).

Das Profil im Obergesenk habe ich zurechtgeschliffen und -gefeilt. Das kann man auch an der Unterseite eines Setzhammers machen und einen Zuschläger oder den Maschinenhammer verwenden.

Bei einer anderen Methode sind die Profilnuten in einem Untergesenk eingearbeitet. Das Flacheisen legt man darauf und schlägt mit einem gewöhnlichen Hammer. Siehe die Bilder 13.29 und 13.30.

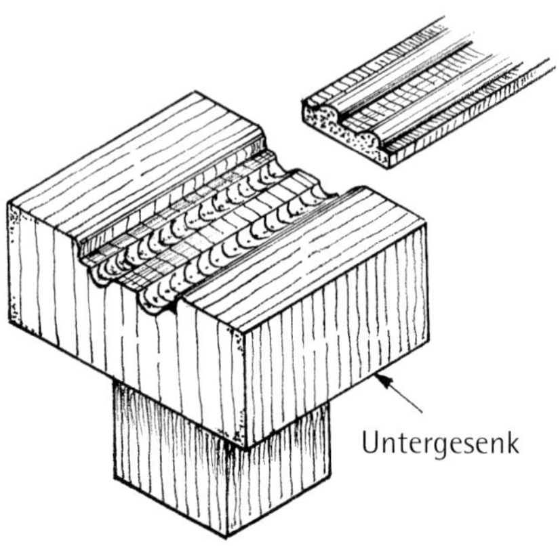

Bild 13.29

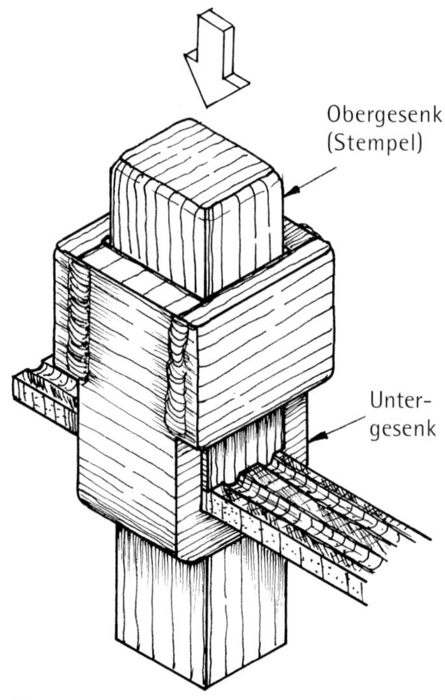

Bild 13.28

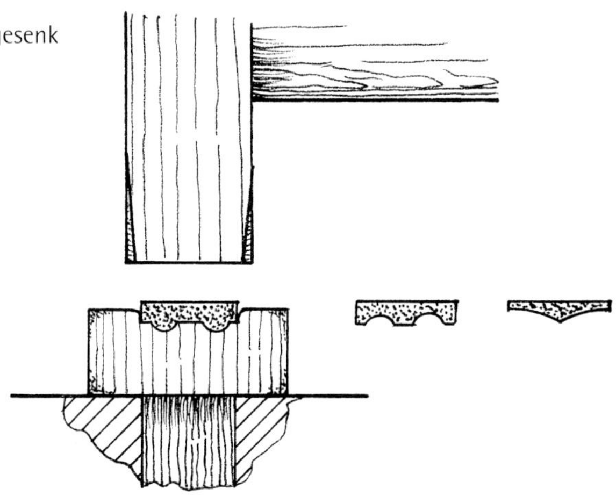

Bild 13.30
Untergesenk mit Vorschlag für verschiedene Profile.

Beispiele für Zusammenfügungstechniken

Kerzenleuchter, durch Aufdornen, Nieten und Bunden zusammengesetzt (links oben, Helfstyn 1997).

Maritimes Schild mit unterschiedlichen Zusammenfügungstechniken (rechts oben, Helfstyn 1997).

Kerzenleuchter vernietet, eigene Arbeit (links unten).

Stuhl mit Nieten und Bunden zusammengesetzt (rechts unten, Helfstyn 1997).

Ornamentschmieden

Auf den nächsten Seiten werden unterschiedliche Techniken, Details und Ornamente vorgestellt, die geschmiedet, aufgedornt, genietet und gebundet sind. Die Abbildungen sind als Vorschläge und Ideen zu betrachten, die Sie weiterentwickeln, und die Sie zu Ihrer eigenen „Komposition“ zusammensetzen können.

Sie finden an Toren, Geländern, Zäunen, Tür- und Fenstergittern und anderen dekorgeschmiedeten Details und Gegenständen Anwendung. Eine vollständige Übersicht der Möglichkeiten des Schmiedefachs kann in diesem Rahmen nicht gegeben werden. Ich zeige also nur eine kleine Auswahl.

Diese Techniken und Details wurden von Schmieden und Designern fast in der ganzen Welt angewandt. Man kann nur hoffen, dass solche Arbeiten in Zukunft in unserem Alltag wieder mehr vorkommen werden.

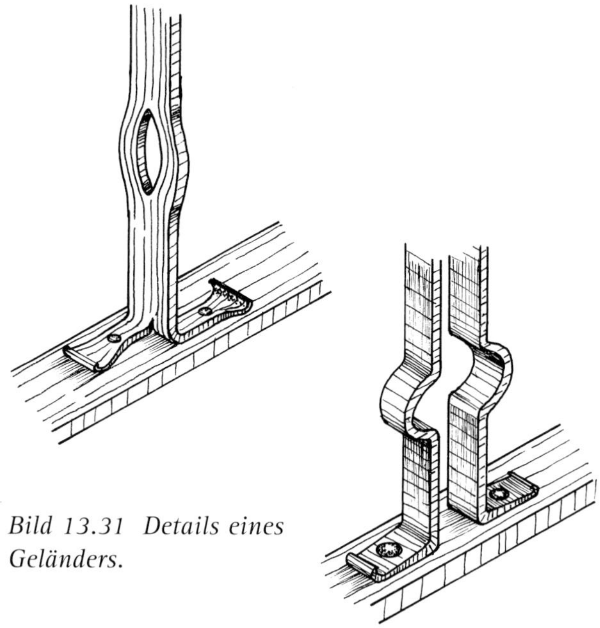

Bild 13.31 Details eines Geländers.

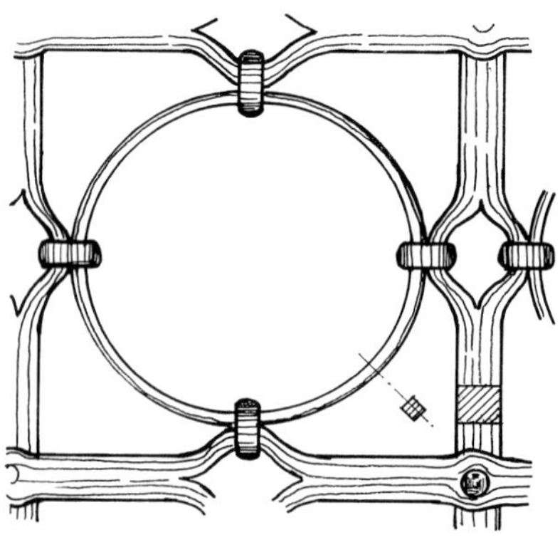

Bild 13.32 Vierkantstahl.

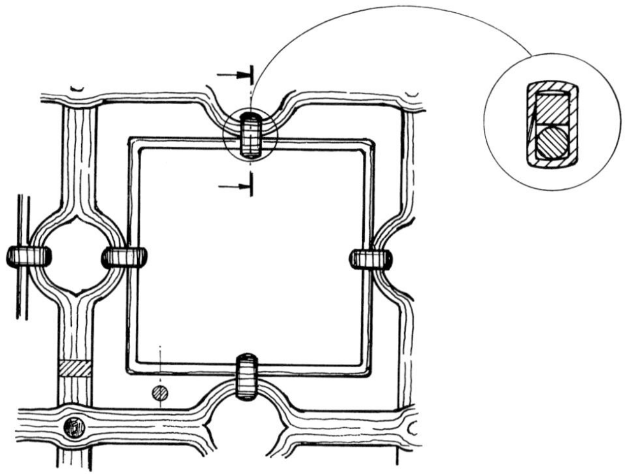

Bild 13.33 Flachstahl und Rundstahl.

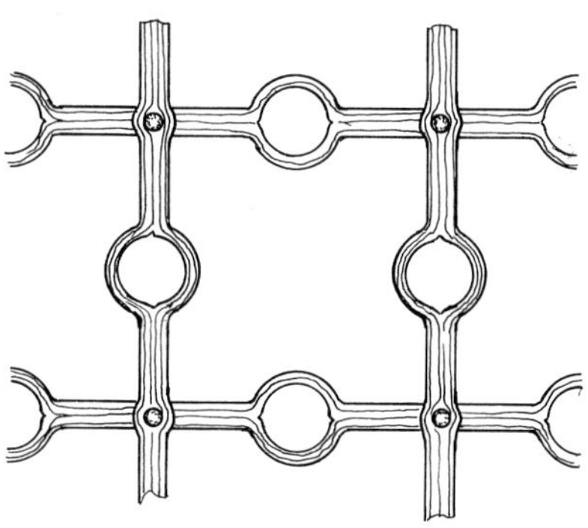

Bild 13.34 Vierkantstahl.

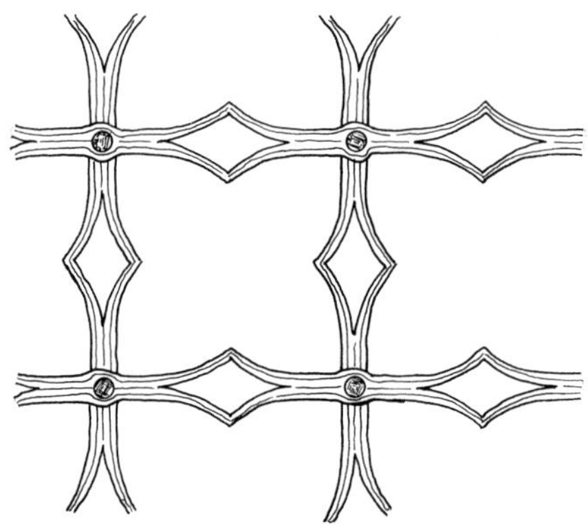

Bild 13.35 Flachstahl.

Vorschläge für unterschiedliche Zusammenfügungstechniken

An Hand der Techniken und Methoden, die bereits erklärt wurden, können die Details aus Vierkant-, Flach- oder Rundstahl gefertigt werden.

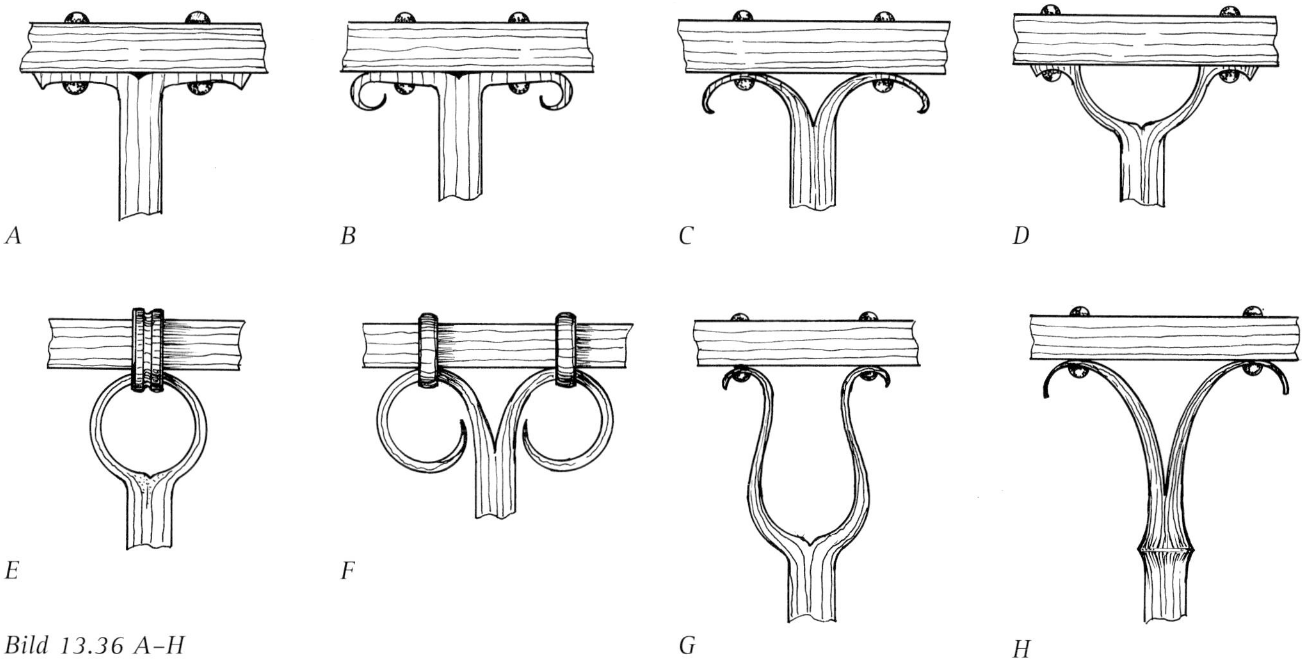

Bild 13.36 A–H

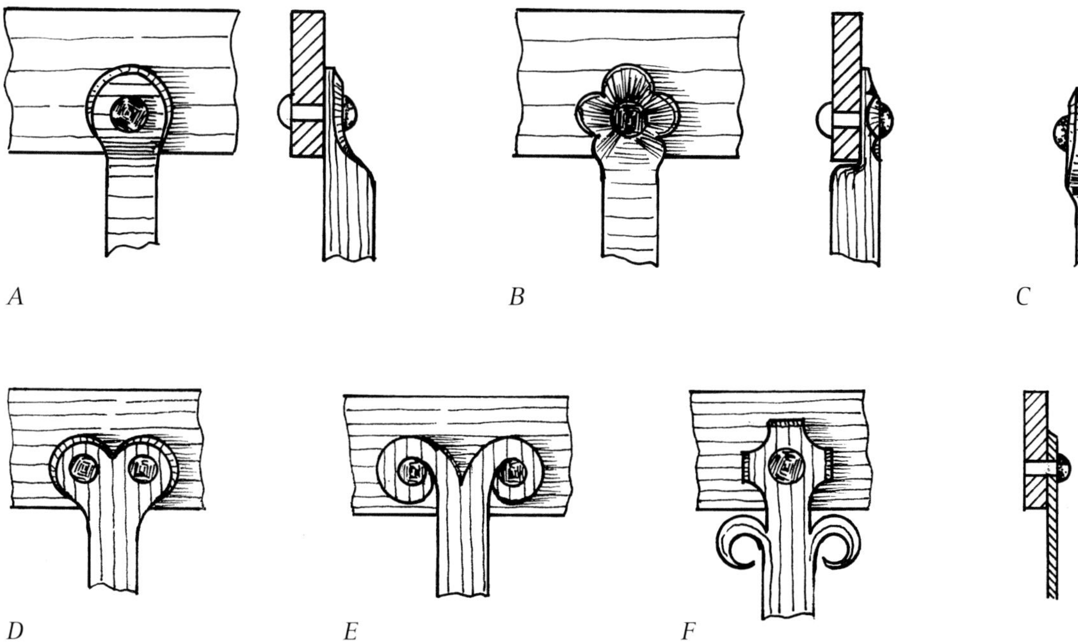

Bild 13.37 A–F

Vorschläge für weitere Zusammenfügungsdetails

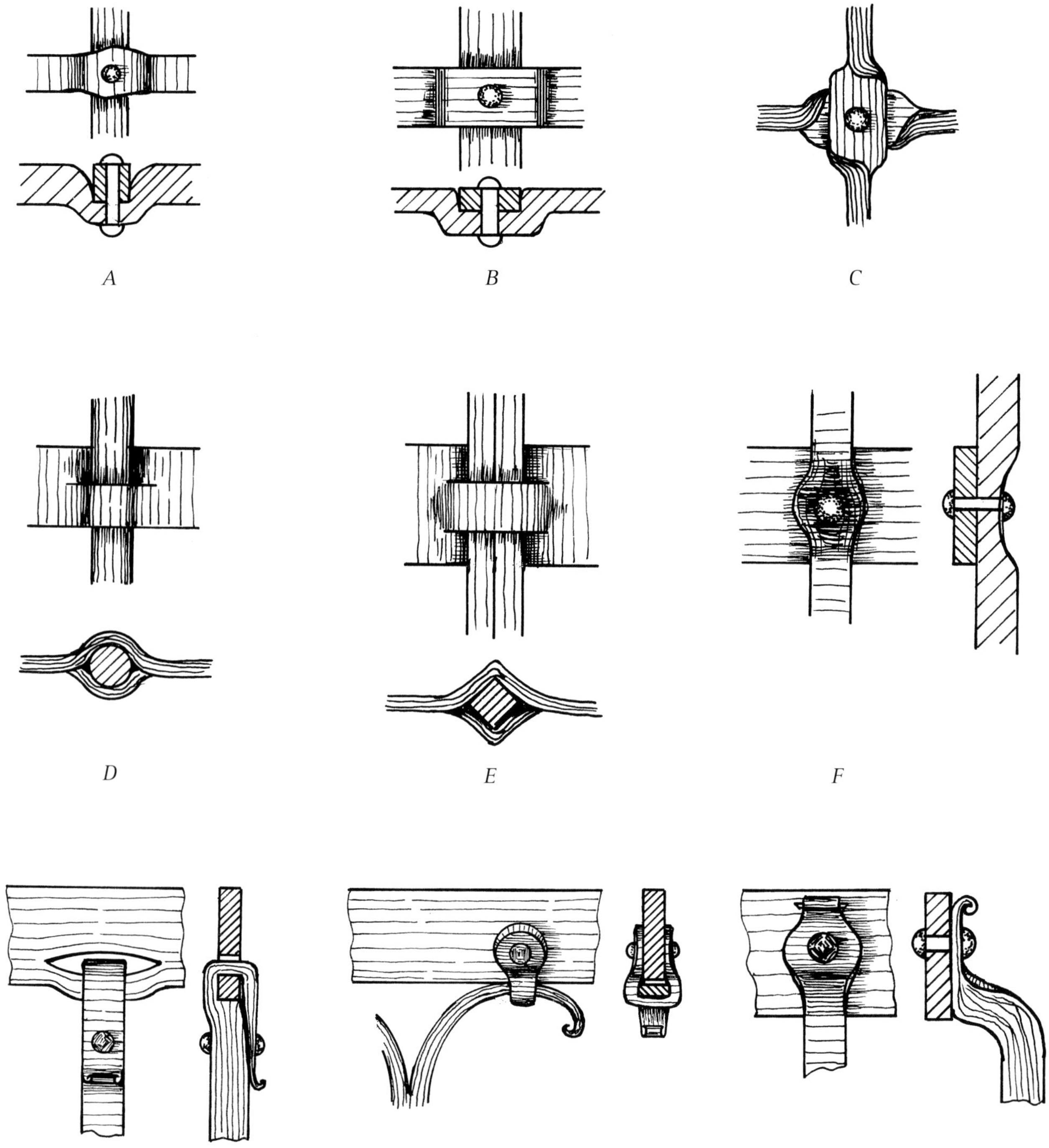

Bild 13.38 A–I

Von der Ausstellung beim Kunstschmiedetreffen in Helfstyn, 1997–98

Schmiedeeisernes Tor.

Geschmiedetes Geländer.

Schmiedeeisernes Gitter.

Schmiedeeisernes Geländer.

Balance-Bild.

Geschmiedete Eisentür.

Springbrunnen.

Schmiedeeisen und gefärbtes Glas, schön kombiniert.

Unterschiedliche Spiralen

Eine Spirale mit den richtigen Proportionen und Bogen zu schmieden, ist gar nicht so einfach, und die erste, die man macht, wird vielleicht nicht wirklich schön. Aber man muss nur üben, dann gelingt es besser. Man sieht dann auch die Spiralenbogen mit der passenden Steigung richtig. Das Schmieden einer Spirale mit Hilfe von Biegeschablone und Biegegabel wurde schon gezeigt.

Die in Bild 13.39 dargestellte Spirale ist ein wenig anders, und ich möchte hier die Vorgehensweise für das Schmieden eines solchen „Spiralenballs“ vorstellen. Er kann als Handgriff verwendet werden, kommt aber meistens zusammen mit Blumen und Blättern an anderen kunstgeschmiedeten Details vor.

Beginnen Sie mit einem 4–6 mm Rundstahl. Biegen Sie die Enden der Stange zuerst in einem rechten Winkel, bevor Sie anfangen, die Spirale zu schmieden. Schmieden Sie zwei gleich große Spiralen, wie in der Zeichnung gezeigt. Die Spiralen müssen dicht und rund sein. Wenn sie fertig sind, biegen Sie die eine über die andere, wie Bild 13.40 zeigt.

Jetzt können Sie die beiden Zapfen, die im rechten Winkel abstehen, zum Ziehen gebrauchen. Erwärmen Sie das Spiralenstück gleichmäßig bis zur Rotglut und ziehen Sie die Spirale in die richtige Länge. Zum Schluss müssen Sie die Spirale vielleicht mit einer Zange noch etwas ausrichten.

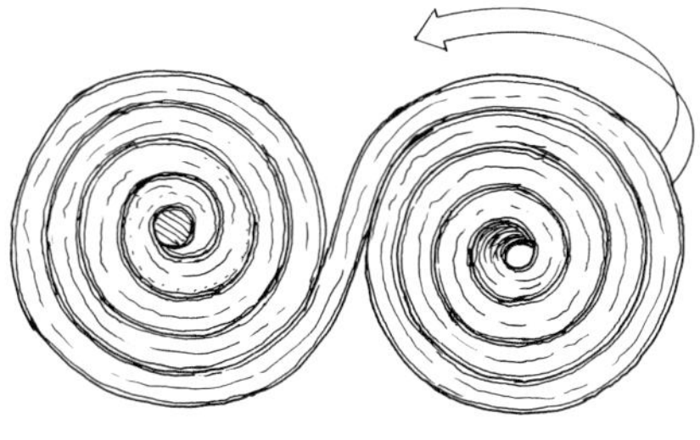

Bild 13.39

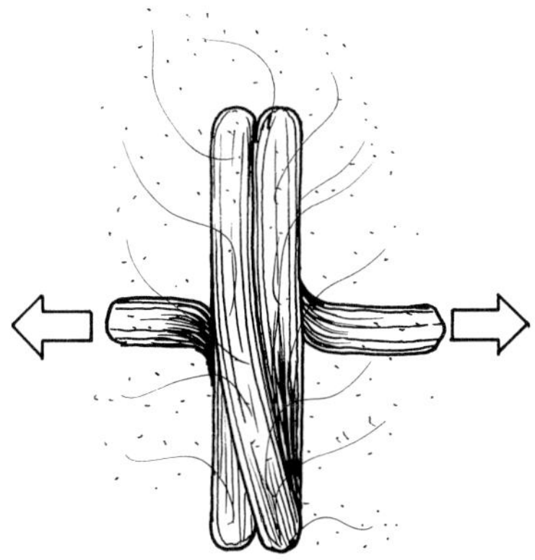

Bild 13.40

Vorgefertigte schmiedeeiserne Details

Die beiden Abbildungen stammen aus einem alten vergilbten deutschen Katalog für schmiedeeiserne Produkte. Der Name der Gesellschaft war Bruno Mädler, Berlin. Die Spiralen sind die gleichen wie die oben erklärten. Vor ein bis zwei Generationen konnte man alle möglichen Details bestellen. Sie wurden zu kunstvollen schmiedeeisernen Erzeugnissen zusammengeschweißt.

Auch heute noch gibt es Betriebe, die solche Schmiedeeisendetails, wie zum Beispiel Rosetten oder Blätter, herstellen.

Bild 13.41 A und B Verzierungs-Gitterspitzen.

Vorgefertigte schmiedeeiserne Details.

Beispiele mehrerer vorgefertigter Schmiedeeisendetails.

Zwei unterschiedliche Spiralen, auf der vorigen Seite erklärt (eigene Arbeit).

Andere Spiralen

Bild 13.42

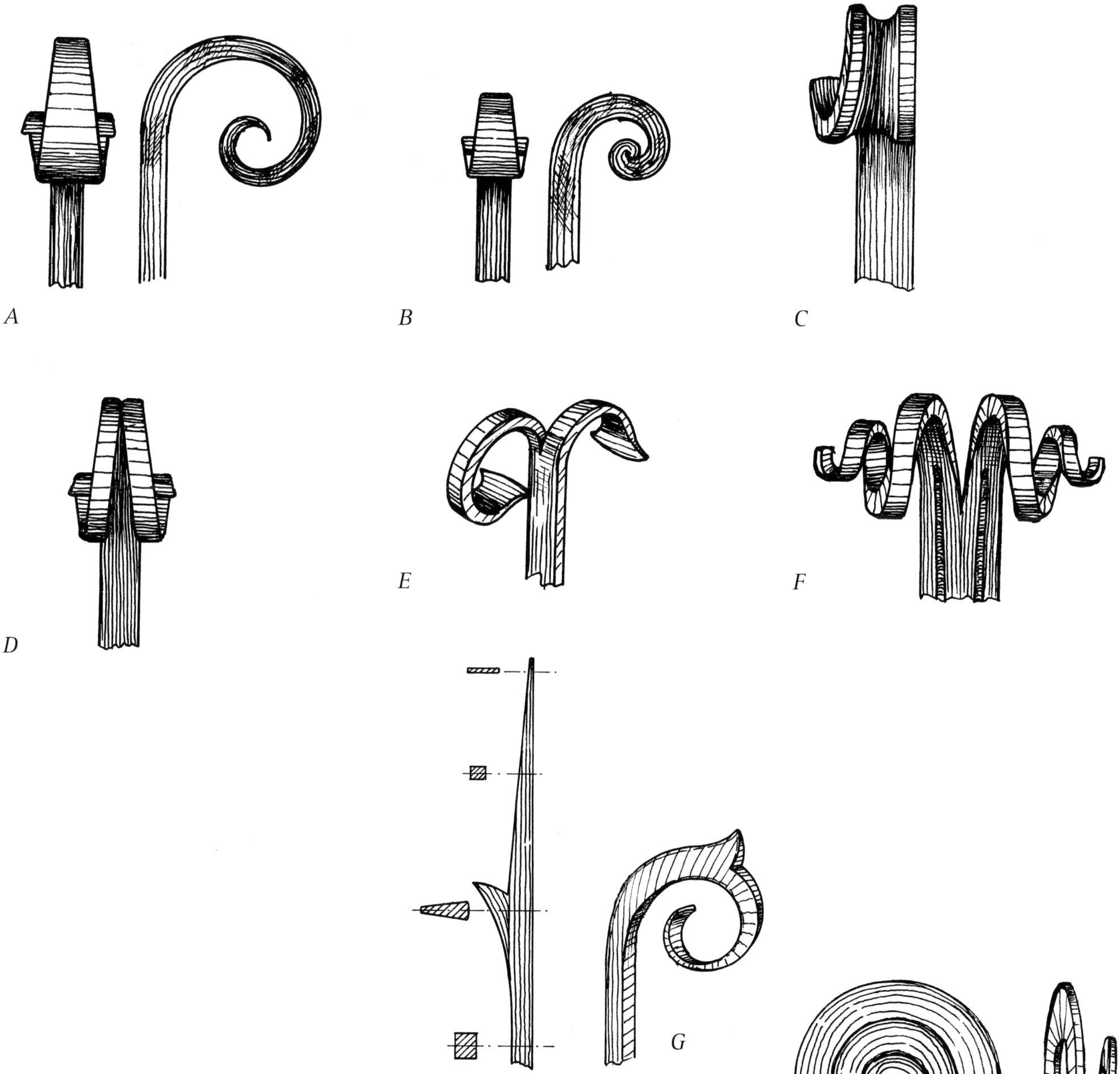

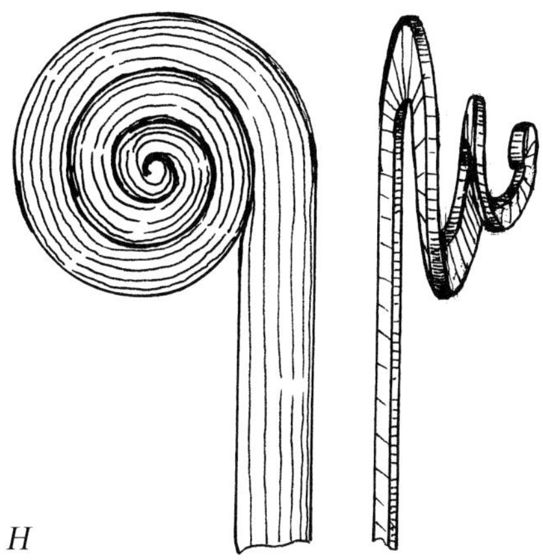

Bild A: Offene Spirale aus Rund- oder Vierkantstahl.
Bild B: Geschlossene Spirale aus Rund- oder Vierkantstahl.
Bild C: Spirale mit einer ebenen Seite.
Bild D: Aufgemeißelte Spirale aus Rund- oder Vierkantstahl.
Bild E: Aufgemeißelte Spirale aus Flachstahl.
Bild F: Bockshornspirale aus Flachstahl aufgemeißelt, feingeschmiedet und mit Zange gebogen.
Bild G: Akanthusspirale aus Vierkantstahl.
Bild H: Flachstahlspirale, wie der Spiralenball auf der vorigen Seite geschmiedet.

Beispiele für andere Spiralen

Ich werde Ihnen jetzt zeigen, wie man die in Bild 13.43 dargestellte Spirale schmiedet. Ausgangsmaterial ist Flachstahl, der wie in der Zeichnung geschmiedet wird. Es sieht fast wie eine dicke Messerklinge aus. Sehen Sie sich die Schnitte an.

Biegen Sie den Flachstahl zur Spirale und breiten Sie die äußere „Kurve“ aus, so dass an der Innenseite ein passender Rücken stehen bleibt. Hier können Sie, um den Übergang schöner formen zu können, auch einen kleineren Rundsetzhammer oder ein Hilfsgesenk mit einer runden Nut verwenden.

Denken Sie daran: Je mehr Sie die äußere Kurve mit dem Hammer bearbeiten, desto mehr krümmt sich die Spirale. Auch ist das Biegen und Krümmen meistens leichter als das wieder Ausrichten.

Man kann auch nur auf der einen Seite einen erhöhten Rücken schmieden und die Spirale an der Rückseite flach lassen.

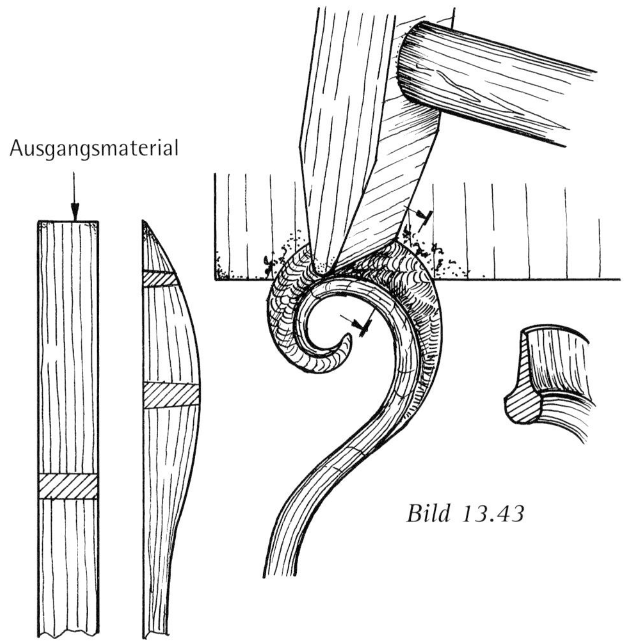

Bild 13.43

Spirale mit Dekormuster

Eine weitere Spirale (Bild 13.44) ist im Großen und Ganzen wie die eben Erklärte geschmiedet, aber auf der einen Seite zusätzlich mit geschmiedeten Halbmonden verziert.

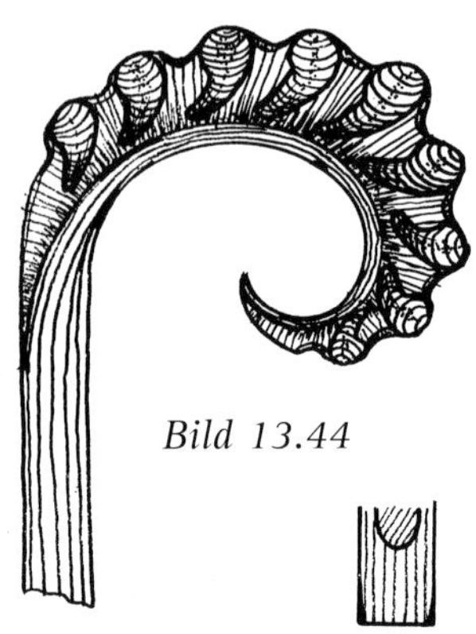
Bild 13.44

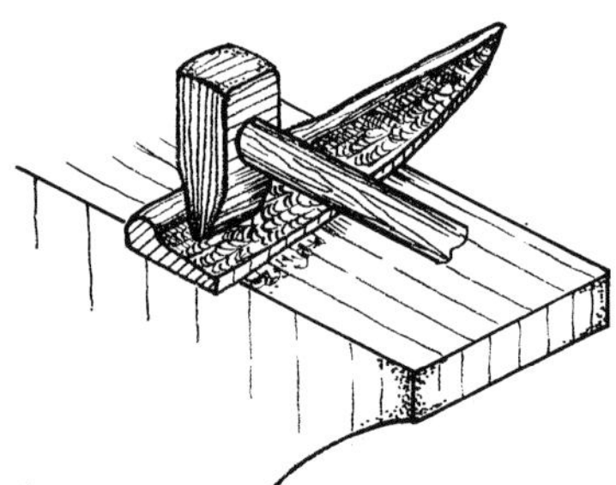
A

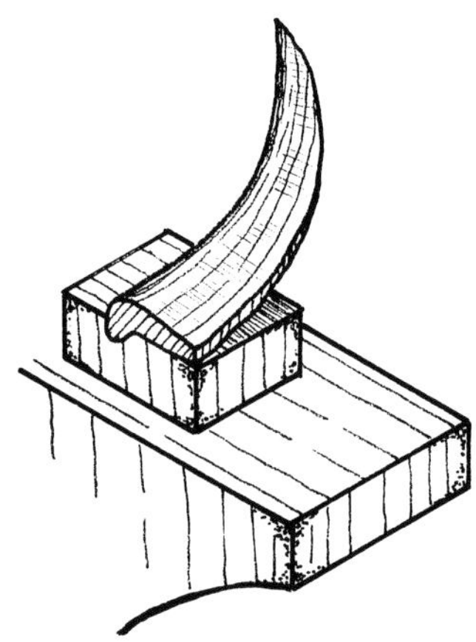
B

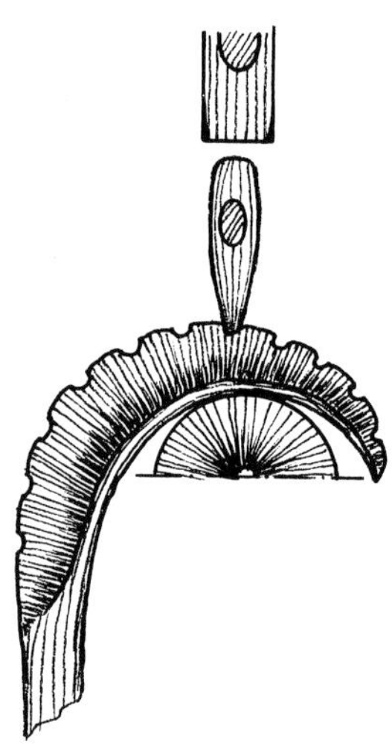
C

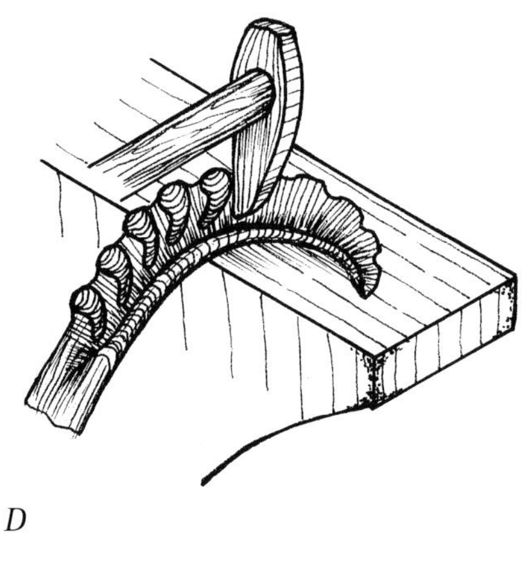
D

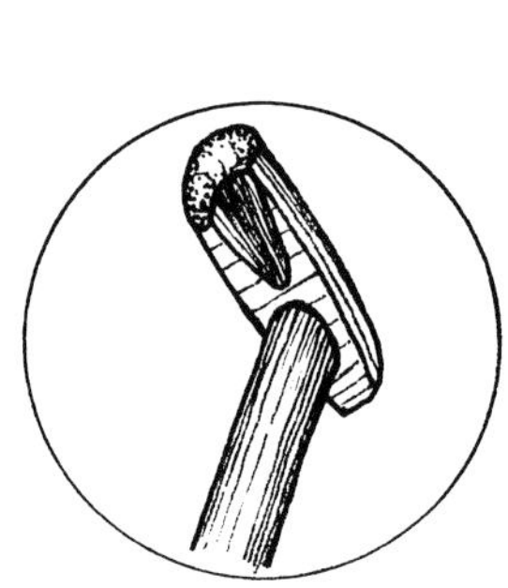
E Dekorwerkzeug.

Bild A: Durch Biegen und Breiten in die Spiralenform grobschmieden.

Bild B: Wenn nötig ein Hilfsgesenk verwenden, um einen schöneren Rücken und glattere Flächen zu erhalten.

Bild C: Wenn die Krümmung der Spirale richtig ist, setzen Sie an der Außenkurve mit dem Kehlhammer Nuten ab. Der Abstand der Nuten ergibt sich aus der Größe des Dekors.

Bild D: Um das Dekor zurechtzuschmieden, muss man sich ein geeignetes Werkzeug zurechtschleifen.

Bild E: Denken Sie daran, dass sich die Spirale noch etwas mehr krümmt, wenn Sie das Muster schmieden.

Schmiedeeisernes, nach der selben Technik geschmiedet

Dieselbe Technik kann auch mit dem Maschinenhammer angewandt werden.

Helfstyn 1997.

Helfstyn 1997.

Zusammengesetzte Details

Beim Kunstschmieden werden die Details mit unterschiedlichen Techniken und Methoden angefertigt. Alles anzuführen, ist hier nicht möglich, daher versuche ich weiterzuentwickeln, was bereits vorgestellt wurde.

Die meisten Details bestehen aus Kreisen und Spiralen, die für Zusammenfügungen, Verzweigungen und Abschlüsse verwendet werden. Bevor man mit dem Schmieden von Ornamenten beginnt, sei es für Gitter, Geländer oder andere Gebrauchs- und Schmuckgegenstände, muss man eine Zeichnung anfertigen. Denn man verwendet ein frei stehendes Detail selten allein, meistens setzt man es mit anderen Details zu einem harmonischen Ganzen zusammen.

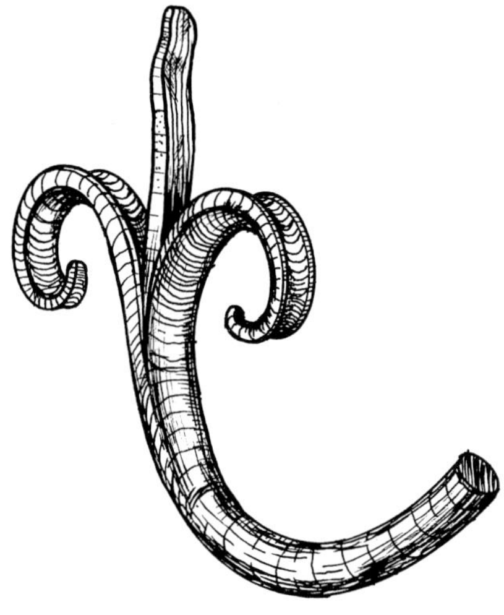

Bild 13.45

Soll einem das gelingen, muss man Form und Design mit dem Bleistift auf dem Papier festhalten. Für viele von uns ist das etwas schwierig, aber Übung macht den Meister.

Ich werde jetzt auf das in Bild 13.45 gezeigte Detail näher eingehen. Es kann eine Verzweigung oder z. B. eine Weiterführung eines Akanthusbogens sein. Das Ausgangsmaterial kann rund oder viereckig sein, und die drei Teile sind feuerverschweißt.

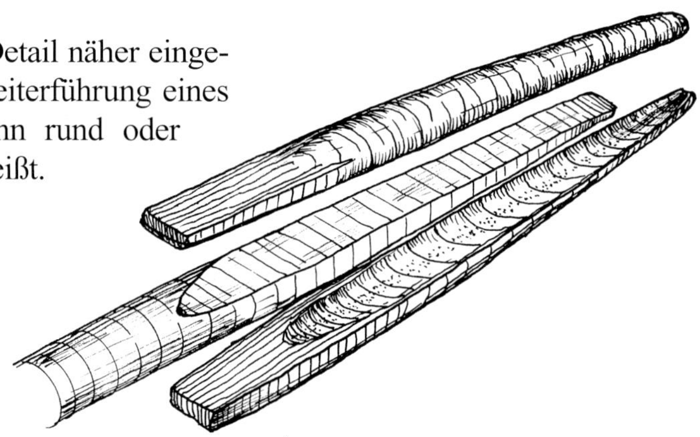

A

Schmieden Sie den mittleren Teil zuerst in beide Richtungen etwas konisch. Auch die Spirale wird konisch geschmiedet und sieht aus, als hätten Sie ein konisches Rohr gespalten (Bild A).

Die beiden Spiralen werden mit jeder Seite des mittleren Teils feuerverschweißt. Ich schweiße am liebsten beide gleichzeitig, indem ich alle drei Teile mit einer geeigneten Zange festhalte. Wenn die Spiralen an den mittleren Teil geschweißt und an ihn mit einem gleichmäßigen schönen Übergang geschmiedet sind, biegt man die Spirale nach außen (Bild B).

Bei kleineren Werkstücken geht das Biegen am besten mit einer Zange. Verwenden Sie eine Zange mit innerem und äußerem Biss, damit die hohl geschmiedeten Spiralen nicht flach geklemmt werden.

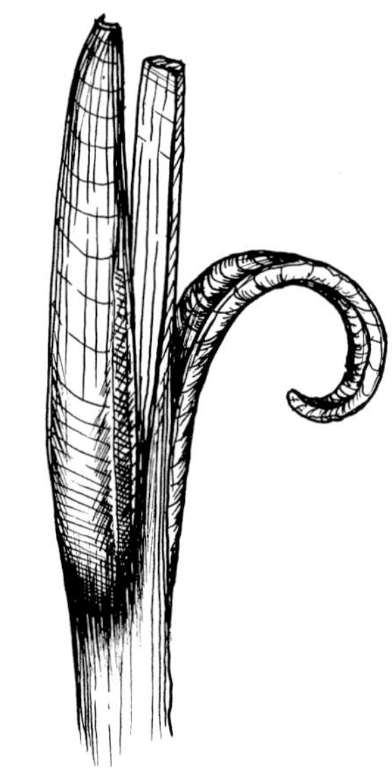

B

Schmiedeeiserne Tore am Haupteingang des Vigelandsparks in Oslo

Das ist vermutlich die beste Schmiedearbeit dieser Art, die wir in Norwegen aus neuerer Zeit haben. Der Künstler der Schmiedearbeiten im Park ist Gustav Vigeland, für den mehrere Schmiede arbeiteten. Das hier abgebildete Kunstwerk stammt aus den Jahren 1934–1938.

Ausschnitte aus schmiedeeisernen Toren im Vigelandspark in Oslo (Gustav Vigeland, 1934–38).

Hammertypen zum Treiben und Formen

Es ist nicht immer leicht, mit dem gewöhnlichen Schmiedehammer beim Formen von kleineren Details, wie z. B. Blättern, Blüten und Profilen, die letzten Winkel zu erreichen. Daher kann sich der Bedarf an schlankeren Hämmern melden, die aber nicht zu leicht sein dürfen. Solche Hämmer werden auch zum Treiben von Blechen aus Stahl, Messing und Kupfer verwendet.

Das Foto rechts unten zeigt von Alfred Habermann hergestellte Hämmer und Werkzeuge. Beachten Sie die kleine Rosette, die mit Hammer und Meißel geformt wurde.

Schmieden von Hämmern

Die in Bild 13.46 A–D gezeigte Art von Hämmern wird meist nach dem eigenen Bedarf geformt. Sie selbst zu schmieden, ist eine gute Übung. Es ist auch nicht so schwierig, wie es scheinen mag. Wenn Sie weder einen Zuschläger noch einen Maschinenhammer zur Verfügung haben, müssen Sie sich ein Hilfswerkzeug anfertigen, das das Werkstück auf dem Amboss festhält, während sie das Loch für den Stiel meißeln.

Grobschmieden Sie zuerst die Hammerform und meißeln Sie dann das Loch für den Stiel und dornen Sie es auf. Ich härte am liebsten beide Enden des Hammers und lasse mit Eigenwärme von der Stelle des Stielloches aus an. Das Anlassen soll langsam verlaufen, am besten 10 Minuten, damit nicht mehr zu viel Wärme um das Loch herum übrig ist.

Kommt die Anlassfarbe zu schnell, halten Sie die Hammerenden mit einem nassen Lappen gekühlt, bis die Härtetemperatur um das Loch herum gesunken ist. Ein besonderes Härtegefüge in der Mitte des Hammers ist nicht nötig.

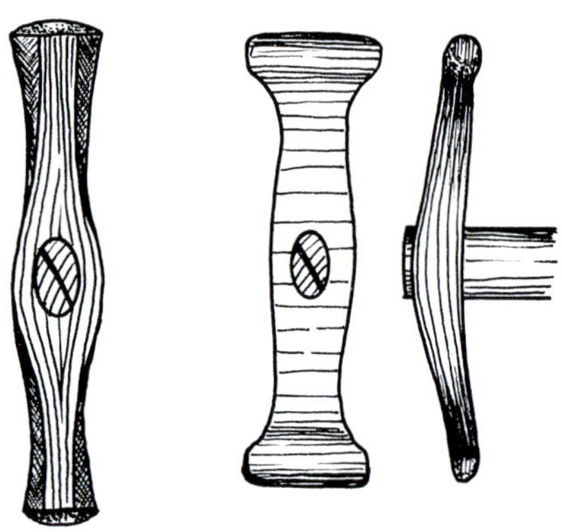

Bild 13.46

Eine kleine Auswahl von Werkzeugen zum Treiben, von Alfred Habermann angefertigt.

Beispiele anderer Hammertypen

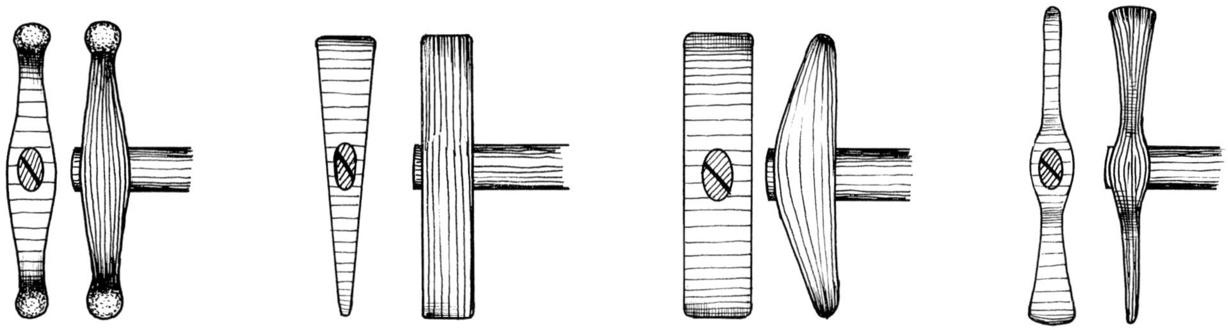

A *B* *C* *D*

Beispiel für das Schmieden eines Blattes

Möchte man mehrere gleiche Details schmieden, lohnt es sich, eine Schablone aus Blech anzufertigen, nach der geritzt werden kann.

Bild 13.47 zeigt ein Blatt, das aus einem 2 mm starken Blech kalt herausgemeißelt wurde. Hier sehen Sie, dass die kleinen Blätter verlängert wurden, indem man zum Zentrum des Hauptblattes hin Nuten gemeißelt hat (Bild A). Verwenden Sie einen Meißel mit abgerundeter Schneide, dann vermeiden Sie, dass Sie durchschlagen. Meißeln Sie die Nuten, während das Werkstück warm ist. Dann schmieden Sie das Blatt sowohl in der Länge als auch in der Breite dünner.

Wenn das Blatt nachgemeißelt und an den Rändern gereinigt ist, und Sie mit der Form zufrieden sind, können Sie mit dem Biegen und Treiben anfangen (Bild B). Das wird warm und kalt gemacht, abhängig von der Stärke des Blechs. Man kann auch mit Hilfswerkzeug biegen und treiben, siehe Bild C (auf der nächsten Seite).

Abhängig vom Schwierigkeitsgrad, wird man allmählich auch anderes Hilfswerkzeug mit Kugel-, Kegel-, Ellipsen- und Kreisform benötigen, sowie eventuell eine Bleiform als Unterlage.

Will man im Blatt Einkerbungen oder ein anderes Dekor schmieden, kann man es wie in Bild D (auf der nächsten Seite) machen. Das kann kalt oder warm geschehen, abhängig von der Stärke des Blechs. Sie müssen von beiden Seiten hämmern und ausrichten, dabei werden Sie merken, dass eine große Auswahl von geeigneten Hämmern und anderem Werkzeug von Vorteil ist.

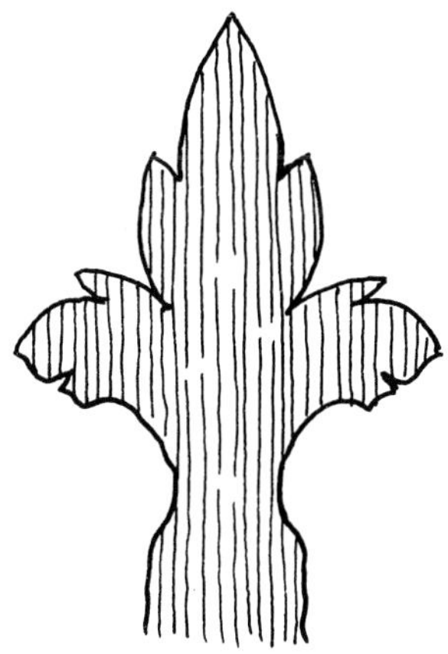

Bild 13.47

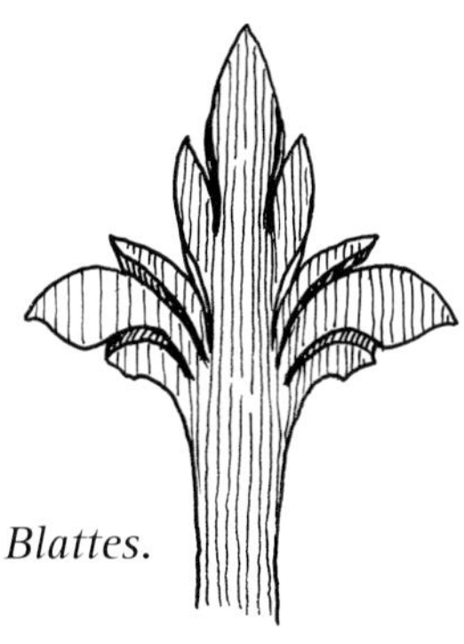

A Verlängerung eines Blattes.

B Biegen und Treiben.

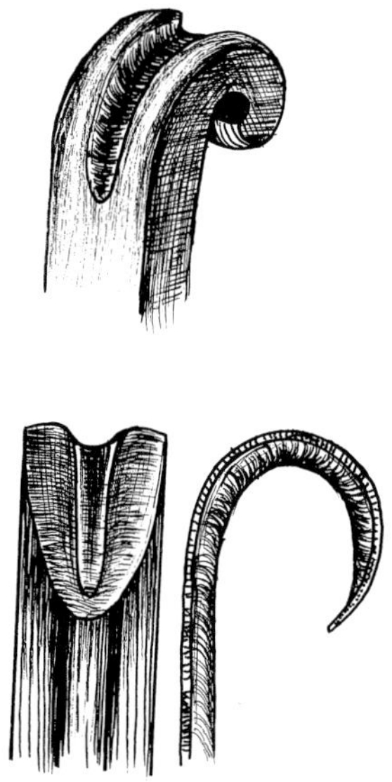

C *Hilfswerkzeug.*

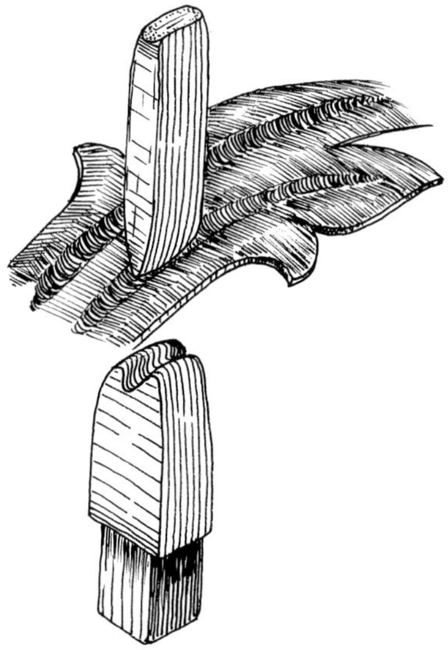

D

Beispiele

Das Blatt in Bild 13.48 wurde aus einem 5 x 60 mm Flachstahl geschmiedet. Mit Ausnahme des Stengels ist es in alle Richtungen bis ca. 1 mm Stärke ausgedünnt und in die gewünschte Blattform gemeißelt.

Das Blatt wird mit einem mehr oder weniger abgerundeten Meißelwerkzeug geformt, so dass über das ganze Blatt in der Längsrichtung ein Hauptrücken mit Verzweigungen auf beide Seiten verläuft. Form und Ausführung kann jeder machen, wie er will. Hier wurde das Material mit Meißelwerkzeug und Hammer von beiden Seiten getrieben, bis man die erhöhten Profile erhielt. Siehe auch die vorige Seite.

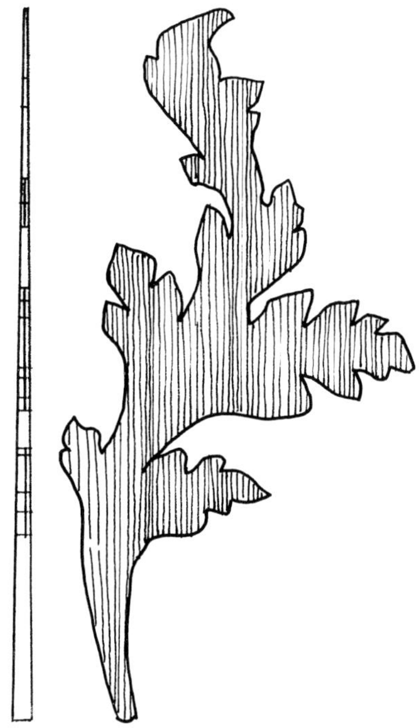

Bild 13.48

Die Arbeit wird je nach Stärke des Blechs teils warm und teils kalt ausgeführt.

A

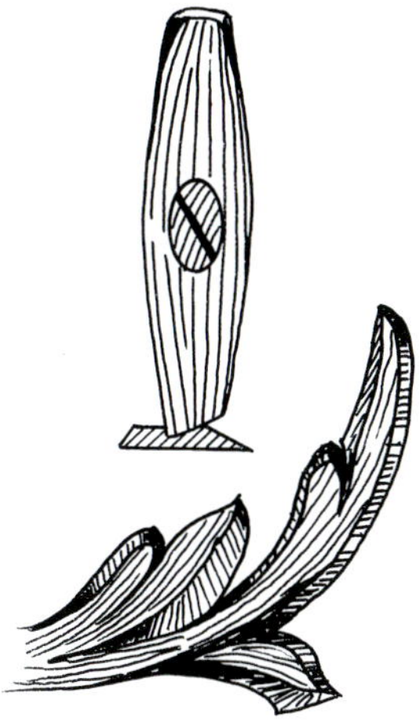

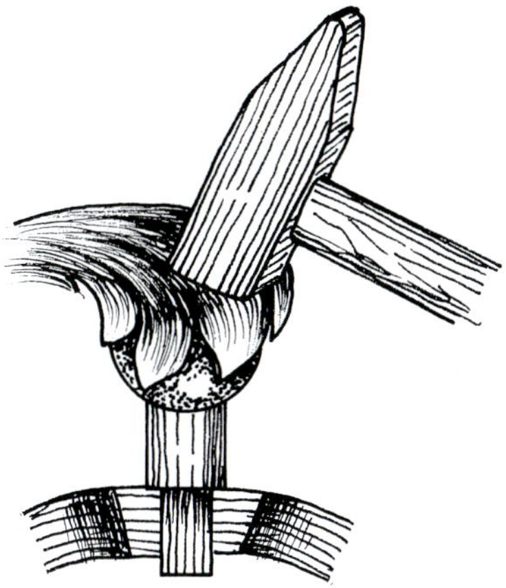

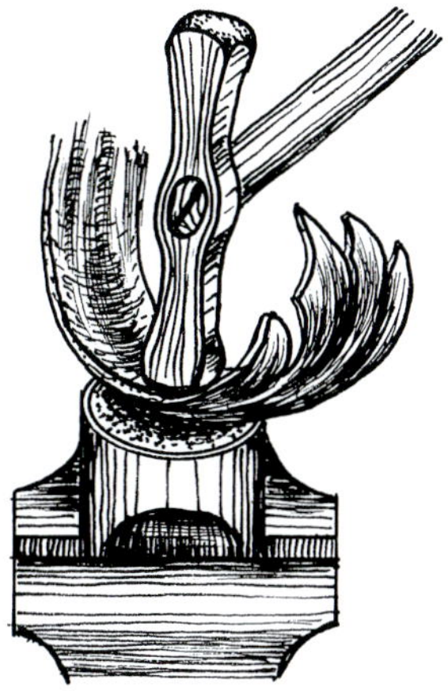

B Beispiele für einen Meißel zum Meißeln von Profilen. Man kann mit einem geeigneten Gegenhaltprofil auch von der Rückseite her meißeln.

C Formen auf der Kugel.

D Formen in der Bleiform.

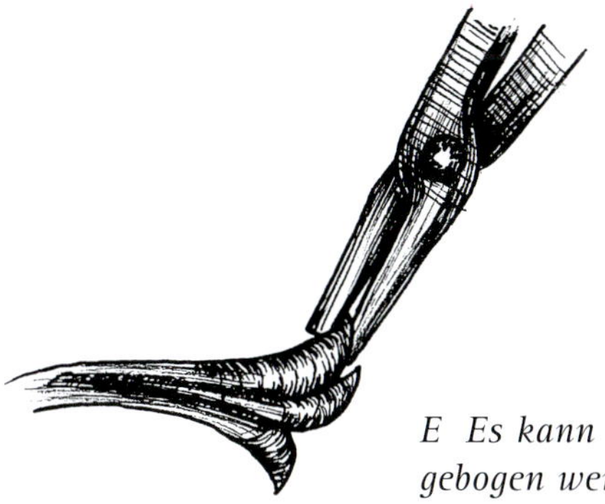

E Es kann auch mit der Zange gebogen werden.

Beispiele für das Treiben und Formen

Das Vorgehen wurde auf den vorigen Seiten erklärt.

Schmieden Sie in die richtige Dicke und meißeln Sie die Hauptform aus. Markieren Sie eventuelle Nuten und beginnen Sie zu treiben.

Eine Arbeit von Alfred Habermann.

Eine andere Art Blatt, nach dem selben Verfahren wie oben geschmiedet (Rasmus Bugge, Dänemark).

Beispiel für eine Neuanfertigung. Das obere Detail ist das alte Muster (Alfred Habermann).

Eine Arbeit von Alfred Habermann.

Beispiel für das Treiben einer erhöhten Kante mit Unterwerkzeug (eigene Arbeit).

Schmieden eines Türdrückers

Das Schmieden von Türdrückern ist eine sehr alte Technik. Seit es Türen gibt, benötigt man einen Handgriff oder Türdrücker. Man hat sie in vielen Varianten hergestellt, von einfachen funktionellen bis zu dekorierten und kunstvollen Meisterwerken.

Unten sehen Sie einige Vorschläge zu Handgriffen und Türbeschlägen.

Türdrücker und Bänder, von Alfred Habermann geschmiedet.

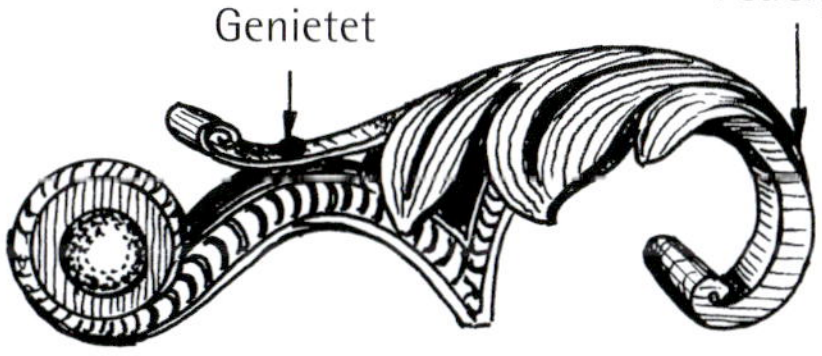

Bild 13.49 A Türdrücker, mit dem Meißel dekoriert.

B Beschlag, kaltgemeißelt und aus einem 1 mm starken Blech geformt.

C Das Loch ist aus dem Beschlag getrieben.

D Aus einem Stück geschmiedet.

E Aus einem Stück.

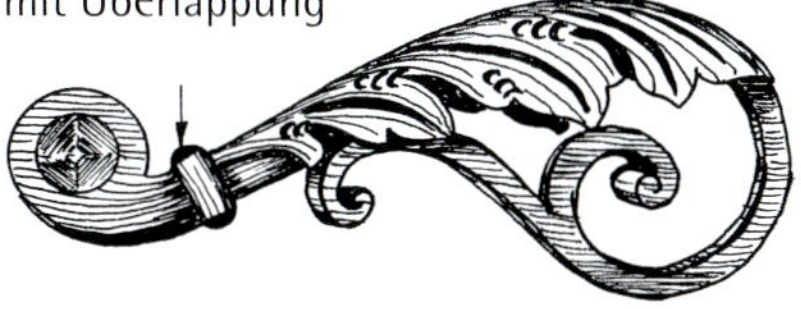

F

G Aus einem Stück.

Beispiel eines Türdrückers

Bild 13.50

Der Türdrücker in Bild 13.50 ist aus einem Stück geschmiedet und an den Vierkantbolzen genietet, der durch das Türschloss hindurch geht.

Bild A: Bevor Sie beginnen, sollten Sie mit Modellierton versuchen, die richtigen Maße zu finden. So sehen Sie auch, wie viel sich das Material strecken wird.

Wählen Sie die richtige Stärke Rundstahl und schmieden Sie zuerst eine Kugel an dem Ende, das ausgeebnet werden soll. Dann dornen Sie ein Vierkantloch auf, das zum Vierkantbolzen des Türschlosses passt.

A

Bild B: Anschließend können Sie mit dem Grobschmieden des Türdrückers beginnen. Vergessen Sie nicht, dass genug Material zum Breiten des Blattes übrig sein muss. Schmieden Sie das ganze Werkstück etwas zu kurz, es ist leichter, es lang genug zu machen. Sie können auch ein Hilfsgesenk verwenden.

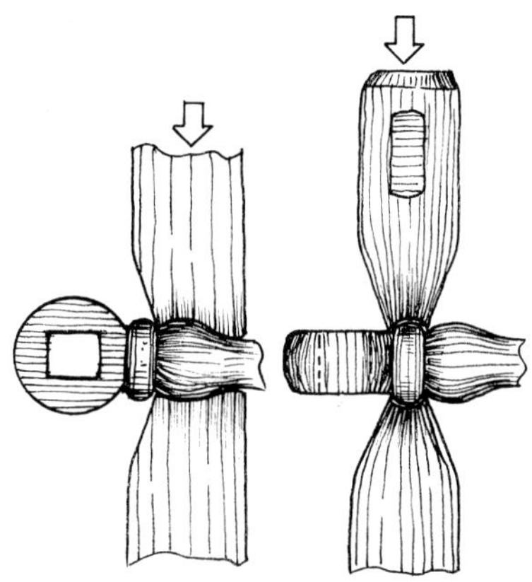

B

Bild C: Wenn das Blatt in die richtige Stärke gebreitet ist, können Sie die Form ausmeißeln. Falten Sie jedoch zuerst ein Stück Papier und schneiden Sie die Form aus.

Bild D: Es ist leichter Papier zu falten und auszuschneiden, bis Sie die richtige Größe haben.

Bild E: Zum Schmieden der Blattform ist ein Hilfswerkzeug praktisch. Sie werden es sicher auch später verwenden können. Schlagen Sie eine runde Stange in einen warmen Flachstahl hinein, so dass Sie eine Hohlkehle wie einen Kegel erhalten.

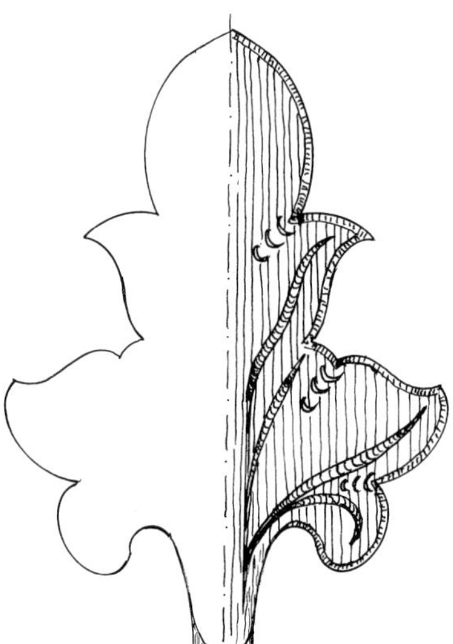

C

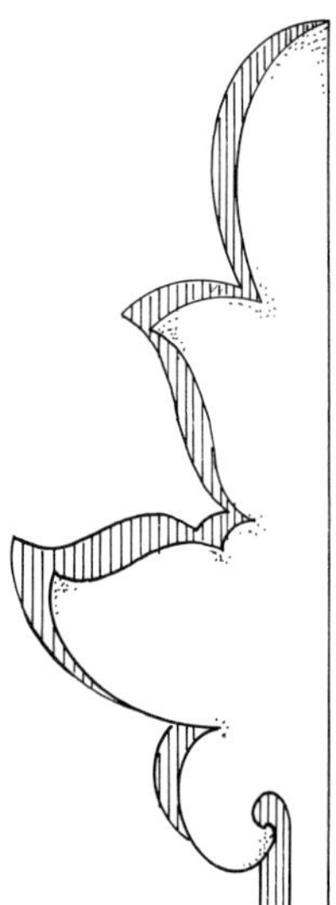

D

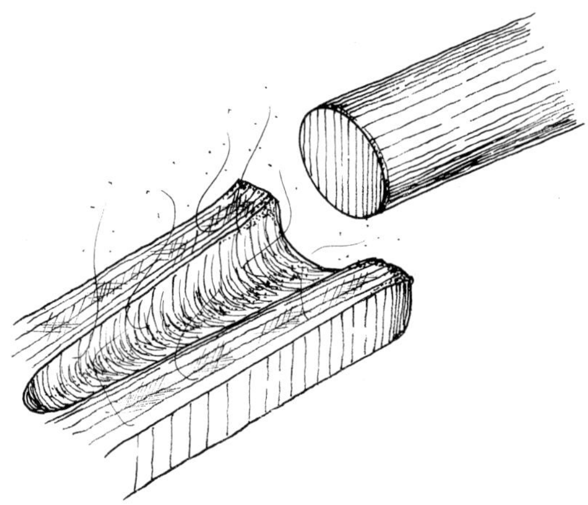

E

Bild F: Biegen Sie dann den Flachstahl in die richtige Form und schmieden Sie das Blatt mit dem richtigen Hammer über dem Werkzeug.

Bild G: Biegen Sie den Handgriff zu einer weichen und symmetrischen Form und schmieden Sie die Form des Blattes zurecht.

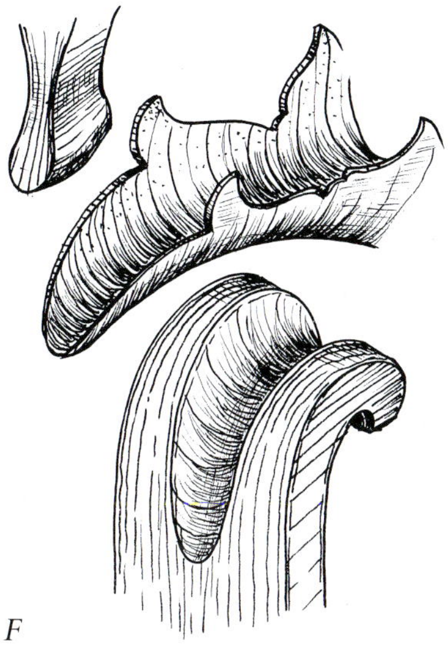

F

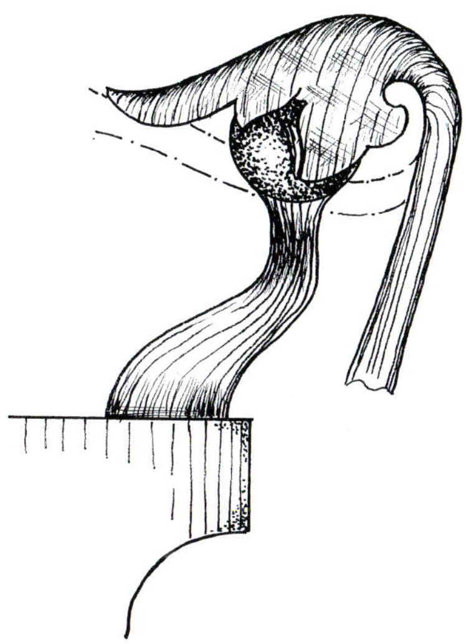

G

Weitere schöne Stücke der Ausstellung beim Kunstschmiedetreffen in Helfstyn, 1997 und 1998

Türdrücker in modernem Design.

Die Symbolik müssen Sie selbst sehen!

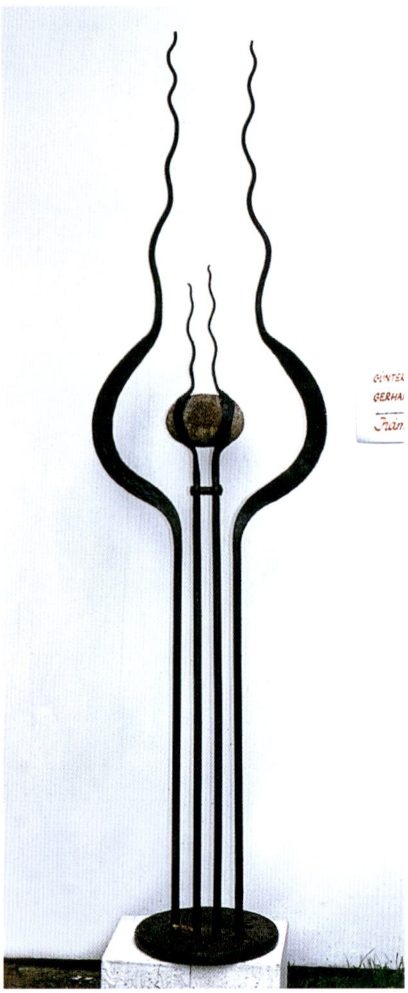

Dekordetail.

Das Einfachste ist meistens am schönsten.

Schmieden von Türklopfern

Türklopfer sind alte und bekannte schmiedeeiserne Gegenstände, die denselben Nutzen haben wie heutzutage die Klingel. Sie heißen Türklopfer, weil sie dieselbe Funktion haben, wie jemand, der an die Tür klopft.

Es wurden schon viele kunstvolle Türklopfer mit komplizierten Schmiedetechniken geschmiedet, von Ringen mit Schlangenköpfen bis zu furchterregenden Fratzen und Tieren. Häufig sollten Sie jemanden oder etwas symbolisieren, und auch hier war ein schöner und schmiedetechnisch komplizierter Türklopfer ein Statussymbol.

Der in Bild 13.51 gezeigte Türklopfer ist ein Knoten aus Rundstahl, der auf einem Beschlag befestigt ist. Zum Durchziehen eines solchen Knotens sollte man eine Gasflamme haben. Sie können selbstverständlich auch in der Esse erwärmen. Es gibt Schmiede, die schwierigere Sachen als diese in der Esse geschmiedet haben.

Der Türklopfer in Bild 13.52 ist ein Türhammer, der auf einen Amboss schlägt, und sind Sie Schmied, sollten Sie natürlich einen solchen an Ihrer Haustür haben. Ich werde ihn für mich schmieden, wenn ich die Arbeit an diesem Buch beendet habe.

Bild 13.51

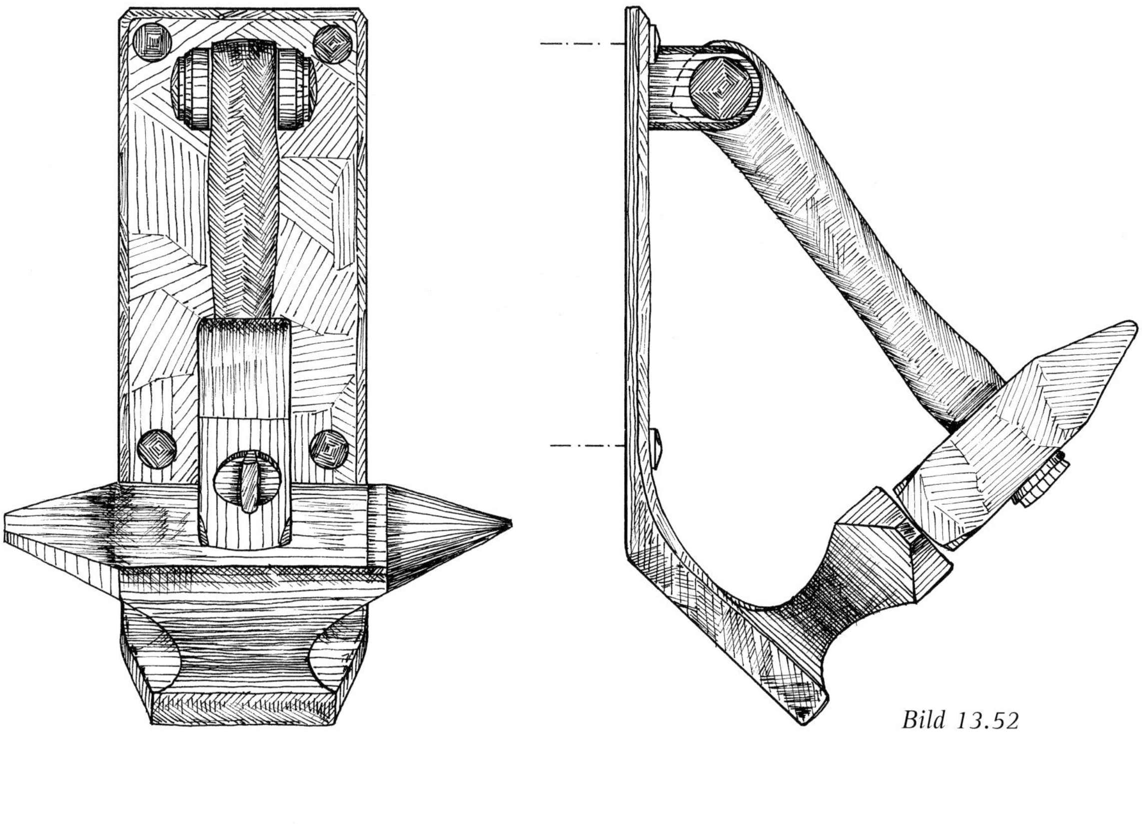

Bild 13.52

Eines der vielen Kunstwerke der Natur

Im Zusammenhang mit dem Kunstschmieden habe ich einleitend Ausdrücke wie Kunst und Kunstwerk verwendet. Das auf diesen Fotos aus Oslo Dargestellte könnte man wohl auch als Kunstwerk bezeichnen.

Die Natur als Künstler hat dies geschaffen, und weder Schmied noch Gärtner haben versucht, den Wachstumsprozess aufzuhalten. Ob der Baum oder der schmiedeeiserne Zaun zuerst hier war, ist nicht leicht zu sagen, aber wie es scheint, hat keiner von beiden in dem Kampf, sich aufrecht zu halten, Schaden genommen.

Das Ganze sieht zweifellos etwas brutal aus, es kann aber genau so gut die Verbundenheit von Schmiedeeisen mit der Natur symbolisieren.

Figurenschmieden

KAPITEL 14

Figurenschmieden kann fast als eine eigene Form des Kunstschmiedens betrachtet werden. Meiner Meinung nach erfordert es umfassende Kenntnisse und Fertigkeiten in den unterschiedlichen Schmiedetechniken und nicht zuletzt die Fähigkeit zu anatomisch richtiger Gestaltung und ein scharfes Auge für das Charakteristische.

Bei den Schmieden außerhalb von Skandinavien habe ich fantastische geschmiedete Tierfiguren gesehen. Jemand, der mit dieser Art des Schmiedens nicht so vertraut ist, kann sich wirklich wundern, wie so etwas möglich ist. Wie erwähnt, glaube ich, dass man die Eigenschaften eines Karikaturzeichners besitzen und außerdem ein fortgeschrittener Schmied sein sollte. Ich habe mich ein wenig im Figurenschmieden versucht, muss aber gestehen, dass es mir nicht leicht fällt.

Am späten Abend wurde dieser Ochse an einem Schmiedetreffen in Ybbsitz in Österreich (1998) vom Schmied Molnar Jozset aus Ungarn hervorgezaubert.

Von der Ausstellung des Kunstschmiedetreffens in Helfstyn 1997. Kommentare wären überflüssig - einfach großartig!

Die hier abgebildete Mücke ist fast 30 cm lang. Außer den Flügeln, die am Körper festgenietet sind, ist sie aus einem Stück geschmiedet. Sie gewann 1997 den ersten Preis bei einem zweistündigen Wettschmieden in Helfstyn.

Schmieden eines Ochsens

Ich habe versucht, den Ochsen hier anhand des Fotos der vorigen Seite zu schmieden. Wie Sie sehen, habe ich angedeutet, dass man einen Ring für die Nase schmieden und ihn als Türklopfer verwenden kann. Ich habe 35 mm Vierkantstahl verwendet und werde versuchen, die Vorgehensweise zu erklären.

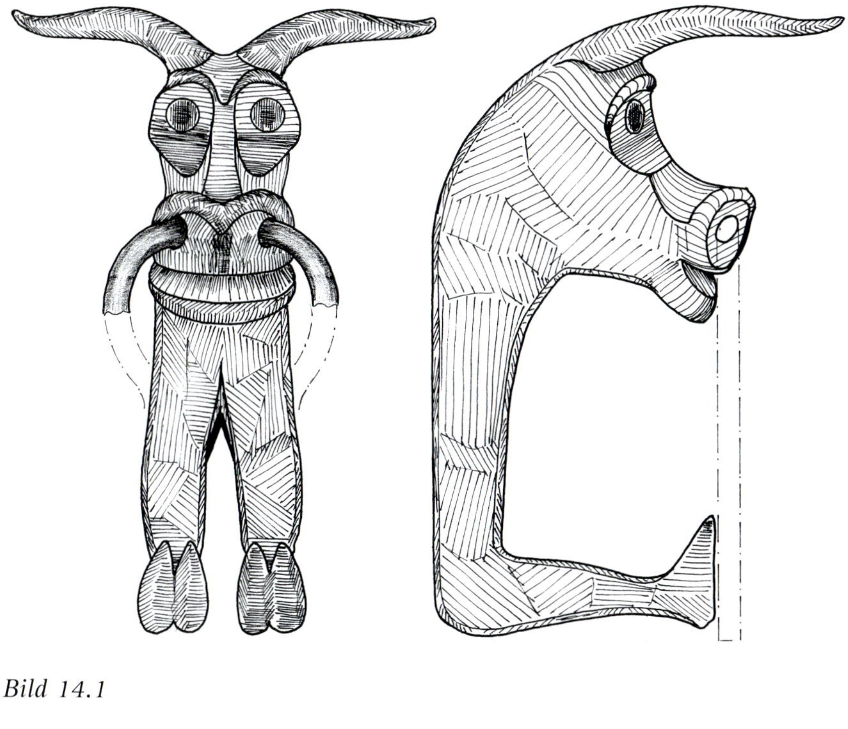

Bild 14.1

Figur A: Zuerst wird der Vierkantstahl ungefähr im rechten Winkel gebogen und dann für den Teil, der die Hörner bilden soll, eine durchgehende Nut gemeißelt. Dann wird der Hornteil in einem rechten Winkel ausgebreitet und auf der flachen Seite für zwei Hörner gespalten, die gestreckt werden.

Figur B: Biegen Sie den Hals etwas mehr, sodass das Maul nach unten zeigt. Dann kann mit der Grobarbeit mit dem Hammer auf dem Ambosshorn mit unterschiedlich großen Rundsetzhämmern begonnen werden.

Figur C: Zum Feinschmieden benötigen Sie mehr Werkzeug. Werkzeug 1 dient zum „Schieben" und Formen der Augenfläche. Mit dem Dorn 2 werden Augen und Nüstern geformt, mit dem Meißel 3 wird das Maul zurechtgemeißelt.

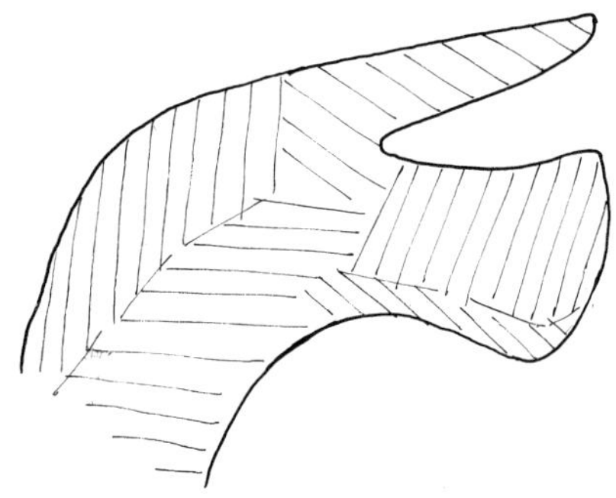

A

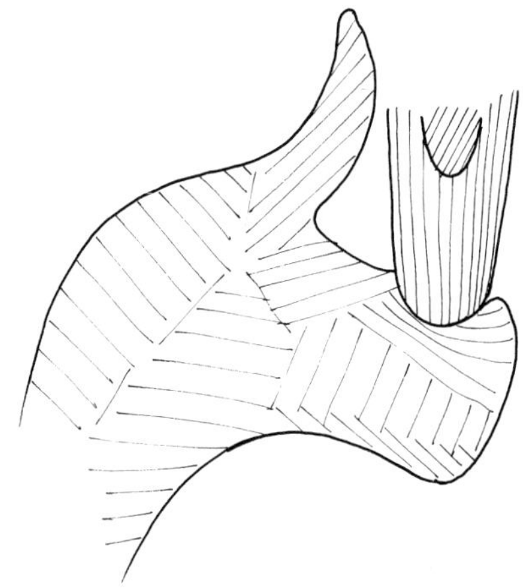

B

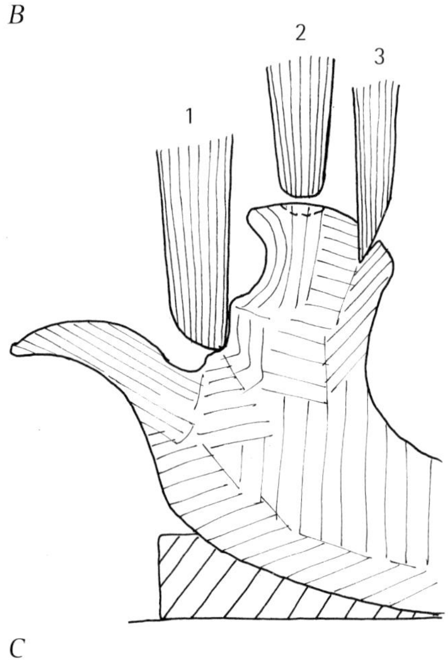

C

Der untere Teil wird in die passende Länge und Dicke geschmiedet und für zwei Beine aufgemeißelt, die ausgebreitet und in die gewünschte Form geschmiedet werden. Der Ochse kann mit Ring in der Nase als Türklopfer oder als Wandhaken für Kleider dienen. Hier sind der Fantasie keine Grenzen gesetzt.

Schmieden eines Elchs

Nachdem ich das erste Mal am Schmiedetreffen in Helfstyn in Tschechien teilgenommen hatte, kam ich voll Begeisterung und mit vielen Schmiedetechniken im Kopf nach Hause. Mein erstes Projekt war ein geschmiedeter Elch. Reidar, einer meiner Freunde, half mir als Zuschläger, und auf Seite 315 sehen Sie das Ergebnis. Der Elch ist nicht ganz geglückt und auch nicht ganz fertig, aber wir haben viel gelernt. Das Figurenschmieden geht jetzt schon ein bisschen besser.

Vorgehensweise

Zuerst muss eine Zeichnung angefertigt werden, am besten in der Größe, in der dann geschmiedet werden soll. Es ist gar nicht einfach, das Charakteristische eines Tieres zu sehen, aber mit der Zeit lernt man es. Versuchen Sie das Kennzeichnendste zu finden. Beim Elch sind es vor allem der niedrige hintere Teil und die auffällige Stellung der Hinterbeine. Von vorn wirkt er sehr groß . Kopf, Geweih und Maul sind sehr charakteristisch.

Diese besonderen Kennzeichen muss man versuchen, wie ein Karikaturist ein wenig zu übertreiben. Die Vorderbeine sind eigentlich am schwierigsten zu gestalten, denn sie haben nichts Besonderes an sich.

Ausmeißeln des Werkstücks

Wenn man mit der Zeichnung fertig ist, muss man versuchen, den Elch in ein kleineres Stück „zusammenzufalten", das aufgemeißelt und geschmiedet werden kann. Um die richtigen Abmessungen zu finden, kann man Modellierton benutzen, den man formen, biegen und schneiden kann. Wie Sie sicher bemerkt haben, soll der Elch nicht in seine endgültige Form gemeißelt werden, denn dann wird er ja nicht geschmiedet.

Bei unserem Versuch, den Elch zu schmieden, haben wir eine 16 mm starke Platte verwendet und die Figur wie in Bild 14.3 ausgemeißelt. Dann wurden die Beine ausgebreitet und grob in Form geschmiedet. Der nächste Schritt war das Meißeln (Spalten) der Vorder- und Hinterbeine. Dann beginnt die anatomische Gestaltung mit Hammer, Zuschläger und Hilfswerkzeug. Es ist wichtig, dass an den Stellen, an denen das Material öfter bewegt wird, scharfe Kanten vermieden werden, damit sich keine Sprünge bilden. Machen Sie runde Übergänge und fürchten Sie Spuren der Hammerschläge und des Werkzeugs auf der Oberfläche nicht. Sie tragen dazu bei, die Figur lebendiger zu machen.

Elch, aus einem Stück geschmiedet (eigene Arbeit).

Bild 14.2

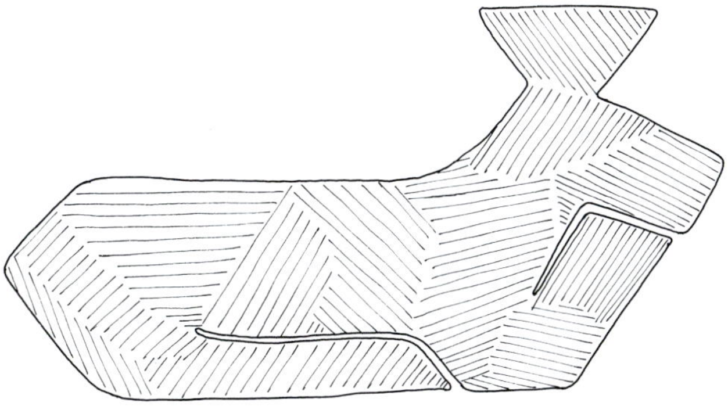

Bild 14.3

Beispiele für das Figurenschmieden

Käsedieb: Helfstyn 1998.

Schnecke: Kolbermoor 1998.

Ente: Schmied Hans Gjertsen, Lofoten, Norwegen.

Drachenkopf an Türring. Schmied: Reidar Berg, Norwegen.

Ausstellung beim Kunstschmiedetreffen in Helfstyn, 1997

Frau und Mann (oben links).

Dornenkrone (oben rechts).

Christusfigur (unten links).

Flötenspieler (unten Mitte).

Christus am Kreuz (unten rechts).

Von der Ausstellung beim Kunstschmiedetreffen in Helfstyn, 1997

Menschliche Figur klettert aus Glas.

Motiv nach dem antiken Atlas-Mythos.

Musiker (links).

Mann und großer Vogel (rechts).

Aus dem Skizzenblock

KAPITEL 15

Der Skizzenblock ist eines meiner besten Werkzeuge – er ist die Computer-Festplatte des Schmieds. Sieht man etwas Interessantes, das man sich gern merken möchte, ist es oft besser, eine Skizze anzufertigen als ein Foto zu machen. Man kann sich dann nämlich auch notieren, was auf dem Foto nicht zu sehen ist.

Außerdem sollte man in einer Schmiede eine Tafel mit Kreide oder einen Papierblock mit Filzstiften aufgehängt haben. Ich zeichne auch häufig mit Kreide auf die Abzugshaube über der Esse. Sie ist ideal, wenn man während des Schmiedens etwas aufschreiben möchte.

Hier sind einige Skizzen, die unterwegs angefertigt wurden.

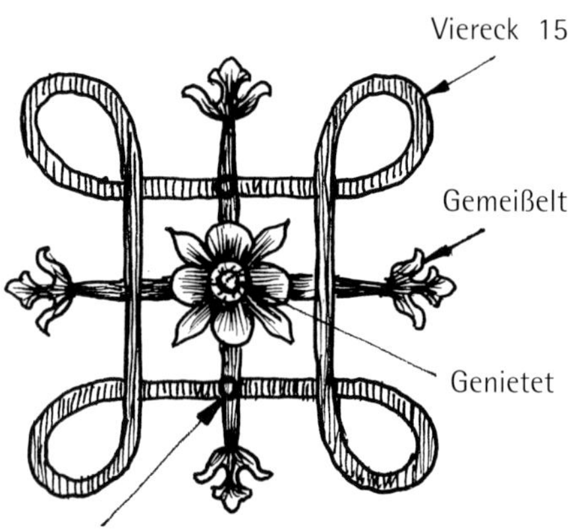

Bild 15.1 Nieten mit Überlappungsnaht.

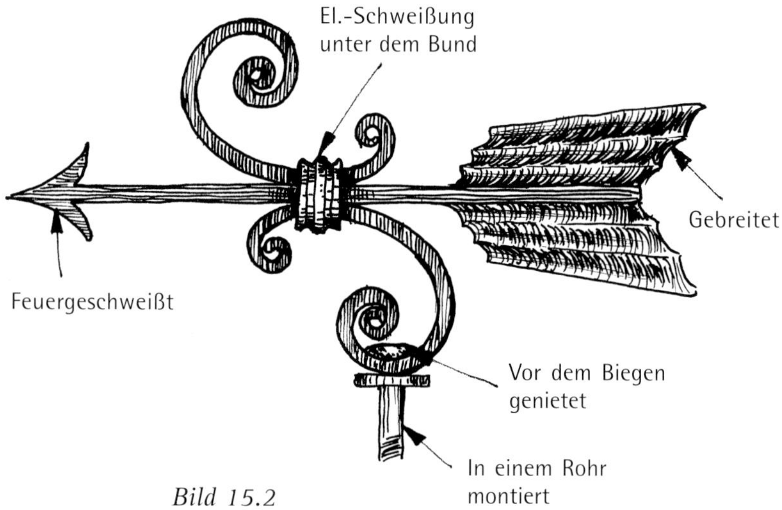

Bild 15.2

Bild 15.3

Bild 15.4

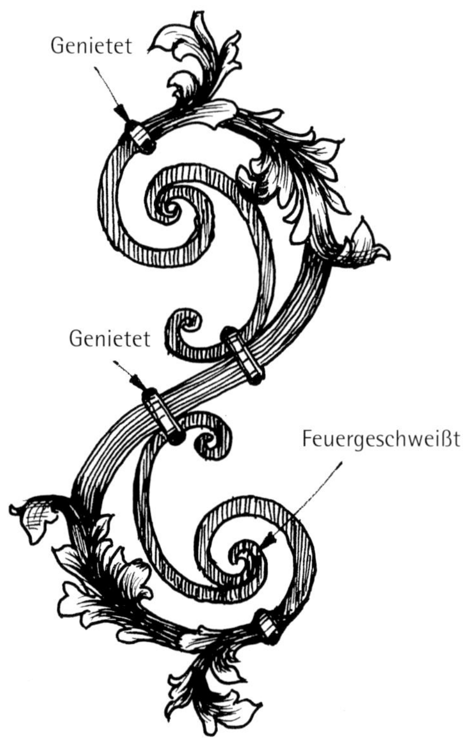

Bild 15.5

Gemeißeltes Detail

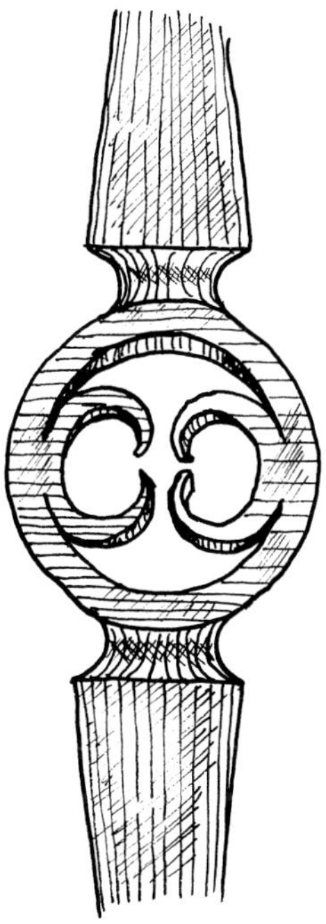

Bild 15.6 Ausgangsmaterial Flachstahl.

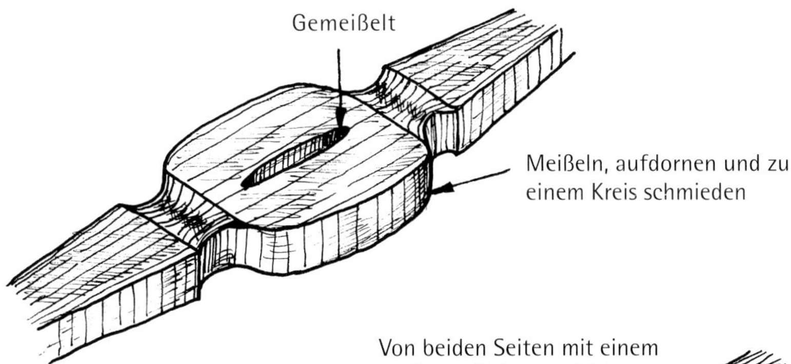

Bild 15.7

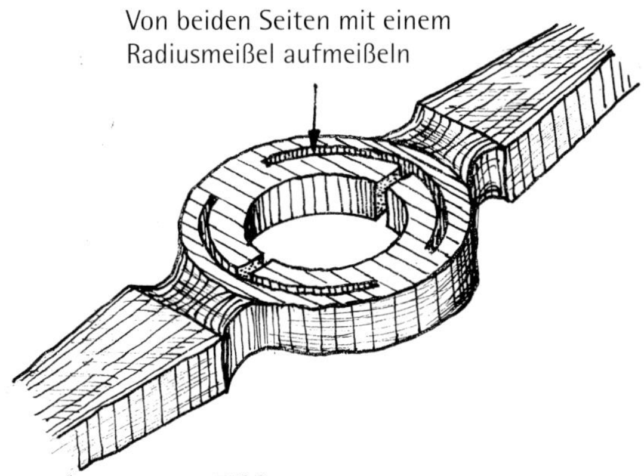

Bild 15.8

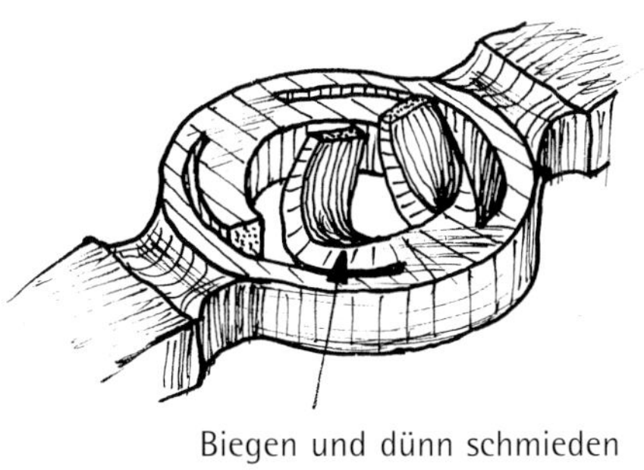

Bild 15.9

Bild 15.10 Alternative Lösungen.

Bild 15.11 Meißeln/schmieden.

Bild 15.12 Meißeln/schmieden (dünner schmieden).

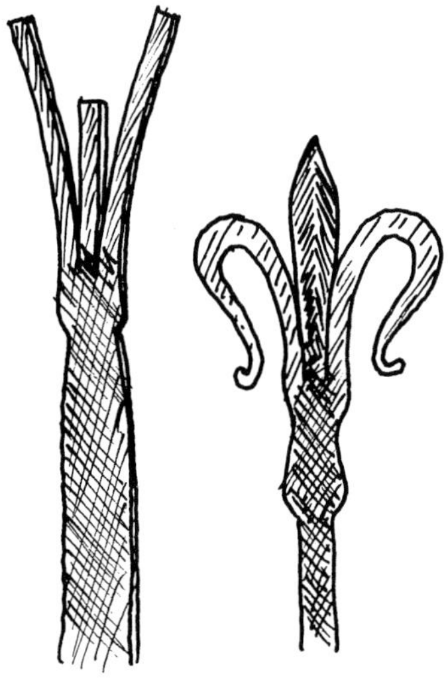

Bild 15.13 Meißeln/schmieden.

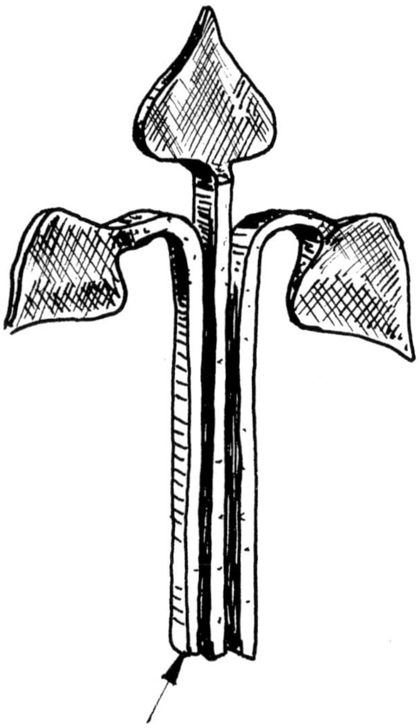

Bild 15.14

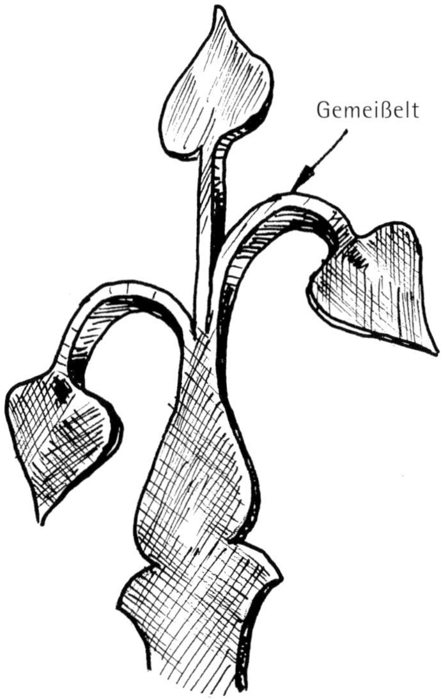

Bild 15.15 Das selbe Detail wie links, aber aus einem größeren Stück gemeißelt und geschmiedet.

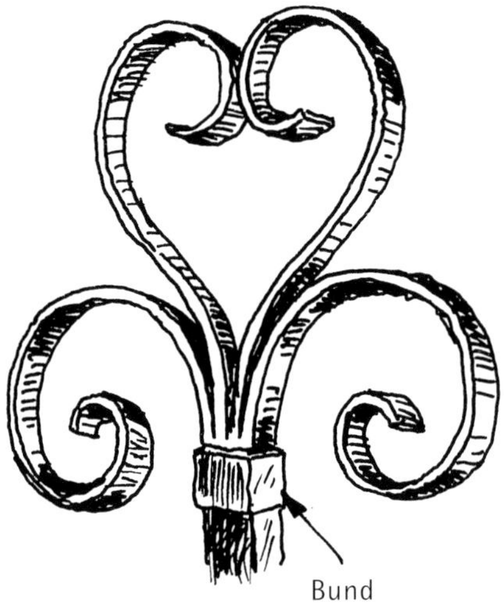

Bild 15.16

Details eines Geländers

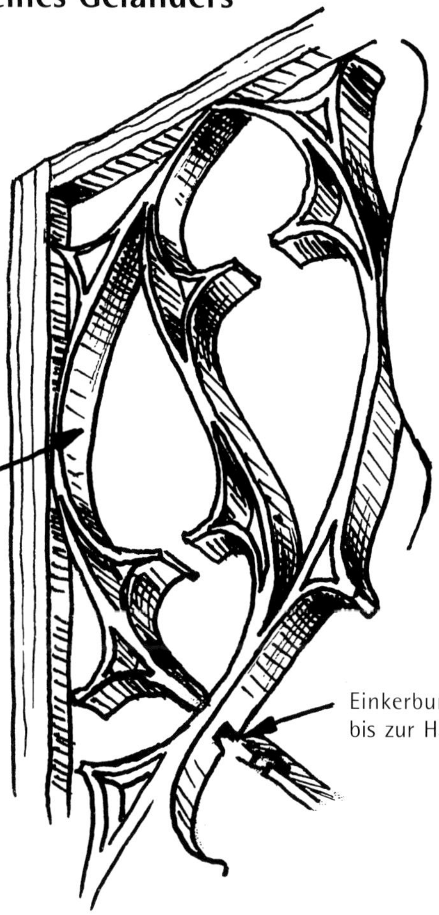

Bild 15.17

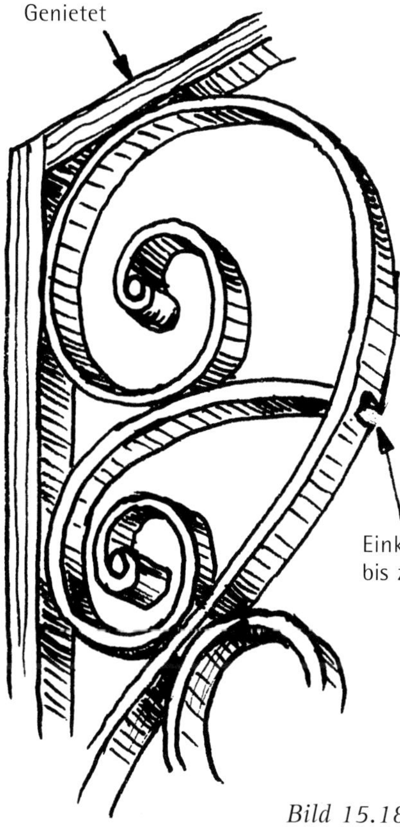

Bild 15.18

Bild 15.19

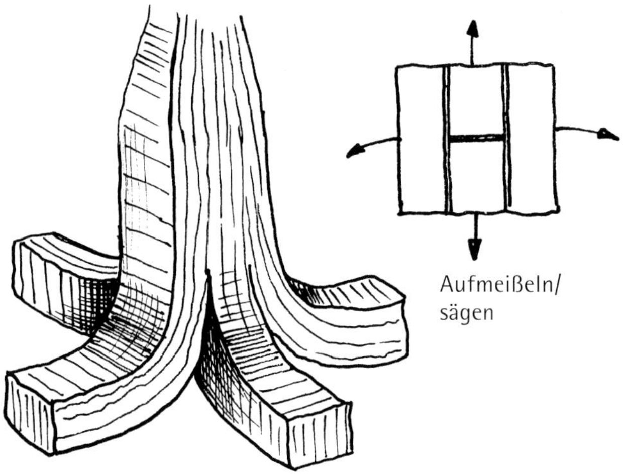

Bild 15.20 *Kerzenleuchterfuß.*

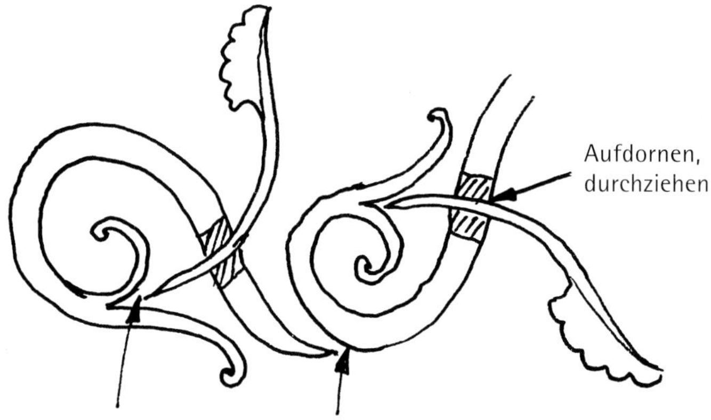

Bild 15.21

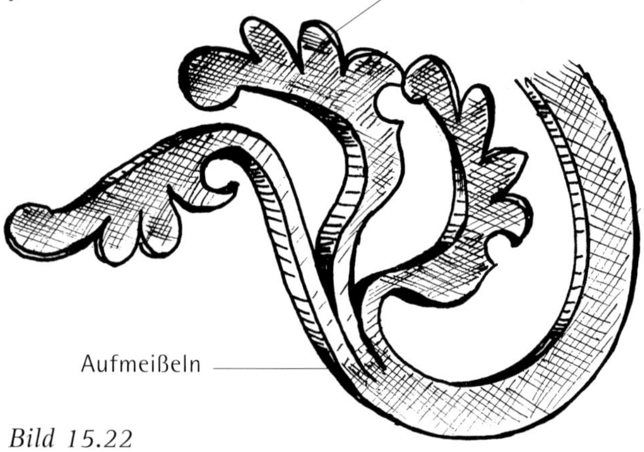

Bild 15.22
Aufmeißeln ...

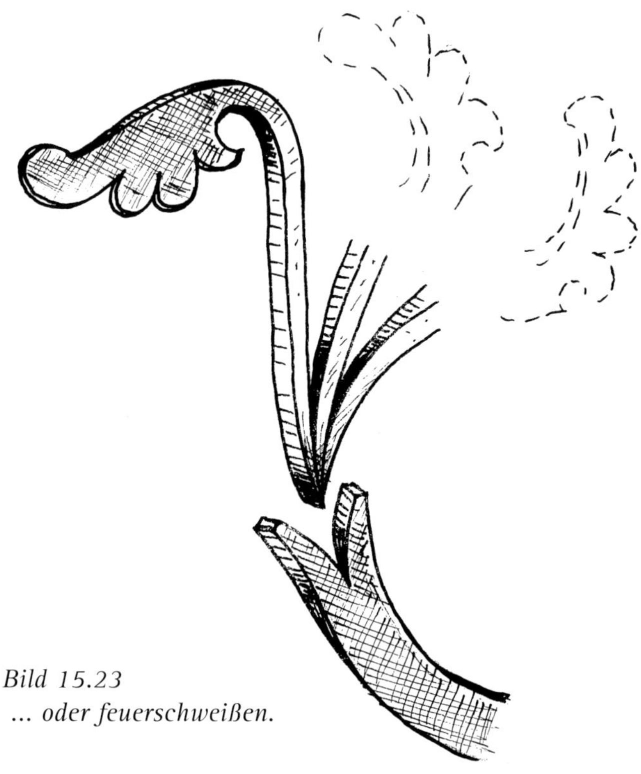

Bild 15.23
... oder feuerschweißen.

Der Rad-
macher

KAPITEL 16

Eine der größten Erfindungen aller Zeiten war das Rad. Seine bahnbrechende Entwicklung ist wohlbekannt, und auch der Folgen sind wir uns alle bewusst. Die genaue Darlegung der Entwicklung des Rades würde in diesem Zusammenhang zu weit führen. Hier möchte ich beschreiben, wie ein Karrenrad, das heißt ein außen mit einem Eisenreifen bezogenes Holzrad, hergestellt wird.

Ein Rad besteht aus vielen Teilen, der leinölimprägnierten Holznabe, Speichen aus Hartholz, meist Esche, und der Felge aus Birkenholz. Alle diese Teile werden von einem äußeren Stahlreifen zusammengehalten, der aufgeschrumpft wird. In diesem Zusammenhang möchte ich aus einer alten norwegischen Vorschrift zitieren:

Alte Karrenräder, viel gebraucht, warten auf die Reparatur.

Um die Straßen zu schonen, kann die Bezirksversammlung gemäß Gesetz vom 21. Juni 1912 Vorschriften für den Raddurchmesser, die Felgenbreite, das Gewicht der Fuhre u. Ä. erlassen.

Im Bezirk Akershus muss der Eisenreifen folgende Breite aufweisen:
mindestens 6,5 cm (21/2") bei einspännigen Fuhrwerken mit Federn
mindestens 7,5 cm (3") bei einspännigen Fuhrwerken ohne Federn
mindestens 7,5 cm (3") bei zweispännigen Fuhrwerken mit Federn
mindestens 10 cm (4") bei zweispännigen Fuhrwerken ohne Federn
mindestens 12 cm (5") bei mehr als zweispännigen Fuhrwerken
Der Eisenreifen muss eine flache und glatte Bahn aufweisen.

Da große Räder besser auf der Fahrbahn liegen, wurden als Mindesthöhe für Karrenräder 90 cm, für Hinterräder 80 cm und für Vorderräder von Fuhrwerken 65 cm festgesetzt.
Ausgenommen sind Karren für Fuhren von unter 300 kg und vierrädrige Wagen für Fuhren von unter 500 kg. Außerdem sind Heuwagen und Beförderungsmittel für lebende Tiere nicht inbegriffen. Die Vorschrift darf die Landwirte beim Befördern ihrer Produkte zum Markt auf einzelnen Teilen der Wege, wo Schlitten nicht einsetzbar sind, nicht daran hindern, kleine Räder unter dem Schlitten anzubringen.

Beim Transport von mehr als 1000 kg muss das Fuhrwerk Bremsen haben. Bei nachlassendem Frost kann die Straßenbehörde das Fahren auf einzelnen Strecken verbieten, damit die Straße nicht zu sehr in Mitleidenschaft gezogen wird.

Schmiede bei Moelven Brug, Norwegen, 1901 (aus der Radmacherwerkstatt).

Diese Vorschrift stammt natürlich aus der Zeit, bevor das Auto seinen Einzug gehalten hatte, und als noch jeder wichtige Transport auf Holzrädern geschah. Autofahrer erhielten folgende Aufforderung:

Zitat aus dem ABC des Autofahrers, Aschehoug-Verlag, 1920.

Wie man sich einem Fuhrwerk gegenüber verhält: Begegnet man einem Pferd, das den Kopf hebt und die Ohren spitzt, sobald es das Automobil sieht, kann man damit rechnen, dass es Angst hat. Halten Sie dann unverzüglich in großem Abstand an. Versuchen Sie nicht, das Pferd mit Rufen zu locken, sondern sprechen Sie mit dem Kutscher, ohne dem Pferd besondere Aufmerksamkeit zu schenken. Denn dann beruhigt man auf jeden Fall den Kutscher, und es hat sich gezeigt, dass auch das Pferd das versteht.

Bei den Radmachern hatte meistens der Tischler das Holzrad angefertigt, und der Schmied musste die richtige Größe des Eisenreifens finden und ihn auf das Rad schrumpfen. Aber oft stellte auch der Schmied das ganze Rad her, führte also sowohl die Tischler- als auch die Schmiedearbeit aus. Es gab auch Familienbetriebe mit Vater und Sohn oder zwei Brüdern, von denen der eine Tischler und der andere Schmied war.

Als Beispiel kann das norwegische Unternehmen Moelven Brug genannt werden, dessen Spezialität von etwa 1900 bis 1950 Räder waren und das in dieser Zeit ca. 500.000 Stück produzierte. Es wurden 13 unterschiedliche Radgrößen angeboten, ab 12 bis 14 Zoll Durchmesser. Alle Größen waren mit vier verschiedenen Felgenbreiten (50-65-80 und 105 mm) erhältlich. Außerdem fertigte man Spezialräder für Karriolen, Handkarren und Schubkarren an.

Ein tüchtiger Radmacher schaffte bei einer solchen werkmäßigen Produktion täglich 15-20 Räder. Von der Familie Dalseth zum Beispiel haben drei Generationen bei Moelven treue Dienste geleistet. Anton Dalseth hatte seit der Gründung des Betriebs 32 Jahre lang Räder hergestellt, sein Sohn Karl hat 1908 als 15-jähriger Lehrling begonnen, 43 Jahre als Radmacher gearbeitet und ungefähr 200.000 Räder angefertigt.

Kjetil Lio. Foto: Nils Lio.

Die Stellmacher und Schmiede Kjetil und Nils Lio

Ich kann mich noch an den berühmten Schmied Kjetil Lio und seinen Sohn Nils aus Dalen in Telemark erinnern. Beide waren weithin angesehen für ihre Produktion von Karrenrädern, Langholzschlitten, Heuwagen und andere Schmiedearbeiten. Man sagt, sie hätten im Frühling zum Erwärmen der Eisenreifen ein großes Feuer gemacht und diese auf die

Räder geschrumpft, die sie in den Wintermonaten hergestellt hatten. Große Eisenreifen habe man außen und die kleineren Reifen weiter innen ins Feuer gelegt und der Reihe nach auf die richtigen Räder geschrumpft.

Stryn Stellmacherei

Radmacher Mathias Bøe

Im Januar 1999 besuchte ich den Schmied und Radmacher Mathias Bøe in Stryn, Norwegen. Er wurde 1920 geboren, und in einem Alter von bald 80 Jahren arbeitet er zusammen mit seinem Sohn Jostein immer noch als Schmied und Radmacher. Jostein ist Ingenieur und betreibt zusätzlich noch eine Schweißwerkstatt für Stahlkonstruktionen.

Mathias ist ein netter, lustiger Mann, der noch sehr jugendlich wirkt. Er freut sich über jeden Tag, den er in der Schmiede verbringen kann und lebt für das Radmacherfach. Seine Erfahrung und sein Wissen aus vielen Jahren teilte er gern mit mir.

Mathias hat soeben ein Rad fertig gestellt. Etwas vom Schönsten im Leben ist die Freude, eine gute Arbeit geleistet zu haben.

Ragnvald Bøe, sein Vater, begann 1910 Räder herzustellen. Mathias erzählt, er habe als 14-Jähriger bei seinem Onkel in der Pelztierzucht begonnen und später als Bauarbeiter gearbeitet. Ab 1947 stellten Mathias und seine drei Brüder zusammen mit ihrem Vater Räder her. Nach dem Tod des letzten Dorfschmieds bauten sie eine Schmiede. In der Zeit von 1947 bis 1952 wurden hauptsächlich Räder für Fuhrwerke, Heuwagen und Langholzschlitten angefertigt. Ein wenig wehmütig, aber auch stolz erzählt er von einem Rekord von 900 Rädern in einem Spitzenjahr. Für ein Radpaar (zwei Räder) erhielt man damals 106 Kronen, und bis heute habe sich niemand über die Qualität beklagt.

Nach 1952 setzte man die Herstellung von Rädern für Fuhrwerke fort, jetzt jedoch mit gegossenen Leichtmetallfelgen und Gummirädern. Man musste ja mit der Zeit gehen. Viele Radmacher und Schmiede verschwanden, und der Zustand der Holzräder, die es noch gab, verschlechterte sich zusehends. Ende der fünfziger Jahre kam durch den Fremdenverkehr wieder eine Blütezeit für Räder, denn die Touristen sollten mit Pferd und Wagen zu den west-norwegischen Gletschern gefahren werden. Viele alte Räder kamen zur Reparatur in die Werkstatt, und auch die Produktion von neuen nahm wieder zu.

Drei neue Speichen, und dieses Rad kann noch viele Jahre benutzt werden.

Man munkelt, die Bauern hätten die Räder am Abend ins Wasser gelegt, damit sie quollen und die Touristenfahrt des nächsten Tages aushielten. Das jedenfalls verbesserte den Zustand der Räder nicht, und allmählich gab es viele klapprige Speichen und Eisenreifen, was jedoch die Herstellung von neuen Rädern ankurbelte.

Mathias ist im Handwerksregister von Lillehammer eingetragen und erhält daher Aufträge für Reparaturen und neue Räder. Er und sein Sohn Jostein sind vermutlich die einzigen in Norwegen, die noch solche Arbeiten ausführen können.

Herstellung eines Rades

Ich werde nun versuchen, die edle Kunst des Radmachens darzustellen und zu erklären. Gleichzeitig möchte ich Mathias Bøe für seine Hilfe danken, und dem ehemaligen PR-Leiter Per Granberg der Firma Moelven Brug für die Erlaubnis, seinen Beitrag über die Arbeit der Radmacher bei Moelven zu verwenden. Das Unternehmen heißt heute Moelven Industrier AS und ist ein moderner Holz verarbeitender Betrieb, der Schichtholzkonstruktionen für die Baubranche herstellt.

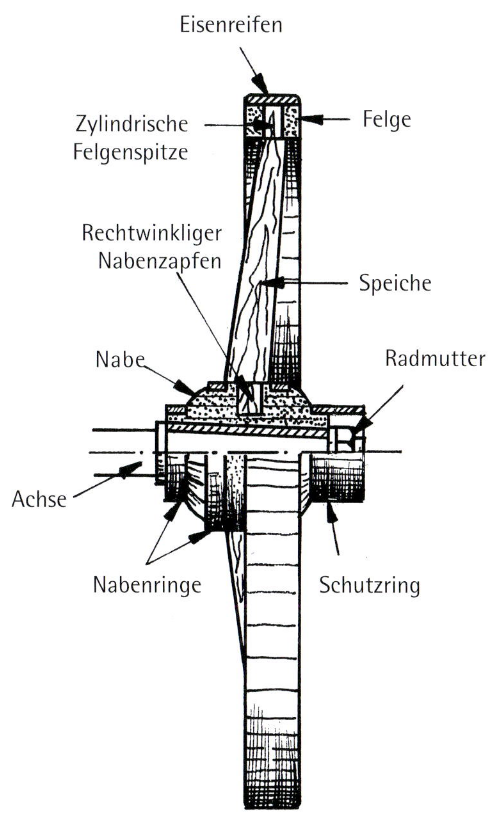

Bild 16.1

Bezeichnung der Teile eines Rades

Die Teile eines Rades haben zu allen Zeiten viele verschiedene Namen gehabt, die auch von Ort zu Ort je nach Dialekt noch unterschiedlich waren. Ich habe mir erlaubt, die aus der Zeichnung rechts ersichtlichen Bezeichnungen zu verwenden.

Radnabe

In Norwegen hat man für gewöhnlich Birke für die Nabe benutzt. Das Holz sollte astfrei und möglichst dicht gewachsen sein. Man verwendet Rundholz mit der Rinde. Im Zentrum des Rundholzes bohrt man ein zylindrisches Loch von ca. 40 mm und dann ein konisches Loch, das etwas kleiner sein muss als die konische oder zylindrische Gusseisenbuchse, die später in der Nabe montiert wird.

Auf die Endfläche des Rohlings wird Kleber oder Farbe aufgetragen, zusätzlich wird mit Papier abgedichtet, damit sich keine Risse bilden. Dann werden die Rohlinge zum Trocknen an der Luft 1-3 Jahre lang gelagert, abhängig von der Feuchtigkeit des Holzes und der Lagerungstemperatur. Bei der Herstellung im Werk wurde die Nabe vor dem Trocknen zunächst grob gedrechselt, drei bis vier Stunden lang dampfgekocht und erst später feingedrechselt.

Bild 16.2 Konischer Bohrer oder Schneckenbohrer zum Aufbohren von Naben.

Das Foto zeigt von rechts:
1 Birkenrohling mit Rinde.
2 Grobgedrechselte Nabe.
3 Feingedrechselte Nabe mit rechteckigen Löchern.
4 Speiche mit Naben- und Felgenzapfen (liegend).

Drechseln der Radnabe

Wenn der Rohling oder das Holz für die Naben trocken genug ist, wird es gedrechselt. Damit die Nabe möglichst genau wird, muss sie auf einem Dorn gedrechselt werden, wie in Bild 16.3 gezeigt.

Der Dorn, auf den Sie die Nabe spannen, kann aus Stahl oder Hartholz sein. Bei einem konischen Loch in der Nabe ist ein konischer Dorn am besten, bei einem zylindrischen ein zylindrischer. Damit die Nabe gut auf dem Dorn sitzt, kann er ein wenig konisch gemacht werden. Sonst muss man eine Mitnehmervorrichtung haben. Das Loch der Nabe wird je nach Art der Nabenbuchse gebohrt.

Die äußere Form der Nabe kann unterschiedlich sein, aber man verwendet meist vier Nabenringe. Drei der Nabenringe sind aus ca. 3 x 20 mm Flachstahl gefertigt, während der Schutzring auf der Radmutter mindestens 45 mm breit sein sollte. Die Absätze für die Radringe auf der Nabe werden leicht konisch gedrechselt, damit die Nabenringe gut festsitzen, nachdem sie auf die Nabe geschlagen oder geschrumpft wurden.

Zum Schluss drechselt man noch einige Kreise auf der Endfläche als Markierung zum Heraushauen des Stützrings auf der Radachse. Man kann aber auch ein zylindrisches Versenkerwerkzeug mit Führungszapfen anfertigen.

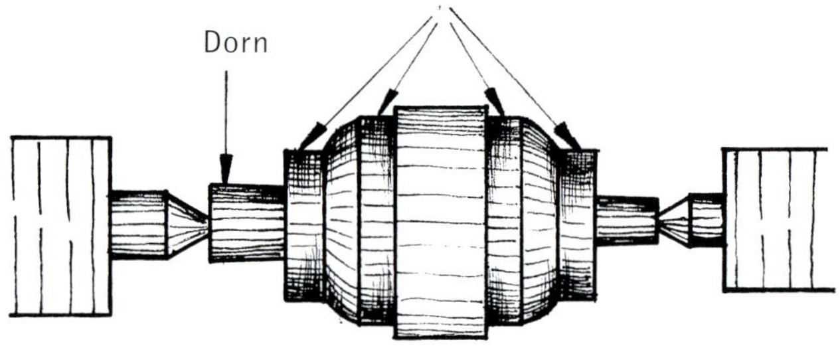

Bild 16.3

Bohrer und Fräsvorrichtung zum Anfertigen der Löcher in der Nabe für die Speichenzapfen.

Nabenlöcher für die Speichen

Für die Anfertigung der rechteckigen Löcher in der Nabe, in denen die Speichen stehen sollen, wurden unterschiedliche Methoden angewandt. Man bohrte sie oder stemmte sie mit dem Lochbeitel oder mit einer Kettenstemmmaschine heraus. Es ist wichtig, dass die Löcher die richtige Größe, Richtung und Verteilung haben. Je größer das Rad, desto mehr Speichen. Als Beispiel einer genauen Anfertigung von rechteckigen Löchern sehen Sie hier eine praktische Methode aus der Werkstatt von Mathias Bøe, die von seinem Sohn Jostein stammt.

In der Verlängerung der Spindel der Hobelmaschine sitzt eine Spannvorrichtung mit einem Fräsbohrer, dessen Durchmesser der Dicke der Nabenzapfen entspricht. Man spannt die Nabe in Zentrumshöhe zwischen die beiden Drehbankspanner. Die eine Spannvorrichtung hat eine Einteilung für die Anzahl Speichen und kann bei jeder Einteilung arretiert werden. Der Tisch mit den beiden Spannern kann auf Schienen mit Kugellagerführungen heraus und hinein und hin und her geschoben werden. Auf diese Weise wird ein Loch nach dem anderen gefräst.

Radnabe mit Nabenring.

Ölkochen der Räder bei Moelven Brug, ca. 1910.

Ölimprägnierung von Nabe und Rad

Nachdem die Nabe fertig bearbeitet ist, muss sie imprägniert werden. Dafür wird sie 24 Stunden in verdünntes Leinöl gelegt und anschließend getrocknet. Durch die Ölbehandlung weitet sich das Holz der Nabe etwas aus. Wenn man den Nabenring also zu früh aufschrumpft, kann er später zu weit werden.

Hierzu gab es unterschiedliche Methoden, je nach Größe des Betriebs. Bei Moelven Brug wurde das Rad ganz fertiggestellt mit Eisenring und allem Zubehör und zehn Minuten lang in einen großen Kessel kochendes Leinöl gesenkt. Im Leinöl wurde alle Luft und Feuchtigkeit aus dem Holz herausgetrieben, und die Poren füllten sich mit kochendem Leinöl. Ein normales Karrenrad konnte abhängig von der Größe 600-900 Gramm Leinöl aufsaugen.

Hier spielte auch eine Rolle, ob das Holz – Birke, Eiche und Esche – durch Dampfkochen und mindestens zwei Jahre Lufttrocknen vorbehandelt war, oder künstlich getrocknet wurde, bevor man das Holz in der Tischlerei verwendete. Außerdem wurden Naben und Speichen längere Zeit gelagert, bevor sie in die Radmacherei gelangten.

Um dies zu veranschaulichen, sei erwähnt, dass Moelven Brug 1907 einen Lagerbestand von 40.000 fertigen Naben und 150.000 Holzrädern (Felgen) hatte. Damals wie heute war es sicher nicht so einfach, in einer kleinen Radmacherschmiede Handwerker zu sein und mit den großen Betrieben um Preis und Kapazität zu konkurrieren. Was die Qualität betrifft, standen die kleinen Firmen den großen in nichts nach.

Nabenringe

Wie bereits erwähnt, müssen die Nabenringe aufgeschrumpft werden, nachdem die Nabe nach der Leinölbehandlung getrocknet und fertig geschrumpft ist. Da die Ringabsätze an der Nabe eine Idee konisch sind, sollten auch die Nabenringe entsprechend kegelförmig sein, jedoch nicht zu viel.

Die einfachste Art, das zu erzielen, ist den Flachstahl der Nabenringe hochkant etwas gebogen zu schmieden, bevor er herumgebogen wird.

Der breite Nabenring wird mit einigen Holzschrauben befestigt, während zum Wagen hin und möglichst nahe der Speichen Löcher gebohrt werden. Hier ist das Material dick genug für einige runde Stahlbolzen, die mit der Oberfläche des Rings eben abschließend hineingeschlagen werden. Die anderen Ringe werden mit kleinen Nägeln an der Außenseite befestigt.

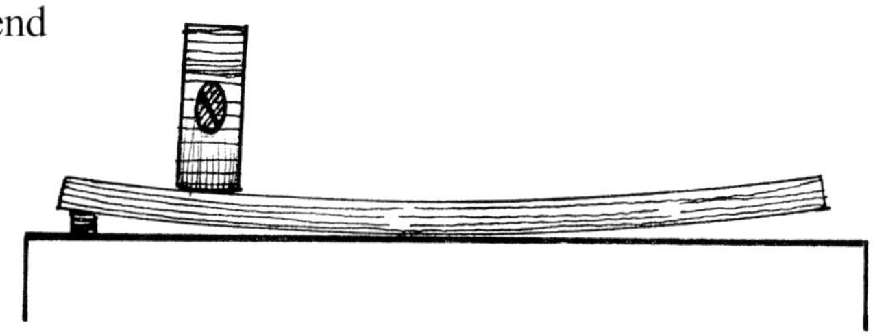

Bild 16.4 Der Flachstahl für die Nabenringe wird ein wenig hochkant gebogen, bevor er rund gewalzt wird. Das ergibt eine schwache Kegelform.

Speichen

Für Speichen wird hauptsächlich Esche und Eiche verwendet, je nach Verfügbarkeit. Um die Räder gegen Seitendruck stärker zu machen, sind die Speichen ein wenig schräg nach außen gestellt. Das wird Ausschlag genannt und mit der Richtung der Zapfen reguliert, das heißt, die gegenseitige Verschiebung der Mittellinie der Zapfen (Bild 16.5).

Die Form der Speichen hat sich im Laufe der Zeit verändert. An Rädern für Fuhrwerke, die einer hohen Belastung ausgesetzt sind, macht man die Speichen kräftiger, bei Kutschen und leichten Karren sind die Speichen schlanker und dünner.

Die meisten Speichen, die man heutzutage sieht, haben eine Ellipsenform und sind quer zur Rollrichtung am breitesten. Die Ellipsenform geht ganz unten in eine rechteckige Form über und gibt so eine größere Tragfläche für die Nabe und eine schönere Form. Wie die Zeichnung zeigt, ist der Nabenzapfen rechteckig und der Zapfen im Felgenteil zylindrisch. Bei älteren Rädern war der Zapfen für die Felge quadratisch. Die konische Form der Speiche wird auf der Bandsäge mit schräggestellter Anlage zugeschnitten.

Früher formte man die Speichen von Hand mit dem Hobel und anderem Freihandwerkzeug. In der letzten Zeit werden die Speichen gefräst oder an der Kopiedrehbank gedrechselt. Beim Fräsen wird am Frässtahl (konkav) ein Bogen geschliffen, so dass die Speichen an den Seiten eine Ellipsenform (konvex) erhalten.

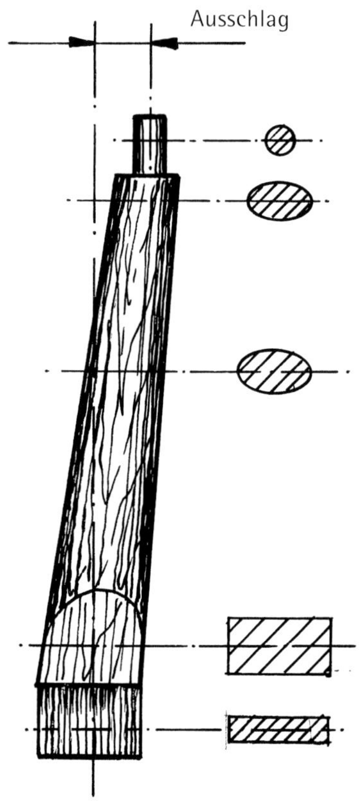

Bild 16.5 Die Schrägstellung der Speichen wird Ausschlag genannt und kann unterschiedlich sein. Ca. 20 mm wird häufig verwendet, abhängig von der Art des Rades.

Bearbeitung der Speichenzapfen

Zur Bearbeitung der Speichenzapfen wurden unterschiedliche Methoden verwendet. Hier wird dargestellt, wie Mathias Bøe das macht.

Wenn die Speichen an den Seiten fertig gefräst sind, wird der zylindrische Zapfen gedrechselt. Das dickste Ende der Speiche wird gegen die Spannscheibe der Drehbank in einer speziell dafür angefertigten Befestigung festgespannt. Das Ende wird außerhalb des Zentrums (exzentrisch) festgeschraubt, so dass der gewünschte Ausschlag an der Speiche erzielt wird. Das andere Ende wird an die Zentrumsspitze des Reitstocks gespannt und zylindrisch gedreht (Durchmesser 15 mm).

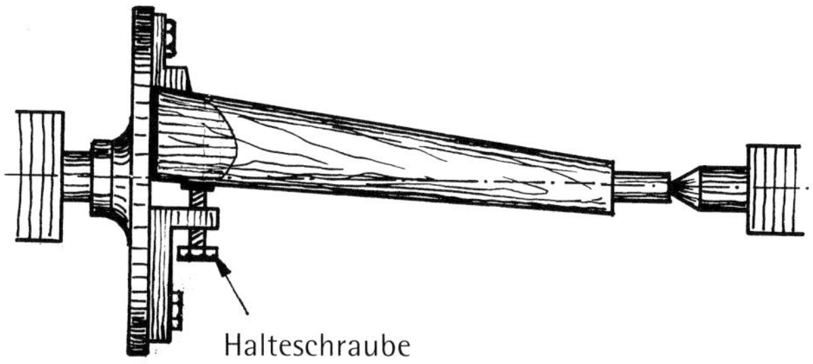

Bild 16.6

Fräsen des Nabenzapfens

Beim Fräsen der Nabenzapfen ist es wichtig, dass sowohl die Achshälse beider Zapfen, also die Linien A und B in Bild 16.7, als auch die Mittellinien beider Zapfen parallel verlaufen.

Ganz früher war auch das Handarbeit mit Freihandwerkzeugen, aber schon ziemlich bald wurden für diese Arbeit Fräsmaschinen und Maschinen mit Scheibenfräsen entwickelt. Das Bild zeigt eine Fräsmaschine von oben gesehen mit einer senkrechten Frässpindel. Sie hat zwei Fräser, deren gegenseitiger Abstand der Dicke des Zapfens entspricht.

Die Speiche wird an die beiden Anlagen gelegt. Auf diese Weise sind die Parallelität und der gleiche Abstand zwischen den Achshälsen aller Speichen gewährleistet. Durch Auswechseln des Schiebers mit einer entsprechenden Anlage und anderen Winkeln können die beiden anderen Seiten des Zapfens gefräst werden, wenn man eine solche Form wünscht. Das sind ziemlich komplizierte Gerätschaften. Man sollte daher genug Aufträge haben, damit sich eine solche Investition lohnt.

Man kann das auch mit einer Bandsäge machen. Bei einer Reparatur geht es gut, aber es erfordert ein sehr genaues Markieren und Sägen.

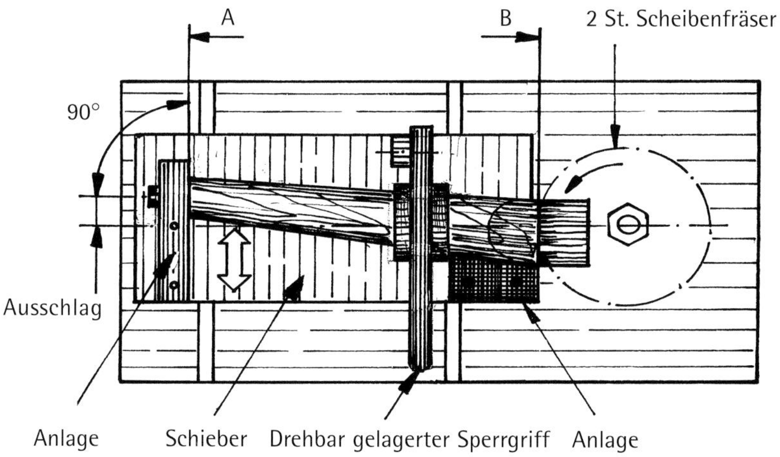

Bild 16.7

Felgensegmente

Ein Karrenrad kann vier bis sieben Felgenteile oder -segmente haben, abhängig von der Größe des Rades und des Ladegewichts. Jedes Segment hat gewöhnlich zwei Speichenlöcher. Räder mit ungefähr einem Meter Durchmesser haben 12-14 Speichen, kleinere Räder 6-12. Das heißt ein Rad mit zwölf Speichen besteht aus sechs Segmenten.

Für besonders schöne Wagen werden auch zweigeteilte Felgen aus Eiche oder Esche hergestellt. Diese langen Felgensegmente werden dampfgekocht und mit Spezialgeräten 2-3 Tage lang über einer Schablone gebogen. Die Segmente erhalten dadurch eine dauerhafte Bogenform. Sie werden dann wie üblich weiterverarbeitet. Das ist jedoch eher selten und erfordert zu viel Ausrüstung für kleinere Werkstätten.

Die Felgensegmente werden auf einer Bandsäge aus einer Birkenbohle herausgesägt. Abhängig von Größe und Umfang des Rades muss man Schablonen zum Markieren und zur Kontrolle der Felgenbögen anfertigen. Man markiert meist mehrere Segmente und häufig auch mehrere Größen auf einer Bohle, um das Material möglichst gut zu nutzen. Wenn die Segmente fertig ausgeschnitten sind, wird die Innenseite geschmirgelt und genau gegen die Schablone kontrolliert.

Zum Schluss bohrt man in jedes Segment zwei Löcher für die zylindrischen Speichenzapfen, was normal in einer Bohrmaschine gemacht wird. Das muss ganz genau durchgeführt werden, und die Löcher müssen selbstverständlich die gleiche Zentrumsrichtung wie die rechteckigen Löcher in der Radnabe haben. Man muss daher eine Aufspannvorrichtung in der Bohrmaschine haben, die die Kontrolle der Lochrichtung erlaubt.

Die Markierung und die Einteilung des mittleren Abstands der Löcher wird im Verhältnis zur Anzahl der Speichen und dem Umfang des Rades vorgenommen. Seit alters her sagt man, dass zwischen den Felgensegmenten ein Raum von der Stärke eines Sägeblattes sein muss, weil der Eisenreifen schrumpft. Meistens werden 5-6 mm zwischen den Felgenverbindungen verwendet.

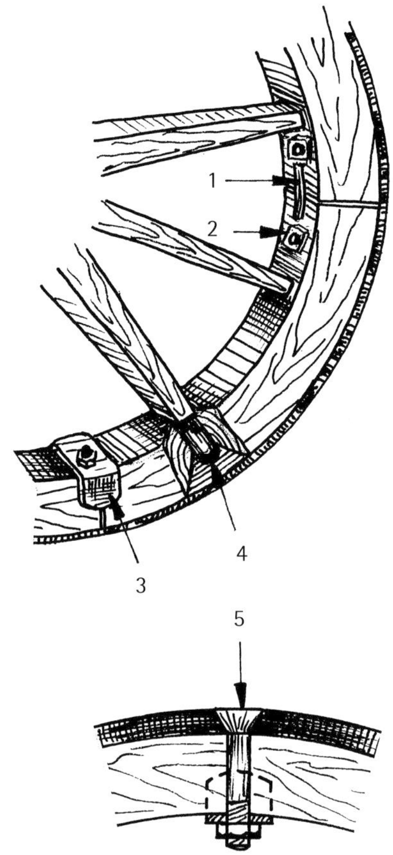

Bild 16.8 Die Felgensegmente können auf diese Weise verbunden werden:

1. *Durch einen rechteckigen Schlitzzapfen aus Langholz.*
2. *Durch zwei Durchsteckschrauben auf jeder Seite der Verbindungsstelle.*
3. *Durch eine Durchsteckschraube mitten in der Verbindungsstelle und eine U-Klammer.*
4. *Der zylindrische Zapfen der Speiche darf nicht bis zum Eisenreifen reichen (3–4 mm freier Raum).*
5. *Die Schrauben gehen durch den Eisenreifen hindurch und haben einen Langkonus-Schraubenkopf.*

Montage der Speichen

Nach der Vorbereitung der Felgensegmente und Speichen für die Montage schlägt man die Speichen in die Radnabe, was unterschiedlich geschehen kann. Bei Moelven Brug wurde die Nabe auf eine konische Achse, einen so genannten Radbock, gespannt. Hier schlug man zuerst eine Speiche hinein, die genau ausgerichtet wurde. Die erste Speiche ist richtungweisend für einen Kontrollstab in der Seitenwange des Bocks. Der Kontrollstab wird genau eingestellt und in derselben Richtung wie die erste Speiche fixiert. Dann wurden die anderen Speichen hineingeschlagen und am Kontrollstab ausgerichtet.

Um die Speichen hineinzuschlagen, muss man ein Stück hartes Hirnholz benutzen. In das Hirnholz wird ein Loch gebohrt, das dem zylindrischen Zapfen entspricht, so dass der Hirnholzklotz auf den Achshälsen der Zapfen ruht. So wird vermieden, dass der zylindrische Zapfen zerstört wird.

Bei Moelven Brug wurden die zylindrischen Zapfen an den Speichen erst gedrechselt, nachdem die Speichen in die Nabe geschlagen waren. Um 1910 herum wurde der Radbock mit einem Fräskopf ausgestattet, der auf die Speichen gepresst wurde und die zylindrischen Zapfen fräste.

Montage der Felgensegmente

Wenn die Speichen in der Nabe saßen, schlug man die Teile des Felgenkranzes darauf. Zwischen jedem Felgensegment wurde ein Sägeschlitz gemacht, damit die Felgensegmente genau zusammenpassten. Bevor die letzte Speiche eingesetzt wurde, maß man die Bogenlänge. Dann kappte man die Felgenlänge bei einem großen Rad ca. 5-6 mm zu kurz wegen der Schrumpfbewegung des Eisenreifens.

Felgendrechseln

Der letzte Arbeitsschritt am Radbock war das Felgendrechseln. Indem die Achse und das Rad in Bewegung gesetzt wurden, wurde eine Anlage mit Drechselstahl an die Felgenbahn geführt, die auf beiden Seiten und an der Peripherie gedrechselt wurde.

Nicht alle Radmacher drechselten die Felge. Die Arbeit wurde an der Bandsäge so genau ausgeführt, dass die Felge praktisch 100-prozentig kreisförmig war, wenn der Eisenreifen fertig ausgeschrumpft war. Mathias Bøe in Stryn stellt seine Räder auf diese Weise her.

Von der Tischlerei zur Schmiede

Nachdem die Holzarbeit am Rad beendet war, musste noch der Eisenreifen aufgeschrumpft werden. Zuerst wird die Vorgehensweise allgemein beleuchtet, bevor ich auf die Einzelheiten eingehen werde.

Zuerst muss die Länge, das heißt der Umfang des Eisenreifens berechnet werden. Dann wird er

Radmacher Karl Dalseth in Moelv „treibt“ die Speichen auf dem Radbock in die Löcher der Radnabe.

Radmacher Henrik Larsen in Moelv schlägt die Felgensegmente auf die Speichen.

Bild 16.9

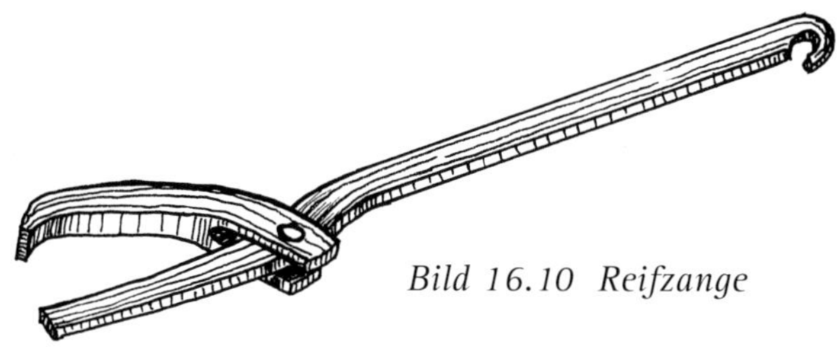

Bild 16.10 *Reifzange*

aufgewalzt, und die Enden wurden früher feuerverschweißt, später mit Gas oder elektrisch verschweißt.

Schmied und Helfer schrumpfen den Eisenreifen auf das Rad (Bild 16.9). Das erfordert sowohl Erfahrung als auch Fachwissen. Mathias Bøe legt das Rad auf den Amboss und einen Bock in gleicher Höhe. Auf diese Weise hat er eine Unterlage, wenn er die Felge in den Eisenreifen schlägt (siehe das Foto auf Seite 339).

Wenn der Ring die richtige Temperatur (300–400 °C) erreicht hat, hebt man ihn auf die Felge, so dass er auf der Seite des Helfers ungefähr halb auf die Felge herunterreicht. Der Schmied zieht den Eisenreifen dann mit einer besonderen Zange, *Reifzange* genannt, zu sich und auf die Felge.

Anschließend wird das Rad mit dem Eisenreifen nach unten auf den Amboss gelegt, und die Felge aufgehämmert, bis Eisen und Holz an den Seiten fluchten. Das Rad wird senkrecht gestellt und auf einer Achse gedreht, so dass nur der Eisenreifen ins Wasser reicht und abgekühlt wird.

Beim Abkühlen zieht sich der Eisenreifen zusammen, und die Naturkräfte vollenden die exakte handwerkliche Vorarbeit. Felgensegmente, Speichen und Nabe werden zu einer soliden Einheit. Der ganze Vorgang muss innerhalb kürzester Zeit ablaufen, damit das Holz nicht zu sehr angebrannt wird. Ein wenig ist günstig, denn es wirkt der Fäulnis des Holzes entgegen.

Zum Aufschrumpfen des Eisenreifens konnte auch die Methode von Bild 16.11 angewandt werden. Das Rad wurde mit einem Holzklotz darunter auf den Boden, die andere Seite des Rades unter einen Stahlbolzen in der Wand gelegt. Dann zog man den Reifen auf, während man das Rad drehte.

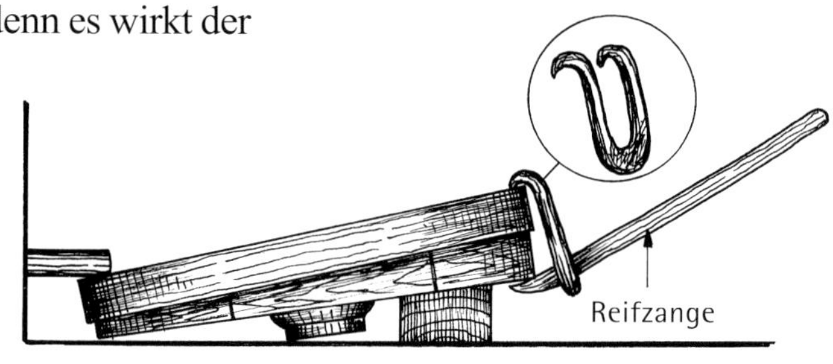

Bild 16.11 *Schrumpfmethode nach Kittil und Rolf Kilen.*

Diese Methode wurde von Kittil Kilen (1888) und seinem Sohn Rolf (1924) in Kviteseid in Telemark angewandt. Der Radmacher Kittil Kilen war berühmt und hatte 1913 an der Kunstgewerbeausstellung in Dalen in Telemark ein Diplom für seine Arbeit erhalten. Rolf Kilen hat fast sein ganzes Leben als Schmied und Klempner gewirkt. Jetzt ist er ein pensionierter 75-Jähriger mit jugendlichem Sinn und schmiedet immer noch ohne Brille. Sein Enkel Stian Sollid (geb. 1974) hat die Schmiede übernommen und tritt als Schmied und Klempner in die Fußstapfen seines Großvaters.

Berechnung der Größe des Eisenreifens

Zur genauen Berechnung des Eisenreifens werden unterschiedliche Methoden angewandt. Hier wird von einem Rad mit einem Durchmesser von 1,0 Meter ausgegangen und einem 10 mm starken Eisenreifen, der in der Naht elektrisch verschweißt wird.

Indem man den Flachstahl auf den Boden legt und das Rad eine Umdrehung über den Flachstahl rollen lässt, erhält man annähernd die richtige Länge. Es wird etwas zu kurz. Ich werde erklären, warum:

Beim Walzen des Flachstahls zu einem Reifen wird die Innenseite des Flachstahls gestaucht und die Außenseite gestreckt. Daher wird der Eisenreifen zu klein. Man muss also immer vom mittleren Durchmesser ausgehen, das heißt, vom Durchmesser in der Mitte des Eisenreifens auf der einen Seite bis zur Mitte des Eisenreifens auf der anderen Seite. Diese Kreislinie ist neutral und ändert sich beim Walzen nicht.

Wir wollen es an folgendem Beispiel genau ausrechnen: Der Durchmesser des Rades (der Felge) = 1000 mm. Die Stärke des Eisenreifens ist 10 mm. Man rechnet: Raddurchmesser + Hälfte der Stärke des Flachstahls auf beiden Seiten x 3,14.

Das heißt: (1000 + 10) x 3,14 = <u>3171,4 mm</u>

Jetzt sollte der Eisenreifen theoretisch passen, aber man muss auch das Schrumpfen berücksichtigen und von der Länge des Flachstahls abziehen, sonst wird der Eisenreifen zu groß. Das ist erfahrungsgemäß von der Größe des Rades abhängig. Mathias Bøe zieht 8–9 mm ab, und das passt sehr gut.

Die Länge des Flachstahls vor dem Walzen ist dann:

3171,4 – 9 = <u>3162,4 mm</u>

Hätten Sie mit einem Raddurchmesser von 1000 mm gerechnet, ohne den halben Eisenreifen auf beiden Seiten dazu zu rechnen, wäre der Umfang 3140 mm geworden, also so viel zu kurz.

Differenz: 3171,4 – 3140 = <u>31,4 mm</u>

Richtig ist: Mittlerer Durchmesser x 3,14 – 9 = <u>3162,4 mm</u>

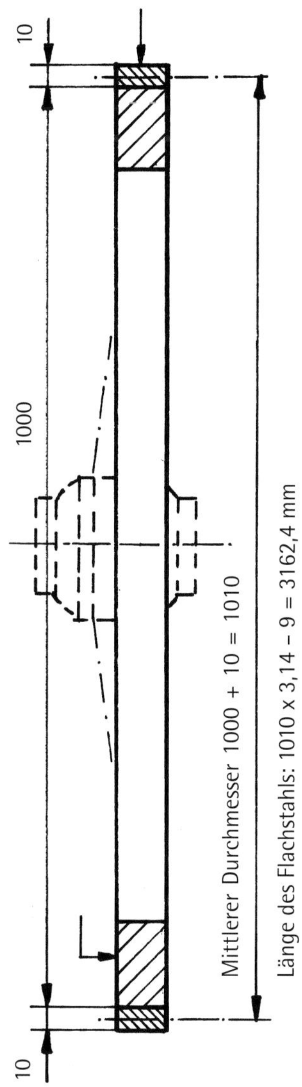

Bild 16.12

Radmachergesetz
1 Meter Flachstahl dehnt sich je 100 °C Erwärmen um 1 mm aus und schrumpft mindestens ebenso viel beim Abkühlen.

Wenn der Eisenreifen, den wir berechnet haben, auf 360 °C erwärmt wird, schrumpft er:

3,162 x 3 = 9,48 mm

Messrad

Es ist nun einmal so, dass Theorie und Praxis nicht immer übereinstimmen, was auch ein Schmied manchmal erfährt. Ich möchte daher eine weitere Methode zur Berechnung der Länge des Eisenreifens vorstellen, nämlich die Berechnung mit einem Messrad.

Das Messrad ist eine runde Platte mit einem Handgriff, der auf dem Umfang der Felge um sie herumgerollt wird. Von einem Strich auf dem Messrad und der Felge zählt man die Anzahl Umdrehungen, bis man wieder an der Felgenmarke angekommen ist. Dann rollt man genau dieselbe Anzahl Umdrehungen auf dem Flachstahl aus.

Das Messrad wird jedoch meistens als Kontrollwerkzeug verwendet, um zu sehen, ob der Eisenreifen im Verhältnis zur Felge die richtige Größe hat. Zuerst macht man auf der Felge eine Markierung und stellt die Markierung des Messrads genau auf die Markierung auf der Felge ein. Dann rollt man das Messrad genau einmal um den Umfang der Felge, bis man zur Felgenmarkierung zurückkommt. Anschließend setzt man eine Markierung auf das Messrad, die mit der Markierung auf der Felge zusammenfällt. Jetzt hat man den Umfang der Felge gemessen.

Dann setzt man auf der Innenseite des Eisenreifens eine Markierung und rollt das Messrad innen im Eisenreifen, bis man zur Markierung zurückkommt und setzt eine neue Markierung auf das Messrad. Der Abstand zwischen den beiden Markierungen zeigt den Unterschied zwischen Felge und Eisenreifen, also wie viel zu groß oder zu klein die Schrumpfung wird.

Sollte der Eisenreifen trotzdem zu klein werden, kann er ein wenig geschmiedet und gestreckt werden. Schlimmer ist es, wenn er zu groß ist. Dann gibt es meist keine andere Lösung als etwas herauszuschneiden und ihn von Neuem zusammenzuschweißen. Das kann auch bei alten Eisenreifen notwendig sein, wenn sie etwas zu weit geworden sind.

Rolf Kilen zeigt die Anwendung eines Messrades an einem Schubkarrenrad.

Bei Anwendung des Messrades dreht Mathias Bøe das Karrenrad, während es auf einem Achsbolzen im Amboss gelagert ist.

Mathias Bøe besitzt einen langen Flachstahl, auf dem er die unterschiedlichen Längen von Eisenreifen für Räder, die er für gewöhnlich anfertigt, markiert hat. Wenn er neue Räder in verschiedenen Größen herstellt, ist die Radgröße immer dieselbe und damit auch die Länge des Eisenreifens.

Walzen

Um einen genau kreisförmigen Eisenreifen anfertigen zu können, sollte man Zugang zu einer Walzmaschine haben. Beim Walzen streckt sich das Material an der Außenseite, an der Innenseite wird es gestaucht.

Der mittlere Durchmesser (die Neutrallinie) in der Mitte der Dicke des Stahls bleibt unverändert, das heißt, er ist vor und nach dem Walzen gleich lang. Daher wird bei der Berechnung des Umfangs mit diesem Durchmesser gerechnet.

Es gibt mehrere Arten von Walzmaschinen. Die von Hand betriebenen für Eisenreifen waren meist mit drei Walzen ausgestattet. Die beiden unteren Walzen waren verstellbar, wie Sie in Bild 16.13 sehen.

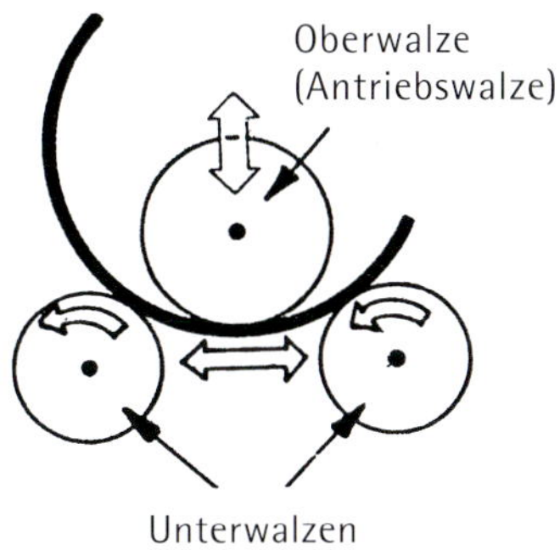

Bild 16.13

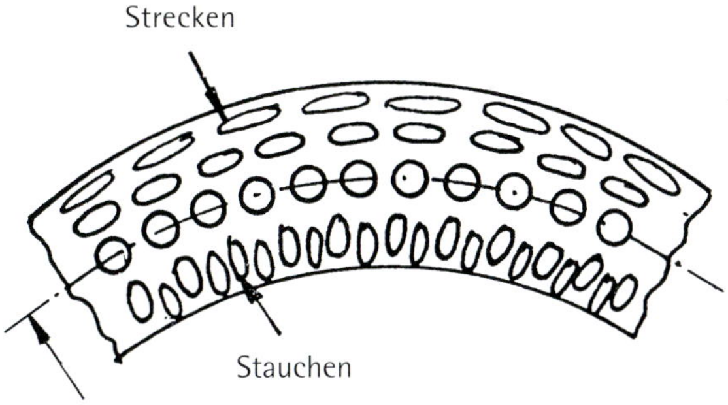

Bild 16.14 Neutrallinie.

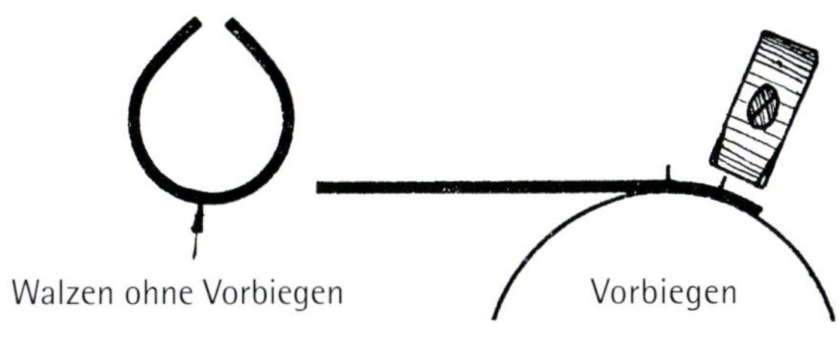

Bild 16.15

Vorbiegen

Vor dem Walzen muss der Eisenreifen an den Enden etwas vorgebogen werden, so dass er zwischen die Walzen eingeführt werden kann und auch an der Naht kreisrund wird.

Das Walzen erfolgt kalt, indem der Eisenreifen zwischen den Walzen hin- und hergezogen wird, wobei die Walzen regelmäßig nachgespannt werden. Man spannt weniger, je mehr man sich dem fertigen Durchmesser nähert.

Vergessen Sie nicht: Es ist besser, etwas zu wenig als zu viel zu spannen. Verwenden Sie lieber fünf weitere Minuten und walzen Sie vorsichtig, bis die Enden genau aufeinander treffen.

Das Foto zeigt meine eigene handgetriebene Walzmaschine. Sie ist alt, funktioniert aber ausgezeichnet und ist unentbehrlich in einer Schmiede. Leider wurden viele solche und ähnliche Maschinen zerstört.

Walzmaschine in der Schmiede des Autors.

Schweißen des Eisenreifens

Eisenreifen feuerzuschweißen, war eine warme und schwere Arbeit, die sowohl das Fachwissen des Schmieds erfordert als auch Erfahrung und viel Kraft. Bei Moelven Brug wurden alle Eisenreifen bis 1924, als das Gasschweißen kam, feuerverschweißt. Elektrisch wurde ab 1928 geschweißt.

Beim Feuerschweißen hat man unterschiedliche Schweißungen verwendet, entweder Überlappungs- oder Fingerschweißungen. Der Eisenreifen wurde an den Enden mit einem Meißel gespalten, zurechtgebogen und die Enden ineinandergesteckt. Die Naht wird feuerverschweißt und in dieselbe Dimension wie der Eisenreifen gestreckt. Hier können nur schwer genaue Maße angegeben werden, weil sie von der Stärke und Länge der Überlappung abhängig sind. Man musste Erfahrung haben, und jeder Schmied hatte seine eigenen Maße und Berechnungsmethoden.

Wenn Sie das heute machen möchten, kann ich Ihnen leider keinen anderen Rat geben, als dass Sie einige Probeschweißungen vornehmen und messen, wie viel sich die Naht streckt. Das haben viele Leute auch früher so gemacht. Man kann sich vorstellen, wie groß die Erleichterung war, als man Schweißapparate dazu verwenden konnte.

Bild 16.16 Überlappungsnaht.

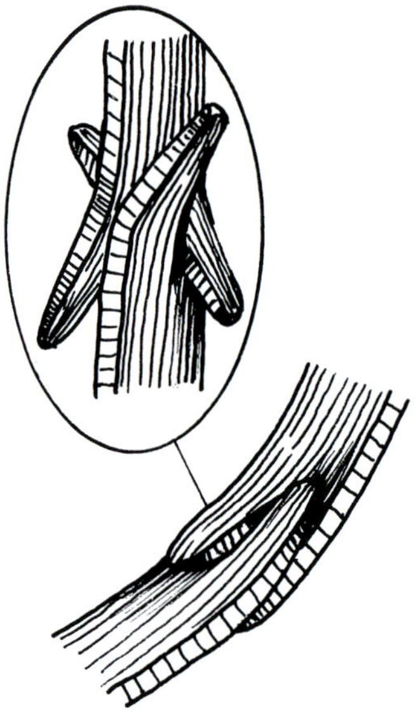

Bild 16.17 Fingernaht.

Mathias Bøe richtet den Bogen an der Naht nach einer Schablone genau aus. Dann schraubt er die Enden mit zwei Abstandsstücken auf jeder Seite der Naht an eine Platte und schweißt innen zuerst. Dann dreht er den Eisenreifen um und schweißt außen. Zum Schluss schleift er die Schweißung auf beiden Seiten und kontrolliert den Bogen an der Naht mit der Schablone. Er empfiehlt auch, dass man die Schweißung ausglüht.

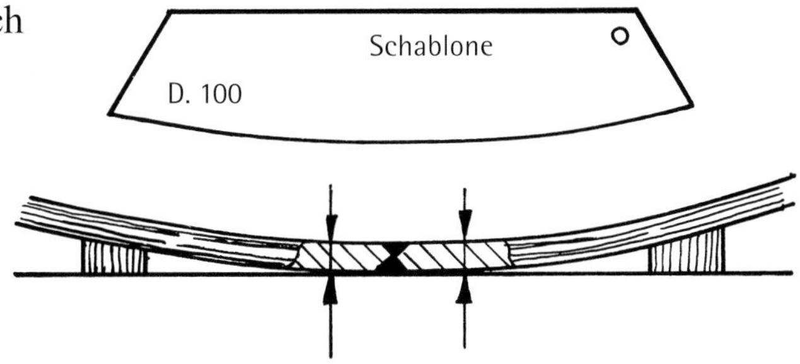

Bild 16.18 Elektrisch verschweißte Naht.

Schrumpfen des Eisenreifens

Die meisten Betriebe, die Karrenräder herstellten, hatten Schmiede und Tischlerei getrennt. Die Tischlerei konnte im ersten Geschoss oder in einer Verlängerung der Schmiede liegen. Bei Moelven Brug wurde der Teil der Schmiede, wo die Eisenreifen aufgeschrumpft wurden, als „Hölle" bezeichnet, denn es konnte hier warm und auch rauchig sein.

Die Eisenreifen wurden in einem zylindrischen Ofen aufeinander gestapelt, der mit speziell sortiertem Abfallholz (am liebsten Birke mit ein wenig Rinde) beheizt wurde. Die Eisenreifen und Holzräder waren jeweils aneinander angepasst und mit Kreide genau markiert, was auch sichtbar war, wenn sie warm wurden.

Das Holzrad wurde auf eine senkrechte Achse vor dem Ofen gelegt, und wenn die Eisenreifen die richtige Temperatur erreicht hatten, wurden sie nacheinander auf die Holzräder gelegt. Der Lehrling musste die Eisenreifen mit zwei Zangen herausheben. Der Schmied stand mit der richtigen Reifzange bereit und klemmte den Eisenreifen auf das Holzrad. Das musste schnell gehen, sonst konnte das Rad zu brennen beginnen. Sollte der Lehrling zu langsam arbeiten oder den falschen Eisenreifen bringen, gab es entsprechende Schelte. In der Schmiede gab es viel Rauch und Dampf, bis der Eisenreifen aufgezogen und das Rad zum Abkühlen bereit war.

Anton Kamperud und der Schmiedlehrling Ole Øverli schrumpfen Eisenreifen in der Schmiede von Moelven auf.

Asgerd Lio wuchs bei ihrem Großvater Kjetil Lio auf und erzählt, dass das Aufschrumpfen der Eisenreifen immer mit viel Aufsehen verbunden war, und dass es für Frauen nicht erlaubt war, sich zu nähern. Die alten Schmiede konnten manchmal auch gestresst sein, obwohl man das Wort damals noch nicht kannte. Man nannte es eher „Plackerei" oder „Schufterei".

Erwärmen des Eisenreifens

Der Eisenreifen kann auf unterschiedliche Weise erwärmt werden, abhängig von seiner Größe. Man kann ihn im Freien in einem Feuer erwärmen, das mit Kleinholz und einigen Steinen, die die Glut an Ort und Stelle halten, geheizt wird. Das ist am besten, wenn man mehrere Eisenreifen gleichzeitig erwärmen möchte.

Ansonsten lassen sich die Eisenreifen gut in der Esse erwärmen. Kleinere Eisenreifen können stehend in der Esse erhitzt und gedreht werden. Größere Eisenreifen legt man besser waagerecht in die Esse und dreht sie. Auf der Seite, auf der man den warmen Teil nach außen dreht, schiebt man Kohle und Glut darüber, damit die Wärme möglichst lange erhalten bleibt.

Mathias Bøe nimmt den Eisenreifen mit zwei Zangen aus der Esse und legt ihn auf das Holzrad, so dass er auf der einen Seite halb auf das Holz herunterreicht. Hier geht es um Sekunden.

Beim Erwärmen des Eisenreifens muss der erste Teil rotglühend erwärmt werden und dann immer weniger, damit der Eisenreifen, wenn man ihn rundherum erhitzt hat, um den ganzen Umfang ungefähr die gleiche Temperatur erreicht hat. Ca. 300–400 °C sind genug, was mit einem Holzstäbchen gemessen werden kann. Wenn sich das Holz am Eisenreifen glatt anfühlt und vom Holzstäbchen ein paar Funken abspringen, sind Sie der Temperatur ziemlich nahe.

Gemäß dem Gesetz, das besagt, dass sich ein Meter Stahl pro 100 °C um 1 mm erweitert, erhält man folgendes Ergebnis für einen 3,5 Meter langen Eisenreifen und 300 °C:

1 mm x 3,5 m x 3 = <u>10,5 mm</u>

(bei 400 °C erhält man 1 x 3,5 x 4 = <u>14 mm)</u>

Hier muss man selbst eine Temperatur finden, die das Holz nicht zu sehr verbrennt, bei der der Eisenreifen aber trotzdem so viel erweitert wird, dass er auf das Rad passt. Zur Bestimmung der Temperatur kann man heutzutage ein digitales Thermometer mit Fühler nehmen.

Dann kommt die Arbeit mit der Reifzange. Der Eisenreifen wird am höchsten Punkt nach außen und unten gezogen und gradweise nach außen zu den Seiten. Dann wird das Rad gedreht und das Holz in den Eisenreifen hineingehämmert, bis Stahl und Holz an den Seiten fluchten.

Montage der Buchse

Wenn das Rad seine endgültige Form erhalten hat und Eisenreifen und Nabenringe alle Teile in einem „eisernen Griff" festhalten, müssen noch die Löcher für die Schrauben in Eisenreifen und Felge gebohrt werden, wie bereits erklärt.

Der allerletzte Schritt ist die Montage der Buchse in der Nabe. Man kann sowohl eine konische als auch eine zylindrische Buchse verwenden, meistens wird jedoch die konische benutzt. Hier wird auf die Montage einer solchen näher eingegangen.

Eine konische Buchse wird aus Gusseisen hergestellt und hat ein inneres konisches Loch mit einer Steigung von 1 : 30, also dieselbe wie die Radachse. Außen hat die Buchse denselben Konus und ist mit zwei Kämmen versehen, damit sie fest sitzt und sich nicht dreht (Bild 16.19).

Bevor die Buchse in die Nabe gesetzt wird, muss mit einem konischen Radbohrer nachgebohrt werden, bis das Loch minimal kleiner als die Buchse ist. Dann stemmt man die Schlitze für die beiden Kämme der Buchse aus und auch eine Versenkung für den Stützring an der Radachse. Man drechselt Kreise an den Nabenenden, damit man sieht, wo man Holz wegnehmen muss (Bild 16.20). Der Stützring auf der Radachse muss gegen das Ende der Buchse drücken und mit dem Nabenende, das zum Wagen zeigt, fluchten.

Wenn alles bereit ist, erwärmt man die Nabenbuchse bis schwach rot glühend und brennt sie in das Loch der Nabe, bis sie etwa 20–30 mm heraussteht. Dann nimmt man die Buchse wieder heraus und lässt sie langsam abkühlen. Zum Schluss legt man das Rad mit einer guten Unterlage für die Nabe ab und treibt die Buchse hinein, bis sie ca. 1 mm innerhalb des Nabenrandes steht, das heißt innerhalb des Bodens der Versenkung des Stützrings.

Es gibt kleine Unterschiede von Radmacher zu Radmacher. Bild 16.20 zeigt die Art Buchse, die Mathias Bøe herstellt.

Es erfordert einige Erfahrung, mit Radbohrern vorzubohren, um ein Loch in der richtigen Größe zum Einbrennen der Buchse zu erhalten.

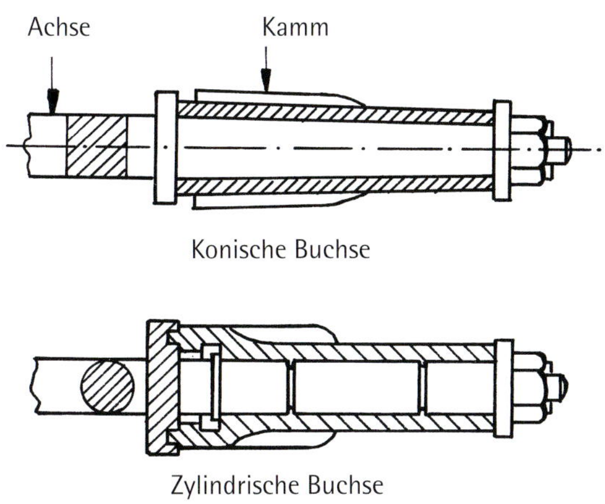

Bild 16.19

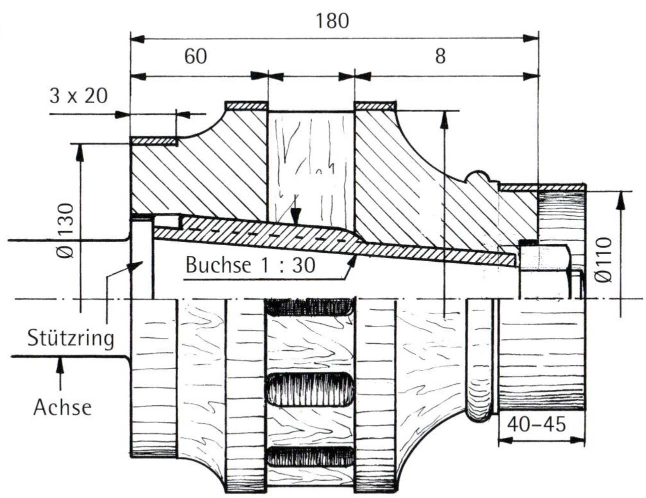

Bild 16.20

Radachsen

Sieht man sich alte Radachsen an, stellt man fest, dass einige einen runden Querschnitt haben, während andere im mittleren Teil viereckig sind. Achsen mit viereckigem Querschnitt werden für Fuhrwerke mit Holzboden, wie zum Beispiel Karren und Heuwagen, verwendet. Die Achse ist daher in Holz eingearbeitet. Für Wagen mit freiliegenden Achsen werden Achsen mit rundem Querschnitt benutzt.

Ganz früher schmiedete man die Buchse, aber schon bald wurde sie zur Handelsware, und der Schmied kaufte die fertigen Nabenbuchsen: Konische Achsen mit gedrechselter Steigung 1 : 30, und Rechts- und Linkswindungen an je einem Ende. Die Achsen müssen daher so montiert werden, dass die Muttern beim Zuschrauben dieselbe Richtung haben wie die Umdrehungsrichtung der Räder.

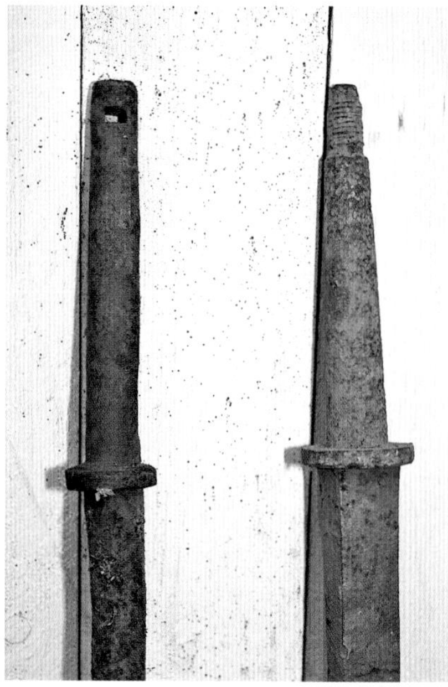

Zylindrische und konische Achse.

Sturz

Um das Tragvermögen der Räder auszunutzen, biegt man die Achsen so, dass sich die Räder ein wenig nach außen neigen (4–6 mm). Auf diese Weise stehen die Speichen in der unteren Radhälfte senkrechter und halten daher mehr Druck aus. Das wird *Sturz* genannt und ist in der Abbildung gezeigt.

Der Sturz bewirkt auch, dass die Räder möglichst leicht rollen. Sie dürfen nicht unaufhörlich nach innen Druck auf den Stützring oder nach außen Druck auf die Mutter ausüben. Bei zu wenig Sturz drückt das Rad gegen die Mutter, zu viel Sturz bedeutet zu viel Druck auf den Stützring. Der Sturz ist richtig, wenn die Achse so gebogen ist, dass die Unterseite des konischen Achsenzapfens parallel mit der Fahrbahn verläuft (Bild 16.21). Das Rad rotiert dann leicht mit möglichst wenig Reibung und Verschleiß.

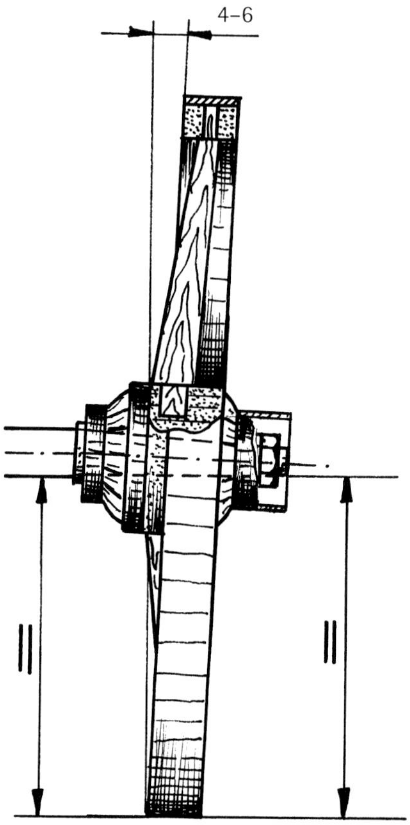

Bild 16.21

Nachlauf

Auf Grund des Sturzes und großer Wagenlasten kann sich das Rad trotzdem ein wenig nach außen spreizen und zu viel an den Radmuttern scheuern. Daher werden auch die Achszapfen ein wenig nach vorn gebogen, damit die Räder Nachlauf erhalten (ca. 20 mm). Der Verschleiß an den Muttern wird geringer, und der Wagen läuft stabiler geradeaus. Auch für das Pferd ist es von Vorteil, denn die Bewegungen werden nicht über die Deichsel auf das Pferd übertragen.

Diese Konstruktionen und Lösungen wurden entwickelt, bevor das Auto kam. Und noch heute werden beim Auto die Begriffe Nachlauf und Sturz verwendet.

EBENFALLS IM WIELAND VERLAG ERSCHIENEN

José Antonio Ares
Schmieden für Anfänger
Die Grundlagen des Handwerks Schritt für Schritt erklärt. Mit 10 Projekten zum Selbermachen.

144 Seiten
210 x 260 mm
Hardcover,
ISBN 978-3-938711-86-6
EUR 29,90

Dieses Buch ist der perfekte Einstieg in die Schmiedekunst. Der Autor erklärt die klassischen Handwerksverfahren wie Abschroten und Biegen, beschreibt aber auch moderne Methoden wie Plasmaschneiden. Mit klaren Anweisungen und über 500 Farbfotos stellt das Buch die Materialien und Werkzeuge vor, vom Rohmaterial über die Brennstoffe bis hin zur Schmiede und deren Ausstattung. Enthalten sind Anleitungen für zehn kreative Projekte – vom kaltgeschmiedeten Topfuntersetzer bis zu Kerzenständer und Wetterfahne.

EBENFALLS IM WIELAND VERLAG ERSCHIENEN

Rudolf Dick
JAPANISCHE SCHMIEDEKUNST
Werkzeuge · Messer · Schwerter

160 Seiten
160 x 230 mm
Hardcover
ISBN 978-3-938711-80-4
EUR 29,90

Das Messer ist das wichtigste Werkzeug der Menschheitsgeschichte und ein Kulturgut, das auch aus unserer modernen Welt nicht wegzudenken ist. Es gibt unzählige Messertypen, Stahlsorten und Konstruktionsweisen. Doch worin unterscheiden sich all die Messer? Wie bezeichnet man die Bauteile korrekt? Was für Eigenschaften muss ein leistungsfähiger Messerstahl besitzen? Wie funktionieren die unterschiedlichen Arretierungen für Klappmesser? Und wie schärft man Messer richtig? Zu diesen und vielen weiteren Fragen finden Sie in diesem umfangreich bebilderten Buch fundierte Antworten.